JN438934

Nutrition: Science and Applications

영양학

Nutrition: Science & Applications

Lori A. Smolin · Marry B. Grosvenor

Translated by Dae Ga Publishing Co.
Translated Edition ISBN: 978-0-471-42085-9
Printed in Korea

Nutrition: Science and Applications

영양학

교문사

저자 머리말

『영양학』은 영양학 과정의 입문서로서 영양의 과학적 측면을 중점적으로 다루고 있습니다. 특히, 영양학 전반을 과학적으로 다룸에 있어서 자칫 어렵게 느껴질 수도 있음을 감안하여, 명료한 문체로 정리된 내용과 함께 다양한 사진과 흥미 있는 그림 및 그래프를 통해 학생들이 흥미롭게 공부할 수 있도록 구성하였다는 점에서 그 의의가 크다 하겠습니다. 또한 이 책은 영양학적 연구 내용과 임상 데이터를 심도 있게 다루면서 아울러 최신의 생화학 지식과 대사 과정을 포함시킴으로써 대학 1학년부터 4학년까지 영양학 전공자들뿐 아니라 연계 분야의 전공자들 그리고 교양으로 선택한 학생들에게도 도움이 되도록 하였습니다.

이 교재는 학생들이 영양학의 여러 가지 이슈 뒤에 가려진 '왜?', '어떻게?'라는 질문에 대답할 수 있도록 편집하는 데 주안점을 두었으며, 그럼으로써 영양학이 단순히 외워야 할 지식이 아니라 인체 대사라는 방대한 분야에 대해 다루는 영양학이라는 학문을 건강과 질병에 연결시켜 이해할 수 있도록 하였습니다. 내용의 구성은 단원별로 각각의 주제에 대하여 생활 속에서 자주 접할 수 있는 사례를 소개하고 나서, 본문에서 들어가서는 관련 영양소와 생체 기능 그리고 식품급원 등을 살펴본 후에 사례연구 후기를 통해 학생들이 문제해결 과정을 직접 도출해낼 수 있도록 흥미 있게 배치하였습니다. 그 결과 이 교재에는 영양소 정보들뿐 아니라 영양유전학, 유전과 체중 조절 문제, 유전자 재조합 식품과 유기농 식품의 생태학적 측면, 식물화학물질들의 영양적 의미 및 건강 전반에 미치는 영향, 음주, 식품의 안전성, 다양한 건강보충제의 세계까지 최근 이슈가 되고 있는 영양학적인 질문에 대한 심도 있는 고찰과 연구결과가 포함되어 있습니다. 마지막으로, 각 주제의 끝부분에서는 다양한 사례와 연습문제를 통해 학생 스스로 학습 정도를 점검할 수 있도록 하였으며, 이로써 실생활에서 마주치는 개인적인 영양 문제들과 식품 선택에 대한 문제해결 능력을 키울 수 있도록 하였습니다.

종종 신문이나 잡지에 최신 영양정보라는 제목으로 실려 있는 기사를 무비판적으로 믿고 따르다가 나중에 오히려 건강을 해치게 되는 경우를 보게 됩니다. 그러나 저는 단편적 지식만으로는 여러 가지 영양학적 문제를 해결할 수 없다는 것과 비록 영양학이 현실적 필요에 의해 발전되었다 하더라도 사실상 영양학은 깊은 생화학적 바탕을 두고 있는 실용 학문이라는 점을 간과해서는 안 된다는 것을 저자로서 학생들에게 간곡히 말씀드리고 싶습니다.

역자 머리말

많은 영양학 책들이 시중에 나와 있습니다. 그런데도 새로 나온 원서를 보았을 때 너무나 탐이 났다는 것이 역자들의 공통된 소감이었습니다. 대학 시절 어렵게 논문들을 찾아가면서 조각조각 공부했던 지식들이 풍부한 자료들과 함께 차근차근한 설명으로 일목요연하게 펼쳐져 있어 앞으로 이 책으로 공부할 학생들이 부럽기까지 하였습니다. 영양학이 어떻게 발전되어 왔고, 생활 학문으로서 어떻게 실용에 적용되는지를 한 눈에 볼 수 있도록 소개한 부분이 하도 섬세하여 과학을 모르는 초보자부터 생리학을 배운 대학원생에 이르기까지 다양한 지적 수준의 학생들에게 크게 도움이 될 책이라고 생각합니다.

원서를 집필한 저자들이 이만한 책을 만들기 위해 얼마만큼의 땀과 정성을 쏟아 부었을지 눈에 선합니다. 교재를 몇 권 집필해 본 적이 있는 역자들조차도 몇 번이나 펜을 내려놓고 감사함과 겸손한 마음을 가지게 만들었으니까요. 깊이 있고 탄탄한 생화학적 지식을 기반으로 생생한 사례연구와 현대 영양의 문제점 분석 및 해결 방법까지 손에 잡힐 듯이 전해지는 이 책을 접한 역자들은, '이 학문의 재미와 깊이를 우리 학생들로 하여금 맛보게 하자.'는 열망으로 번역을 결심하게 되었습니다. 이를 위해서 학생 지도에도 바쁜 여러 교수님들께서 시간을 쪼개어 번역에 나서 주셨습니다.

현대로 올수록 건강에 대한 정보는 점점 더 중요하고 다급한 이슈가 되어가고 있습니다. 곳곳에 넘쳐나는 상업적인 건강 정보들을 수시로 접하면서 이들을 바르게 판단할 수 있는 기본 학문으로서 영양학은 이제 국민 전체의 기본 교양이 되고 있습니다. 이러한 목적에 부합하는 친절하고도 깊이 있는 영양학 교재로서 이 책이 건강한 식생활의 길잡이가 되기를 기원합니다.

2010년 1월 역자 일동

목차

제9장 수분과 전해질

제10장 주요 무기질과 뼈의 건강

제11장 미량무기질

포커스 2. 섭식장애

포커스 3. 식물화학물질

Chapter 1

Nutrition: Food for Health

사례연구

K양(여, 20세)은 늦은 밤에 과자나 라면을 먹는 것이 좋은 식습관이 아니라는 것을 알고는 있다. 그러나 강의시간에 맞춰 허겁지겁 점심을 먹고 저녁 학원 수업에 이어 집에 돌아오면 밤늦은 시간이다. 게다가 혼자 자취하는 방에는 요리 재료도 없다. K양은 대학 1학년으로 처음으로 집을 떠나 혼자 살고 있다. 학기 초에 그녀는 체중 몇 kg이 늘어 걱정이 되기 시작하였다. 그녀의 아버지는 최근 심장우회수술을 받았고, 어머니는 고혈압 약을 복용하고 있다. 그녀는 집안의 가족 병력으로 보아 자신의 미래 건강을 위해서는 건강한 식사가 특히 중요할 것이라고 생각은 하고 있지만, 이렇게 식사 때를 놓치면 종종 라면이나 과자류, 인스턴트 카레나 햄버거 등으로 밤늦게 배고픔을 달래곤 한다. 아침이나 점심도 간단한 빵과 식당에서 사먹는 외식으로 해결한다. 학교 식당은 선택의 폭이 그다지 넓지 않고, 인근 식당에서 매일 다른 것을 사먹기에는 너무 돈이 많이 들었다. 그렇다고 매끼를 만들어 먹기에는 귀찮기도 하고 시간도 없다. 무엇인가 개선책이 필요하다고 생각한 K양은 우선 될 수 있는 한 식사 시간을 지켜야겠다고 결심하였다. 그리고 과자류보다는 좀 더 건강한 간식거리들을 집에 두려고 생각하고 있다. 비슷한 상황의 몇몇 친구들은 비타민 영양제나 단백질 보충제 등을 먹기 시작하였다. 하지만 K양은 어떤 영양제가 자신에게 필요한지도 아직 모르는 상태에서 무작정 약을 먹기보다는 영양학의 기초를 공부하고, 위해성이 낮은 식품을 고르는 방법과 건전한 식습관에 대하여 알아보려고 한다.

제 1 장 영양과 건강

학습목표

1 현대 식사의 질적인 변화를 파악한다.

2 식사가 각종 성인병이나 암 발생에 미치는 영향을 설명할 수 있다.

3 인체를 구성하는 영양소는 어떤 것이 있는지를 설명할 수 있다.

4 음식 속의 영양소가 체내에서 어떤 역할을 하는지 설명할 수 있다.

5 동화와 이화 그리고 대사의 의미를 설명할 수 있다.

6 건강한 식사의 원칙을 설명할 수 있다.

7 식품 구성탑과 교환 단위에 대해 설명할 수 있다.

8 나의 식품 구성탑을 만들어 본다.

9 식품 영양 정보에는 어떤 내용이 담겨 있는지를 설명할 수 있다.

1. 건강과 현대 식이

1. 식재료 공급의 변화

그다지 오래지 않은 과거에만 해도 사람들은 음식 재료를 얻고 조리를 하는 데 하루의 대부분을 보냈다. 약 100년 전에는 매 끼니마다 식사 준비를 하고 저녁마다 온가족이 모여 먹을 음식을 하루 종일 준비하는 것이 주부의 일상적인 활동이었다. 그러나 현대 사회로 오면서 가정에서 주부가 요리하는 것은 특별한 일이 되었다. 슈퍼마켓에서도 조리 재료를 진열하는 신선식품 코너가 나날이 줄어들고 반조리된 식품, 인스턴트, 냉동 가공식품, 조리된 반찬 코너는 더욱 확장되고 있다.

[그림 1-1]…가공식품의 생산이 증가하면서 한국의 식생활도 외식, 배달음식, 냉동 가공식품 이용도가 높아지고 있다.

가정 생활도 3인 이하의 가족들로 구성된 미니 가정들이 점점 늘어나서 재료를 사서 요리를 해 먹는 것보다는 조리된 음식을 사는 편이 더 경제적이라는 통계도 있다. 집에서 김밥 서너 줄을 싸기 위해 여러 가지 재료를 사는 것보다는 김밥 전문점에서 만든 김밥을 사는 것이 돈이 적게 든다. 만드는 데 수 시간이 걸리던 음식을 단 2~3분이면 데워 먹게 되므로 식사에 들이는 시간도 갈수록 줄어들고 있다. 시간이 갈수록 가정요리는 패스트푸드 레스토랑에서의 식사로 대체되는 추세를 보인다. 한국 사회도 세 끼 식사를 모두 외식으로 해결하는 가정의 수가 점점 증가하고 있다. 또한 가공식품의 구매가 편리해지면서 가공식품 소비도 점점 늘어나고 있다.

2. 얼마나 건강한 식사를 하고 있을까?

가공식품의 소비가 늘어나면서 한국인이 섭취하는 열량과 단백질, 지방 및 무기질, 비타민의 양도 크게 변화하고 있다.

30년 전보다 곡류의 소비량은 줄어드는 반면, 육류와 어류 등 단백질과 지방의 양은 계속 늘고 있다. 당질의 에너지 공급량은 1965년 83.2%에서 2003년 61.2%로 줄어들어 쌀 소비량의 감소와 축을 같이 하고 있다. 단백질 공급량은 같은 시기 58g에서 99.6g으로, 지방은 21g에서 84.3g으로 약 4배 증가하였다.

설탕과 유지류의 소비량이 급증하고 있다. 1965년 설탕의 공급량은 1인 1일 6g에서 1999년도에는 1일 47g, 2003년도에는 57g으로 소비량이 약 9배나 증가하였다. 유지류는 1965년 1인 1일 2g에서 2003년에는 45.5g으로 약 20배가량 증가하였다. 이 결과로 보아 한국의 열량원이 곡류로부터 건강에 좋지 않은 단순당인 설탕과 유지

[표 1-1]…한국인의 1인당 1일 영양공급량 변화 추이

영양소 / 연도	1965년	1985년	2003년
에너지(kcal)	2,105	2,695	2,985
당질(%)	83.2	75.0	61.2
지방질(%)	6.1	13.2	25.4
단백질(%)	10.7	11.8	13.4

류로 변동되었음을 알 수 있다.

또한 간식의 종류도 고구마나 감자, 찐 옥수수, 과일 같은 1차적인 식품의 구매가 감소하는 반면, 짠맛의 스낵과 탄산음료, 피자나 햄버거, 닭튀김 같은 고열량, 고지방, 저영양 가공식품들의 구매가 늘어났다.

그 결과 최근 한국인의 사망 원인도 많이 달라져서 서구와 유사하게 변화하고 있다. 10여 년 전에 비하여 악성종양이나 심장질환, 당뇨나 뇌혈관질환과 같은 생활습관병이 늘어나 전체 사망자의 57%를 차지한다. 이 생활습관의 중요한 부분은 매일 먹는 식사의 변화와 직결되어 있다[**표 1-2**].

특히, 유전적으로 질병에 대한 가족력이 있는 사람이 어린 시기부터 질병을 예방할 수 있는 건강한 식생활이 필요하다. 예를 들어, 사망 1순위 원인인 암(악성종양)과

[**표 1-2**]…한국인의 10대 사망 원인 분석

순위	사망 원인	주 식사 요인
1	암	가공식품, 저비타민식, 저단백식, 고NaCl식, 탄 음식
2	뇌혈관질환	고지방식
3	심장질환	고지방식
4	당뇨	고칼로리식
5	자살	–
6	교통사고	–
7	간질환	음주, 고지방식
8	만성질환	–
9	고혈압	고NaCl식, 고지방
10	폐렴	–

(2006 통계청 자료)

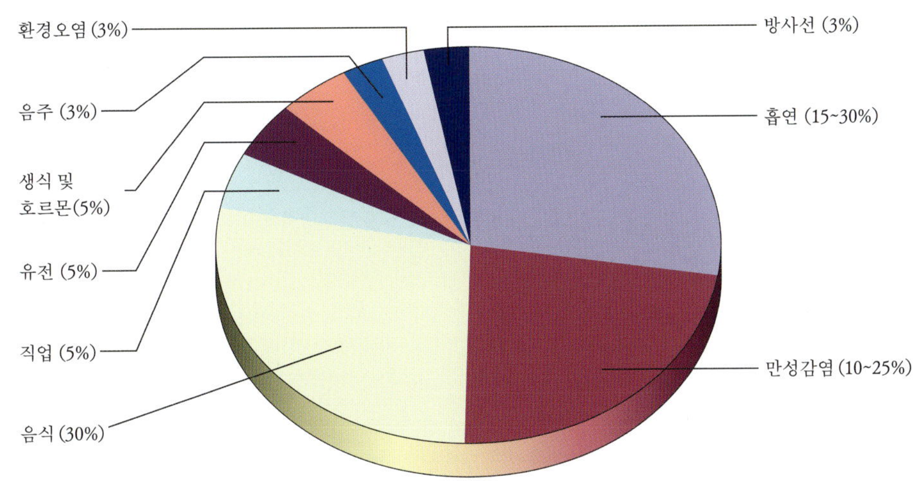

[**그림 1-2**]…암의 발생 원인 조사

식생활과는 밀접한 관계가 있다. 여러 역학연구들에서 발암 요인과 암발생 간의 인과 관계를 근거로 하여 위험요인들을 연구하고 있는데, 세계보건기구(WHO)의 산하기관인 국제암연구소(IARC) 및 미국국립암협회지(JNCI)에서는 전체 암의 70% 정도가 흡연, 감염, 음식 등 환경적 요인이 유전적인 환경에 더하여질 때 발생한다고 발표하였다[표 1-2]. 그중에서도 한국인에게 주로 발생하는 위암, 대장암 등은 식사와 강한 상관 관계가 있다 [그림 1-3] [그림 1-4] [표 1-3].

[그림 1-3]…한국인 남자의 10대 암 발생분률(2007년)

남자	발생자(명)	상대분율*
위암	17,337	20.3%
폐암	12,841	15.1%
대장암	12,242	14.4%
간암	11,141	13.1%
전립선암	5,292	6.2%
갑상샘암	3,159	3.7%
방광암	2,464	2.9%
췌장암	2,197	2.6%
쓸개 및 기타 담도암	2,066	2.4%
신장암	1,967	2.3%

상대분률*…모든 암에서의 해당 암의 분률 / 출처: 국가암정보센터 http://www.cancer.go.kr

[그림 1-4]…한국인 여자의 10대 암 발생분률(2007년)

여자	발생자(명)	상대분율*
갑상샘암	18,019	23.5%
유방암	11,606	15.1%
위암	8,578	11.2%
대장암	8,316	10.8%
폐암	5,005	6.5%
간암	3,783	4.9%
자궁경부암	3,616	4.7%
쓸개 및 기타 담도암	2,083	2.7%
난소암	1,838	2.4%
췌장암	1,740	2.3%

상대분률*…모든 암에서의 해당 암의 분률

[표 1-3]…**한국인에게서 흔한 암의 추정 원인**

암발생 부위	일반적인 원인
위암	식생활(염장식품-짠 음식, 탄 음식, 질산염 등), 헬리코박터균
폐암	흡연, 직업력(비소, 석면 노출 등), 대기오염
간암	간염 바이러스(B형, C형), 간경변증, 아플라톡신
대장암	비만, 고지방식, 과다한 육류 섭취, 저섬유소 식사, 유전적인 요인
유방암	비만, 고지방식, 음주, 여성호르몬, 유전적 요인
자궁경부암	인유두종 바이러스, 성관계

* 붉은 색은 식사와 관련된 원인 / 출처: 암정보 제2판, 국립암센터 2006

☀ 현명한 식품 선택 : '편리함의 대가'

월요일 아침인데 피곤하다. 아침을 집에서 차려 먹는 대신 학교 가는 길에 길 모퉁이 까페에서 빵과 커피로 아침을 대신하면 좀 더 눈을 붙일 수 있는 20여 분의 시간을 더 얻을 수 있게 된다. 이 편안함의 대가는 얼마나 될까.

돈의 관점이 아니라 건강과 영양의 관점에서 보면 그 대가는 생각보다 더 클 수 있다. 아침으로 까페에서 초콜릿케익 1조각과 카페라테 1잔을 마신다면 900kcal의 열량을 섭취하게 될 것이다. 김밥 한 줄도 500kcal나 된다. 주스를 곁들이면 700kcal가 넘게 된다. 그러고도 허전하여 10시가 넘으면 간식을 찾게 된다. 경제적으로도 평균 4,000원 정도는 사용하게 될 것이다. 집에서 밥을 먹는다면 김치와 생선구이 1토막으로 든든한 아침을 먹을 수 있다. 총 열량은 500kcal를 넘지 않는다. 게다가 속이 든든하여 점심 때까지도 다른 간식이 당기지 않는다. 빵으로 먹는다고 해도 토스트 2쪽에 땅콩버터를 바르고, 삶은 달걀 1개에 저지방 우유 한 잔을 곁들여도 500kcal 이내로 아침을 해결할 수 있다. 사먹는 음식에 비해 경제적일 뿐 아니라 낮은 열량과 높은 비타민과 무기질을 섭취 할 수 있다.

칼로리상으로 별 차이가 없는 것 같다고? 매일 아침 300kcal를 더 먹는다고 생각하면 1년이면 체지방량만으로도 1kg 가까이 늘게 된다. 우리 몸의 약 65%가 물로 이루어져 있다고 생각할 때 저울로는 3kg 정도가 슬그머니 늘어나 있을 것이다.

2. 음식이 제공하는 영양소

사람이 살아가기 위해서는 약 45종의 영양소가 필요하다고 한다. 그중 필수 영양소는 살기 위해 반드시 섭취해야 하는 것으로서 인체 내에서 합성할 수 없는 것이다. 예를 들어 우리의 몸은 비타민 C를 합성할 수 없기 때문에 식사로 제공이 되지 않으면 결핍증에 걸리게 된다. 비타민 C 결핍증이 계속되면 사망할 수 있으므로 비타민 C는 반드시 먹어야 하는 필수 영양소이다. 또한 일부 영양소는 체내에서 만들 수 있지만 필요한 양만큼 충분히 합성할 수 없어 일부는 식사로 제공되어야 하는 조건적인 필수 영양소도 있다. 따라서 식품을 선택할 때 필수 영양소를 신중하게 고려하여야 한다.

1. 영양소의 종류

화학적으로 6군의 영양소가 있다. 탄수화물, 지방, 단백질, 물, 비타민, 무기질이다. 이들 6군의 영양소는 체내에서 다양한 기능을 갖는다. 탄수화물과 단백질, 지방은 에너지를 제공하는 영양소이다. 에너지를 제공하는 영양소들은 물과 더불어 거의 모든 식품의 대부분을 차지하고 있기 때문에 **다량영양소**라고 부른다. 비타민과 무기질은 소량이 필요하며 음식물 내 함량도 적은 **미량영양소**들이다. 또한 탄수화물, 단백질, 지방, 비타민은 유기 영양소이고, 무기질과 물은 무기질 분자이므로 무기 영양소라고 부른다.

다량영양소(macronutrient) … 탄수화물, 지방, 단백질 등 신체를 구성하는 영양소로 음식에 풍부하게 들어 있고, 우리 몸도 많은 양을 필요로 하는 영양소

미량영양소(micronutrient) … 무기질과 비타민처럼 신체의 조절 작용을 위하여 소량을 필요로 하는 영양소

2. 영양소의 기능

다량영양소와 미량영양소는 열량 제공과 체성분 조직 그리고 성장과 유지에 필요한 조절작용을 행한다. 건강을 유지하기 위해서는 모든 영양소가 골고루 필요하다.

2-1. 열량원 영양소 — 탄수화물과 지방, 단백질에 들어 있는 열량은 킬로칼로리(kcal)로 표시할 수 있다[표 1-4]. 탄수화물은 가장 쉽게 열량을 낼 수 있는 에너지원이다. 1g의 탄수화물은 4kcal의 에너지를 낸다. 탄수화물에는 설탕이나 과일, 우유 등에 든 당류와 곡류에 들어 있는 전분이 포함되어 있다. 전분은 [그림 1-5]처럼 작은 당류가 사슬처럼 붙어 있다. 섬유소는 탄수화물이기는 하지만 소화가 되지 않아서 에너지를 제공할 수 없다. 곡류나 과일이 발효되어 생기는 알코올도 7kcal에 해당하는 열량을 낸다.

지방은 9kcal의 열량을 낸다. 지방은 탄수화물에 비해 가볍기 때문에 무게 대비 에너지의 발열량이 많아서 효율적인 저장물질이 된다. 따라서 체내에 쓰고 남은 에너지는 지방의 형태로 저장된다. 중성지방은 탄소수와 포화도가 다른 지방산으로 구성되어 있는데, 지방산의 종류에 따라 건강에 미치는 영향이 다르다. 지방산의 길이가 길고 포화도가 높을수록 심장질환의 발생 위험도를 높이고 불포화지방산은 그 위험도를 낮춘다. 콜레스테롤은 다른 형태의 지방으로서 세포막의 구성 성분이고 혈액에

[그림 1-5]…전분과 단백질 그리고 중성지방의 구조와 예

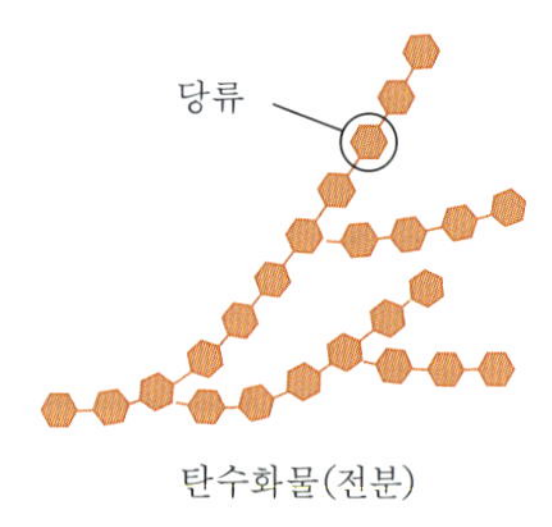

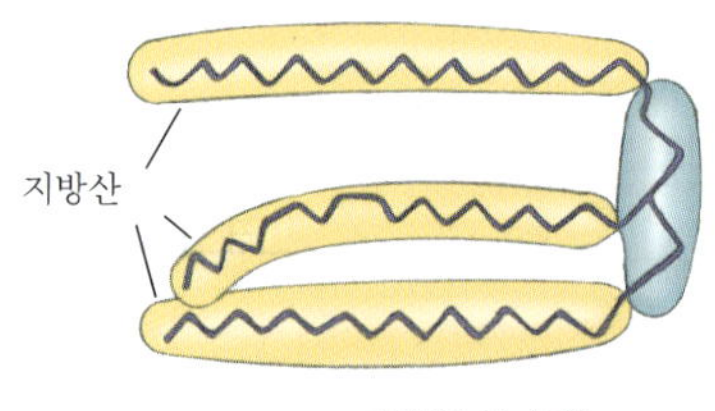

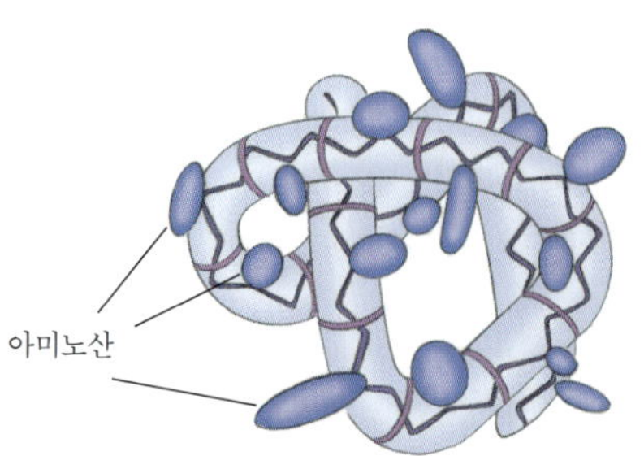

[표 1-4]…다량영양소의 에너지 발열량

영양소	kcal/g
탄수화물	4
단백질	4
지방	9
알코올	7

많아 관상동맥경화와 관계가 있다.

탄수화물과 마찬가지로 4kcal의 에너지를 내는 단백질은 여러 아미노산들이 구부러진 사슬모양으로 결합되어 만들어지는데, 체성분의 구조물로서 성장과 유지에 중요한 역할을 한다. 육류, 생선, 가금류, 우유, 곡류, 두류는 단백질 급원식품으로 동물성 단백질과 식물성 단백질로 나눈다.

2-2. 구조 영양소 — 인체는 거의 대부분이 물과 단백질, 지방으로 이루어져 있다[그림 1-6]. 이들 영양소와 무기질 성분 등은 신체의 골격 구조와 성능을 유지하는 데 중요한 기능을 한다. 단백질은 근육과 연골, 인대를 형성하여 근육이 뼈에 붙어 있게 만드는 역할을 하고, 뼈와 이의 구조 틀을 만드는 역할을 한다. 무기질은 단백질로 된 뼈의 틀에 침착하여 단단한 성질을 부여한다. 세포 수준에서 지방과 단백질은 세포를 둘러싸는 세포막을 형성한다. 구조 영양소들은 특히 성장, 발육하는 시기나 임신기 등에 충분히 공급되지 않으면, 성장 불량이 나타나 장기적인 영향을 미친다.

2-3. 조절 영양소 — 신체 내에서 일어나는 생화학 반응을 **대사**라고 한다. 체내 일정한 환경을 유지하려면 대사 속도를 조절하여 **평형** 상태에 있어야 한다. 예를 들어 물은 체온이 항상 일정하도록 도움을 준다. 단백질과 비타민 그리고 무기질은 특정 대사 과정을 원활히 일어나게 하고, 평형 상태를 유지하기 위해 대사 속도를 조절하는 역할을 한다. 예를 들어 섭취한 탄수화물을 에너지로 전환하여 사용하려면 여러 생리적 조절 작용을 담당하는 비타민과 무기질들의 도움을 받아야 한다. 이들은 주로 대사 각 단계에 작용하는 효소들의 조효소로 활동한다.

대사(metabolism)…살아 있는 생명체에서 일어나는 일련의 화학 반응

평형(homeostasis)…늘 일정하게 신체 내부 환경을 유지하려고 하는 생리 상태

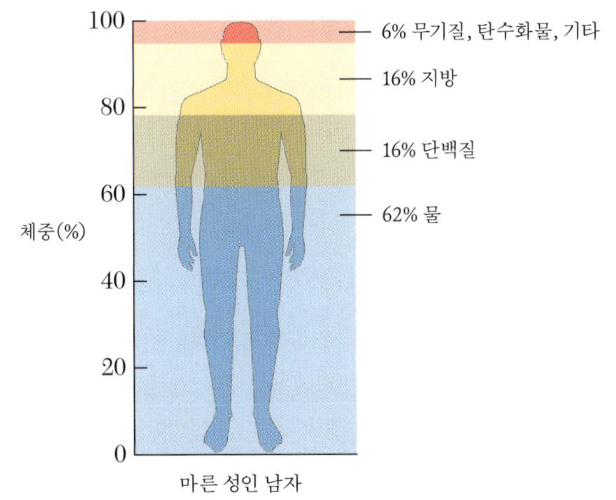

[그림 1-6]…물, 단백질, 지방은 인체에 가장 많이 있는 영양소이다.

[표 1-5]… 영양소의 신체기능

기능 분류	영양소	기능의 예
에너지	탄수화물	포도당은 체세포에 영양을 공급하는 탄수화물이다.
	지방	지방은 체내에서 가장 흔한 저장 연료이다.
	단백질	과도하게 많이 먹은 단백질은 열량원으로 사용된다.
구조	지방	지방은 세포를 둘러싼 세포막의 주성분이다.
	단백질	결합조직의 단백질은 뼈에 근육을 붙들어 매는 역할을 하고 근육의 모양을 만든다.
	무기질	칼슘과 인은 이와 뼈을 단단하게 만드는 무기질이다.
조절	지방	에스트로겐은 지방 호르몬으로 여성 생식 사이클을 조절한다.
	단백질	렙틴은 체내 지방 비축량을 조절하는 역할을 한다.
	탄수화물	단백질에 달린 당류 사슬은 그 단백질이 간에서 대사되어야 할지, 순환해야 할지를 결정하는 요소이다.
	물	땀 속의 물은 체온을 조절하는 역할을 한다.
	비타민	비타민 B군은 다량 영양소들이 에너지를 내기 위해 분해될 때 조절 작용을 한다.
	무기질	나트륨은 혈액의 양을 조절하는 중요한 인자이다.

3. 건강을 위한 식품 선택

슈퍼마켓에는 수천 가지의 식재료가 있다. 어떤 식재료 또는 식가공품을 구매할지 선택하는 데는 여러 요인이 작용한다. 얼마나 편리하게 그 식재료를 구입할 수 있는가와 같은 지리적 요인, 가격이나 용량과 같은 경제적 요인, 익숙한 재료인지 낯선 재료인지에 따른 문화적 배경과 수용도 요인, 좋아하는 맛과 색깔 같은 개인적 취향 및 정서적인 요인, 마지막으로 특정 이슈에 대한 관심 여부 등이 한 식재료를 구매하는 결정 요인이 된다. 예를 들어 건강에 관한 관심이 높은 사람들은 심장질환을 일으킬 수 있는 적색육을 회피하며 환경 보호에 대한 관심이 높은 사람들은 제초제나 농약을 적게 쓴 유기농 제품을 더 비싼 가격을 주더라도 고르게 된다.

1. 건강한 식사의 원칙: 다양성과 균형, 절제

건강한 식사란 다양한 영양소를 먹되 편식이나 과식으로 신체 기능을 저해하지 않는 식사를 의미한다. 그러므로 건강식의 가장 중요한 3요소는 다양성과 균형 그리고 절제라고 할 수 있다 [그림 1-7].

건강한 식사는 체중을 유지할 수 있고 신체가 필요한 양만큼 탄수화물과 단백질, 지방, 물, 비타민과 무기질을 섭취할 수 있어야 한다. 그러나 현대 식생활에서는 정제

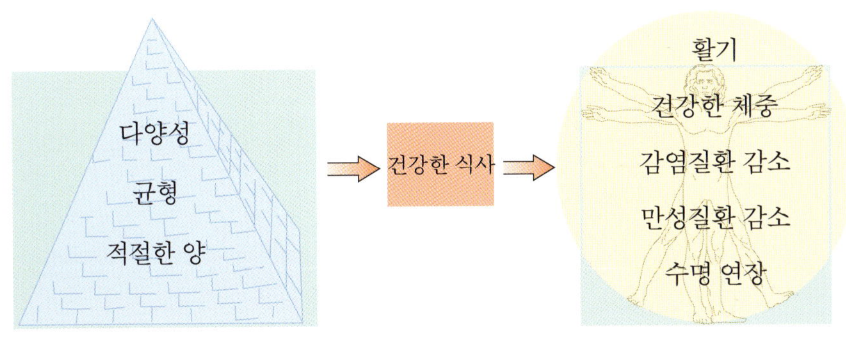

[그림 1-7]…건강한 식사란 다양성과 균형 그리고 절제에 기초를 둔 것으로 수명을 연장하고 더 건강한 삶을 사는 데 도움을 준다.

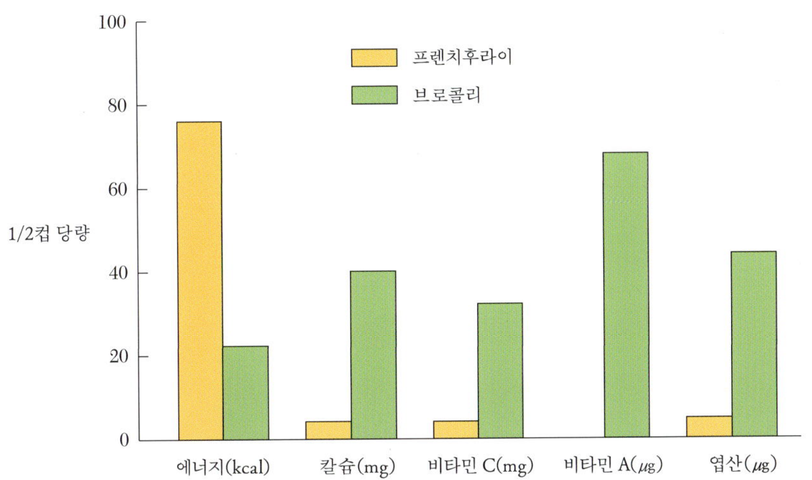

[그림 1-8]…프렌치후라이와 브로콜리의 영양밀도 비교. 1/2컵의 브로콜리에는 동량의 프렌치후라이보다 더 많은 칼슘, 비타민, 엽산이 들어 있다. 반면 프렌치후라이가 제공하는 열량은 훨씬 높다.

[표 1-6]…영양밀도가 높은 음식을 고르는 예

영양밀도가 낮은 식품	영양밀도가 높은 식품
이런 것 대신에…	이런 것을 드세요
청량음료	**저지방우유**
초콜릿 사탕	**과일과 견과류를 섞어 만든 스낵**
사과파이	**신선한 사과**
감자칩, 프렌치후라이	**찌거나 구운 감자**
브라우니	**오트밀 쿠키**
닭튀김	**껍질을 벗겨 구운 닭**

당류와 유지의 사용이 많아 에너지 과잉 식사를 하기가 쉽다.

그러므로 영양밀도는 건강을 위한 식품을 선택할 때 중요한 기준이 된다. **영양밀도**란 한 식품이 에너지 제공량에 비교하여 다른 영양소의 양을 얼마나 제공하는가를 비교한 수치이다. 영양밀도가 높은 식품은 그 식품이 주는 에너지 양에 비해 단백질이나 무기질, 비타민과 같은 다른 영양소의 양이 많은 것이다.

영양밀도(nutrient density)…식품에 들어 있는 열량에 대비하여 각 영양소의 함량을 상대적으로 나타낸 것

2. 식품 구성탑

건강한 식사를 하기 위해서는 식품의 다양성과 균형 그리고 절제의 원칙을 지켜야 한

[그림 1-9]…식품 구성탑. 한국인의 식품 구성탑은 윗부분으로 갈수록 작아져서 해당 식품군을 적게 먹어야 한다는 것을 표시하고 있다.

출처: (사)한국영양학회

USDA의 경제연구 자료에 의하면 미국인의 채소 섭취는 대부분 양상추와 감자로 이루어져 있고, 영양가가 많은 녹황색 채소는 8%뿐이라고 한다.

다. 다양성은 곡류와 야채, 과일, 유제품, 고기류를 골고루 섭취하는 것이다. 어떤 식품에는 단백질과 무기질이 많이 들어 있고, 어떤 식품에는 비타민과 식물화학물질이 많이 들어 있다. 그러므로 다양한 식품을 섭취할 때 영양 불균형이 생길 가능성이 낮아진다. 대한영양학회에서는 한국인들이 각각의 식품군을 얼마나 먹어야 하는지를 쉽게 알아볼 수 있도록 식품 구성탑을 만들었다. 이 식품 구성탑은 미국의 마이피라미드(MyPyramid) 아이디어를 한국화시킨 것이다. 곡물군, 채소와 과일군, 육류와 두류군, 우유와 유제품군, 그리고 유지와 당류의 5개 식품군의 상대적인 섭취 비율과 횟수를 정하였다. 탑의 가장 바탕이 되는 층에는 한국인의 주식인 곡류와 전분류를 놓고 양적으로 많이 먹어야 하는 채소와 과일류는 두 번째 층에 분류하였다. 반찬으로 주로 먹는 육류와 생선, 달걀 및 콩과 같은 단백질 식품은 세 번째 층에 놓고, 한국인의 식사에 부족하기 쉬운 칼슘 급원식품을 네 번째 단에 배치하였다. 이 층에는 주로 우유와 유제품이 해당된다. 가장 위층에는 에너지를 내는 단순당과 지방을 배치하였다. 탑의 윗부분으로 갈수록 부피가 작아지는 것은 해당 식품을 적게 먹어야 하는 것을 의미하고, 반대로 아랫부분으로 갈수록 상대적으로 더 많은 양 또는 더 여러 번 섭취해야 한다는 것을 표시하고 있다.

3. 식품 교환법

식품 구성탑은 어떤 종류의 식품을 몇 번이나 먹어야 하는지를 한눈에 쉽게 알게 하는 역할을 하지만 당뇨병이나 심장병과 같이 특정 영양소의 요구나 제한이 엄격하게 시행되어야 하는 이들에게는 사용하기 어려운 점이 많다. 예를 들어 세 번째 층에 배치된 육류와 생선, 콩제품군은 단백질 식품이라는 공통점이 있지만 반면 지방의 함량은 매우 다를 수 있다. 지방 함량이 높은 육류를 섭취 빈도에만 맞추어 먹게 되면 전체 섭

☀ 과학의 적용 : '전통적으로 건강한 지중해식 식품 구성탑'

1916년 덴마크의 의사인 랑겐은 고콜레스테롤 식사가 혈중 콜레스테롤을 높이고 심장질환의 유발률을 높인다는 가설을 세웠다. 그러나 이 가설이 실제 증거를 얻게 된 것은 1950년에 미네소타 대학 안셀 케이 교수의 역학조사 결과가 나옴으로써 가능했다. 안셀 케이 교수는 7개 대륙에 걸쳐 16개 지역의 127,763명을 조사한 '7대륙 식이 섭취 조사'를 통해 식사와 심장질환 유발률에 대한 상관관계를 밝혔다. 그의 연구에서 북유럽 식사는 유제품의 사용이 많고, 미국의 식사는 고기류가 주식이며, 남유럽에서는 야채와 콩, 생선과 와인이, 일본은 곡류와 콩 단백질 및 생선이 주가 되는 식사임을 보고하였다. 10년 동안의 추적연구 끝에 관상 심장질환의 유발률이 지역에 따라 놀라울 정도로 다르다는 것을 밝혀냈다. 예를 들어 크레타 섬에서는 심장질환으로 686명 중 단 1명만이 사망한 반면, 북유럽의 핀란드에서는 817명 중 78명이 사망하였다.

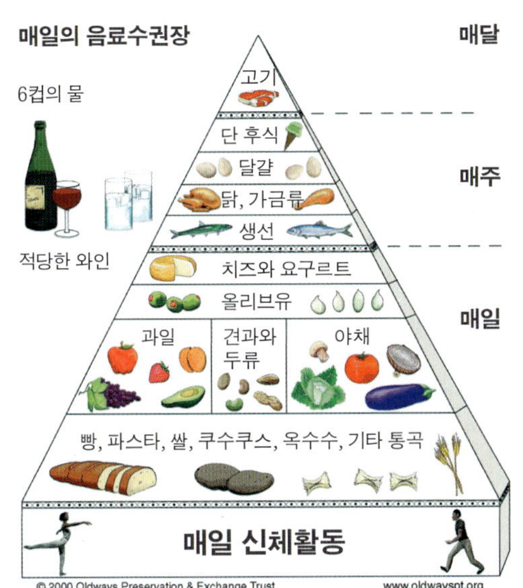

그 연구 결과로 심장질환은 포화지방과 열량의 섭취에 비례한다는 것을 확신하게 되었다. 일본과 같이 총 지방량과 포화지방량이 낮은 식사를 하는 지역에서는 심장질환으로 사망할 가능성도 낮았다. 핀란드와 같이 포화지방과 콜레스테롤을 많이 섭취하는 지역일수록 혈중 콜레스테롤도 높았고 관상동맥경화가 심했으며 심장질환 사망률도 높았다.

그러나 이 연구 결과 단순히 혈중 콜레스테롤과 관상심장병 발생률이 비례한다고만 보기에는 설명할 수 없는 현상이 일부 있었다. 혈중 콜레스테롤의 수준이 같은데도 다른 인구 집단에서는 다른 정도의 심장질환 위험률이 나타난 것이다. 예를 들어 북유럽에 사는 혈중 콜레스테롤이 200인 사람이 심장질환으로 사망할 확률은 남부 유럽에 사는 혈중 콜레스테롤 200인 사람보다 5배 이상 높았다. 이 결과는 콜레스테롤뿐 아니라 다른 식이 및 생활 환경 요인이 작용한다는 것을 의미한다. 지중해로 둘러싸인 남부 유럽은 관상 심장질환발생률이 낮은 지역 중 하나이다. 이들의 지방 섭취량은 낮은 수준이 아니다. 그러나 주로 지방의 급원으로 올리브유를 사용하고 있었고 통곡식과 야채를 주식으로 먹었으며, 매일 와인을 마시지만 많은 양을 마시는 것은 아니고, 비교적 스트레스를 적게 받는 생활습관을 가진 것으로 알려졌다.

오늘날 관상심장질환을 예방하기 위한 권장 음식들은 이들 지중해식 식생활 연구에서 나온 것이 많다. 심장질환을 예방하기 위해 포화지방을 줄이고 올리브유와 같이 정제되지 않은 식물성 유지를 사용하며, 통곡식과 과일 및 야채, 콩류 식품을 먹는 것을 권장하는 것이 대표적인 지중해식의 패턴이다.

40년이 지난 오늘날까지 '7대륙 식이 섭취 조사'는 계속하여 자료를 모으고 있다. 국경을 넘어선 역학 조사로 과학자들이 미처 알지 못한 관상심장질환의 비밀과 이 질환을 예방할 수 있는 더 좋은 식사 모델의 연구가 계속 진행되고 있다.

취 열량이 높아지고 포화지방량이 많아 심장질환이나 뇌혈관질환의 위험도가 높아진다. 이런 위험을 방지하기 위하여 식품을 탄수화물, 단백질과 지방, 열량이 비슷한 식품끼리 묶어서 1회 분량을 식품별로 제시한 것이 식품 교환법이다. 식품 교환법은 원래 열량을 제한해야 하는 당뇨병 환자들이 쉽게 식생활 계획을 할 수 있도록 미국당뇨병학회에서 고안한 것이다. 연령과 성별에 맞게 식품 교환 단위수를 지정해 줌으로써 전문가가 아니어도 필요한 열량과 영양소를 골고루 든 식단을 계획할 수 있다. 지금은

☀ 좀 더 생각하기 : '나의 식품 구성탑'

개개인의 나이, 생애 주기, 활동량에 따라 필요 영양소 요구량이 다른 점을 고려하여 개인에 맞게 식품 구성탑을 만들 수 있다. www.MyPyramid.gov에서 '나의 식품 구성탑 만들기'를 클릭하고 자신의 나이, 성별, 활동량을 입력하면 나의 식품 구성탑이 만들어진다.

1… 나이, 성별, 활동에 따른 나의 피라미드 만들기를 선택한다.
2… 하루 동안 먹은 음식을 모두 기록한다.
3… 각 음식이 어떤 식품군에 속해 있는지를 기록한다.
4… 나의 식품 구성탑과 내가 먹은 음식을 비교한다.
5… 어떤 음식을 변경하면 구성탑에서 권장하는 비율로 맞출 수 있는지를 본다.
6… 식단에서 영양밀도가 높고 에너지량은 낮은 식품을 찾아보고 그렇지 않는 식품을 바꾸어 본다.

[그림 1-10]…미국 식품 구성탑의 예. 개인적인 활동에너지 차이를 고려한 18세 여성(2,000kcal)의 식품 구성탑 그림

개인 활동 차이와 성별, 체구성을 감안한 식품 권장표

곡류(180g)	채소류(2 ½컵)	과일류(3컵)	우유(1컵)	고기와 두류(5 ½컵)
절반은 통곡식으로 먹는다.	**다양한 채소를 먹자.** **한 주 목표** 녹색채소 3컵 황색채소 2컵 풋콩과 완두콩 3컵 구근류 3컵 기타 채소 6과 1/2컵	**다양한 종류의 과일을 먹는다.** 주스는 삼간다.	**칼슘이 풍부한 음식을 고르자.** 우유나 요구르트, 치즈를 고를 때에는 저지방이나 무지방 제품을 선택한다.	**지방이 적게 든 육류** 지방이 적은 부위를 선택한다. 될 수 있는 한 다른 급원에서 단백질을 섭취한다.

식사와 신체 활동의 균형을 찾는다.	허용되는 지방과 단당류 및 소금량을 안다.
최소한 하루 **30분**은 운동한다.	유지류는 하루 6작은술이 허용치이다. 단당류와 기타 고체지방은 265kcal가 허용치이다.

이 결과는 2,000kcal 기준입니다.　　　　이름 ____________________

[표1-7]…나의 에너지 필요량 찾기

나이	남			여		
	저활동성	활동성	고활동성	저활동성	활동성	고활동성
	kcal					
16~18	2,400	2,800	3,200	1,800	2,000	2,400
19~20	2,600	2,800	3,000	2,000	2,200	2,400
21~25	2,400	2,800	3,000	2,000	2,200	2,400
26~30	2,400	2,600	3,000	1,800	2,000	2,400
31~35	2,400	2,600	3,000	1,800	2,000	2,200
36~40	2,400	2,600	2,800	1,800	2,000	2,200
41~45	2,200	2,600	2,800	1,800	2,000	2,200
46~50	2,200	2,400	2,800	1,800	2,000	2,200

저활동성: 하루에 30분 이하로 활발히 움직임 / **활동성**: 하루에 30~60분 정도 활발히 움직임/ **고활동성**: 하루에 60분 이상 활발히 움직임

[표1-8]…다른 에너지 수준에서 선택할 수 있는 단위 식품의 양

에너지 수준 (kcal)	1,800	2,000	2,200	2,400	2,600	2,800	3,000	3,200
곡류(30g)	6	6	7	8	9	10	10	10
채소류(컵)	2.2	2.5	3	3	3.5	3.5	4	4
과일(컵)	1.5	2	2	2	2	2.5	2.5	2.5
우유(컵)	3	3	3	3	3	3	3	3
고기(30g)	5	5.5	6	6.5	6.5	7	7	7
기름(작은술)	5	6	6	7	8	8	10	11

[표1-9]…식품 교환표

식품군		영양소(g)			열량 (kcal)	교환 단위 예
		당질	단백질	지방		
곡류군		23	2		100	감자 1개, 밥 1/3공기, 식빵 1쪽, 옥수수 1/2대, 삶은 국수 1/2공기
어육류군	저지방군		8	2	50	기름기 없는 소, 돼지, 닭고기 40g 생선 1토막, 조갯살 1/3컵
	중지방군		8	5	75	달걀 1개, 두부 1/5모, 햄 1장, 보통 기름기의 소, 돼지고기 40g
	고지방군		8	8	100	삼겹살이나 갈비 40g, 껍질 있는 닭다리 1개, 치즈 1과 1/2장
채소군		3	2		20	당근, 시금치, 가지, 배추, 깻잎, 무 등 70g
과일군		12			50	사과 1/2개, 귤 1개, 과일주스 1/2컵, 딸기 12개
우유군		11	6	6	125	우유나 두유 1컵, 분유 5큰술
지방군				5	45	마요네즈 1과 1/2큰술, 땅콩 1큰술, 잣 1작은술, 식용유, 참기름, 버터 1작은술

[표 1-10]…활동량을 고려하지 않은 연령별, 성별, 식품 교환 단위 수

연령	성	곡류군	어육류군		채소군	과일군	우유군	지방군	열량 (kcal)
			저지방	중지방					
1~2세	남녀	4	2	1	2	1	2	2	1,000
3~5세	남녀	6	1	3	4	1	2	3	1,400
9~11세	남	9	3	3	5	2	2	4	1,900
	여	8	2	3	4	2	2	3	1,700
20~29세	남	14	4	4	7	3	1	6	2,600
	여	10	3	4	7	2	1	4	2,100
50~64세	남	11	4	4	7	2	1	5	2,200
	여	9	3	3	7	2	1	4	1,800
75세 이상	남	10	3	4	7	2	1	4	2,000
	여	8	2	3	7	2	1	3	1,600

비만 또는 다른 질환으로 인해 식이 관리를 해야 하는 사람들에게도 식품 교환법이 편리하게 사용되고 있다.

식품 교환법에 따르면 20~29세의 남자는 하루에 곡류를 14교환, 어육류 중 저지방군 4교환, 중지방군 4교환, 채소 7교환, 과일 3교환, 우유 1교환, 지방 6교환에 해당하는 식품을 고르면 2,600kcal의 필요 열량을 충족시키면서도 충분한 비타민과 무기질, 단백질이 든 식사를 할 수 있다 [그림 1-10] [표 1-9] [표 1-10].

4. 영양 표시 제도

1. 식품 영양 정보의 목적

식품 영양 정보(food lable)…가공식품 속에 든 영양소의 양을 표시하고, 최신 영양 정보를 기록한 표

식품 영양 정보는 주로 대중이 건강을 유지하고 질병을 예방하는 최신 영양 정보를 전달하는 데 일차적인 목적이 있다. 대중을 위한 건강 가이드라인에 더하여 특정 대사성 질환을 가진 개인들에게 도움이 되는 정보를 기록하는 것이 중요하다. 로마의 철학자이자 과학자인 루크레티스는 다음과 같은 말로써 영양 정보가 가지는 중요성을 한마디로 정의하였다. "한 사람의 음식이 다른 사람에게는 쓰디쓴 독약이 될 수 있다." 예를 들어 음식 알레르기를 가진 이들에게 재료의 정보를 주는 것은 음식과 독약만큼의 차이를 만들어낸다.

2. 식품 영양 정보의 내용

1일 권장량(daily value)…건강한 사람이 매일 먹어야 하는 영양소의 양으로 식품 영양 정보의 기준량으로 사용된다.

식품 영양 정보에는 그 식품이 함유하는 영양 성분의 양을 표시를 하고 있는데 이는 일반 대중이 그 식품 내에 어떤 영양소가 어느 정도로, **1일 권장량**의 몇 퍼센트나 들어있는지를 쉽게 알수 있게 해 준다. 미국에서는 75% 이상의 식품에서 영양 표시 라벨을 찾아볼 수 있다. 우리나라에서도 가공된 식품에는 영양 표시 라벨을 붙이는 것이 의

무화되어 있다. 영양 표시 제도는 세계적으로 동일한 방식으로 사용되고, 영양소에 대한 정보도 표준화된 방법으로 제공되기 때문에 표시된 정보가 의미하는 바를 파악하는 것이 중요하다. 첨가물이나 강화된 영양소도 많은 것부터 나열하도록 되어 있으며, 특정 기준을 충족시킬 때는 무—, 저—, 고— 와 같은 접두사를 붙일 수 있다. 예를 들어 설탕의 양이 0.5g 이하면 '무설탕', 20mg 이하의 콜레스테롤이 들어 있으면 '저 콜레스테롤'이라고 쓰는 것이 허용된다. 일반적으로 과일이나 채소, 육류와 같은 생식품에는 영양 정보를 표시하지 않는다[표 1-11].

[표 1-11]… 영양 표시 라벨에 쓰이는 단어의 의미

단어	내용
무설탕	설탕이 전혀 없거나 1회 분당량 0.5g 이하 함유된 제품. '무, 제로, ~없이' 라는 표현도 동일하게 사용됨
설탕 감소	원래 제품보다 25% 이하 설탕량을 함유
제로 칼로리	가공 과정에서 설탕이나 설탕을 함유하고 있는 제품을 사용하지 않음 (100mg당 4kcal 이하)
고섬유질	1회 분량당 하루 권장량의 25%의 섬유소를 포함하고 있는 제품
좋은 섬유소 급원	1회 분량당 하루 권장량의 10~19%의 섬유소를 포함하고 있는 제품
저섬유질	1회 분량당 하루 권장량의 10% 미만의 섬유소를 포함하고 있는 제품
무트랜스지방	1회 분량당 트랜스지방이 전혀 없거나 0.5g 이하의 제품

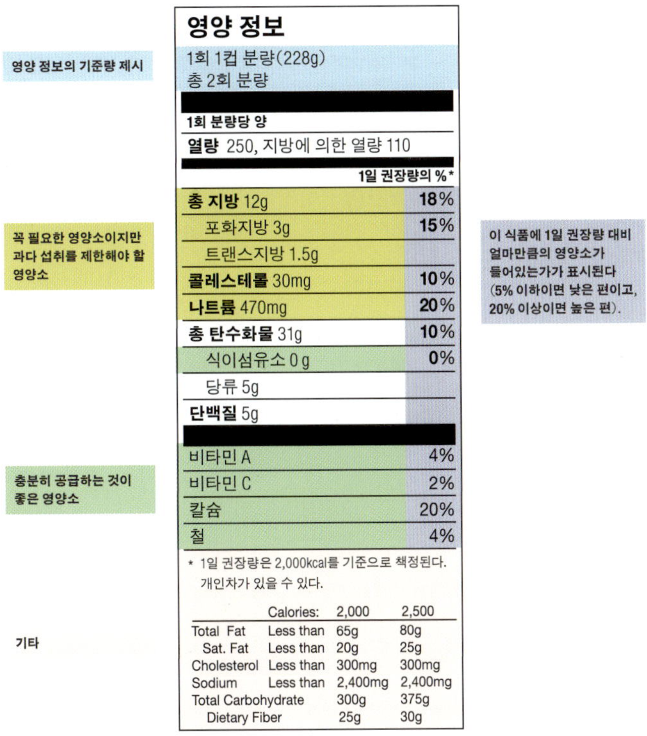

영양 정보

영양 정보의 기준량 제시

1회 1컵 분량(228g)
총 2회 분량

1회 분량당 양	
열량 250, 지방에 의한 열량 110	
	1일 권장량의 %*
총 지방 12g	18%
포화지방 3g	15%
트랜스지방 1.5g	
콜레스테롤 30mg	10%
나트륨 470mg	20%
총 탄수화물 31g	10%
식이섬유소 0g	0%
당류 5g	
단백질 5g	
비타민 A	4%
비타민 C	2%
칼슘	20%
철	4%

꼭 필요한 영양소이지만 과다 섭취를 제한해야 할 영양소

이 식품에 1일 권장량 대비 얼마만큼의 영양소가 들어있는가가 표시된다 (5% 이하이면 낮은 편이고, 20% 이상이면 높은 편).

충분히 공급하는 것이 좋은 영양소

* 1일 권장량은 2,000kcal를 기준으로 책정된다. 개인차가 있을 수 있다.

기타

	Calories:	2,000	2,500
Total Fat	Less than	65g	80g
Sat. Fat	Less than	20g	25g
Cholesterol	Less than	300mg	300mg
Sodium	Less than	2,400mg	2,400mg
Total Carbohydrate		300g	375g
Dietary Fiber		25g	30g

[그림 1-11]… 식품 영양 정보 읽는 법. 1990년에 발효된 영양표시법은 식품정보를 표준화된 방식으로 제공하도록 규정하고 있다.

'%' 표시는 권장량이 확정되어 있지 않은 영양소의 보충 정도를 나타내 준다. 예를 들어 "40% 오메가 3 지방산"이라거나 "캡슐당 10mg 들어 있다" 또는 "100g 연어기름에 든 오메가 3 지방산의 2배" 와 같은 표시에 해당한다.

3. 특수한 질환에 대한 예방 표지

아스파탐이나 MSG와 같은 첨가물들은 일반인들에게는 무해하지만 특수한 대사장애를 가진 사람들에게는 큰 문제가 될 수도 있다. 땅콩이나 밀가루, 콩과 같은 단백질 식품 역시 마찬가지로 알레르기를 가진 사람들에게는 라벨의 영양 성분명에 표시가 되어 있지 않을 정도로 소량 첨가되어도 문제가 될 수 있다.

3-1. 알레르기가 있는 사람들을 위한 정보 — 소비자보호법에 의하면 식품가공업자는 이 제품이 음식 알레르기원을 포함하는지를 명확히 밝혀 놓아야 한다. 주된 음식 알레르기원은 우유, 달걀, 땅콩, 견과류, 생선, 조개, 콩, 밀 등이다. 약 90%의 알레르기는 이들 8가지의 알레르기원에 의해 유발된다. 견과류는 구체적으로 아몬드, 피칸, 호두 등 이름을 구체적으로 밝혀야 하고 조개와 생선도 종을 적어야 한다. 예를 들어 농어, 대구, 숭어, 게, 랍스터, 새우 등 종목과 구체적인 이름이 들어가야 한다. 이 정보는 알레르기원이 든 식품을 사람들이 빨리 인지하여 의도하지 않았던 알레르기원을 먹는 일이 없도록 하기 위한 장치이다.

알레르기원은 세 가지 방식으로 알아볼 수 있다. 첫 방법은 재료란에 쓰는 것으로 우유가 사용되었으면 '우유'라고 쓰는 것이다. 두 번째 방법은 알레르기원이 될 수 있는 성분을 밝히는 것이다. 예를 들어 우유에 알레르기가 있는 사람은 우유단백질인 카

[그림 1-12]··· 영양 정보는 1회 제공당 몇 mg의 단백질이 있는가만을 말해준다. 그러나 아래 부분에 표시된 재료 항목에는 어떤 아미노산 또는 단백질이 제품을 만드는 데 사용되었는지를 기입함으로써 알레르기 반응을 피할 수 있게 한다.

재료: 닭육수, 당근, 익힌 흰살 닭고기(흰살 닭고기, 물, 소금, 소디움 포스페이트, 추출한 콩단백, 카라키난), 토마토, 생쌀, 쌀, 샐러리, 2% 미만의 소금, MSG, 옥수수단백질 분해물, 닭기름, 양파가루, 이스트추출물 분해산물, 파슬리 플레이크, 자연향료
콩재료 포함하고 있음

영양 정보
1회 1컵 분량 (239g)
총 2회 분량

1회 분량	
열량 100, 지방에 의한 열량 30	
	1일 권장량 %
총 지방량 1.5g	**2%**
포화지방 2g	**10%**
트랜스지방 0g	
콜레스테롤 15mg	**5%**
나트륨 850mg	**35%**
총 전분 15g	**5%**
식이섬유 1g	**4%**
당류 1g	
단백질 7g	
비타민 A 25%	•비타민 C 0%
칼슘 0%	•철 2%

* 1일 권장량은 2,000kcal를 기준으로 책정된다.

제인에 대해 알레르기를 가질 수 있다. 그러므로 우유를 피해야 할 뿐 아니라 카제인이 든 음식도 피해야 한다. 카제인은 종종 카제인산 나트륨으로 표시되어 있고 주로 미백제나 빙과류 토핑에 많이 사용된다. 그러므로 라벨의 재료란에는 '카제인(우유)'이라고 써주어야 하는 것이다. 세 번째 방식은 8가지의 알레르기원 중 하나나 그 이상의 재료를 이용해 가공식품을 만들었을 때 재료 리스트 끝에 '사용'이라는 단어를 사용하여 주된 알레르기원부터 나열해 주는 방식이다. 예를 들어 말미에 "밀과 콩으로 만든 재료가 사용되었습니다."라고 표시해 주면 그 제품에는 유화제 용도나 질감을 좋게 만들기 위해 콩단백질 추출물을 넣었다는 뜻이 된다. 콩을 피하려고 하는 사람들은 수프를 콩제품이라고 생각하지 않기 쉬운데 이와 같은 재료 말미의 경고는 이 제품이 콩으로 만든 재료를 포함하고 있음을 밝히는 것이다 [**그림 1-12**].

3-2. 특수질환과 관련된 표시 — 임산부나 고혈압, 관상동맥경화 등의 질환을 가진 사람들에게 도움이 되는 지식을 식품 영양 정보 속에 표시할 수 있다. 특별한 영양 성분이 건강에 도움을 준다는 내용이 영양 정보에 기입될 때는 식약청으로부터 허가를 받은 표현만이 가능하다 [**표 1-12**].

[표 1-12]···**건강에 관련된 영양 정보의 예**

칼슘과 골다공증	적정한 칼슘 섭취는 뼈건강을 유지하고 골다공증을 예방한다.
나트륨과 고혈압	저나트륨 식사는 고혈압의 위험을 줄여 준다.
식이지방과 암	저지방 식사는 특정암의 위험도를 낮춘다.
포화지방, 콜레스테롤과 관상동맥경화 위험	포화지방과 콜레스테롤이 낮은 식사는 혈중 콜레스테롤을 낮추고 특정 종류의 암발생률 낮춘다.
섬유소를 가진 통곡제품과 암위험	지방이 낮고 섬유소가 풍부한 통곡식품과 과일, 채소류는 특정 종류의 암 발생률을 낮춘다.
수용성 섬유소를 가진 과일, 채소, 곡류식품과 관상동맥 위험증	포화지방과 콜레스테롤이 낮은 식사와 수용성 섬유소가 많이 든 채소, 과일, 곡물은 관상동맥경화증의 위험을 낮춘다.
과일, 채소와 암	저지방과 채소, 과일 식사는 특정한 암종류의 발생위험을 낮춘다.
엽산과 선천성 신경관 기형	산모의 적당한 엽산의 섭취는 태아의 뇌나 척추의 시형 발생률을 낮춘다.
특정 식품 내 수용성 섬유소와 관상동맥경화증	귀리나 실리움씨의 수용성 섬유소로 심장질환 위험을 낮춘다.
식이당알코올과 충치	당알콜로 달게 만든 무가당 식품은 충치의 위험을 낮춘다.
콩단백질과 관상동맥 질환	식이 내 콩단백질도 혈액 내 콜레스테롤을 낮추어 심장질환의 발생률을 낮춘다.
식물스테롤/스타놀에스트와 관상동맥경화증	식물성 스테롤이 함유된 식사는 포화지방과 콜레스테롤이 낮아서 혈액 내 콜레스테롤 양을 낮추고 결과적으로 관상동맥경화증의 위험도를 낮춘다.

사례연구 후기

K양은 신입생 때 건강한 식사를 하는 것이 매우 어려웠다. 혼자 자취를 한다는 것은 분명히 건강한 식사를 하기에 좋은 환경은 아니었다. 그러나 정말 문제가 되는 것은 그녀가 그동안 영양소에 대한 정보와 지식을 별로 알지 못했다는 점이었다. 부모님의 경우를 봐서도 K양은 식생활 관련 질병의 유전적인 배경을 가지고 있기 때문에 더욱 조심해야 했다. 그녀는 이제 건강한 식사가 자신의 미래에 얼마나 중요한 일인지를 깨닫고 다양한 식품을 골고루, 적당히 먹는 것이 건강으로 가는 지름길이라고 확신하게 되었다. 그녀는 자신만의 식품 구성탑을 만들어 보고 될 수 있는 대로 그 안에서 적정 횟수대로 영양밀도가 높은 식품을 선택하려고 노력한다. 이제 1학기가 지나자 K양은 자신이 사먹는 식재료의 라벨을 읽고 무슨 의미가 있는지를 파악하는 것이 익숙해졌다. 또한 그 식품을 먹었을 때 신체에 미치는 영향에 대해 한 번 더 생각하게 되었다. K양은 이제 적당한 체중을 유지하고 있고, 이로 인해 건강에 대한 자신감도 생겨 활기 있는 대학 생활을 하게 되었다.

연습문제

1 30년 전과 비교하여 오늘날의 에너지 섭취율과 탄수화물 섭취량은 어떻게 달라졌는가?

2 식사가 중요한 발병 원인으로 지목되는 암은 어떤 것인가?

3 다량영양소란 무엇인가?

4 열량 영양소/구조 영양소/조절 영양소들의 이름을 각각 들어보시오.

5 영양밀도에 대하여 설명하시오.

6 식품 구성탑이란 무엇인가?

7 식품 교환군의 어육류는 어떤 식품으로 구성되어 있는가?

8 영양 표시 라벨에 '무설탕'이란 어떤 의미인가?

9 알레르기 정보에 들어가야 할 내용은 무엇인가?

Chapter 2

Digestion, Absorption and Metabolism

사례연구

S씨(여, 38세)는 의사로부터 우울한 소식을 들었다. 그녀는 혈압과 콜레스테롤 혈중치가 높을 뿐 아니라 고혈당 증세까지 보였다. 38살인 S씨는 약 152cm의 키에 약 100kg까지 체중이 불어 비참한 심정이었다. 그녀는 18세 때부터 과체중이었다. 비만은 아주 간단한 일도 어렵게 만들었다. 예를 들어 레스토랑이나 비행기의 좌석, 놀이공원의 기구에 몸을 구겨 넣어야 했고, 몸에 맞는 옷을 구입하는 것도 쉽지 않았다. S씨는 다이어트라는 다이어트는 모두 한 번씩 시도했던 경험도 있다. 그러나 일시적으로 살이 빠졌다가도 몸무게는 금세 되돌아왔고, 심지어 더 뚱뚱해지기도 하였다. 운동을 해보려 했지만 수영복을 걸치는 것도 창피하였고, 걷는 것만으로도 무릎이 비명을 질렀다. 이제 그녀의 몸무게는 건강을 심각하게 위협하고 있어서, 마지막 방법으로 그녀는 위의 일부를 잘라내는 수술을 고려하고 있다.

위를 잘라 소장과 연결시키는 수술은 그녀의 소화관을 두 가지 방식으로 변화시킬 것이다. 첫째, 위의 크기가 줄어 음식을 조금만 먹을 수 있을 것이다. 둘째, 소장의 길이가 줄어들어 먹은 영양소가 덜 흡수될 것이다. S씨는 이것이 극단적인 방법이라는 것을 알고 있다. 수술에 수반된 위험성도 있고, 수술 후 먹을 수 있는 음식의 종류나 양도 영구적으로 변하게 될 것이다. 이 수술을 받은 후에는 음식을 아주 조금씩 자주 먹어야 할 것이다. 과식을 하거나 잘못 고른 음식을 먹으면 고통스럽고, 진땀과 발한이 엄습하며, 구토를 할 것이다. 또 아주 조심한다고 해도 설사는 만성적인 문제가 될 수 있다. 잘라낸 소장 때문에 비타민 결핍증이 나타날 수도 있다. 그러나 그녀는 배고픈 것을 덜 느끼게 될 것이고, 자연히 덜 먹게 될 것이며, 몸무게가 줄어들 것이다. 그녀가 체중을 줄이기 위해 선택한 이 수술은 체중을 줄여주기는 하겠지만, 소화기계에 생긴 구조적인 변화로 인해 음식이 소화되는 방식과 영양소가 흡수되는 부위에 영구적인 영향을 미칠 것이다.

제 2 장 소화와 흡수 그리고 대사

학습목표

1 원자로부터 생명체까지 생명의 구조를 표시할 수 있다.
2 소화와 흡수를 정의하고 여기에 관계된 세 가지 기관을 묘사할 수 있다.
3 소화에서 점막과 효소, 신경과 호르몬의 역할을 설명할 수 있다.
4 입과 인후, 식도와 위, 소장 및 대장에서 일어나는 각각의 소화과정을 설명할 수 있다.
5 음식이 어떻게 소화관을 따라 아래로 밀려가는지를 설명할 수 있다.
6 소장의 구조가 그 기능을 어떻게 최대화하는지를 설명할 수 있다.
7 수동적 확산과 촉진확산, 능동수송의 차이를 구별할 수 있다.
8 수용성 물질과 지용성 물질의 흡수 및 수송 차이를 비교할 수 있다.
9 생체가 에너지를 얻기 위해 탄수화물과 단백질 그리고 지방을 이용하는 방법을 토론할 수 있다.
10 생체에서 생긴 노폐물들을 처리하는 네 가지 방법을 설명할 수 있다.

1. 우리 몸을 이루는 음식

'당신이 먹는 것이 바로 당신'이라는 오래된 속담은 문자 그대로 사실은 아니지만 생화학적으로는 진실이다. 우리가 먹은 음식들은 우리가 살아서 활동하기에 적합한 에너지를 공급하고 우리 몸의 구성물이 되며, 각종 조절 물질을 만드는 원료가 된다.

1. 원자와 분자

원자(atom)…한 원소의 성질을 유지하는 가장 작은 단위(예: O, H, C)로 화학적 방식으로는 더 이상 쪼갤 수 없는 물질
원소(element)…물질의 성질을 구성하는 최소단위(예: O_2, H_2)

화학 결합(chemical bond)…원자를 서로 붙들어 주는 힘

우리 몸과 우리가 먹는 음식은 지구 상의 모든 물질과 마찬가지로 **원자**로 이루어져 있다. 원자는 화학적인 방식으로는 더 이상 쪼갤 수 없는 작은 입자이다. 서로 다른 **원소**의 원자는 각각 다른 성질을 가진다. 탄소, 수소, 산소와 질소는 우리 몸과 음식 속에 가장 풍부하게 들어 있는 원자이다. 이 원자들은 **화학 결합**에 의해 분자를 이룬다. 지구 상의 모든 생명체는 탄수화물이나 지방, 단백질, 비타민과 같이 2개 이상의 탄소로 이루어진 유기 화합물 분자에 근본 구조를 두고 있다. 이들을 유기질 영양소라고 부르는데, 소금이나 철과 같은 무기 이온으로 만들어진 무기 화합물 영양소와는 구별된다.

2. 세포와 조직 그리고 기관

분자(molecule)…2개 이상의 같거나 다른 원자가 화학 결합하여 만들어진 물질
세포(cell)…식물과 동물 생명체가 생명을 유지하기 위한 기본적인 구조, 기능 단위

살아 있는 생명체에서 세포는 **분자**들로 구성되어 있다. **세포**는 생명의 최소 단위이다. 비슷한 구조와 기능을 가진 세포들은 조직을 형성하게 된다. 인간의 몸은 네 가지 종류의 조직, 즉 근육과 신경, 상피와 결합조직으로 만들어져 있다. 이 조직들이 여러 가

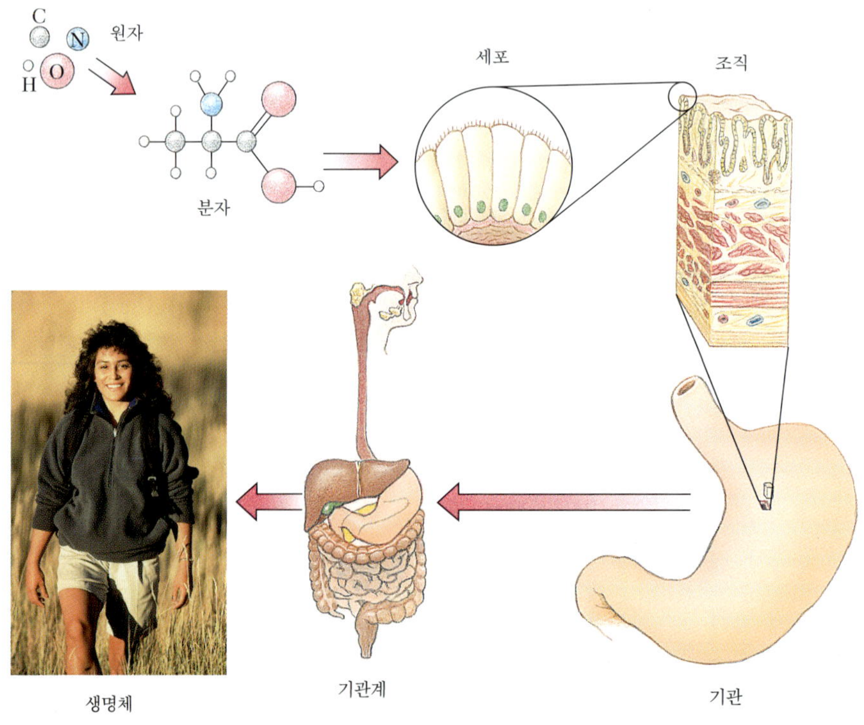

[그림2-1]…생명체의 구조는 원자로부터 시작하여 분자를 이루고 세포를 형성하며 조직과 기관과 기관계를 형성한다.

지 조합으로 섞여 **기관**을 만든다. 기관은 신체의 특정한 기능을 수행하기 위해 구별된 조직이다. 소장을 예로 들어 보면 근육과 신경, 상피조직과 결합조직이 모두 모여 소장벽을 형성한다.

기관(organ)…한 가지 이상 조직이 모여 특정 기능을 수행하는 구별되는 구조

3. 기관계

기관들은 대개 단독으로 기능을 가지는 것이 아니라 여러 개로 연합된 기관의 한 부분으로 존재한다. 이들 서로 협력하는 기능을 수행하는 기관들의 묶음을 기관계라고 한다. 사람의 기관계는 신경계와 호흡계(폐), 비뇨계(신장과 방광), 생식계, 심혈관계(심장과 혈관), 임파/면역계, 근육계, 골격계, 내분비계(호르몬들), 피부계, 소화계로 이루어져 있다[**표 2-1**]. 한 기관이 한 개 이상의 여러 기관계에 속할 수도 있다. 예를 들어 췌장은 소화계의 일부이자 내분비계의 주요 기관이다. 한 생명체가 살아가기 위해서는 여러 기관계의 조화로운 활동이 필요하다.

소화계는 외부 영양소가 생체 내로 유입되는 과정을 책임지는 기관계이다. 그러나 다른 여러 기관계도 이들 영양소의 이용 과정에 기여한다. 내분비계는 음식의 섭취와 흡수를 돕는 화학적인 전달 물질을 분비한다. 신경계는 소화관 내에서 음식의 전달 속도를 조절하는 신경신호를 보냄으로써 소화에 도움을 준다. 일단 흡수된 영양소들은 심혈관계를 통하여 개별 세포로 전달된다. 신체의 비뇨계, 호흡계, 피부계들은 대사 노폐물들의 제거에 도움을 준다.

[**표 2-1**]…기관계의 기능

기관계	포함 기관	기능
신경계	뇌, 척수, 관련 신경들	내외의 자극에 반응하고 정보를 근육과 분비샘에 전달하여 움직이게 한다. 다른 기관계의 활동을 통합하는 역할
호흡계	폐, 기관지, 기도	혈관계에 산소를 공급하고 이산화탄소를 제거하는 역할
비뇨계	신장과 요도 및 연관구조	혈액에서 수분과 전해질 및 산과 알칼리의 균형을 조절하고 노폐물을 배설하는 역할
생식계	고환과 난소 및 주변 구조	후손을 만드는 역할
심혈관계	심장과 혈관	산소와 영양소를 공급하며 노폐물들을 이동시키는 혈액 수송의 역할
면역계	림프와 백혈구를 관장하는 임파선	외부의 침입에 방어하며 혈관에서 새어나온 액체를 모으고 지용성 영양소의 수송에 관여
근육계	골격근	구조를 형성하고 운동 능력 부여
골격계	뼈와 관절	내장을 보호하고 지지하며 운동에 필요한 근육 활동의 틀을 형성
내분비계	뇌하수체, 부신, 갑상선, 췌장, 분비샘	성장과 생식 및 영양소의 사용 등을 조절하는 호르몬의 분비에 관여
피부계	피부, 모발, 손발톱 및 땀샘	몸을 덮어 보호하고 체온 조절에 도움
소화계	구강, 인후, 식도, 위장, 소장, 췌장, 간과 담낭	음식을 먹고 소화하며 영양소를 흡수하여 혈관으로 유입시키며, 흡수되지 않은 음식 잔여물을 제거하는 역할

출처: Mariev,E.N의 인체구조와 생리(5판 2000년 Benjamin/Cummins 출판사)

2. 소화계의 개관

소화(digestion)…식품을 체내에 흡수할 수 있을 정도의 작은 단위로 분해하는 것
흡수(absorption)…외부의 물질을 체내로 끌어들이는 과정
소화관(gastrointestinal tract)…구강에서 인두, 식도, 위, 소장과 대장 및 항문으로 구성된 속이 빈 튜브 모양의 관, 여기에서 영양소의 소화와 흡수가 일어난다.

소화계는 **소화**와 **흡수**라는 2개의 큰 기능을 담당한다. 대부분의 음식 속에 든 영양소들은 생체로 흡수되기 전에 소화가 되어야 한다. 예를 들어 통밀빵 한 조각이 그대로 **소화관**을 가로질러 흡수될 수는 없다. 먼저 조각조각 부서져 그 속에 든 탄수화물, 단백질, 지방으로 나뉘어야 한다. 그런 다음 탄수화물들은 당류로, 단백질들은 아미노산으로, 지방은 지방산으로 각각 분해되어야 우리 몸에서 흡수할 수 있다. 통밀빵 속에 든 섬유질은 탄수화물이기는 하지만 소화가 될 수 없고 따라서 몸속으로 흡수되지 않는다. 섬유소와 다른 흡수되지 않는 물질들은 소화관을 통과하여 대변으로 배출된다.

1. 위장관 소화계의 구조

소화계의 주요 부분은 위장관이다. 위장관은 다른 말로 소화관, 영양관, 장관 등으로 불리며, 입에서 항문까지 약 130cm 정도 길이의 속이 빈 튜브 모양 관이다. 소화기관을 구성하는 기관들로는 구강, 인두, 식도, 위장, 소장, 대장, 항문이 있다[그림 2-2].

이런 기관들로 이루어진 내부 공간을 내강이라고 부르는데 내강 속의 음식물들은 아직 몸 내부로 흡수된 것이 아니므로 엄밀히 말하자면 체외에 존재하는 것이 된다. 그러므로 소화시키지 못하는 음식물을 삼켰을 때(예를 들어 사과씨 같은 것) 이들은 소화관을 통과하여 **대변**으로 배출된다. 음식들은 흡수 과정을 통하여 체내로 이동된 후 세포로 전달되어 용도대로 사용된다.

대변(feces)…소화되지 않는 지방 잔여물과 섬유소, 기타 세균, 점막과 죽은 세포 등 소화관에서 떨어져 나온 물질들이 항문을 통과하여 배설되는 것

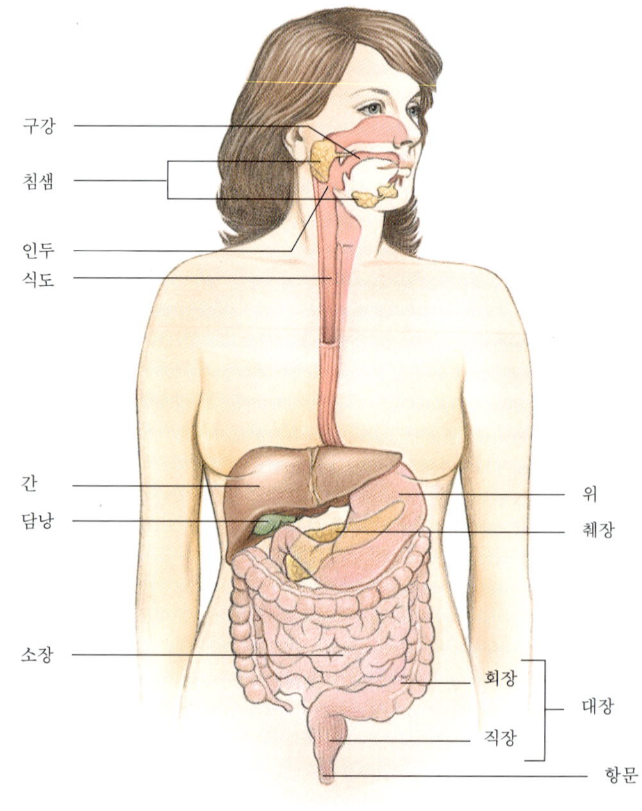

[그림 2-2]…소화계는 구강, 인두, 식도, 위, 소장, 대장, 항문과 같이 소화관을 구성하는 여러 기관들과 침샘이나 간, 담낭, 췌장과 같은 부속 영양 기관들로 이루어져 있다.

1-1. 통과 시간 — 음식이 구강에서 위장관을 지나 항문까지 이르는 데에는 일정한 시간이 필요하다. 이를 **통과 시간**이라고 한다. 건강한 어른의 경우 통과 시간은 24시간에서 72시간 정도 걸린다. 이 시간에 영향을 미치는 것은 식이의 구성, 신체 활동, 감정 상태, 복용 중인 약물, 그리고 질병 등의 신체 조건에 따라 다를 수 있다. 통과 시간을 측정하기 위해 연구자들은 음식에 흡수되지 않는 색소를 넣어 먹인 후 대변에 색소가 나타날 때까지의 시간을 측정한다.

통과 시간(transition time)…음식을 먹은 후부터 소화되지 않는 노폐물을 제거하는 데까지 걸리는 시간

1-2. 위장관 벽의 구조 — 위장관 벽은 네 개 층의 조직으로 구성되어 있다[**그림 2-3**]. 내강의 내면을 싸고 있는 것은 **점막**이다. 점막 세포들은 한 층을 이루어 소화된 산물들을 흡수하는 중요한 역할을 한다. 점막 세포들은 거친 음식물들과 격렬하게 문질러질 뿐 아니라 강한 소화효소들과 직접 접촉하는 면이다. 그러므로 이 점막 세포들은 생존 주기가 아주 짧아 수명이 2~5일에 불과하다. 점막 세포는 우리 몸에서 교체가 가장 활발히 일어나는 세포들이다. 세포가 죽으면 죽은 세포들은 내강으로 떨어져 나와 소화효소에 의해 소화된 후, 일부 성분들은 흡수되고 나머지들은 대변으로 배출된다. 점막 세포들이 이렇게 교체가 빠르기 때문에 점막 층은 영양소의 소비량이 대단히 크다. 그러므로 생체가 영양 결핍 상황에 처하게 될 때 소화관의 점막은 우리 몸에서 가장 먼저 손상받는 조직이 된다. 점막층을 싸고 있는 것은 결합조직으로서 신경과 혈관이 결합조직 사이를 지나간다. 혈관은 점막에 영양을 공급해 주며 신경층은 소화액의 분비와 근육 수축을 위한 정보 전달 역할을 한다. 그 다음 층은 근육층으로서 사람이 의지대로 움직이지 못하는 불수의근으로 이루어져 있다. 이 평활근육들이 수축하고 이완하면서 음식물들을 혼합, 교반하고 더 작은 입자로 쪼개어 장관 하부로 음식물들이 밀려가게 만든다. 근육층을 싸는 최외층은 결합조직으로 장을 보호하고 지지하는 역할을 한다.

점막(mucosa)…소화관 같은 체내 내강을 덮고 있는 가장 안쪽 조직

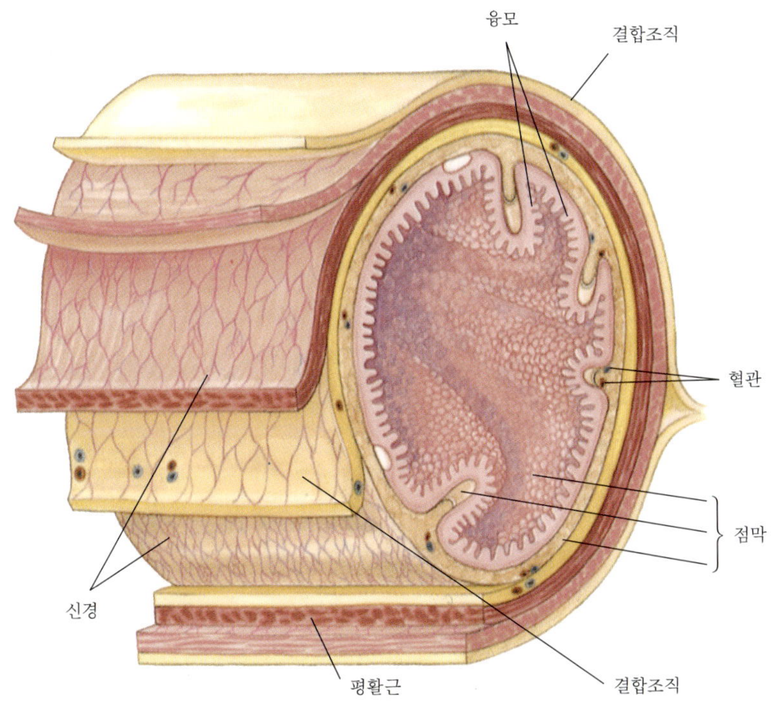

[**그림 2-3**]…소장벽의 단면도. 점막과 결합조직, 평활근층, 외부 결합조직 등 네 개의 조직층이 보인다.

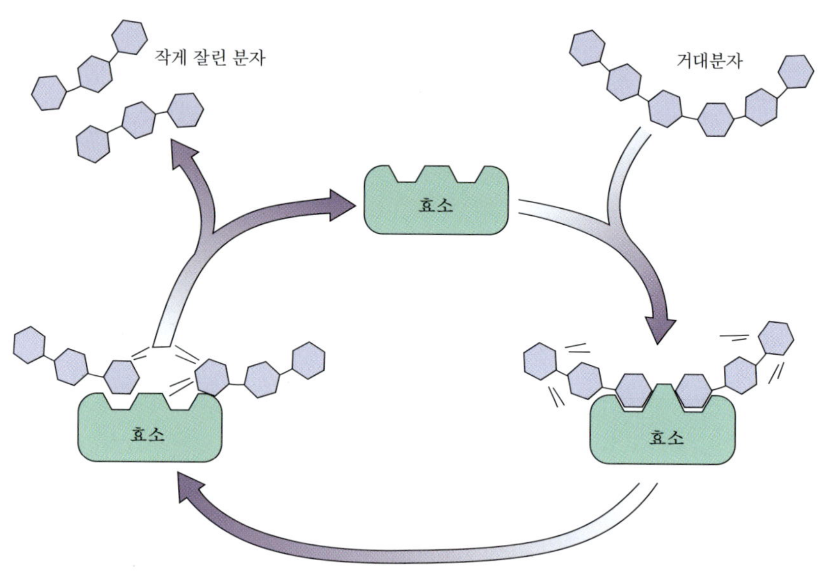

[그림 2-4]…효소는 화학 반응에 의해 변화하지 않는 물질이지만 주변 기질을 변화시킴으로써 화학 반응 속도를 높여 주는 생화학적인 촉매이다. 그림에서와 같이 효소는 큰 분자의 구조적인 변화를 유도하여 작은 2개의 분자로 쪼개어지는 데 도움을 준다.

2. 소화액 분비

점액(mucus)…소화관이나 다른 부위에서 분비되는 끈끈한 액체로서 윤활 작용과 보습 작용 및 거친 환경으로부터의 세포보호 작용을 한다.

효소(enzyme)…자신이 직접 참가하지는 않아도 특정 화학 반응의 속도를 빠르게 해 주는 단백질 촉매

소화관 내강에서 일어나는 소화는 소화액들에 의해 도움을 받는다. 소화관에서 분비되는 소화액은 **점액**과 효소 성분으로 이루어져 있다. 점액은 점막층 내의 포도주 잔 모양으로 생긴 배상 세포에서 분비되는 것으로 끈끈한 점성을 가진다. 점액은 소화관을 적셔 주고 음식물과의 마찰 시에 윤활제 작용을 함으로써 소화관을 보호한다. 소화액의 다른 중요한 구성물은 **효소**이다. 효소는 단백질 분자로 그 자신은 변화하지 않으면서 주변 기질의 화학 반응 속도를 가속화시켜 주는 생화학 촉매이다[그림 2-4].

소화에서 효소는 음식의 분해를 촉진하는데, 분해할 음식의 구성 성분에 따라 각기 다른 효소가 필요하다. 예를 들어 탄수화물을 소화시키는 효소는 지방이나 단백질을 소화시키는 데는 아무 역할을 하지 못한다. 마찬가지로, 지방을 분해시키는 효소는 탄수화물의 분해에는 영향을 미치지 않는다. [표 2-2]에 소화효소의 종류와 역할을 기술하였다.

3. 소화관 기능의 조절

소화관의 기능은 신경 신호에 의해 활성화되거나 저해된다. 음식을 보거나 음식 냄새를 맡는 것만으로도 실제로 장에 음식이 있는 것과 거의 비슷하게 소화관 전체의 신경이 자극된다. 입 안의 음식은 신경 세포를 자극하여 위에 음식이 도착할 것을 예비하도록 한다. 신경 자극은 근육을 수축하게 만들어 장내에서 음식을 교반하고 혼합하며 영양분을 흡수하기에 충분한 속도로 음식이 장 하부로 진행되게 한다. 또한 신경 정보는 소화액 분비를 자극하거나 저해하기도 한다. 예를 들어 입 안의 음식은 위의 소화액 분비를 촉진한다. 음식이 소화관의 일부를 통과하면 소화액 분비는 줄어들며 근육 활동은 감소하여 에너지와 생체 자원의 효율적인 사용을 유도한다. 소화관의 신경은 또한 뇌와 교류하여 소화 활동이 신체의 다른 필요 활동과 조화되게 한다.

호르몬(hormone)…한 지점에서 생성되어 혈액으로 분비된 후 체내 다른 지역에서 활성을 나타내는 화학적인 신호 물질

소화관의 활성은 또한 **호르몬**에 의해서도 조절된다. 호르몬은 소화관 벽에 있는 세포나 부속 기관에 있는 세포에서 만들어져 혈액을 통해 분비된다. 호르몬 신호는 음

[표2-2]…효소의 기능

효소	존재하는 곳	활성
침 아밀라제	구강	전분을 덱스트린으로 분해
렌닌	위	우유의 단백질인 카제인을 응고되게 함
펩신		단백질을 폴리펩티드사슬과 아미노산으로 분해
트립신	췌장	단백질과 폴리펩티드를 더 짧은 폴리펩티드로 분해
키모트립신		단백질과 폴리펩티드를 더 짧은 폴리펩티드로 분해
카르복시펩티다아제		폴리펩티드를 아미노산으로 분해
리파아제		지방을 지방산과 모노글리세리드, 글리세롤로 분해
췌장 아밀라아제		전분을 짧은 덱스트린과 말토즈로 분해
카르복시펩티다아제	소장	폴리펩티드를 아미노산으로 분해
아미노펩티다아제		폴리펩티드를 아미노산으로 분해
디펩티다아제		폴리펩티드를 아미노산으로 분해
리파아제		모노글리세리드를 지방산과 글리세롤로 분해
수크라아제		설탕을 포도당과 과당으로 분해
락타아제		유당을 포도당과 갈락토스로 분해
말타아제		맥아당을 포도당으로 분해
덱스트리나아제		덱스트린을 포도당으로 분해

식이 도달할 때 장관의 여러 부위가 동시에 준비되게 만들며, 따라서 영양소의 소화와 음식 전달 속도를 통합적으로 조절할 수 있다. 소화관에서 분비되는 일부의 호르몬과 기능은 [표2-3]과 같다.

[표2-3]…소화 호르몬의 기능

호르몬	분비 지점	기능
가스트린	위 점막	위샘에서 염산과 펩시노겐의 분비가 자극되고 위장의 운동성과 음식 배출 기능이 강화된다.
소마토스타틴	위와 십이지장의 점막	위의 소화액 분비와 위장 운동성, 음식 배출력을 저해하여 위에서 음식이 서서히 배출되게 한다. 췌장 분비와 소장의 흡수를 저해하고, 담낭의 수축과 담즙 분비를 저해한다.
세크레틴	십이지장 점막	가스트린의 분비를 저해하고 운동성을 낮춘다. 십이지장 점막에서 수분과 중탄산염의 분비를 증가시킨다. 간에서 담즙 분비를 증가시킨다.
콜레시스토키닌(CCK)		담낭의 수축을 증가시켜 담즙을 배출하게 한다. 효소가 많은 췌장액의 분비를 돕는다.
위저해성펩타이드(GIP)		가스트린의 분비를 억제하고 위의 운동성을 낮춘다.

4. 소화관과 면역기능

항원(antigen)…주로 단백질로 이루어진 외부물질로 체내에 들어와 면역 반응을 유발한다.

항체(antibody)…면역 세포에서 만들어진 단백질로 외부 침입 물질을 파괴시키거나 불활성화시킨다.

음식 알레르기는 소화관의 면역계가 음식 속에 있는 분자들을 영양소로 보기보다는 침입자로 착각하면서 나타나는 증상이다. 음식 알레르기는 총 인구의 약 2% 정도 발병하며 특히 3세 이하 어린이들의 6% 정도가 음식 알레르기를 가진다. 해마다 음식 알레르기로 사망하는 사람의 수는 150명 정도이며, 알레르기를 가장 흔하게 일으키는 음식은 해산물, 땅콩, 견과류, 생선, 달걀 등이다.

소화관은 외부로부터 침범하는 공격 인자에 대해 신체 방어 기전을 담당하는 면역계의 역할도 한다. 소화관은 독성 물질이나 질병을 유발하는 유기체가 몸속으로 흡수되지 않게 만드는 일차적인 차단막이다. 만약 세균이나 **항원**이 소장 세포를 통과할 경우에도 면역계는 이들이 전신으로 퍼지지 않도록 차단하는 여러 겹의 안전 장치를 소화관 주변에 포진시켜 놓고 있다. 이들 안전 장치는 일련의 세포들과 화학 물질들로 이루어져 있고 세균이 침입하면 혈액 속으로 분비되어 방어 전선을 만든다. 면역계에 관계하는 세포는 여러 종류의 백혈구들로 소화관 주변에 풍부하게 배치되어 있어 소장 점막 세포를 뚫고 들어온 침입자들을 빠른 시간 내에 죽이는 역할을 한다. 첫 번째 종류의 백혈구는 침입자의 종류에 상관없이 외부 침입 물질을 통째로 삼키는 식세포들이다. 이 세포들은 외부 침입 세포를 먹어치울 뿐 아니라 화학 물질들을 분비하여 림프구라고 불리는 다른 면역 세포들에게 신호를 보내 전투 준비를 하게 한다. 림프구는 공격할 수 있는 대상이 아주 제한되어 있어 선택적으로 사용된다. 어떤 림프구는 침입자나 항원과 직접 결합하여 파괴를 유도한다. 이런 종류의 림프구는 암세포를 제거하거나 자기 것이 아닌 조직, 바이러스나 세균에 감염된 자기 세포들을 선별하여 제거한다. 다른 림프구들은 **항체**라고 알려진 단백질 분자들을 분비하여 작용한다. 항체는 침범한 항원과 결합하여 항원을 파괴되기 쉽게 만든다. 각 항체는 서로 다른 항원의 구조에 맞는 방식으로 제조되므로 항원 선택성이 뛰어나다. 신체가 특이한 항원에 대한 항체를 한 번 만들게 되면 림프구는 이를 기억하여 다음에 다시 이 항원이 침범할 때 빠른 시간 내에 대량으로 항체를 만들어낼 수 있다.

면역계는 수많은 침입자에 대항하여 작동하므로 그 대부분은 우리가 의식하지도 못한 채 진행된다. 그러나 때때로 외부 물질에 대한 면역계의 반응은 바로 알레르기를 일으키는 원인이 되기도 한다. 알레르기는 음식물이나 주변 환경에 있는 물질에 대하여 우리의 면역계가 항체를 만들 때 생긴다. 예를 들어 음식 알레르기는 음식물 내의 단백질이 우리 몸에서 외적의 침입으로 간주되면서 일련의 면역 반응이 연쇄적으로 일어나는 것이다. 이때 발생되는 면역 반응은 두드러기부터 호흡 곤란으로 인해 생명이 위험해질 수 있는 지경까지 다양한 범위로 진행될 수 있다.

3. 소화와 흡수 과정

음식이 생체에서 사용되기 위해서는 섭취된 뒤 먼저 소화되어야 한다. 그리고 소화된 영양소들은 흡수되어 체세포막을 통과하여 전달되어야 한다. 대부분의 음식들은 탄수화물과 지방 그리고 단백질의 혼성물이기 때문에 소화관은 이들 영양소들이 소화와 흡수 과정에서 서로 경쟁하지 않도록 생리적인 조화를 이루고 있다.

1. 시각, 청각, 후각

소화관은 음식이 입 안으로 들어오기도 전에 이미 활성화된다. 음식이 준비되는 동안 식당에서 수저와 식기가 챙그랑거리는 소리라든가 초콜릿 케이크를 보거나, 바로 구운 빵 냄새와 같은 시청각 정보는 감각기관을 통해 뇌로 인지된다. 그러면 입에 침이 고여 입 안을 적시고 위장에서는 소화액들이 분비되기 시작한다. 이런 반응은 신경계가 위에 음식에 대한 준비를 시키는 과정으로, 이런 대뇌적 반응은 신체가 음식을 필요로 하지 않을 때에도 시각과 후각, 또는 과거의 경험과 기억 등에 의해 반사적으로 일어날 수 있다.

2. 구강

구강은 음식이 소화관으로 들어가는 진입 지점으로, 음식을 맛보고 기계적으로 저작하며 화학적인 소화가 시작되는 기관이다. 구강 내에 음식이 있으면 타액이 흐르기 시작하는데 타액은 얼굴의 양 옆과 혀 아래, 눈 아래 존재하는 여섯 개의 침샘으로부터 분비된다[그림 2-2]. **타액**은 구강을 청소해 주며 치아가 부식하는 것을 막아 주고 상부 소화관을 적셔 주어 윤활유 역할을 한다. 타액은 음식을 적셔 줌으로써 우리가 맛을 볼 수 있게 한다. 음식 속에서 맛을 내는 분자들이 일단 침에 녹아야 혀에 존재하는 미뢰 속으로 들어가 맛이 감지된다. 또한 타액은 탄수화물의 화학적 소화를 시작하게 하는데, 이는 침 속에 들어 있는 아밀라제 때문이다. **침 아밀라제**는 빵이나 곡류 속 전분을 이루는 긴 포도당 사슬을 잘라 짧은 포도당 사슬로 만든다. 타액은 또한 충치를 방지하는데, 이는 음식 조각들이 이에 들러붙지 않게 씻어내는 역할을 하기 때문이다. 또한 침은 **리소자임**이라는 효소를 가지고 있어서 세균의 성장을 억제하는 역할을 하고 충치를 방지하는 데 일조한다.

타액(saliva)…입 안의 침샘에서 분비되는 끈끈한 점성 분비액으로 윤활제와 효소 등을 포함하고 있다.

침 아밀라제(salivarg amylase)…침샘에서 분비되는 효소로 전분을 분해시킬 수 있다.

리소자임(lysozyme)…침이나 눈물, 땀 등에 있는 효소로 특정 종류의 세균을 파괴시킬 수 있다.

소화효소는 음식 입자의 표면에서만 작용할 수 있으므로 기계적으로 음식을 부수는 조작인 저작에 의해 소화효소와 닿을 수 있는 표면 면적이 넓어진다. 성인은 32개의 치아를 가지고 있는데 치아의 위치에 따라 부수고 갈고 잡아뜯고 무는 역할을 담당한다. 혀는 음식들을 치아 사이로 재배치시킴으로써 저작을 돕는다. 혀의 움직임은 또한 침과 음식을 섞어 주고 침으로 음식이 한 덩어리로 뭉치면서 삼키게 도와준다. 저작은 영양소를 가둬두는 물리적인 구조물인 섬유질을 부수는 역할을 하여 음식에서 영양 성분이 잘 유리되게 한다. 만약 섬유질이 부서지지 않으면 일부 영양소는 흡수될 수 없다. 즉, 잘 씹지 않으면 건포도나 옥수수 알맹이는 그대로 위장관을 통과하여 섬유질 껍질 내부에 든 영양소들을 전혀 이용할 수 없게 된다.

3. 인두

음식이 씹혀서 한 덩어리로 뭉쳐지면 혀는 이 음식물을 **인두** 쪽으로 밀어 보내 삼키게 한다. 인두는 소화관과 호흡기관이 공유하는 길로, 음식물과 액체는 인두를 통과하여 위장으로 내려가고 공기는 폐로 전달된다. 음식물을 삼키는 것은 의식적으로 근육을 수축시켜서 일어나는 일이지만 그 이후는 신경의 조절 하에 자동으로 진행된다. 삼키는 동안 공기 통로는 **후두개 연골**에 의해 밸브처럼 닫혀 음식물을 위로 향하게 한다[그림 2-6]. 때때로 음식이 상부 공기 통로로 지나가게 되는데 이때 반사적으로 재채기가 나면서 음식이 빠져나가게 된다. 그렇지 않으면 음식이 기도를 막아 질식에 이르게 된다. 음식에 의해 기도가 완전히 막히게 될 때 신속하게 하임리크 동작을 수

인두(pharynx)…식도와 위를 연결하는 소화관의 일부

후두개 연골(epiglottis)…음식을 삼키는 동안 기도를 막아 주는 역할을 하는 탄성이 강한 결합조직이다.

[그림2-5]…ⓐ음식물 덩어리를 삼킬 때 음식물은 후두개 연골을 아래로 밀어 기도를 차단한다. ⓑ만약 음식이 기도에 걸리게 되면 그림과 같은 하임리크 동작으로 음식물을 밀어낼 수 있다.

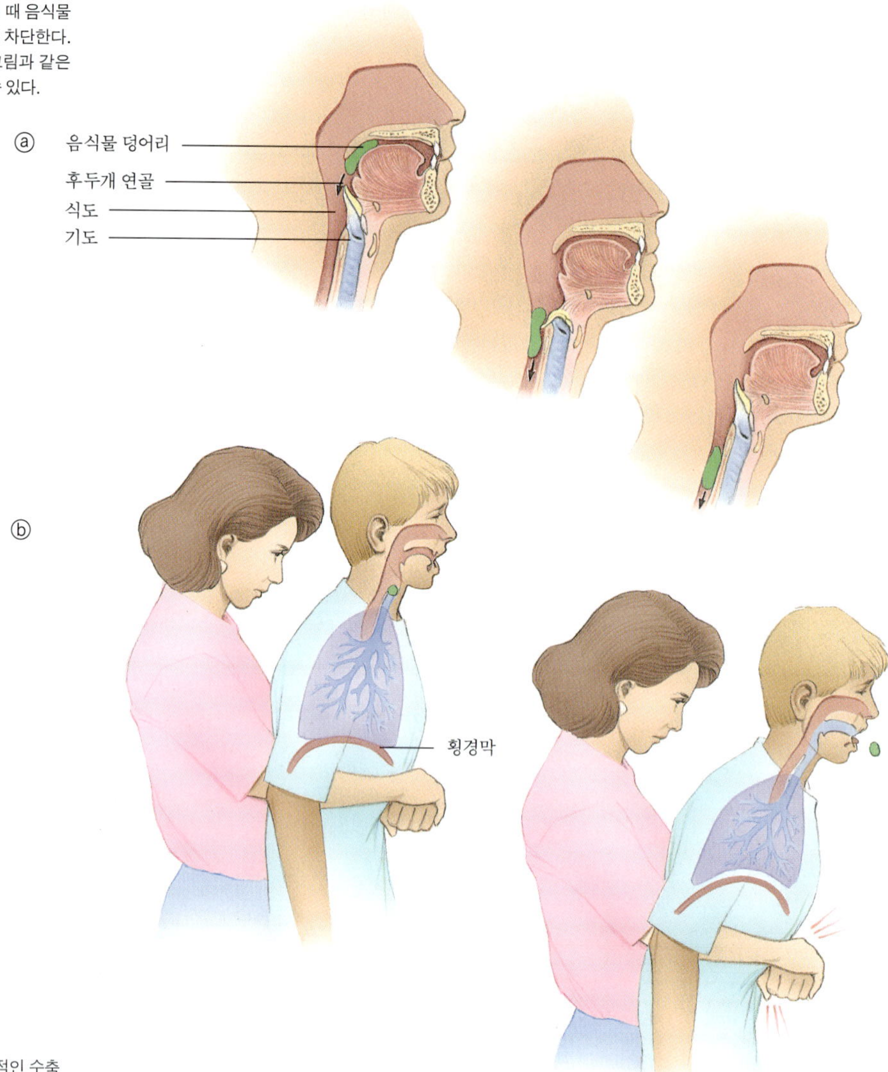

[그림2-6]…음식은 연동 근육의 주기적인 수축에 의해 식도로 내려간다. 고리 모양의 근육이 음식물 덩어리를 앞으로 밀고, 길이 방향으로 배열된 근육은 음식물 앞의 통로를 짧게 줄여 주어 연동파가 형성된다. 연동파가 위에 이르면 분문 괄약근이 이완되면서 음식물은 위로 들어간다.

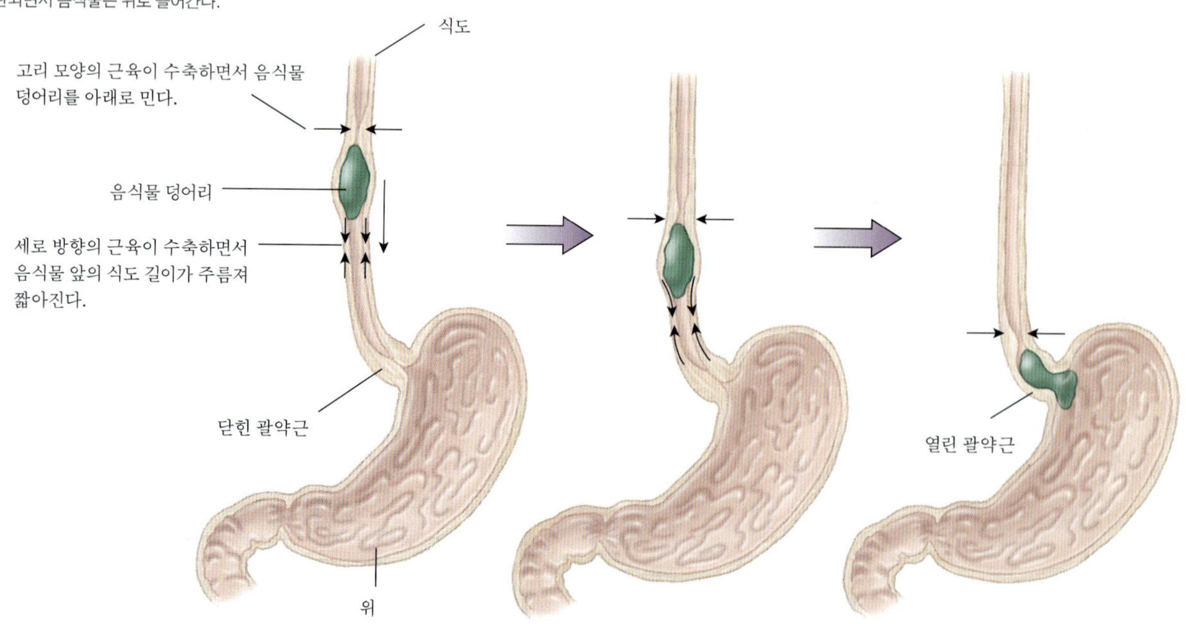

행하면 생명을 구할 수 있는데 이는 상복부에 갑작스럽게 압박을 가함으로써 폐의 공기가 빠져나가는 힘을 이용하여 기도를 막은 음식물을 털어내는 응급처치 요령이다[그림 2-5].

4. 식도

식도는 복부와 폐 부분을 나누어 주는 황경막을 통과하는 관으로 인후와 위를 연결해 준다. 음식물 덩어리는 식도에서 평활근의 연동 운동에 의해 리듬감 있게 아래로 내려간다[그림 2-6]. **연동 운동**은 마치 파도 물결 같이 원형 근육의 내공을 좁혔다 넓혔다 하면서 음식과 액체를 밑으로 밀어낸다. 단단한 음식물이 인두를 통해 식도를 거쳐 위에 도달하는 데는 단 4~8초밖에 걸리지 않고 액체는 더욱 짧은 시간이 소요된다. 식도의 연동 운동은 매우 강렬해서 사람이 거꾸로 서 있어도 음식물이 식도에서 위로 전달된다. 이 수축성 근육운동은 신경계에 의해 자동으로 조절되며 위장관 전체를 걸쳐 식도에서 대장 쪽으로 음식을 밀어내는 방향으로 작용한다.

음식이 식도에서 위로 들어가기 위해서는 분문이라고 불리는 **괄약근**을 통과해야 하는데 이 괄약근은 소화관을 고리 모양으로 싸고 있는 단단한 근육이다. 이 근육이 수축하면 수돗물이 잠기는 것처럼 밸브가 닫혀 음식물이 통과하지 못하게 된다. 음식을 삼킬 때 시작된 연동 파동이 분문에 도달하면 분문은 잠시 열리게 되고 이때 음식이 통과하여 위로 들어간다[그림 2-6]. 이 괄약근은 위로부터 음식이 거꾸로 역류하는 것을 방지하는데, 때때로 신경 작용의 이상으로 괄약근이 느슨해지면 위에 들어간 음식이 식도로 역류할 수도 있다. 내용물이 역류하면 위산 때문에 쓰린 증상이 나타난다. 음식물을 토하는 것은 위로부터 시작된 연동 운동이 역방향으로 진행되기 때문이다.

식도(esophagus)…소화관의 한 부분으로 인두에서 위를 연결하는 부위

연동 운동(peristalsis)…소화관 전체를 통해 음식을 아래로 움직이게 만드는 연합 근육운동

괄약근(sphincter)…소화관에서 음식의 이동 속도를 조절하는 근육 밸브

5. 위

위는 소화관에서 일시적으로 음식을 저장할 수 있는 확장된 공간이다. 위에 음식물이 저장되면서 음식물 덩어리들은 산도가 강한 위의 분비물과 섞여 **카임**이라고 부르는 반유동성 액체가 된다. 위에서도 일부의 소화는 일어나지만 물과 알코올 그리고 아스피린이나 아세토아미노펜(진통제인 타이레놀의 성분명)과 같은 일부 약물을 제외하면 흡수는 거의 일어나지 않는다.

카임(chyme)…일부 분해된 음식물과 위분비액이 섞인 덩어리

5-1. 위의 구조— 위벽은 소화관의 다른 부위보다 더 두껍고 단단한 근육들로 이루어져 있다. 이 근육은 두 개의 층을 이루는데, 소화관을 따라 길게 놓인 것과 소화관 주위를 도는 것이 있다. 또한 소화관을 대각선으로 빙빙도는 부가근육층이 있어서, 이는 위의 내용물을 전체적으로 섞어 준다.위점막의 표면은 작고 주름진 융모구조로 이루어져 있다. 이 융모는 작고 수많은 구멍들로 열린 공간인데 이 구멍들은 위샘에 연결되어 있다. 여러 다른 종류의 세포로 구성된 위샘은 위액과 여러 호르몬 물질, 유사 호르몬들을 분비하는 역할을 한다[그림 2-7]. 예를 들어 위샘의 **배상세포**는 점액을 분비하여 위를 보호하는 역할을 한다. 위벽세포는 위산과 비타민 B_{12}의 흡수에 관여하는 내재인자를 분비한다. 그리고 주세포에서는 펩시노겐을 분비하는데, 이들 분비액들이 모여 위액을 이룬다.

배상세포(goblet cell)…위에서 점액을 분비하는 세포

[그림 2-7]… 위벽은 3층의 평활근으로 구성되어 있어 강력한 수축작용을 하여 음식을 뒤섞을 수 있다. 위의 벽은 위샘과 융모로 싸여 있는데 위샘은 여러 종류의 세포들로 이루어져 있다.

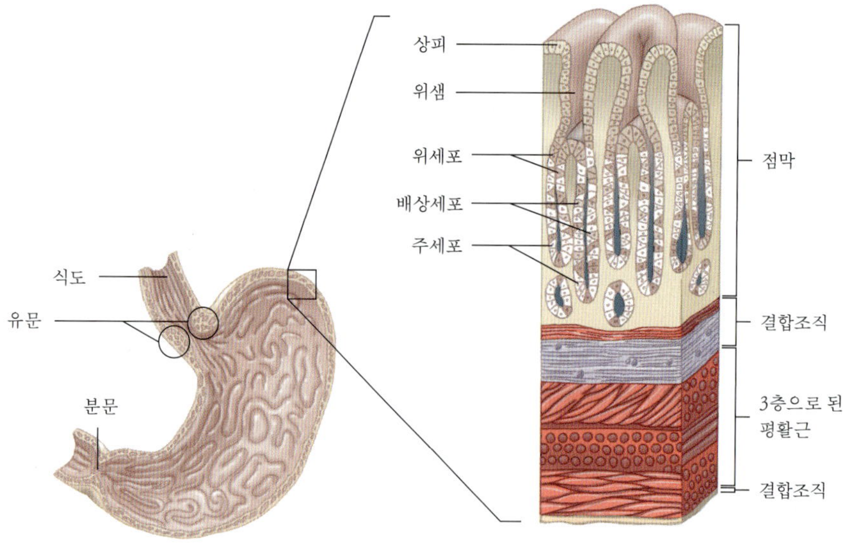

5-2. 위액의 조성 — 위액은 여러 물질로 구성되어 있는데 그중 하나는 염산이다. 염산은 **위벽세포**에서 생산되는 것으로 위 내용물을 강한 산성으로 만들어서 그 결과 음식물에 존재하는 대부분의 세균을 죽이는 소독제 역할을 한다. 위액의 다른 성분은 **펩시노겐**으로 위샘의 주세포에서 생성된다. 펩시노겐은 단백질을 분해하는 효소인 **펩신**의 불활성 형태이다. 펩신은 단백질을 더 짧은 아미노산 사슬로 분해하는데 이를 폴리펩티드라고 한다. 아이들의 경우 위샘은 렌닌이라는 효소도 같이 만든다. 렌닌은 우유의 단백질인 카제인을 사워밀크에서 보이는 유백색 덩어리로 전환시키는 역할을 한다.

위벽세포(parietal cell)… 위산과 내인성 요소들을 분비하는 위 세포

펩시노겐(pepsinogen)… 위샘에서 분비되는 불활성형 단백질 분해 효소로 위산에 의해 활성형 펩신으로 바뀐다.

펩신(pepsin)… 위샘에서 분비된 펩시노겐이 위산에 의해 활성화되어 단백질 분해 기능을 가진 효소

펩신은 위의 산성 상태에서 효력이 가장 뛰어나다. 이 산성 환경은 침 속 아밀라제의 활성을 멈추게 만든다. 따라서 위에서는 빵이나 감자와 같은 전분질의 소화가 중단되고 고기, 우유, 콩과 같은 단백질 음식의 소화가 시작된다. 위벽은 두꺼운 점액층으로 싸여 위산이나 펩신의 작용으로부터 보호받는다. 만약 점액층이 파괴되면 펩신과 위산은 그 밑에 있는 위벽을 손상시키게 되어 **위염**을 일으킨다. 위염에 이르게 되는 원인 중 하나는 산성에 강한 박테리아 때문이다. 헬리코박터 파일로리(Helicobacter pylori)라는 세균은 위의 점막에 감염된 후, 점막을 보호하는 점액층을 파괴하여 위벽을 헐게 만든다.

위염(peptic ulser)… 위와 식도, 소장에 상처가 나서 염증이 생긴 상태

5-3. 신경과 호르몬의 조절작용 — 위벽이 얼마나 강하게 수축과 이완을 반복하고 얼마만큼의 위액이 분비되는지는 전적으로 신경과 호르몬의 신호에 의해 조절된다. 이들 신호의 시작은 뇌와 위 그리고 소장의 각각 다른 부위에서 시작된다. 음식을 보거나 냄새맡거나 맛보거나 또는 음식 생각만 하여도 뇌는 위액 분비를 촉진하는 신경 신호를 보내어 위로 하여금 음식을 받아들일 준비를 시킨다[그림 2-8]. 음식이 위로 들어가면 위벽의 신경이 음식 무게로 늘어나면서 뇌로 신경을 전달하고 동시에 위벽에서 호르몬의 분비를 촉진한다. **가스트린**은 위액의 분비를 촉발하고 위장의 운동성을 증가시킨다. 카임이 위를 통과하기 위해서는 위와 장을 연결하는 유문을 지나야 하는데 유문은 음식이 장을 빠져나가는 위 배출 속도를 조절하는 데 중요한 역할을 한다. 음

가스트린(gastrin)… 위 점막에서 분비되는 위액의 분비를 자극하는 호르몬

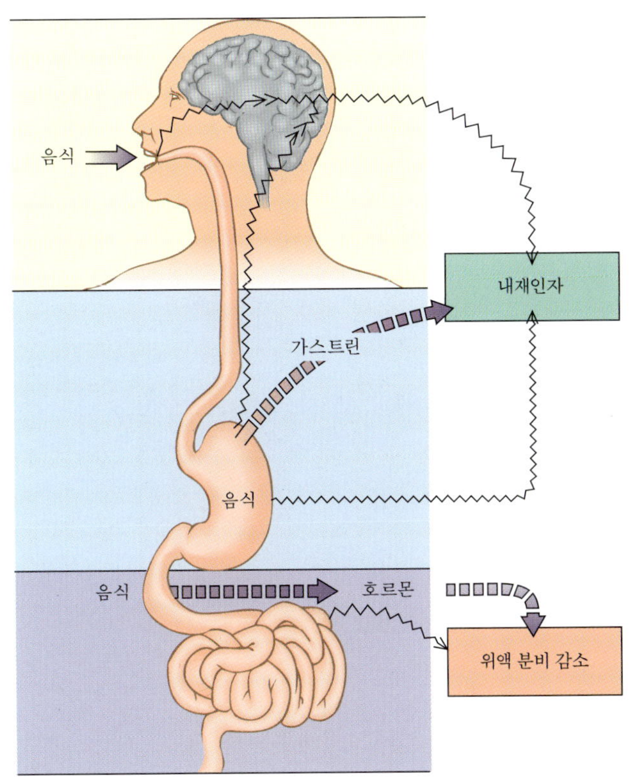

[그림 2-8]…음식을 보고 냄새맡고 맛보는 것은 뇌로 하여금 위액 분비를 증가시키는 신호를 보내게 한다. 일단 음식이 위로 들어가면 위액이 분비되고 위벽이 늘어나면서 신경 세포를 자극하여 뇌로 신호를 보내고 이에 가스트린이 분비되게 된다. 음식이 소장으로 들어가면 신경과 호르몬의 신호에 의해 위액 분비는 감소하는데 이는 소장에 존재하는 신경과 호르몬의 연합작용에 의해 위액 분비 저해작용이 생기기 때문이다. 도표에서 신경 정보 전달은 지그재그로, 호르몬 신호의 표시는 점선으로 나타냈다.

식이 소장으로 들어가면 호르몬과 신경 전달을 촉발하여 위액의 분비와 위의 운동성이 줄어들고 음식이 유문을 통과하는 속도도 느려진다. 그럼으로써 소장으로 들어가는 카임의 양이 소장에서 이를 소화시키는 능력을 초과하지 않도록 위 배출 속도가 조절된다. 감정적인 요소도 위장 통과 속도에 관계가 있는데, 예를 들어 슬픔이나 공포와 같은 감정은 위 배출 속도를 줄이는 반면 화가 난다거나 공격적인 감정은 위의 운동성을 증가시키고 위 배출 속도를 빠르게 한다.

5-4. 위 배출 속도 — 카임은 대개 2~6시간 사이에 위를 떠나게 되는데 이 속도는 음식의 종류와 양에 관계가 있다. 음식이 많으면 위 배출 속도는 느리며 단단한 음식도 액체 음식보다 더 천천히 배출된다. 음식의 영양 구성도 역시 음식이 위에 머무는 시간을 결정하는 데 영향을 준다. 약 25% 정도의 에너지원이 단백질이고, 45%가 탄수화물, 30%가 지방일 때 위에 머무는 평균 시간은 4시간이다. 고지방 음식은 위에 더 오래 머무르는데 이는 소장에 지방 성분이 들어가면 위의 운동성을 줄이는 호르몬을 분비해서 위 배출 속도가 느려지기 때문이다. 단백질이 주인 식사는 이보다는 빠르게 배출되고 탄수화물이 주인 식사는 위에 머무르는 시간이 가장 짧다. 야채와 쌀로 이루어진 저녁식사 후에 금방 다른 음식을 찾게 되는 이유도 고탄수화물 저지방 식사가 위장을 빨리 비우기 때문이다. 점심 시간에 얼마나 배고픈지도 아침에 먹은 식사의 종류와 연관이 있다. 잼을 바른 토스트와 주스로 아침을 먹으면 땅콩버터를 바른 토스트와 저지방 우유로 단백질과 지방이 넉넉히 든 식사를 한 것보다 더 빨리 배가 고파지게 된다.

이 이상의 소화에 대한 정보는 국가소화성질환정보센터 홈페이지(digestive.niddk.nih.gov/)를 보십시오.

[그림 2-9]…소장은 미세융모와 융모 그리고 소장 내벽의 울룩불룩한 파상 구조 등으로 표면적을 크게 늘려 주는 구조를 가지고 있다.

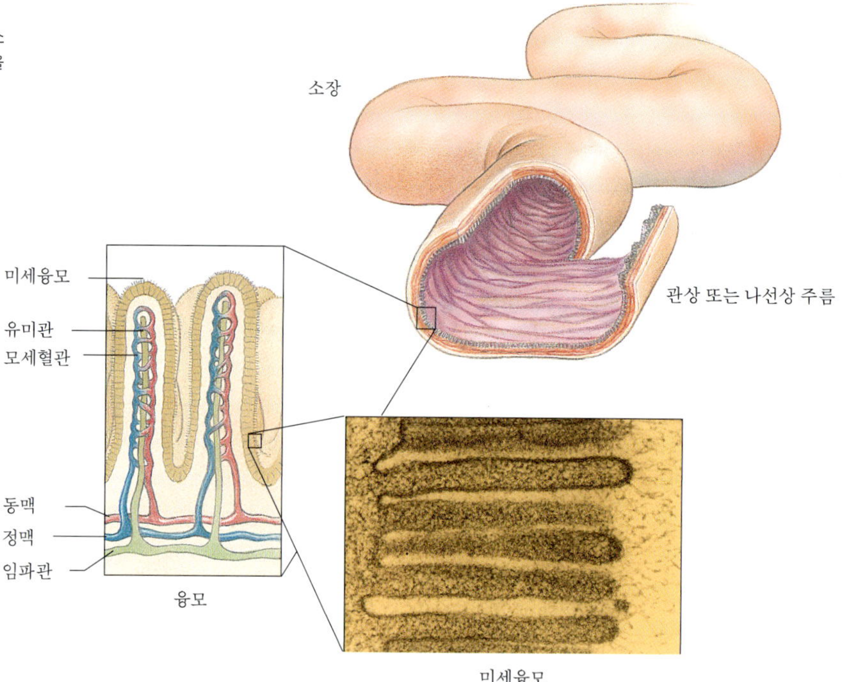

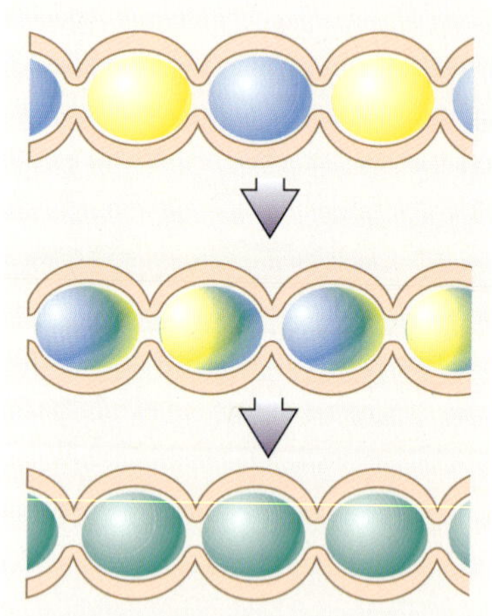

[그림 2-10]…분절 운동은 소장의 한 분절이 연속적으로 수축과 이완을 반복하는 움직임이다. 연동 운동이 음식을 앞으로 밀어내는 작용을 하는 것과는 달리 분절 운동으로 인해 음식이 앞뒤로 혼합되고 장 점막에 문질러지게 되어 음식과 소화액의 혼합 및 영양소의 흡수가 촉진된다.

융모(villi)…소장 점막이 손가락 모양으로 오돌토돌하게 튀어나온 구조로 영양소의 소화와 흡수에 관여한다.

미세융모(microvilli)…소장 점막 융모 세포막의 작은 브러시 구조로 영양소를 흡수할 수 있는 표면적을 넓히는 구실을 한다.

유미관(lacteal)…체조직으로부터 체액을 수거하는 튜브 모양의 임파관으로 소장의 임파관을 유미관이라 부른다. 지방 소화 산물과 지용성 비타민 분자를 운반하는 역할을 한다.

분절 운동(segmentation)…소장의 일부가 리드미컬하게 수축하면서 음식물과 소화액을 혼합하고 음식물은 소장벽에 문질러 흡수 속도를 높여 주는 운동

췌장(pancreas)…소화를 위해 소장으로 중탄산 이온과 효소를 분비하는 기관

담낭(gallbladder)…간에서 생성된 담즙을 저장하는 소화 기관

6. 소장

소장은 음식의 소화를 담당하는 주요 기관이자 영양소의 흡수를 담당하는 기관으로서 길이가 6m 정도 되는 가늘고 긴 관으로 크게 세 부분으로 나뉜다. 처음 30cm 정도는 십이지장이며, 나머지 2.5m는 공장, 그리고 마지막 3m는 회장이다. 소장의 구조는 영양소가 최대한 흡수되기에 적당한 구조로 되어 있다. 길이가 길 뿐 아니라 소장은 흡수 표면적을 늘리기 위하여 세 가지의 다른 모습을 더 가지고 있다[그림 2-9]. 첫째로 소장은 벽면이 매끈한 것이 아니라 올록볼록한 원형 또는 나선형의 벽구조를 가지고 있어 영양 성분과 접촉하는 표면적이 더 넓다. 두 번째로 이렇게 올록볼록한 내벽 전 표면이 손가락 같은 돌출된 구조로 덮여 있다. 이를 **융모**라고 부른다. 마지막으로 각 융모들은 다시 작은 **미세융모**로 덮여 융단과 같은 구조를 가지게 된다. 이런 중첩된 돌기 구조로 인하여 소장 내면의 표면적은 거의 테니스코트(약 $300m^2$ 정도)만한 크기가 된다. 각 융모는 혈관과 **유미관**이 세포 단층 밑으로 흐르는 구조를 가진다. 이로써 장내 공간에 있는 영양소가 세포로 들어가면 바로 전신으로 연결되는 혈관과 림프계를 통해 각 조직에 공급되기 쉽게 된다.

카임은 연동 운동에 의해 소장을 통과하는데 소장의 **분절 운동**에 의해 여러 소화효소들과 잘 섞이게 된다. 분절 운동은 부분적인 수축으로 장의 부분 부분이 수축하면서 소화된 음식물들을 장 점막에 문질러 주는 역할을 한다[그림 2-10].

6-1. 담즙과 췌장액의 분비 — 소장은 소화를 도와주는 효소들과 더불어 소장액을 분비한다. 소장액은 위액에 비해 묽은 점액으로 영양소의 흡수를 도와주는 역할을 한다. 소장에서 정상적인 소화와 흡수과정이 일어나려면 **췌장**과 **담낭**의 도움이 꼭 필요하다. 췌장은 췌장액을 분비하는데, 췌장액에는 중탄산 이온과 소화효소들이 들어 있다. 중탄산 이온들은 카임의 강한 산성을 중화하고 소장 내 환경을 중성으로 유지하는데 필수적이다. 중성이 되면 췌장과 소장의 효소들의 활성도가 높아진다. 췌장 아밀라

제 효소는 침 아밀라제가 시작한 전분을 당류로 분해하는 작업을 계속하여 진행시키고 단백질분해효소인 트립신과 키모트립신은[표 2-2] 단백질을 더 짧은 아미노산 사슬로 분해한다. 췌장 지방분해효소인 **리파아제**는 중성지방을 지방산으로 분해한다. 소장 점막 세포에 붙어 있는 소장 소화효소들은 당류의 소화에 작용하여 이들을 단당류로 소화시키고 작은 폴리펩티드 사슬을 아미노산으로 분해한다.

리파아제(lipases)…지방분해효소

담즙은 간에서 생성되어 담낭에 저장되어 있다가 음식물이 소장에 도달하면 소장으로 분비된다. 담즙은 소장에서 지방과 섞이면서 지방을 유화시키고 이들을 작은 방울로 쪼개어 지방분해효소인 리파아제가 효과적으로 지방에 접근할 수 있게 만든다. 또한 담즙은 소화된 지방이 작은 지방구를 형성하는 것을 돕는데 이 지방구의 형태로 소장 점막을 통과하여 지방 흡수가 가능하게 만든다.

소장세포의 단백질은 음식의 단백질을 소화시키는 효소로 소화될 수 있을까? 그렇지는 않다. 음식을 소화시키는 펩신이나 트립신은 불활성형으로 분비되어 생성세포 또는 분비세포 자체에는 아무런 해를 미칠 수 없다. 소화관의 내강에서 이들 효소로 활성화되는데 장점액은 이들이 점막 세포에 직접 닿지 않게 막아 준다.

6-2. 분비액에 미치는 호르몬의 조절작용 — **담즙**과 췌장효소들이 소장으로 분비되는 것은 십이지장의 점막 세포에 의해 분비되는 두 가지 호르몬에 의해 조절된다[그림 2-11]. **세크레틴**은 췌장에서 중탄산 이온을 분비하게 하고 간에서 담낭으로 담즙을 내보내도록 촉진한다. **콜레시스토키닌**(CCK)은 췌장에 신호를 보내어 소화효소를 분비하게 하고 담낭이 수축하여 담즙을 십이지장으로 분비하게 한다[그림 2-11].

담즙(bile)…간에서 합성되어 담낭에 저장되었다가 소장으로 분비되어 지방 소화와 흡수를 도와주는 액체
세크레틴(secretin)…십이지장에서 분비되는 호르몬으로 췌장에서 중탄산 이온을 분비시키고 간이 담낭으로 담즙산을 분비하도록 자극하는 물질
콜레시스토키닌(cholecystokinin; CCK)…십이지장에서 분비되는 호르몬으로 췌장에서 효소를 분비하게 하고 담낭을 수축시켜 담즙이 분비되게 한다.

6-3. 영양소는 어떻게 흡수되는가 — 소장은 물과 비타민, 무기염류, 탄수화물, 지방, 단백질 소화산물의 일차적인 흡수 장소이다. 이러한 영양소들을 흡수하기 위해서 이 영양소들은 소화관의 내강에서 점막 세포 안으로 이동해야 하고, 그런 다음 혈

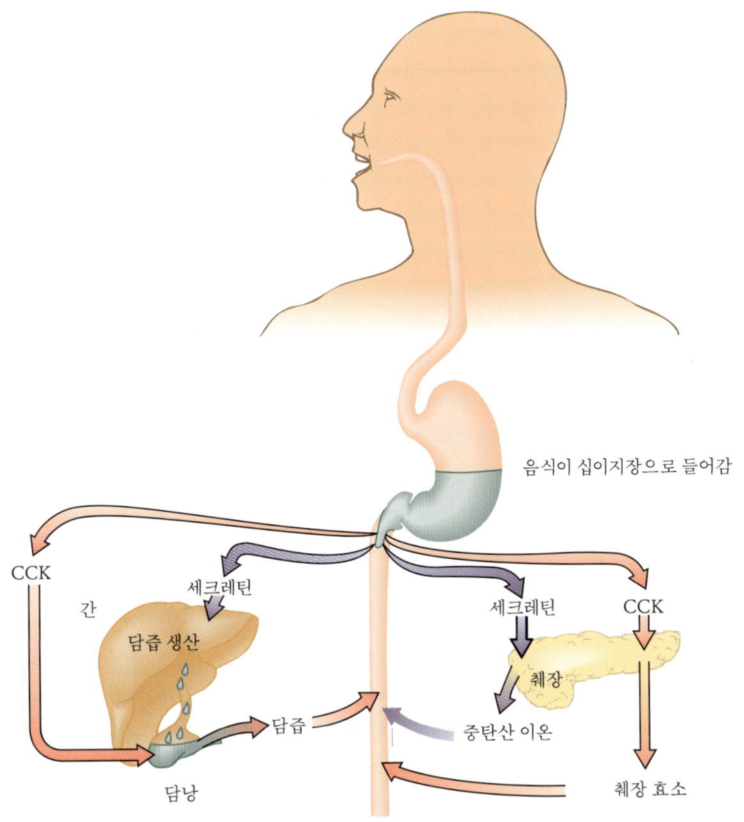

[그림 2-11]…음식이 십이지장에 들어가는 것이 자극이 되어 세크레틴과 CCK와 같은 호르몬들이 분비된다. 세크레틴은 간에서 담즙이 생성되는 것을 촉진하고 췌장에서 중탄산 이온이 분비되게 만든다. CCK는 담낭에 신호를 주어 담즙을 분비하게 하고 췌장에서 소화효소들의 분비를 시작하게 만든다.

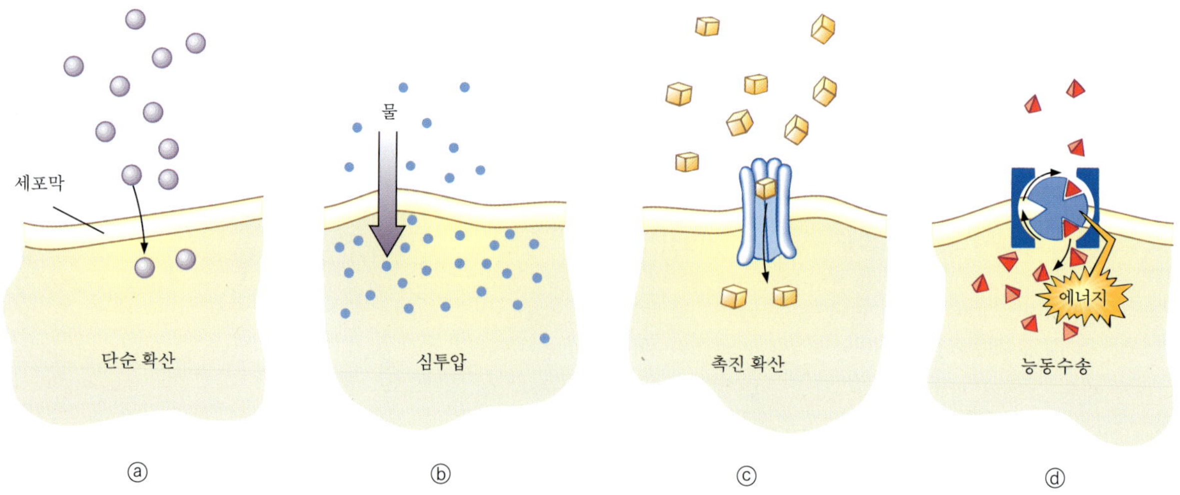

[그림 2-12]…영양소들은 여러 가지 방법으로 장 내강에서 세포막을 통과해 세포 내로 이동된다. ⓐ단순 확산은 에너지가 필요 없다. 보라색 알맹이들은 고농도 지역에서 저농도 지역으로 이동한다. ⓑ삼투압은 물의 확산이다. 용질이 저농도 지역과 고농도 지역으로 나뉠 때 물은 저농도 지역에서 고농도 지역으로 이동하여 결과적으로 용질의 농도 평형을 가져오는 힘이다. ⓒ촉진 확산은 에너지는 필요하지 않지만 고농도 지역에서 저농도 지역으로 수송되는 데 수송체의 도움을 필요로 한다. ⓓ능동수송은 저농도에서 고농도 지역으로 이동될 때 에너지와 수송체를 필요로 한다.

단순 확산(simple diffusion)…물질이 고농도 상에서 저농도 지역으로 이동하는 현상. 에너지가 필요하지 않다.

삼투압(osmosis)…물이 반투막을 사이에 두고 양쪽의 용질량이 같아지도록 하는 수동적 움직임이다.

촉진 확산(facilitated diffusion)…세포막을 사이에 두고 고농도 지역에서 저농도 지역으로 물질이 이동하되 수송체의 도움을 받는 확산. 에너지가 필요하지 않다.

능동수송(active transport)…세포막을 통과할 때 수송체를 필요로 하고 에너지를 사용하는 수송법. 농도 차이에 역행하여 수송할 수 있다.

결장(colon)…대장의 가장 긴 부분

직장(rectum)…대장의 마지막 부분으로 변을 농축, 저장하는 역할을 한다.

관이나 림프관으로 들어가야 한다. 흡수에는 몇 가지의 다른 기전이 관계하고 있다 [그림 2-12]. 일부 분자는 확산에 의해 흡수된다. 확산은 분자가 고농도의 액상에서 저농도의 액상으로 이동하여 평형을 맞추려는 현상이다. 이때 이동되는 분자들은 농도 차이에 따라 자연스럽게 움직인다. 그러므로 농도 차이가 존재할 때 영양소가 장 내강에서 장 점막 세포로 이동하는 **단순 확산**의 과정은 에너지의 투입이 필요하지 않다. 물도 확산에 의해 이동되는데 이는 삼투압의 차이를 이용한다. **삼투압**은 생체 막을 사이에 두고 용질의 농도 균형을 맞추고자 물이 이동하는 현상을 말한다. 예를 들어 장 소장의 내강에 고농도의 당류가 있다면 물은 실제로 점막 세포로부터 내강으로 이동한다. 반면 당류가 흡수되어 내강의 설탕 농도가 감소하면 물은 삼투압에 의해 다시 장 점막 세포로 이동한다.

그러나 많은 영양소들은 수송체의 도움을 받아야 한다. 이를 **촉진 확산**이라고 한다. 영양소들이 세포막을 통과할 때 수송체의 도움을 받더라도 추진력은 역시 세포막 내외의 농도 차이다. 촉진 확산 시에는 고농도 액상에서 저농도 액상으로 영양소가 전달되므로 역시 에너지가 투입될 필요는 없다. 예를 들어 과일에서 흔히 보이는 단당류인 과당은 촉진 확산의 방식으로 흡수된다.

어떤 영양소들은 확산으로 흡수되지 못하고 **능동수송**에 의해서만 세포 내로 들어올 수 있다. 이 경우 수송체를 필요로 하며 농도 차이에 역행하여 세포 내로 유입될 수 있다. 저농도 지역에서 고농도 지역으로 물질을 이동시키는 데에는 에너지가 필요하다. 전분의 분해로 생기는 포도당이나 단백질의 분해 결과 산물인 아미노산들은 능동수송의 결과로 흡수된다. 이 과정은 영양소들이 세포 내에 더 많이 있더라도 장 내강에 있는 영양소 물질들을 남김 없이 수송하는 효율적인 방법이다.

7. 대장

소장에서 흡수되지 않은 카임의 남은 물질들은 대장 판막을 지나 대장으로 옮겨진다. 대장은 **결장**과 **직장**으로 되어 있다. 대부분의 물질들은 소장에서 흡수되나 물과 일부 비타민, 무기질은 대장에서도 흡수된다. 대장의 연동 운동은 소장보다 느려 소장에서 3~5시간이면 통과했을 카임도 대장에서는 약 24시간 정도 머무르게 된다. 이 느린 운

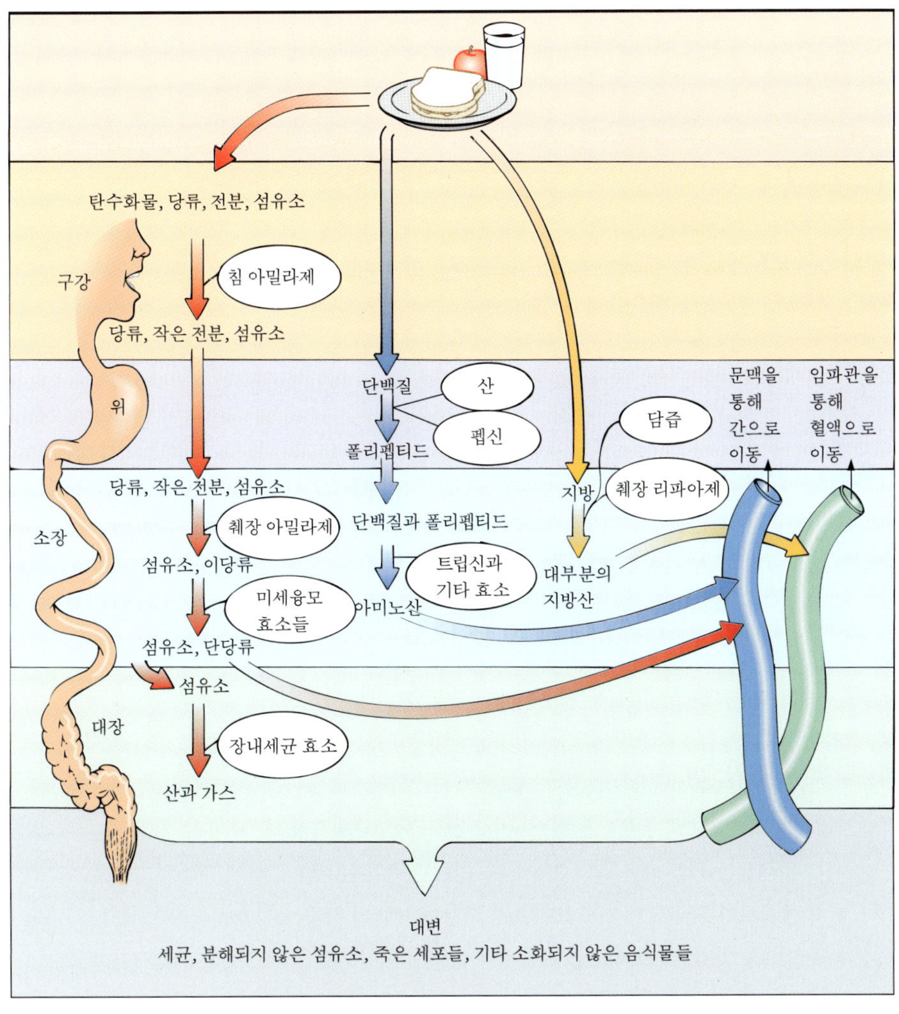

[그림 2-13]…식사 후의 소화와 흡수의 개관

동은 세균들이 자라기에 좋은 환경을 제공한다. 장에서 자라는 균들을 총체적으로 **장내 세균총**이라고 부르는데 이들 세균은 소화관에 좋은 역할을 한다. 음식의 흡수되지 않은 섬유소들을 이용하여 세균들이 이용할 수 있는 영양소를 만드는 과정에서 일부 영양소는 체내로 흡수된다. 예를 들어 장내 세균들은 소량의 지방산과 비타민 B군 중 일부 및 비타민 K 등을 합성할 수 있는데 일부는 우리 몸에 흡수된다. 세균 대사에 의해 생기는 부산물은 가스이다. 정상인의 경우 장내 가스는 하루에 200~2,000mL까지 만들어진다.

장내 세균총(intestinal microflora)…대장에서 살고 있는 미생물의 총칭

대장에서 흡수되지 못하는 물질은 노폐물로 배설된다. 대변은 소화되지 않거나 흡수되지 않은 물질들, 장내 점막의 죽은 세포들과 소화관의 분비물질, 물, 그리고 세균의 혼합체이다. 대변에 있는 세균의 양은 대변 무게의 절반 이상을 차지하며 물의 양은 섬유질과 수분 섭취량에 따라 다르다. 섬유질은 물을 흡수하는데, 적당한 섬유질과 물을 섭취하면 대변은 수분 함량이 높아서 쉽게 대장을 지나간다. 대장의 끝 부분은 직장으로 연결되어 있는데, 직장은 배변 전에 대변을 일시적으로 저장해 두는 곳이다. 직장은 항문과 연결되어 있고 항문은 소화관의 외부로 통하는 마지막 괄약근으로서 대장에서 대변을 제거하는 데 중요한 기관이다. 배변은 자율신경 조절 하에 괄약근이 이완되어 일어나며 대변이 적절한 시기에 적절한 횟수로 빠져나가는 데에는 이들 신경계와 항문, 직장의 연합운동이 중요하다[그림 2-13].

적혈구는 계속해서 부서지고 재생된다. 혈액에 붉은색을 주는 헤모글로빈의 분해 후 간은 빌리루빈이라는 노란색 물질을 만들고 빌리루빈은 담즙과 섞여 소장으로 분비된다. 그것이 대장에 다다르면, 세균이 그것을 더 분해해서 대변의 색을 갈색으로 만든다.

☀ 현명한 식품 선택: '프로바이오틱 치료과 프리바이오틱 식품'

건강한 어른의 대장에는 300~500여 종류의 세균들이 함께 자라고 있다. 이들 미생물들은 대부분 생체에 좋은 효과를 준다. 소화되지 않는 식이섬유소를 분해하며 영양소들의 소화와 흡수를 돕고, 비타민을 합성하여 우리 몸이 이용할 수 있게 하고, 나아가 암모니아처럼 우리 몸에 해로운 대사 산물들을 분해하여 혈중 농도가 떨어지도록 돕는다. 또한 장내 세균들은 소장의 면역 기능에 중요한 역할을 한다. 대장 세포의 적절한 성장과 발달을 돕고 적절하게 소장을 움직이며, 따라서 영양소가 대장을 통과하는 이동 시간에 영향을 미친다. 건강에 유익한 세균이 많이 자라면 또한 해로운 세균의 성장을 억제한다. 만약 잘못된 세균총이 자리를 잡으면 장내에서 설사, 감염, 그리고 대장암 등의 위험이 커질 수도 있다. 그렇다면 유익한 세균을 일부러 더 먹을 필요가 있을까.

1900년 초기부터 노벨상 수상자인 러시아인 과학자 메치니코프는 많은 요구르트와 발효 유제품을 먹는 불가리아의 농민들이 건강하게 오래 산다는 사실에 주목했다. 특히 발효유 중 세균인 비피더스균과 락토바실러스가 건강에 이롭다는 점을 확인하였다. 천연적으로 유익한 박테리아를 가지고 있는 요구르트와 같은 유제품을 먹음으로써 건강에 유익한 효과를 보고자 하는 것을 프로바이오틱 치료라고 한다. 프로바이오틱의 건강효과는 여러 가지로 연구되고 있는데, 예를 들어 유익한 세균을 먹으면 유당불내증 환자들의 유당 소화를 돕고 항생제 사용에 의한 설사를 방지하는 기능이 있다. 또한 다른 장내 세균의 감염에 의해 설사를 줄여 주며 정장 작용을 하는 세균은 장내 면역기능을 증가시킨다는 보고도 있다. 이들은 대장에서 발암성 물질을 만드는 효소의 활성을 감소시키고, 대장 내 유해물질의 양을 줄인다. 또한 동물 실험에서 이들 세균은 대장 전암세포의 생성과 성장을 저지하는 것으로 나타나 대장암을 방지하는 효과가 있을 것으로 기대된다. 또한 정장 세균들이 변비를 해소하거나 알레르기 증상을 완화시키고 혈중 콜레스테롤의 수준을 떨어뜨린다는 효과도 보고되고 있다.

정장 세균에 대한 한 가지 문제점은 정장 세균을 더 이상 먹지 않으면 증가된 세균은 빠르게 대장 밖으로 배출되어버린다는 데 있다. 이를 방지하기 위해서 건강에 좋은 특정 타입의 세균이 자라는 데 도움을 주는 물질(프리바이오틱스)을 먹음으로써 장내에 이들을 계속적으로 유지하는 방법이 개발되고 있다. 프리바이오틱스란 소화되지 않은 채로 대장에 들어가 특정 세균의 성장과 활성에 자극을 주는 것이다. 예를 들어 난소화성 다당류인 프락토올리고당은 비피더스균의 성장을 촉진한다. 비피더스균은 프락토올리고당을 분해하여 짧은 사슬의 지방산을 만드는데, 이 지방산이 유해한 세균의 성장을 억제하고 대장세포의 에너지 소스로 이용되며 물과 무기 염류의 흡수를 돕는 등 역할을 한다. 프락토올리고당은 양파나 바나나, 마늘, 아티초크 등에 많이 들어 있다. 프리바이오틱은 현재 보충 영양제로 팔리고 있고 상업적으로 관영양식에 첨가되어 제조된다.

4. 소화와 건강

소화체계는 적응력이 높아서 여러 종류의 음식을 처리할 수 있다. 그러나 소화관에 관계된 여러 작은 문제들은 아주 일상적이어서 누구나 한 번쯤은 소화에 관계된 문제를 겪은 경험이 있을 것이다. 음식의 종류와 소화관의 기능은 생애의 특정 주기에도 영향을 미친다. 만약 소화관 문제가 적정한 영양소와 에너지 섭취를 제외할 정도가 되면 생명에 필요한 영양소를 얻기 위해 다른 방법들을 찾아야 한다.

1. 일반적인 소화 문제들

속이 쓰리거나 변비, 설사와 같은 사소한 소화 장애는 흔한 것으로서 대개는 전체적인 영양상태에 큰 문제를 미치지는 않는다. 그러나 장기적이고 심한 소화 장애는 전체적인 건강 정도에 심각한 영향을 미칠 수 있다. 소화 장애의 일부 원인과 결과 그리고 해법들은 [표 2-4]에 기술하였다.

1-1. 속쓰림 — 속쓰림 또는 가슴앓이는 가장 흔한 소화 장애의 하나이다. 이는 위장 내 산성 내용물이 식도로 역류할 때 가슴이나 목이 타는 것 같은 아픈 증상을 나타낸다. 입 안에 쓴 신맛이 느껴진다면 이를 산성 소화 장애라고 부른다. 좀 더 의학적인 용어로는 위식도 역류라고 한다. 역류에 의한 속쓰림은 흔한 증상이지만 만약 일주일에 두어 번 이상이 나타난다면 이는 병적인 상태로 **위식도 역류증**이라고 부른다. 만약 이를 치료하지 않고 두면 좀 더 심한 증상으로 발전하는데, 식도의 상처에서 피가 나거나 염증 그리고 암까지 발생할 수 있다. 위식도 역류성 환자들의 경우 대개 많은 식사를 한 뒤에 속이 아프므로 식사의 양과 내용물을 바꿀 필요가 있다. 치료 방법은 음식을 조금씩 먹는 것과 맵고 지방질이 많은 튀긴 음식류, 감귤류 과일과 초콜릿, 카페인이 든 음료와 토마토가 든 음식들, 마늘, 양파, 민트가 든 음식을 피하는 것으로 이것만 조심해도 증상이 많이 완화된다. 식사 후에 바로 눕지 말고 앉은 자세를 유지하고 조이지 않는 느슨한 옷차림을 하며, 담배와 술을 피하고, 체중을 줄이는 것도 증상을 이완시키는 데 도움이 된다. 일반적으로, 증상을 완화시키기 위해서 제산제를 복용하는 경우가 많다.

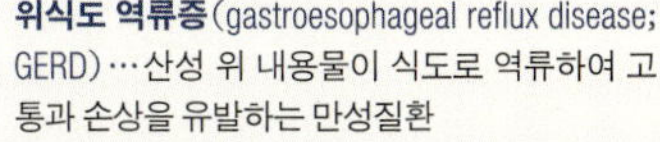
위식도 역류증(gastroesophageal reflux disease; GERD)…산성 위 내용물이 식도로 역류하여 고통과 손상을 유발하는 만성질환

속쓰림과 위산과다 증상은 때때로 횡경막 탈장에 의해 생길 수도 있다. 이는 식도가 지나가는 횡경막 틈으로 위장 상부가 밀려나간 것이다. 횡경막 탈장은 흔한 증상으로 50세 이상 인구의 약 1/4에게 생긴다고 알려져 있다. 여성들이나 흡연자들, 비만한 사람들에게 더 흔하며 대개는 아무 증상이 없다. 그러나 탈장 부위가 커지면 음식과 위산이 식도로 밀려와 속쓰림과 가슴앓이를 유발할 수 있다. 대개는 속쓰림에 잘 듣는 약품으로 치료할 수 있으나 심한 경우에는 수술이 필요할 수도 있다.

1-2. 위궤양 — 궤양은 식도와 위에서 모두 발생할 수 있는데, 위와 식도를 보호하는 점막이 닳아 하부 조직이 바로 위액에 노출될 때 생긴다[그림 2-14]. 초기에는 자각 증상이 없지만 만약 손상이 신경층에까지 다다른다면 통증이 심하고, 모세혈관이 다치면 출혈이 생기기도 한다. 만약 위염이 소화관에 구멍을 내는 천공 단계에 이르면 심각한 복부염증이 생기기도 한다. 궤양은 위식도 역류증 결과로 생기기도 하지만 아스피린이나 이부프로펜과 같은 약을 장기간 복용할 때 생기기도 한다. 그러나 주로 발생하는 원인은 위의 세균 감염이다. 궤양 초기에는 특정 음식을 먹을 때 더 고통이 심해지기 때문에 편식을 유도하게 되어 영양 불균형이 나타나는 정도이지만, 심한 궤양은 출혈과 천공으로 인해 생명을 위협할 수도 있다.

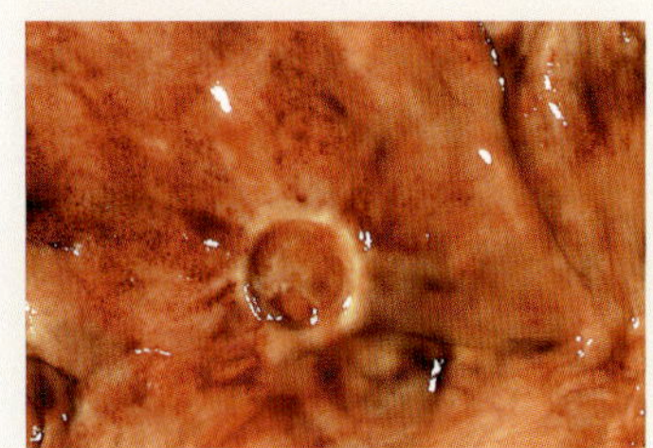
[그림 2-14]…위 기저막에 있는 궤양

1-3. 췌장과 담낭의 문제들 — 소화관 부속 기관들의 변화는 소화와 흡수에 영향을 미치고 일부 불편감을 증폭시킬 수 있다. 만약 췌장이 제대로 기능하지 못하면 탄수화물

[표 2-4]…소화 문제와 영양학적인 결과

문제	원인	결과	치료
구강 건조증	질병 또는 약물 부작용	맛의 변화로 음식물 섭취량이 줄고 씹거나 삼키기 어려움. 치아의 충치가 심해지고 잇몸병이 생김	약 복용을 변화시키거나 인공타액 사용
치아 손상, 치아 소실	충치나 잇몸병	씹는 것이 어려워져 음식을 적게 먹게 됨에 따라 영양분 감소	음식의 질감이 부드러운 것으로 바꿈
속쓰림(가슴앓이) 또는 위식도 역류증	과식이나 걱정, 스트레스, 임신, 횡경막 탈장, 질병 등 이유로 위산이 식도로 새어나옴	식사 후 통증, 거북함, 염증, 암발생 위험이 높아짐	식사량을 줄이고 고지방식을 피하며, 음료는 식사 중에 마시지 않음. 식사 후 바로 서는 자세를 취하고 제산제 등을 복용
횡경막 탈장	위 상복부가 횡경막 사이 가슴 공간으로 들어오는 것, 계속적인 기침이나 구토, 임신, 변비 또는 비만으로 힘을 줄 때 복압이 높아져 발생	속쓰림(가슴앓이), 트림, 위식도 역류증, 가슴 통증	식사량을 줄이고 고지방식을 피하며, 음료는 식사 중에 마시지 않음. 식사 후 바로 서는 자세를 취하고 제산제 등을 복용. 체중 감소
궤양	헬리코박터 파일로리균의 감염으로 위점막층이 뚫어져 상피층에 손상이 간 것, 아스피린이나 이부프로펜과 같은 약물의 장기 사용으로 점막층이 얇아짐	통증, 출혈, 복막염도 가능	항생제로 감염 치료, 제산제로 산성을 약화시키고, 복용하는 약으로 인한 것이면 약 변경
구토	세균과 바이러스의 감염, 복용 약, 다른 질환 및 섭식장애, 임신, 음식 알레르기	탈수와 전해질 교란이 생김. 장기적으로 구토가 일어나면 구강과 잇몸, 식도와 치아의 부식	감염 치료, 수분과 전해질 공급
설사	세균과 바이러스 감염, 복용 약, 음식에 대한 불내증	탈수와 전해질 교란	감염 치료, 수분과 전해질 공급
변비	섬유질 섭취부족, 수분 섭취부족, 수분대비 섬유질 섭취과잉, 소장 근육약화	불편감, 장폐색, 게실염(장의 일부분이 주머니처럼 튀어나온 것)	고섬유 고수분 식사, 운동, 약 처방
과민성 대장증후군	장근육이 심하게 수축하거나 갑작스럽게 이완, 장 운동이 빨라졌다 느려졌다 하는 것	복통과 경련통, 복부 팽만과 설사, 가스 및 변비 등의 소화 기능 이상	스트레스 경감과 식사 및 생활 환경 변화, 섬유질 공급, 기타 증상에 따른 지사제 등 처방
췌장 질환	낭포성 섬유종 또는 췌장염	췌장 효소와 중탄산염의 분비 부족으로 인한 지방과 지용성 비타민, 비타민 B_{12}의 흡수 이상	소화효소의 보조 약품
담석	콜레스테롤과 담즙 색소인 빌리루빈, 칼슘의 결석이 담낭이나 담도에 생기는 것	통증, 지방의 소화 흡수율 저조	저지방 식사, 담낭 제거 수술

과 지방, 단백질을 소화시키는 효소가 부족하게 된다. 이는 필수 영양소의 이용 가능성을 낮추는 결과를 가져온다. 담낭이 담즙을 배출하지 못하면 지방과 지용성 비타민의 흡수를 저해한다. 담낭에 문제가 생기는 흔한 경우는 담석이다. 담낭에 돌이 생기면 소장 속에 든 지방식에 반응하여 담낭이 수축할 때 고통을 유발한다. 담석은 담즙의 분비를 방해하여 지방의 흡수를 저해하는데, 치료 방법은 대개 담낭 절제술로 담낭 자체를 제거해 버리는 것이다. 이 경우 담즙은 간에서 생성되자마자 식이 내 지방의 양과는 상관없이 바로 소장으로 분비된다.

과학의 적용: '궤양을 일으키는 원인의 발견'

위궤양은 위나 상부 소화관의 벽이 헐거나 구멍이 나는 것이다. 이들은 통증이 심하고 때로는 출혈을 유발하기도 한다. 워렌(J.R. Warren) 박사의 연구 결과 일부 궤양의 원인은 세균에 의한 것으로 밝혀졌다.

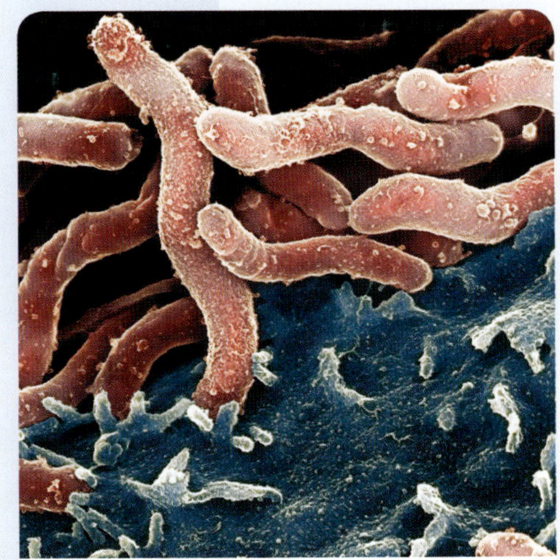

헬리코박터 피이로리균이 위점막에 부착된 것을 보여주는 현미경 사진

워렌 박사는 현미경으로 위조직 생검을 관찰하면서 구부러진 모양의 박테리아를 주목하였다. 그는 이 세균에 헬리코박터 파일로리(H.pylori)라는 이름을 붙였고 위궤양의 원인이라고 믿었다. 궤양이 세균에 의해 생긴다는 가설은 처음에는 과학자들 간에 선뜻 받아들여지지 않았다. 그때까지만 해도 대부분의 과학자들은 궤양이란 위산이 너무 많아서 생기는 것이며 대부분의 세균들은 위장 내 강한 산성 환경에서는 살 수가 없다고 믿고 있었기 때문이다.

마샬 박사는 세균 발생설을 증명하기 위해 인간윤리위원회가 결코 허락하지 않았을 대담한 실험을 감행하였다. 그는 처음에 자신의 위장 점막을 검사하여 세균에 감염되지 않는 정상적인 위장임을 보였다. 그런 다음 그는 만성적인 위궤양 환자의 조직에서 떼어내 키운 헬리코박터 파이로리의 배양액을 마셨다. 10일 뒤 그는 위의 염증 소견이 나타난 동시에 염증이 난 부위의 헬리코박터균이 점막에 부착되어 있는 것을 확인하였다. 다행히 그의 증상은 항생제 치료를 받고 금방 회복되었다.

현재 우리가 아는 바로 이 세균이 강산성 환경에서 자랄 수 있고 세균이 궤양을 일으킨다는 점은 과학적으로 인정되고 있다. 위에서 이 세균은 꼬리와 같은 구조물을 이용하여 보호 점막층을 뚫고 들어가 점막 세포에 부착한다. 한 번 점막 세포에 부착하면 그들은 바로 효소를 분비하여 주변의 산을 중화시키는 물질을 만들어낸다. 결국, 세균으로 감염된 점막 세포는 손상을 받고 가스트린의 분비가 증가되며 그 결과 위산의 분비가 점점 많아진다. 결국 세균이 염증을 일으키고 나아가 추가의 조직손상을 일으키는 면역 반응을 유발한다.

세계 인구의 약 30~50%는 헬리코박터균에 감염되어 있다. 미국에서는 40세 이하의 성인 약 20%는 이 균에 노출이 되어 있고, 60세 이하의 성인의 절반은 감염되어 있다. 헬리코박터균에 감염되었다고 모두 염증이 생기는 것은 아니다. 대부분의 사람들은 이상이 없고 약 20%의 사람들에게만 염증이 나타난다. 그러나 위궤양이 있는 사람들의 80%에서, 그리고 십이지장 궤양이 있는 이들의 90%에서 헬리코박터균이 나타난다. 또한, 이제 이 세균은 위암 발생과도 관련되어 있다고도 생각된다.

1-4. 설사와 변비 — 소장에 관계된 흔한 불편 사항 중 하나는 설사와 변비다. 설사는 장이 충분한 수분을 흡수하지 못할 때 생긴다. 이는 소장의 점막 세포들이 자극을 받아 영양소와 물이 거의 흡수되지 못하게 된 결과이다. 자극의 원인은 미생물에 의한 감염일 수도 있고 매운 성분이나 음식 외 다른 물질에 의한 것일 수도 있다. 변비는 대변이 딱딱하게 말라서 장을 통과하기 힘든 경우이다. 변비는 액체나 섬유소가 부족한 식사를 할 경우에 생기고 운동이 부족하거나 대장 근육이 약화되어 밀어내는 힘이 부족해도 생길 수 있다. 설사나 변비가 교차로 일어나는 상태를 과민성대장증후군이라고 한다. 그 이유는 알지 못하지만 대장 근육이 비정상적으로 수축하거나 이완함에 따라 생기는데, 그 결과 복통이나 장 경련을 유발할 수도 있고 가스가 차거나 설사, 변비가 수반되어 나타나기도 한다.

[그림2-15]… ⓐ 모든 영양 물질이 충분히 든 특별히 조제된 대안 식이 액체는 관을 통해 환자의 위나 소장에 바로 도달하도록 할 수 있다.
ⓑ 소화관이 바른 기능을 하지 못하는 사람의 경우 모든 에너지와 영양 물질들은 비경구 영양법으로 정맥혈관에 직접 주사될 수 있다.

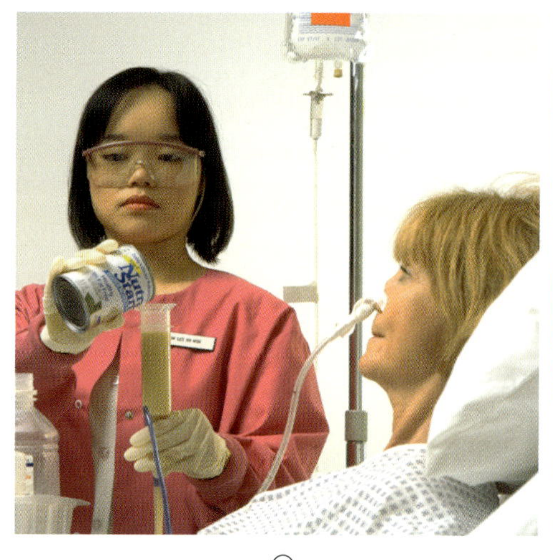

ⓐ

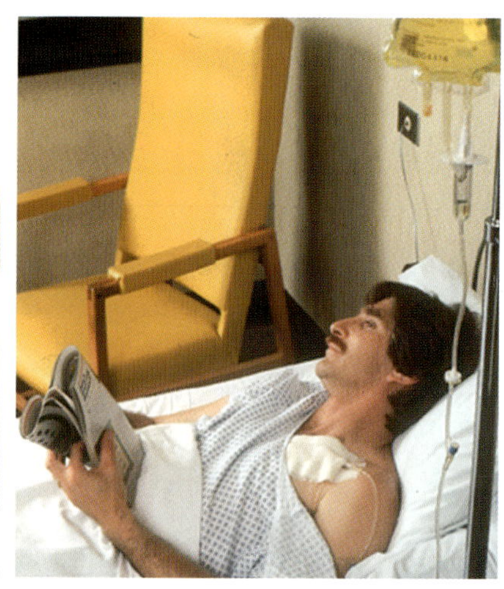

ⓑ

2. 대안 식이 방법

정상적인 식사를 하거나 영양소의 소화, 흡수가 불가능한 개인에게 영양 필요량을 맞추기 위해서 대안 섭식 방법들이 발달되었다. 예를 들어 음식을 삼킬 수 없는 환자들을 위해서는 위나 장으로 관을 바로 연결하여 투여할 수 있는 액상 식이요법이 개발되어 있다. 상업적으로 개발된 **튜브 급식** 조제액은 균형잡힌 식사를 통해 얻을 수 있는 영양소들을 갈아서 액체상태로 공급한다[그림2-15a]. 튜브 급식은 의식이 없거나 상부 소화관이 심각하게 손상을 입은 환자들을 위해서도 사용할 수 있다.

튜브 급식(enteral, tube feeding)…액체 식사를 바로 위나 장으로 관을 통해 주입하는 식사이다. 관은 목으로 넣거나 소화관 장벽을 바로 뚫어 삽입한다.

전체 소화관이 제대로 소화, 흡수 기능을 하지 못하는 환자들을 위해서는 혈관에 바로 영양을 공급할 수도 있다. 이 방법을 **비경구 영양**이라고 한다[그림2-15b].이 방법은 생명을 유지하기 위해 알려진 모든 영양소를 우리 몸이 흡수하는 형태로 정맥에 직접 주사하는 것이다. 비경구 영양 용액에서 특정 영양소가 빠지면 영양 결핍증이 발생하기 때문에 현대 의학에서 비경구 영양은 여러 미량 원소의 작용을 밝히는 데 큰 역할을 하였다.

비경구 영양(total parenteral nutrition;TPN)…정맥주사와 같이 영양소를 소화관이 아니라 순환혈관에 바로 공급하는 영양법

3. 생애주기와 소화관

임신이나 유아기, 노년기의 소화관은 정상 성인의 경우와는 차이가 있다. 이 시기에는 음식을 섭취하고 소화하며 흡수하는 전반적인 과정에 변화가 나타난다. 그러므로 생애 주기에 따른 소화관 기능의 변화를 이해하고 식사가 적절히 제공된다면 영양 상태를 유지할 수 있는 방법들이 많다.

3-1. 임신기 — 임신 시기에 일어나는 생리 현상의 변화는 많은 경우 소화관 문제를 포함하고 있다. 예를 들어 3개월 동안 대부분의 임신부들은 맛 감각이 변하고 멀미가 심하게 나는 입덧 현상을 경험한다. 서구에서는 입덧을 모닝 시크니스(morning sickness)라고 하여 아침 나절에 더 심하다고 하는데, 사실상 입덧은 하루 중 아무때나 나타날 수 있다. 보통, 입덧은 음식을 조금씩 자주 먹고 구토증을 유발하는 음식을 피함으로써 도움을 받을 수 있는데, 마른 크래커나 시리얼을 먹는 것도 도움이 된다. 심한 경우 제어할 수 없을 만큼 구토증이 악화되어 영양소의 공급이 심하게 부족해질 수 있다.

이 경우 정맥주사로 영양 성분을 공급받게 된다.

임신 후반기에는 자궁의 태아가 커져서 복부에 압박을 가하게 되어 음식을 많이 먹는 것이 힘들어진다. 게다가 태반에서는 임신호르몬인 프로게스테론을 분비하여 소화관의 평활근이 이완되도록 만든다. 프로게스테론의 근육 이완 효과는 식도도 이완시켜 위산 역류로 속쓰림을 유발할 수 있다. 대장에서는 이완된 근육과 태아의 압박 때문에 연동 운동이 잘 일어나지 못하여 변비의 가능성이 높아진다. 이때는 충분한 수분 섭취와 섬유소가 많이 든 식사, 규칙적인 운동이 변비를 완화시키거나 예방하는 데 도움이 된다.

3-2. 유아기 — 자라나는 어린이에게 소화관은 가장 늦게 성숙하는 기관들 중 하나이다. 출생 시에도 소화관이 기능하기는 해도 어른들의 식사를 소화시키기에는 부적합하다. 신생아와 성인의 소화관이 가장 다른 점은 신생아들은 딱딱한 음식을 씹거나 삼킬 수 없다는 데 있다. 태어나면서 아기들은 포유 반사 신경을 가지고 태어난다. 포유 반사란 입 안 깊은 뒤쪽에 모유나 우유가 닿으면 무조건 삼키는 반사이다. 또한 돌출 반사도 가지는데 돌출 반사란 구강 앞에 놓인 것은 무엇이든지 혀를 내미는 반사이다. 머리를 가눌 수 있게 되면서 이런 반사들은 사라지고 숟가락으로 음식을 먹이는 것이 가능하게 된다.

신생아와 성인은 소화를 돕는 효소들도 다르다. 신생아의 우유 단백질 소화는 **렌닌**이라는 소화효소로 가능하게 된다. 이 효소는 신생아의 위에서만 만들어지고 어른이 되면 사라진다. 신생아의 위는 위장 리파아제도 만들어낼 수 있다. 이 효소는 췌장이 아직 성숙되지 않아 소장 내 지방분해효소의 양이 적은 신생아에게 우유나 모유 속 지방을 분해하는 큰 역할을 한다. 신생아의 소장은 여러모로 불충분하게 기능한다. 췌장효소가 부족하면 탄수화물의 소화가 제한되는 반면, 그러나 소장 점막에 있는 효소들은 우유에 많은 이당류인 유당을 분해하여 바로 흡수시킨다.

렌닌(rennin)…우유나 모유 속에 든 단백질을 소화시키는 데 도움이 되는 효소로 신생아의 위에서 발견된다.

신생아는 소화되지 않은 단백질을 온전히 흡수할 수 있는 능력이 있다. 이 능력으로 아기들은 모유에 든 면역 물질들을 통째로 흡수하여 아기의 몸에서 즉각적인 면역력을 발휘하게 만든다. 그러나 이는 다른 한편으로 아기들의 음식 알레르기를 설명하는 한 원인이 된다.

대장 내 세균총도 아기와 어른이 매우 다르다. 우유가 주 영양 급원이기 때문에 특히 모유를 먹은 아기의 대변은 거의 냄새가 없다. 유아기의 다른 소화기 특징은 배설을 조절하는 수의적 근육이 발달되어 있지 않다는 것이다. 아기들이 화장실 훈련을 시작할 수 있는 근육 능력은 2~3세 사이에 점차 생기게 된다.

3-3. 노화 — 노화가 진행되면서 노인의 영양 요구량도 변화하지만 소화관과 다른 보조기관의 변화는 입맛과 적당한 영양분을 얻는 능력에 영향을 미친다. 후각과 미각은 나이에 따라 점차 퇴행하며 음식을 먹고자 하는 욕구도 줄어든다. 침의 분비가 줄어들면서 삼키기가 어려워지고 치아의 손상과 소실도 진행된다. 치아가 없거나 틀니가 잘 맞지 않으면 부드럽거나 액체로만 된 음식을 선호하게 만들며 딱딱한 음식들을 잘 씹지 않고 삼키게 만들어 소화에 어려움을 준다. 또한 위장관 내의 여러 분비액들도 줄

일반인들은 약 10,000개의 미뢰를 가지며 나이가 들수록 미뢰의 수는 줄어든다. 또한 미각도 감소하므로 노인일수록 짠 음식을 좋아한다.

위축성 위염(atrophic gastritis)…위산의 분비가 줄어들어 세균이 성장하면서 위벽이 헐거나 부종이 생기는 것

어든다. 그러나 이러한 변화에도 불구하고 건강한 노인은 여전히 음식물을 소화하고 흡수하는 능력을 유지하고 있다. 노인이 되면 **위축성 위염**이 생기는 경우가 있는데, 이는 위산의 분비가 감소됨에 따라 세균의 성장이 가속화되고 무기질의 흡수를 감소시킨다. 변비 역시 노인의 일반적 불편 사항 중 하나이다. 이는 대장의 움직임과 탄력성이 감소하거나 복근 및 하복근이 약화되고 감각지각 능력이 줄어들면서 소장의 연동운동이 느려지기 때문에 생긴다.

5. 영양소를 세포 내로 운반하기

간문맥 순환(hepatic portal circulation)…흡수된 영양소가 든 소화관의 혈액이 간으로 운반되는 혈관계

림프관(lymphatic system)…세포 간 공간에 있는 여분의 체액을 소장에서 흡수된 지용성 물질과 같이 운반하는 순환 조직으로 면역 기능을 담당한다.

모세혈관(capillary)…작고 가는 혈관으로 혈액과 세포 사이에서 가스와 영양소의 교환이 일어난다.

장 점막 세포로 들어온 영양소들은 **간문맥 순환**이나 **림프관**을 통하여 혈액순환계로 들어가야 한다. 간문맥 순환은 심장과 혈관으로 구성된 심장혈관계의 일부이다. 단백질의 소화 결과 생긴 아미노산, 전분의 분해로 생긴 단당류, 그리고 수용성 지방 분해산물들은 **모세혈관**으로 흡수되어 간문맥 순환으로 합류한다. 지용성 지방 분해산물들은 먼저 작은 지방구를 이루어 림프관으로 흡수된 뒤 혈액으로 들어간다.

1. 심혈관계

심혈관계는 혈액이 통과하는 관으로 닫힌 네트워크를 형성한다. 혈액은 영양소와 산소를 각 기관과 전신의 세포로 전달하고 동시에 세포에서 만들어진 노폐물들을 실어간다. 혈액은 영양소 외에도 호르몬과 같은 정보 물질과 면역 물질들을 몸의 한 부분에서 다른 부분으로 전달하는 역할을 한다[그림 2-16].

정맥(vein)…말초 조직에서 심장 쪽으로 혈액이 움직이는 혈관

동맥(artery)…심장에서 말초 조직으로 혈액을 운반하는 혈관

심장은 심혈관계의 주 동력원이다. 심장을 통해 2개의 순환계가 운영되는데 한 가지는 혈액을 폐를 통하여 돌리고(폐순환계), 나머지 한 가지는 전신으로 순환한다. 심장으로 들어가는 혈관을 **정맥**이라고 하고, 심장에서 나오는 혈관을 **동맥**이라고 한다. 동맥은 심장에서 나오는 피를 가지고 점점 작은 관(세동맥)으로 가지를 치면서 전신으로 흘러가고, 세동맥에서는 세포 사이사이로 그물망처럼 모세혈관으로 연결된다. 모세혈관은 아주 얇은 막을 가진 가는 혈관으로 그 직경은 겨우 적혈구 하나가 한 번에 통과할 만하다. 모세혈관으로부터 산소와 영양 물질은 세포로 전달되고 노폐물들은 세포로부터 모세혈관으로 배출된다. 폐의 모세혈관에서 혈액은 이산화탄소를 날숨으로 나가도록 놓고 들숨으로 들어온 산소와 결합하여 세포로 전달한다. 소장의 미세융모 속의 모세혈관은 수용성 영양소를 흡수한다. 모세혈관은 모여 세정맥으로 통합되면서 굵어지고 마침내 정맥으로 커져서 심장으로 돌아간다. 심장의 펌프질을 통해 심장에서 나가는 동맥은 폐의 모세혈관에서 산소를 싣고 폐정맥을 통해 다시 심장으로 돌아온다.

혈류의 흐름은 조직으로 전달되어야 할 영양소와 산소의 양에 따라 조절된다. 사람이 휴식을 취할 때 약 24%의 혈액은 소화계로 가고, 21%의 혈액은 근육으로 가며, 나머지는 심장과 신장, 뇌, 피부, 그리고 다른 조직으로 분산된다. 식사를 많이 하면 그중 소장으로 가는 혈액의 양이 많아져 소화와 흡수, 영양소의 전달을 담당하게 된

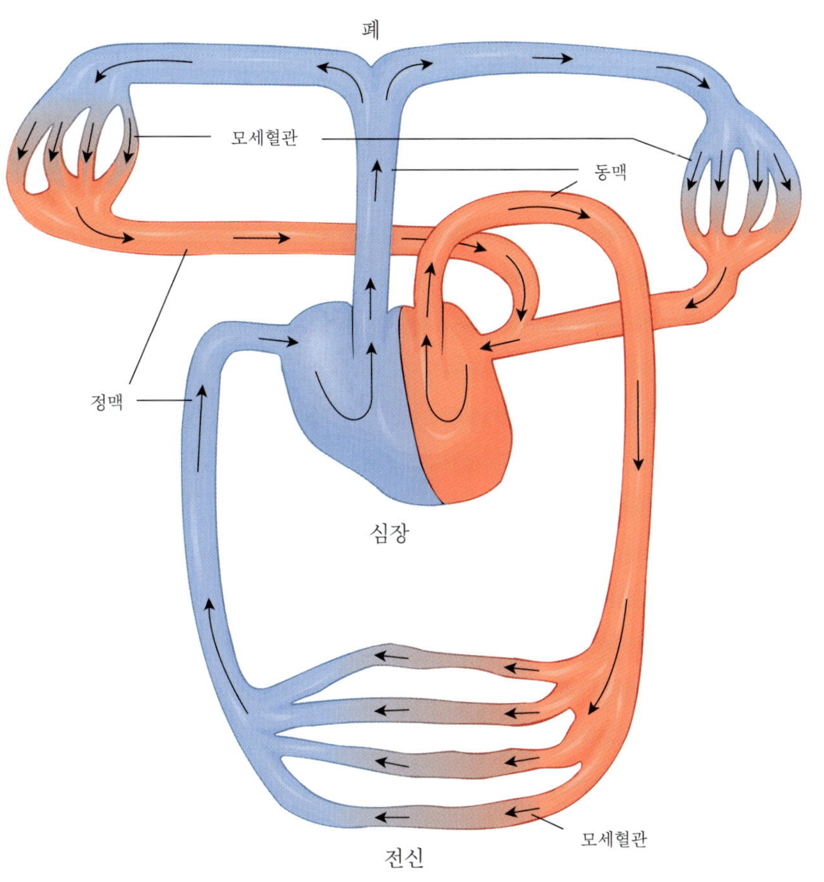

[그림 2-16]…혈액은 심장에서 박동쳐 나와 동맥을 통해 폐의 모세혈관으로 간다. 거기서 산소를 담게 된다. 그런 다음 정맥을 통해 다시 심장으로 돌아온 혈액은 다시 펌프질을 통해 전신으로 향하는 동맥을 타고 나간다. 전신의 모세혈관에서 혈액은 산소와 영양분을 공급하고 노폐물을 쓸어 담아 정맥을 통해 심장으로 되돌아온다. 그림에서 붉은색은 산소가 충분한 혈액이고, 푸른색은 산소가 적고 이산화탄소가 더 많은 혈액이다.

다. 사람이 심한 근육운동을 하면 약 85%의 혈액이 근육으로 이동하여 영양소와 산소를 전달하고 이산화탄소와 노폐물들을 제거하는 데 치중한다. 많은 음식을 먹은 뒤에 운동을 하면 이런 혈액의 자연스러운 배분에 무리가 생긴다. 이는 소화계와 근육 모두에 충분한 혈액을 공급하지 못하기 때문에 대개 근육으로 보내는 혈액을 우선으로 증가시키게 되고, 그 결과 소장에 음식이 남아 있음으로써 긴장성 경련을 느끼게 되기 때문이다.

식사 후 곧바로 운동하면 배가 아픈 이유는 소화관으로 가야 할 혈액이 운동 기관으로 보내지는 바람에 소화 작용이 일어나지 못하여 음식이 장내에서 뭉치기 때문이다. 장 경련이 일어나지 않게 하려면 식후 최소한 30분에서 1시간을 기다려야 한다. 지방이 높은 식사는 위를 비우는 데 시간이 더 많이 걸리므로 좋지 않다.

2. 간문맥 순환

소장에서 아미노산과 단당류, 수용성 비타민과 지방의 소화 결과 생기는 수용성 분자들은 미세융모막의 점막 세포를 가로질러 모세혈관으로 들어간다. 미세융모 기저층에서 모세혈관이 합쳐져서 세정맥을 형성하고 점점 더 커져서 **간문맥**을 만들게 된다. 간문맥은 혈액을 바로 간으로 이동시켜서 흡수된 영양소가 전신 순환계로 나가기 전에 일시적으로 처리되도록 한다[그림 2-17].

간문맥(hepatic portal vein)…소화관으로부터 간으로 혈액을 수송하는 정맥

간은 소장에서 흡수된 영양 물질과 전신 사이의 수문장과 같은 역할을 한다. 일부 영양소는 간에 저장되고 어떤 것들은 다른 형태로 변환되며, 또 일부는 변화 없이 통과된다. 순간순간 변화하는 전신의 요구에 맞추어 간은 특정 영양소가 저장될 것인지 바로 세포로 운반될 것인지를 결정한다. 예를 들어 간은 췌장 내 호르몬의 도움을 받아 혈당 농도를 일정하게 유지하는 일을 한다. 간은 흡수된 포도당을 혈액으로부터 받아들여 저장을 할지, 흡수된 포도당을 바로 조직으로 보낼지, 또는 간의 저장 창고에서 포도당을 꺼내거나 새로 포도당을 합성하여 혈액으로 보낼지 등을 결정한다.

[그림 2-17]…간문맥은 위와 소장으로부터 흡수된 영양소를 간으로 전달하는 역할을 한다.

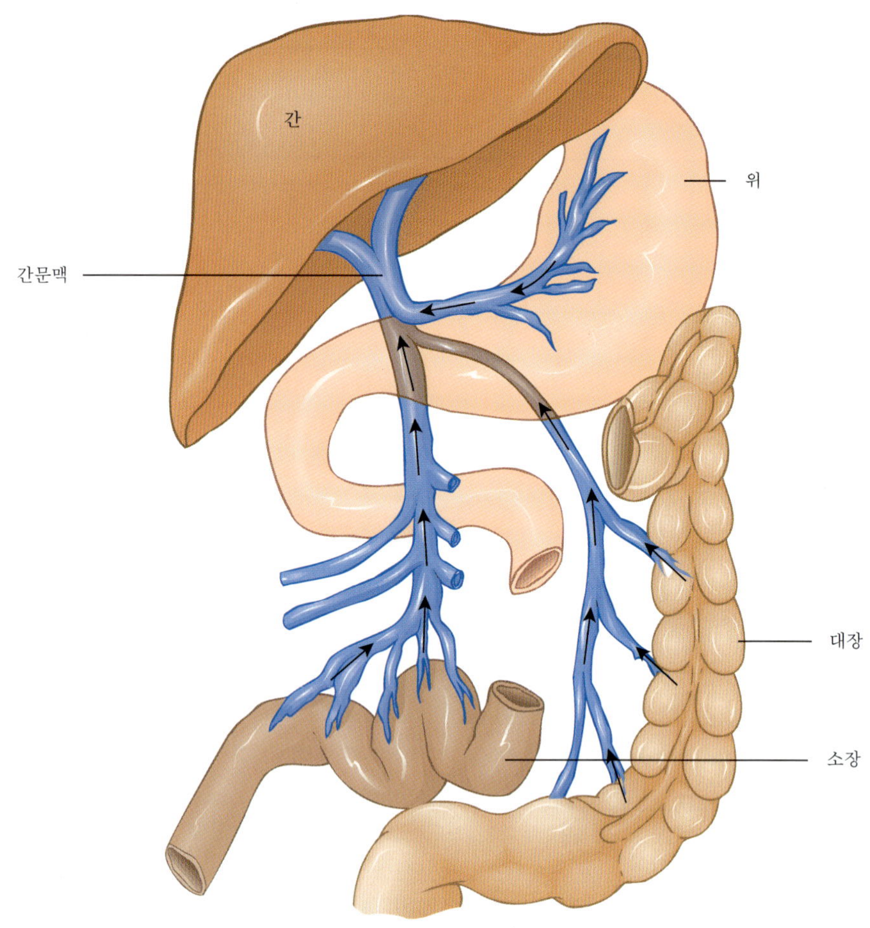

간은 또한 아미노산과 단백질, 지방의 합성과 분해에 중요한 역할을 한다. 간은 단백질 분해 산물을 변화시켜 신장을 통해 안전하게 배설될 수 있는 형태로 만들며 소화관에서 흡수된 독성 물질로부터 신체를 보호하는 효소들을 만들기도 한다.

3. 림프계

림프계는 외부 세균이 침범했을 때 싸울 수 있는 세포들이 네트워크로 연결된 관 모양의 기관이다. 세포와 조직에서 나온 체액은 식 세포와 감염 저항 세포들로 구성된 림프계를 통과하면서 정화되어 혈관으로 다시 돌아간다. 만약 체액 속에 외부 이종 단백질이 있으면 면역 반응을 촉발하게 된다. 과도한 체액을 걸러내고 병원유발 물질들을 세포와 접촉할 수 없도록 차단하는 작용을 함으로써 림프계는 면역성을 제공하고 조직에 체액이 쌓여 부종이 생기는 것을 막는다.

소장에서 중성지방이나 콜레스테롤 그리고 지용성 비타민과 같은 친유성 물질들은 큰 기름 방울(유적)을 만든다(4장 참조). 이들은 소장의 모세혈관이 아니라 유미관(가느다란 림프관)으로 들어가며 유미관이 모여져 더 큰 임파선으로 합쳐진다. 최종적으로 림프관 다발은 흉관으로 넘어가 목 뒤의 혈관으로 들어가게 된다. 그러므로 림프계를 통해 흡수된 물질들은 수용성 영양소들처럼 전신 혈관계로 들어가기 전에 간을 통과하지 않는다.

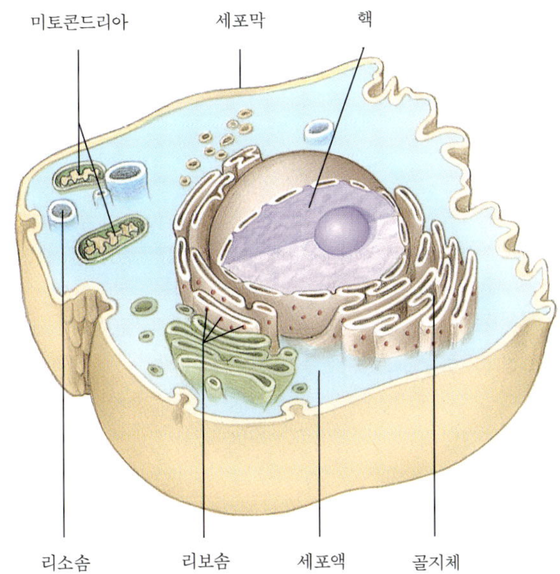

[그림 2-18]…동물 세포의 일반적인 구조, 거의 모든 사람의 세포는 그림에 있는 세포 소기관을 가지고 있다.

4. 세포막 통과

소장으로 흡수된 영양소가 체내에서 이용되기 위해서는 먼저 **세포막**을 통과하여 세포 내로 들어가야 한다. 세포막은 세포 내외로 지나가는 물질들을 제어함으로써 **선택적 투과성**을 가진다. 어떤 물질들은 세포막을 자유로이 오갈 수 있는 반면, 다른 물질들은 수송체가 필요하여 통행의 제한이 있기 때문에 선택적 투과성은 세포 내 환경의 평형을 유지하는 데 중요한 역할을 한다. 영양소들은 혈관에서 세포로 단순 확산 또는 중개 확산이나 적극 수송의 방식으로 전달된다. 세포막 내에는 **세포질**과 **세포 소기관**이 있어서 세포의 생존에 필수적인 역할을 담당한다. 가장 큰 세포 소기관은 세포의 유전 물질을 담고 있는 핵이다[그림 2-18]. 에너지를 생산하는 대사과정이 일어나는 세포 소기관은 **미토콘드리아**이다.

세포막(cell membrane)…세포 내용물을 싸고 있는 막
선택적 투과성(selectively permeable)…세포막이나 장벽이 특수 물질은 자유로이 통과시키지만 다른 물질의 출입은 막는 것

세포질(cytoplasm)…핵 외에 존재하는 세포 내 물질로 세포막에 싸여 있다.
세포 소기관(organelle)…특정 대사 기능을 수행하는 세포 내 기관
미토콘드리아(mitochondrion, mitochondria)…세포 활성을 위해 ATP라는 형태의 에너지를 생성하는 역할을 담당하는 세포 소기관

6. 영양소의 대사 : 개관

각 영양소들은 세포 내에서 특이한 대사 과정을 거친다. 그러므로 적정한 양과 종류의 영양소가 세포에 공급되지 않으면 대사는 최상의 상태로 진행될 수 없고 그 결과 건강에 악영향이 갈 것이다. 다음 편에서는 세포에서 영양소가 사용되는 간략한 개관을 논의한다. 각 영양소의 자세한 대사과정은 다음 여러 장에서 찾아볼 수 있다.

1. 대사과정

신체의 필요에 따라 식이로부터 흡수한 포도당과 지방산 그리고 아미노산은 에너지를 제공하기 위해 분해되거나 새로운 구조물이나 조절 물질들을 만드는 합성 재료로 사용되어, 또한 후일에 사용하기 위하여 에너지 저장 분자로 변화될 것이다. 원료로부터 최종 산물을 만드는 일련의 생화학적인 반응을 **대사과정**이라고 부른다. 각 대사과

대사과정(metabolic pathway)…생체 내에서 일어나는 일련의 화학 반응으로 인해 한 분자가 다른 물질로 전환되는 것

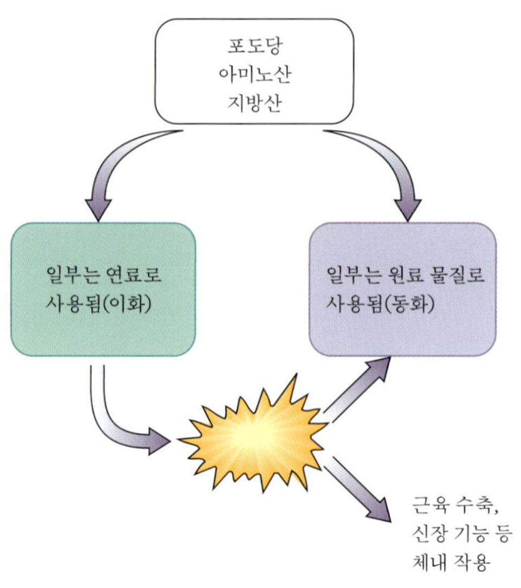

[그림 2-19]…세포로 들어온 영양소는 에너지를 생산하기 위한 이화 경로를 따라 분해될 수도 있고 탄수화물이나 지방, 단백질, 기타 신체에 필요로 하는 새로운 분자를 만들기 위한 동화 작용의 재료로 사용될 수도 있다.

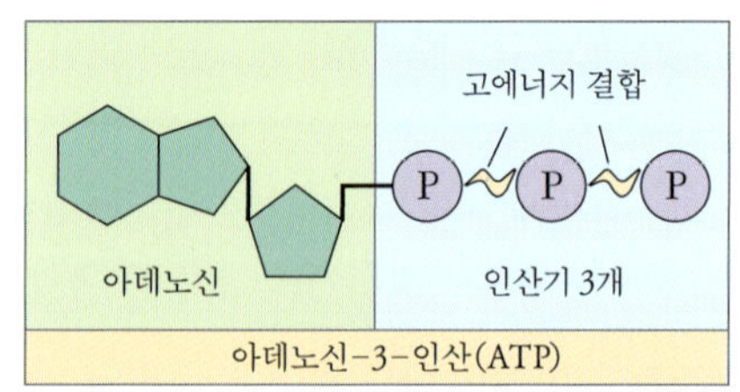

[그림 2-20]…ATP는 아데노신이라는 분자에 세 개의 인산 그룹이 연결된 구조다. 인산 그룹 간의 결합은 에너지 준위가 매우 높아 이 결합이 깨어질 때 나온 에너지들이 생명 활동에 사용된다.

조효소(coenzyme)…단백질이 아닌 작은 유기물로(종종 비타민) 많은 효소들의 적절한 활성을 위해 긴요하다.

이화(catabolic)…물질이 분해되어 에너지를 내면서 더 작은 물질로 바뀌는 반응

ATP (아데노신-3-인산, adenosine triphosphate)…에너지가 필요할 때 신체가 손쉽게 사용하고 있는 고에너지 물질

원하지 않은 산화-환원 반응은 세포 손상을 유도할 수 있다. 심장질환이나 암 등도 일종의 산화 손상과 관련되어 있는 보고가 있다. 또한 노화와 더불어 많은 신체적 변화들도 산화 손상에 의한다.

동화(anabolic)…간단한 분자로부터 더 복잡한 물질을 만드는 과정에서 에너지를 소모하는 것

세포 호흡(cellular respiration)…세포 내에서 산소의 존재 하에 탄수화물, 지방, 단백질을 분해하여 산소, 물, 에너지를 생산하는 것

정의 반응이 적절한 속도로 진행하기 위해서는 효소가 필요하고 이들 효소는 역시 **조효소**의 도움을 필요로 한다. 비타민 B군은 대사과정의 중요한 조효소들이다.

일부 대사과정은 큰 분자를 더 작은 분자로 분해하는 **이화** 과정이다. 이 과정에서 분자를 이루는 화학 결합 사이에 내재된 에너지가 빠져나오게 된다. 이 에너지의 일부는 체열로 없어지지만 일부는 신체에서 에너지로 쉽게 이용할 수 있는 형태로 전환된다. 이 새로운 에너지 물질은 **ATP** (아데노신-3-인산, adenosine triphosphate)이다[그림 2-19].

세포에서 ATP는 에너지의 현금과도 같다. ATP에 존재하는 화학 결합은 에너지 수위가 매우 높아서 이들이 분해될 때 에너지가 방출되며 이 에너지는 혈액을 순환시키거나 신경 정보를 전달하거나 몸 조직을 유지하고 보수할 때 필요한 새 물질을 만드는 데 쓰이는 등 신체 각 기능에 에너지원으로 사용된다. ATP에서 온 에너지를 사용하는 대사과정은 **동화** 작용이라고 부른다. 대사과정에서 동화와 이화작용은 동시에 그리고 연속적으로 계속된다[그림 2-20].

2. 에너지의 합성

탄수화물, 지방, 단백질은 식사에서 온 것이든 신체의 저장분이었든 모두 에너지를 만드는 데 사용될 수 있다. 먼저 이들은 포도당과 지방산 그리고 아미노산들로 각각 분해되어야 한다. 그런 다음 산소의 존재 하에 대사되어 결과적으로 ATP와 이산화탄소와 물을 만들게 된다. 이 과정을 **세포 호흡**이라고 한다. 산소는 호흡계를 통하여 몸으

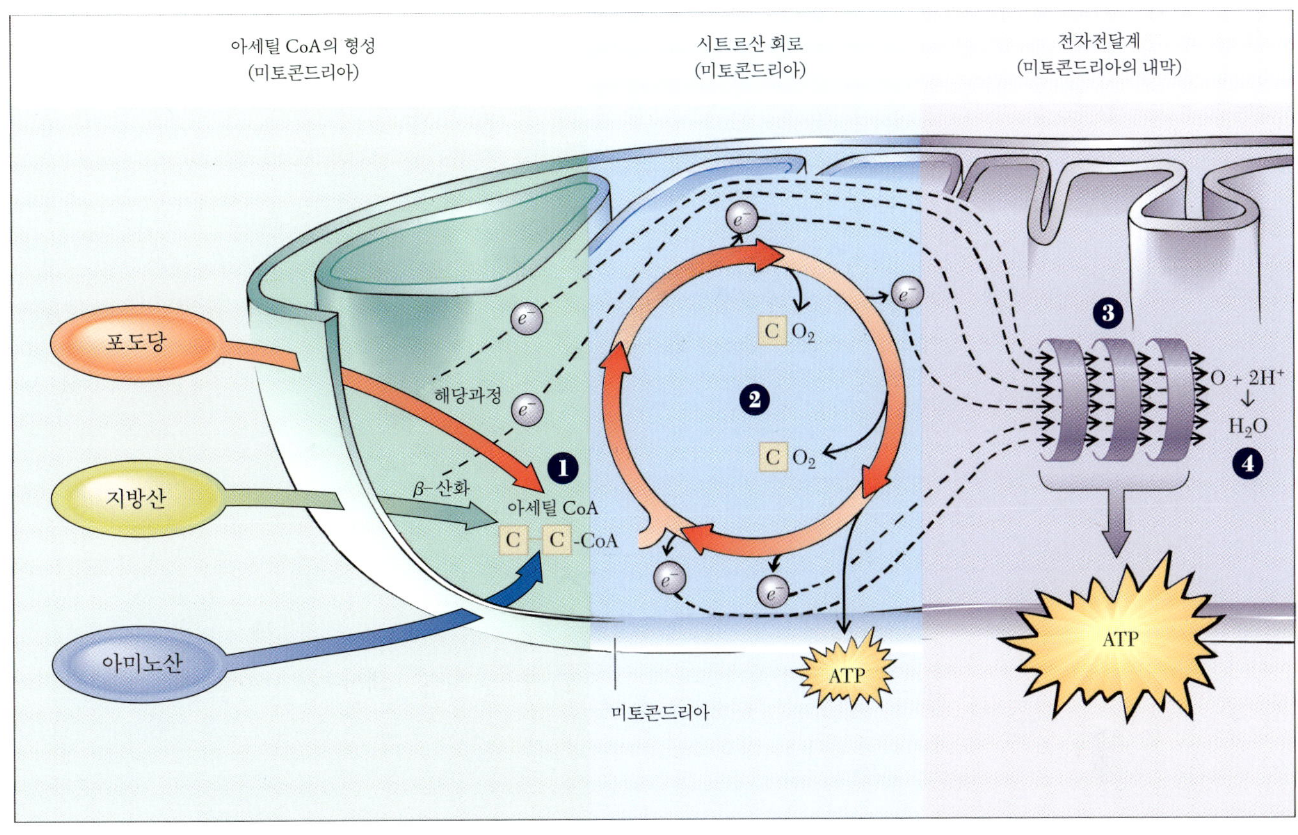

로 들어와 순환계를 통하여 세포에 공급된다. 세포 호흡에 의해 만들어진 이산화탄소는 폐로 전달되어 숨을 내쉴 때 몸 밖으로 제거된다.

세포 내 호흡반응은 체내 에너지를 만드는 과정의 핵심 부분이다. 이용 가능한 산소가 없으면 포도당만이 에너지원으로 사용될 수 있다. 산소가 이용 가능하면 포도당, 지방산, 아미노산은 모두 분해되어 **아세틸 CoA**라는 작은 탄소 2개를 가진 물질을 만든다([그림 2-21]의 **단계 ❶**). 아세틸 CoA를 만들기 위해 포도당은 먼저 해당 과정을 통해 반으로 잘린다(3장 참조). 지방산으로부터 아세틸 CoA를 만들려면 β-산화(beta oxidation) 과정을 거쳐 2개의 탄소로 쪼개지는 과정을 거쳐야 한다(4장 참조). 아미노산은 구조적으로 매우 다른 물질들이지만 결과적으로는 모두 아세틸 CoA 분자를 만들 골격으로 전환된다(5장 참조). 이 모든 과정에서 나온 아세틸 CoA는 세포 내 미토콘드리아에서 **시트르산 회로**라는 대사 과정을 거치면서 분해된다([그림 2-21]의 **단계 ❷**). 이 과정에서 2개의 탄소를 가진 아세틸 CoA 분자는 탄소 하나씩이 제거되어 이산화탄소가 되면서 **전자**와 ATP를 만든다. 에너지 준위가 높은 전자들은 **전자전달계**로 이동되면서 더 많은 ATP를 생성한다([그림 2-21]의 **단계 ❸**).

전자전달계는 쉽게 전자를 받거나 줄 수 있는 일련의 분자들로 구성되어 있다. 분자가 전자를 잃을 때 그 물질은 **산화**되었다고 말하고 전자를 얻을 때 **환원**되었다고 한다. 일련의 분자들이 산화와 환원을 반복하면서 전자를 다음 물질로 전달하게 되고 이 산화-환원 반응 과정에서 에너지가 생성된다. 전자전달계에서 마지막으로 전자를 받아들이는 물질이 산소이므로 산소가 전자를 받으면서 환원하여 한 분자의 물을 생성한다([그림 2-21]의 **단계 ❹**).

[그림 2-21]…산소의 존재 하에 포도당, 지방산, 아미노산들이 대사되어 아세틸 CoA를 형성한다(**단계 ❶**). 아세틸 CoA는 시트르산 회로에서 분해되어 이산화탄소와 전자를 생성한다(**단계 ❷**). 전자는 전자전달계를 타고 내려가(**단계 ❸**) ATP를 만드는 데 사용되고 산소와 만나 물을 생성한다(**단계 ❹**).

아세틸 CoA(acetyl CoA)…포도당, 지방산, 아미노산의 분해과정에서 생기는 대사 중간 물질로 두 개의 탄소로 이루어진 유기물에 CoA가 붙어 있다.

시트르산 회로(citric acid cycle)…크렙스 사이클 또는 삼탄당 회로라고 불리기도 한다. 탄소 2개의 아세틸 CoA가 산화되어 2분자의 CO_2를 내는 세포 호흡의 단계이다.

전자(electron)…원자의 핵을 돌고 있는 음의 전하를 가진 고에너지 입자

전자전달계(electron transport chain)…세포 호흡의 최종 단계로 전자가 일련의 분자사슬을 따라 흐르면서 산소로 전달되어 물을 합성하고 동시에 ATP를 생성하는 과정

산화(oxidation)…전자를 잃어버리거나 산소와의 화학적인 반응을 일으키는 것

환원(reduction)…전자를 얻는 반응

3. 새로운 물질의 합성

포도당, 지방산, 아미노산은 에너지를 내기 위해 부서지기도 하지만 새로운 구조물이나 조절 물질 그리고 저장 물질을 만드는 데 사용되기도 한다. 포도당은 탄수화물 저장 형태인 글리코겐을 만들 수 있다. 만약 신체 내에 충분한 글리코겐이 있으면 포도당은 지방산을 합성하는 데 사용된다. 지방산은 중성지방으로 합성되어 체지방으로 저장된다. 아미노산들은 신체가 필요로 하는 근육 단백질이나 효소, 호르몬 단백질, 그리고 혈액 단백질 등 여러 단백질을 만드는 데 사용이 된다. 여분의 아미노산은 지방산으로 전환되어 체지방으로 저장될 수도 있다.

7. 대사 노폐물의 제거

섬유소와 같이 신체에서 흡수되지 못하는 물질들은 소화관에서 대변으로 배설된다. 그러나 이산화탄소나 질소, 물 등 흡수된 물질의 대사과정에서 만들어지는 노폐물 역시 체외로 배설되어야 한다. 이들의 배설은 주로 폐, 피부, 신장을 통해 이루어진다[**그림 2-22**].

1. 폐와 피부

세포 내 호흡으로 인해 생긴 이산화탄소는 세포를 떠나 적혈구에 포획되어 폐로 이동하는데, 적혈구는 폐에서 이산화탄소를 내려 놓아 숨을 내쉴 때 빠져나가게 한다. 이 때 이산화탄소와 더불어 상당한 양의 물도 증발되어 같이 빠져 나간다. 일부의 물은 단백질 분해 산물과 무기질 등과 같이 피부를 통해 땀으로 배출된다[**그림 2-23**].

2. 신장

신장은 수분과 대사 분해산물들 그리고 과도하게 섭취한 무기질을 배설하는 기능을 주로 하는 기관으로서 양쪽 신장은 각각 100만 개의 **네프론**으로 구성되어 있다. 네프론은 혈액이 여과되는 **사구체**와 혈액에서 여과되어 나온 분자들이 재흡수되는 일련의 신관들로 구성되어 있다. 혈액이 사구체를 통과하면서 대부분의 작은 용해분자들이 여과되어 나오지만 단백질과 혈구 세포들은 너무 커서 사구체에서 여과되지 않는다. 여과된 분자들 중 신체에서 필요로 하는 것은 신관을 통과하는 동안 혈액으로 재흡수되는 반면, 신체가 필요로 하지 않는 물질은 재흡수되지 않고 수분과 함께 방광으로 들어가 소변으로 배설된다. 소변으로 배설되는 수분과 물질들의 양은 신체 수분 평형을 유지하기 위해 엄격한 조절 작용을 받는다(9장 참조).

네프론(nephron)···신장의 기능 단위로 혈액을 걸러 정화시키며 체액 평형을 유지하는 역할을 한다.
사구체(glomerulus)···네프론 안에 실꾸러미 같은 모세혈관 덩어리로 혈액을 걸러 소변을 생성한다.

특정 신장질환에서는 혈액이 정화되지 못하여 노폐물이 축적된다. 물, 단백질, 무기질을 제한하는 식사가 도움이 되지만 상태가 심해지면 투석기를 이용하여 생명 유지를 도울 수 있다.

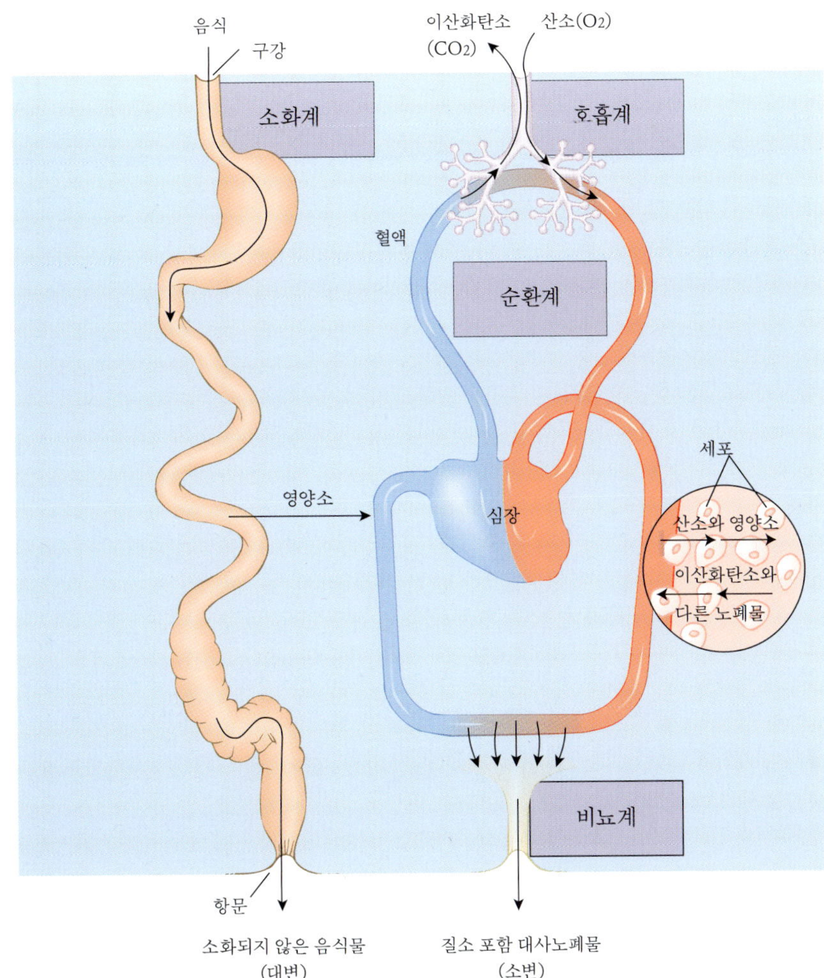

[그림2-22]…음식물의 소화, 흡수, 영양소의 전달에 관여하는 기관계와 노폐물의 배설을 담당하는 기관계는 서로 연결되어 있다. 소화계는 영양소를 포집하고 호흡계는 산소를 포집한다. 이들은 곧이어 전신체의 세포로 순환계를 통해 배분되고 호흡계와 비뇨계는 체외로 대사노폐물을 전달하는 역할을 한다.

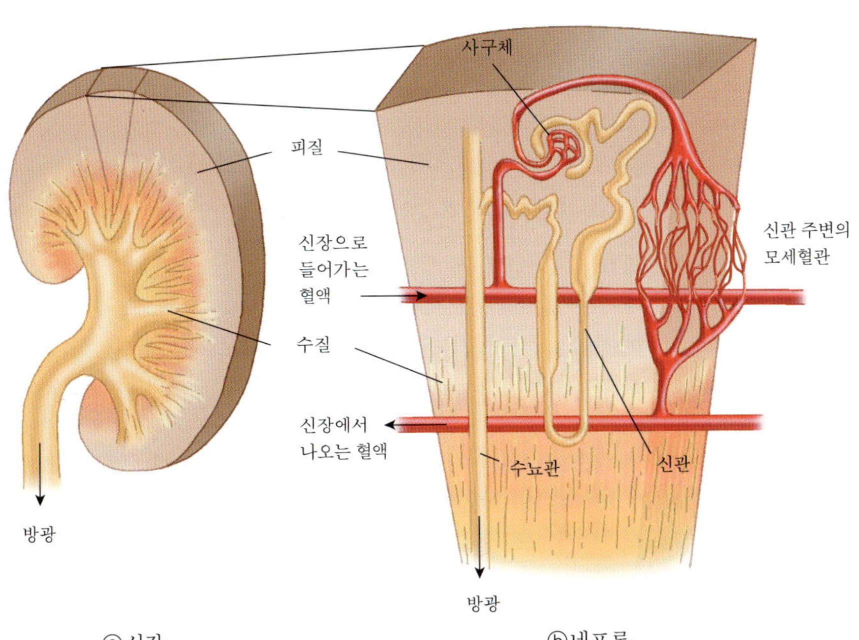

[그림2-23]…ⓐ신장의 기본 구조는 외부 피질과 내부 수질로 구성되어 있다. ⓑ네프론에서는 혈장에 용해된 물질들이 사구체에 의해 여과되어 혈액과 분리된다. 여과액은 신관으로 들어가서 혈액으로 재흡수된다. 이때 흡수되지 않는 물질들은 방광으로 통하는 수거관으로 모여 소변으로 배설된다.

사례연구후기

S씨의 수술은 성공적이었다. 소화관의 절제 수술과 식이 섭취 제한 노력을 한 지 약 1년 만에 S씨는 30kg의 체중을 줄일 수 있었다. 혈압, 혈당, 혈중 콜레스테롤치도 모두 감소하여 심혈관계질환과 당뇨병의 발생 위험도 낮아졌다. 체중이 줄어들자 걷기 운동을 시작할 수 있어서 더욱더 생활습관질환의 발생 위험이 낮아지는 결과를 가져왔다. 이런 장점에도 불구하고 소화관 절제수술은 여러 부작용도 가져왔다. 위의 변형으로 인해 음식을 먹을 수 있는 용량이 크게 줄었고, 위장관 유문이 없어진 결과 음식물의 위배출 속도를 조절할 수 없었다. 이로 인해 S씨는 식사의 양과 방법, 내용물들을 잘 고려해서 제한하여야 했다. 때때로 무심코 너무 많이 먹거나 탄수화물이 너무 많은 식사를 하면 음식물들이 한꺼번에 소장으로 밀려들어가서 어지럽고 땀이 나며 설사를 하는 등 부작용이 생기곤 하였다. 소장 일부도 잘려나갔기 때문에 영양소의 흡수 면적도 좁아져서 비타민과 무기질 결핍증을 예방하는 조치도 필요하였다. S씨는 영양제를 먹고 매달 한 번씩 비타민 B_{12} 주사를 맞았다. 비록 그녀가 종종 옛날처럼 푹 퍼져 앉아서 음식을 잔뜩 먹고 과식의 결과에 대해서는 걱정하지 않는 과거를 그리워하기는 하여도 위절제 수술을 하기로 한 결심이야말로 바른 행동이었다는 것을 인정한다. 이제 그녀는 신발 끈을 매기 위해 몸을 굽힐 수도 있고 여행할 때 비행기 좌석 한 칸에 몸이 쏙 들어간다. S씨는 식사량을 잘 절제하고 열심히 운동하여 현재 체중에서 18kg을 더 빼고 그 상태를 유지할 계획이다.

연습문제

1 식물과 동물을 이루는 가장 작은 단위는 무엇인가?

2 음식의 소화와 흡수에 관여하는 3개의 기관계를 말하시오.

3 소화에서 치아는 어떻게 작용하는가?

4 연동 운동은 무엇인가? 분절 운동을 설명하시오.

5 위의 2가지 기능을 설명하시오.

6 음식물이 소화관을 통과해 이동하는 것은 어떻게 조절되는가?

7 각 영양소가 흡수되는 3가지 기전을 설명하시오.

8 소화와 흡수가 가장 활발히 일어나는 곳은 어디인가?

9 소장의 구조가 어떻게 흡수를 도와주는가?

10 림프관으로 수송되는 소화 산물은 무엇인가?

11 아미노산 흡수 후 세포까지 전달되는 과정을 표시하시오.
이 길을 큰 지방산 흡수 후 세포까지 도달하는 궤적과 비교하시오.

12 세포에서 사용되는 에너지의 형태는 무엇인가?

13 시트르산 회로와 전자전달계에서 일어나는 일을 설명하시오.

14 소장에서 흡수되지 않는 물질은 어떻게 되는가?

15 폐와 신장은 대사노폐물을 어떻게 제거하는가?

Chapter 3 Carbohydrates: Sugar, Starches, and Fiber

사례연구

S씨(여, 27세)는 저탄수화물 식사로 7kg을 줄였다. 그녀는 항상 자신의 체중이 불만이었는데, 7kg이나 줄여서 기뻤다. 현재는 4.5kg이 다시 늘어 70kg이 되었다. 이 체중은 아직 건강한 수준에 있기 때문에, 저탄수화물 식사는 그만두고 건강한 식품을 먹는 것에 집중하려고 한다. 이를 위하여, S씨는 식품 구성탑과 식품 교환표를 찾아보고 참고하였다. 그녀는 모든 탄수화물이 나쁘지만은 않다는 것을 알게 되었다. 그녀에게는 곡류 10단위, 그중 최소한 반 이상은 통곡류를 먹을 것이 권장되었다. 그녀는 또한 과일은 2단위, 채소는 7단위로 섭취를 늘려야 함을 알게 되었다. 채소와 과일은 탄수화물을 포함하나 섬유소의 함량도 높다. 그녀의 식사를 개선하기 위한 첫 번째 단계는 채소와 과일의 섭취를 늘리는 것으로, 항상 냉장고에 생야채를 썰어서 봉투에 넣어 두고 과일샐러드를 준비해 두어 간식으로 먹거나 식사 중 먹을 수 있도록 준비하였다. 식이섬유소의 섭취를 늘리기 위해 잡곡을 선택하고 가공식품도 섬유소가 많은 것으로 선택했다. 그녀는 흰 빵 대신 잡곡빵을 선택하고 건강에 좋은 것으로 보이는 시리얼을 선택했다. 몇 주 뒤, 그녀는 건강박람회에서 자신의 식사를 분석했는데 식이섬유소의 섭취량이 여전히 권장량보다 25g 적음에 놀랐다. 그녀는 식품의 라벨을 읽기 시작했고 칠곡빵이 통곡류를 포함하지 않음을 알았다. 시리얼 또한 통밀은 없으면서 설탕 18g을 함유하고 섬유소는 겨우 2g이라는 것도 알았다. 결국, 그녀는 건강한 탄수화물 선택하기란 자신의 식사에서 탄수화물을 제거하는 것만큼 어렵다는 것을 알게 되었다.

제 3 장 탄수화물: 당, 전분, 섬유소

학습목표

1 정제된 탄수화물과 정제되지 않은 탄수화물의 차이점을 비교할 수 있다.
2 단순 탄수화물과 복합 탄수화물의 구조를 비교할 수 있다.
3 수용성, 불용성 식이섬유소를 구별하고 각 식품급원을 예로 들 수 있다.
4 유당불내증을 정의하고 우유를 먹을 때 유당불내증이 속을 불편하게 만드는 이유를 설명할 수 있다.
5 식이섬유소과 난소화성 탄수화물이 소화관과 건강에 미치는 영향을 토의할 수 있다.
6 에너지를 생산하는 과정의 포도당 대사과정을 설명할 수 있다.
7 혈당을 조절하는 인슐린과 글루카곤의 역할을 설명할 수 있다.
8 1형 당뇨병과 2형 당뇨병의 원인과 경과를 비교할 수 있다.
9 정제하지 않은 탄수화물과 정제한 탄수화물의 고섭취식이에 있어서 건강상의 이점과 위험을 토의할 수 있다.
10 식이를 조절하여 현재 탄수화물의 양과 형태를 위한 권장량을 충족할 수 있다.
11 체중조절에서의 인공감미료의 역할을 토의할 수 있다.

1. 현대 식사에서의 탄수화물

정제(refind)…원래 식품의 여러 가지 성분이 변화되거나 제거되는 과정을 거치는 것

탄수화물은 우리 식사의 기본으로서 통밀빵, 초콜릿 케이크, 신선한 과일, 우유, 청량음료 등에 함유되어 있다. 탄수화물은 g당 4kcal의 열량을 내기 때문에 에너지의 급원으로 꽤 유용하다. 그러나 탄수화물의 영양적 효과는 탄수화물이 **정제**되었는지 자연적인 상태인지에 따라 다르다. 통밀빵, 신선한 과일, 우유에 들어 있는 탄수화물은 자연적인 상태에서 변화된 형태가 아니기 때문에 모든 탄수화물을 함유하고 있는 급원으로 여겨진다. 이들 식품은 탄수화물뿐 아니라 비타민, 무기질, 그 밖에 건강을 증진하는 물질들을 함유한다. 케이크와 청량음료는 정제된 탄수화물을 제공하는데, 정제과정은 원래 식품에 존재하는 필수영양소와 다른 성분은 제거하고 탄수화물만 분리하는 과정을 말한다[표 3-1].

[표 3-1]…더 또는 덜 정제된 식품의 선택

	덜 정제됨	더 정제됨	첨가당류가 높음
시리얼	오트밀, 거친 밀	콘플레이크	콘프로스트, 코코아를 첨가한 시리얼
빵	통밀빵, 통밀베이글	흰 빵, 영국식 머핀, 흰 베이글	도넛, 데니시페이스트리
곡류	통밀파스타, 현미, 쿠스쿠스, 보리	파스타, 백미, 떡	라이스푸딩, 케이크
과일	산딸기, 사과, 오렌지	통조림과일, 과일 말린 것, 오렌지주스	진한 시럽에 절인 과일통조림, 과일파이, 가당하여 말린 과일, 과일펀치
야채	구운 감자, 호박	프렌치파이, 튀긴 호박	고구마파이, 호박케이크

[그림 3-1]…건강한 식사를 위해 통곡류, 콩, 채소, 과일과 같은 탄수화물은 더 많이 선택하고, 흰 빵, 흰 쌀밥과 같은 정제된 탄수화물 그리고 사탕, 쿠키, 가당 음료수와 같은 첨가당류는 제한할 것을 추천한다.

지난 50년 가까이 우리가 먹는 탄수화물의 급원과 양이 변화되었다. 전체 탄수화물 섭취량은 1909년과 1963년 사이에 감소했다. 이러한 감소의 대부분은 곡류의 소비 감소에 기인한 것이며, 섬유소는 40%의 소비감소를 가져왔다. 1960년대부터 탄수화물 섭취량은 증가하였으나, 증가된 탄수화물과 더불어 식이섬유소의 섭취가 증가하기보다는 정제된 탄수화물의 섭취가 증가하였다. 1960년과 2000년 사이에 식사에서 탄수화물 섭취량이 증가한 원인의 대부분은 설탕이다.

곡류 위주의 탄수화물은 흰 빵, 스낵, 청량음료로 대체되었고 감미료의 형태도 변화되었다. 1960년대에는 사탕수수와 사탕무 당으로 단맛을 내었으나 오늘날 가공식품의 대부분은 옥수수감미료로 단맛을 내며 우리 식사에서의 탄수화물은 더 정제된 것들이 대부분이다. 그러나 건강한 식사를 위해 통곡류, 채소류, 두류, 과일류와 같은 급원의 음식은 더 많이 먹되, 제빵류나 청량음료와 같이 정제된 탄수화물과 **첨가당류**가 높은 식품은 적게 먹어야 한다[**그림 3-1**].

첨가당류(added sugar)…식품의 가공이나 조리 과정 중 첨가되는 당과 시럽

1. 정제 탄수화물

곡류, 두류, 채소류, 과일, 우유와 같은 탄수화물 급원식품은 탄수화물뿐만 아니라 다양한 영양소를 함유한다. 곡류, 두류, 채소류는 비타민 B군, 무기질, 그리고 섬유소를 제공하고 과일류는 섬유소와 함께 비타민 A와 비타민 C를 제공한다. 우유는 리보플라빈과 칼슘 무기질의 좋은 급원이다. 이에 비하여 아침식사로 먹는 콘플레이크는 옥수수를 갈고, 채치고, 씻고, 조리하고, 성형하고, 건조하여 만드는데 정제하는 과정 동안 옥수수 알맹이에 있는 많은 영양 성분과 건강에 좋은 성분들이 손실된다. 옥수수나 밀과 같이 곡물의 씨앗이나 낟알 전체를 먹을 때, 우리는 정제되지 않은 것 혹은 **통곡**식품(whole-grain product)을 먹는 것이다. 곡물 전체의 낟알은 세 부분으로 나뉜다[**그림 3-2**]. 가장 바깥의 **겨**층은 대부분 섬유소이며 비타민의 좋은 급원이다. **싹**은 발아가 일어나는 식물배아이다. 이 부분은 옥수수유나 잇꽃유와 같은 식물유의 급원이며 비타민 E가 풍부하다. 또한 단백질, 섬유소, 비타민 B 중 리보플라빈, 티아민, 비타민 B_6를 함유한다.

통곡(whole-grain)…겨층, 배아, 배유 부분을 포함하는 낟알 전체

겨(bran)…곡물의 최외층으로 보호막이다. 식이섬유소가 많이 농축되어 있다.

싹(germ)…곡물 낟알의 배 혹은 싹이 나는 부분. 기름, 단백질, 섬유소, 비타민을 함유한다.

낟알의 나머지 부분은 **내배유**인데 대부분은 전분이며, 단백질 대부분과 비타민, 무기질 약간을 함유한다. 곡류의 제분 과정 동안 배아와 겨층이 내배유 부분으로부터 떨어진다. 통밀가루와 같이 통곡립가루는 겨, 배아, 내배유의 대부분을 포함한다('현명한 식품 선택: 통곡립 식품 고르기' 참고). 흰 밀가루는 내배유 부분이다. 섬유질과 약간의 비타민들, 무기질, 통곡립에서 자연적으로 존재하는 식품 화학성분들은 손실된다. 손실된 영양성분들을 보충하기 위해 판매되는 정제 식품은 손실된 영양소 전체는 아니지만 약간의 영양소를 강화한다. **강화곡류**는 티아민, 리보플라빈, 나이아신이 첨가되어 있고 철분을 함유하며 엽산이 강화되어 있다. 그러나 비타민 E, 마그네슘, 비타민 B_6와 제분 과정 중 제거되는 다른 영양소를 함유하지 않는다.

배유(endosperm)…곡립 중 가장 큰 부분. 대부분 전분이며 싹이 날 때 에너지를 공급한다.

강화곡류(enriched grain)…가공 과정 중 손실된 영양소를 곡류에 동량 첨가하거나 원래보다 더 많이 첨가하는 것

2. 첨가당류

콘플레이크에 설탕을 뿌리면 정제된 당을 첨가하는 것이다. 설탕은 대부분 사탕무에서 추출해 끓여서 탈색하고 정제한 것으로서 어떤 영양소 없이 칼로리만 더하므로 식

[그림 3-2]…밀 낟알은 바깥의 겨층, 식물의 배아 혹은 싹 그리고 탄수화물이 풍부한 배유 부분을 가지고 있다.

사에서 영양밀도를 저하시킨다. 게다가 우리 식사의 첨가물이 설탕만 있는 것도 아니다. 우리가 먹는 첨가당류 대부분은 이미 디저트, 음료, 스낵 등에 들어가 있기 때문이다. 첨가당류는 자연적으로 함유되어 있는 당과는 달리 식물급원에서 분리, 정제되어 있어서 이것으로는 원래 식물에 있던 섬유소, 비타민, 무기질과 그 밖의 물질들을 섭취할 수 없다.

첨가당류(added sugar)는 열량에 비하여 영양소를 거의 제공하지 못하므로 영양밀

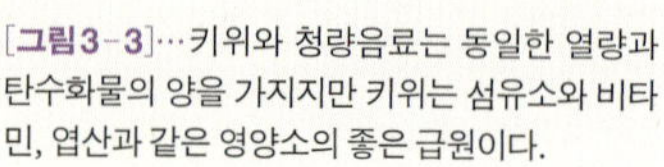

[그림 3-3]…키위와 청량음료는 동일한 열량과 탄수화물의 양을 가지지만 키위는 섬유소와 비타민, 엽산과 같은 영양소의 좋은 급원이다.

영양소	청량음료 (340mL)	키위 (중 3개)
비타민 A(μg)	0	7
비타민 C(mg)	0	223
엽산(μgDFE)	0	87
칼륨(mg)	4	757
칼슘(mg)	7	60
단백질(g)	0	2
섬유소(g)	0	8
탄수화물(g)	37	34
당(g)	37	26
에너지(kcal)	141	139

☀ 현명한 식품 선택: '통곡류 선택하기 - 말처럼 쉽지 않은……'

통곡류 식품을 더 많이 먹어라. 통곡류 식품에는 질병 예방에 중요한 역할을 하는 식이섬유소, 비타민 B군, 비타민 E, 셀레늄, 아연, 구리, 마그네슘, 식품 화학 물질 성분이 풍부하다. 이것은 흰 빵 대신 갈색빵을 선택하는 것을 의미하지는 않는가? 불행히도 제품의 색은 그것이 통곡인지 아닌지를 거의 나타내지 않는다. 빵의 짙은 색은 통곡립 때문이다. 그러나 당밀과 같이 다른 성분에 의해서도 짙은 색을 나타낼 수 있다. 여러 가지 곡류가 섞인 빵은 어떤가? 이 또한 통곡류 식품의 할당량을 채우는 데 도움이 되지 않는다. '여러 가지 곡식', '오곡', '칠곡' 등은 건강한 것처럼 보이지만 이것은 단순히 한 가지 형태의 곡류보다 더 많은 곡류를 함유하고 있다는 것을 의미하며, 이 곡류가 꼭 통곡류를 의미하는 것은 아니다. 다른 용어도 똑같이 오해하게 만든다. '밀'은 곡식의 종류를 의미하며 어떻게 정제되었나를 의미하는 것은 아니다. '돌을 이용한 제분'은 곡립이 가공되는 방법을 말하는 것이지 겨와 배아가 포함되었다는 것은 아니다. 그리고 '겨', '귀리'와 같은 용어는 그 제품에 첨가되었다는 의미이지 그 제품이 통곡립을 압도적으로 많이 사용했다는 의미는 아니다. 그러면 통곡립은 무엇인가? 미국곡물화학회(The American Association of Cereal Chemists)에서는 통곡립을 다음과 같이 정의하였다. '통곡류(whole cereal grain)와 그것으로 만든 식품은 낟알(kernel)이라고 일컬어지는 곡류 씨앗 전체로 이루어져 있다. 낟알은 겨, 배아, 내배유 세 부분을 모두 가지고 있다. 낟알이 쪼개지거나, 부서지거나 얇은 조각으로 된 경우 통곡립이라고 불리기 위해서는 원래 곡류만큼 겨, 배아, 내배유의 비율이 거의 동일하게 보유되어야 한다.'

계속➡

통곡 크래커

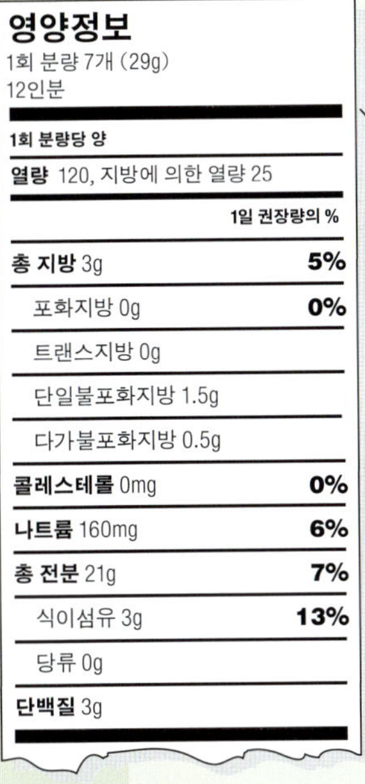

영양정보
1회 분량 7개 (29g)
12인분

1회 분량당 양	
열량 120, 지방에 의한 열량 25	
	1일 권장량의 %
총 지방 3g	5%
포화지방 0g	0%
트랜스지방 0g	
단일불포화지방 1.5g	
다가불포화지방 0.5g	
콜레스테롤 0mg	0%
나트륨 160mg	6%
총 전분 21g	7%
식이섬유 3g	13%
당류 0g	
단백질 3g	

INGREDIENTS: WHOLE WHEAT, SOYBEAN OIL, SALT, MONOGLYCERIDES

잡곡 크래커

영양정보
1회 분량 13개 (31g)
7인분

1회 분량당 양	
열량 140, 지방에 의한 열량 35	
	1일 권장량의 %
총 지방 3.5g	6%
포화지방 0.5g	3%
트랜스지방 0g	
단일불포화지방 0g	
다가불포화지방 1g	
콜레스테롤 0mg	0%
나트륨 240mg	10%
총 전분 23g	8%
식이섬유 1g	5%
당류 4g	
단백질 3g	

INGREDIENTS: ENRICHED UNBLEACHED AND BLEACHED FLOUR (WHEAT FLOUR, NIACIN, REDUCED IRON, THIAMIN EMONO NITRATE{VITAMIN B1}, RIBOFLAVIN{VITAMIN B2}, FOLICACID), PARTIALLY HYDROGENATED SOYBEAN OIL, SUGAR, RICE, OATMEAL DEGERMED YELLOW CORNMEAL, WHOLE WHEAT, WHOLE WHEAT FLOUR, BARLEY FLAKES, OAT BRAN, HIGH FRUCTOSE CORN SYRUP, SALT, LEAVENING(BAKING SODA, YEAST, CALCIUM PHOSPHATE), CRACKED WHEAT, MODIFIED CORNSTARCH, ONION POWDER, MALT SYRUP, SOY LECITHIN(EMULSIFIER), CORN STARCH, MALTED BARLEY FLOUR.

식품 라벨에 표기되어 있는 건강기능 표시는 통곡립 제품인지 아닌지에 대한 정보를 준다. 예를 들면, 다음과 같은 내용이 포장에 있다. '통곡립 식품과 식물 식품이 풍부하고, 총 지방, 포화지방, 콜레스테롤이 낮은 식사는 심장질환과 특정 암의 위험을 줄여주는 데 도움을 줍니다.' 이러한 건강표시 기능은 그 식품이 통곡류를 적어도 51% 이상 함유하며 지방이 낮을 때에만 제품의 라벨에 사용할 수 있다. 통곡립의 소비를 늘리기 위해 상표의 라벨에서 이들을 찾아보라. 그러나 라벨의 나머지 부분도 찾아보는 것을 잊지 마라. 예를 들어, 시리얼은 통곡립으로 만들어진 것이지만 설탕이 상당량 첨가되어 있다. 마시멜로는 이 제품 리스트의 2번째 성분이다. 이 시리얼로써 통곡립의 섭취는 늘릴 수 있으나 동시에 설탕의 섭취량도 증가시킨다. 따라서 시리얼이나 빵을 선택하고자 할 때에는 제품의 색이나 브랜드 그 이상을 보아야 한다.

시장에서 찾을 수 있는 통곡류	
통밀	통보리
통귀리	야생미
오트밀	메밀
귀리(제분)	라이밀(밀과 라이보리의 교배종)
통옥수수	불거(조각낸 상태)
팝콘	조
현미	퀴노아(남미에서 자라는 식물의 씨앗)
통호밀	수수

(출처: 2006 통계청 자료)

빈열량식품(empty calorie food)…열량은 제공하나 영양소는 거의 없는 식품을 말한다.

도가 낮아 **빈열량식품**이다. 정제되지 않은 과일은 칼로리뿐만 아니라 비타민, 무기질, 식물화학물질을 제공한다. 예를 들어, 355mL의 청량음료는 140kcal의 열량을 함유하나 다른 영양소는 거의 없다. 반면, 키위 3개는 열량이 140kcal로 동일하나 섬유소뿐만 아니라 비타민 C, 엽산, 칼륨, 칼슘을 제공한다[그림 3-3].

2. 탄수화물의 구조

단순 탄수화물(simple carbohydrate)…단당류와 이당류를 포함하는 당

복합 탄수화물(complex carbohydrate)…당분자가 직쇄상 혹은 분지상으로 결합되어 있는 탄수화물, 글리코겐, 전분, 식이섬유소

화학적으로 탄수화물은 물과 같은 비율의 수소와 산소를 가지고 있으며 탄소를 포함하는 화합물이다. 탄수화물은 당으로 알려져 있는 **단순 탄수화물**과 전분과 섬유소를 포함하는 **복합 탄수화물**로 나뉜다. 모두 다 체내에서 에너지원으로 제공될 수 있다.

1. 단순 탄수화물

단당류(monosaccharide)…1개의 단순당 분자

이당류(disaccharide)…2개의 단당류가 연결

탄수화물의 기본적인 단위는 1개의 당 분자인 **단당류**이다. 2개의 당이 결합되어 있을 때 **이당류**를 형성한다. 단당류와 이당류는 단순당 혹은 단순 탄수화물이며 과일, 채소, 우유는 단순 탄수화물의 급원이다. 백설탕, 황설탕, 당밀, 시럽과 같이 음식에 넣는 당 또한 단순 탄수화물인데, 이것들은 사탕수수나 사탕무와 같은 식물에서 당을 정제하여 만든다.

포도당(glucose)…체내에서 에너지를 생산하는 데 사용되는 탄수화물의 가장 기본적인 형태인 단당류

갈락토스(galactose)…포도당과 결합하여 유당을 형성

과당(fructose)…과일에서 발견되는 탄수화물의 기본 형태, 단당류

1-1. 단당류 — 식이 중 가장 일반적인 단당류는 **포도당, 갈락토스, 과당**이다. 각각 6개의 탄소, 12개의 수소, 6개의 산소를 가지나 구조는 다르다[그림 3-4].

일반적으로 혈당으로 표현하는 포도당은 체내에서 가장 중요한 탄수화물 연료이다.

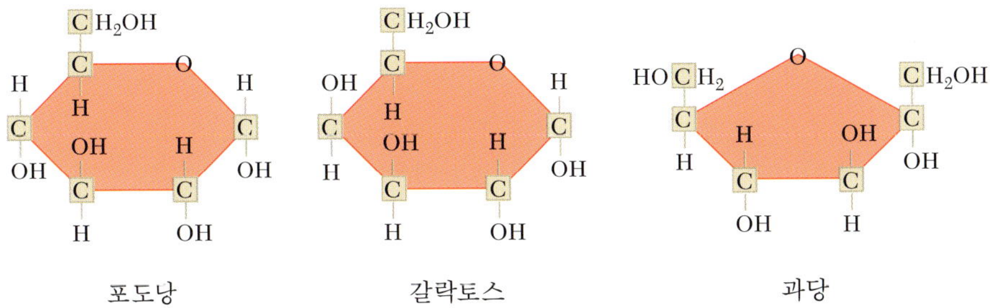

[그림 3-4]…단당류의 구조

이것은 식물에서 이산화탄소와 물의 결합 그리고 태양에너지를 이용하는 광합성 과정에 의해 만들어진다[그림 3-5]. 포도당은 단당류로서 식품에는 드물며 이당류나 다당류의 구성인자로서 존재한다. 갈락토스 또한 단당류로는 드물지만 우유 속 이당류인 유당의 구성인자로서는 가장 흔하게 존재한다.

과당은 포도당보다 더 달지만 혈당을 급격히 끌어올리지 않으므로 때때로 당뇨병 환자를 위한 제품에 사용되었다. 그러나 혈중 지질의 농도를 증가시키기 때문에 제한적으로 사용되어야 한다. 과일이나 주스에 있는 과당은 어린이에게 설사를 유발한다. 대부분의 과당은 고과당콘시럽으로부터 얻는데 이 감미료는 옥수수에서 추출한 전분을 변성시켜 포도당과 과당이 반반인 상태의 시럽이다. 고과당콘시럽은 설탕보다 더 달고 덜 비싸기 때문에 이제 가장 평범한 열량감미료로서 청량음료에 주로 사용되고 있다. 지난 몇 십 년 간 고과당 콘시럽 사용의 급격한 증가가 당뇨병과 비만의 이환률 증가에 많은 영향을 끼쳤음은 주지의 사실이다.

1-2. 이당류 — 이당류는 단당류 2개가 결합된 것이다[그림 3-6]. 설탕인 **서당**(수크로오스)은 포도당과 과당이 결합된 이당류이며 사탕수수, 사탕무, 꿀, 메이플시럽에서 발

서당(sucrose)…과당과 포도당이 결합된 형태의 이당류. 테이블슈가나 백설탕으로 알려져 있다.

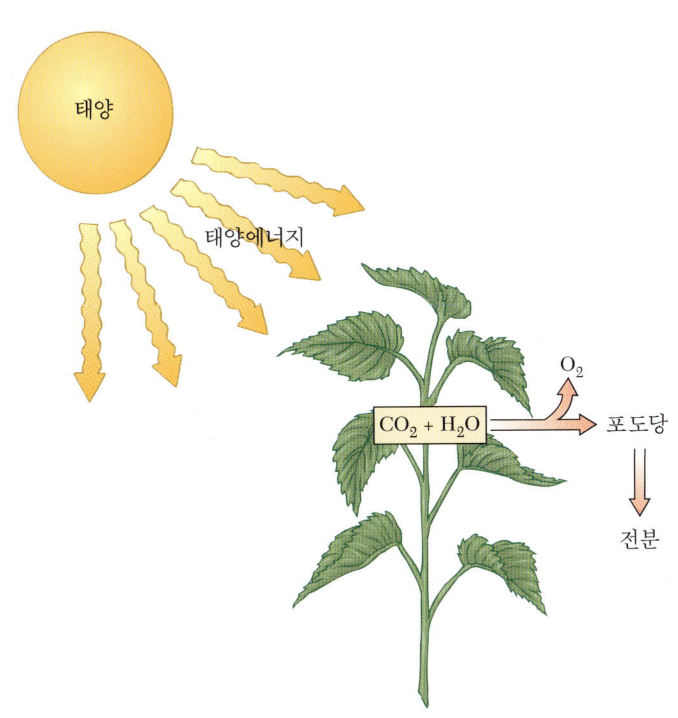

[그림 3-5]… 광합성 과정을 통해, 태양으로부터 에너지를 이용해 이산화탄소와 물로부터 포도당을 합성한다. 포도당은 전분의 형태로 저장된다.

[그림3-6]··· 몇 가지 이당류의 구조

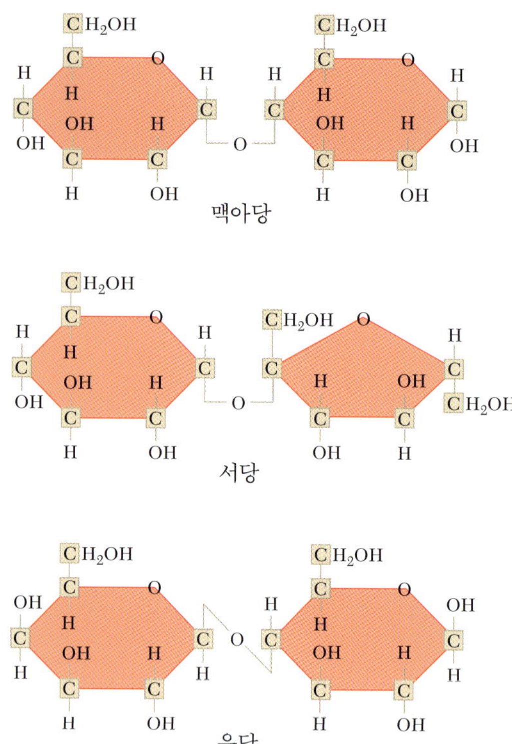

유당(lactose)···갈락토즈와 포도당이 결합된 형태의 이당류. 밀크슈가로 알려져 있다.

맥아당(maltose)···2분자의 포도당이 결합된 이당류. 전분의 소화 과정 중 소장에서 생성된다.

견된다. 서당은 식품의 성분 표시표에 '설탕'이라고 표시될 수 있는 유일한 감미료이다. 유당은 포도당에 갈락토스가 결합된 것이다. **유당**(락토오스)은 동물성 식품에서 발견되는 유일한 당이며 우유의 열량 대비 30% 정도, 모유의 40% 정도를 차지한다. 맥아당은 2분자의 포도당으로 구성된 이당류이다. 이것은 전분이 분해된 분해산물이다. 예를 들어, 빵을 몇 분간 입에 물고 있으면 약하게 단맛을 느낄 수 있는데 침의 아밀라제가 전분을 분해하기 시작하면 다소 단맛의 **맥아당**(말토오스)이 생성되기 때문이다.

[그림3-7]···2개의 포도당 분자가 축합반응으로 결합될 때, 물 1분자는 손실되고 맥아당이 생성된다. 수화반응은 물 1분자를 첨가하여 결합을 깨는 것이다. 여기에 나타낸 것은 맥아당의 수화반응으로 인해 단당류로 분해되는 과정이다.

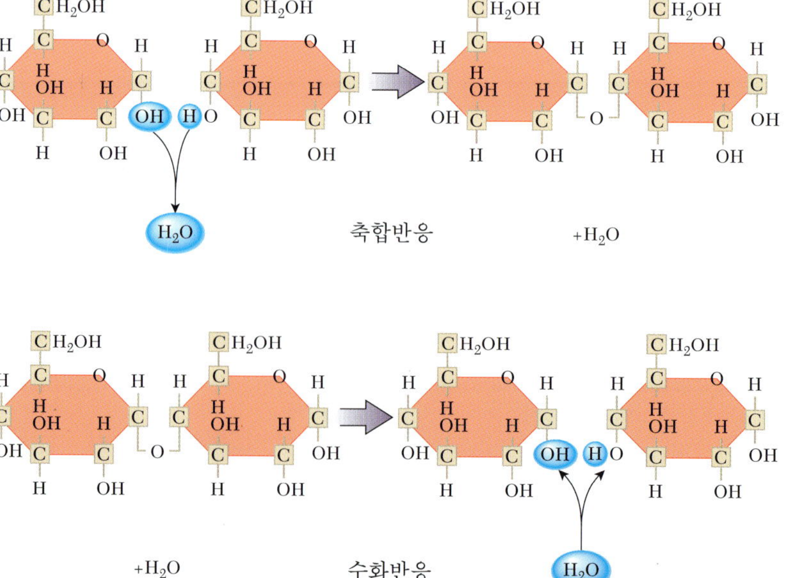

1-3. 당 결합 만들기와 끊기 — 당분자 사이의 결합을 끊는 화학 반응을 **수화반응**이라 한다[그림 3-7]. 수화반응은 한쪽 당에 OH기를, 다른 당에 H를 붙이기 위해 물 1분자를 사용한다. 2개의 당을 연결하는 반응을 **축합반응**이라 한다. 축합반응은 당에서 OH기를 취하고 다른 당에서 H를 취하여 물 1분자를 방출한다.

수화반응(hydrolysis reaction)…큰 한 분자가 물이 더해져 작은 2분자로 나눠는 화학 반응의 한 형태이다.

축합반응(condensation reaction)…2분자가 더 큰 분자로 결합하고 물이 방출되는 화학 반응의 한 형태이다.

2. 복합 탄수화물

복합 탄수화물는 다수의 단당류가 사슬 형태로 결합되어 만들어진다. 이것은 단당류처럼 달지 않다. 3개에서 10개의 짧은 사슬을 **올리고당**이라 하며, 더 긴 것을 **다당류**라고 한다. 다당류는 동물에서 **글리코겐**, 식물에서 **전분**과 섬유소를 포함한다[그림 3-8].

올리고당(oligosaccharide)… 당 3~10개가 결합된 짧은 사슬의 탄수화물이다.

다당류(polysaccharide)…당이 많이 결합된 탄수화물이다.

글리코겐(glycogen)…포도당 분자가 결합된 탄수화물로서 고도로 가지쳐진 구조이다. 동물에서 포도당의 저장체이다.

전분(starch)…포도당 분자가 직쇄상 혹은 분지상으로 결합된 형태의 탄수화물. 포도당 분자 사이의 결합은 인간의 효소에 의해 분해될 수 있다.

2-1. 올리고당 — 일부 올리고당은 소화관에서 다당류가 분해되는 과정 중 만들어지며, 단순당으로 분해된다. 올리고당은 콩, 양파, 바나나, 생강, 아티초크와 같은 식품에 자연적으로 함유되어 있다. 이들 올리고당은 소화관 내에서 효소로는 분해되지 않고 대장에서 장 미생물에 의해 분해된다. 그러한 과정은 대장의 균총에 영향을 미치고 소화관 건강에 유익한 효과를 가진다.

2-2. 글리코겐 — 글리코겐은 동물의 탄수화물 저장체로서 포도당의 사슬이 고도로 분지화된 다당류이다[그림 3-8]. 이러한 구조는 포도당이 필요할 때 빨리 분해될 수 있다. 글리코겐은 간과 근육에 저장되는데, 근육의 글리코겐은 활동 중 에너지의 급원으로서 근육에 포도당을 제공하고, 간 글리코겐은 혈관으로 포도당을 방출하여 체내 구석구석 세포에 포도당을 공급한다. 동물 근육에 있는 글리코겐은 도살 직후 곧 분해되므로 고기를 먹을 때는 존재하지 않기 때문에 식사에서는 아주 미량의 글리코겐을 먹게 된다. 체내 글리코겐의 양은 약 200~500g으로 상대적으로 적은 양이다. 근육에 저장된 글리코겐의 양은 탄수화물 로딩(carbohydrate loading) 혹은 글리코겐 보충(glycogen supercompensation)이라는 식사요법과 운동처방으로 일시적으로 증가될 수 있다. 이 처방은 지구력을 요하는 운동선수의 경기 전 글리코겐의 저장을 증강시키기 위해 사용된다. 저장된 글리코겐의 양은 오직 32km를 뛰느냐 혹은 42km 마라톤을 끝내느냐의 차이를 의미할 수 있다.

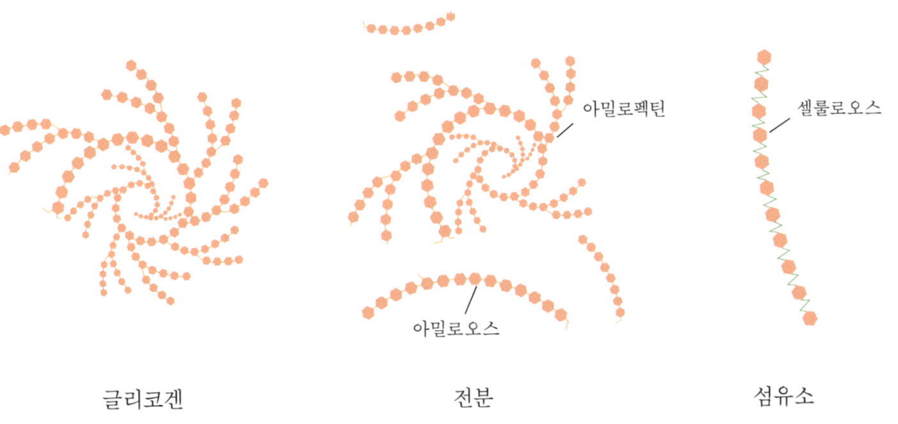

[그림 3-8]…복합다당류는 단당류의 직쇄상 혹은 분지상 사슬로 만들어진다.

[그림 3-9](좌)…마니옥(manioc)으로도 알려진 카사바는 아프리카 서부 일부 지역과 중앙 지역에서 주식으로 사용되는 전분 뿌리 채소이다.
[그림 3-10](우)…식물에서 합성되는 전분은 전분의 곡립이나 입자에 저장된다. 급원에 따라 전분 입자는 크기와 모양이 다르다. 전분 입자는 식품의 가공, 조리 과정 중 여러 가지 특성을 설명한다. 사진의 전분 입자는 감자 전분이다.

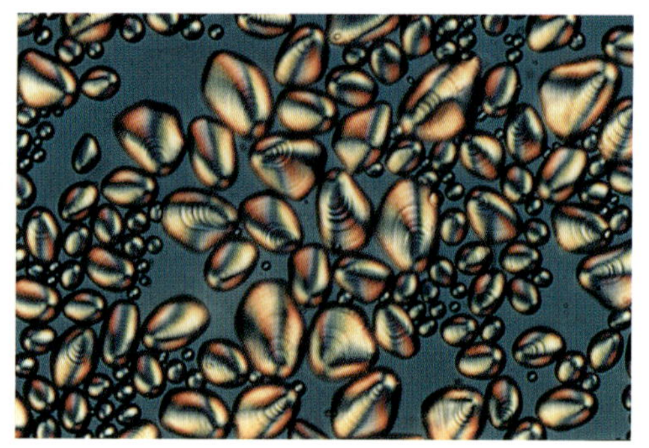

2-3. 전분 — 전분은 식물의 탄수화물 저장 형태이다. 전분은 포도당 분자가 직쇄상 구조인 아밀로오스, 분지상 사슬구조인 아밀로펙틴의 2가지 형태의 분자로 구성된다[그림 3-8]. 전분은 식물의 성장과 생식을 위한 에너지를 제공하는데 뿌리와 괴경에 저장된다. 우리는 감자, 고구마, 비트, 순무, 카사바 같이 뿌리와 괴경에 있는 전분을 먹는다[그림 3-9].

전분은 종자에 축적되는데 이것은 배아의 발달을 위한 에너지의 급원으로 사용된다. 우리는 밀, 보리, 호밀과 같은 곡류 종자에 있는 전분을 먹는다. 또한 **두류**에 있는 전분도 먹는데, 렌틸콩, 대두, 핀토(얼룩무늬가 있는 콩), 강낭콩과 같은 것들이다. 식품에 천연적으로 존재하는 전분에 더하여 소스, 푸딩, 그래이비와 같은 음식을 걸쭉하게 만드는 용도로 사용하는 전분이 있다. 전분을 물 속에서 가열하면, 호화 과정으로 인해 걸쭉해지므로 용도에 맞게 요리에 사용할 수 있다[그림 3-10]. 걸쭉해진 전분 혼합물을 냉각하면 고아밀로오스 전분은 분자 사이에 결합을 형성하여 겔을 형성한다. 어떤 전분은 겔을 형성하는 능력을 향상시키기 위해 변성 처리된다. 이러한 변성 식품 전분은 농후제로 식품에 첨가된다.

두류(legume)…큰 전분 종자가 들어 있는 가늘고 긴 콩깍지가 있는 콩과식물. 완두콩, 강낭콩, 땅콩 등이 있다.

2-4. 섬유소 — 섬유소는 사람의 효소로 분해될 수 없는 복합 탄수화물과 리그닌(탄수화물은 아니나 섬유소로 분류되는 식물 성분)을 포함한다. 이것은 소화될 수 없기 때문에 체내로 흡수될 수 없다. 그러나 식사 중 먹은 섬유소는 변비 완화에서 혈중 콜레스테롤 저하까지 건강에 유익한 효과를 가져온다. **식이섬유소**라는 용어는 식물에서는 활동하지 않는 섬유소를 지칭한다. 식물의 급원에서 분리되고 유익한 생리적 효과를 보이는 섬유소를 **기능성 섬유소**라고 하는데, 기능성 섬유소는 식품이나 보충제에 첨가될 수 있다. **총 섬유소**는 식이섬유소와 기능성 섬유소의 합이다. 어떤 섬유소는 대장에서 박테리아에 의해 분해되면서 가스와 짧은 사슬의 지방산을 생산하기도 하며 소량은 흡수되기도 한다. 이들 섬유소는 물 속에 두면 끈적한 용액을 형성하므로 **수용성 섬유소**라고 하는데, 주로 식물 세포의 주변과 내부에서 발견되며 펙틴, 검류, 헤미셀룰로오스 일부를 포함한다. 수용성 섬유소의 식품급원은 귀리, 사과, 콩류, 그리고 해조류가 있다. 대장에서 분해되지 않고 물에 녹지 않는 섬유소를 **불용성 섬유소**라고 한다. 그들은 세포벽과 같은 식물의 구조적 부분에서 얻어지며 셀룰로오스, 헤미셀룰로오스 일부 그리고 리그닌을 포함한다. 불용성 식이섬유소의 식품급원은 대부분이 헤미셀룰로오스와 셀룰로오스인 밀겨와 호밀겨, 리그닌이 부분적으로 구성된 나무 재질의 섬유소를 포함하는 브로콜리 같은 채소를 포함한다. 식물기원 식품 대부분은 수용성 그리고

식이섬유소(dietary fiber)…소화되지 못하는 탄수화물과 리그닌의 혼합체로 식물에서 활동하지 않는 상태로 존재한다.
기능성 섬유소(functional fiber)…인간에게 유익한 생리적 효과를 보이는 식이섬유
총 섬유소(total fiber)…식이섬유소와 기능성 섬유소의 합

수용성 섬유소(soluble fiber)…물에 용해되지 않거나 물을 흡수하여 점질의 용액을 형성하는 섬유소로서 장내 미생물에 의해 분해된다. 펙틴, 검종류, 일부 헤미셀루로오스를 포함한다.

불용성 섬유소(insoluble fiber)…섬유소 대부분이 물에 녹지 않으며 대장의 박테리아로 분해되지 않는다. 셀룰로오스, 헤미셀룰로오스 일부, 리그닌 등을 포함한다.

[그림 3-11]…이들 식품은 식이섬유소의 좋은 급원이다.

불용성 식이섬유소를 함께 함유한다[그림 3-11]. 우리 식사 중 통곡류, 과일류, 채소류에서 발견되는 수용성, 불용성 식이섬유소 외에 가공 과정 동안 식품에 첨가되는 섬유소를 포함한다. 펙틴은 과일과 채소에 있는 수용성 섬유소인데 설탕과 산이 가해지면 겔을 형성하므로 요구르트를 걸쭉하게 만들거나 잼이나 젤리를 만들기 위해 사용된다. 잔탄검이나 로커스트빈검과 같은 탄수화물 검 또한 수용성 섬유소이다.

이러한 검 종류는 물과 결합하여 용액이 분리되지 않게 하는 데 사용된다. 그래이비, 푸딩, 지방을 감소시킨 샐러드 드레싱, 냉동 디저트 종류는 탄수화물 검류를 함유하는 식품의 예이다. 펙틴과 검류는 지방의 질감을 모방하기 위한 저지방 식품에 또한 사용된다(4장 참조). 밀겨와 같은 불용성 식이섬유소는 칼로리를 저하시키고 고식이섬유소 식품에 대한 소비자의 요구를 충족시키기 위해 빵과 머핀과 같은 식품에 첨가된다.

3. 소화관에서의 탄수화물

이당류와 복합 탄수화물은 흡수되기 위해 반드시 단당류로 분해되어야 한다. 어떤 사람들은 유당을 소화시키지 못하는데 소화되지 않은 유당은 대장으로 흘러 들어가 불편한 부작용이 발생한다. 이는 올리고당 종류, 특정 형태의 전분, 섬유소를 완전히 분해시키는 데 필요한 효소가 부족하기 때문인데, 소화되지 못한 탄수화물은 소화계와 몸에 건강상 많은 영향을 끼치게 된다.

1. 소화되는 탄수화물

전분의 소화는 입에서 시작하는데, 침의 아밀라제 효소가 전분을 더 짧은 다당류로 분해하면서 시작된다[그림 3-12]. 전분과 이당류의 소화 대부분은 소장에서 일어난다.

락타아제(lactase)…소장의 융모에 있는 효소로 유당을 포도당과 갈락토스로 분해한다.

여기에 췌장 아밀라제는 전분이 단당류, 이당류, 올리고당으로 분해되는 것을 완성한다. 이당류와 올리고당의 소화는 소장에서 융모의 미세융모에 붙어 있는 효소에 의해 완성된다. 미세융모에서 맥아당은 말타아제에 의해 포도당 2분자로 분해되고, 서당은 수크라아제에 의해 포도당과 과당을 만들면서 분해되며, 유당은 **락타아제**에 의해 포도당과 갈락토스를 생성하면서 분해된다. 최종 단당류, 포도당, 갈락토스, 과당은 흡수되어 간문맥 순환을 통해 간으로 이동된다.

2. 유당불내증

유당불내증(lactose intolerance)…락타아제의 농도가 낮아 유당을 소화시킬 수 없는 것. 이는 우유를 먹은 후 장내 가스와 복부팽만을 포함하는 증상의 원인이 된다.

유당불내증은 유당을 소화시키는 효소, 락타아제가 충분하지 못한 상태이다. 유당불내증이 있는 상태에서 소화되지 못한 유당이 대장을 통과하면, 이곳에서 소화되지 못한 유당이 물을 끌어당기고 산과 가스를 만드는 박테리아에 의하여 대사된다.

이는 복부팽창, 가스가 차는 현상, 그리고 설사와 같은 증상의 원인이 된다. 유아는 유아기 동안 유당을 소화시키기 위한 락타아제를 충분히 생산한다. 효소의 활성은 2세 때 저하되기 시작하나 6세 이후까지는 나타나지 않으며, 성인기까지 분명하지 않

[그림 3-12]…탄수화물의 소화와 흡수

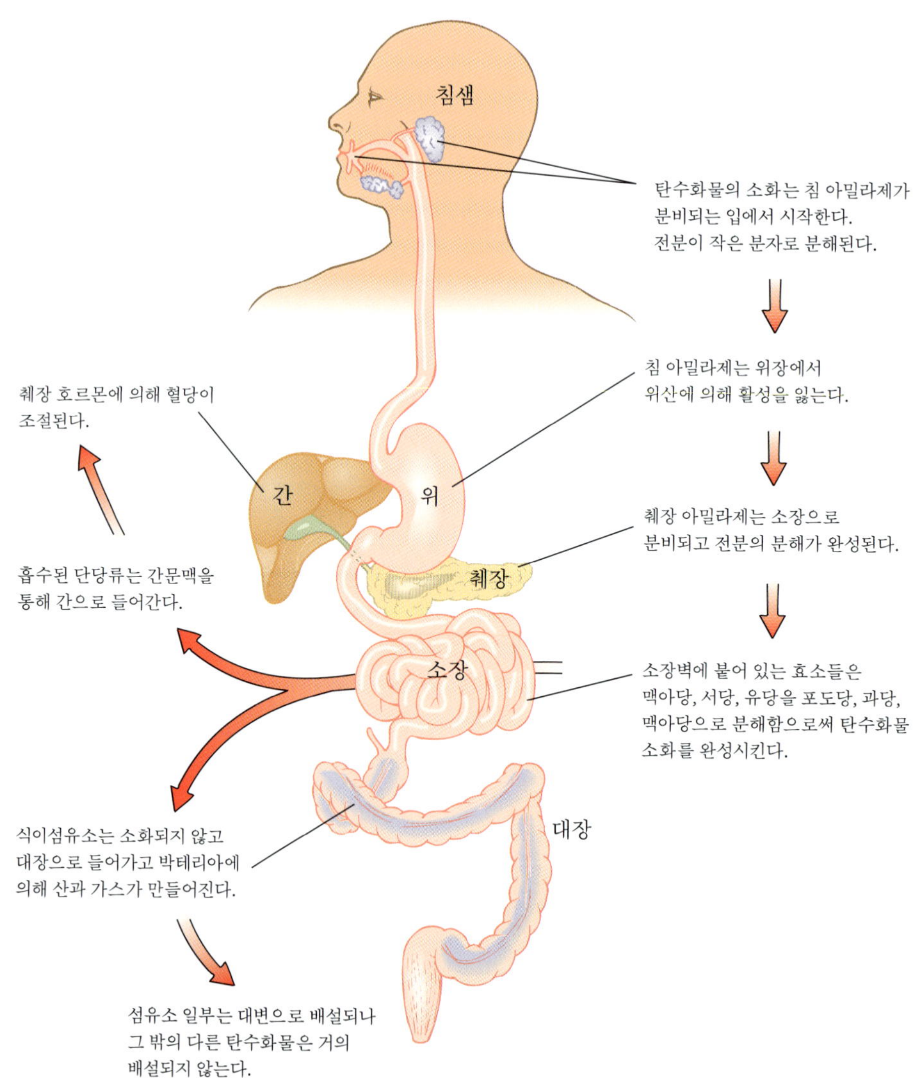

을 수 있다. 개인이 성인기까지 유당을 소화시킬 수 있는 능력이 있는지 없는지 혹은 그들이 물려받은 유전자에 의존하는지 아닌지는 명확하지 않다.

유당불내증은 소장의 감염 결과 혹은 다른 질환의 결과로도 발생될 수 있다. 이러한 것을 2차 유당불내증이라고 하는데, 그러한 상황이 해결되면 증상이 사라질 수 있다.

2-1. 유당불내증 이환률 — 미국에서 성인 3천만 명에서 5천 만 명이 유당을 완전히 분해시킬 수 없는 것으로 추정된다. 유당불내증의 빈도는 민족적 배경에 따라 다양하다. 유당불내증은 아시아인, 아프리카인, 미국인디언, 지중해 연안 사람들이 북미, 서유럽 사람들보다 더 흔하다. 북서 유럽인의 5%만이 유당불내증인데 반해 아시아인 성인은 거의 100%가 유당불내증이다. 아시안계 미국인 90%, 아프리카계 미국인 75% 그리고 코카시안계(지중해 지역) 15%는 유당을 먹은 후 이 증상을 경험한다.

2-2. 칼슘의 필요량 충족하기 — 우유는 칼슘의 가장 중요한 급원이다. 사람마다 유당불내증 정도에는 차이가 있으므로, 어떤 이는 증상 없이 유제품을 조금씩 나누어 마셔서 칼슘필요량을 충족시킬 수 있다. 어떠한 유당도 견딜 수 없는 사람들은 두부, 생선, 야채와 같은 식품으로 칼슘의 필요량을 충족시킬 수 있다. 이러한 식품은 유당불내증이 흔한 문화에서 식사에 칼슘을 제공한다. 예를 들어, 아시아에서 두부와 뼈째 먹는 생선은 칼슘을 제공하고 중동에서의 치즈와 요구르트는 많은 양의 칼슘을 제공한다. 발효식품은 유당이 박테리아에 의해 분해되거나 가공 과정에서 손실되기 때문에 우유보다 쉽게 견딜 수 있다. 칼슘 강화식품, 칼슘 보충제, 락타아제로 처리한 우유는 유당불내증 환자들에게 유용하다.

3. 소화되지 않는 탄수화물

소장에서 소화되지 못하는 탄수화물은 식이섬유소, 올리고당 일부, **저항전분**이 있다. 섬유소와 올리고당은 소화되지 않는데 인간의 효소로는 식이섬유소의 구성 물질을 연결하는 결합을 깨뜨릴 수 없다. 저항전분은 소화되지 않는데, 곡류의 천연적인 구조가 저항전분을 보호하거나 조리나 가공이 소화성을 바꾸지 못하기 때문이다. 예를 들면, 열처리는 감자를 보다 잘 소화되도록 만들지만, 냉각은 소화성을 감소시킨다. 저

저항전분(resistant starch)…건강한 사람의 소장에서 소화되지 않는 전분

[그림 3-13]…이러한 식품은 칼슘의 좋은 급원이며 유당 함량도 낮다.

항전분이 많은 식품은 콩류, 미숙성 바나나, 노화된 감자, 밥, 국수를 포함한다. 식사 중 소화될 수 없는 탄수화물은 위장관운동성, 장내 미생물의 형태, 영양흡수, 장내 가스의 양에 영향을 미친다.

3-1. 소화되지 않는 탄수화물이 소화관 운동성에 미치는 영향 — 소화되지 못하는 탄수화물은 위장관운동성에 영향을 미치는데 이는 소화되지 못하는 탄수화물이 대장의 내강에서 내용물의 분량을 증가시키기 때문이다. 밀겨와 같은 불용성 섬유소는 변의 분량을 증가시킨다. 수용성 섬유소와 저항전분은 장내로 물을 끌어당긴다. 이러한 과정으로 변의 부피가 증가하게 되고 물을 흡수하게 되면 배설이 용이해진다. 소화되지 못하는 탄수화물은 대변의 부피를 늘리게 되어 대장의 연동운동을 자극하고 장이 더 강해지며 잘 기능하게 한다. 연동운동의 증가는 통과시간을 감소시킨다. 하루에 식이섬유소를 40~150g 포함하는 식사를 하는 아프리카 사람은 장 통과시간이 36시간 이하이다. 하루에 겨우 식이섬유소 15g 정도를 먹는 미국 사람이 96시간 이상 걸리는 것은 드문 일이 아니다.

3-2. 소화되지 않는 탄수화물은 유산균총이 건강하게 살도록 도와준다— 수용성 식이섬유소, 저항전분, 올리고당은 대장에 살고 있는 미생물의 먹이로 공급된다. 이러한 성분이 많은 음식의 식사는 대장 내 유익한 박테리아의 성장을 돕는다. 이들 탄수화물이 분해되면, 단쇄지방산이 생산되고 장내 내용물이 산성화된다. 단쇄지방산은 다른 조직뿐 아니라 대장 내 세포의 연료원으로 사용되며, 세포 내에서 대사 과정을 조절하는 역할을 할 수 있다. 산은 유해균의 성장을 저하시키며, 산성 조건에 잘 적응하는 락토바실러스와 비피더스균의 성장을 돕는다. 유해균의 성장을 억제하는 것에 더하여 단쇄지방산은 대장암에 대하여 보호할 뿐 아니라 설사를 유발하는 장내 염증을 방지하고 치료되도록 돕는다.

3-3. 소화되지 않는 탄수화물은 영양소 흡수를 지연시킨다— 소화되지 못하는 탄수화물은 장내 내용물의 부피를 증가시키고 물을 흡수한다. 이러한 효과는 소화관을 느리게 통과하여, 영양소 간의 접촉이 저하되고, 소장에서의 흡수를 지연시켜, 식품과 소화효소 사이의 접촉을 줄임으로써 영양소의 흡수를 줄인다. 위장에서 섬유소는 팽창하게 되어 위장이 비는 상태를 지연시킨다. 소장에서 더해진 부피와 점도는 당과 다른 영양소의 흡수를 지연시키는데[**그림 3-14**], 당의 흡수를 지연시켜 혈중 포도당의 등락을 감소시키는 데 유익하다. 수용성 식이섬유소는 또한 콜레스테롤과 담즙(콜레스테롤로 만들어지는)과 결합하여 흡수를 지연시킨다. 이것은 혈중 콜레스테롤의 농도를 낮출 수 있고 심장질환의 위험을 줄이므로 유익하다. 그러나 섬유소는 특정 무기질과 결합하여 흡수를 지연시킨다. 예를 들면 밀겨는 무기질, 아연, 칼슘, 마그네슘 , 철분과 결합한다. 너무 많은 섬유소는 이들 필수 무기질의 흡수를 감소시킬 수 있다. 그러나 무기질의 섭취가 권장량을 충족하면, 합리적인 섬유질 섭취는 무기질의 영양 상태를 떨어뜨리지 않는다. 고섬유질 식사는 또한 에너지 요구량을 충족시키기 위해 필요한 식품의 부피를 증가시킨다. 이는 체중조절을 하는 사람에게 유익하다. 왜냐하면

☀ 과학의 적용: '섬유소가 들어가 있는 시리얼과 건강'

150년 전 그라함(Sylevester Graham), 켈로그(John Harvey Kellogg), 포스트(Charles W. Post)는 시리얼을 건강 증진제로 장려했다. 아침식사용 시리얼을 만든 켈로그와 포스트는 과학자는 아니다. 그러나 통곡류가 건강하다는 그들의 제안은 현재 영양학에서도 통하는 말이다. 건강을 위한 식사 지침에서는 곡류와 기타 통곡류가 기본인 식사를 권장한다. 이러한 식사 패턴은 위장관 건깅을 증진하고 오늘날의 만성질환, 심장질환, 암, 당뇨병의 위험을 감소시키는 것을 보여준다. 워커(Walker)와 그의 동료들은 섬유질을 많이 먹는 서아프리카 흑인의 식사 패턴과 질병 패턴을 연관지어 연구하기 시작했다. 그들은 하루에 식이섬유소 15~30g을 섭취하는 서구인들의 대변이 하루에 70~100g의 식이섬유소를 섭취하는 아프리카인들보다 양이 더 적고 더 단단함을 알게 되었다. 그들은 섬유소가 대변의 무게를 늘리고 통과시간을 감소시킨다고 가정했다. 이 가정은 고섬유소 식사를 하는 우간다 마을 사람들의 장내 통과시간과 대변의 무게를 저섬유소 식사를 하는 영국인들과 비교한 연구에 의해 지지받았다(그림 참조). 이 가정의 심층 실험을 위해, 연구자들은 영국인 피험자에게 가공하지 않은 겨를 식사에 첨가하였다. 첨가된 섬유소는 통과시간을 줄이고 변의 무게를 늘렸다. 1956년 버킷(Denis Burkitt)은 우간다에서 암환자가 드물며 유럽 백인에게는 흔한 질환이 아프리카 흑인 농부들에게서는 드물다는 것을 알았다. 이에 버킷은 산업화된 사회에서 당뇨, 비만, 심장질환, 변비, 게실질환, 치질, 정맥류를 포함한 다양한 증상들이 정제된 탄수화물의 과다섭취로 인해 일어난다는 것을 제안하는 가설을 연구했다. 그 가설은 세 가지 가공식품(정제설탕, 흰 밀가루, 흰 쌀)이 문명의 모든 질환을 야기한다고 주장했다. 그의 연구는 고도로 정제된 탄수화물을 섭취하는 것보다는 적은 양의 섬유소가 중요함을 설명했다. 이들 연구는 오늘날 섬유소 연구와 정상적인 위장관 기능의 유지와 만성질환의 빈도 감소에 많은 자극이 되고 있다. 그라함, 켈로그, 포스트로 인해 100년 전의 통곡 시리얼은 오늘날 여전히 건강증진제로 생각되고 있다.

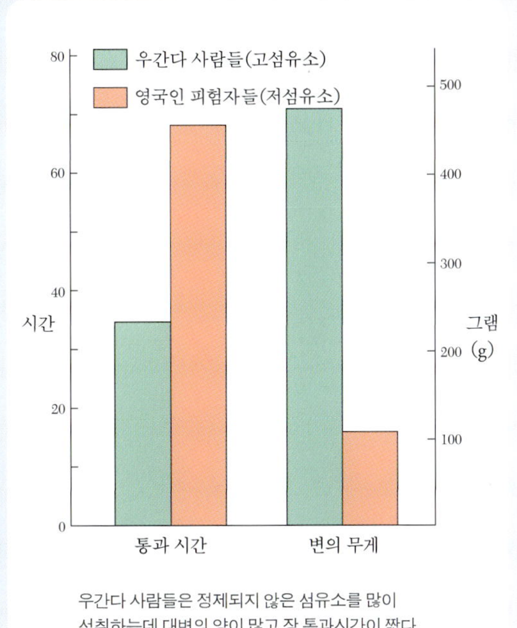

우간다 사람들은 정제되지 않은 섬유소를 많이 섭취하는데 대변의 양이 많고 장 통과시간이 짧다.

낮은 열량을 섭취한 후 만복감을 느끼기 때문이다.

고섬유질 식사는 위장의 크기가 작은 사람에게는 단점이 될 수 있다. 왜냐하면 영양소의 요구량이 충족되기 전 식이섬유소가 배고픔을 충족시킬 수 있기 때문이다. 흔히 이것은 식사가 단백질이나 미량 영양소의 섭취가 낮을 때 혹은 위가 작아서 먹는 음식의 양이 제한되는 어린이에게서는 문제될 수 있다.

3-4. 소화되지 않는 탄수화물은 가스를 발생시킨다 — 콩을 먹어본 사람들은 배에 가스가 차는 당황스러운 경험을 해보았을 것이다. 콩이 가스를 유발하는 이유는 소화효소로 분해되지 않는 올리고당, 특히 라피노스와 스타키오스의 함량이 높기 때문이다. 이 올리고당은 대장으로 들어가 장내 박테리아에 의해 올리고당을 소화시키면서 가스와 부산물을 만드는데, 이 가스가 복부의 불편함과 방귀를 유발한다. 식사에 갑작스럽게 섬유질 함량을 증가시키면 복부의 불편함, 가스, 설사를 유발할 수 있다. 변비 또한 문제가 될 수 있는데 물을 많이 마시지 않으면서 섬유질 식사를 하면 변비를 유발

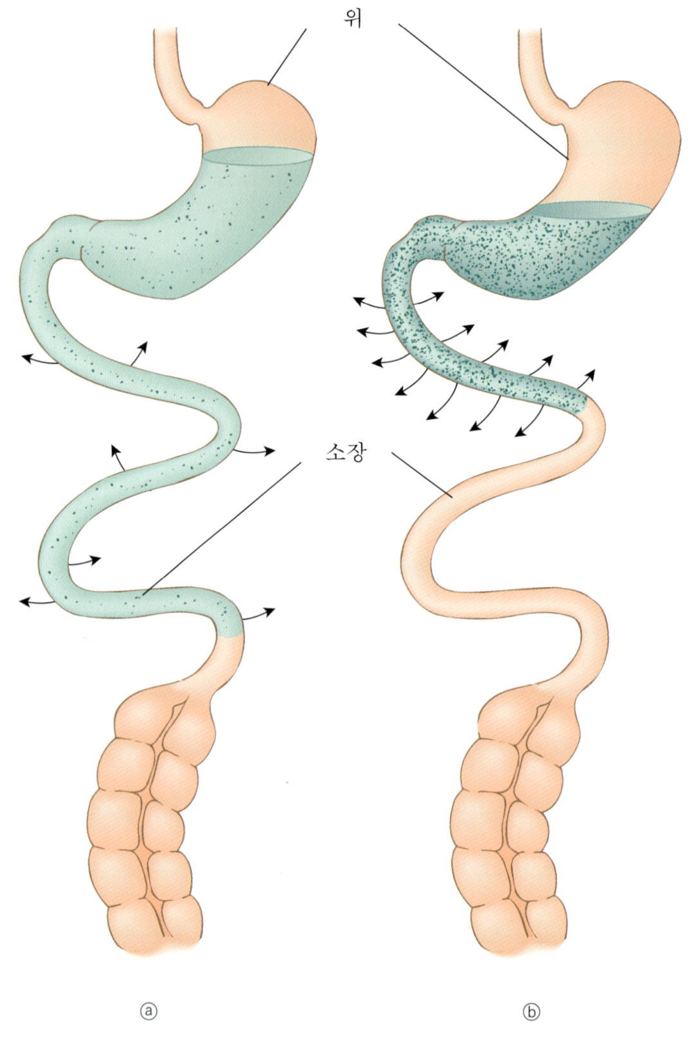

[그림 3-14]…ⓐ 식이섬유소가 풍부한 식사는 장의 내용물을 희석하고 영양소의 소화와 흡수를 더디게 한다. ⓑ저섬유질 식사를 할 때, 영양소는 보다 더 농축되고 소화와 흡수가 보다 빨리 일어난다.

할 수 있다. 이러한 문제를 피하기 위해서는 식사의 식이섬유소의 양은 점차로 증가하여야 하며 물도 많이 마셔야 한다.

4. 체내 탄수화물

탄수화물은 체세포 에너지 생산에 있어 핵이다. 단당류 갈락토스는 신경조직의 중요한 분자이며 유당의 구성분자이다. 체내에서 아주 중요한 단당류는 데옥시리보오스와 리보오스이다. 이들은 DNA와 RNA의 구성 물질이며 단백질 합성에 관여하는데 체내에서 합성될 수 있으며 식사에서는 공급받을 수 없다. 리보오스는 리보플라빈의 구성물질이다. 올리고당 또한 우리 몸에서 중요하며 세포에 정보를 전해 주는 채널로 역할하는 세포막에서 단백질과 지질에 결합되어 있다. 몸에서 중요한 다른 형태의 탄수화물은 뮤코다당류이다. 이들 물질은 몸의 분비물이나 구조에 단백질과 함께 기능하는 다당류의 한 종류이다. 뮤코다당류는 점액의 점도를 주며 결합조직의 쿠션재와 윤활을 제공한다.

1. 에너지 생산에 사용되는 탄수화물

소장에서 흡수된 단당류는 간으로 이동하고, 과당과 갈락토스는 에너지로 대사된다. 포도당 또한 에너지 생산을 위해 분해되거나 포도당을 에너지 생산에 사용하는 체내 조직으로 들어간다. 포도당은 글리코겐으로 간에 저장되며 소량은 지방으로 합성된다. 에너지의 생산을 위해 포도당은 **세포호흡**을 통해 대사된다. 세포호흡 또는 호기적 호흡은 ATP 형태의 에너지를 생산한다. 이러한 대사적 경로는 1몰의 포도당이 대사되기 위하여 6몰의 산소를 사용하며, 그 결과 6몰의 이산화탄소, 6분자의 물, 38몰의 ATP로 전환된다.

세포호흡(cellular respiration)…탄수화물, 지방, 단백질이 산소의 존재 하에서 분해되어 이산화탄소, 물, ATP를 생산하는 반응

$$C_6H_{12}O_6 + 6O_2 \Rightarrow 6CO_2 + 6H_2O + ATP$$

포도당 산소 이산화탄소 물

세포호흡에서 만들어진 이산화탄소는 폐로 이동된다. 세포호흡은 4단계의 과정을 거쳐 에너지를 생산한다.

1-1. 해당 과정

1-1. 해당 과정 — 세포호흡의 첫 번째 단계는 세포의 원형질에서 일어나는 **해당 과정**으로 포도당의 분해과정을 의미한다. 해당 과정에서 6탄당의 포도당은 피루브산(3탄당) 2분자로 분해된다([그림 3-15], [그림 3-16] 단계❶). 이 반응은 포도당 1분자당 ATP 2분자를 만들며 고에너지전자(high energy electron)는 방출되어 세포호흡의 마지막 단계인 전자전달계로 보내진다([그림 3-16] 단계❷).

해당 과정(glycolysis)…포도당이 3탄당의 피루브산으로 분해되는 대사반응으로 원형질에서 일어난다. 1분자의 포도당으로부터 방출되는 에너지는 2분자의 ATP를 만드는 데 사용된다.

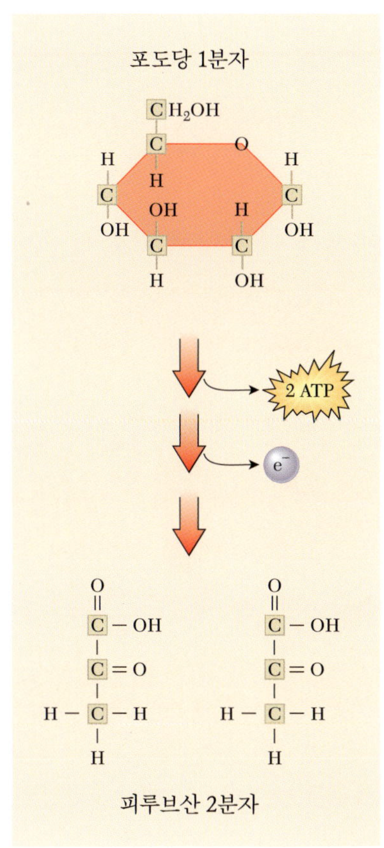

[그림 3-15]…해당 과정 동안 포도당은 2분자의 피루브산으로 분해되고, 전자가 방출되어 ATP를 생산한다. 이러한 반응은 세포의 원형질에서 일어나며 산소가 없는 상황에서 진행된다.

1-2. 아세틸 CoA 생성 — 두 번째 단계는 미토콘드리아에서 일어난다. 피루브산에서 1개의 탄소가 이산화탄소의 형태로 방출된다. 남은 2탄당 화합물은 CoA와 결합하여 아세틸 CoA를 형성한다([그림 3-16] 단계❸). 이 과정에서도 고에너지전자가 방출되어 세포호흡의 마지막 단계인 전자전달계로 보내진다. 아세틸 CoA는 세 번째 단계, 시트르산 회로로 들어간다.

1-3. 시트르산 회로 — 세 번째 단계에서 아세틸 CoA는 탄수화물에서 유도된 옥살로아세트산(4탄당)과 결합하여 시트르산(6탄당)을 생성하면서 시트르산 회로를 시작한다([그림 3-16] 단계❹). 시트르산은 CO_2를 만들면서 1개의 탄소를 제거한다([그림 3-16] 단계❺). 똑같은 과정으로 2개의 탄소가 제거된 후 옥살로아세트산(4탄당) 분자가 다시 만들어지고 이 사이클은 다시 시작된다.

1-4. 전자전달계 — 전자전달계는 일련의 단백질 분자로 구성되어 있으며 미토콘드리아 내막에 결합되어 있다. 이들 분자는 운반되어 온 전자를 받아 체인의 아래 부분에 진달한다([그림 3-16] 단계❻). 전자가 물 분자의 산소와 결합되는 단계까지([그림 3-16] 단계❼) 쭉 전달되고 그러는 동안 에너지는 갇히게 되며 ATP를 만드는 데 사용된다([그림 3-16] 단계❽). 이러한 세포호흡의 반응은 몸에서 에너지를 만드는 모든 단계의 중심이다.

[그림 3-16]…포도당 대사의 개요: 세포의 원형질에서 포도당은 2개의 3탄당인 피루브산 2분자로 분해된다(단계❶). 소량의 ATP가 생산되고 전자가 방출된다(단계❷). 미토콘드리아에서 피루브산은 이산화탄소로 탄소를 잃고 CoA와 결합하여 아세틸 CoA를 만든다(단계❸). 아세틸 CoA는 시트르산 회로로 들어간다(단계 ❹). 이곳에서 이산화탄소가 2분자의 탄소를 잃는다(단계❺). 각 단계에서 방출된 고에너지전자는 전자전달계로 보내진다(단계❻). 최종 전자는 산소와 결합하여 물을 생성하고(단계❼) ATP를 생산한다(단계❽). 필요에 따라 3탄소 화합물은 당신생 과정을 통해 포도당을 만드는 데 사용될 수 있다(단계❾).

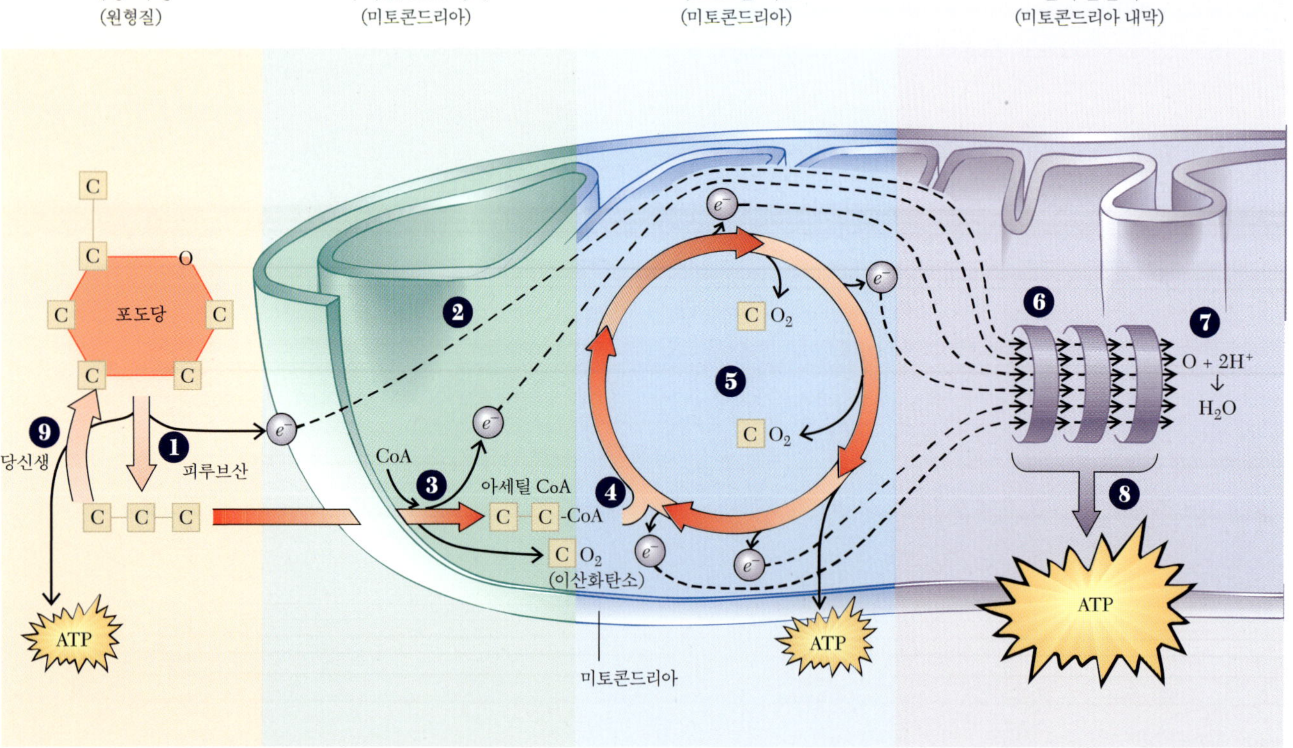

2. 단백질에서 포도당 합성

탄수화물의 섭취가 낮을 때, 글리코겐이 분해되어 포도당을 얻는다. 이 포도당은 혈당이 정상치 아래로 떨어지는 것을 막기 위해 혈액으로 방출된다. 포도당은 또한 **당신생**이라는 대사적 경로를 통해 공급된다. 당신생 과정은 주로 간과 신장에서 일어나며, 3탄당의 분자에서 포도당을 만드는 과정으로 에너지가 필요한 과정이다. 당신생에 사용되는 3탄당 분자는 단백질에서 분해된 아미노산으로부터 온다. 당생성 아미노산(glucogenic amino acid)으로 표현되는 이 아미노산은 피루브산과 옥살로아세트산을 만들 수 있다. 이러한 물질은 포도당을 만들기 위해 사용된다([그림 3-16] 단계❾, [그림 3-17]). 지방산과 캐톤생성 아미노산(ketogenic amino acid)은 포도당을 합성하는 데 사용되지 못한다. 왜냐하면 이 분자를 분해하는 반응이 대부분 2탄당의 아세틸 CoA를 만들기 때문이다. 당신생은 탄수화물의 섭취가 매우 낮을 때 몸의 즉각적인 포도당의 필요를 충족시키기 위해 필수적이다. 그러나 이러한 당신생 반응은 성장이나 근육조직의 유지와 같은 중요한 기능을 하는 단백질의 아미노산을 사용한다.

탄수화물을 적절히 섭취하게 되면 포도당의 합성을 위한 아미노산의 필요를 없애기 때문에 탄수화물은 단백질을 절약할 수 있다.

당신생(gluconeogenesis)…단순 비탄수화물로부터 포도당을 합성하는 과정. 단백질의 아미노산이 포도당 합성에 주된 탄소 공급원이다.

3. 지방분해

탄수화물은 지방의 대사에 중요하다. 탄수화물의 공급이 제한되면, 지방은 완전히 분해되지 않는다. 이는 지방산이 아세틸 CoA 분자로 분해되기 때문이다. 아세틸 CoA는 시트르산 회로를 통해 탄수화물 대사에서 에너지를 생산하는 데 사용되는데, 4탄소의 옥살로아세트산과 결합하는 경우에만 에너지를 생산하는 데 사용된다. 탄수화물이 부족하면 옥살로아세트산은 제한되고 아세틸 CoA는 이산화탄소와 물로 대사되지 못한다. 대신 간은 그것을 **케톤** 혹은 **케톤체**로 알려진 물질로 전환하는데 이 물질

케톤, 케톤체(ketone, ketone body)…탄수화물이 충분하지 않을 때 2탄소 단위로 대사되지 못해 생기는 화합물

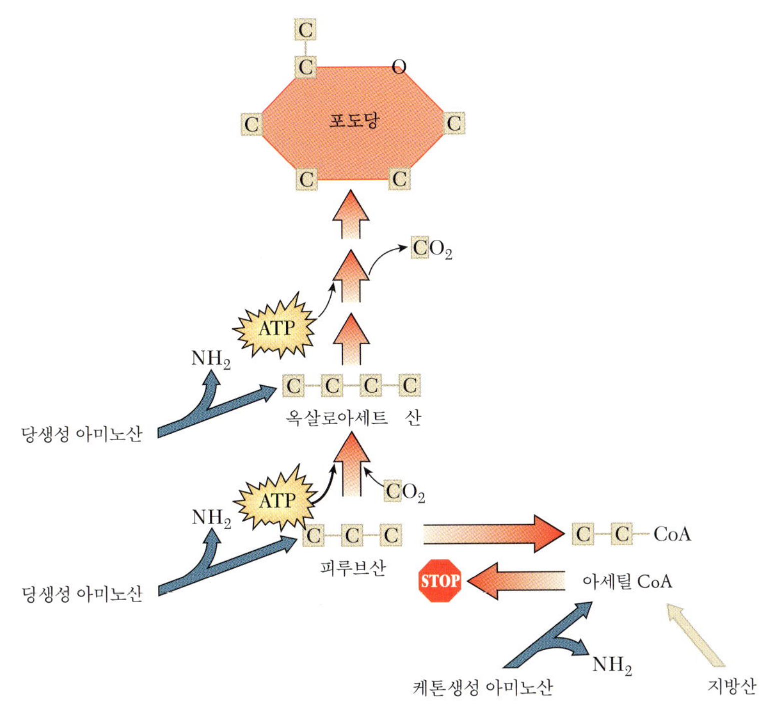

[그림 3-17]…당신생은 포도당을 합성하기 위해 3탄소분자와 ATP를 사용한다. 당생성 아미노산은 3탄소 분자를 만들기 위해 분해된 중간 대사물인데 포도당을 생성하는 당신생에 사용된다. 케톤생성 아미노산과 지방산은 2탄소 분자로 분해되어 아세틸 CoA를 형성하는데 이는 포도당을 합성하는 데 사용될 수 없다. 왜냐하면 아세틸 CoA가 피루브산으로 전환될 수 없기 때문이다.

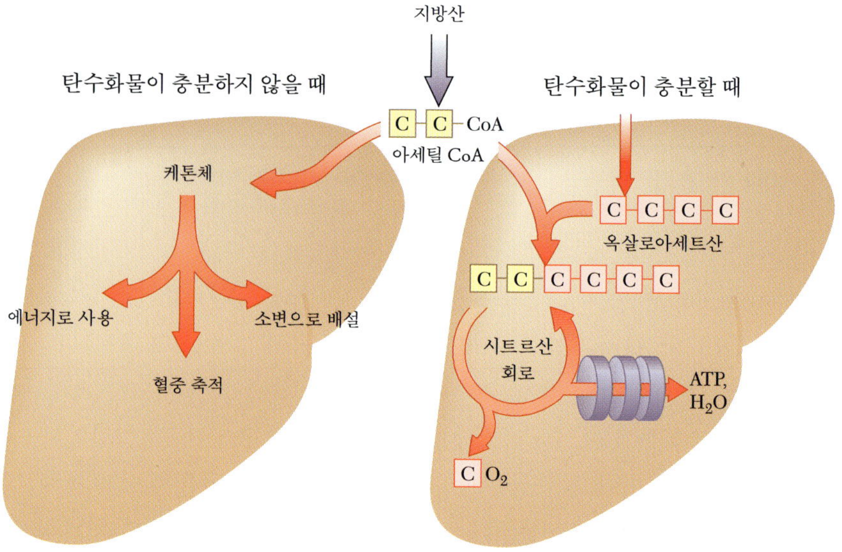

[그림 3-18]…탄수화물의 이용은 지방산이 간에서 어떻게 대사되는지를 결정한다. 탄수화물 이용이 가능하다면, 아세틸 CoA는 옥살로아세트산과 결합하여 시트르산 회로로 들어간다(우). 탄수화물이 부족하면 옥살로아세트산은 제한된다. 지방산의 분해로 생긴 아세틸 CoA는 결국 시트르산 회로로 들어갈 수 없다. 대신 간은 이것을 이용하여 케톤체를 만든다.

이 혈액으로 방출된다[그림 3-18]. 케톤은 심장, 근육, 신장과 같은 조직에서 에너지 급원으로 사용될 수 있다. 심지어 포도당을 필요로 하는 뇌는 케톤으로부터 에너지의 일부분을 얻도록 적응한다. 과도한 케톤은 신장을 통해 방출된다. 그러나 음료의 섭취가 매우 낮아 케톤을 배출하는 데 충분하지 않거나 케톤의 생산이 높다면, 케톤은 혈액 중 축적되어 케톤혈증을 유발한다. 약한 정도의 케토시스는 체중조절 때의 에너지 제한으로 나타나 두통, 입마름, 숨쉴 때 불쾌한 냄새, 식욕부진과 같은 증상을 보인다. 당뇨병을 치료받지 못한 상태에서 고농도의 케톤은 혈액의 산성도를 증가시키고 혼수상태와 죽음까지도 야기할 수 있다.

4. 혈당조절

세포에 일정한 포도당을 공급하기 위하여 혈액 중 포도당의 농도는 간에 의해서 그리고 췌장에서 분비되는 호르몬에 의해서 조절된다. 정상적으로 8~12시간 공복 상태에서 포도당 농도는 혈액 100mL당 60~100mg 혹은 **혈장** 100mL당 70~110mg 정도이다. 이러한 농도를 유지하기 위하여 적절한 포도당은 체세포에 유용하다. 포도당의 일정한 농도는 뇌를 포함하는 신경세포 그리고 적혈구에 부분적으로 매우 중요한데 이는 이들 세포가 에너지 급원으로서 포도당이 유일하기 때문이다.

혈장(plasma)…혈액의 액체 부분으로 혈액세포가 제거되고 남는 부분

4-1. 당반응 — 식품으로 섭취된 탄수화물은 소화되고 흡수되어 혈관으로 들어가 혈당을 높이게 된다. 탄수화물을 먹은 후 얼마나 빨리 그리고 얼마나 높이 혈당을 높이는지는 **당반응**으로 정의된다. 이것은 먹은 탄수화물의 종류와 양 그리고 식사의 지방과 단백질의 양에 의해 영향을 받는다. 탄수화물이 소화되고 흡수되어 혈액으로 들어가야 하기 때문에 음식이 얼마나 빨리 위장을 떠나는지 그리고 소장에서 얼마나 빨리 소화되고 흡수되는지는 모두 포도당이 혈액으로 들어가는 시간에 영향을 미친다. 정제된 설탕과 전분은 섬유소를 함유하고 정제되지 않은 탄수화물보다 당반응이 더 크게 나타나며 위장에서 빨리 배출되고 소화, 흡수되어 혈당의 가파른 상승을 일으킨다. 예를 들면, 빈 속에 청량음료나 주스를 마시면 혈당은 몇 분 이내 증가한다. 섬유소는 위

당반응(glycemic response)…특정 식품이나 식사 후 혈당이 상승하는 속도, 크기, 지속 정도

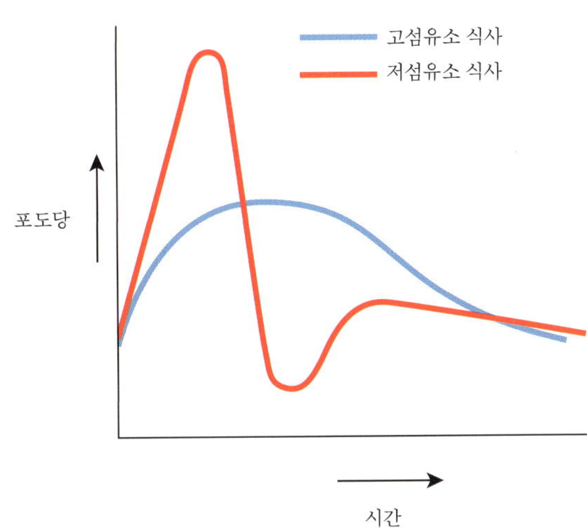

[그림 3-19]…식품의 섬유소 함량은 식사 후 혈당상승에 영향을 미친다. 고탄수화물, 저섬유소 식사 후 혈당은 급격히 증가한다. 섬유소가 풍부한 식사를 하는 것은 혈당상승을 지연시키고 무디게 한다.

장의 비우는 정도와 소장의 흡수를 더디게 하고, 통곡류와 같이 섬유소를 함유하는 정제되지 않은 탄수화물은 혈당의 상승을 더 더디고 천천히 증가하게 한다[그림 3-19]. 지방과 단백질은 위장의 비우는 정도를 더디게 하며 지방과 단백질이 많은 식품은 탄수화물만 단독으로 섭취한 것보다 당반응이 더 낮다. 예를 들면, 아이스크림은 당의 함량이 높을 뿐 아니라 지방과 단백질의 함량도 높기 때문에 지방과 단백질이 없는 셔벗보다 혈당을 더디게 상승시킨다. 식품의 당반응은 **당지수**로 수치화될 수 있다. 당지수는 어떤 식품이 흰 빵이나 순수 포도당에 대비, 혈당에 영향을 미치는 순위이다.

당지수(glycemic index)…어떤 식품이 흰 빵이나 순수포도당에 비하여 혈당에 영향을 미치는 순위

표준 식품은 값을 100으로 정하고, 시료 식품의 값은 이것에 상대적인 값으로 나타낸다. 포도당에 비하여 70 혹은 그 이상인 식품은 고당지수 식품으로, 55 이하는 저당지수 식품으로 간주한다. 당지수는 혈당에 영향을 미치는 식품의 정도를 평가하는 데 사용되나 탄수화물의 양에 근거되지는 않는다. 예를 들면, 수박은 당지수가 높으나 이 당지수는 보통 우리가 많은 양을 먹을 때 그러하다. 수박 한쪽으로 실제로 올라가는 혈당은 그리 크지 않다. **당부하**는 당반응에 있어서 섭취한 탄수화물의 양을 고려한 것이다. 식품의 당지수와 탄수화물의 양을 곱하여 계산한 것으로 당부하 20 이상은 높게, 11 이하의 값은 낮게 간주된다. 당지수와 당부하의 단점은 개별 식품으로 정해져 있어서 여러 가지 식품을 섞어 먹는 식사에는 정확하게 맞지 않는다는 것이다. 따라서 특정 식품의 당지수와 당부하를 아는 것만으로는 여러 가지를 섞어 먹는 식사를 한 후의 혈당의 증가 정도를 말해줄 수 없다. 예를 들면, 흰 빵 한 조각은 높은 당지수와 당부하를 가지지만 빵에 땅콩버터가 발라져 있다면 혈당의 상승은 그리 높지 않다.

당부하(glycemic road)…특정 식품을 섭취한 후 나타나는 당반응의 한 지수. 식품의 당지수에 식품의 탄수화물의 양을 곱한 값

4-2. 인슐린 — 혈당이 상승되면 췌장에서 호르몬 **인슐린**의 분비가 자극된다[그림 3-20]. 인슐린은 간에서 포도당이 글리코겐으로 저장되는 것을 촉진하며, 지방 합성을 촉진한다.

인슐린(insulin)…췌장에서 만들어지는 호르몬으로서 포도당이 체세포로 흡수되도록 하고 단백질과 지방의 합성을 촉진하여 간과 근육에서 글리코겐의 합성을 촉진하는 대사 효과를 가지고 있다.

인슐린은 근육에서 에너지 생산을 위해 포도당 흡수를 자극하고 에너지 저장을 위한 근육의 글리코겐 합성을 자극한다. 인슐린은 또한 단백질 합성을 자극하고, 지방 저장세포에서 혈액으로부터 포도당의 흡수를 증가시켜 지방의 합성을 자극한다. 반응은 혈액에서 포도당을 제거하며 혈중 포도당의 농도를 저하시킨다.

[그림 3-20]…혈당은 췌장에서 분비되는 호르몬에 의해 조절된다. ⓐ식후 혈당이 상승할 때 즉각적으로 인슐린이 방출되고 포도당의 흡수와 저장을 자극한다. ⓑ식후 몇 시간 뒤 혈당치가 감소하기 시작하면 글루카곤이 방출되어 글리코겐이 포도당으로 분해되는 것과 당신생 과정을 통해 포도당의 생산을 자극한다.

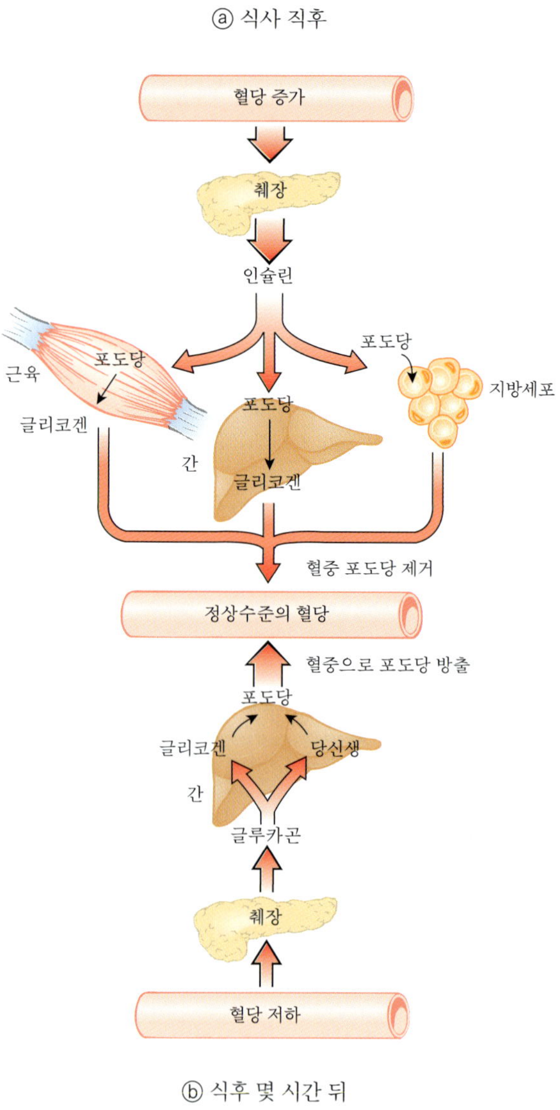

ⓐ 식사 직후

ⓑ 식후 몇 시간 뒤

글루카곤(glucagon)…췌장에서 만들어지는 호르몬으로 혈당을 증가시키기 위해 간의 글리코겐 분해와 포도당을 합성을 자극한다.

4-3. 글루카곤 — 몇 시간 동안 탄수화물이 섭취되지 않을 때, 혈중 포도당의 농도는 감소하기 시작해서 호르몬 **글루카곤**을 분비하도록 췌장을 자극한다[그림 3-20]. 글루카곤은 간세포에 신호를 보내 글리코겐에서 포도당으로 분해되어 혈중으로 방출되도록 하고 또한 간에서 당신생을 자극하여 새로운 포도당을 합성하도록 자극한다. 합성된 포도당은 혈액으로 방출되어 혈당이 정상치 이하로 떨어지는 것을 막는다. 당신생은 또한 에피네프린(epinephrine) 또는 아드레날린(adrenaline)에 의해 자극받는다. 이 호르몬은 위급 상황이나 스트레스 상황에서 분비되며, 위급한 상황에 몸이 반응할 수 있도록 하는데, 활동에 필요한 에너지를 공급하기 위하여 포도당을 혈액으로 빨리 방출하게 된다.

5. 비정상적인 혈당

혈당치는 인슐린, 글루카곤, 그 밖의 호르몬에 의해서 엄격히 조절된다. 이들 호르몬이 정상적으로 분비되지 않거나 혹은 몸이 호르몬에 반응하지 않는다면, 혈당치는 증가하거나 떨어질 수 있다. 당뇨병은 혈당치가 정상치보다 높은 질병이며, **저혈당**은 혈당치가 정상치보다 낮은 상태이다.

저혈당(hyperglycemia)…혈액 100mL당 포도당 40~50mg 이하의 낮은 혈당치

1. 당뇨병

당뇨병은 대표적인 만성질환이다. 이 질병과 합병증을 치료하는 데 드는 직접 의료비와 질환으로 인해 발생하는 간접 경비는 엄청나다. 당뇨병은 인슐린의 부족 또는 인슐린에 체세포가 반응하지 않아서 생기는 고혈당의 특성을 나타낸다[그림 3-21]. 혈당의 농도 증가는 대동맥의 손상을 유발하여 심장질환과 뇌졸중의 위험을 증가시킨다. 이는 또한 모세 혈관과 신경의 변화도 유발한다. 당뇨병은 성인 실명의 주 원인이고, 신장쇠약의 44% 그리고 다리 절단 환자의 66% 이상 유발 원인이 되고 있다. 당뇨병에는 1형, 2형, 임신성 당뇨의 3가지 형태가 있다.

1-1. 1형 당뇨병 — **1형 당뇨병**은 자신의 면역 체계가 췌장의 인슐린을 분비하는 세포를 파괴하는 자가면역질환이다. 이 세포가 한 번 손상되면 인슐린이 더 이상 만들어지

1형 당뇨병(type I diabetes)…췌장에서 인슐린을 만드는 세포의 자가면역 손상으로 인한 당뇨병의 한 형태로서, 흔히 인슐린이 절대적으로 부족한 상황이 된다. 인슐린의존성 당뇨병 혹은 청소년기 발병 당뇨병으로 알려져 있다.

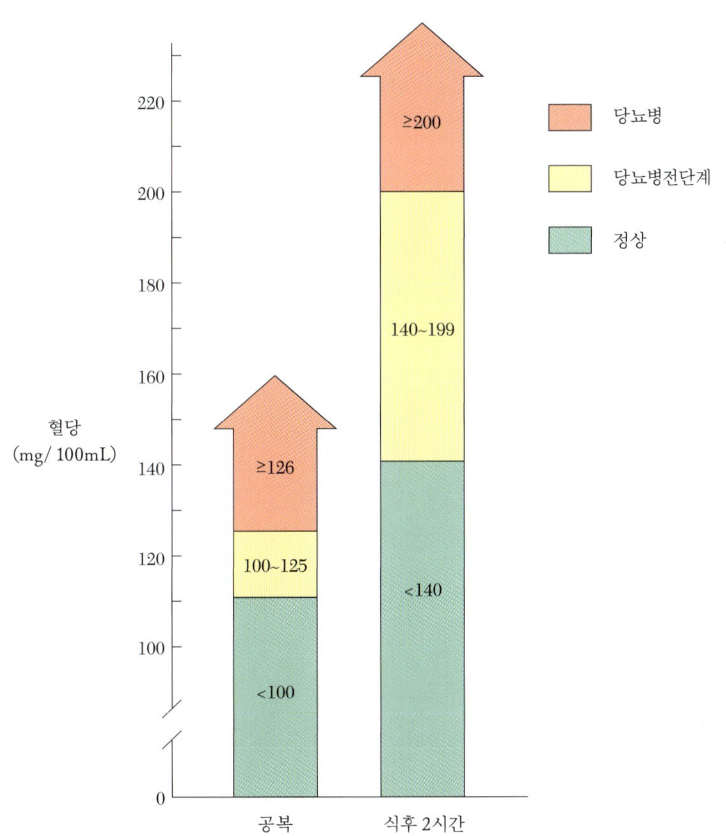

[그림 3-21]…혈당치는 당뇨병을 진단하는 데 사용된다. 식사 8시간 후 정상 혈당은 100mg/100mL 이하이다. 당뇨병전단계는 100~125mg/100mL이며, 당뇨병은 126mg/100mL 이상이다. 식사 2시간 후 혈당 140~199mg/100mL는 당뇨병전단계이며 당뇨병은 200mg/100mL 이상이다.

지 않는다. 1형 당뇨는 보통 30세 이전에 진단되고 당뇨병 환자의 5~10% 정도가 이에 해당된다. 면역 체계의 기능부전 및 자신의 세포를 공격하는 원인은 알려져 있지 않으나 유전, 바이러스 감염, 독성 물질에의 노출, 면역 체계의 비정상 등이 주요하게 작용한다고 추정되고 있다.

2형 당뇨병(Type II diabetes)…인슐린 저항과 상대적으로 인슐린이 부족한 특징인 당뇨병, 인슐린 비의존성 당뇨병 혹은 성인기 발병 당뇨병으로 알려져 있다.

1-2. 2형 당뇨병 — **2형 당뇨병**은 당뇨병의 흔한 형태로서 당뇨병 환자의 95% 정도가 이에 해당한다. 이것은 흔히 인슐린에 대한 세포의 민감성 감소로 인해 인슐린은 존재하나 세포가 인슐린에 정상적으로 반응하지 못하는 데 기인한다. 그 결과, 제한된 양의 포도당만 세포로 들어가기 때문에 혈액의 포도당은 증가하는 반면, 세포가 포도당을 충분히 흡수하여 세포의 에너지 요구를 충족하려면 다량의 인슐린이 필요하게 되는 것이다. 2형 당뇨병은 유전적 원인과 생활방식에 의해 주로 유발된다. 복부에 과도한 체지방을 가지고 있는 과체중자 그리고 앉아서 일하는 사람들은 당뇨병의 위험이 높다. 2형 당뇨병은 **대사증후군**의 결과로 생길 수 있는데 이는 비만, 고혈압, 고지혈증, 인슐린의 민감성 저하 등의 증상이 모두 있는 상태이다. 2형 당뇨병은 혈당이 정상치보다는 높으나 당뇨병으로 진단되지 않는 **당뇨병전단계** 혹은 손상된 당내성(impaired glucose intolerance)으로부터 시작된다[그림 3-21]. 40~74세 사이의 성인 중에 당뇨병전단계가 많은데 심장병과 뇌졸중뿐만 아니라 당뇨병으로 진전될 위험이 커지고 있다. 그러나 당뇨병전단계인 사람의 당뇨병 진행이 필연적인 것은 아니다. 즉, 당뇨병전단계인 사람이 체중을 줄이고, 신체 활동을 증가하여 당뇨병을 방지하거나 지연시킬 수 있고 혈당을 정상으로 회복할 수 있다. 2형 당뇨병은 흔히 40세 이상에서 진단되나, 젊은 사람들에게서도 발병이 증가하고 있다. 이러한 변화는 젊은 연령대의 비만과 과체중의 증가 때문으로 생각되고 있다.

대사증후군(metabolic syndrome)…복부비만, 고혈압, 고지혈증, 저HDL 혈증, 고혈당 등 건강의 위험이 모두 있는 것으로 심장병, 뇌졸중, 당뇨의 위험이 증가한다. X신드롬, 인슐린저항 증후군, dysmetabolic 증후군으로도 알려져 있다.

당뇨병전단계(pre-diabetes)…공복 시 혈당이 정상치보다는 높으나 아직 당뇨병 상태는 아니다.

임신성 당뇨(gestational diabetes)…임신 기간 중 생기는 당뇨병으로 출산 후 해결된다.

1-3. 임신성 당뇨 — **임신성 당뇨**는 임신 중 여성에게 생기는 당뇨병으로서 임신 중 호르몬의 변화에 기인한다. 산모의 혈당 증가는 합병증의 위험을 증가시키지만 임신성 당뇨는 임신 기간이 끝나 호르몬의 농도가 임신 전으로 돌아가면 사라진다. 그러나 임신성 당뇨를 가졌던 사람들은 인생의 후반에 2형 당뇨병으로 발전될 가능성이 높다.

1-4. 당뇨병 증상 — 당뇨병은 인슐린이 충분하지 않아서 포도당이 정상적으로 사용될 수 없는 상태이다. 포도당을 흡수하기 위해서는 인슐린이 필요하나, 인슐린의 부족으로 인해 세포는 포도당을 흡수하지 못해 굶고 있는 상태이며, 인슐린 없이 포도당을 사용할 수 있는 세포는 인슐린의 고농도로 인해서 손상을 받는다.

즉각적 증상 — 당뇨병의 즉각적인 증상은 과도한 갈증, 빈뇨, 흐릿해 보임, 체중감소 등으로 나타난다. 과도한 갈증과 빈뇨가 생기는 이유는 혈당치가 높아 신장에서 포도당을 배설하기 위해 소변의 양이 늘기 때문이다. 흐릿한 시야는 과도한 포도당이 눈의 수정체에 들어가서 물을 끌어당기게 되면 수정체가 팽창하기 때문에 생기는 현상이다. 1형 당뇨병 어린이의 경우 체중이 줄고 성장이 지연되는데, 이는 포도당이 에너지를 만들기 위해 세포 내로 들어갈 수 없어서 생기는 증상이다. 이때 몸은 기아 상태의 반응을 보이며 지방과 단백질이 분해되어 에너지로 사용되는데 지방의 대사에 탄수

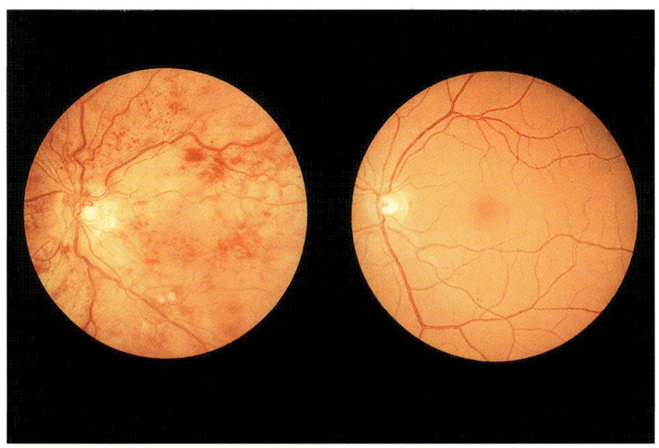

[그림 3-22]… (좌) 당뇨로 인한 망막혈관의 손상. (우)정상 망막혈관

화물이 제한되므로 케톤이 생기고 혈액으로 방출되게 된다. 약간의 케톤은 근육과 지방세포의 연료로 사용되나, 사용되는 것보다 더 빠르게 생산된 케톤은 혈액에 축적된다. 이러한 케톤의 증가는 혈액의 산성도가 증가하는 케톤혈증을 유발한다. 2형 당뇨병에 있어서는 포도당이 사용할 만큼의 인슐린이 있기 때문에 케톤은 적게 생긴다.

장기간 합병증 — 당뇨병의 장기간 합병증은 심장, 혈관, 신장, 눈, 신경의 손상 등으로 나타나는데, 이러한 손상은 고혈당에 오랫동안 노출된 결과이다. 포도당의 농도가 높은 경우 단백질과 결합하여 혈관에 손상을 주고 혈액세포 기능에 이상을 일으키며 큰 혈관의 손상은 심장질환과 뇌졸중의 위험을 유발한다. 심장질환은 당뇨병의 주된 합병증이며 당뇨병환자의 조기 죽음의 원인이기도 하다. 작은 혈관과 신경의 변화는 신장손상, 실명, 신경의 기능장애를 주도한다. 예를 들면, 눈에 포도당이 축적되면 망막의 미세혈관이 손상되며 이는 실명을 초래한다[그림 3-22]. 높은 혈당은 신장 세포와 미세혈관의 손상을 초래한다. 이는 또한 말초신경의 기능에도 영향을 미쳐 흔히 발의 마비증상과 욱신거리는 증상을 야기한다. 이외에도 감염이 더 흔한 문제인데, 이는 고혈당에서 미생물의 성장이 용이하기 때문이다. 감염은 흔히 발가락, 발, 다리 절단의 원인이 된다.

1-5. 당뇨병 치료 — 당뇨병 치료의 목표는 혈당을 정상 범위로 유지하는 것이므로 혈당치가 건강한 범위에 있는지 항상 확인해야 한다. 치료에는 식이, 운동, 약물치료 등의 방법이 있는데 이는 혈당치가 상승되는 빈도를 줄이며 나아가 합병증을 감소시킨다.

식이 — 혈당 조절을 위해서는 식사 중 탄수화물이 적절히 배분되어야 한다. 이를 위하여 식품 교환표나 섭취 탄수화물의 양을 계산하는 시스템을 사용하는데, 섭취권장량은 총 탄수화물 섭취를 고려한다. 섬유소를 포함하여 정제되지 않은 탄수화물은 정제된 탄수화물보다 혈당이 더 서서히 오르도록 한다. 탄수화물 섭취는 약물, 운동 스케줄과 함께 포도당과 인슐린이 정상 혈당을 유지하기 위해서 동시에 적절한 비율로 조절되게끔 한다. 식사는 에너지, 단백질, 미량 영양소를 적당히 섭취할 수 있게 준비해야 한다. 심장질환을 예방하기 위해 지방의 섭취는 총 열량의 30% 이상은 안 되며 포화지방산으로서 10% 이상은 안 되도록 제한하여야 한다. 과체중인 사람은 체중 감량을 위해 엄격하게 에너지 섭취를 제한하는데, 이는 정상 수준의 혈당을 유지하는 데 도움이 될 수 있다.

운동 — 운동은 인슐린의 민감성을 증가시키므로 당뇨병 관리에 중요한 요소이다. 그 결과 적은 인슐린으로도 많은 포도당을 세포로 보낼 수 있게 된다. 운동은 체중 감량을 촉진하며, 인슐린 저항성을 감소시키므로 당뇨병인 사람은 규칙적인 운동 패턴을 유지하는 것이 중요하다. 개인의 운동량 변화는 정상 혈당을 유지하기 위해 필요한 식품과 약물의 양을 변화시킬 수 있다.

약물치료 — 식이와 운동이 정상 수준의 혈당을 유지하지 못할 때, 약물치료가 요구된다. 1형 당뇨에서, 인슐린이 체내에서 생산되지 않으면 인슐린이 반드시 주사되어야 한다. 인슐린은 구강으로 섭취될 수 없는데, 인슐린이 단백질이므로 소화관에서 분해되어 기능을 잃을 수 있기 때문이다. 2형 당뇨에서의 약물치료는 췌장에서의 인슐린 생산을 증가시키고 간에서의 포도당 생산을 감소시키며, 인슐린의 활성을 향상시키고 정상 상태의 혈당을 유지하기 위해 탄수화물의 소화를 더디게 한다. 2형 당뇨병의 어떤 경우에는 정상 범위의 혈당을 유지하기 위해 인슐린주사가 필요할 때도 있다.

2. 저혈당

저혈당은 예민해지고, 긴장, 초조, 발한, 떨림, 불안, 빠른 심장박동, 두통, 배고픔, 허약, 때로는 발작과 코마를 포함하는 증상을 나타낼 만큼 혈당이 저하된 상태이다. 이러한 증상은 과도한 약물치료 혹은 섭취한 탄수화물과 인슐린의 균형이 맞지 않은 당뇨병 환자에게서 발생한다. 당뇨병 환자는 반드시 증상을 인지하는 것을 학습하여야 하며, 저혈당일 때에는 흡수가 빠른 탄수화물 급원식품, 예를 들면 주스나 사탕을 섭취해 즉각적으로 처치해야 한다. 이런 처치를 한 다음 30분 이내에 식사를 해서 정상 상태의 혈당을 유지해야 한다. 당뇨병이 없는 사람에게서도 저혈당은 혈당 조절에 관련된 인슐린이나 다른 호르몬의 생산 또는 반응의 이상으로 초래될 수 있다. 저혈당에는 두 가지 형태가 있다. 첫째, 반응성 저혈당은 고탄수화물 섭취에 대한 반응으로 생긴다. 탄수화물로 인한 혈당의 상승은 인슐린의 방출을 자극하지만 너무 과도한 인슐린의 분비는 혈당을 비정상적으로 급속히 떨어뜨린다. 이러한 반응성 저혈당은 혈당의 빠른 변화를 막는 식사로 치료할 수 있다. 소량으로 자주 식사를 하는 것이 좋은데, 이때 단순당의 양은 적고 단백질과 섬유소가 많이 들어간 식사를 권장한다. 둘째, 기아 상태의 저혈당은 식품의 섭취와 관련이 없으며, 이러한 기능 장애에서 인슐린의 비정상적 분비는 낮은 저혈당의 상태를 초래한다. 이 증상은 흔히 췌장의 종양(tumor)이 원인이 된다.

6. 탄수화물과 건강

탄수화물이 풍부한 식품은 어느 나라에서나 건강한 식사의 기초가 되고 있다. 탄수화물은 식사의 절반 정도에서 2/3 정도의 열량을 제공한다. 그러나 다량 섭취하게 되는 탄수화물은 충치와 과잉행동(hyperactivity)에서부터 비만과 심장병까지 만성질환의 주 원인으로 취급되어 왔다. 이와 같이 식이 탄수화물의 형태와 급원에 따라 건강에 미치는 효과가 다른데, 통곡류, 과일, 채소와 같이 정제되지 않은 탄수화물을 많이 섭취하는 식사 패턴은 여러 가지 만성질환의 낮은 발병률과 연관되어 있는 반면, 설탕이나 흰 밀가루와 같이 정제된 탄수화물이 높은 식사는 만성질환 위험의 원인이 된다.

1. 충치

고탄수화물 식사와 관련되어 가장 흔한 건강 문제는 **충치**이다. 이것은 가장 흔한 어린이 질환 중 하나로 18세 이하의 85%가 충치를 가지고 있다. 충치는 입 안에 사는 미생물이 치아 표면에 플라그를 만들 때 생긴다. 플라그가 닦이지 않고, 치실로도 제거되지 않거나 긁어도 제거되지 않으면, 세균은 음식물 중 탄수화물을 대사하여 산을 생산하고, 이 산은 에나멜층을 부식시켜서 치아에 충치를 발생시킨다. 세균은 정제된 설탕과 전분을 대사할 수 있는데 몇 가지 식품은 특히 충치를 더 생기게 한다. 이는 설탕과 같은 단순 당질은 가장 빨리 대사되어 치아를 손상시키는 산을 쉽게 만들기 때문이다. 또한, 이에 붙는 끈적한 전분질 식품은 충치를 촉진할 수 있다. 즉, 이에 달라붙는 사탕 종류, 시리얼, 크래커, 쿠키, 건포도, 그 밖의 말린 과일들은 이에 더 오래 남아 있게 되므로 계속 충치 유발균에 영양소를 공급한다. 초콜릿, 아이스크림, 바나나와 같은 식품은 쉽게 씻겨져 나가기 때문에 충치를 덜 만들지만 스낵을 자주 먹는다거나 사탕을 빠는 것, 청량음료를 홀짝 거리며 먹는 것은 세균에 영양을 계속 공급해 줌으로써 충치의 위험을 증가시킨다. 설탕 섭취의 제한이 충치의 방지를 도울 수는 있으나 식사의 다른 요인과 적절한 치아 위생은 무엇보다도 중요하다. 유제품, 당알코올로 단맛을 낸 무설탕껌, 불소는 충치의 발생을 줄인다. 식사 후 칫솔질은 어떤 음식을 먹었는지에 상관없이 충치의 위험을 줄여 준다.

충치(dental caries)… 치아 표면에서, 탄수화물을 대사할 때 생긴 산에 의해 세균이 썩는 것

2. 설탕이 과잉행동증의 원인인가?

단음식의 섭취는 어린이 과잉행동의 원인으로 간주되고 있다. 단순당의 함량이 높은 식사를 한 후 증가한 혈당은 과잉행동 아동의 과도한 활동에 에너지를 제공하는 것으로 추정되고 있다. 그러나 설탕의 섭취와 행동에 대한 연구를 보면 설탕이 행동의 변화를 가져오는 것 같지는 않고, 설탕 섭취 후 관찰되는 과잉행동은 오히려 환경적 결과인 것 같다. 예를 들면, 케이크보다는 생일파티에 대한 흥분이 과잉행동의 더 큰 원인일 수 있는데, 과잉행동은 또한 수면 부족, 과도한 자극, 카페인 섭취, 다른 자극에 대한 흥미, 신체활동 부족 등에 의해서도 야기될 수 있다.

3. 탄수화물이 체중에 영향을 미치는가?

탄수화물이 함유된 식품이나 그 자체는 '살찌게' 하지 않는다. 탄수화물은 g당 9kcal의 열량을 내는 지방에 비해 4kcal의 열량을 제공한다. 실제로 고탄수화물 식품에 열량을 증가시키는 것은 우리가 흔히 첨가하는 지방이다. 구운 감자 1개는 110kcal의 열량을 제공하나 그 위에 더 얹은 사워크림 2큰술은 총 175kcal의 열량을 가져다 준다 [그림 3-23].

간단한 파스타 한 접시는 약 200kcal의 열량을 가지나, 고지방 소스를 얹었을 때는 300kcal로 증가한다. 거기에 소시지를 더하고 식사를 하면 450kcal이다. 과도하게

[그림 3-23]… 구운 감자와 같이 고탄수화물 식품은 고열량이 아니다. 토핑한 사워크림이 고열량이다.

먹은 탄수화물이 몸무게를 늘리지 않는다고 말하는 것이 아니다. 필요량 이상 먹은 어떠한 에너지급원식품도 체중을 늘릴 수 있다. 그러나 탄수화물은 다른 에너지급원식품보다 더 많이 살찌게 하지는 않는다. 실제로 식사에 있어 과도한 탄수화물은 과도한 지방의 식사보다 체지방을 덜 생성한다(6장 참조). 그러나 높은 에너지는 아니라 할지라도 탄수화물의 형태는 탄수화물이 체중에 미치는 효과에 영향을 미친다.

3-1. 고과당 액상시럽과 체중 — 고과당 옥수수시럽(액상과당)은 설탕만큼이나 평범한 감미료이며 가공식품에 많이 사용된다. 액상과당은 설탕보다 단맛이 강하고 물에 잘 녹기 때문에 가공식품에 첨가되어 다량 섭취하게 되므로 허리둘레와 상관관계가 있고, 비만률 증가의 원인이 된다고 비난받아 왔다. 과당은 체내에서 포도당과 다르게 대사된다. 과당은 인슐린의 생성을 자극하지 않고 식품의 섭취와 체중을 조절하는 호르몬의 신호에 다른 영향을 준다. 간에서 과당의 대사는 지방합성에 더 호의적이다. 쥐를 대상으로 한 연구에 의하면, 식이 중 과당의 섭취가 설탕보다 더 많이 체지방을 합성하는 것으로 나타났다. 그러면 고과당 콘시럽이 우리를 살찌게 하는가? 우리의 식사에 칼로리를 더하는 것은 확실하며, 다른 당에 비하여 체중을 늘게 한다는 것을 지지하는 증거도 있다. 그러나 이것만으로는 비만을 증가시키지 않는다. 총 섭취 에너지의 증가와 활동 에너지의 감소가 비만의 빈도를 증가시키는 가장 확실한 요인이다.

3-2. 저탄수화물 체중 감소 식이 — 체중 감소를 위해 저탄수화물 식이를 먹는 이론적 근거는 고탄수화물 식사가 에너지의 저장을 촉진하는 인슐린의 분비를 자극한다는 것에 있다. 인슐린이 더 많이 방출될수록 몸에 지방이 더 쌓이게 된다. 고당지수 식품이 혈당을 증가시키고 결국 인슐린의 분비를 자극하여 지방이 저장되도록 대사를 유도하기 때문이다. 반대로, 저탄수화물 식이는 인슐린의 분비를 덜 자극해서 지방이 손실되도록 하기 때문에 저탄수화물 다이어트 방법은 생성된 케톤과 식사의 단백질 양에 영향을 받는다. 케톤은 식욕을 억제하며 저탄수화물 고단백 식사는 만복감을 느끼게 하므로 덜 먹도록 하는 데 도움을 준다. 체중 감소를 위한 저탄수화물 식사의 영향에 대한 최근 연구에서는 저탄수화물 식이가 저지방 식이보다 짧은 시간(6개월)에 더 많은 체중 감소를 일으킨다고 하였다. 이러한 식이요법으로 인한 체중 감소는 다른 체중 감소 다이어트처럼 에너지를 더 많이 소비시키는 것보다 에너지를 덜 흡수하도록 하는 것이다. 단기간 많은 체중의 감량이 체내 물의 손실인지, 에너지 소비 증가로의 대사 변화인지, 식품의 섭취를 감소시키는 포만의 상태와 배고픔의 변화인지에 대해서는 아직 연구 중이다. 이러한 다이어트의 효험과 안전성에 대한 최근의 연구는 효과가 있지만, 이 다이어트 방법은 장기간 저탄수화물 식이를 실시하는 데 어려움이 있고 특정 영양소의 결핍 혹은 과잉을 초래할 수 있는 단점이 있다.

3-3. 정제되지 않은 탄수화물과 체중 조절 — 단기간 저탄수화물 다이어트의 효과와 함께, 섬유소가 높은 식사는 체중 유지와 감량을 도와준다. 섬유소는 정제되지 않은 탄수화물의 좋은 급원으로서 소화관에서 부피를 더해서 적게 먹어도 만복감을 느끼게 하므로 에너지 섭취를 줄이는 데 도움을 줄 수 있다. 섬유소는 또한 통과시간을 줄

이고, 변의 부피를 더하고, 끈적한 상태로 만들어 소화물과 흡수면의 접촉을 줄여서 열량 영양소의 흡수를 느리게 한다. 섬유소의 좋은 급원인 통곡 식품은 당지수가 낮아 정제된 탄수화물보다는 인슐린의 상승이 더 낮아진다. 그러므로 통곡이 많은 식사 다이어트는 저탄수화물 고단백 식사와 유사한 당효과를 가진다.

4. 정제당류와 당뇨병

탄수화물의 형태는 당뇨병의 치료뿐 아니라 2형 당뇨병에 민감한 사람에게도 기능을 한다. 2형 당뇨병으로 진행될 수 있는 위험은 정제된 전분과 설탕을 먹는 사람들보다 통곡을 많이 먹는 사람들에게서 더 낮게 나타난다. 특히 가당 음료수를 많이 먹는 사람은 2형 당뇨병으로 진전할 위험성이 크다. 전분과 설탕의 섭취가 높은 식이 패턴은 당반응을 크게 유발하여, 정상 상태의 혈당을 유지하기 위해 많은 양의 인슐린 분비를 자극하게 된다. 오랜 시간 계속 당에 민감한 사람들에게 있어서, 인슐린의 과다한 요구는 결국 췌장에서 인슐린을 만드는 세포를 지치게 할 수 있다. 단순당과 정제된 전분이 낮고 섬유소가 높은 식사는 혈당을 점진적으로 상승하게 하고, 그럼으로써 인슐린의 요구가 더 낮아진다. 그래서 단순당과 정제된 탄수화물이 높은 식사가 당뇨병을 직접적으로 야기하지는 않는다 할지라도, 이것은 정상 수준의 혈당을 유지하는 데 필요한 인슐린의 요구를 증가시켜서 당뇨병으로 발달될 위험을 증가시킨다.

5. 탄수화물과 심장질환

과체중과 당뇨병의 합병증으로서 심장병을 고려할 때, 어떤 탄수화물은 심장병을 막는가 하면 어떤 것은 그 위험을 증가시킨다. 당 함량이 높은 식사는 혈중 지질의 농도를 높여 심장병의 위험을 증가시킨다는 증거가 있다. 한편, 통곡 식품이 높은 식사는 심장병의 위험을 감소시키는 것으로 알려져 있다. 보통 하루 3단위 정도로 통곡류를 먹는 사람은 최소한의 통곡류를 먹는 사람에 비해 심장병의 위험을 20~30% 정도 낮춘다. 통곡류는 섬유소, 저항전분, 올리고당, 오메가 3 지방산, 비타민, 무기질, 항산

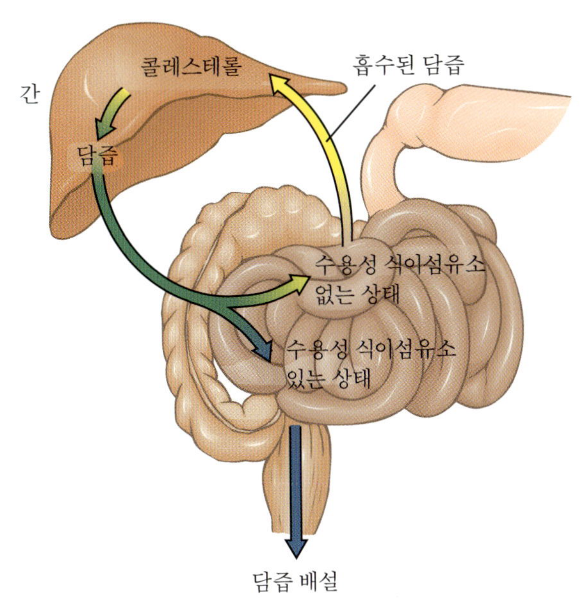

[그림 3-24]···수용성 식이섬유소의 섭취가 낮으면 콜레스테롤을 함유하는 담즙이나 콜레스테롤로부터 만들어지는 담즙산은 흡수되어 간으로 돌아온다. 수용성 섬유소를 섭취하면, 이것이 콜레스테롤과 담즙산과 결합하여 체내 흡수되기보다는 배설된다.

화제, 심장병을 막을 수 있는 식물화학물질을 제공한다. 통곡류와 정제되지 않은 탄수화물이 높은 식사가 심장병을 저하시키는 방법 중 하나는 혈중 콜레스테롤의 농도를 낮추는 것이다. 수용성 섬유소는 소화관에서 콜레스테롤, 담즙과 결합한다. 보통 위장관으로 분비된 담즙은 흡수되어 재사용되는데, 식이섬유소와 담즙이 결합하여 흡수되기보다는 대변으로 배설된다. 간은 새로운 담즙을 합성하기 위해 혈액 중 콜레스테롤을 사용해야 한다. 이것은 체내에서 콜레스테롤을 제거하고 혈중 콜레스테롤을 저하시키는 기전이다[그림 3-24].

콩, 귀리, 구아검, 펙틴, 아마씨, 사일리움에 있는 수용성 식이섬유소는 콜레스테롤을 감소시키는 데 효과적이나, 밀겨나 셀룰로오스 같은 불용성 식이섬유소는 그렇지 않다. 수용성 식이섬유소는 간에서 콜레스테롤의 합성을 저해함으로써 혈중 콜레스테롤의 양을 감소시킨다. 심장병에 있어서 특정 섬유소의 이점 때문에 FDA는 사일리움 씨앗이나 β-글루칸에 있는 식이섬유소가 함유된 식품에 건강에 관한 문구 표시를 허용하고 있으며, 이들 제품은 관상동맥질환의 위험을 감소시킬 수 있다고 명시하고 있다. 혈중 콜레스테롤을 감소시키는 것에 더하여 통곡은 혈압을 낮추고 혈당을 정상화하며, 비만을 방지하고 그 밖의 다른 인자에도 영향을 미치는 데, 이 모든 것이 심장병의 위험을 줄여 준다.

6. 난소화성 탄수화물과 대장질환

통곡, 과일, 야채는 섬유소의 좋은 급원이며 저항전분과 올리고당을 함유하고 있다. 고섬유질 식사는 대장의 내부에서 압력에 의해 야기되는 특정 장질환을 방지하거나 경감시킬 수 있다. 앞에서 언급한 것 같이, 대장에서의 수용성, 불용성 식이섬유소의 혼합물은 부피를 더하고 물을 흡수한다. 이것은 대변의 무게를 증가시키고 변통시간

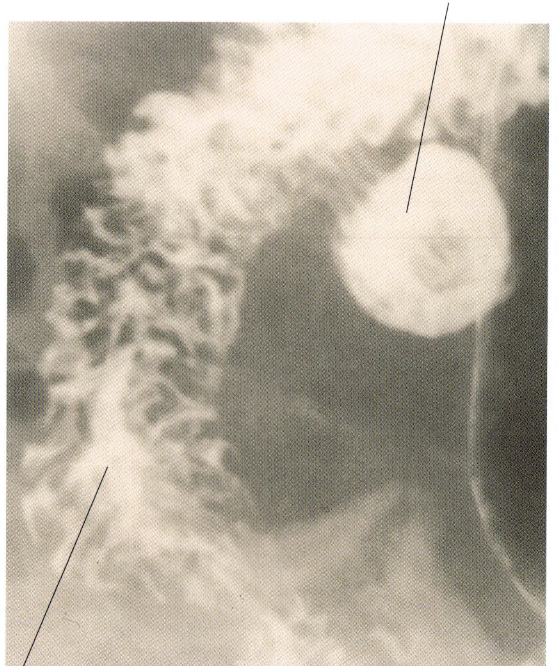

[그림 3-25]…대장의 게실

을 빠르게 하며, 대변이 크고 무르게 하여 배변에 필요한 압력을 줄인다. 식이섬유소와 그 밖의 소화되지 않는 탄수화물은 변비의 빈도를 감소시킬 수 있다. 변비는 대변이 너무 단단하여 이를 움직이는 대장의 근육이 스트레스를 받게 하며 대장에서의 압력 증가의 주 원인이 되기도 한다. 과도한 압력은 **치질**을 일으키는데, 이는 직장과 항문 근처의 혈관이 부풀어 오른 것을 말한다. 대장 내 과도한 압력은 대장에서 **게실**을 만들며 이러한 주머니가 생기는 것을 **게실증**이라고 한다[그림 3-25]. 고섬유소 식이는 대장 내 압력을 줄이며 게실증으로의 진행을 줄인다. 만약 게실증이 진전되면, 대변은 이 주머니에 쌓이게 되어 염증, 감염 등 게실염의 상태를 야기할 수 있다. 게실염의 치료에는 박테리아의 성장을 감소시키기 위한 항생제 섭취와 염증이 난 조직의 자극을 방지하기 위한 식이섬유소의 섭취 감소방법 등이 있다. 염증이 호전되면 대변의 부피를 증가시키고 변통시간을 줄이며, 대변의 배설을 용이하게 하고 향후 게실염의 발병을 줄이기 위해 고섬유소식사가 추천된다.

치질(hemorrhoids)…항문과 직장의 정맥이 부푸는 현상
게실(diverticula)…대장의 벽으로부터 튀어나온 작은 주머니
게실증(diverticulosis)…게실이 염증이 난 상태

섬유소가 대변을 무르게 하고 변비를 방지한다고 해도, 충분한 물과 함께 먹지 않는다면 이것 역시 변비를 유발시킬 수 있다. 섬유소를 많이 먹을수록, 변을 무르게 하기 위해 더 많은 물이 필요하다. 너무 적은 양의 물을 먹었을 때, 대변은 단단해져 배설하기가 어렵다. 심각한 경우 섬유소의 섭취가 과도하고 물의 섭취가 적으면 장폐색이 일어날 수 있다.

7. 난소화성 탄수화물과 대장암

암은 세포가 움직이는 방식에 영향을 미치는 질환으로서 몸의 여러 부분에서 다양한 원인과 결과로 나타난다. 암의 유형은 원래 암세포가 침범된 세포 형태, 예를 들면 폐, 유방, 대장 등에 따라 정해지며, 유전적 물질이 변화하는 방식에 따라 달라진다. 어떤 사람들은 유전적 소인으로 암에 더 민감하나, 대부분의 경우 식사, 흡연, 혹은 공해로부터의 환경적 **발암물질**의 영향을 받는다. 대장암의 경우 식사로 먹은 것 혹은 소화관 점막세포의 접촉으로 만들어진 것이 암의 발달에 작용할 수 있다.

발암물질(carcinogen)…암을 일으킬 수 있는 물질

7-1. 암세포의 특성 — 세포에 유전적 물질의 **변이**가 일어나면 암세포가 되는데 일단 암세포가 되고 나면 거침 없이 재생산되며 비정상적인 장소에서 자라게 된다. 정상 체세포는 손실된 세포를 대체하기 위해서만 재생산되지만 암세포는 끊임없이 분열하여 종양이라는 큰 세포덩어리를 만든다. 변이가 더 많이 진행되면 다른 세포를 침입하여 콜로니를 이루게 되는데 이를 **악성종양**이라 한다[그림 3-26]. 암세포는 결국 정상세포에 몰려 있으면서 그 영양분을 빼앗고 정상세포가 정상적으로 기능하는 것을 방해한다. 어떤 발암물질은 DNA를 손상하여 변이를 유발한다. 이러한 물질을 종양개시자(tumor initiator)라고 하는데, 중요한 유전자에서의 변이유도가 암의 진행을 시작하게끔 하는 것으로 생각되기 때문이다. 그 밖의 발암물질은 세포의 분열을 자극함으로써 암의 발달에 작용한다. 그러한 화합물은 종양촉진자(tumor promoter)라고 하며, 촉진자가 유도한 세포분열의 증가는 변이된 세포의 수를 증식하는데 이 과정은 암으로의 진행에 필수적인 과정이다.

변이(mutation)…화학적, 물리적 인자에 의해 DNA가 변화하는 것

악성종양(malignancy)…성장이 제어되지 않는 세포덩어리로서 주변 조직을 침범하고 손상을 입힌다. 그리고 원래 자라던 곳에서 떨어진 곳에 딸세포를 심을 수 있다.

[그림 3-26]…대장암은 다른 암세포와 마찬가지로 1개의 변이세포로부터 시작되며 변이된 세포는 빠르게 재생산하여 종양을 생성한다. 시간이 지난 후 종양세포는 더욱 변이되어 자라게 되고 다른 조직까지 침윤하게 된다. 이것이 악성종양이다.

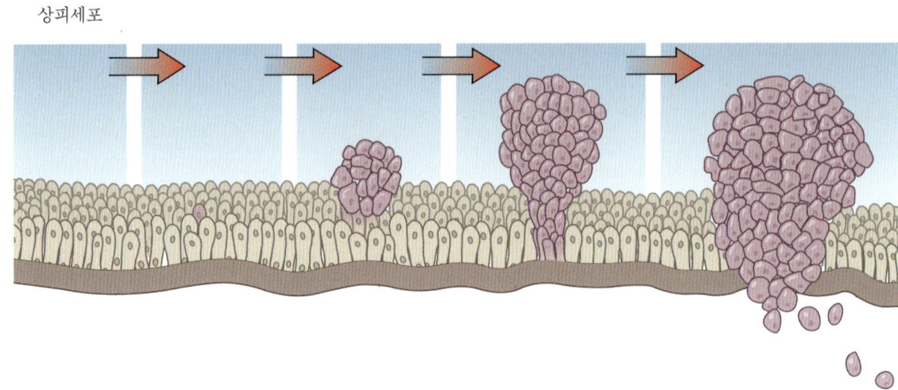

7-2. 섬유소와 암의 진전 — 역학 연구에 의하면 식이섬유소를 많이 먹는 인구에게서 대장암의 빈도가 낮게 나타남을 알 수 있다. 또한 섬유소가 대장암의 진행에 미치는 영향을 설명하기 위한 연구도 진행 중에 있는데, 섬유소가 대장의 점막세포와 종양개시자나 종양촉진자를 함유하고 있는 대변의 내용물 사이의 접촉을 저하하는 능력에 관련이 있음을 보여주었다. 섬유소는 대변의 부피를 늘리기 때문에 대장의 내용물을 희석하거나 변통 시간을 단축함으로써 접촉을 저하시킨다. 또 다른 연구는 장내 미생물과 지방산으로 대장 내에 쌓여 있는 미생물대사의 부산물에 있어서 섬유소의 효과에 관련이 있음을 보여주었다. 이들 부산물은 대장세포에 직접 영향을 미치거나 대장암의 진행에 영향을 줄 수 있는 대장 내 환경 변화를 일으킨다. 또한 고섬유소 식사는 대장암을 예방한다고 가정되고 있는데, 이는 섬유소를 함유하고 있는 식물성 식품이 항산화비타민과 식물화학물질도 함유하고 있기 때문이다.

반면, 최근에 발표된 논문들은 섬유소의 섭취와 대장암 사이의 역학적 관계가 크지 않다고 주장하고 있다. 그 이유는 '섬유소의 간섭이 충분히 길지 않다, 섬유소가 충분히 높지 않다, 관찰된 암의 유형이 적절치 않다, 혹은 섬유소 그 자체가 보호물이 아니다, 오히려 암 발병이 낮은 인구의 식사에서의 다른 성분이 보호 효과를 가질 수 있다' 등 다양하다.

이러한 결과에도 불구하고 고섬유소 식사가 대장암을 예방한다는 충분한 증거가 있다는 과학적 주장은 여전히 제기되고 있다.

7. 탄수화물 권장량 충족하기

평범한 식사로도 탄수화물을 충분히 섭취할 수 있다. 그러나 탄수화물이 우리의 건강을 증진하는지, 해를 끼치는지는 우리가 선택하는 식품의 급원과 탄수화물의 형태에 따라 다르다. 건강한 식사는 통곡류, 두류, 과일류, 채소류로부터 얻는 복합 탄수화물과 과일 및 저지방유제품에서 얻는 단순 탄수화물이 많은 식사이다. 이러한 식사는 섬유소, 미량 영양소, 식물화학물질이 높고 콜레스테롤과 포화지방산이 낮다.

1. 탄수화물 권장량

소량의 탄수화물은 뇌의 연료로써 필요하다. 탄수화물은 에너지의 중요한 급원을 제공하며, 적절한 섬유소는 건강에 이점을 준다. 탄수화물 권장량은 뇌에 사용되는 포도당의 평균 최소량에 근거한다(1장 식품 교환표 참조). 또한 케톤증 예방을 위해서는 최소 하루 50~100g이 필요하며 그 외 단백질과 지질을 절약하고 열량을 공급하기 위해 필요하다. 적정량은 2,000cal 식사의 40% 정도이지만 대부분의 사람들은 매일 이 양보다 많이 먹는다.

1-1. 건강한 탄수화물 섭취 비율 — 완벽한 식사를 정의하는 간단한 비율은 없다. 건강한 식사는 탄수화물, 단백질, 지방의 수많은 조합으로 만들어질 수 있기 때문이다. 단, 건강한 식사를 위한 탄수화물 섭취는 에너지의 45~65%로 정해져 있다. 이 범위에서 식사를 선택하는 것은 과도한 단백질이나 지방의 섭취 없이 에너지 필요량을 충족시킬 것이다. 탄수화물의 급원은 절대적인 양보다 더 중요하다. 모든 영양소의 요구량을 충족시키기 위해서 특정 식품이 아니라 다양한 종류의 탄수화물 급원식품을 섭취할 것을 권장한다. 정제된 당의 열량은 25% 이하를 권장하는데, 이는 식사의 영양밀도 감소 없이 먹을 수 있는 설탕의 양에 기초한다. 한국인의 탄수화물 섭취량은 총열량 중 60~70% 정도이며, 1일 평균 탄수화물 섭취량은 300~350g 정도이다.

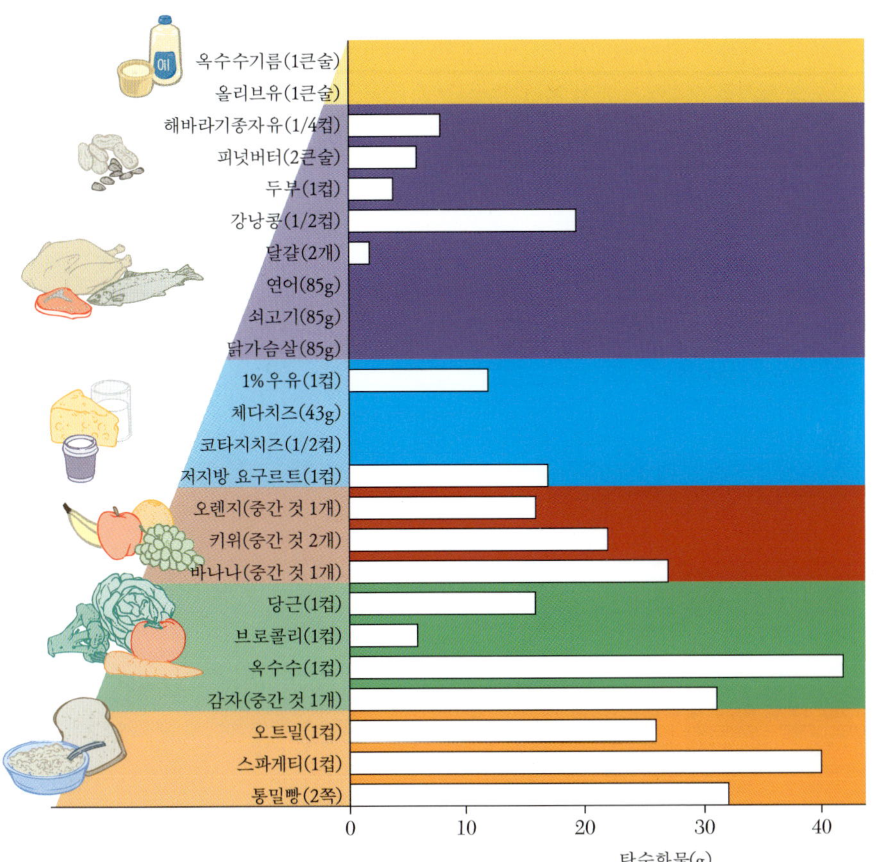

[그림 3-27]…식품 구성탑의 각 식품군별 탄수화물 함량. 곡류군, 야채군, 콩류가 복합 탄수화물의 가장 좋은 급원이다. 과일, 유제품은 천연으로 존재하는 단순 탄수화물을 함유하고 있다.

라벨 읽기 : '한 숟가락의 감미료'

미국의 경우 매년 1인당 71.8kg의 감미료를 먹고 있다. 감미료는 음식에 넣어 먹는 설탕인데, 꿀이나 감미료의 대부분은 소다수, 쿠키, 스낵과 같이 가공된 음식에 이미 첨가되어 있다. 그래서 커피나 시리얼에 넣는 설탕을 줄이는 것만으로는 그다지 많이 줄이는 것이 아니다. 첨가당류의 양이 많은 음식이 무엇인지 아는 것은 빈열량 식품을 줄이는 데 중요하다. 그러나 정제된 당이 많이 첨가된 식품 포장(package)을 확인하는 것이 항상 쉽지만은 않은데, 이는 식품 라벨이 당 표시에 첨가된 당인지 자연적으로 있는 당인지의 차이를 두지 않기 때문이다. 영양 성분표에 열거된 것은 당의 총 그램수일 뿐이며, 이것은 첨가된 것과 원래 있는 것의 단당류와 이당류의 양을 모두 포함한다. 만약 가당 냉동딸기통조림의 라벨을 본다면, 당의 그램은 딸기 본연의 과당의 양과 달게 하기 위해 첨가된 당의 양 모두를 포함한 것이다. 어떤 식품은 '무가당' 혹은 '당 무첨가'라는 문구를 표시하는데, 이것은 제조 과정 중 설탕이나 설탕이 함유된 성분을 넣지 않았다는 것을 의미하는 것이다. 이와 같은 설명이 없는 상품은 성분 표시표를 읽어서 당의 급원을 분류할 수 있다. 식품 라벨의 성분표는 식품의 모든 성분을 나타내야 한다. '설탕'이라고 부를 수 있는 유일한 당은 서당이다. 이것은 황설탕, 가루설탕, 입자설탕 혹은 원당(raw sugar)을 포함한다. 그러나 식품에 첨가하는 다른 여러 가지 감미료가 있다. 이는 전화당, 덱스트로스, 과당과 같이 건조한 상태로 혹은 콘시럽, 꿀, 당밀, 고과당 콘시럽과 같이 시럽의 형태로 첨가된다. 소비자가 라벨에서 모든 첨가된 당을 알기 위해서는 이들 감미료의 용어를 알 필요가 있다.

황설탕, 꿀, 메이플시럽, 과즙과 같은 감미료는 설탕보다 더 건강한 것으로 생각되는데, 이는 이들 당이 백설탕으로 만들어지는 과정 중 없어지는 성분이 포함되어 있기 때문이지만 사실상 대부분은 설탕과 큰 차이가 없다. 미량 영양소의 양은 너무나 소량이라 식사로 많이 섭취되지 않으며 대부분의 황설탕은 정제당에 당밀이 있어서 단지 색을 낼 뿐이다. 꿀은 과당과 포도당인데 꿀이 설탕보다 다소 더 달기 때문에 설탕보다 더 적게 사용할 수 있다. 메이플시럽은 단풍나무의 수액을 끓여서 만든 것인데, 이것은 주로 수크로오스이며 열처리하는 제조과정으로 인해 갈색이 된 것이다. 감미료로 사용되는 과즙은 미량 영양소를 소량 더해 주며 주된 성분은 과당이다. 당 첨가를 줄일 수 있는 쉬운 방법에는 가당 청량음료 적게 마시기, 사탕 덜 먹기, 식탁에서 설탕 덜 넣기 등이 있다. 첨가된 당의 종류를 명확하게 알지 못하겠으면 먼저 식품 성분표에 표기된 감미료를 체크한다. 식품 성분표에 먼저 표기된 것일수록 무게 대비 양이 더 많다. 그 식품에 감미료가 한 가지 이상 첨가되었다

계속↗

INGREDIENTS: CULTURED PASTEURIZED GRADE A REDUCED FAT MILK, SUGAR, NONFAT MILK, HIGH FRUCTOSE CORN SYRUP, STRAWBERRY PUREE, MODIFIED CORN STARCH, KOSHER GELATIN, TRI-CALCIUM PHOSPHATE, NATURAL FLAVOR, COLORED WITH CARMINE, VITAMIN A ACETATE, VITAMIN D_3

영양 정보

1회 제공 분량

1회 분량당 양	
열량 190	
지방에 의한 열량 30	
1일 권장량	%DV*
총 지방량 3.5g	**5%**
포화지방 2g	**10%**
트랜스지방 0g	
콜레스테롤 15mg	**4%**
나트륨 100mg	**4%**
칼륨 310mg	**9%**
총 탄수화물 32g	**11%**
당류 28g	
단백질 7g	**14%**
비타민 A 15% • 칼슘 30%	

* 1일 권장량은 2,000kcal를 기준으로 책정된다.

면, 이들 감미료가 표의 첫 번째 혹은 두 번째에 있지 않다 할지라도 이들 감미료의 합이 첨가된 당의 총량을 나타낼 수 있다. 예를 들면, 그림의 요구르트 표에는 설탕이 두 번째 성분이고 고과당 콘시럽은 네 번째 성분이다. 이들 두 성분이 이 식품 내 28g의 당의 대부분을 차지한다.

총 지방, 포화지방, 콜레스테롤이 낮은 과일, 야채, 곡류 제품, 적어도 1회 제공 분량당 수용성 식이섬유소 0.6g을 함유하는 것 그리고 통귀리나 사일리움의 수용성 식이섬유소 0.75g을 함유하는 식품은 심장병의 위험을 줄인다고 할 수 있다.

1-2. 섬유소 권장량 — 섬유소의 권장량은 총 식이섬유소 기준으로 1일 20~25g이다. 미국의 경우 하루 성인 남자 38g, 성인 여자 25g이며, 이 양은 심장병의 위험을 줄이는 데 필요한 섬유소의 양에 기초한다. 아침식사로 딸기 반 컵과 건포도를 넣은 통밀 시리얼 1그릇, 점심으로 양상추와 토마토를 끼운 통밀빵 샌드위치와 사과 1개, 저녁으로 파마산치즈를 넣은 가지, 간식인 팝콘은 약 25g의 섬유소를 제공한다[그림 3-27].

2. 건강한 식사로 탄수화물 권장량 수정하기

전형적인 미국 식사는 탄수화물을 권장량보다 적게 섭취한다. 탄수화물로부터 에너지의 약 50%를 섭취하는데 이 탄수화물의 대부분은 정제된 당 급원이다. 미국인의 식사에는 너무나 적은 양의 섬유소와 통곡류, 정제되지 않은 탄수화물과 너무 많은 설탕이 들어 있다. 평균 섬유소의 섭취량은 하루에 겨우 15g이며 이 양은 권장량 지침에 훨씬 덜 미친다. 탄수화물의 건강한 균형을 잡기 위해서 식사 가이드라인은 통곡류 및 채소와 과일을 많이 먹을 것과 베이커리 제품, 사탕, 청량음료 등 가당된 식품을 적게 먹을 것을 권함으로써 식품 구성탑이 개인을 위한 식품 선택과 건강한 식사로 바꿀 수 있도록 돕고 있다.

2-1. 통곡류, 과일, 채소 더 많이 먹기 — 탄수화물의 건강한 급원의 섭취를 촉진하기 위해, 식사 가이드라인과 식품 구성탑은 식사 중 곡류의 절반 이상을 통곡류로 선택하기, 혹은 하루에 적어도 3단위의 전곡류 먹기를 권장한다('현명한 식품 선택: 통곡류 선택하기-들리는 것처럼 쉽지 않은' 참조).

통곡류는 미량 영양소와 식물화학물질뿐만 아니라 섬유소의 좋은 급원이다. 과일과 야채 또한 복합 탄수화물과 단순 탄수화물의 훌륭한 급원이다. 하루 2,000kcal의 식사에서는 2컵의 과일과 1/2컵의 채소를 권장한다. 과일의 섬유소를 극대화하기 위해서는 주스보다 통과일을 선택해야 한다. 사과는 80~90kcal의 열량에 2.7g의 섬유소를 제공하는데 사과주스 1컵은 열량은 비슷하나 섬유소는 거의 없다(0.2g). 채소 식품군에서 콩을 선택하는 것은 섬유소의 섭취를 증가시킬 수 있다. 익힌 검은콩 반 컵은 약 7g의 섬유소를 가지고 있다.

[표 3-2]… 당신은 첨가당류를 얼마만큼 먹는가?

식품	첨가당(tsp)[a]
8cm 직경 도넛	2
초코칩 쿠키(중간 크기) 2개	3
프로스트 콘프레이크 28g	3
케이크 1조각	6
과일파이(두 겹으로 된 것) 1쪽	6
과일절임(설탕 시럽에 담겨 있는 것) 1컵	4
2% 초코우유 1컵	4
저지방 요구르트 1컵	7
바닐라 아이스크림 1컵	3
초콜릿바 28g	5
과일음료 340g	12
콜라(캔) 340g	9
콜라(병) 567g	15

a 1tsp = 4g

[표 3-3]… 탄수화물 현명하게 선택하기

보다 많은 곡류 선택
흰 쌀 대신 현미, 야생미, 쿠스쿠스, 퀴노아 선택하기
흰 빵보다 통밀빵으로 샌드위치 만들기
강낭콩, 검정콩, 얼룩콩과 같은 콩을 캐서롤이나 샐러드에 넣어 먹기
스프나 스튜에 보리 넣기
매일 식이 섬유 권장량의 10% 이상을 함유하는 제품 고르기
집에서 빵 구울 때 통밀가루 선택하기
통곡 시리얼 먹기
통곡류로 만든 롤, 또띠아, 크래커 선택하기
통밀파스타나 반반 섞인 파스타 이용하기
첨가당류 제한하기
집에서 요리할 때 설탕을 덜 사용하기. 레시피의 설탕량을 1/4 줄이기
커피나 차, 시리얼과 팬케이크에 첨가당류 덜 사용하기
쿠키, 케이크, 사탕 같이 설탕이 많이 들어간 음식 자제하기
스낵으로 과일 먹기. 신선한 과일이 없으면 냉동과일이나 설탕이 들어가 있지 않은 통조림을 이용하기
식품 라벨을 읽고 첨가당류가 적은 것을 선택하기

2-2. 첨가당류 제한 — 미국인의 식사에서 설탕이 가장 많이 들어가는 식품은 청량음료, 사탕, 케이크, 쿠키, 파이, 과일음료, 유제품류, 디저트이며 이외에 수천 가지의 가공식품에도 또한 첨가되어 있다. 설탕은 가정에서 시리얼에 뿌려 먹거나, 차에 꿀을 한 숟가락 넣을 때에도 들어간다. 설탕이 많이 들어간 식품을 많이 먹을수록, 체중 증가 없는 충분한 영양소의 섭취가 더 어렵게 된다. 첨가 당은 적은 양으로도 열량을 낸다. 당이 높은 음식과 음료를 먹는 사람은 열량을 더 많이 섭취하고 미량 영양소는 더 적게 섭취하는 경향이 있다. 그러므로 모르는 사이에 열량이 초과되는 것을 피하기 위해 설탕이 들어간 식품을 제한하고 최소화해야 한다. 예를 들면 2,000kcal의 식사는 겨우 약 270kcal의 임의의 열량을 포함할 수 있다. [표 3-2]에서 보는 바와 같이 콜라 340mL는 설탕 약 40g을 함유하는데 이 양은 160kcal에 해당한다.

2-3. 다양하게 선택하기 — 건강한 식사의 권장량을 충족하기 위하여, 정제된 탄수화물은 정제되지 않은 단순 혹은 복합 탄수화물 급원으로 대체되어야 한다[표 3-3]. 예를 들면, 현미밥에 쇠고기 약간과 충분한 채소를 볶아서 얹은 한 끼 식사는 스테이크, 흰 밥, 드레싱을 얹은 야채샐러드와 동일한 열량을 제공하나 섬유소는 더 많고 지방은 더 적다. 설탕의 양을 줄이기 위해, 설탕이 많이 들어간 음식은 과일이나 유제품과 같은 당의 천연 급원식품으로 대체되어야 한다. 500mL짜리 청량음료 대신 200mL 저지방우유를 마신다면 설탕 없이 열량 140kcal를 적게 먹게 되고 충분한 양의 양질의 단백질, 칼슘, 그 밖의 다른 영양소를 얻게 된다. 과일통조림 대신 생과일은 섬유소를 증가시키고 정제된 당을 감소시킨다. 예를 들어, 진한 시럽에 있는 배 통조림 반쪽은 90kcal의 열량, 1g의 섬유소, 20g의 당(거의 시럽에 들어간 양)을 제공한다. 큰 배 1개는 90kcal의 열량, 4g의 섬유소를 제공하며 정제당은 없다.

3. 대체감미료

단 것을 선호하면서도 설탕 섭취를 우려한 미국인들의 스트레스가 영양가 없는 감미료의 발달을 이끌었다[그림 3-28]. 이들 설탕대체물은 열량을 거의 제공하지 않거나 아주 조금 제공하며, 요구르트, 아이스크림, 청량음료와 같은 저칼로리, '가벼운' 식품에 첨가되었다. 수많은 설탕의 대체물이 화학적으로 탄수화물이 아니라 할지라도, 식품의 단순당을 대체하기 위해 혹은 가정에서 테이블 설탕 대신으로 사용하기 위해 개발되었다. 대체감미료의 적정량은 건강한 사람에게는 안전하다. 그러나 대체감미료

[그림 3-28]··· 시중에 있는 다양한 설탕대체물로 소비자들은 포장의 색깔로 그들이 좋아하는 감미료를 인지한다.

가 오용되지 않도록 보증하기 위해 FDA는 이들 제품이 사용될 때 초과될 수 없는 양, 하루 먹는 적정량(ADI)을 정하였다. ADI는 체중 kg당 감미료의 양을 평가한 것인데 이 양은 최소한의 위험수준으로 평생 동안 매일 안전하게 먹을 수 있는 양이다.

3-1. 대체감미료의 역할 — 보통의 미국인은 하루 20.5작은술(약 80g)의 설탕을 먹는다. 설탕이 많이 들어간 식품을 설탕대체물로 바꾼다면 열량을 줄이고 설탕의 소비를 감소시킬 수 있으나 건강한 식습관의 요점인 통곡류나 신선한 과일과 채소의 소비를 증가시키지는 못한다. 설탕이 많이 들어간 식품이 영양적으로 부족한 경향이 있으나, 이를 인공감미료로 대체하는 것이 식사에 있어서 영양적 밀도를 증가시키지는 않는다. 그러나 이들 제품은 통곡류나 채소와 과일이 기본인 식사에 적당히 사용될 때, 건강한 식사의 한 부분이 될 수 있다.

대체감미료는 충치의 발생을 줄이며 당뇨병 환자의 혈당을 조절하는 데 도움을 줄 수 있으나 체중 조절에 대한 유용성은 아직 논쟁 중에 있다. 가당 음료수의 소비 증가는 미국에서의 과체중 발병률을 증가시켜 비난을 받고 있다. 개인이 체중을 줄이기 위해 청량음료와 같이 당이 많이 들어간 식품을 인공감미료로 단맛을 낸 제품으로 대체한다면 열량 섭취를 줄일 수 있을 것이다. 연구는 이와 같이 낮은 에너지의 섭취가 단기간 체중의 감소를 증진할 수 있으나, 장기간 체중을 유지하는 것에는 큰 장점이 없음을 보여주었다. 대체감미료가 열량의 섭취를 줄이는 데 도움을 줄 수 있음에도 불구하고, 대체감미료 그 자체가 비만 치료의 해결책은 아닌 것이다.

3-2. 대체감미료의 종류 — 오늘날 미국의 인공감미료 시장에서의 주 경쟁 상대는 사카린, 아스파탐, 수크라로스, 아세설팜 K이다. 이들은 단독으로 혹은 조합하여 여러 가지 음식에 단맛을 내는 데 사용된다. 스테비아는 설탕의 대체물인데, 식이 보충물로서 판매된다. 일본에서 널리 사용되나, 미국에서는 단지 식이보충물로서만 판매된다. FDA는 이것을 식품의 첨가물로 승인하지 않았다. 사이클라메이트(cyclamate)는 1960년대에 인기 있었던 인공감미료인데, 1969년 FDA에 의해 판매가 금지되었다. 이것은 캐나다와 그 밖의 50여 개 나라에서 여전히 판매되고 있다.

사카린(saccharin) — 사카린은 설탕보다 200~700배 정도 단 감미료이다. 1977년, 과량의 사카린이 쥐의 방광암 발병률을 증가시킴을 알게 된 후, FDA는 사카린의 금지를 제안했으나 2000년 5월 암을 유발하는 물질 목록에서 제외된 후, 지금은 사용이 허가되어 있다. 미국에서 사카린의 섭취는 1인당 하루 50mg으로 추정된다. 하루 허용 섭취량은 체중 kg당 5mg이다. 70kg의 개인은 하루 350mg이며 23kg의 아이는 하루 50mg이다. 사카린으로 단맛을 낸 다이어트 음료(300mL)는 120mg의 사카린을 함유한다. 감미료 1포장은 36mg의 사카린을 포함한다.

아스파탐(aspartame) — 2개 아미노산을 화학적으로 합성하는 과정 중 우연히 발견된 감미료이다. 아스파탐은 아미노산으로 만들어진 것으로 탄수화물이 아니다. 1980년 승인되어 껌, 아침식사용 시리얼, 과일 스프레드, 요구르트, 음료 등에 사용되고 있다. 아스파탐은 열에 의해 분해되므로 열처리하지 않는 제품에 잘 맞다. 상표명은 NutraSweet, Equal, NutriTaste이다. 아스파탐 1g당 4kcal의 열량을 내나 설탕에 비해 200배 정도 달기 때문에 설탕의 1/200만큼 사용하여 설탕과 동일한 수준의 단맛을 낼 수 있다. 그러나 다른 감미료와 마찬가지로, 아스파탐의 안전성에 대한 염려가 높아지고 있다. 아미노산 페닐알라닌이 함유되어 있으므로 페닐케톤뇨증이라는 유전적 이상이 있는 개인에게는 위험할 수 있다. 페닐알라닌의 대사에 이상이 있는 이 증상을 가진 사람은 뇌손상을 막기 위해 이 아미노산의 섭취를 제한해야 한다. 아스파탐을 먹는 것은 보통 일반 사람에 있어서도 위험할 정도로 높은 혈중 페닐알라닌의 농도를 유발할 수 있다. 페닐알라닌은 단백질 식품에 널리 존재한다. 햄버거 패티 113g는 340mL짜리 아스파탐으로 가당한 청량음료에 비해 페닐알라닌이 12배나 많다. 페닐알라닌이 다른 아미노산 없이 대사될 때, 혈액과 뇌의 페닐알라닌 농도는 굉장히 높아진다. 두통, 현기증, 발작, 알레르기 반응, 그리고 그 밖의 부작용이 아스파탐의 소화 뒤에 따르는 것으로 보고되었다. 그러나 이 증상은 일관성이 없는 것으로 나타났다. FDA는 아스파탐의 ADI를 체중 1kg당 하루 50mg으로 정하였다. 이 감미료의 1포장 단위는 아스파탐 37mg이다. 아스파탐으로 가당한 340mL 청량음료는 약 225mg의 아스파탐을 함유한다. 1일 섭취허용량을 초과하려면, 70kg 성인이 하루에 거의 청량음료 16캔을 마시는 양이며 35kg의 어린이는 8캔 정도 먹는 양이다.

수크라로스(sucralose) — 수크라로스, 즉 트리클로로갈락토수크로스(trichlorogalactosucrose)는 1976년 발견되었고, 당에서 만들어진 유일한 무열량 감미료이다. 이 감미료는 당분자를 변형(modify)한 것으로서 소화되지 못하고 소화관을 통과한다. 1998년 미국에서 사용승인을 받았으며 설탕보다 600배 정도 달다. Splenda라는 이름으로 팔리고 있으며, 음식에 직접 첨가할 수 있어서 식탁 위에서 사용될 수 있다. 열에 안정적이기 때문에 구운 제품에 사용할 수 있고, 음료, 껌, 냉동디저트, 푸딩, 잼과 젤리, 시럽, 그 밖에 많은 제품에 사용된다. 안전성을 검증하기 위해 광범위하게 테스트한 결과 어린이, 임신부, 수유부에게도 안전한 것으로 알려졌다.

아세설팜 K (acesulfame K) — Sunette 혹은 Sweet One의 상표로 시장에서 유통되고 있는 아세설팜 포타슘(acesulfame potassium) 혹은 아세설팜 K는 설탕의 200배만큼 달며 무열량이다. 1988년 사용승인을 받았으며 껌, 분말 형태의 드링크믹스, 젤라틴, 푸딩, 청량음료, 비유제품크리머에 사용된다. 열에 안정적이므로 구운 제품에 사용될 수 있다. 1일섭취 허용량은 체중 1kg당 하루 15mg으로 정해졌다. 1회 포장은 아세설팜 K 50mg 정도를 함유한다.

네오탐(neotame) — 네오탐은 설탕보다 7,000~13,000배 단 설탕의 대체물이다. 아스파탐처럼 아스파틱에시드와 페닐알라닌 결합으로 만들어졌으나 아미노산 사이의 결합이 아스파탐보다 더 강하여 깨지기 어려우므로 아스파탐보다 더 안정적이다. 이것은 페닐알라닌으로 깨질 수 없기 때문에 PKU인 사람에게도 문제되지 않으며 열을 받아도 깨지지 않기 때문에 가열하지 않는 식품과 음료뿐 아니라 조리하고 굽는 요리에 모두 사용할 수 있다. FDA는 네오탐을 감미료로 사용하는 것을 2002년 7월에 사용을 승인하였다.

당알코올(sugar alcohol) — 폴리올(polyol)이라고도 불리는 **당알코올**, 솔비톨, 만니톨, 락시톨, 자이리톨 등은 저열량 감미료로 사용되는 당유도체이다. 이것은 단당류나 이당류만큼 소화, 흡수, 대사가 되지 않으므로 설탕보다 적은 열량을 제공한다. 만

당알코올(sugar alcohol)…당과 유사한 구조이나 체내 흡수가 되지 않는 난소화성 물질로 단당류나 이당류보다 열량이 적다.

[그림 3-29]…제품의 라벨에 당알코올 함량을 쓸 수 있다. 한 가지 종류의 당알코올이 함유되어 있다면 그 당알코올의 이름과 함량을 쓴다. 한 가지 이상의 당알코올을 함유한 제품에는 여기에 예시된 무설탕 캔디의 라벨처럼 '당알코올' 이라는 용어를 쓸 수 있다.

영양 정보

1회 분량 3개 (36g)
2.5인분

1회 분량	
열량 110 지방에 의한 열량 40	
	1일 권장량의 %
총 지방 4.5g	**7%**
포화지방 2.5g	**13%**
트랜스지방 0g	
나트륨 0mg	**0%**
총 전분 28mg	**9%**
식이섬유 1mg	**4%**
당류 0mg	
당알코올 27g	
단백질 1g	
철분	**2%**

Not a significant source of cholesterol, vitamin A, vitamin C, and calcium.

1일 권장량은 2,000kcal를 기준으로 책정된다.

INGREDIENTS: MALTITOL; LACTITOL; (MILK); CHOCOLATE; ISOMALT; COCOA BUTTER; CONTAINS 2% OR LESS OF; SORBITOL; MILK FAT; POLYDEXTROSE; EGG WHITES; CREAM (MILK)*; SOY LECITHIN; PEPPERMINT OIL; SODIUM CASEINATE (MILK); VANILLIN; ARTIFICIAL FLAVOR; SUCRALOSE; AND PGPR (EMULSIFIER), Ⓤ D
ADDS A NEGLIGIBLE AMOUNT OF SUGAR

니톨은 3kcal/g, 락시톨은 2kcal/g, 에리스리톨은 단지 0.2kcal/g을 제공한다.

당알코올은 단당류나 이당류가 아니라서 '무설탕' 혹은 '설탕 무첨가'라는 라벨을 쓴 제품에 넣을 수 있다. 제품에 이러한 설명을 쓰려면, 1회 분량의 당알코올 g수가 영양 표시표에서 탄수화물 아래에 적혀 있어야 한다[그림 3-29]. 당알코올로 단맛을 낸 제품들, 껌, 사탕, 아이스크림, 베이커리 제품에는 치아의 충치를 유발하지 않는다는 선전 문구를 쓸 수 있다. 이러한 제품은 충치를 덜 유발시키는데, 이는 입 안의 박테리아가 설탕만큼 빨리 당알코올을 대사시키지 못하기 때문이다. 당알코올을 많이 먹는 것(솔비톨 50g 이상 혹은 만니톨 20g 이상)은 설사를 유발할 수 있다.

사례연구후기

S씨는 저탄수화물 다이어트로 체중을 줄였으나 이 다이어트를 오랫동안 할 수 없었다. 이 다이어트 방법은 고탄수화물 식품이 혈당과 인슐린을 가파르게 상승시키고, 이것이 체지방의 저장을 촉진한다는 가정에 기초하고 있었다. 이 다이어트의 한계는 식사에서 곡류, 과일, 채소를 제외하는 것이다. S씨는 디저트로 먹는 케이크와 쿠키뿐 아니라 간식으로 과일을 먹는 것, 점심 때 샌드위치를 먹는 것, 저녁으로 파스타와 쌀을 먹는 것을 그리워했다. 그녀는 항상 몽롱했고 단것을 갈망했다. 그녀가 저탄수화물 다이어트를 그만두었을 때, 그녀는 예전 먹는 방식으로 되돌아갔고, 결국 몸무게도 예전으로 슬금슬금 되돌아가고 말았다. 식품 구성탑은 모든 탄수화물이 동일하지 않다는 것을 알게 하였다. 첨가당류와 정제된 전분은 혈당을 현저하게 올리며 이것은 지방의 축적을 촉진할 수 있다. 그러나 통곡, 과일, 채소의 정제되지 않은 탄수화물은 이러한 효과를 가지지 않는다. 이러한 탄수화물에 함유되어 있는 섬유소는 포도당이 흡수되는 속도를 제한하여 혈당과 인슐린의 상승을 더디게 한다. S씨의 새로운 다이어트는 맛있고 다양하며, 1회 분량을 눈으로 보고 확인하여 정제된 탄수화물의 섭취를 최소화하였으며, 결국 그녀는 지난 2달간 1.8kg의 몸무게를 줄일 수 있었다.

연습문제

1 정제되지 않은 복합 탄수화물의 급원식품은 무엇인가? 정제되지 않은 단순 탄수화물은?

2 탄수화물의 기본 단위는 무엇인가?

3 평이한 단순 탄수화물 3개를 열거하라. 우리의 식사나 우리의 신체 어디에서 발견되는가?

4 복합 탄수화물 세 가지 형태의 종류를 설명하라.

5 첨가당류는 왜 빈열량식품의 급원으로 간주되는가?

6 탄수화물은 g당 열량을 얼마나 제공하는가?

7 섬유소가 소화관의 건강에 어떤 영향을 미치는지 설명하라.

8 해당 과정 중 일어나는 상황을 설명하라.

9 세포호흡의 최종 산물은 무엇인가? 각 단계의 산물은?

10 왜 탄수화물이 단백질을 절약하는지 설명하라.

11 체내에서 포도당의 주요한 기능은 무엇인가?

12 당뇨병은 무엇이며 장기간의 합병증은 무엇이 있나?

13 왜 케토시스가 1형 당뇨병에서만 문제가 되는가?

14 정제되지 않은 탄수화물 식사가 건강에 유익한 점은 무엇인가?

15 첨가당류가 높은 식품을 알기 위해 식품의 라벨에 있는 정보를 어떻게 이용할 수 있나?

16 대체감미료의 위험과 이점은 무엇인가?

사례연구

K군(남, 20세)의 할아버지는 40년 전 심장마비로 50세에 돌아가셨다. 현재 20세 대학생인 K군은 최근 건강검진에서 약 11kg 정도의 과체중에 체지방 비율이 권장치보다 높다는 것을 알게 되었다. 혈중 콜레스테롤도 209mg/dl로 약간 높은 편이었다. 어떻게 20세밖에 안 된 K군이 심장질환의 위험을 갖게 된 것일까?

K군은 심장질환을 예방하기 위해 식습관이나 생활습관을 어떻게 바꾸어야 할지 고민하기 시작했다. K군은 최근 육류를 많이 먹고, 과일이나 채소는 하루에 1~2회 분량 정도밖에 먹지 않는다. 평소 우유를 즐겨 마시며 매일 밤 아이스크림을 먹는다. 그리고 일주일에 2시간 정도 운동을 하고 있다. K군이 친구들과 가족들에게 자신의 고민을 말하자 모두들 한마디씩 충고를 아끼지 않는다. 채식주의자인 K군의 여자친구는 육류를 먹지 말라고 하고, 실험실 동료는 지방을 절대 먹지 말라고 충고한다. 여동생은 지중해식에 대해 이야기하면서, 매일 밤 올리브유를 듬뿍 넣은 파스타를 먹으라고 권한다. K군의 룸메이트는 생선을 더 많이 먹으라고 말하며, 어머니는 트랜스지방이 들어 있는 마가린을 먹지 말라고 충고한다. K군은 누구의 충고를 따라야 할까?

제4장 지질

1. 현대 식사에서의 지방
2. 지질의 종류
3. 소화관 내에서의 지질
4. 인체에서의 지질 운반
5. 인체에서의 지질의 역할
6. 지질과 건강
7. 지방 섭취권장량

학습목표

1 지방의 좋은 점과 나쁜 점을 말할 수 있다.
2 지질을 정의하고 중성지방, 인지질, 콜레스테롤의 구조와 기능에 대해 설명할 수 있다.
3 포화지방산, 단일불포화지방산, 다가불포화지방산, 오메가 6 지방산, 오메가 3 지방산, 트랜스지방산의 구조를 비교 설명할 수 있다.
4 포화지방산, 단일불포화지방산, 다가불포화지방산, 오메가 6 지방산, 오메가 3 지방산, 트랜스지방산의 급원식품을 말할 수 있다.
5 지방의 소화와 흡수, 운반 과정, 세포로의 이동 경로를 말할 수 있다.
6 카일로미크론, VLDL, LDL, HDL의 기능을 비교할 수 있다.
7 인체에서의 지질의 네 가지 기능을 말할 수 있다.
8 지방산이 ATP를 생성하는 에너지원으로 쓰이는 경로를 말할 수 있다.
9 심장질환의 위험도를 높이는 식이지방과 위험도를 낮추는 식이지방을 구분할 수 있다.
10 지방의 종류와 섭취량 권장사항을 만족시키는 식습관을 설명할 수 있다.

1. 현대 식사에서의 지방

지질(lipid)…보통, 물에 녹지 않는 유기 화합물로 지방산, 중성지방, 인지질, 스테롤 등이 있다.

지방 또는 **지질**은 음식에 질감이나 맛, 향을 부여한다. 또한 지방은 열량을 제공해 주며, 어떤 지방을 얼마만큼 섭취하는가에 따라 건강에 영향을 미친다. 지질은 1g당 9kcal의 열량을 공급한다. 이것은 탄수화물이나 단백질 1g이 내는 열량의 2배 이상으로, 음식에 지방을 첨가하면 열량이 급격히 증가하게 된다. 따라서 고지방식이는 과도한 열량을 섭취하게 만들어 체중의 유지를 어렵게 만들기도 한다.

우리가 먹는 음식 중에는 고기의 비계 덩어리처럼 눈에 뚜렷하게 보이는 지방도 있다. 하지만 과자나 빵 등에 들어 있는 지방은 눈에 보이지 않는다. 우유나 아보카도, 견과류에 들어 있는 지방도 눈에 보이지 않으며, 감자튀김에 남아 있는 기름 역시 눈에 보이지 않는다[**그림 4-1**].

1. 변화하고 있는 현대인의 지방 섭취

한국인의 지질 섭취량은 해마다 증가하는 추세이다. 총 에너지 섭취량 중 지질로부터 섭취한 비율을 살펴보면, 1970년에는 8.9%인데 비해 2001년에는 19.5%로 약 2배 이상 증가하였다. 특히 동물성 지방의 섭취가 증가하고 있다. 한국인의 평균 지질섭취 수준은 아직까지는 미국(총 에너지 섭취의 33%)에 비해 낮지만, 이와 같은 추세로 지질 섭취가 계속 증가한다면 곧 미국과 비슷한 수준에 이를 것이다.

미국은 최근 몇 십 년 사이 지방의 급원과 섭취량이 변화했다. 1970년대 초 미국인들은 지방이 비만을 유발하며 심장질환과 암의 위험을 높인다는 사실을 알게 되었고, 이후부터 쇠고기 대신 닭고기를 먹고, 저지방 우유부터 저지방 치즈, 저지방 쿠키 등 수없이 많은 종류의 저지방 제품들을 섭취하기 시작했다. 결과적으로 40%에 달했던 미국인들의 지방 섭취 수준은 33%로 감소하였다. 그러나 심장질환과 암 발병률은 크게 변하지 않았고, 비만 인구는 오히려 두 배로 늘어났다.

미국인들의 건강이 증진되지 않은 이유는 이러한 식습관의 변화가 실질적으로는

[**그림 4-1**]…튀김 과정 중 감자는 기름을 흡수한다. 이 지방은 눈에 보이지도 않으며 떼어낼 수도 없다. 중간 크기의 감자튀김은 17g 정도의 지방을 함유하고 있다.

지방의 섭취량을 변화시키지 않았기 때문이다. 사람들은 예전에 먹었던 고지방 음식보다 저지방 식품들을 더 많은 양 섭취했고, 에너지와 지방 함량이 높은 패스트푸드의 섭취량도 늘어났다. 결국 총 에너지 섭취량에 대한 지방의 섭취 비율은 감소했지만, 이 기간 동안 미국인들이 실질적으로 섭취한 총 지방량은 거의 변하지 않은 것이다.

2. 지방의 섭취가 건강에 미치는 영향

심장질환이나 암 같은 만성질환에는 어떤 지방을 먹느냐가 총 지방 섭취량보다 더 큰 영향을 미친다. 포화지방산과 콜레스테롤 함량이 높은 육류나 유제품으로부터 지방을 많이 섭취하는 사람들은 보통 심장질환이나 암 발병률이 높다. 쇼트닝이나 마가린 같은 가공 지방을 많이 먹는 식습관도 위험도를 높인다. 반면 불포화지방산이 풍부한 생선, 견과류, 올리브유로부터 대부분의 지방을 섭취하는 사람들은 심장질환이나 암 발병률이 낮다. 건강한 식사가 반드시 지방 섭취량을 줄이는 것을 의미하지는 않는다. 오히려 통곡, 과일, 채소 등을 선택해 좋은 지방을 섭취하는 것이 건강한 식습관이다.

2. 지질의 종류

음식과 인체에서 가장 중요한 지질은 **중성지방**이다. 중성지방은 3개의 **지방산**을 함유하고 있다. 이 지방산들이 중성지방의 물리적 특성을 결정하며, 이에 따라 건강에 미치는 영향도 달라진다. 그 밖에 중요한 지질로 **인지질**과 **스테롤**이 있다. 이들 지질의 구조는 인체의 기능에 영향을 미치며, 식품의 특성을 결정한다.

중성지방(triglyceride)…음식과 인체에 존재하는 주된 지질 형태. 글리세롤 한 분자에 지방산 3개가 결합한 형태이다. 지방산이 1개가 결합한 것은 모노글리세리드라 하며 2개가 결합한 것은 디글리세리드라 한다.
지방산(fatty acid)…탄소 사슬에 수소원자가 결합되어 있고 말단에 카르복실기를 갖고 있는 유기화합물
인지질(phospholipid)…인을 함유하고 있는 지질의 종류. 가장 흔한 형태가 글리세롤 뼈대에 지방산이 2개 결합되어 있고, 인산기가 1개 결합한 형태의 포스포글리세리드이다.
스테롤(sterol)…여러 개의 화학 고리 구조로 이루어진 지질의 한 종류

1. 중성지방과 지방산

트리아실글리세롤이라고도 부르는 중성지방은 글리세롤 뼈대에 3개의 지방산이 결합된 형태이다[그림 4-2]. 글리세롤에 지방산이 1개만 붙어 있는 것은 모노글리세리드 또는 모노아실글리세롤이라고 하며, 2개의 지방산이 결합한 것은 디글리세롤 또는 디아실글리세롤이라고 부른다.

[그림 4-2]…글리세롤 한 분자에 지방산 3개가 결합해 중성지방이 형성된다. 각각의 결합에서 글리세롤의 수소원자 1개(H)와 카르복실기의 수산기(OH)가 결합해 물 1분자가 생성된다.

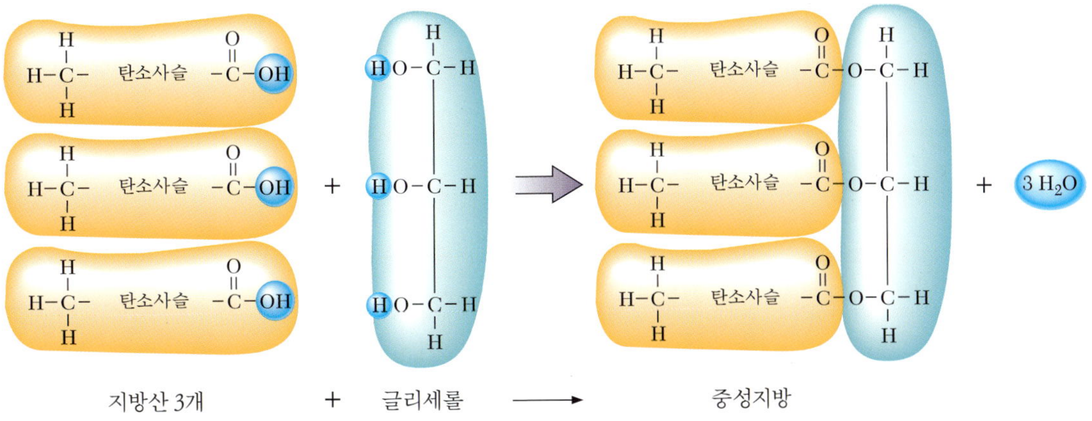

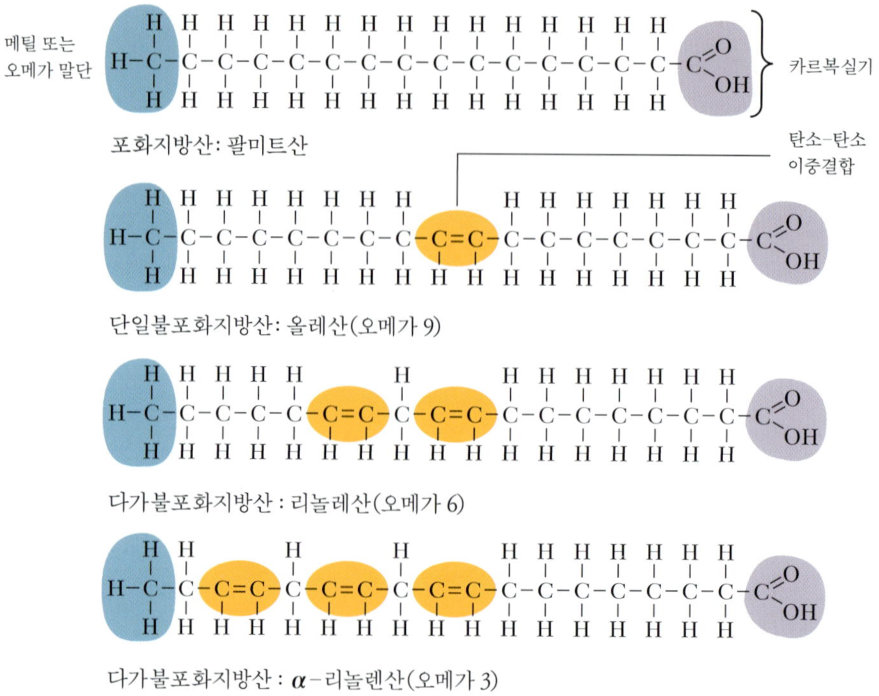

[그림 4-3]···포화지방산, 단일불포화지방산, 다가불포화지방산의 구조

메틸 또는 오메가 말단 / 카르복실기

포화지방산: 팔미트산

탄소-탄소 이중결합

단일불포화지방산: 올레산(오메가 9)

다가불포화지방산 : 리놀레산(오메가 6)

다가불포화지방산 : α-리놀렌산(오메가 3)

지방산은 말단에 카르복실기(COOH)를 가진 탄소 사슬 형태의 구조를 가지고 있다. 탄소 사슬의 다른 쪽 말단은 오메가 또는 메틸기라고 부르며, 탄소가 3개의 수소와 결합한 형태로 되어 있다(CH_3). 각각의 탄소는 이웃하고 있는 2개의 탄소와 결합하고 있으며, 최대 2개의 수소와 결합하고 있다[그림 4-3]. 지방산의 물리적 특성은 탄소 사슬의 길이와 탄소들 간의 결합 형태나 위치에 따라 달라진다.

1-1. 지방산 사슬의 길이 — 탄소 사슬의 길이는 2개부터 20개 이상까지 다양하다. 식물이나 동물에 존재하는 대부분의 지방산은 14~22개의 탄소로 이루어져 있다. 짧은 사슬 지방산은 탄소가 4~7개로 이루어져 있으며, 낮은 온도에서 액체 상태로 존재한다. 예를 들어, 우유에 들어 있는 짧은 사슬 지방산은 냉장고 안에서도 액체 상태를 유지한다. 코코넛유에 들어 있는 것과 같은 중간 사슬 지방산은 탄소가 8~12개로 이루어진 지방산이다. 중간 사슬 지방산은 냉장고에서는 고체화되지만 상온에서는 액체 형태를 유지한다. 쇠기름 같은 긴 사슬 지방산(탄소가 12개 이상)은 상온에서 보통 고체 형태이다.

1-2. 포화지방산 — 사슬 안에 있는 모든 탄소가 각각 2개의 수소와 결합한 지방산은 수소로 포화되어 있으므로 **포화지방산**이라고 부른다. 가장 흔한 포화지방산은 탄소 16개의 팔미트산과 탄소 18개의 스테아르산이다. 보통 육류나 유제품 등 동물성 식품에 들어 있다. 포화지방산이 들어 있는 식물성 식품으로는 팜유, 코코넛유 등이 있는데 주로 열대 식물들에서 얻어져 **열대유**라고도 부른다. 일반 가정에서는 열대유를 거의 사용하지 않지만, 열대유는 불포화지방보다 산패에 강하며 저장 기간도 길기 때문에 가공식품 등에는 흔히 사용된다. 그러나 포화지방산이 건강에 미치는 악영향에 대한 관심이 증가하면서 오늘날에는 열대유를 사용하지 않는 식품업체들이 늘고 있다.

포화지방산(saturated fatty acid)···탄소원자가 가능한 모든 수소원자가 결합되어 있는 지방산으로써 탄소와 탄소 사이에 이중결합이 존재하지 않는다.

열대유(tropical oil)···열대지방에서 자라는 식물에서 얻는 포화지방류(코코넛유, 팜유 등)를 일컫는 말

[표 4-1]…오메가 3 지방산과 오메가 6 지방산의 급원

식품	섭취량 (1단위)	오메가 3 지방산 (g)	오메가 6 지방산 (g)
황새치, 연어, 송어	익힌 것 1토막(70g)	1.2	0.4
대구, 혀가자미	익힌 것 1토막(70g)	0.1	3.5
새우	익힌 것 50g	0.16	0.05
홍합, 대합	익힌 것 50g	0.4	0.09
참치캔	70g	0.19	0.03
아마유	1큰술	2.0	0
유채기름	1큰술	1.27	2.77
호두	1/4컵	2.72	11.4
땅콩	1/4컵	0.09	4.01
아몬드	1/4컵	0.13	4.3
해바라기씨유	1/4컵	0.02	10.5
시금치	1/2컵	0.08	0.01

1-3. 불포화지방산 — 탄소 사슬 안에서 1개의 수소와 결합을 이룬 탄소들은 서로 이중결합을 형성한다[그림 4-3]. 탄소 사슬 안에 이중결합이 1개 있는 지방산을 **단일불포화지방산**이라고 한다. 식품에 가장 많은 단일불포화지방산은 올레산으로 올리브유와 유채유에 많이 들어 있다. 이중결합이 2개 이상인 지방산은 **다가불포화지방산**이라고 부른다. 가장 흔한 다가불포화지방산으로는 옥수수유, 콩기름, 잇꽃유에 많은 리놀레산이 있다. 불포화지방산은 사슬의 길이가 같은 포화지방산에 비해 녹는점이 낮다. 따라서 불포화 결합이 많을수록 상온에서 액체로 존재한다.

단일불포화지방산(monounsaturated fatty acid)…탄소-탄소의 이중결합이 1개 있는 지방산

다가불포화지방산(polyunsaturated fatty acid)…탄소-탄소의 이중결합이 2개 이상 있는 지방산

1-4. 오메가 3 지방산과 오메가 6 지방산 — 첫 번째 이중결합의 위치에 따라 다양한 불포화지방산이 있다. 사슬의 오메가기(CH_3)로부터 세었을 때[그림 4-3] 세 번째와 네 번째 탄소 사이에 첫 번째 이중결합이 있으면 **오메가 3 지방산**이라고 부른다. 식물성 기름에 들어 있는 α-리놀렌산이나 생선유에 들어 있는 EPA와 DHA가 오메가 3 지방산이다. 첫 번째 이중결합이 6번째와 7번째 탄소 사이에 등장하면 **오메가 6 지방산**이라고 하며, 옥수수유와 잇꽃유에 들어 있는 리놀레산이나 육류나 생선에 있는 아라키돈산이 대표적이다. 오메가 3나 오메가 6 지방산 모두 인체의 조절물질들을 합성하는 데에 쓰이며, 이러한 물질들의 효능은 원재료로 사용된 지방산의 구조에 따라 달라진다. 따라서 오메가 3 지방산과 오메가 6 지방산의 비율은 혈압, 혈액 응고, 면역 기능 등 인체 과정을 조절하는 데 있어 중요하다[표 4-1].

오메가 3 지방산(omega-3(ω-3) fatty acid)…오메가 말단으로부터 3번째, 4번째 탄소에 탄소-탄소의 이중결합이 있는 지방산

오메가 6 지방산(omega-6(ω-6) fatty acid)…오메가 말단으로부터 6번째, 7번째 탄소에 탄소-탄소의 이중결합이 있는 지방산

1-5. 시스와 트랜스 이중결합 — 이중결합 주위에 있는 수소의 위치도 불포화지방산의 특성에 영향을 미친다. 자연계에 존재하는 대부분의 불포화지방산은 2개의 수소가

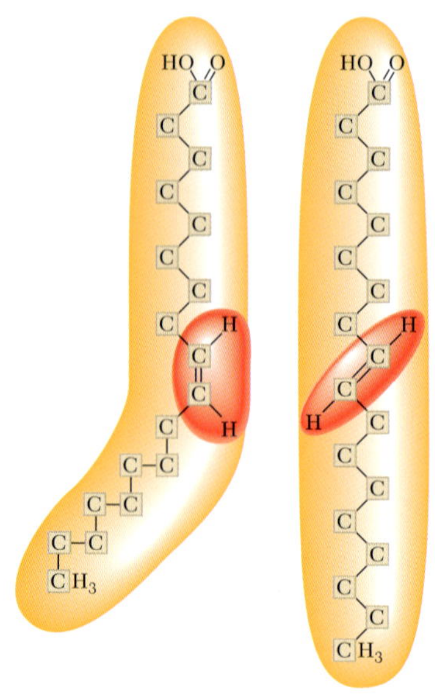

[그림 4-4]···이중결합 주위의 수소들의 위치에 따라 시스지방산과 트랜스지방산이 결정된다. 시스지방산에서는 수소가 이중결합의 같은 방향에 위치해 있기 때문에 탄소 사슬이 휘어지게 된다. 트랜스지방산에서는 수소가 이중 결합의 반대쪽에 각각 위치하고 있어 포화지방산의 곧은 사슬 구조와 같이 일직선의 형태를 갖게 된다.

이중결합을 기준으로 같은 방향에 위치하며 이것을 시스 형태라고 한다. 수소가 이중결합을 기준으로 각각 반대 방향에 위치해 있으면 트랜스 형태라고 부르며, 이 지방산을 **트랜스지방산**이라고 한다[그림 4-4]. 트랜스지방산은 시스 형태보다 녹는점이 높다.

트랜스지방산(trans fatty acid)···수소가 이중결합의 각각 반대쪽에 위치한 불포화지방산

수소화(hydrogenation)···수소를 첨가해 불포화지방산의 탄소와 탄소의 이중결합을 포화시키는 과정

트랜스지방산은 자연계에서는 거의 발견되지 않으며, 우리가 섭취하는 대부분의 트랜스지방은 **수소화**를 거친 제품에 들어 있다. 수소화는 수소 가스를 액체 기름에 불어 넣는 과정으로, 이렇게 하면 일부의 이중결합이 수소원자를 받아들여 포화된다. 이렇게 해서 만들어진 지방은 안정성이 증가해 산패가 잘 일어나지 않으며, 녹는점이 상승해 포화지방산의 특성을 띠게 된다. 하지만 이 과정 중 포화되지 않고 남은 이중결합의 일부가 변형을 일으켜서, 시스 형태가 트랜스 형태로 변한다. 수소화한 식물성기름은 마가린이나 식물성 쇼트닝을 만드는 재료로 쓰이는데, 수소화를 거치고 나면 제품의 녹는점이 상승해 상온에서도 고체 상태를 유지할 수 있기 때문이다. 따라서 쿠키, 시리얼, 감자칩 등 다양한 가공식품의 저장 기간을 늘리기 위해 사용되기도 한다. 트랜스지방을 섭취하면 혈중 콜레스테롤을 증가시켜 심장질환의 위험도를 높인다.

1-6. 지방산과 중성지방의 성질 — 중성지방의 지방산 형태는 질감과 맛, 물리적 성질 등을 결정한다. 예를 들어 초콜릿이 입 안에서 부드럽게 녹는 것은 초콜릿에 들어 있는 지방산의 종류 때문이다. 적색육에 있는 중성지방은 주로 긴 사슬의 포화지방산으로, 상온에서 고체 형태를 유지한다. 올리브유의 중성지방은 주로 단일불포화지방산인데 반해 콩기름의 중성지방은 대부분 다가불포화지방산이다. 이런 지방들은 상온에서 액체 형태이다. 옥수수기름으로 만드는 마가린에 함유된 중성지방은 수소화를 거쳤기 때문에 트랜스지방산 함량이 높아진다[그림 4-5]. 중성지방에 들어 있는 지방산의 종류는 우리의 건강에 영향을 미친다. 어떤 지방산은 심장질환과 암의 위험도를 높이는 반면 어떤 것들은 이런 질병들을 예방하는 효과가 있다.

'당신은 당신이 먹은 그대로다(you are what you eat)'라는 말은 문자 그대로는 옳지 않다. 그러나 지방산의 경우에는 어느 정도 맞는 말이다. 체지방의 지방산 조성은 음식을 통해 섭취하는 중성지방의 지방산 조성에 의해 영향을 받는다. 체지방을 분석하면 그 사람 식단의 지방산 조성을 알아낼 수 있다.

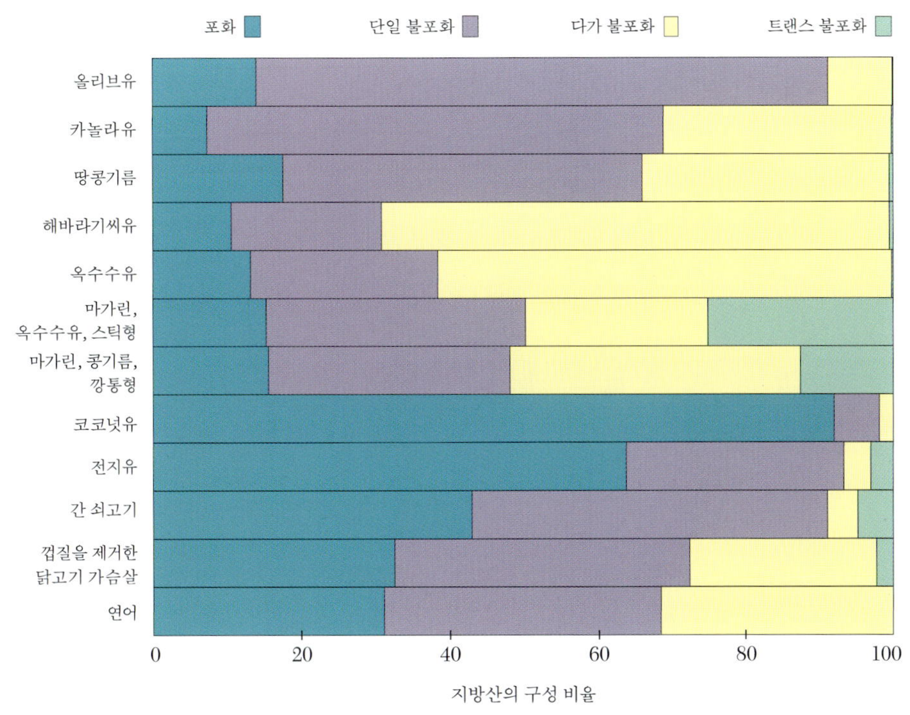

[그림 4-5]…식품에 따른 포화지방산, 단일불포화지방산, 다가불포화지방산, 트랜스지방산의 함량은 다양하다. 이 그래프는 식품의 총 지방함량에 대한 각각의 지방산의 비율을 나타내고 있다.

2. 인지질

인지질은 인산기가 연결되어 있는 지질의 한 종류이다. 중성지방과 비슷하게 글리세롤 뼈대를 가지고 있는 포스포글리세리드(phosphoglyceride)가 주요 인지질이다. 포스포글리세리드는 글리세롤 뼈대에 2개의 지방산이 결합되어 있으며, 세 번째 지방산 자리에 인산기가 결합되어 있다[그림 4-6]. 포스포글리세리드의 지방산 말기는 지용성이며 인산기는 수용성이다. 따라서 포스포글리세리드는 물과 지방 모두와 섞이며, 이러한 성질은 식품과 인체에서의 여러 중요한 기능과 관련이 있다.

포스포글리세리드는 물과 지방 모두와 섞이는 성질을 갖고 있기 때문에 음식에서 **유화제**로 사용된다. 인체에서는 세포막을 구성하는 주요 성분이다. 포스포글리세리드는 세포막에서 **이중지질층**을 형성하고 있는데, 수용성인 인산기 부분은 안쪽과 바깥쪽의 수용성 환경에 접하고 있고, 물에 녹지 않는 지방산은 그 사이의 안쪽으로 배열된다[그림 4-7]. 이런 형태로 세포 안팎을 드나드는 물질들을 조절하는 경계막을 형성하고 있다.

포스포글리세리드의 기능은 인산기와 결합하고 있는 분자들에 의해 결정된다. 콜린 한 분자가 결합한 인지질은 **레시틴**이라고 부른다. 레시틴은 인체 세포막의 주요 구성성분이다. 레시틴의 급원식품으로는 계란과 대두가 있다. 레시틴은 식품산업에서 마가린, 샐러드 드레싱, 초콜릿, 냉과류, 제과류 등의 첨가제로 쓰이기도 하는데, 기름이 다른 재료들로부터 분리되는 것을 막아 주는 역할을 한다.

기억력을 향상시키고 세포의 기능을 건강하게 유지하고자 하는 소비자들을 겨냥한 레시틴 보충제가 판매되고 있다. 레시틴은 이러한 기능에 필수적이기는 하지만, 인체 내에서 충분히 합성되기 때문에 보충제를 복용한다고 해서 이런 기능이 향상되지는 않는다. 레시틴 보충제를 과량 복용하면 소화기관 기능장애, 발한, 식욕부진 등을 유발하는 것으로 알려져 있다.

유화제(emulsifier)…커다른 지방구를 작게 잘라내어 물과 지방이 섞일 수 있도록 도와주는 물질

이중지질층(lipid bilayer)…지용성인 지방산이 수용성인 인산기 부분 사이에 위치해 있는 포스포글리세리드의 이중층

레시틴(lecithin)…글리세롤 뼈대에 2개의 지방산과 인산기, 콜린이 결합되어 있는 인지질

3. 스테롤

다른 지질과 마찬가지로 스테롤은 물에 잘 녹지 않는다. 스테롤은 중성지방이나 인지질과는 다르게 여러 개의 고리구조로 되어 있다. 스테롤은 식물과 동물 모두에서 발견

[그림 4-6]…레시틴의 구조. 포스포글리세리드는 레시틴과 같이 인산기를 포함한 수용성 부분과 지방산으로 된 지용성 부분으로 이루어져 있다.

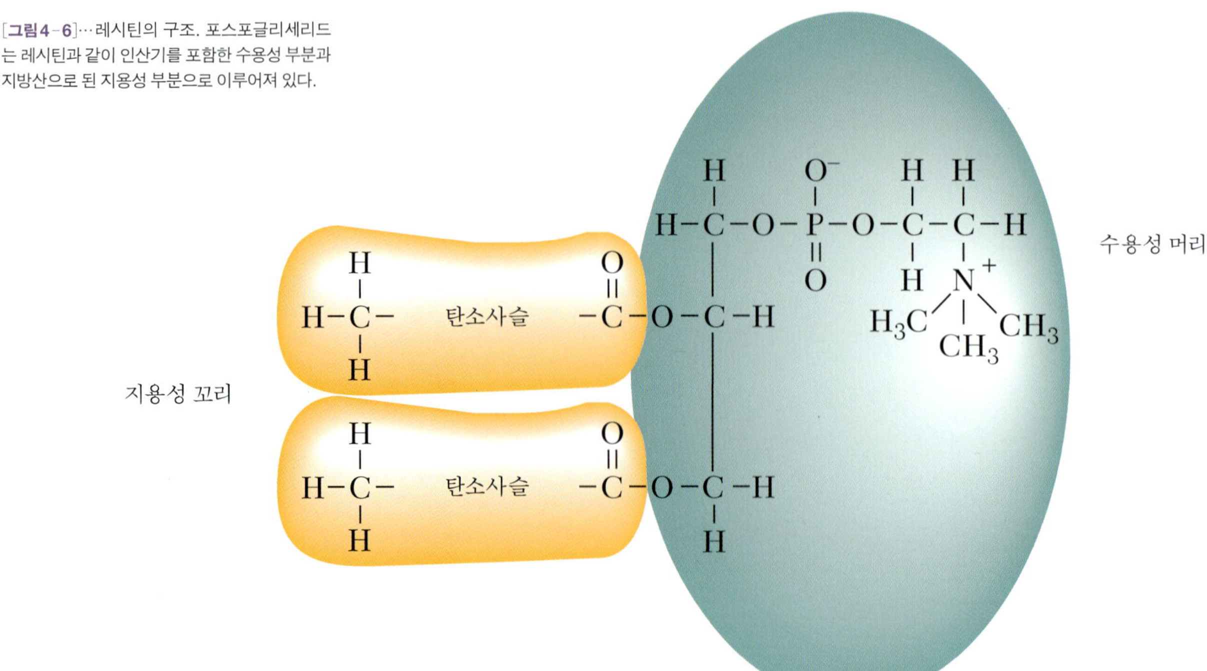

[그림 4-7]…세포막에서 포스포글리세리드는 수용성인 인산기 부분은 안쪽과 바깥쪽의 수용성 환경에 접하고 있고 지방산 부분은 막의 안쪽으로 향해 있는 이중지질층을 형성하고 있다. 단백질 역시 세포막의 중요한 구성성분이며, 동물세포막은 그림에서 볼 수 있듯이 콜레스테롤을 포함하고 있다.

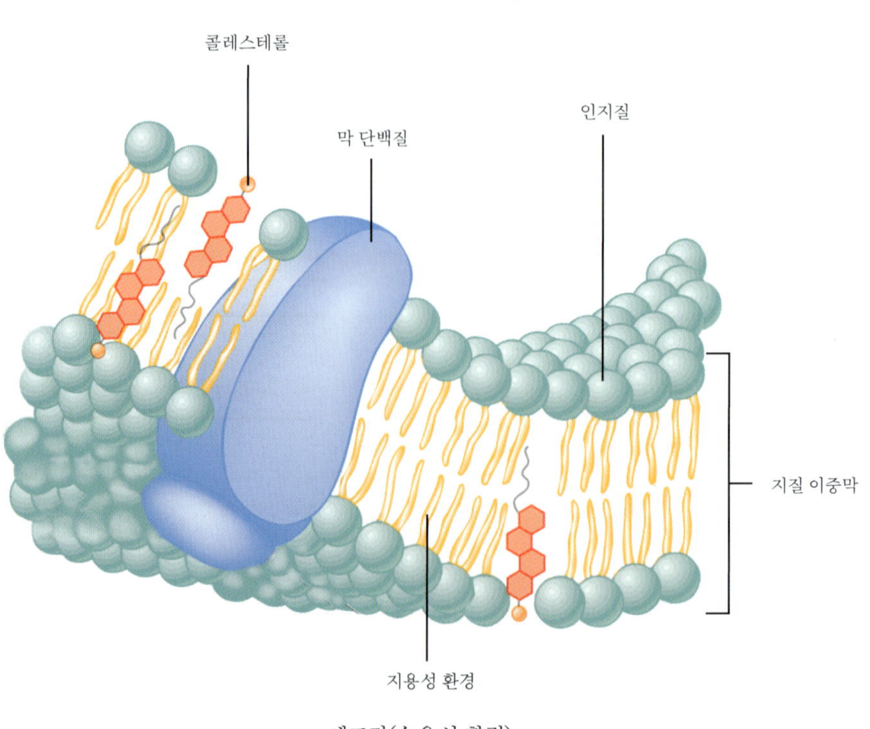

☀ 현명한 식품 선택 : '콜레스테롤을 낮추는 식품'

1. 대두 ······ 동물 단백질 대신 대두 단백질을 섭취하면 LDL 콜레스테롤을 감소시키고 HDL 콜레스테롤을 상승시키거나 아무런 영향을 주지 않기도 한다. 이런 효과는 대두에 들어 있는 식물 에스트로겐이라는 성분과 관련이 있는 것으로 알려져 있다. 대두의 식물 에스트로겐은 식품을 통해 섭취했을 때에는 콜레스테롤을 감소시켜 주지만, 보충제를 통해 섭취했을 때에는 효과가 없다.

2. 식물 스테롤과 스타놀 ······ 식물 스테롤과 스타놀은 식물세포막에 있는 물질로 콜레스테롤과 구조가 비슷해서 소화관 내에서 콜레스테롤과 쉽게 구별되지 않는다. 따라서 소장에서의 콜레스테롤 흡수를 감소시켜 혈중 콜레스테롤을 낮춰 준다. 식물 스테롤과 스타놀은 과일이나 야채, 견과류, 곡류, 종실류, 두류, 식물성 기름과 식물성 식품에 함유되어 있다.

3. 견과류 ······ 역학조사에 의하면 견과류가 풍부한 식단은 심혈관계 질환의 발병률을 낮추는 것으로 나타났다. 이런 효능은 견과류에 들어 있는 단일불포화지방산뿐 아니라 단백질과 섬유소, 풍부한 다가불포화지방산 덕분이다. 견과류에 들어 있는 항산화제와 오메가 3 지방산 역시 심장질환을 예방하는 효과가 있다.

4. 생선 ······ 생선, 특히 고등어, 청어, 정어리, 참치, 연어 같은 등푸른 생선들은 심장질환 위험을 감소시키는 효과가 있다. 이런 생선들에는 EPA나 DHA 같은 오메가 3 지방산이 풍부하게 들어 있다. 이런 생선들을 규칙적으로 섭취하면 심장을 전기적으로 안정화시키기 때문에 불규칙적인 심장박동이 일어나는 것을 줄여 주며, 동맥경화를 감소시키고 혈압을 낮추어 심장질환을 예방해 준다.

되는데, 가장 잘 알려진 스테롤인 **콜레스테롤**은 동물에서만 발견된다[그림 4-8]. 콜레스테롤은 인체에 필요하나 간에서 생성되기 때문에 식품을 통해 섭취할 필요는 없다. 인체에 존재하는 콜레스테롤의 90% 이상이 세포막에 존재한다. 콜레스테롤은 피부에서의 비타민 D 합성, 담즙의 구성성분인 콜린산의 합성, 성장과 성 발달을 촉진시키는 테스토스테론과 에스트로겐 같은 호르몬의 합성이나 간에서 포도당 합성을 촉진시키는 코티솔을 합성하는 데 쓰인다.

콜레스테롤은 동물성 식품에만 들어 있다. 계란 노른자나 내장육은 콜레스테롤 함량이 높다. 계란 노른자 한 개에는 약 213mg의 콜레스테롤이 들어 있으며, 내장육 100g에는 약 350mg이 들어 있다. 기름기가 없는 적색육이나 껍질을 제거한 닭고기 100g에는 약 105mg이 들어 있는 반면, 같은 양의 생선에는 60mg이 들어 있다. 식물성 식품은 요리 과정이나 가공 과정 중 동물성 식품이 섞여 들어가지 않는 한 콜레스테롤을 함유하고 있지 않다. 콜레스테롤 섭취가 많은 식습관은 심장질환 위험도를 증가시키지만, 식물성 스테롤의 섭취는 콜레스테롤 수치를 감소시키는 데에 도움을 준다('현명한 식품 선택: 콜레스테롤을 낮추는 식품' 참고).

콜레스테롤(colesterol) ··· 여러 개의 고리구조로 이루어진 지질로 동물 세포에서만 합성이 된다.

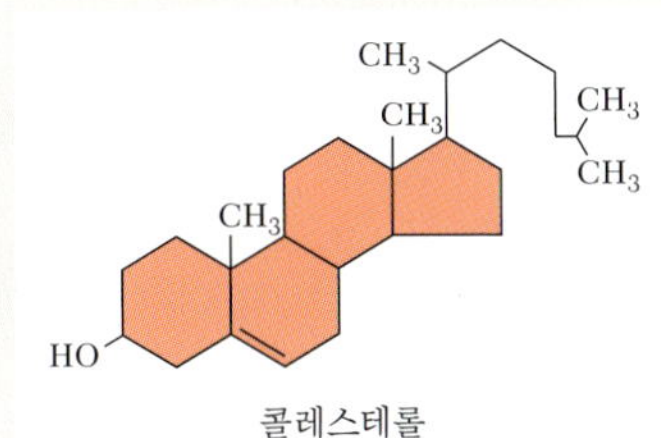

콜레스테롤

[그림 4-8] ··· 콜레스테롤의 구조. 색깔로 표시한 4개의 고리는 모든 스테롤의 공통적인 뼈대 구조이다.

3. 소화관 내에서의 지질

중간 사슬 지방산을 함유한 중간 사슬 중성지방(MCT)은 물에 녹는다. MCT는 소화가 빨리 되며, 담즙산의 도움이 없어도 소화와 흡수가 된다. 이 때문에 장질환으로 인해 지방을 소화시키는 데 어려움이 있는 사람들을 위해 MCT 기름이 판매되고 있다. MCT 기름은 흡수가 빠르기 때문에 운동선수들의 열량원으로도 사용된다.

미셀(micell)…지방 소화산물이 담즙산으로 둘러싸여 소장에서 만들어지는 입자. 지방 흡수를 돕는다.

지방은 리파아제라고 부르는 지방분해효소에 의해 대부분 소장에서 소화된다. 리파아제는 유지방처럼 짧은 사슬 지방산이나 중간 사슬 지방산을 함유한 중성지방을 가장 잘 분해하는데, 이 때문에 특히 소아에게 중요하다.

소장에서는 담낭에서 나온 담즙이 지방을 작은 지방구로 쪼갠다. 이 지방구에 들어 있는 중성지방은 췌장에서 분비된 리파아제에 의해 소화되며, 리파아제는 중성지방을 지방산과 모노글리세리드로 분해한다. 중성지방 분해물질들과 콜레스테롤 그리고 지용성 비타민을 포함한 지용성 물질들이 담즙과 섞여 **미셀**이라고 부르는 작은 방울을 형성하게 된다[그림 4-9]. 미셀은 중심부에 지용성 물질들이 모이고 바깥쪽에 담즙산이 둘러싸고 있는 형태이다. 담즙산은 지방이 융모막에 가까이 이동하도록 도와주어 지방이 소장의 점막세포로 흡수되도록 한다. 미셀에 있는 담즙산도 대부분 함께 흡수되며, 간으로 이동해 재활용된다. 식품에 들어 있는 지용성 비타민이나 다른 지용성 물질들이 흡수되기 위해서는 미셀에 편입되어야 하기 때문에 이런 물질들이 흡수되려면 식이지방이 있어야 한다. 긴 사슬 지방산과 콜레스테롤 그리고 다른 지용성 물질들은 점막세포 안으로 흡수된 후 혈액으로 이동되기 이전에 또 다른 과정을 거치게 된다.

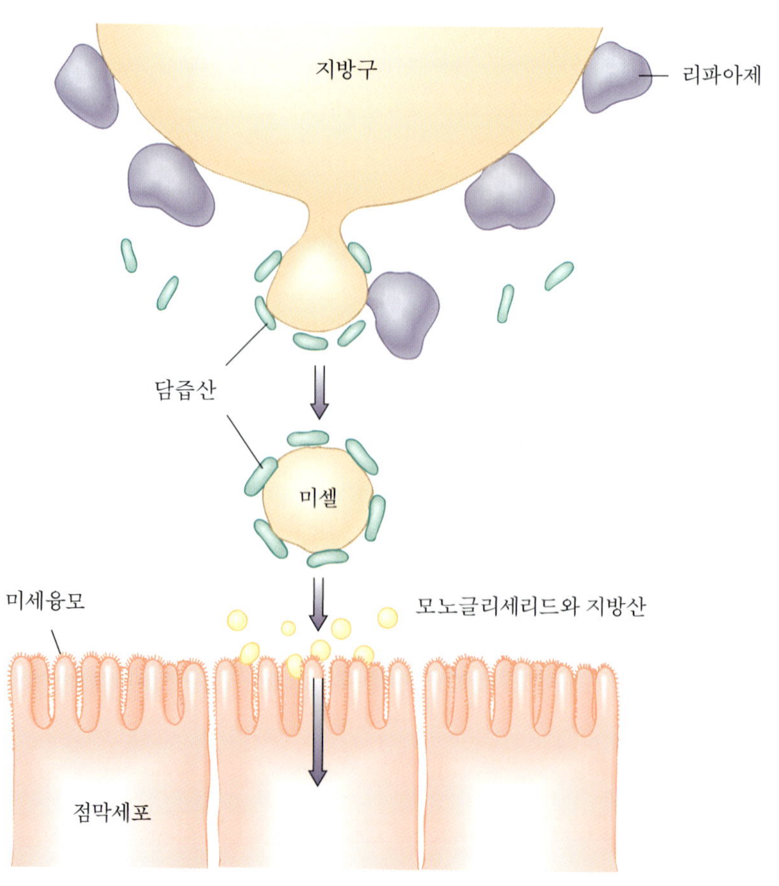

[그림 4-9]…리파아제는 중성지방을 소화시켜 지방산과 모노글리세리드로 분해한다. 담즙산이 중성지방 분해산물뿐 아니라 콜레스테롤, 지용성 물질들과 혼합하여 미셀이라고 부르는 작은 방울을 형성하는데, 이것은 지질이 소장의 점막세포로 흡수되는 것을 도와준다.

4. 인체에서의 지질 운반

물에 녹지 않는 지질이 혈액을 통해 인체 구석구석까지 운반되기 위해서는 특별한 수송체계가 필요하다. **지단백질**이라고 불리는 이 수송체계는 불용성인 지질이 인지질 그리고 단백질과 결합하여 형성된다. 지단백질은 지용성 물질들이 안쪽에 모여 있고 수용성 물질들이 바깥쪽을 둘러싸고 있다[그림 4-10]. 지단백질은 소장에서 흡수된 중성지방과 콜레스테롤, 지용성 비타민의 운반과 간에 저장되어 있는 지질이나 간에서 합성된 지질의 운반을 돕는 역할을 한다.

지단백질(lipoprotein)…중성지방과 콜레스테롤이 단백질, 인지질, 콜레스테롤로 된 막으로 둘러싸인 입자로서 혈관과 림프를 통해서 지질을 운반한다.

혈중 지질 농도를 측정하기 위해 혈액을 채취할 때는 전날 밤 금식을 해야 한다. 그렇지 않으면 평소의 혈중 중성지방이 아닌 마지막에 먹은 음식에서 흡수된 카일로미크론에 있는 중성지방이 측정되기 때문이다.

1. 소장에서의 운반

소장에서 지질의 운반 방법은 물에 녹는 정도에 따라 다르다. 물에 녹는 짧은 사슬 지방산과 중간 사슬 지방산은 소장에서 혈액으로 이동해 인체의 여러 세포에 전달된다. 그러나 긴 사슬 지방산이나 콜레스테롤처럼 물에 녹지 않는 불용성 지질들은 혈액에 직접 흡수될 수 없기 때문에 지단백질 형태로 운반되어야 한다. 우선 긴 사슬 지방산과 모노글리세리드가 소장 점막세포에 의해 중성지방 형태로 결합한다. 이렇게 합성된 중성지방은 다시 콜레스테롤, 인지질, 소량의 단백질과 결합하여 **카일로미크론**이라고 하는 지단백질을 형성한다. 카일로미크론은 림프관을 통해 이동한 후 간을 통과하지 않고 혈관계로 들어간다.

카일로미크론이 혈관계를 순환하게 되면 혈관의 내피세포에 있는 **지단백질 지방분해효소**가 중성지방을 지방산과 글리세롤로 분해하고 분해된 지방산과 글리세롤은

카일로미크론(chylomicron)…소장의 점막세포로부터 지질을 운반해 중성지방을 인체 세포로 운반해 주는 지단백질

지단백질 지방분해효소(lipoprotein lipase)…중성지방을 지방산과 글리세롤로 분해하는 효소로서 혈관 내피세포의 세포막에 붙어 있다.

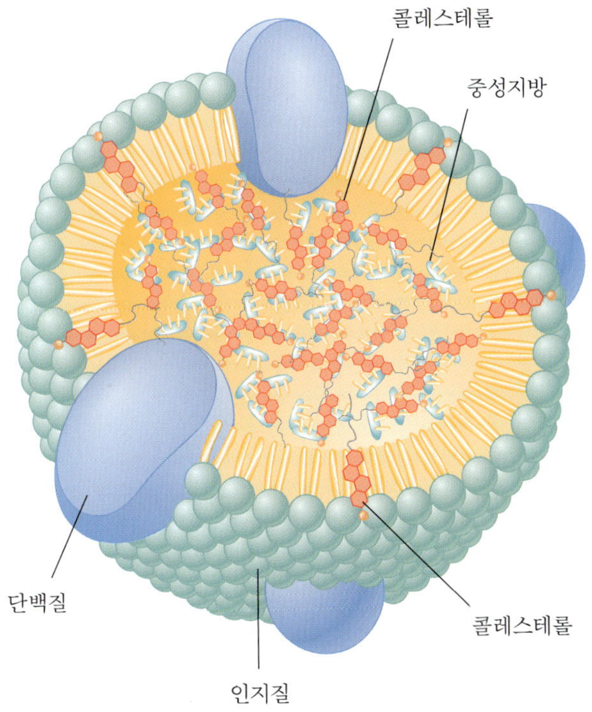

콜레스테롤
중성지방
단백질
콜레스테롤
인지질

[그림 4-10]…지단백질은 중앙에 모인 중성지방과 콜레스테롤을 단백질, 인지질, 콜레스테롤로 이루어진 막이 둘러싸고 있는 형태이다. 인지질은 지용성 말단이 안쪽으로, 수용성 말단이 바깥쪽으로 향해 있다. 이런 구조는 물에 녹지 않는 지질이 수용성 환경인 혈액 속을 이동할 수 있게 해 준다.

초저밀도 지단백질(VLDL)…간에서 만들어진 지단백질로 간에서 인체 세포로 중성지방을 운반해 준다.

저밀도 지단백질(LDL)…세포에 콜레스테롤을 운반해 주는 지단백질. LDL 콜레스테롤의 농도가 상승하면 심혈관계 질환의 위험도가 증가한다.

주변의 세포 안으로 유입된다. 지방산은 연료로 사용되거나 다시 중성지방으로 재합성된 후 저장된다. 카일로미크론 잔존물에는 대부분 콜레스테롤과 단백질이 남는데, 이것은 간으로 가서 분해된다 [그림 4-11].

2. 간에서의 운반

간은 인체의 주요 지질 생산 기관이다. 간은 필요량 이상으로 섭취된 단백질, 탄수화물, 알코올을 분해해 중성지방을 합성하거나 콜레스테롤을 합성하기도 한다. 간에서 만들어진 중성지방은 **초저밀도 지단백질**(VLDL)이라고 불리는 지단백질에 유입된다. 간에서 생성된 콜레스테롤이나 카일로미크론 잔존물을 통해 운반된 콜레스테롤도 VLDL에 유입되거나 담즙을 만들기 위해 사용된다. VLDL은 간으로부터 인체 세포로 중성지방을 운반한다. 카일로미크론과 마찬가지로 지단백질 지방분해효소가 VLDL에 있는 중성지방을 분해하고, 분해된 지방산이 주변 세포에 유입된다. 중성지방이 제거되고 나면 VLDL은 밀도가 더 높고 크기가 작은 중밀도 지단백질(IDL)로 변한다. IDL의 2/3 정도는 간으로 재이동하며, 나머지는 혈액 안에서 **저밀도 지단백질**(LDL)로 변한다. LDL은 세포의 주된 콜레스테롤 운반체계로 중성지방의 함유량이 낮고 VLDL보다 콜레스테롤 비율이 높다 [그림 4-12].

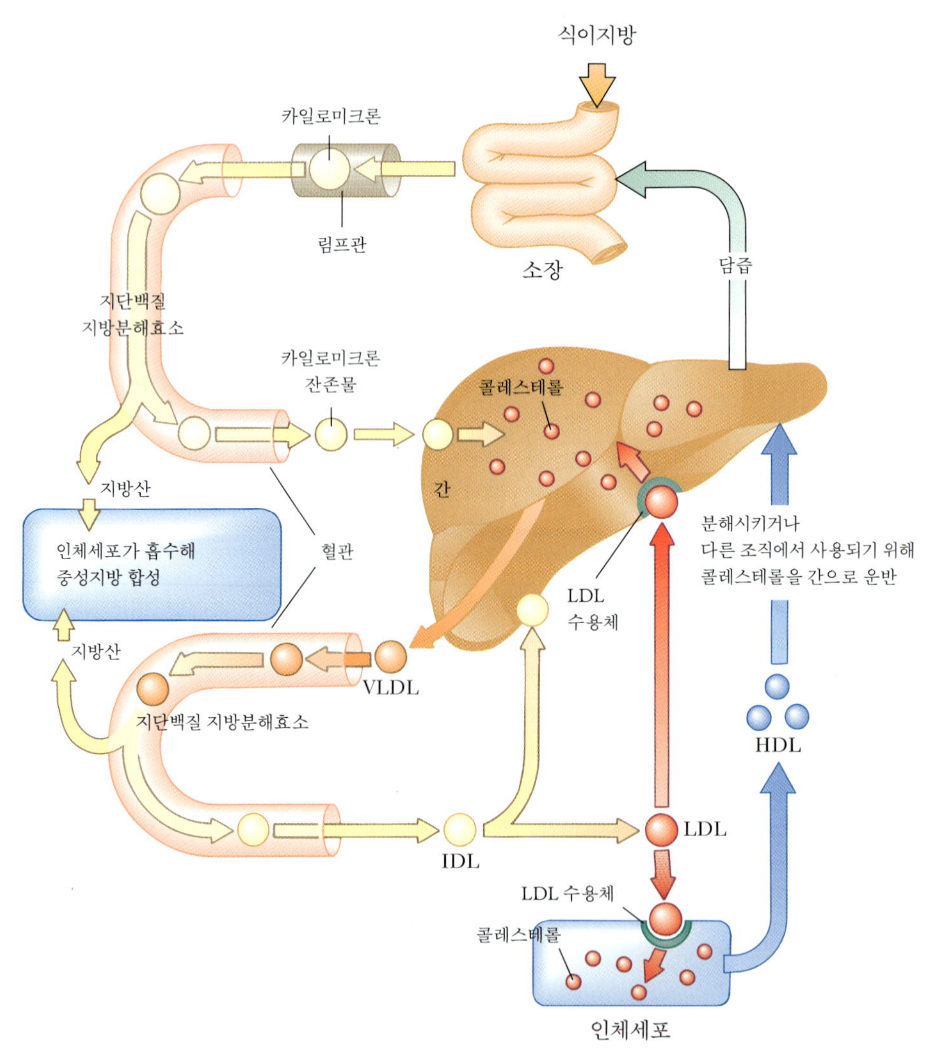

[그림 4-11]…카일로미크론은 지질을 소장에서 림프로 그리고 혈액으로 운반한다. VLDL은 간으로부터 지질을 운반한다. 지단백질 지방분해효소의 도움으로 지방산을 인체세포로 운반해 준다. LDL은 IDL로부터 생성되며, 인체세포의 주요 콜레스테롤 운반 체계이다. LDL은 세포 표면의 LDL 수용체와 결합하여 세포 내로 유입된다. HDL은 세포에서 콜레스테롤을 걷어내 간으로 운반한다.

과학의 적용 : '혈중 콜레스테롤과 유전 질환'

선천성 고콜레스테롤혈증이라는 희귀 질병을 가진 어린이는 혈중 콜레스테롤 농도가 650~1,000mg/dl에 이른다. 정상치의 여섯 배에 달하는 수치이다. 혈액 안에 콜레스테롤이 지나치게 많으면 조직에 쌓여 피부에 노란색의 혹들이 생긴다. 고콜레스테롤혈증은 혈관을 손상시켜 조기 동맥경화를 일으키며, 30세 이후까지 생존이 어렵다. 마이클 브라운과 조셉 골드스타인 박사는 이 질환을 연구하는 과정에서 혈중 콜레스테롤의 조절 기작을 발견하여 1985년 노벨의학상을 수상하였다.

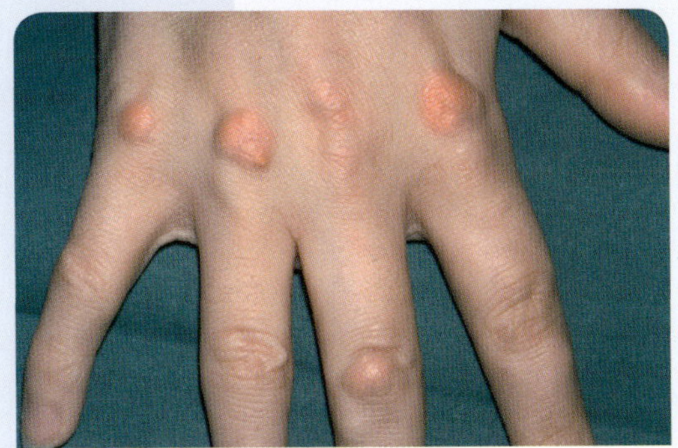

선천성 고콜레스테롤혈증 환자는 콜레스테롤이 피부 밑에 쌓여 황색종(xanthonas) 같은 증상이 나타난다.

브라운과 골드스타인 박사는 세포 배양 실험으로 선천성 고콜레스테롤혈증을 연구했다. 정상 세포의 경우 LDL 콜레스레롤을 첨가하면 콜레스테롤 합성이 감소하지만, 선천성 고콜레스테롤혈증 환자의 세포에서는 콜레스테롤 합성이 감소하지 않았다. 이것은 선천성 고콜레스테롤혈증 환자의 세포가 LDL과 결합하지 못하기 때문이다. LDL과 세포의 결합은 세포막 표면에 있는 단백질 때문이라는 것이 밝혀졌는데, 이것을 LDL 수용체라고 부른다.

LDL 수용체가 발견됨으로써 인체의 혈중 LDL 콜레스테롤 조절 기작을 이해할 수 있게 되었다. LDL이 LDL 수용체에 결합하면 세포 안으로 콜레스테롤이 유입되고 콜레스테롤의 합성이 중지된다. 그런데 선천성 고콜레스테롤혈증 유전자를 한 개 물려받은 사람은 정상인에 비해 LDL 수용체의 숫자가 절반 정도이며, 유전자를 두 개 물려받았을 경우 LDL 수용체가 전혀 없다. 따라서 LDL 콜레스테롤이 혈액으로부터 제거되지 못하기 때문에 간이 엄청난 양의 콜레스테롤을 계속 합성하여 혈액에 LDL 입자가 쌓이게 된다. 혈중 콜레스테롤 농도가 계속 증가하게 되면 동맥경화와 심근경색을 일으키며 결국에는 사망에까지 이르게 한다.

2-1. 콜레스테롤의 운반 — LDL이 세포 내로 유입되기 위해서는 LDL 입자의 표면에 있는 단백질 중 아포 B 단백질이 **LDL 수용체**라고 불리는 세포막 수용체 단백질에 결합해야 한다. 이렇게 결합이 일어나면 LDL이 세포 안으로 들어가서 콜레스테롤과 다

LDL 수용체(LDL recepter) … 세포 표면에 있는 단백질로 LDL 입자와 결합하여 그 안의 내용물이 세포 안으로 유입되어 사용되도록 한다.

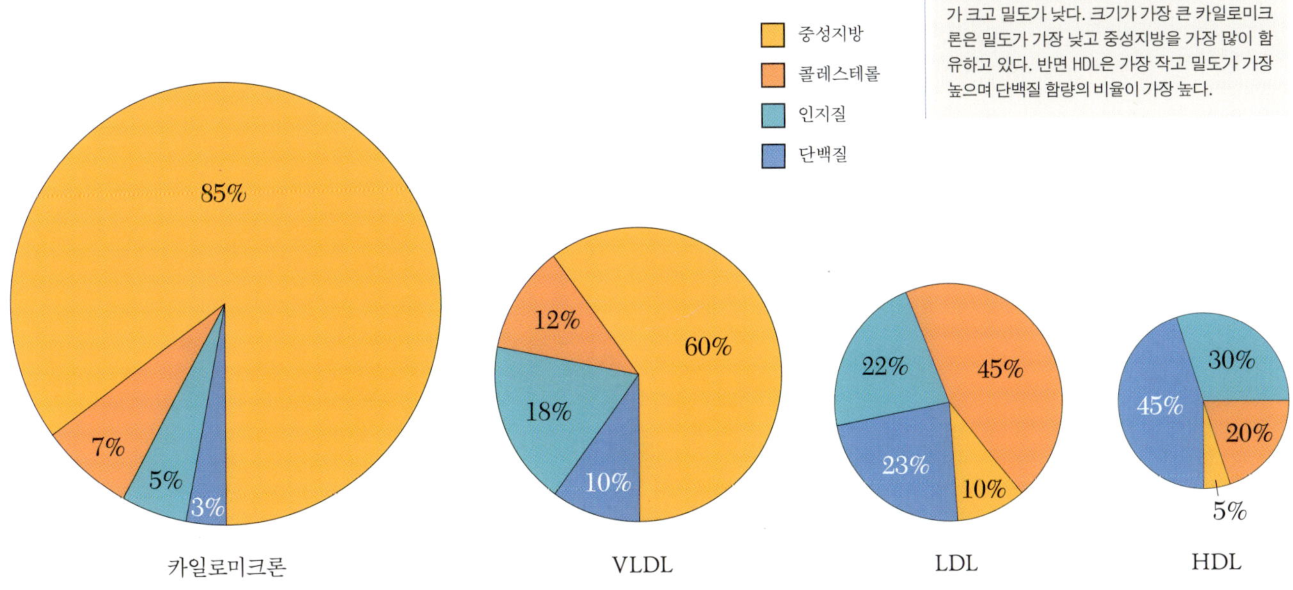

[그림 4-12] … 지단백질은 크기와 밀도가 다양하다. 중성지방이 많고 단백질이 적은 입자는 크기가 크고 밀도가 낮다. 크기가 가장 큰 카일로미크론은 밀도가 가장 낮고 중성지방을 가장 많이 함유하고 있다. 반면 HDL은 가장 작고 밀도가 가장 높으며 단백질 함량의 비율이 가장 높다.

른 구성성분들이 이용된다[그림 4-11]. 만약 혈액 중 LDL 콜레스테롤 양이 세포 내로 유입되는 양보다 많으면 혈액 중 LDL 콜레스테롤 수치가 높아지고, 심장질환 위험도가 증가하게 된다('과학의 적용: 혈중 콜레스테롤과 유전질환' 참조).

2-2. 콜레스테롤의 역운반 — 콜레스테롤이 인체에서 제거되기 위해서는 간으로 이동해야 한다. 이러한 콜레스테롤의 역운반은 **고밀도 지단백질**이라고 부르는 밀도가 가장 높은 지단백질이 수행한다. 이 지단백질은 소장관이나 간에서 시작되어 혈액을 순환하며 다른 지단백질이나 세포에서 콜레스테롤을 걷어낸다. HDL은 지질의 일시적인 저장고 역할을 한다. HDL에 함유되어 있는 콜레스테롤 중 일부는 간에서 분해되고 일부는 콜레스테롤 요구도가 높은 기관으로 이동해 스테로이드 호르몬 합성 등에 쓰인다. 혈액의 HDL 농도가 높으면 콜레스테롤이 동맥 내벽에 침전하는 것을 막아 심장질환 위험도를 감소시킨다.

고밀도 지단백질(HDL)…세포로부터 콜레스테롤을 걷어내 간으로 운반해 제거되도록 하는 지단백질. HDL 수치가 높으면 혈관질환 위험이 낮아진다.

5. 인체에서의 지질의 역할

세포에 전달된 지질은 인체 구성성분이나 조절성분을 합성하는 데 쓰이고 에너지 비축을 위해 저장되거나, 세포호흡에 의해 분해되어 이산화탄소, 수분, ATP 형태의 에너지를 생산하게 된다.

1. 신체구성과 윤활

인체에 존재하는 지질의 대부분은 **지방조직**에 저장되어 있는 중성지방인데, 지방조직은 피부 밑과 장기 주변에 분포되어 있다. 지질은 저장 에너지를 제공해 주는 것뿐만 아니라 온도의 변화로부터 인체를 보호하는 절연체의 기능을 하며, 내부의 장기를 충격으로부터 보호해 주는 쿠션 역할도 한다. 지질은 세포막의 구성성분이기도 하다. 지질은 신체표면의 윤활 역할을 하는 데에도 중요한데, 예를 들어 피부의 분비기관과 눈의 점막은 조직을 부드럽게 하기 위해 기름을 분비한다.

지방조직(adipose tissue)…피부 아래와 장기 주변에 있는 조직으로서 지방저장세포로 이루어져 있다.

2. 조절

콜레스테롤과 지방산은 모두 신체에서 조절성분을 합성하는 데 사용된다. 콜레스테롤은 에스트로겐과 테스토스테론 같은 성호르몬이나 코티솔 같은 스트레스 호르몬 등 수많은 호르몬을 합성하는 데 사용된다. 다가불포화지방산은 혈압이나 혈액 응고 등을 조절하는 호르몬 유사 물질들을 합성하는 데 쓰인다. 인체는 콜레스테롤을 합성할 수는 있으나 인체에 필요한 모든 지방산을 합성할 수 있는 능력은 없으므로 반드시 식품을 통해 섭취해야 하는 지방산들이 있다.

2-1. 필수지방산 — 인체는 필요로 하는 지방산의 대부분을 합성할 수 있다. 그러나 오메가 6나 오메가 3 위치의 이중결합은 합성할 수 없다. 리놀레산(오메가 6)과 α-리

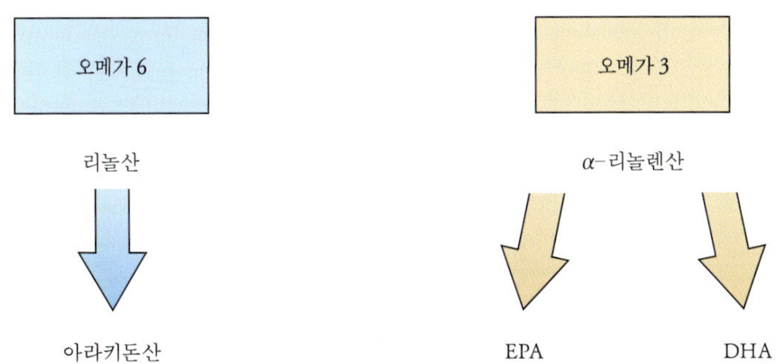

[그림 4-13]…인체에 리놀산이 충분하면 아라키돈산을 합성할 수 있으므로 식품을 통해 섭취할 필요가 없다. 인체에 α-리놀렌산이 충분히 있을 때에는 이것으로부터 EPA와 DHA가 합성된다.

놀렌산(오메가 3)은 반드시 식품을 통해 섭취해야 하는 **필수지방산**이다. 오메가 6 지방산은 성장, 피부의 기능, 생식 기능과 적혈구의 구조를 유지하는 역할을 한다. 오메가 3 지방산은 세포막, 특히 눈의 망막이나 중추신경계의 세포막 구조와 기능 유지에 중요하다. 리놀레산과 α-리놀렌산의 섭취가 부족한 경우, 이들로부터 합성되는 다른 지방산은 식이로부터 반드시 섭취해야 하는 필수지방산이 된다. 아라키돈산은 리놀레산으로부터 합성되는 오메가 6 지방산이다. 아라키돈산은 식이 중에 리놀레산이 부족할 경우에 한해 필수영양소가 된다. 아라키돈산은 동물성 지방과 식물성 지방에 모두 들어 있다. EPA와 DHA는 α-리놀렌산으로부터 합성되는 오메가 3 지방산이다 [그림 4-13]. 아라키돈산과 DHA는 영유아와 어린이의 정상적인 뇌 발달에 필수적이다.

필수지방산(essential fatty acid)…인체 내에서 합성이 되지 않거나 필요량을 충족할 만큼 충분히 합성되지 않기 때문에 반드시 식품을 통해 섭취해야 하는 지방산

2-2. 아이코사노이드 합성과 기능 — 오메가 6 지방산과 오메가 3 지방산 모두 호르몬 유사물질인 **아이코사노이드** 합성에 사용된다. 아이코사노이드는 혈액 응고, 혈압, 면역 기능 등을 조절한다. 아이코사노이드의 기능은 어떤 지방산으로 합성되었는지에 따라 달라진다. 예를 들어, 오메가 6 지방산인 아라키돈산으로 만들어진 아이코사노이드는 혈액 응고를 촉진시키지만, 오메가 3 지방산인 EPA로 만들어진 아이코사노이드는 혈액 응고를 감소시킨다. 오메가 3 지방산, 특히 EPA와 DHA는 항염증 효과를 나타낸다. 염증은 심장질환의 발병에 영향을 주기 때문에 항염증 효과를 나타내는 영양소는 심장질환을 예방할 수 있다. 오메가 3 지방산의 항염증 효과는 류마티스성 관절염이나 염증성 또는 자가면역성 질환에도 효과가 있다.

아이코사노이드(eicosanoid)…프로스타글란딘과 그 유사물질을 포함하여 조절 기능을 하는 물질로 오메가 3과 오메가 6 지방산으로부터 합성된다.

리놀레산과 α-리놀렌산의 식이 섭취 비율은 5:1~10:1인 것이 이상적이다. 그러나 리놀레산과 α-리놀렌산으로부터 합성되는 아라키돈산, EPA, DHA 등이 높은 식이의 경우 리놀레산과 α-리놀렌산의 비율은 그다지 중요하지 않다.

3. 에너지 생산

식품을 통해 섭취된 지질은 곧바로 에너지원으로 사용되거나 체지방조직에 저장된다. 중성지방은 신체의 에너지 필요에 따라 끊임없이 저장되고 분해된다. 식사 후에는 중성지방이 저장되며, 필요 시에는 저장된 중성지방의 일부가 분해되어 에너지를 제공한다.

3-1. 에너지를 제공하기 위해 사용되는 중성지방 — 중성지방으로부터 분해된 지방산과 글리세롤은 근육과 기타 여러 조직에서 ATP 생산에 사용된다. 이 과정의 첫

[그림 4-14]···지방산은 β-산화에 의해 탄소 2개 단위로 분해되고, CoA와 결합해 아세틸 CoA를 형성한다. 이 과정의 각 단계에서 방출되는 전자들은 전자전달계로 이동한다. 이 그림에 나타낸 팔미트산은 탄소가 16개이므로 아세틸 CoA 8분자를 생성할 수 있다.

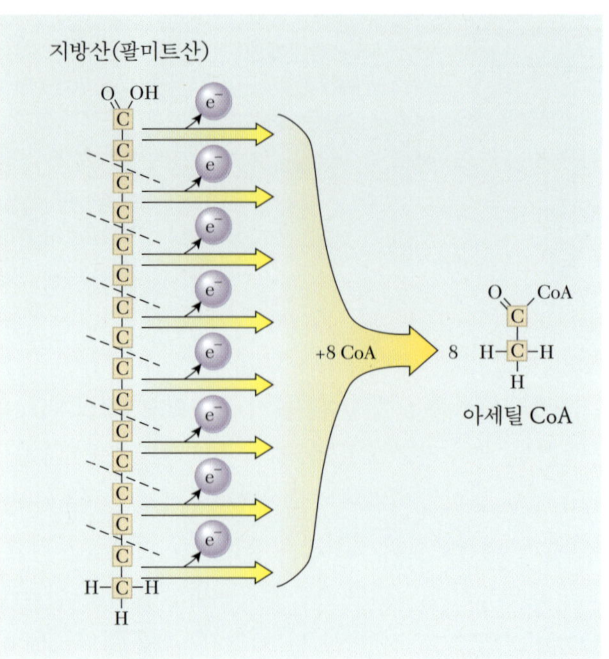

β-산화(β-oxidation)···지방산으로부터 ATP를 생성하는 첫 번째 단계. 지방산의 탄소 사슬을 탄소 2개 단위로 분해하여 아세틸 CoA를 형성하며 전자전달계를 통해 고에너지 전자를 방출한다.

단계를 **β-산화**(베타 산화)라고 하는데, 지방산의 탄소 사슬이 탄소 2개 단위로 분해된 후 아세틸 CoA를 형성하고 고에너지의 전자를 방출하는 과정이다([그림 4-14], [그림 4-15] **단계❶**).

TCA 회로로 들어가기 위해 아세틸 CoA는 탄수화물로부터 만들어진 탄소 4개로 이루어진 옥살로아세트산과 결합해 시트르산을 형성한다([그림 4-15] 단계❷). TCA 회로에서 탄소 1개가 제거되며 동시에 이산화탄소가 생성된다([그림 4-15] 단계❸). 이런 방식으로 2개의 탄소가 제거되고 나면, 탄소 4개의 옥살로아세트산이 재형성되고 회로가 다시 시작된다. β-산화 과정과 TCA 회로에서 방출된 고에너지 전자는 세포호흡의 마지막 단계, 즉 전자전달계를 거치게 된다([그림 4-15] **단계❹**). 전자전달계의 분자들은 전자를 받아 전달하는데, 최종적으로 산소와 결합해 물을 형성할 때까지 전자전달이 계속된다([그림 4-15] **단계❺**). 전자의 에너지는 ATP를 생산하는 데 사용된다([그림 4-15] **단계❻**). 중성지방이 분해되어 나온 글리세롤 역시 ATP를 생산하는 데 사용되며, 포도당을 합성하는 데에도 사용된다([그림 4-15] **단계❼**).

3-2. 체지방조직의 지방 저장 — 에너지를 필요 이상으로 섭취하면 여분의 에너지는 체지방 조직에 저장된다. 지방은 소장에서 카일로미크론을 통해 체지방 조직으로 직접 전달된다. 반면 탄수화물이나 단백질 형태로 섭취된 여분의 에너지는 우선 간으로 운반되는데, 이곳에서 중성지방 형태로 결합해 VLDL을 통해 체지방 조직으로 전달된다. 혈관의 내피세포막에 있는 지단백질 지방분해효소가 카일로미크론과 VLDL의 중성지방을 분해하여 지방산이 세포 안으로 유입되며, 지방산은 다시 중성지방 형태로 저장된다[그림 4-16].

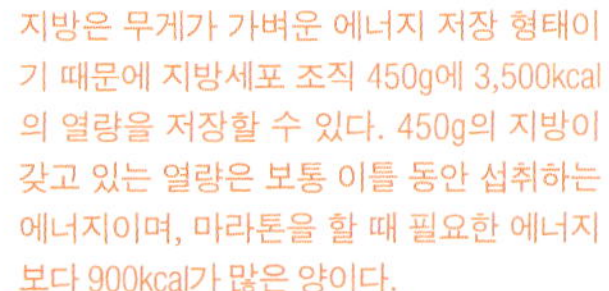
지방은 무게가 가벼운 에너지 저장 형태이기 때문에 지방세포 조직 450g에 3,500kcal의 열량을 저장할 수 있다. 450g의 지방이 갖고 있는 열량은 보통 이틀 동안 섭취하는 에너지이며, 마라톤을 할 때 필요한 에너지보다 900kcal가 많은 양이다.

인체가 지방을 저장하는 능력은 이론적으로는 무한대이다. 지방세포는 무게를 50배까지 늘릴 수 있으며, 지방세포가 더 이상 커질 수 없게 되면 새로운 지방세포가 합성된다. 1g당 4kcal를 제공하는 당질과 단백질에 비해 지방은 1g당 9kcal를 제공하

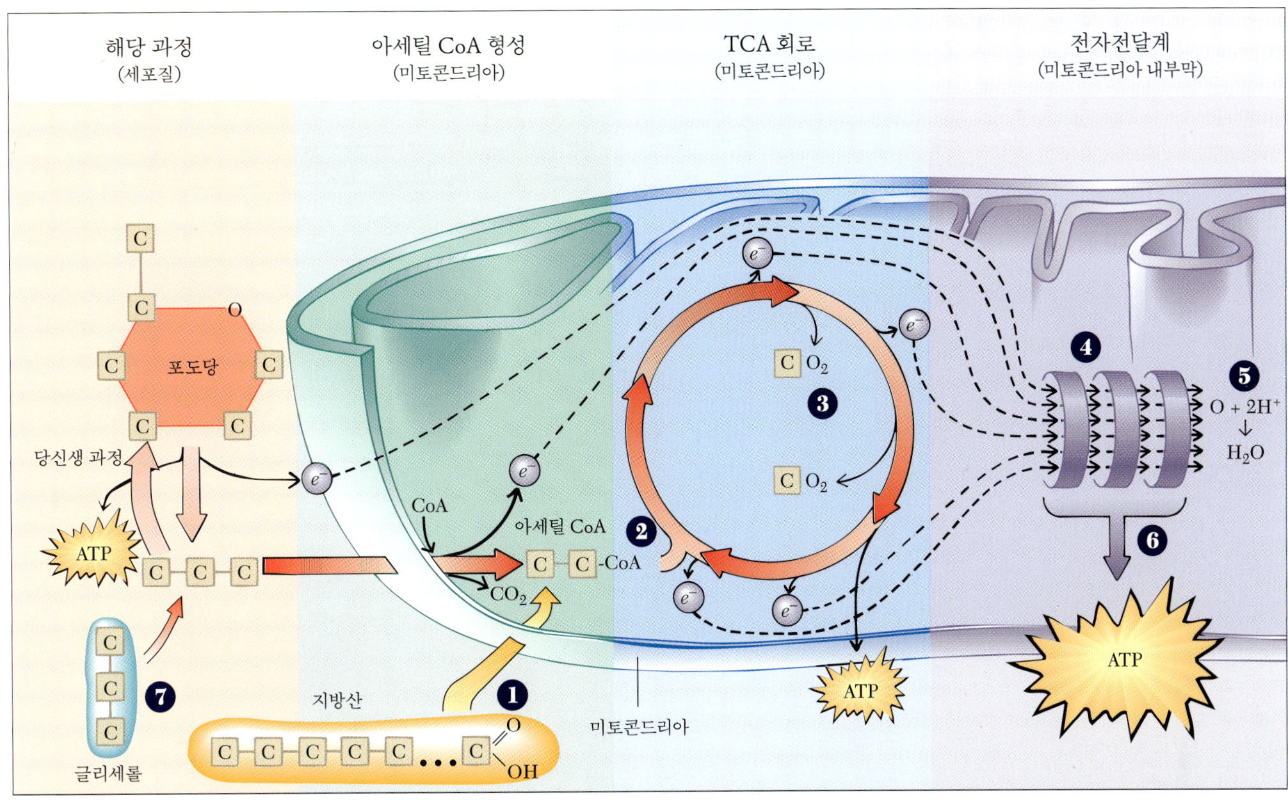

[그림 4-15]…중성지방은 에너지를 생성하기 위해 지방산과 글리세롤로 분해된다. 지방산의 β-산화는 아세틸 CoA를 생성한다(**단계 ❶**). 아세틸 CoA는 옥살로아세트산과 결합해 TCA 회로로 들어간다(**단계 ❷**). 여기에서 탄소 2개가 이산화탄소 형태로 소실되며, 고에너지 전자가 생성된다(**단계 ❸**). 고에너지 전자는 전자전달계로 이동한다(**단계 ❹**). 이곳에서 산소와 결합해 물을 형성한다(**단계 ❺**). 전자에너지는 ATP 형성에 사용된다(**단계 ❻**). 중성지방이 분해되어 나온 글리세롤은 피루브산으로 전환되어 소량의 포도당을 생성하는 데 사용될 수 있다(**단계 ❼**).

므로 크기나 무게를 크게 늘리지 않고도 인체 내에 많은 양의 에너지를 저장할 수 있다. 체지방이 무게의 약 10% 정도밖에 되지 않는 마른 체격의 사람도 50,000kcal의 에너지를 지방의 형태로 저장하고 있다.

호르몬 반응 지방분해효소(hormone sensititive lipase)…지방세포에 존재하는 효소로 화학 자극에 반응해 중성지방을 지방산과 글리세롤로 분해하여 혈류로 방출한다.

3-3. 저장지방의 이용 — 필요한 양보다 에너지를 적게 섭취하면 인체는 저장된 지방으로부터 에너지를 얻는다. 이런 상황에서는 지방세포 안의 **호르몬 반응 지방분해효소**가 호르몬의 신호를 받아 활성화되어 저장된 중성지방을 분해하기 시작한다 [그림 4-16]. 분해된 지방산과 글리세롤이 혈액으로 직접 방출되며, 이를 인체의 세포가 받아들여 ATP를 생성한다. 만약 지방을 분해해 생성된 아세틸 CoA가 TCA 회로에 들어갈 만큼 충분한 탄수화물이 없을 경우, 이것은 케톤을 생성하는 데에 쓰인다. 케톤은 근육이나 체지방조직의 에너지원으로 활용될 수 있다. 기아 상태가 계속되면 뇌는 케톤을 활용해 에너지 필요량의 약 1/2까지 케톤을 이용할 수 있지만, 나머지 1/2은 반드시 포도당을 필요로 한다. 지방산으로는 포도당을 만들 수 없으며, 글리세롤로부터 합성되는 포도당의 양도 매우 적다.

6. 지질과 건강

정상적인 신체 기능과 건강을 유지하기 위해서는 적정량의 필수지방산을 식품을 통해 섭취해야 한다. 그러나 고지방식이, 특히 특정 지방을 함유한 고지방식이는 다양한

[그림4-16]…지나친 열량을 섭취할 경우 지단백질 지방분해효소가 카일로미크론과 VLDL로부터 중성지방을 제거해 지방세포 조직에 저장한다. 열량 섭취가 부족할 때는 호르몬 반응 지방분해효소가 저장된 중성지방을 지방산으로 분해해 에너지원으로 사용되도록 한다.

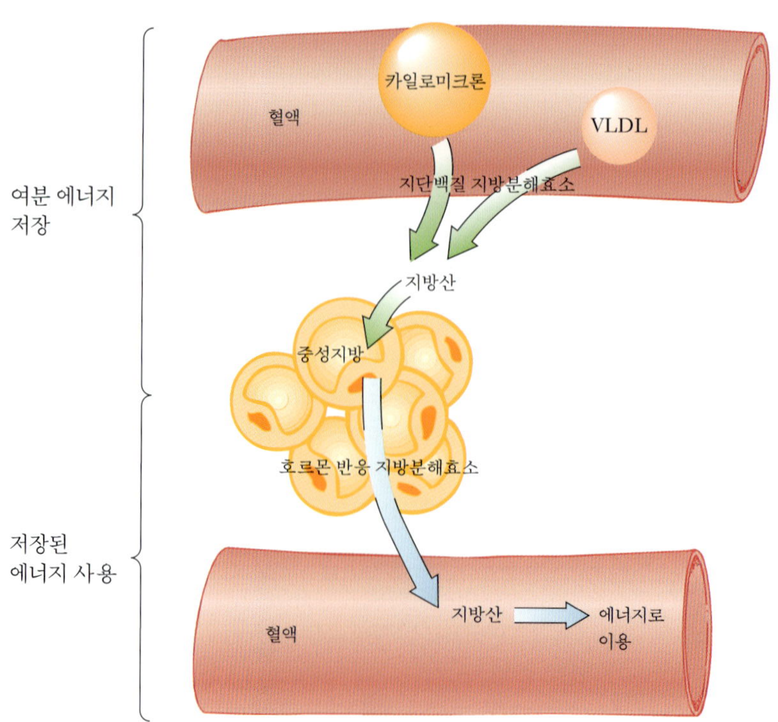

심혈관계 질환(cardiovascular disease)…심장과 혈관에 영향을 미치는 질환

종류의 만성질환을 일으킨다. **심혈관계 질환**은 콜레스테롤, 포화지방산, 트랜스지방산의 섭취가 많은 식습관과 관련이 있다. 유방암이나 대장암, 전립선암 등 몇몇 암 역시 고지방식이와의 연관성이 입증되었다. 비만 역시 고지방식이와 연관이 있으며, 체지방이 과다해지면 당뇨병, 심혈관질환, 고혈압의 위험도가 증가한다.

1. 필수지방산 결핍증

필수지방산 결핍증(essential fatty acid deficiency)…필수지방산의 섭취가 충분하지 않을 때 생기는 증상으로, 피부가 건조해지고 각질이 생기며 성장이 지연된다.

리놀레산과 α-리놀렌산을 적당량 섭취하지 않으면 **필수지방산 결핍증**이 일어난다. 결핍 증상으로는 피부 건조와 각질, 간기능 이상이 일어나며 상처의 치유가 느려진다. 유아의 경우 성장 저하와 시각, 청각의 약화를 초래한다. 그러나 필수지방산은 보통 식사를 통해 충분히 섭취할 수 있기 때문에 결핍증은 잘 일어나지 않는다.

2. 심혈관계 질환

심혈관계 질환은 성인 남녀 모두에서 주요 사망 원인이다. 식이와 생활습관 모두 심장질환에 영향을 미친다. 고지방식이를 섭취하는 사람들이 일반적으로 심장질환 발병률이 높지만 항상 그런 것은 아니다. 에스키모인들처럼 오메가 3 지방산을 많이 섭취하는 사람들은 오히려 심장질환 발병률이 낮다. 단일불포화지방과 곡류, 채소류를 많이 섭취하는 지중해 국가들도 심장질환 발병률이 낮다.

동맥경화(atheroselerosis)…동맥에 지방질 물질이 쌓여서 생기는 심혈관계 질환

동맥경화성 플라그(atheroselerotic plaque)…동맥경화증을 앓고 있는 사람의 혈관에 쌓이는 고콜레스테롤 물질. 콜레스테롤과 평활근세포, 섬유성 물질과 칼슘으로 만들어진다.

2-1. 동맥경화는 어떻게 일어나는가? — **동맥경화**란 지질과 섬유성 물질이 동맥 내벽에 침전하여 혈액의 흐름을 막는 심혈관계 질환이다. 동맥 내벽 내의 지질 침전이 동맥경화를 일으키는 주요 원인이지만, 신체가 상처에 반응하는 과정인 염증 역시 **동맥경화성 플라그**를 형성한다. 염증 반응은 상처를 치료하기 위한 신체의 반응이다. 동맥에 상처가 났을 때에도 비슷한 염증 반응이 일어나는데, 이때는 상처 치료가 일어나는

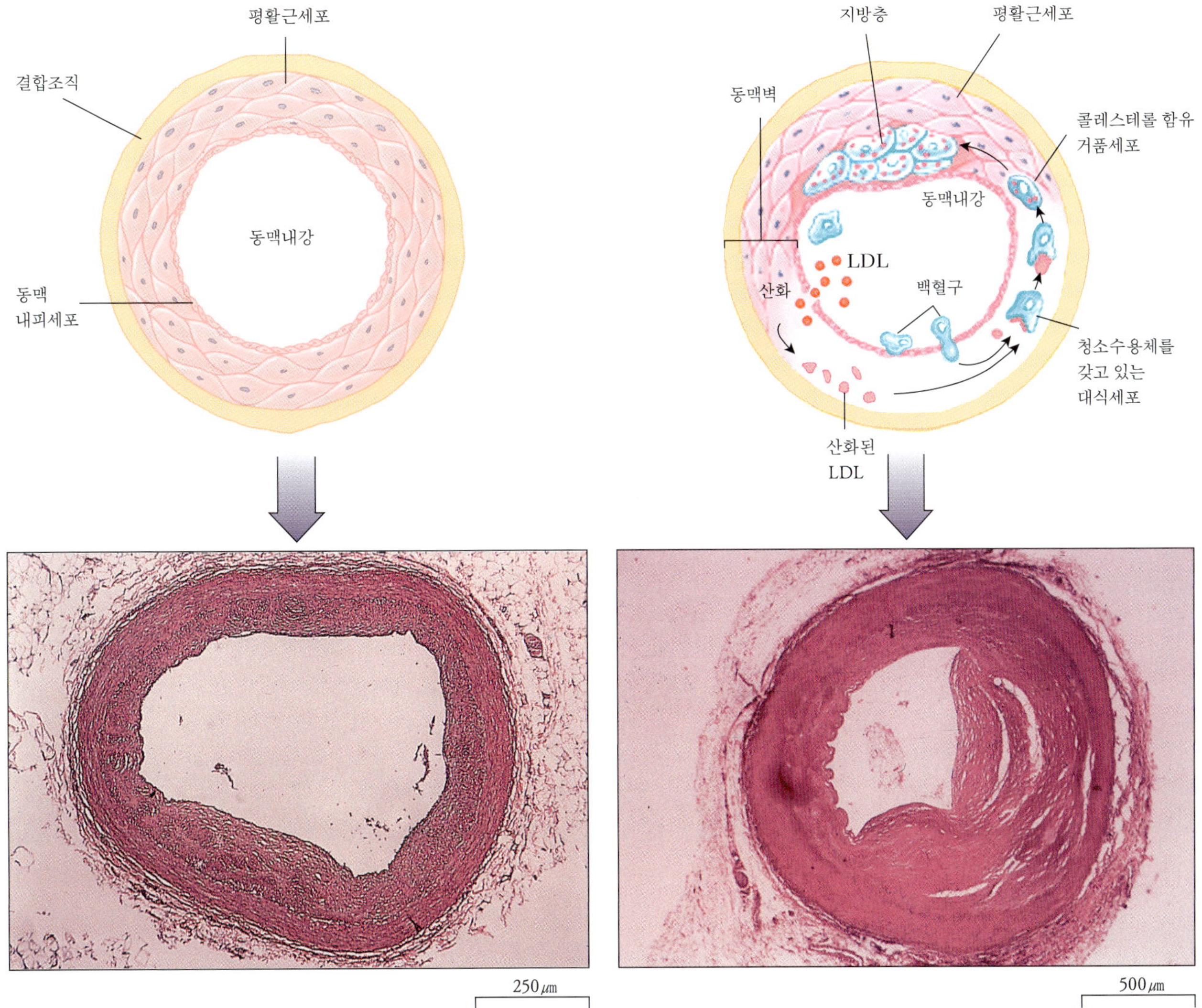

대신 동맥경화성 플라그가 형성된다.

동맥 내벽에 상처가 생기면, LDL 입자가 동맥 내벽 안으로 침투한다. 이 안에서 LDL 입자가 산화되어 **산화 LDL 콜레스테롤**을 형성한다. 산화된 LDL 콜레스테롤은 해로운 물질로, 다양한 방법으로 염증을 촉진한다. 산화 LDL 콜레스테롤은 면역 세포를 동맥벽에 달라붙게 하여 안쪽으로 이동시키는 물질들의 생성 및 분비를 촉진한다. 동맥벽 안쪽에서 면역 세포는 대식세포(macrophage)라고 불리는 거대 백혈구로 변화하는데, 이것들은 표면에 **청소 수용체**를 갖고 있다. 청소 수용체는 산화 LDL 콜레스테롤과 결합해 세포 안으로 이동시킨다. 대식세포가 점점 더 많은 산화 콜레스테롤로 가득 차게 되면 콜레스테롤 충전 거품세포(현미경으로 관찰했을 때 거품과 같은 형태를 지녔기 때문에 붙여진 이름)로 변한다. 거품세포가 동맥벽에 쌓여 결국 터지게 되면 콜레스테롤이 쌓이면서 지방층을 형성한다[그림 4-17].

대식세포와 거품세포는 염증 반응을 계속 진행해 플라그의 성장을 촉진시키는 성장인자나 다른 화학물질들을 분비한다. 성장인자의 분비는 동맥 내벽의 평활근세포가 지방층으로 이동해 섬유단백질을 분비하도록 신호를 보낸다. 혈액 응고에 관여하는 혈소판은 끈적끈적하게 변해 손상 부위 주변에 엉겨붙는다. 손상 부위가 커질수

[그림 4-17]…(좌) 정상 동맥의 그림과 사진. (우) 그림은 동맥경화성 플라그의 형성을 보여주고 있으며, 사진은 동맥경화성 침전물에 의해 일부가 막힌 동맥의 횡단면을 보여주고 있다. 플라그는 동맥 내벽이 손상되었을 때 생기는데, LDL이 동맥벽으로 유입되고 이 안에서 산화가 일어난다. 산화된 LDL 콜레스테롤은 백혈구를 끌어들이고, 이것이 동맥벽을 파고 들어가 표면에 청소 수용체를 갖고 있는 대식세포로 변한다. 대식세포는 산화된 LDL콜레스테롤을 받아들여 콜레스테롤이 가득 찬 거품세포를 형성하고 이것이 터져 동맥 벽에 콜레스테롤이 쌓이게 된다.

산화LDL콜레스테롤(oxidized LDL cholesterol)…LDL 입자의 콜레스테롤이 활성 산소에 의해 산화되어 형성되는 물질. 염증반응을 일으키기 때문에 동맥경화의 원인이 된다.

청소 수용체(scavenger receptors)…대식세포의 표면에 있는 단백질로 산화 LDL 콜레스테롤과 결합하여 세포 안으로 유입시킨다.

[표4-2]…심장질환의 위험인자

연령	남자 ≥ 45세 여자 ≥ 55세
가족력	친척 중 55세 이전에 심장질환이 발병한 남성이 있는 경우 친척 중 65세 이전에 심장질환이 발병한 여성이 있는 경우
병력	당뇨병: 공복 시 혈당 ≥ 126mg/100mL 고혈압: 혈압 ≥ 140/90mmHg 비만: 체질량지수(BMI) > 25kg/m^2, 허리 둘레 > 89cm (여성), 허리둘레 > 102cm (남성)
혈중 지질 농도	LDL 콜레스테롤 > 100mg/100mL HDL 콜레스테롤 < 40mg/100mL 총 콜레스테롤 ≥ 200mg/100mL 중성지방 ≥ 150mg/100mL
생활습관	흡연 주로 앉아 있는 생활습관 포화지방, 트랜스지방, 콜레스테롤 함량이 높고 섬유소, 과일, 채소가 부족한 식습관

록 동맥 통로를 좁게 만들고 탄력성을 감소시키며 혈액의 흐름을 방해한다. 과정이 진행될수록 평활근세포의 섬유성 덮개와 섬유단백질이 백혈구, 지질, 파편 등과 뒤섞여 동맥 내부에 벽을 둘러친다. 염증이 계속되면 면역세포에 의해 분비된 물질들이 이 덮개를 분해한다. 만약 덮개가 얇아지고 균열이 생기면 안의 물질들이 빠져나와 혈액 응고가 일어나며, 응고된 혈액은 동맥을 완전히 막아버릴 수 있다. 만약 이같은 일이 심장근육에 혈액을 공급하는 혈관 안에서 일어나게 되면 심장 근육으로 가는 혈류가 차단되어 심장세포가 괴사하고 심장마비나 심근경색증이 일어나게 된다. 만약 뇌로 가는 혈류가 차단되면 뇌졸중이 발생한다.

2-2. 심장질환의 위험요인 — 고혈압, 당뇨병, 비만, 혈중 고콜레스테롤은 심장질환을 유발하는 주요 위험요인이다. 다른 위험요인으로는 나이, 성별, 유전과 흡연, 운동, 식사 습관 등이 있다. 이런 위험요인들은 직접적으로 영향을 주거나, 혈청 콜레스테롤과 혈압, 체중, 당뇨병 등에 영향을 미침으로 인해 간접적으로도 영향을 준다[표4-2].

당뇨, 고혈압, 비만과 콜레스테롤 수치 — 당뇨병 환자는 심장질환의 위험도가 증가한다. 고혈당이 혈관에 손상을 주기 때문인데, 이렇게 손상을 받게 되면 동맥경화가 시작된다. 고혈압 역시 혈관에 손상을 입혀 위험도를 증가시킨다. 고혈압은 심장에도 부담을 주어 시간이 흐를수록 심장을 약화시킨다. 비만은 심장의 활동량을 증가시킬 뿐 아니라 혈압과 혈중 콜레스테롤을 증가시키고, 당뇨병의 위험도 증가시킨다. 혈중 고콜레스테롤, 특히 LDL 콜레스테롤의 함량이 높아지면 동맥벽에 상해를 입힐 뿐 아니라 플라그 형성을 촉진한다.

성인에 있어 적당한 혈중 콜레스테롤은 혈액 100mL당 200mg 이하다. 건강한 성인의 경우 LDL 콜레스테롤 수치는 100mg/dl 이하여야 한다. 심근경색의 위험도가 높은 사람들의 경우 LDL 콜레스테롤을 70mg/dl 이하로 유지하는 것이 좋다. HDL 콜레스테롤은 심장질환을 예방하는 효과가 있다. HDL 수치가 40mg/dl 이하일 경우 위험도가 증가하며, 60mg/dl 이상일 경우 위험도가 감소한다.

나이, 성별, 유전과 생활습관 — 심장질환 발생 위험도는 나이가 증가할수록 함께 증가한다. 일반적으로 남성이 여성보다 10년 정도 일찍 영향을 받는다. 이것은 여성호르몬인 에스트로겐이 예방 효과를 나타내기 때문이다. 그러나 여성이 나이가 들어 폐경이 되면 에스트로겐 분비의 저하와 체중 증가로 심장질환 위험도가 증가한다.

유전 역시 위험도에 영향을 미친다. 가족 중 55세 이전에 심장질환을 앓은 남성이 있거나, 65세 이전에 심장질환을 앓은 여성이 있는 경우 위험도가 높아진다.

운동량, 흡연, 식습관 등 생활습관 역시 영향을 준다. 운동량이 적은 생활습관이나 흡연 모두 심장질환의 위험도를 증가시킨다. 반면 규칙적인 운동은 건강한 체중을 유지하는 데 도움을 주고, 당뇨병의 위험도를 감소시키며, HDL 콜레스테롤을 증가시켜 위험도를 감소시킨다. 포화지방, 트랜스지방, 콜레스테롤 등을 많이 섭취하는 식습관은 위험도를 낮추어준다. 반면 섬유소, 과일, 채소, 불포화지방, 항산화제를 적절히 섭취하는 식습관은 심장질환을 예방하는 효과가 있다.

2-3. 심장질환을 유발하는 식이지질 — 콜레스테롤과 포화지방, 트랜스지방산의 과잉 섭취는 심혈관계 질환의 위험을 증가시킨다. 이것은 이런 지질들이 혈청 콜레스테롤 수치에 영향을 주기 때문이다.

식이 콜레스테롤 — 콜레스테롤 섭취가 혈중 콜레스테롤에 미치는 영향은 개인의 유전적 차이에 따라 다르다. 식품을 통해 섭취하는 콜레스테롤이나 간에서 생성되는 콜레스테롤 모두 혈중 콜레스테롤에 영향을 준다. 일반적으로 음식을 통해 섭취하는 콜레스테롤의 3~4배 정도의 양이 인체 내에서 합성된다. 식이 콜레스테롤 양이 증가하면 간에서의 콜레스테롤 합성이 감소해 혈중 콜레스테롤 농도가 변하지 않기도 한다. 그러나 식품을 통해 섭취하는 콜레스테롤 양이 증가해도 간에서의 합성이 감소하지 않아 혈중 콜레스테롤이 증가하는 사람들도 있다.

포화지방 — 포화지방산 함량이 높은 식사는 간의 콜레스테롤 운반 지단백질 생성을 증가시키며, 간의 LDL 수용체 활성을 감소시키기 때문에 LDL 콜레스테롤이 혈액으로부터 제거되지 않는다. 따라서 포화지방 함량이 높은 식습관은 혈액의 LDL 콜레스테롤을 증가시켜 동맥경화의 위험을 증가시킨다. 포화지방의 섭취량을 줄이면 지단백질의 생성이 감소되고 LDL 수용체의 숫자는 증가되기 때문에 혈류로부터 더 많은 콜레스테롤이 제거될 수 있다.

트랜스지방산 — 트랜스지방산의 섭취가 심장질환 위험을 증가시키는 것은 혈중 콜레스테롤 수치에 영향을 미치기 때문이다. 트랜스지방산은 LDL 콜레스테롤을 증가시키며, 지나치게 많이 섭취했을 경우에는 HDL 콜레스테롤을 감소시키기까지 한다. 많은 연구조사에 의하면 트랜스지방산의 섭취가 포화지방산의 섭취보다 심장질환 위험도를 더 크게 증가시키는 것으로 나타났다. 이것은 트랜스지방산이 혈중 콜레스테롤을 증가시키며, 동맥경화의 주요한 위험인자인 염증 반응을 일으키기 때문이다.

전통적인 일본식은 열량의 10% 정도를 지방으로부터 섭취하고 있다. 반면 지중해의 그레타 섬에 살고 있는 사람들은 열량의 35% 이상을 지방으로부터 섭취하고 있다. 그리고 전통적인 이누이트 식단은 지방으로부터 60%나 되는 열량을 섭취하고 있다. 그러나 이들 문화권에서의 심장질환 발생률은 낮다.

2-4. 심장질환을 예방하는 식이지질 — 단일불포화지방산뿐만 아니라 오메가 6 또는 오메가 3 다가불포화지방산의 섭취는 심장질환의 위험도를 감소시킨다. 이런 예방 효과는 LDL 콜레스테롤을 감소시키고 HDL 콜레스테롤을 증가시키기 때문이며, 그

이외에 다른 역할을 하기도 한다.

오메가 6와 오메가 3 다가불포화지방 — 식이 중 포화지방을 다가불포화 지방으로 대체하면 혈중 LDL 콜레스테롤 수치가 감소한다. 그러나 오메가 6 지방산을 과도하게 섭취하면 HDL 콜레스테롤이 소량 감소하게 되는데, 이것은 심장질환 위험의 측면에서 볼 때 바람직하지 않다. 오메가 3 지방산은 LDL 수치는 감소시키나 HDL 콜레스테롤은 감소시키지 않는다. 오메가 3 지방산은 또한 동맥경화성 플라그의 성장을 예방해 심장질환의 위험을 감소시키며, 아이코사노이드가 심장질환을 예방해 주는 효과도 있다. 식품첨가물 형태로 섭취하는 것과는 달리 생선으로부터 오메가 3 지방산을 섭취하면 더욱 효과가 크다.

단일불포화지방 — 주로 올리브유를 사용하는 지중해 국가처럼 단일불포화지방을 많이 섭취하는 나라의 심장질환 사망률은 미국의 절반 정도이다. 이런 효능은 총 지방 섭취가 전체 에너지 섭취량의 40% 이상일 경우에도 마찬가지이다. 포화지방을 단일불포화지방으로 대체하면 건강에 이로운 HDL 콜레스테롤은 감소시키지 않으면서 건강에 해로운 LDL 콜레스테롤을 감소시키며, LDL 콜레스테롤이 쉽게 산화되지 않도록 한다. 그러나 지중해 국가와 미국의 심장질환 발병률의 차이는 단지 지방 섭취의 차이 때문만은 아니다. 전형적인 지중해식은 과일과 채소의 섭취가 많고, 동물성 식품의 섭취가 적으며 와인을 적당히 마신다. 또한 매일 운동을 하며, 스트레스가 적은 생활습관을 가지고 있다.

2-5. 심장질환 위험도에 영향을 주는 다른 식이 요인들 — 섬유소, 항산화제, 비타민 B 복합제가 풍부한 식품의 섭취나 적당한 알코올 섭취도 심장질환 위험도를 감소시킨다. 반면 소금과 설탕을 지나치게 많이 섭취하면 소금은 고혈압을 유발하고 설탕은 혈중 중성지방을 높이기 때문에 위험도를 증가시킨다.

식물성 식품 — 식물성 식품에는 심장질환을 예방하는 많은 식이성분들이 들어 있다. 과일과 채소, 통곡류, 두류는 섬유소, 비타민, 무기질, 식물화학물질의 좋은 급원이다. 두류와 과일 등에 들어 있는 수용성 섬유소는 혈청 콜레스테롤을 감소시켜 심장질환 위험을 감소시킨다. 식물성 식품에 들어 있는 비타민, 무기질, 식물화학물질은 LDL 콜레스테롤의 산화를 막는 항산화 기능이 있기 때문에 심장질환을 예방해 준다.

비타민 B 복합제 — 비타민 B_6, 비타민 B_{12}, 엽산을 적절히 섭취하면 혈액 중 호모시스테인의 농도를 낮게 유지시켜 주기 때문에 심장질환을 예방하는 데 도움을 준다. 호모시스테인의 농도가 높으면 심장질환 발병률이 증가하기 때문이다. 따라서 곡류나 과일, 채소를 충분히 섭취하는 것이 도움이 된다.

적절한 알코올 섭취 — 적절한 알코올 섭취는 스트레스를 감소시키고 HDL 콜레스테롤을 증가시키며 혈액응고를 감소시켜 심혈관계 질환의 위험도를 감소시킨다. 프랑스, 이탈리아, 그리스에서처럼 적포도주를 섭취했을 때 더 효과가 있다. 적포도주에는 폴리페놀이라는 식물화학물질이 다량 함유되어 있는데, 이것은 LDL의 산화를 예방하는 항산화제이며, 동맥경화를 예방하는 데에도 효과가 있는 것으로 추측되고 있다. 적절한 음주란 여성의 경우 하루 1잔, 남성의 경우 하루 2잔 이상을 초과하지 않는 것을 의미한다. 1잔은 맥주 1캔, 포도주 1잔, 소주 1잔의 분량을 말한다.

3. 식이지방과 암

암은 한국에서 사망 원인 1위를 차지하고 있다. 심혈관계 질환과 마찬가지로 식습관과 생활습관은 암 발병에 영향을 준다. 암의 30~40%가 식습관, 생활습관과 직접적인 연관이 있는 것으로 추정되고 있다. 과일과 채소를 많이 섭취하는 인구군은 암의 위험도가 낮은 경향이 있다. 과일과 채소에는 섬유소와 비타민 C, 비타민 E 같은 항산화제, β-카로틴과 같이 항산화 효과를 나타내는 식물화학물질들이 함유되어 있다. 반대로 동물성 지방을 많이 섭취하는 인구군은 암 발병률이 높다. 다행히 심혈관계 질환을 예방해 주는 식습관은 암도 예방해 준다.

3-1. 식이지방과 유방암 — 유방암은 전 세계 여성들에게 발생하는 주요한 암 중 하나이다. 유방암은 폐경 여성과 아이가 없는 여성 또는 아이를 늦게 가진 여성 그리고 유방암 가족력이 있는 여성에게서 많이 발생한다. 유방암은 고지방, 저섬유소 식습관을 갖고 있는 인구군에서 발병률이 높다. 지방 섭취가 적은 인구군에서는 발병률뿐 아니라 유방암 발병 후 생존률도 더 높다. 지방의 종류는 총 지방량만큼이나 유방암 발병에 중요한 영향을 미친다. 총 지방 섭취량은 미국과 비슷하지만, 단일불포화지방 함량이 높은 올리브유를 사용하는 지중해 지역의 여성들은 유방암 발병률이 낮다. 생선과 해산물로부터 얻는 오메가 3 지방산을 많이 섭취하는 식습관이 유방암을 예방하는 효과는 역학조사에 의해서도 확인되었다. 반면 트랜스지방산은 유방암 위험도를 증가시킨다.

3-2. 식이지방과 대장암 — 역학조사에 의하면 대장암은 고지방, 저섬유소식이와 관계가 있다. 포화지방의 함량이 높은 식이는 대장암과 전립선암의 발병률을 높인다. 대장 안에서는 박테리아가 식이지방과 담즙을 대사시키는데, 이 과정 중 종양촉진자로 작용하는 물질들을 만들어낸다. 고섬유소식이는 대변의 양을 증가시킴으로써 발암물질을 희석시켜 주며, 장 통과 시간도 감소시킨다. 이 두 가지 효과가 장점막이 위해물질에 노출되는 것을 줄여준다.

4. 식이지방과 비만

식이지방은 체중 증가와 비만의 원인으로 생각되어 왔다. 지방이 1g당 9kcal로 당질이나 단백질의 거의 2배에 달하는 열량을 갖고 있기 때문이다. 때문에 고지방 식품은 같은 양의 저지방 식품에 비해 열량이 높다. 고지방식이는 과식을 촉진하는 경향도 있는데, 이것은 지방으로부터 공급받는 열량은 탄수화물로부터 공급받는 열량에 비해 포만감이 적기 때문이다. 지방이 대사되는 방식 역시 체중 증가에 영향을 준다. 인체가 지방을 열량원으로 사용할 때는 에너지가 적게 들며, 잉여분의 식이지방은 아주 효율적으로 체지방으로 저장된다.

그러나 미국의 경우를 살펴보면, 지방의 섭취가 반드시 비만의 원인은 아님을 알 수 있다. 단기간의 임상실험에서는 지방 섭취의 감소가 열량 섭취를 감소시켜 체중을 감소시키는 것을 알 수 있다. 그러나 역학 연구에서는 식이지방과 체중 사이에는 상관관계가 나타나지 않는다. 섭취한 열량이 소비한 열량보다 많으면 체중이 증가하는데, 이때 여분의 열량이 지방이나 탄수화물, 단백질 중 무엇으로부터 왔는지와는 별개의 문제다. 과체중과 비만은 열량 섭취는 증가하면서 열량 소비는 감소하는 것이 그 원인이다.

7. 지방 섭취권장량

1. 지질 섭취권장량

필수지방산을 섭취하기 위해서나 지용성 비타민과 식물화학물질의 흡수를 돕기 위해, 그리고 열량을 공급받기 위해 우리는 지방을 섭취해야 한다. 지방을 최소량으로만 함유한 식단은 탄수화물 함량이 매우 높을 수 있으며, 맛도 없는 데다가 반드시 건강식인 것도 아니다. 지질의 영양 섭취 기준을 살펴보면, 우리나라의 경우 총 지방과 필수지방산의 에너지 적정 비율을 설정하고 필수지방산의 경우 영아와 임신부 또는 수유부에게서만 충분 섭취량을 설정하고 있다. 포화지방과 콜레스테롤, 트랜스지방에 대해서는 권장량이 정해져 있지 않으므로 가능한 한 섭취를 줄일 것을 권장하고 있다.

1-1. 총 지방 섭취권장량 — 영양 섭취 기준은 성인의 총 지방 섭취량을 열량의 15~25%로 권장하고 있다. 이 범위 이상의 지방 섭취는 포화지방의 섭취를 증가시키며, 열량을 과도하게 섭취하도록 만든다. 반면 지방을 15% 이하로 섭취하게 되면 비타민 E와 필수지방산의 섭취가 부족할 수 있으며, 또한 HDL과 중성지방 수치에 바람직하지 않은 변화를 초래할 수 있다.

성장을 해야 하는 어린이와 10대 청소년은 총 지방의 섭취권장량이 더 높은데, 1~2세의 경우 열량의 20~35%, 3~19세는 열량의 15~30%이다.

임신기나 수유기 동안 지방 섭취권장량은 증가하지 않지만, 필수지방산의 충분 섭취량은 비임신 여성에 비해 약간 높다. 노인의 경우 권장량은 변하지만 노인층에서는 영양 불량을 막기 위해 지방과 다른 영양소의 섭취가 적절한 균형을 이루어야 한다.

1-2. 필수지방산 섭취권장량 — 연령에 관계없이 오메가 3 지방산 섭취의 에너지 적정 비율은 0.5~1.0%이며, 오메가 6 지방산 섭취의 에너지 적정 비율은 4~8%이다. 오메가 3 지방산과 오메가 6 지방산의 섭취 비율은 1:4~10이 적당하다. 임신기와 수유기 동안 지방산 섭취는 태아, 영아의 건강에 매우 중요하므로, 이 시기에는 필수지방산의 충분 섭취량이 설정되었다. 오메가 3 지방산의 충분 섭취량은 임신부는 하루 2.1g, 수유부는 하루 2.4g이며, 오메가 6 지방산은 임신기에 하루 9g, 수유기에 하루 10g으로 설정하였다.

1-3. 콜레스테롤, 포화지방산과 트랜스지방산의 제한 — 콜레스테롤이나 포화지방 또는 트랜스지방은 영양 섭취 기준이 설정되어 있지 않다. 하지만 이러한 영양소들을 가능한 적게 섭취하라고 권장하고 있는데, 이는 이들의 섭취가 증가할수록 심장질환의 위험도 증가하기 때문이다.

- 다양한 식물성 식품이 풍부한 식단을 선택하세요.
- 채소와 과일을 많이 드세요.
- 건강한 체중을 유지하고 활동적으로 생활하세요.
- 알코올을 끊을 수 없다면 적당량만 드세요.
- 지방과 소금이 적은 음식을 선택하세요.
- 음식을 안전하게 조리하고 보관하세요.
- 담배는 안 된다는 점을 항상 기억하세요.

[표 4-3]··· 암 위험을 감소시키는 식습관 팁

식품 표시에 있는 식사 지침과 하루 섭취권장량은 포화지방으로는 열량의 10% 미만 그리고 하루에 콜레스테롤 300mg 이하 등 더 자세한 권장사항을 제시하고 있다. 트랜스지방에 관해서는 하루 섭취권장량이 정해지지 않았지만, 현재의 평균치인 하루 5.8g 또는 열량의 2.6%를 넘지 않을 것을 권장하고 있다.

2. 특정 질환 예방지침

암 위험도를 낮추기 위한 식습관 권장사항이 [표 4-3]에 정리되어 있다. 심장질환의 위험이 있는 사람들은 식습관과 생활습관을 변화시킬 필요가 있다[표 4-4]. 그러나 콜레스테롤 수치가 극도로 높거나 생활습관의 변화가 효과를 보이지 않는 사람들에게는 약물치료가 필요하다.

3. 권장량을 건강식에 활용하기

2001년도 국민건강 영양조사에 의하면 우리나라 국민들의 지방 평균 섭취량은 총 열량의 19.5%로 권장 범위에 속한다. 하지만 동물성 식품의 섭취 비율이 계속 증가하면서 지방급원도 동물성으로 변화하고 있다. 혈중 콜레스테롤 수준도 증가하는 경향을 보이고 있다. [표 4-5]는 건강한 지방 선택을 위한 몇 가지 제안을 하고 있다.

3-1. 첨가 지방을 조심스럽게 선택한다 — 건강한 식습관을 유지하기 위해서는 지방의 양과 종류를 지켜야 하는데, 특히 기름, 버터, 마가린, 소스, 샐러드 드레싱을 선택할 때 조심해야 한다. 요리할 때 지방의 사용을 줄이면 총 지방 섭취량을 감소시킬 수 있다. 또한 단일불포화지방이 풍부한 카놀라유나 올리브유 또는 다가불포화지방이 풍부한 콩기름 같은 식물성유를 버터 대신 사용하면 불포화지방의 섭취를 늘릴 수 있다. 콩기름과 카놀라유는 오메가 3 지방산의 좋은 급원이기도 하다. 또한 트랜스지방 함량이 낮은 지방 등을 선택하면 트랜스지방의 섭취를 줄일 수 있다.

3-2. 단백질 급원을 현명하게 선택한다 — 육류와 유제품은 포화지방과 콜레스테롤의 주요 급원이다. 육류에서 비계를 떼어 버리거나, 기름기가 적은 부위를 선택하거나, 닭고기의 껍질을 제거하면 총 지방과 포화지방의 함량을 감소시킬 수 있다[표 4-6]. 또한 탈지유나 저지방 우유를 선택하는 것도 총 지방과 포화지방뿐 아니라 콜레스테롤

[표 4-4]…혈중 콜레스테롤을 감소시키기 위한 권장사항

요인	권장사항
포화지방	총 열량의 6% 이하
다가불포화지방	총 열량의 6% 내외
단일불포화지방	총 열량의 10% 이하
총 지방	하루 200mg 이하
단백질	총 열량의 15~20%
당질	총 열량의 60~65%
수용성 섬유소	하루 10~25g
식물 스테놀	하루 2g
나트륨	하루 2,400mg 이하
총 열량	바람직한 체중을 유지할 수 있는 범위
운동	하루 200kcal에 대응하는 정도

의 섭취를 감소시켜 준다. 생선과 해산물을 섭취하면 포화지방은 줄이면서 심장 보호 기능을 하는 긴 사슬 오메가 3 지방산은 더 많이 섭취할 수 있다. 오메가 3 지방산은 연어, 송어, 청어 같은 등푸른 생선에 많이 들어 있다[표 4-1]. 두류 같은 식물성 단백질원을 선택하는 것도 총 지방과 포화지방, 콜레스테롤을 제한할 수 있는 방법이며, 견과류와 종실류는 오메가 3 지방과 단일불포화지방의 급원이다.

3-3. 가공식품을 조심한다 — 보통 통곡류, 과일, 채소는 총 지방과 포화지방의 함량이 낮고, 콜레스테롤은 들어 있지 않다. 그러나 이러한 식품도 가공 과정이나 조리 과정 중에 지방이 첨가되기 때문에 선택할 때 조심해야 한다. 특히 가공식품은 지방의 주된 급원이다. 곡류식품군 중에서도 피자나 치즈를 얹은 스파게티, 볶음밥 등은 지방 함량이 높다. 도넛이나 쿠키 같은 과자류도 지방이 첨가된 곡류 식품이다.

과일군 중에서는 신선한 과일은 지방 함량이 낮지만, 과자 안에 들어가는 과일은 지방, 트랜스지방, 설탕의 섭취량을 증가시킨다. 대부분의 신선한 채소에는 지방이 거의 없다. 지방 함량이 높은 채소인 올리브나 아보카도는 단일불포화지방을 함유하고 있는데, 조리나 가공 과정 중 흔히 지방이 첨가된다. 프렌치후라이와 어니언링처럼 빵가루를 입혀 튀겨낸 채소들은 지방과 에너지 함량이 높은데, 튀김에 어떤 기름을 사용했느냐에 따라 트랜스지방의 급원이 될 수도 있다[표 4-5]. 이러한 음식들을 신중하게 선택함으로써 섭취하는 지방의 종류나 양 모두 권장 범위 안에 유지할 수 있다.

4. 지방 함량을 줄인 식품들

시중에는 지방 함량을 줄인 식품이나 지방을 없앤 식품들이 많다. 저지방 우유 같은 경우는 단순히 지방을 제거하여 만들어진다. 또는 맛이나 질감이 지방과 비슷한 다른 재료로 식품의 지방을 대체하는 경우도 있다. 이러한 지방 대체물들은 탄수화물이나

[표 4-5]…현명하게 지방 선택하기

콜레스테롤, 트랜스지방, 포화지방 줄이기
육류를 고를 때에는 지방 함량이 적은 살코기를 선택한다.
닭과 생선을 선택한다. 껍질은 먹지 않는다.
일주일에 한 번 채식을 한다. 콩 등 단백질 급원 채소는 트랜스지방과 포화지방이 적고 콜레스테롤이 들어 있지 않다.
저지방 유제품을 선택한다.
트랜스지방이 없는 지방을 선택한다.
트랜스지방을 함유한 가공식품의 섭취를 줄인다.
단일불포화지방산과 다가불포화지방산 늘리기
요리에는 올리브유, 땅콩유 또는 카놀라유(단일불포화지방 함량이 높다)를 선택한다.
빵이나 과자를 구울 때는 콩기름, 해바라기유(다가불포화지방산이 높다)를 선택한다.
견과류와 씨앗류의 간식을 먹는다.
샐러드에 올리브, 아보카도, 견과류, 씨앗류를 첨가한다.
충분한 오메가 3 지방산 섭취하기
매주 생선을 먹는다.
저녁식사에 푸른 잎 채소를 먹는다.
요리에 호두를 첨가한다.
총 지방섭취 살피기
튀기는 대신 굽거나 바비큐를 하거나 로스트하거나 찌거나 전자레인지를 사용한다.
아이스크림은 조금만 먹는다.
감자는 기름에 튀기는 대신 오븐에 구워 먹는다.
버터의 사용량을 반으로 줄인다.

단백질로 만들어지기 때문에 열량이 낮다. 지방 대체물이 지질인 경우도 있는데, 이런 지질들은 소화나 흡수가 잘 되지 않는다.

4-1. 탄수화물로 만든 지방 대체물질 — 식품에 함유되어 있는 지방의 질감을 비슷하게 하는 방법 중 하나가 지방 중 일부를 셀룰로오스, 덱스트린, 펙틴, 검 또는 변성 전분으로 대체하는 방법이다. 이런 물질들은 탄수화물이기 때문에 1g당 4kcal의 열량을 내지만, 보통 물과 함께 혼합하여 사용하므로 실질적으로는 1~2kcal 밖에 내지 않는다. 탄수화물로 된 지방 대체물질들은 빵이나 과자, 샐러드 드레싱, 소스, 아이스크림 등에 이용된다.

[표 4-6]…포화지방의 섭취를 줄이기 위한 식품 선택

고지방 식품 (1회 분량)	포화지방 (g)	총 지방 (g)	에너지 (kcal)	저지방 대체 식품 (1회 분량)	포화지방 (g)	총 지방 (g)	에너지 (kcal)
지방을 제거하지 않은 스테이크, 익힌 것 60g	3.4	9.1	150	지방을 제거한 스테이크, 익힌 것 60g	1.0	3.0	109
쇠고기 간 것(지방 25%), 익힌 것 60g	5.4	13.6	186	쇠고기 간 것(지방 4%), 익힌 것 60g	1.4	2.4	87
튀긴 닭가슴살(껍질 포함), 60g	2.3	8.6	171	구운 닭 가슴살(껍질 제거), 84g	0.7	2.8	106
생선(튀긴 것) , 50g	0.8	3.3	89	생선(구운 것), 50g	0.2	0.8	70
우유 1컵	4.6	8	146	저지방우유 1컵	1.5	4	102
버터 1작은술	2.4	3.8	34	무 트랜스지방 마가린 1작은술	0.5	3.8	34
아이스크림, 1/2컵	4.5	7.3	133	저지방 프로즌 요구르트 1/2컵	0.7	1	98
구운 감자와 사워크림, 중 1개	3.5	5.6	169	구운 감자, 중 1개	0	0.2	113
설탕 입힌 도너츠, 대 1개	8.4	22	412	베이글, 대 1개	0.2	1	195
라면 1컵	2.2	7.8	213	계란면 1컵	0.5	2.4	213
크림소스 스파게티 1컵	4.5	20	368	토마토소스 스파게티 1컵	0.7	5	250

4-2. 단백질로 만든 지방 대체물질 — 단백질 역시 지방과 비슷한 효과를 내기 위해 사용되어 왔다. 보통 열이나 여과, 고속 혼합에 의해 변성시킨 계란 흰자와 우유 단백질로 만들어진다. 물과 섞어 사용하기 때문에 1g당 1.3kcal 정도의 열량을 낸다. 냉동과자류, 치즈로 만든 식품과 그 밖에 여러 제품에 사용되는데, 열은 이러한 단백질을 분해시키기 때문에 요리에는 사용할 수 없다.

4-3. 지방으로 만든 지방 대체물질 — 지방 대체물질 중 일부는 소화와 흡수율을 감소시키기 위해 변형시킨 지방으로 만들어진다. 카프레닌(caprenin) 같은 것은 글리세롤 뼈대에 소화가 잘 되지 않는 지방산 3개가 붙어 있는 형태이다. 지방산의 일부분만 흡수되기 때문에 1g당 5kcal의 열량을 낸다.

인공 지방인 올레스트라는 사람의 소화효소나 소화관 내에 있는 박테리아의 효소로도 소화가 되지 않기 때문에 열량을 내지 않는다. 따라서 흡수가 되지 않고 대변을 통해 배출된다. 올레스트라의 문제점 중 하나는 다른 지용성 물질들, 즉 비타민 A, D, E, K 같은 물질들의 소화까지 감소시킨다는 점이다. 이런 흡수 저해를 막기 위해 올레스트라에는 이런 비타민들이 강화되고 있다. 올레스트라의 또 다른 문제점은 소화관을 자극해 설사를 유발할 수 있다는 것인데, 이것은 올레스트라가 흡수되지 않은 채로 대장으로 내려가기 때문이다.

4-4. 건강식에서 지방 함량을 줄인 식품의 역할 — 지방 섭취를 줄이기 위해 사람들은 흔히 지방 함량을 줄였거나 변화시킨 식품을 선택한다. 이런 식품 중 일부는 건강

식에 중요한 기여를 할 수 있다. 예를 들어, 저지방 유제품은 보통 유제품에 들어 있는 모든 필수영양소는 들어 있으면서 열량은 낮고, 포화지방과 콜레스테롤 함량도 낮기 때문에 권장할 만하다. 이러한 식품의 선택은 식단의 영양밀도를 높여 준다. 그러나 지방 함량을 줄인 식품이 모두 영양밀도가 높은 것은 아니며, 이러한 식품을 선택한다고 해서 형편없는 식습관이 건강식으로 둔갑하는 것도 아니다. 통곡류나 과일, 채소 대신 이러한 저지방 디저트나 스낵만을 먹는다면, 지방의 섭취만 낮아지는 것이 아니라 섬유소, 비타민, 무기질, 그리고 식물화학물질 등의 섭취도 줄어드는데, 이러한 식습관은 만성질환의 원인이 될 수 있다. 그러나 제대로 사용하기만 한다면 건강식에 도움이 된다. 예를 들어, 지방 함량이 높은 샐러드 드레싱 대신 저지방 샐러드 드레싱을 고른다면 지방이나 열량 증가 없이 영양가가 높은 샐러드를 먹을 수 있다. 평범한 감자칩 대신 무지방 감자칩을 먹으면 지방과 열량 섭취를 줄일 수 있다. 여분의 열량으로는 과일, 채소, 통곡류를 섭취하면 전반적인 식습관이 향상된다. 그러나 체중 감량을 위해 지방 함량을 줄인 식품들을 선택할 때에는 이러한 식품들이 열량이 전혀 없는 것은 아니기 때문에 얼마든지 섭취해도 좋다는 것은 아니라는 점을 기억해야 한다.

사례연구후기

K군의 친구나 친척들의 조언은 항상 지킬 수 있는 내용이 아니다. K군은 장기간 꾸준히 지킬 수 있는 방향으로 식습관과 생활습관을 변화시켜야 한다. 심장을 건강하게 해 주는 식습관을 유지하기 위해 여자친구가 조언한 것처럼 채식주의자가 될 필요는 없다. 그러나 과일과 채소를 더 많이 먹고 매일매일 고기 먹는 것을 그만두어야 한다. 연구실 동료의 제안과는 달리 식습관에서 지방을 모두 제거할 필요는 없다. 그러나 포화지방과 콜레스테롤, 트랜스지방의 섭취를 줄이고, 단일불포화지방과 다가불포화지방의 섭취를 늘리기 위해서 식품 선택을 변화시키는 것이 중요하다. 어머니가 조언한 것처럼 마가린을 먹지 않으면 트랜스지방 섭취를 줄일 수 있지만, 식품 표시를 잘 살펴 트랜스지방이 없는 마가린을 선택하면 여전히 마가린을 즐겨 먹을 수 있다. 룸메이트가 조언한 것처럼 생선을 먹게 되면 심장 건강에 좋은 지방 섭취에 도움이 되며, 여동생이 제안한 지중해식에서 많이 먹는 올리브유는 단일불포화지방산의 섭취를 크게 늘려줄 수 있다. 이번 장에서 공부한 내용을 바탕으로 K군은 친구들이나 친척들이 해준 많은 조언들을 받아들였다. 이제 과일과 채소, 생선을 더 많이 먹고 건강에 좋은 지방을 선택하며, 정기적인 운동을 시작했다. 지난 6개월 간 그는 체중을 4.3kg 감량하였고, 총 콜레스테롤 수치도 185mg/dl로 감소하였다.

연습문제

1 식품에서 지방의 두 가지 기능을 말해 보시오.
2 지질이란 무엇인가?
3 인체에 포함되어 있는 지질의 종류는 무엇인가?
4 포화지방이 단일불포화지방이나 다가불포화지방과 다른 점은 무엇인가?
5 트랜스지방산의 함량을 증가시키는 가공법은 무엇인가?
6 인체에서의 지방의 기능을 세 가지 설명하시오.
7 인체에서 열량 저장 방법으로 탄수화물 대신 지방을 사용하는 이점은 무엇인가?
8 지방의 소화와 흡수에서 담즙산의 역할을 무엇인가?
9 HDL은 LDL과 어떻게 다른가?
10 혈중 LDL과 HDL의 농도는 심혈관계 질환의 위험도와 무슨 관계가 있는가?
11 콜레스테롤을 함유하고 있는 식품은?
12 동맥경화성 플라그는 어떻게 형성되는가?
13 총 지방 섭취의 에너지 적정 비율은?
14 단일불포화지방의 급원식품과 오메가 3 지방산의 급원, 콜레스테롤의 급원식품의 예를 각각 2가지씩 드시오.

Chapter 5

Proteins and Amino Acids

사례연구

T양(여, 21세)은 최근에 소말리아에서 평화봉사단 생활을 시작했다. 그녀는 시골 지역의 보건소에서 어린이들을 돌보는 역할을 맡았다. 그녀는 2살 된 손지라는 남자아이를 보고 정말 놀랐다. 머리카락 색깔이 이상한 데다 다리는 앙상하면서 배는 너무 부풀어 올라 마치 임신한 것처럼 보일 정도였다. 손지와 그의 어린 동생은 엄마와 다른 형제들과 같이 캠프촌에서 살았다. 어머니는 손지의 증상이 어린 동생이 태어난 직후에 시작되었다고 한다. 눈이 퀭한 것을 보면 충분히 못 먹고 있다는 것을 알 수 있었는데, 어째서 그의 배는 그렇게 부풀었을까?

보건소의 간호사는 T양에게 손지는 단백질-에너지 결핍증을 앓고 있다고 설명해 주었다. 그의 남동생이 태어나자 손지는 모유를 더 이상 먹지 못하게 되었고 단백질이 많은 모유 대신 캠프촌의 음식을 먹게 되었는데, 이는 주로 전분과 섬유질로 이루어진 것이었다. 그 결과 그의 단백질 섭취량은 급격히 줄었고 더 이상 신체가 성장하는 데 필요한 만큼의 단백질이 공급되지 않았다. 손지의 배는 물이 차서 부풀어 올랐고, 간에는 지방이 축적되었다. 손지의 혈액 속에는 물을 혈관에 잡아둘 만큼 충분한 단백질이 없었다. 게다가 간에 들어간 지방을 운반할 단백질도 없어서 간이 지방으로 차게 된 것이다. 눈에 크게 띄지는 않아도 작은 변화들이 계속 일어나고 있었다. 적당한 단백질이 없어서 손지의 면역체계는 정상적으로 작동하지 못한다. 결과로 그는 감염성 질환에 더 잘 걸리게 되었고 캠프에서 제공하는 백신들이 효과를 나타내기 어려웠다. T양은 왜 손지의 형이나 누나들이 같은 탄수화물 식사를 먹었는데도 손지와 같은 증상이 나타나지 않는지 궁금했다. 간호사는 그의 형제들은 나이가 많아서 소화할 수 있는 음식량이 많고 칼로리당 단백질의 필요량이 손지보다 적기 때문에 캠프의 식사만으로도 단백질 필요량을 맞출 수 있다고 하였다. 손지의 영양소 부족 증상을 해소하기 위하여 보건소에서는 특수한 고단백질 음료를 일반 식사에 더하여 먹게 하였다. 그랬더니 몇 주가 지나자 그의 부풀었던 배는 줄어들기 시작했다.

제 5 장 단백질과 아미노산

학습목표

1. 현대 식사에서 단백질의 급원이 무엇인지 안다.
2. 아미노산과 폴리펩티드, 단백질의 일반 구조에 대하여 이야기할 수 있다.
3. 왜 일부 아미노산은 꼭 식사로 먹어야 하는지를 설명할 수 있다.
4. 아미노산 풀에 들어가는 아미노산의 급원과 풀에서 나온 아미노산의 이용에 대하여 설명할 수 있다.
5. 유전자 표현과 단백질 합성에서 유전자의 역할을 이해한다.
6. 단백질의 기능을 설명할 수 있다.
7. 단백질 에너지 영양불량을 정의하고 왜 어린아이들에게는 이 증상이 더 빨리 나타나는지를 설명한다.
8. 단백질 필요량 측정 방법과 단백질의 질이 필요에 미치는 영향을 설명할 수 있다.
9. 각자의 식사를 돌아보고 동물성 단백질을 상보적인 식물성 단백질로 바꿔 본다.
10. 채식주의 식단의 장점과 위험성에 대하여 토의할 수 있다.

1. 현대 식사에서의 단백질

단백질 결핍증은 식량 공급이 원활하고 다양한 식품을 구매할 수 있는 산업화된 국가에서는 보기 드문 현상이다. 우리나라와 선진국에서는 고기와 달걀 그리고 유제품을 통해서 동물성 단백질을 충분히 공급받으며, 두류와 곡류 그리고 야채로 식물성 단백질을 제공받는다. 심지어 채식주의자들도 매일의 단백질 필요량을 맞출 수 있도록 단백질 음료나 단백질 정제, 단백질 파우더 등이 건강식품 가게의 선반을 채우고 있다. 단백질 식품을 먹으면 집중력이 높아지고 머리카락에 윤기가 나며 체중을 줄이는 데 도움을 준다고 알려져 있다. 단백질은 탄수화물이나 지방처럼 살을 찌게 만드는 주범도 아니고 충치를 유발하지도 않으며 관상동맥과 관련된 심장병을 유발하는 인자로 지목되지도 않는다. 이런 보도들로 인해 소비자들은 종종 단백질 보충식품을 건강식품이라는 말과 동의어로 여긴다. 단백질과 관계된 영양 문제에 대하여 알아보자.

1. 식이 단백질의 급원

음식 내 단백질은 맛과 질감, 음식 형태와 색을 결정한다. 곡류 단백질은 제과류와 빵의 구조를 형성하며, 달걀 단백질은 열에 의해 응고된다. 크림 내 단백질도 휘핑 시 거품이 나게 만들고, 근육에서 철분을 가지는 미오글로빈은 육류 특유의 붉은색을 나타낸다.

제3세계에서는 대부분의 단백질 식품급원으로 곡류와 야채를 이용한다. 이들은 동물성 단백질보다 싸고 쉽게 얻을 수 있다. 예를 들어 멕시코의 농촌 지역에서 대부분의 단백질은 콩과 쌀 그리고 또띠야에서 온다. 인도인의 단백질은 렌즈콩과 쌀에서 온다. 중국에서는 쌀과 소량의 고기 및 대두가 단백질 주 공급원이다. 경제적으로 번성하는 국가로 갈수록 식품 중에서 동물성 급원이 차지하는 비율은 커져간다.

2. 식물성 급원과 동물성 급원의 장단점

[그림5-1]…식물성 단백질과 동물성 단백질

미국에서 식이 단백질의 2/3는 고기, 가금류, 생선, 달걀과 유제품 및 다른 동물성 급원이며 이 동물성 식품들은 단백질 함량이 높다. 예를 들어 달걀 1개에는 7g의 단백질이 들어 있고 우유 한 컵에는 8g, 고기 85g에는 약 20g의 단백질이 있다[그림5-1].

곡류나 콩과 같은 식물성 식품들도 중요한 단백질 급원이다. 렌즈콩이나 대두, 땅콩과 말린 콩류들은 반 컵당 6~10g의 단백질이 있고 견과류와 종실에도 1/4컵당 5~10g의 단백질이 있다. 심지어 빵이나 쌀, 파스타 반 컵에도(또는 빵 1장당) 2~3g의 단백질이 들어 있다.

식이 내 단백질의 질은 같이 먹는 영양소들이 무엇인가에 따라 달라진다. 동물성 식품은 아주 좋은 비타민군과 아연, 철, 칼슘과 같은 무기질의 급원이다. 그러나 동물성 단백질은 섬유질이 낮고 종종 포화지방과 콜레스테롤이 많아 심장질환의 위험도를 증가시키는 경향이 있다. 식물성 단백질 급원은 대개 비타민 B군이나 철, 아연, 칼슘 등이 많기는 하지만 단백질 자체가 흡수가 잘 되지 않는 형태로 존재한다. 그러나 좋은 식물성 단백질 급원식품들은 대개 섬유질과 식물화학물질들, 불포화지방이 많아 건강 증진에 도움이 되는 것들이 많다.

2. 단백질 분자

단백질 분자는 스테이크에 있든 강낭콩에 있든, 아니면 사람의 몸을 구성하는 것이든 모두 다 **아미노산**들이 사슬 모양으로 연결되어 구부러지거나 꼬인 구조를 가진 1개 또는 그 이상의 덩어리 구조로 되어 있다. 각 단백질의 아미노산 사슬은 유형에 따라서 특징적인 수와 비율을 가지며 특정한 순서대로 연결되어 있다. 이 아미노산의 사슬이 특별한 방향성을 가지고 구부러졌을 때 특정 아미노산의 3차원적인 구조를 가지며, 이는 그 단백질이 특정한 기능을 수행하는 데 꼭 필요한 구조가 된다. 수와 비율 그리고 아미노산의 순서가 변함에 따라 변화는 무한한 다른 구조를 가진 단백질 분자를 만들어낼 수 있다. 탄수화물이나 지방처럼 단백질 분자도 탄소와 수소 그리고 산소의 기본적인 원소를 가지고 있다. 그러나 단백질은 여기에 더하여 구조 속에 질소를 가지고 있기 때문에 탄수화물이나 지방과 같은 에너지를 낼 수 있는 영양소들과 구별된다.

아미노산(amino acid)…단백질의 구성 분자가 되는 물질. 모든 아미노산은 중심 탄소원자 주위로 수소, 아미노기, 산기와 곁가지가 달려 있다.

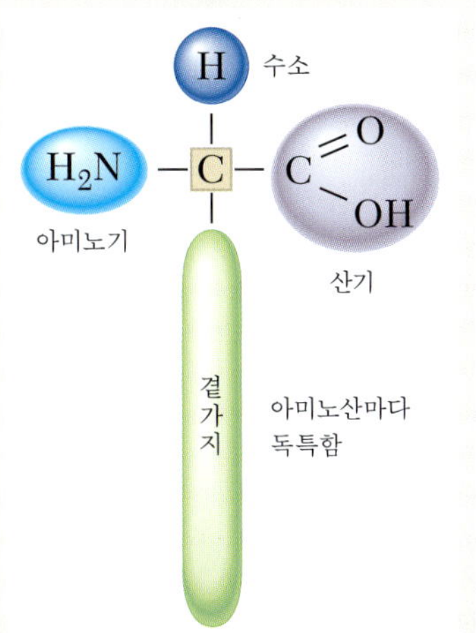

[그림 5-2]…모든 아미노산은 비슷한 구조를 가지며, 곁가지만은 구조가 다르다.

1. 아미노산 구조

대략 20여 가지의 아미노산이 단백질에서 공통적으로 발견된다. 각 아미노산은 1개의 탄소원자가 4개의 다른 화학기와 결합하고 있다. 즉 수소, 질소를 가진 아미노기, 산기, 그리고 네 번째로 길이와 구조가 다양한 곁가지이다[그림 5-2]. 곁가지는 각 아미노산마다 특수한 성질을 부여하는 역할을 한다.

약 20여 개의 아미노산 중에 9가지는 성인의 체내에서는 만들어지지 않는다. 이들 아미노산을 **필수 아미노산**이라고 부르는데, 반드시 식이로 섭취해야 하는 것이다[표 5-1]. 만약 식이 내에 한 가지 이상의 필수 아미노산이 부족하면 이들을 포함하는 새 단백질은 기존의 체단백질을 분해하여 부족한 필수 아미노산을 공급받지 않으면 만들어질 수 없다. 11개의 **불필수 아미노산**은 인체 내에서 만들어질 수 있고 식이로 꼭

필수 아미노산(essential amino acid)…사람의 체내에서 충분한 양이 합성되지 않아 반드시 식이를 섭취해야 건강을 유지할 수 있는 아미노산

불필수 아미노산(nonessential amino acid)…사람의 체내에서 필요한 만큼 충분한 양이 생산되는 아미노산

[표 5-1]…필수 아미노산과 불필수 아미노산들

필수 아미노산	불필수 아미노산
히스티딘	알라닌
이소루이신	아르기닌
루이신	아스파라긴 *
라이신	아스파르트산(아스파테이트)
메티오닌	시스테인(시스틴) *
페닐알라닌	글루탐산(글루타메이트)
트레오닌	글루타민 *
트립토판	글리신 *
발린	프롤린 *
	세린
	타이로신 *

* 식품영양보건국에 의하면, 이 아미노산들은 조건에 따라서 필수 아미노산의 역할을 하기도 한다(참조: 식이섭취역주 2002년)

[그림 5-3]…아미노기의 전이과정

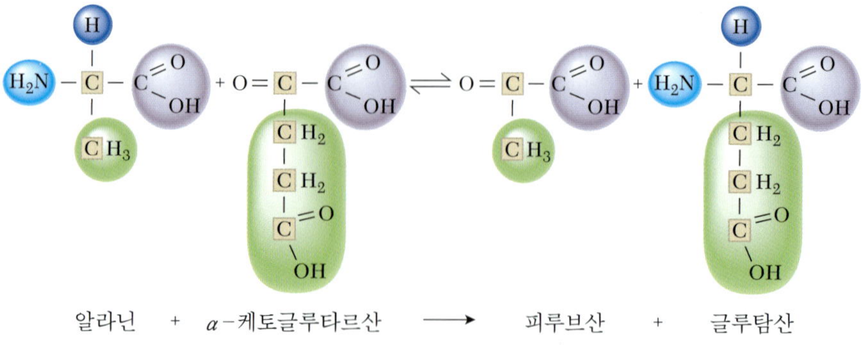

$$H_2N-CH(CH_3)-COOH + O=C(COOH)-CH_2-CH_2-COOH \rightleftharpoons O=C(CH_3)-COOH + H_2N-CH(COOH)-CH_2-CH_2-COOH$$

알라닌 + α-케토글루타르산 ⟶ 피루브산 + 글루탐산

먹지 않아도 된다. 새로운 신체 단백질 합성을 위해 식사에는 없는 불필수 아미노산이 필요하면 그때그때 맞추어 합성해낼 수 있다.

대개의 불필수 아미노산들은 **아미노기 전이반응**을 통하여 만들어진다. 아미노기 전이반응은 한 아미노산으로부터 탄소 골격을 가진 다른 분자에게 아미노산을 전달함으로써 다른 아미노산을 만들어내는 과정이다[그림 5-3].

아미노기 전이반응(transamination)…한 아미노산의 아미노기가 탄소구조물로 전달되어 새로운 아미노산을 형성하는 반응

일부 아미노산들은 **조건부 필수 아미노산**이기도 하다. 이들은 일정 상태 하에서는 반드시 필요한 아미노산이다. 예를 들어 타이로신은 체내에서 만들어질 수 있는데, 이는 필수 아미노산인 페닐알라닌으로부터 만들어진다. 만약 페닐알라닌의 섭취가 적게 되면 타이로신은 만들 수 없게 되고 따라서 이 상태에서는 타이로신이 필수 아미노산이 되는 것이다. 동일하게 시스테인은 필수 아민노산인 메티오닌이 부족할 때에는 필수 아미노산이 된다. 일부 아미노산들은 생애의 일정한 기간에만 필수적이다. 예를 들어 대사 이상이라든가 육체적인 스트레스, 또는 미숙아로 태어났을 때 등과 같은 경우 필수적으로 식사로 공급해야 하는 아미노산들이 있다.

조건부 필수 아미노산(conditionally essential amino acid)…특정한 조건이나 생애주기에 충분한 양을 체내에서 합성할 수 없어서 식사로 보충되어야만 하는 아미노산

2. 단백질의 구조

단백질을 형성하기 위해서는 아미노산들이 펩티드 결합이라는 특수한 화학적인 결합을 통해 연결되어야 한다. 이 결합은 한 아미노산의 산기와 다음 아미노산의 아미노기 질소 사이에 형성된다[그림 5-4]. 두 개의 아미노산이 펩타이드 결합에 의해 연결되었을 때 이들은 **디펩티드**라고 부른다. 세 개 아미노산이 연결되면 **트리펩티드**가 되고 수많은 아미노산이 연결되면 **폴리펩티드**를 이룬다.

디펩티드(dipeptide)…아미노산 두 개가 펩티드 결합에 의하여 연결된 것
트리펩티드(tripeptide)…아미노산 세 개가 펩티드 결합에 의하여 연결된 것
폴리펩티드(polypeptide)…네 개 이상의 아미노산이 펩티드 결합에 의하여 연결되어 사슬을 형성한 것

단백질은 한 개 또는 그 이상의 폴리펩티드 사슬이 3차원적인 구형 모양으로 구부러져서 만들어진다[그림 5-4]. 폴리펩티드를 구성하는 아미노산의 순서와 화학 성질은 이 펩티드가 구부러진 모양을 결정한다. 구부러짐과 접혀짐은 아미노산 간에 서로 잡아당김이나 반발하는 힘 때문에 생겨난다. 예를 들어 사슬 내에 있는 아미노산들이 일정 간격을 두고 서로 잡아당기는 성질이 있으면 사슬은 전화줄처럼 꼬이게 된다. 친수성 성질을 가진 아미노산들은 사슬의 바깥쪽으로 배치되어 체액과 잘 접촉하게 된다. 반면 물에 반발력을 가진 아미노산들은 구부러진 안쪽에 배치되어 체액과의 접촉이 최소로 된다. 폴리펩티드 사슬이 구부러진 후 여러 개의 사슬은 서로 결합하여 최종 단백질 분자를 형성한다.

최종 단백질의 형태는 그 기능을 결정한다. 예를 들어 결합조직의 주 단백질인 콜

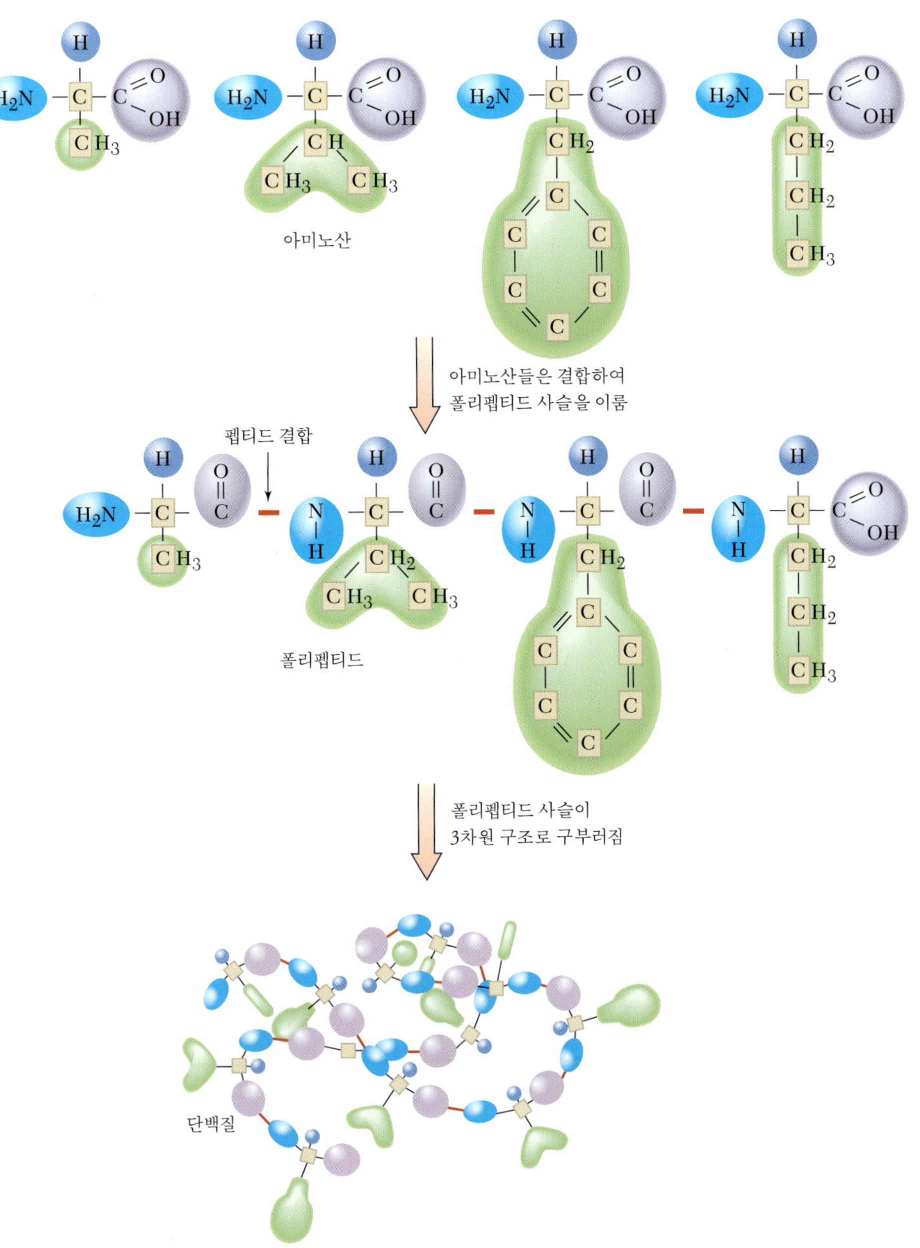

[그림 5-4]…단백질의 구조. 단백질 속 아미노산들은 펩티드 결합에 의해 연결되어 폴리펩티드를 형성한다. 폴리펩티드 사슬이 구부러지면서 단백질의 3차원적 구조가 만들어진다.

라겐과 α-케라틴은 긴 원통 모양을 가져서 이들이 손톱이나 인대의 단단한 성질을 부여한다. 혈액을 운반하는 헤모글로빈 단백질은 둥근 구조를 가지고 있는데, 이 구조는 적혈구 내에서 헤모글로빈이 제대로 역할하는 데 꼭 필요하다. 만약 단백질의 구조가 변형되면 기능이 파괴된다. 예를 들어 겸상 적혈구 빈혈증과 같은 유전 질환은 헤모글로빈 분자의 아미노산 한 개가 돌연변이를 일으켜 다른 아미노산으로 대치되고, 그 결과 단백질이 구형이 아닌 긴 초승달 모양으로 변하였다. 그러므로 정상적인 원반형 헤모글로빈이 아니라 원통형 헤모글로빈 단백질을 가진 적혈구들은 초생달 모양으로 구부러진다[그림 5-5]. 막대 모양의 적혈구들은 모세혈관을 막아 부종과 고통을 동반하며 또한 적혈구 자체가 쉽게 파괴되어 적혈구 부족에 의한 빈혈증을 유발하게 된다.

온도를 높인다거나 산도의 변화 또는 알코올의 존재 등과 같은 물리적 환경이 달라지면 단백질의 구조도 변한다. 단백질 구조가 변화하는 것을 **변성**이라고 한다. 자연

변성(denaturation)…단백질의 3차원적 구조에 변화가 생기는 것을 의미

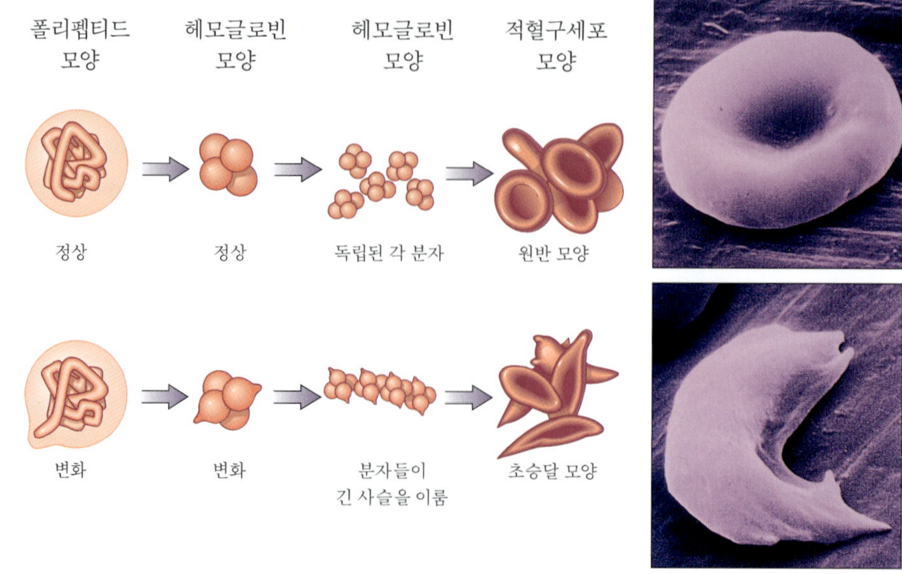

[그림 5-5]…겸상 적혈구 빈혈증. 헤모글로빈을 이루는 아미노산 순서가 바뀌면서 헤모글로빈의 모양과 기능이 달라지게 된다. 겸상 적혈구에서는 긴 아미노산 사슬이 적혈구의 모양을 변화시킨다.

[그림 5-6]…달걀을 요리하면 난백 단백질이 열에 의해 변성되어 색과 질감이 달라진다.

적인 구조에서 자극에 의한 변화된 구조를 가지면서 성질이 변화한다는 뜻이다. 음식물을 가열하면 단백질이 변화하며 형태와 물리적인 성질이 변한다. 예를 들어 생달걀의 흰자는 투명하고 액체이지만 조리에 의해 변성되면 불투명한 흰색과 단단한 질감을 가지게 된다[그림 5-6].

3. 소화관의 단백질

음식물의 형태로 소화관에 들어온 단백질과 분비된 소화액 내 단백질 그리고 탈피된 장점막 상피 세포들에서 나온 단백질은 소화효소들이 쉽게 작용할 수 있도록 자연적인 접힘 구조를 열게 된다. 그 근원이 어디였든 단백질들은 혈액으로 들어가기 전에 분해되어 아미노산으로 전환되어야 한다.

1. 단백질의 소화

단백질의 소화는 위장에서부터 시작된다. 위장에서 염산은 단백질을 변성시켜 접힘 구조를 풀고 효소가 쉽게 작용할 수 있는 열린 구조로 만든다. 산은 또한 단백질을 분해하는 효소인 펩신을 활성화시킨다. 펩신은 단백질을 폴리펩티드와 아미노산으로 분해하는 효소이다. 폴리펩티드가 소장으로 들어가면 그들은 췌장 단백질분해효소인 트립신이나 키모트립신에 의해 더 작은 폴리펩티드들로 분해된다. 소장 융모의 단백질분해효소들은 이들을 더 작은 폴리펩티드로 분해시킨다. 아미노산 그리고 디펩티드와 트리펩티드는 소장 점막 세포로 흡수될 수 있다. 점막 세포 내에서 이들은 단일 아미노산으로 분해된다[**그림 5-7**].

2. 아미노산의 흡수

아미노산과 디펩티드와 트리펩티드는 점막 세포로 들어갈 때 여러 가지 에너지를 소모하는 여러 가지 능동수송 체계 중 하나를 이용하게 된다. 비슷한 구조를 가진 아미노산은 같은 수송 체계를 공유하기 때문에 흡수 시 경쟁이 일어난다. 예를 들어 루이신, 이소루이신, 발린은 가지상 아미노산이라고 불리는데 이들의 탄소 곁가지들이 가지를 가지고 있기 때문이다. 이 아미노산들은 동일한 수송 체계를 공유하는데, 만약 한 아미노산이 과다하게 많으면 동일 수송 체계를 공유하는 다른 아미노산들보다 더

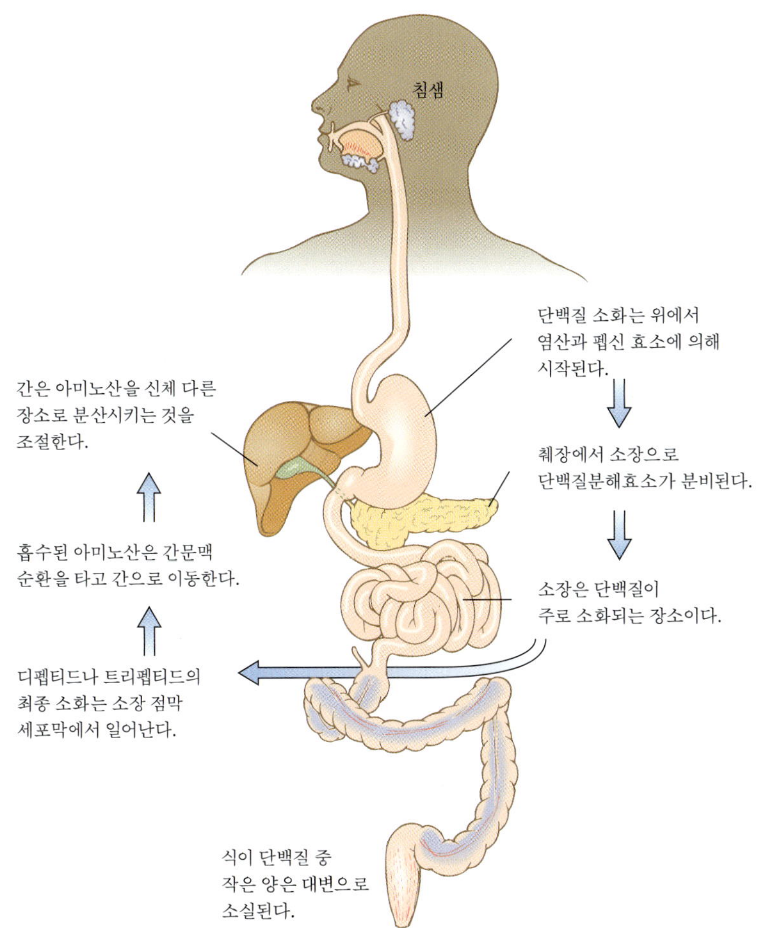

[**그림 5-7**]…단백질의 소화와 흡수 개관

[그림 5-8]…아미노산들의 경쟁적 흡수. 이 그림에서 아미노산들은 공동 수송계를 공유한다. 자주색 아미노산들이 초록색보다 많기 때문에 자주색 아미노산들은 더 많이 세포막을 건너 세포 내로 들어오게 된다.

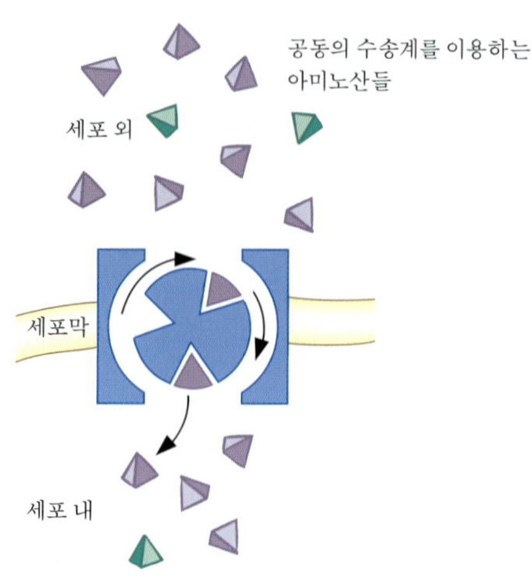

많이 수송될 것이다. 따라서 경쟁 관계에 있는 아미노산들은 적게 흡수된다. 일반적으로 이 경쟁 현상은 음식을 먹을 때는 그다지 문제되지 않는데, 이는 음식물 속 단백질은 대개 여러 아미노산을 골고루 가지고 있고, 한 종류의 아미노산만 가진 경우는 드물기 때문이다. 그러나 특정 한 아미노산만을 인위적으로 보충하게 될 때 이는 경쟁 관계에 있는 다른 아미노산의 흡수를 저해하게 된다[그림 5-8]. 예를 들어 역도 선수들은 종종 아르기닌의 보충제를 먹는 경우가 있는데 아르기닌은 리신과 같은 수송 단백질을 공유한다. 만약 대량으로 아르기닌 보충제를 복용하면 리신의 흡수는 저해될 것이다.

3. 단백질 소화와 식품 알레르기

식품 알레르기는 식품 속 단백질이 완전히 소화되지 않고 흡수될 때 생긴다. 우유나 달걀, 땅콩, 견과류, 밀, 콩, 생선과 조개류는 식품 알레르기를 일으키는 대표적인 식품이다. 이들 식품 속에 든 단백질을 처음 먹을 때 그 일부가 완전히 분해되지 않은 채 온전하게 흡수되면 면역 체계가 자극을 받게 된다. 나중에 그 단백질을 다시 먹게 되면 면역 체계는 이를 외부 침입 물질로 보아 공격하게 되고, 이는 알레르기 반응으로 나타나게 된다. 음식으로 인한 알레르기 반응은 전신적 증상을 일으키는데 구토나 설사와 같은 소화계 반응, 발진, 호흡 곤란 등의 호흡기 질환이나 혈압 강하 등 심혈관 증상을 동반하기도 한다. 심각한 급성 알레르기 반응은 **아나필라시스** 반응이라고 한다. 아나필라시스 반응은 과도한 알레르기 반응으로 호흡기관이 마비되거나 혈압이 위험할 정도로 떨어져 사망에 이르게 하는 등 심각한 위험을 동반한다.

아나필라시스(anaphylaxis)…음식이나 약물에 의한 즉각적이고 극심한 알레르기 반응이다. 증상은 호흡 곤란, 의식 불명, 혈압 강하이다. 이 상태는 즉각적인 치료를 요하고 방치할 경우 사망에 이르게 된다.

알레르기 반응은 위장관 질환을 가진 사람에게는 흔한 일인데, 이는 손상된 소장 때문에 소화되지 않은 단백질이 흡수될 수 있기 때문이다. 알레르기는 또한 어린 유아에게도 흔하다. 이는 유아의 위장관은 아직 미숙한 발육 상태이므로 큰 분자인 폴리펩티드도 그대로 흡수할 수 있기 때문이다. 유아의 장 점막이 성숙하게 되면 소화되지 않은 단백질의 흡수는 사라지게 되고 식품 알레르기는 차츰 사라진다. 그러나 유아가 소화되지 않은 단백질을 흡수할 수 있다는 사실은 모유를 통해 어머니의 몸에서 생성된 항체 단백질을 유아에게 손상되지 않고 전달하는 것을 가능하게 한다. 이로써 일시적으로나마 특정 감염성 질환으로부터 유아를 보호하는 기능이 있다.

4. 체내에서의 단백질

일단 식이 단백질이 소화되어 흡수되면 이들 구성 아미노산들은 체내에서 이용 가능하게 된다. 체조직과 체액에 있는 아미노산들은 집합적으로 **아미노산 풀**이라고 칭한다 [그림 5-9].

아미노산 풀(amino acid pool)··· 체액과 체조직에 있는 아미노산으로, 체기능을 위해 쉽게 이용 가능한 아미노산들

아미노산 풀에 있는 아미노산들은 대사되어 g당 4kcal의 에너지를 낸다. 에너지를 내기 위한 아미노산의 분해는 식사에서 단백질이 필요한 양 이상으로 과다하게 많거나 식이에서 들어오는 에너지가 적은 경우에 일어난다. 식이에서 오는 단백질과 에너지가 적당한 수준이라면 아미노산 풀에 들어 있는 대부분의 아미노산들은 체단백질을 합성하거나 다른 질소 포함 물질들을 만드는 데 사용된다.

1. 단백질 회전

신체의 단백질은 정적인 상태로 있는 것이 아니라 지속적으로 분해되고 재합성된다. 이 과정을 **단백질 회전**이라고 하는데, 이는 정상적인 성장과 체조직의 유지 및 환경의 변화에 대한 적절한 적응을 위해서 꼭 필요하다. 한 단백질이 만들어지고 부서지는 속도는 단백질마다 다르며 이 속도는 해당 단백질의 기능과 관계가 있다. 꼭 농도가 조절되어야 하거나 기능이 화학적인 표시 물질로 사용되는 단백질들은 합성과 분해의 회전률이 아주 높다. 예를 들어 합성 속도를 증가시키고 분해 속도를 낮춤으로써 혈중 인슐린의 양을 빠르게 증가시키거나 분해 속도는 증가하고 합성 속도가 낮아져 인슐린의 양을 줄일 수 있다. 합성과 분해의 속도 조정은 신체 내부 환경이 변화하는 데 맞추어 평형을 빠르게 변화시킬 수 있는 방법이다. 결합조직의 콜라겐과 같은 구조 단백질들은 회전 속도가 느리다. 매일 분해되는 체단백질의 양은 생각보다 매우 크다. 식

단백질 회전(protein turnover)··· 체단백질이 지속적으로 합성되고 분해되는 현상

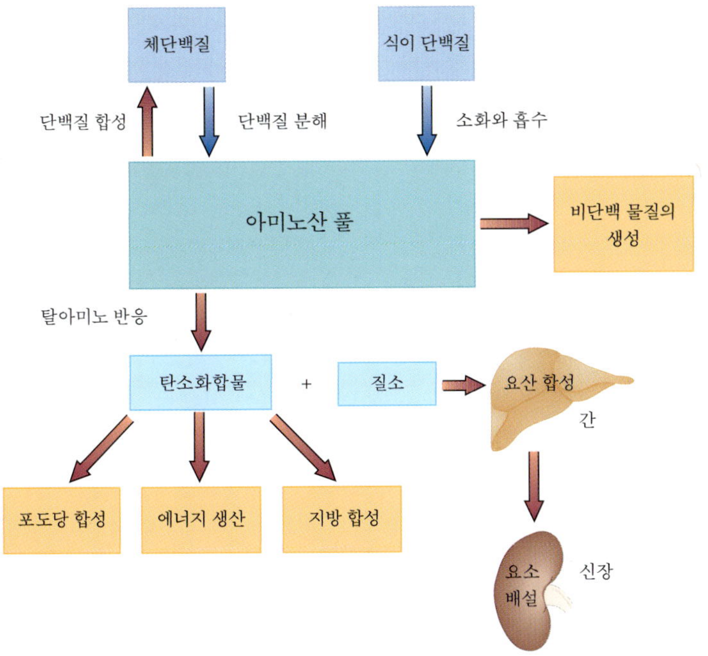

[그림 5-9]··· 식이에서 나온 아미노산과 체단백질 분해에서 나온 아미노산들은 가용한 아미노산 풀로 들어간다. 이들은 체단백질과 비단백성 물질을 합성하는 데 사용된다. 아미노기가 제거되면 ATP나 포도당, 지방을 생성하는 데 사용되기도 한다.

이성 단백질뿐 아니라 아미노산 풀의 약 2배 정도 되는 분량의 아미노산이 매일 회전되고 있다.

2. 단백질 합성

체단백질을 합성하는 데 사용되는 아미노산들은 아미노산 풀에서 온다. 어떤 아미노산이 필요하고 어떤 순서로 조립되어야 하는지를 결정하는 교본은 **유전자**라고 부르는 DNA 가닥에서 나온다. 단백질이 필요하면 단백질 합성 과정이 시작된다.

단백질 합성의 첫 단계는 해당 유전자의 정보가 DNA의 코드로부터 메신저 RNA(mRNA)로 복사되는 과정인데, 이를 **전사**라고 한다. mRNA는 핵을 떠나 단백질이 합성되는 장소인 세포질로 이동되어 리보솜과 결합한다. 여기서 mRNA의 정보는 다른 종류의 RNA로 전달되는데 이를 전달 RNA(tRNA)라고 칭한다. 전달 RNA는 코드를 읽고 필요한 아미노산을 가져와 폴리펩티드 사슬을 만들게 한다. 이 과정을 유전 정보의 **번역**이라고 한다. 번역 후에 단백질은 대개 그 다음의 화학적 변형을 거쳐 마지막 구조로 접히게 되고 기능을 가지게 된다.

유전자(gene)…RNA를 합성하거나 폴리펩티드 사슬을 합성하는 데 필요한 정보를 담고 있는 DNA 조각

전사(transcrition)…DNA에 든 유전 정보를 복사하여 mRNA 분자로 옮기는 과정

번역(translation)…mRNA의 코드를 해독하여 폴리펩티드 사슬의 아미노산 순서를 결정하는 과정

2-1. 유전자 발현의 조절 — **유전자 발현**이란 유전자에 든 정보의 체내 기능 단백질 합성 과정을 의미한다. 한 유전자가 발현되었다는 의미는 그 코드 정보가 실제 전사/번역 과정을 거쳐 결과물을 만들었다는 것을 의미한다. 때때로 최종 결과물은 RNA이기도 하고 때로는 단백질이기도 하다. 어떤 유전자 산물을 만들고 어느 시기에 만들지를 결정하는 것은 세포와 조직의 건강에 매우 중요한 일이기 때문에 유전자의 발현은 엄격하게 조절되고 있다. 유전자 전체가 항상 모든 세포에서 발현되는 것은 아니다. 예를 들어 글루카곤 호르몬은 췌장 세포에서 만들어지는 단백질이다. 그러나 신체의 다른 세포에서는 글루카곤 유전자가 발현이 되지 않기 때문에 만들어지지 않는다. 어떤 유전자의 발현은 그 유전자 산물인 단백질의 필요도에 따라 발현이 조절되는 경우도 많다. 예를 들어 아연의 흡수가 높으면 금속과 결합하는 단백질인 메탈로트레오닌의 합성이 시작된다. 그럼으로써 이 단백질은 합성이 더 되고 아연과 결합할 수 있는 능력이 증가되는 것이다. 신체의 영양 수위도 유전자의 발현에 영향을 미친다. 예를 들어 비타민 A의 수준은 세포의 분화와 성숙에 관여하는 유전자에 영향을 미치며, 비타민 D는 칼슘 수송 단백질의 유전자의 발현에 영향을 미친다. 어떤 단백질이 만들어지는지를 결정하는 것은 영양소가 체기능에 영향을 미치는 방법 중 하나이다.

유전자 발현(gene expression)…유전자 속에 든 정보를 단백질이나 mRNA와 같은 산물로 생성해 낼지 아닐지를 결정하는 일련의 과정

유전학의 발전은 유전자가 발현되는 정도에서 개인 차이를 구별해낼 수 있게 되었다. 동일한 유전 정보를 가졌어도 개인에 따라 어떤 유전자는 산물을 만들고, 어떤 유전자는 저해를 받는다는 뜻이다. 그러므로 미래의 건강 전문가들은 개인의 체질에 적합한 맞춤 식이를 권장할 수 있을 것으로 예측된다. 이런 새로운 개념의 영양학을 영양유전학(nutrogenomics)라고 한다. 개인이 처한 영양 상태와 그 사람의 유전자 발현 정보를 조합하여 가장 적합한 식이를 추천함으로써 미세한 조절을 가능하게 만드는 것이다.

2-2. 제한 아미노산 — 단백질 합성에 필요한 아미노산 중 한 가지라도 공급이 부족하면 전체 단백질 합성이 중단될 수 있다. 공장의 컨베이어 벨트에서 일어나는 일관 작업에서 부품 한 개가 없으면 전체 라인이 중단되고 일이 진행되지 않는 것과 같다. 만약 부족한 아미노산이 불필수 아미노산이면 체내에서 급하게 생합성될 수 있어 단백질 합성이 재개된다. 그러나 부족한 아미노산이 필수 아미노산이면 신체는 다른 체구성 단백질을 분해하여 해당 아미노산을 공급하는 수밖에 없다. 만약 분해할 체단백질이 없어서 아미노산이 더 이상 공급되지 못하면 단백질 합성은 멈춰지게 된다. 수요에 비해 공급이 가장 적은 아미노산을 **제한 아미노산**이라고 부른다. 모든 아미노산이 적절

제한 아미노산(limiting amino acid)…필수 아미노산으로서 식품 내에 생체가 필요로 하는 양에 비하여 가장 낮은 농도를 가진 아미노산을 말한다.

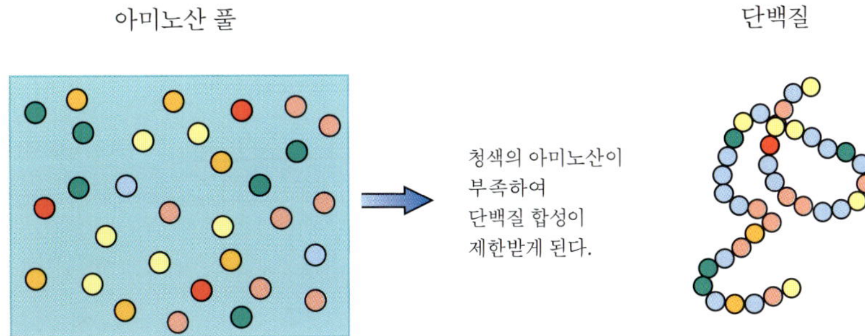

[그림 5-10]…단백질 합성을 위한 아미노산은 아미노산 풀에서 온다. 특정한 아미노산을 많이 필요로 하는 단백질의 합성 시기에 해당 아미노산의 양이 단백질 합성을 제한하는 요인이 되고, 이 아미노산을 제한 아미노산이라고 말한다. 이 그림의 경우 아미노산 풀은 단백질 합성에 충분한 청색 아미노산을 포함하지 못하고 있다.

한 양만큼 공급되면 단백질은 완성되어 세포에 의한 다음 단계의 조작을 거치기 위해 분비된다. 동물성 식품은 전체적으로 보아 단백질의 양호한 급원인데, 이는 대개 동물성 단백질이 대부분의 필수 아미노산을 골고루 공급해 줄 수 있기 때문이다. 식물성 단백질들은 대개 한두 가지 이상의 필수 아미노산량이 부족하여 체단백질을 합성하는 데 비효율적으로 사용되는 경우가 많다. 대두 단백질은 식물성이기는 하지만 동물성 단백질 못지 않게 필수 아미노산을 공급하는 데 있어 양호한 질이 좋은 단백질이다.

3. 비단백 물질의 합성

아미노산은 단백질뿐 아니라 질소를 포함하는 여러 비단백 분자들을 합성하는 데도 필요하다. 예를 들어 트립토판 아미노산은 신경전달물질인 세로토닌을 합성하는 데 쓰이는데, 이 세로토닌은 대뇌의 휴식 중추에 작용한다. 또 다른 질소 포함 거대분자의 유전 물질인 DNA나 RNA를 만드는 구조물들이 있다. 또한 피부의 색소인 멜라토닌, 비타민인 나이아신, 근수축을 일으키는 크레아틴, 혈관을 확장시키는 히스타민 등이 중요한 비단백질성 질소 함유 분자들이다.

4. 에너지 생산

비록 탄수화물과 지방이 더 효율적인 에너지원이기는 하지만 체내 단백질과 식사에서 오는 아미노산들이 열량원으로 사용되기도 한다. 단백질이 에너지원으로 이용되기 전에 먼저 아미노산의 질소를 포함하는 아미노기가 먼저 제거되는 **탈아미노 반응**(deamination)이 일어난다([그림 5-11] 단계 ❶). 아미노기가 제거되고 남은 탄소화합물들은 여러 다른 방법으로 신체의 필요에 따라 이용된다. 만약 포도당이 부족하다면 아미노산은 세 개의 탄소를 가진 화합물로 분해되면서 간에서 당신생 과정을 이용하여 포도당을 합성하는 데 사용된다([그림 5-11] 단계 ❷). 만약 에너지가 필요하다면 아미노산의 탄소 골격은 아세틸 CoA로 전환되거나([그림 5-11] 단계 ❸) 또는 바로 시트르산 회로([그림 5-11] 단계 ❹)로 들어가거나 전자전달계([그림 5-11] 단계 ❺)로 들어가 ATP를 생산하는 데 사용된다. 아미노산을 에너지로 사용하는 시기는 기아상태처럼 전체 필요에너지를 충분히 식이로 공급받지 못하는 상황이 되거나 또는 단백질이 과도하게 공급이 될 때이다. 에너지와 단백질 공급이 모두 충분하면 아미노산은 아세틸 CoA로 전환되어 지방으로 저장된다. 탈아미노 반응에 의해 제거된 질소는 암모니아를 형성하는데 암모니아는 독성이 있는 노폐물이다. 혈중에 암모니아의 농도가 높아지면 치명적인 결과를 가져올 수 있기 때문에 신체를 보호하기 위하여 간은 암모니아

탈아미노 반응(deamination)…아미노산에서 아미노기를 제거하는 반응

우레아(요소) 외에도 사람은 질소를 포함하는 노폐물을 만들 수 있다. 핵산을 가진 물질(DNA, RNA, ATP)이 분해되면 우레아보다는 요산(uric acid)을 형성하는데 과다 생성된 요산은 체내에서 결정을 이루는 특징이 있다. 요산으로 만들어진 결정들은 관절에 축적되어 붓고 통증을 일으키는 통풍을 발생시킨다. 통풍의 위험도는 비만하거나 적색육이 많은 고기, 내장육, 기름기 많은 생선류와 술을 많이 먹을 경우 더 증가하고, 가족력이 강한 특징이 있다.

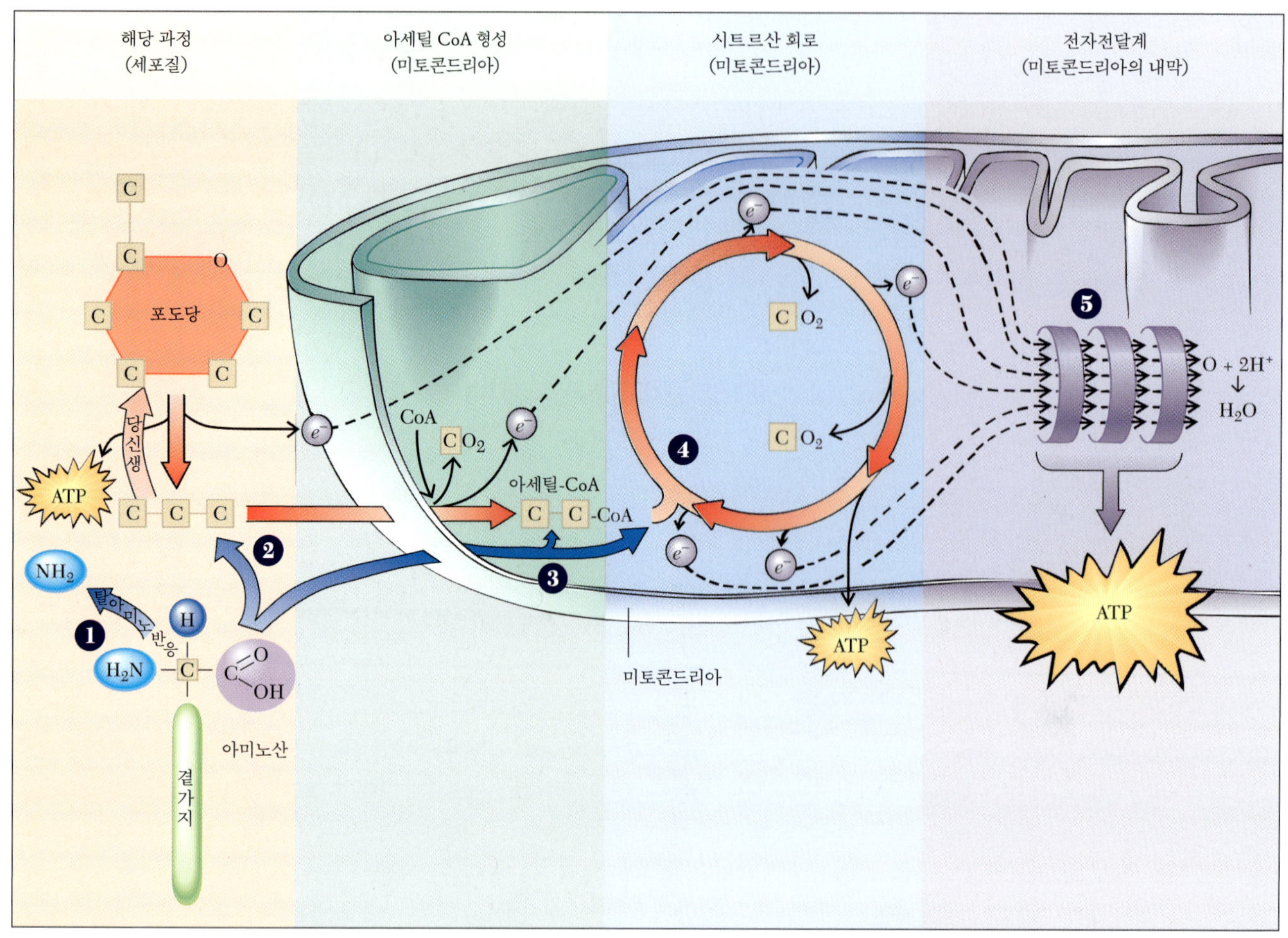

[그림 5-11]···아미노산이 분해되기 전에 먼저 아미노기가 제거되며(**단계❶**) 남은 탄소 골격은 원 아미노산의 구조에 따라 여러 방법으로 대사된다. 일부는 3개 탄소 분자를 이루어 당신생에 사용되고(**단계❷**), 일부는 아세틸 CoA를 만들어(**단계❸**) 시트르산 회로에 들어가거나 지방산을 만드는 데 사용된다. 일부는 시트르산 대사 중간물을 만들기도 한다(**단계❹**). 모두 다 완전히 분해되어 전자전달계를 거쳐 ATP를 형성하는 데 사용될 수 있다(**단계❺**).

를 이산화탄소와 결합시켜 독성이 약한 노폐물인 요소(우레아)를 만든다 [그림 5-12]. 요소는 신장을 통해 체외로 배설된다.

4-1. 에너지 섭취량이 낮을 때 — 에너지가 부족하면 효소나 근육단백질과 같은 체내 단백질은 분해되어 아미노산을 만들어 ATP나 포도당을 합성하는 데 사용된다. 이런 과정으로 필요한 에너지를 제공받을 수는 있지만 이때 체내의 기능을 유지하는 단백질량이 줄어들게 된다. 우선 가장 치환되기 쉬운 근육과 혈액 단백질이 먼저 분해되고, 신체 중요 기능을 담당하는 핵심기능 단백질은 소실되지 않는다. 그러나 에너지 결핍이 길어지게 되면 심장 등 장기를 구성하는 중요한 단백질들도 분해되게 된다. 체내 단백질의 30% 이상이 분해되면 호흡이나 심장 기능을 담당하는 근육 단백질과 면역 단백질까지 소실되면서 전 내장 기능이 약화되고 결국은 죽음에 이르게 된다.

4-2. 단백질 섭취가 필요보다 과다할 때 — 아미노산은 단백질 섭취가 필요보다 과다할 때에도 분해되어 에너지원으로 사용될 수 있다. 만약 식이 에너지와 단백질이 모두 필요량에 적합한 정도라면 과도한 단백질의 아미노산은 탈아미노 반응을 거쳐 ATP를 생성하는 데 사용된다. 식이 에너지와 단백질이 모두 필요량보다 많다면 단백질은 지방산으로 전환되어 지방 조직에서 중성지방으로 저장되고 체중 증가에 기여하게 된다.

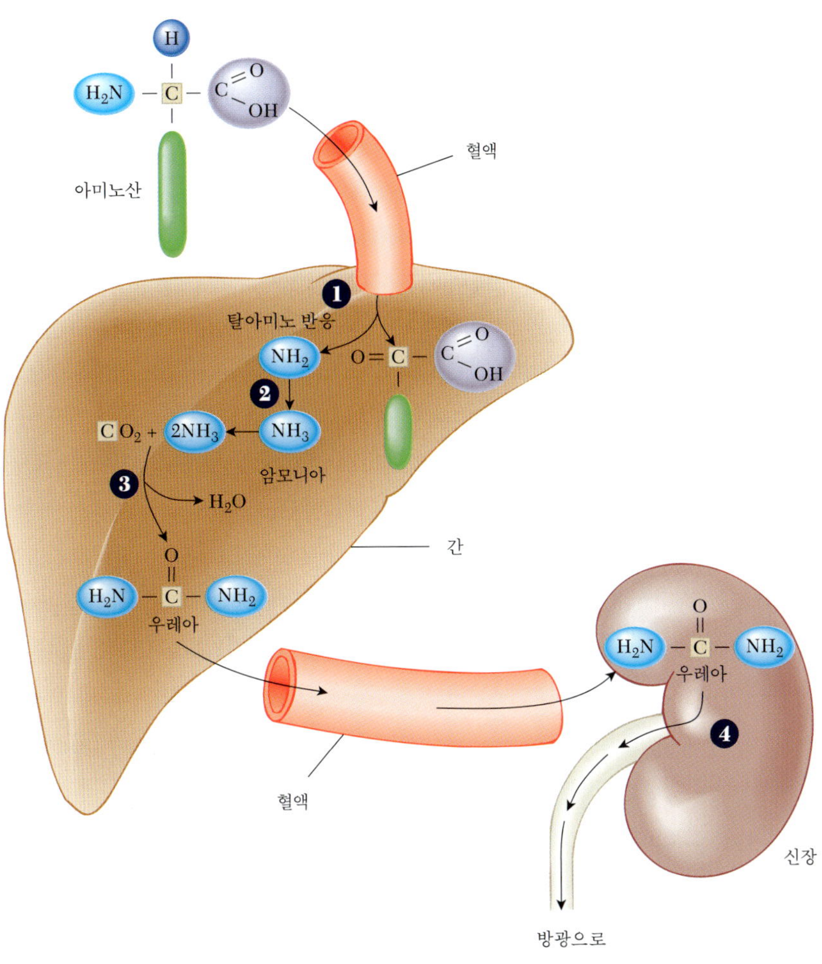

[그림 5-12]…아미노산이 에너지원으로 사용되거나 탄수화물이나 지방으로 전달되기 위해서는 먼저 탈아미노 반응을 통해 아미노기가 제거되어야 한다(**단계❶**). 탈아미노 반응의 결과 독성이 있는 암모니아가 생산된다(**단계❷**). 암모니아는 간에서 우레아(요소)로 전환된다(**단계❸**). 우레아는 혈액 속을 안전하게 이동하여 신장에 의해 혈액에서 걸러져 소변으로 배설된다(**단계❹**).

5. 단백질의 기능

체중의 약 15%는 단백질로 이루어져 있다. 대부분은 근육 단백질이지만 다른 많은 신체 기능을 독특하게 수행하는 단백질도 많다. 일부는 중요한 구조적 기능을, 일부는 체내에서 신체 기능을 조절하는 데 도움을 준다.

5-1. 구조 단백질 — 단백질은 각 세포에 구조 골격을 제공하고, 신체 전체로도 지지력을 준다. 세포 내에서 단백질은 세포막의 구성 성분이고 세포액과 다른 세포 소기관을 형성한다. 피부나 머리카락 그리고 근육은 대부분 단백질로 이루어져 있다. 신체 내에서 가장 흔한 단백질은 콜라겐이다. 콜라겐은 세포를 서로 붙여 주는 아교 역할을 하고 뼈와 이의 구조를 형성한다. 또한 힘줄과 연골을 형성하고 동맥벽을 단단하게 잡아 주며 상처가 났을 때 피부를 복원시켜 흉터 조직의 대부분을 차지한다. 식사에서 단백질이 부족하면 이런 구조물들이 소모된다. 근육은 점점 더 작아지고 피부는 탄성력을 잃으며 머리카락이 가늘어지고 쉽게 빠져 탈모가 나타난다.

5-2. 효소 단백질 — 효소는 대사 속도를 빠르게 하지만 그 자체가 반응에 부가하여 사용되거나 분해되지는 않는 단백질 분자이다. 효소의 도움 없이는 에너지를 내기 위해 물질을 분해하는 대사 반응이나 체구성에 필요한 분자를 만들어내는 반응 모두가 너무 느리게 일어나 생명을 유지하기가 어려울 것이다. 각 탄수화물이나 지방, 단백질을

생합성하거나 분해하는 경우 그리고 에너지를 내는 경우의 각 단계에서 특수한 구조를 가진 특정 효소가 필요하다. 만약 효소 분자의 구조가 변화하면 더 이상 해당 대사 반응의 속도를 증가시키는 역할을 할 수 없다.

5-3. 수송 단백질 — 단백질은 각 세포 내외와 전신으로 물질을 전달하는 역할을 한다. 세포 수준에서 수송 단백질은 세포막에 존재하여 세포 내로 또는 세포 외로 물질을 수송한다. 예를 들어 장점막에 있는 세포의 수송 단백질은 장관 내공에서 장관 세포로 아미노산을 흡수하는 데 꼭 필요하다. 또한 적혈구의 헤모글로빈 단백질은 폐에서 산소를 받아 몸의 다른 기관으로 산소를 운반한다. 지단백의 단백질은 소장이나 간에서 전신으로 지방을 수송하는 데 필요하다. 비타민 A와 같은 일부 비타민들은 혈액 내에서 이동하기 위해 특정 단백질에 결합되어야 한다. 단백질이 식이에서 부족하면 수송 시에 특정 단백질을 필요로 하는 영양소들이 세포로 원활하게 이동되지 않는다. 이 이유로 인해 식이 단백질이 부족하면 비타민 A를 먹어도 비타민 A 결핍증이 생기게 된다. 수송 단백질 없이는 그 영양소를 필요로 하는 세포까지의 이동이 이루어질 수 없기 때문이다.

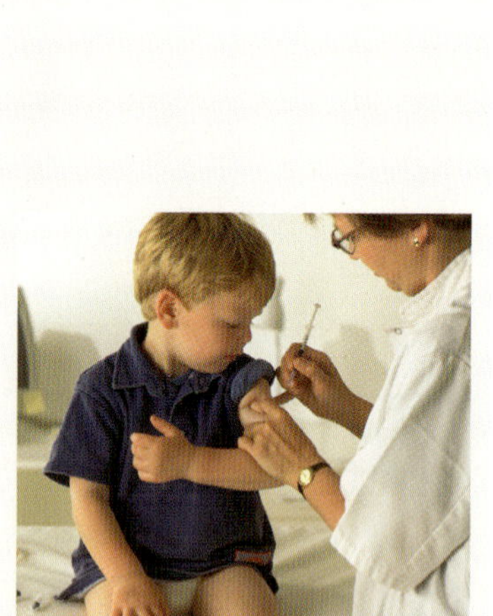

[그림 5-13]… 면역 주사는 항체라고 부르는 면역체계 단백질을 생성하는 것을 촉진한다. 항체는 병을 일으키는 미생물과 결합하여 불활성화되도록 만든다.

5-4. 보호기능 단백질 — 단백질은 손상과 감염으로부터 인체를 보호하는 중요한 역할을 한다. 피부는 주로 단백질로 이루어져 있는데 감염과 손상을 막는 첫 번째의 생체 장벽이다. 먼지나 세균과 같은 외부 물질들은 피부에 막혀서 체내로 들어가지 못하고 분비되는 점액에 의해 씻겨 나가게 된다. 만약 피부가 찢어져 혈관이 손상되면 피브리노겐이나 트롬빈과 같은 혈액 응고 단백질들이 더 이상 혈액이 빠져나가지 않도록 엉겨서 막는 역할을 한다. 만약 바이러스나 세균과 같은 외부 물질이 체내로 들어오면 면역계는 **항체**라고 불리는 단백질을 만들어 외부 침입 물질과 싸우게 한다. 각 항체는 특정 침입자에 결합할 수 있는 독특한 구조를 가지고 있다. 항체가 침입 물질과 결합하면 더 많은 항체가 생성되도록 자극을 받으며 다른 면역계에도 침입 물질을 파괴하는 것을 돕는 신호를 보낸다. 다음에 또다시 동일한 세균이나 바이러스가 침입하면 면역계는 이미 특정 항체를 대량으로 만들 준비를 하게 된다. 단백질 결핍이나 다른 후천성면역결핍성바이러스(HIV) 감염과 같이 면역 체계가 기능 이상을 일으키면 침입 물질에 대해 몸을 보호하는 기능이 소실되게 된다.

항체(antibody)… 신체의 면역계에서 생성되는 단백질로 외부에서 침입한 물질을 인지하고 파괴하는 역할을 한다.

5-5. 수축 단백질 — 근육 단백질은 운동을 할 수 있게 해 준다. 계단을 오르거나 방을 걷거나 거리를 뛰어갈 때 근육 수축 단백질인 액틴과 미오신이 주로 작동한다. 수축은 두 단백질이 서로 슬라이드하여 끼어들면서 전체 근육 길이가 짧아질 때 일어난다 [그림 5-14]. 팔꿈치를 굽힐 때 액틴과 미오신 단백질이 서로 끼어들면서 팔 근육이 짧아지고 굵어지는 수축이 일어나는 것이다. 같은 과정으로 심장 근육과 소화기관의 근육 수축이 일어난다. 혈관과 여러 분비샘의 분비 작용도 근육 수축에 의해 일어난다. 액틴과 미오신은 근육 세포가 아닌 세포에서도 수축을 일으킬 수 있다. 예를 들어 세포 내 액틴과 미오신의 수축에 의해 백혈구의 모양을 바꾸어 감염된 부위로 빨리 이동해 갈 수 있게 한다.

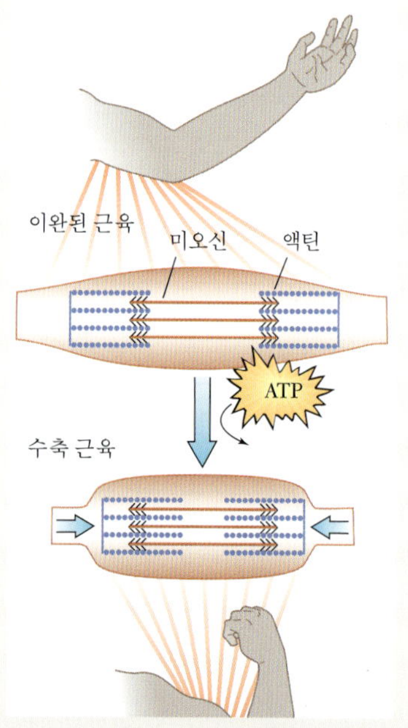

[그림 5-14]… 근육이 수축하는 동안 액틴과 미오신은 슬라이딩 움직임으로 서로 스치듯이 겹쳐진다. 그 결과 전체 근섬유가 짧아지고 굵어진다.

현명한 식품 선택 : '콩을 더 많이 먹어야 할까 ?'

콩은 메티오닌이나 시스테인과 같이 황을 포함하는 아미노산은 적지만 아주 쉽게 소화되는 성질이 있어서 동물성 단백질과 질에서는 거의 동등하다. 콩이 매력적인 것은 단백질의 질 때문만은 아니다. 콩을 식사에 첨가하면 심장질환과 암의 위험률을 낮출 수 있다. 그 이유는 콩이 혈중 콜레스테롤 수준에 미치는 영향 때문이다. 콩 단백질을 먹으면 혈중 LDL 콜레스테롤의 수준이 낮아지고 HDL 콜레스테롤의 양은 증가한다. 콩의 콜레스테롤 저하 효과는 콩 단백질과 더불어 이소플라본이라고 불리는 식물화학물질 때문인 것으로 알려져 있다.

콩의 좋은 급원

식품	1회 분량크기	단백질 양(g)
일반 두유	1컵	4
일반 두부	28g	2.3
된장	1큰술	2
템페	1큰술	2
볶은 콩	1컵	15
콩나물	1컵	9
콩 단백(TSP)	28g	9
베지독	1개	10
베지버거	85g	15
두부로 만든 빙과	1컵	2
콩가루	1큰술	2
콩버터	1큰술	7

콩의 항암 효과는 역시 콩의 단백질과 이소플라본 때문이다. 콩은 소화에 저항이 강한 작은 단백질들을 함유하고 체순환계로 바로 들어갈 수 있다. 이 단백질이 암으로부터 보호 효과를 내거나 항암 치료를 도와주는 것으로 알려졌다. 이소플라본은 식물성 에스트로겐 또는 식물 에스트로겐이라고 불리는데, 체내 일부 조직에서는 여성호르몬인 에스트로겐과 유사한 기능을 하고 또 다른 조직에서는 에스트로겐과 길항 작용을 한다. 에스트로겐이 유방암과 자궁암을 더 잘 일으키게 하는 효과가 있기 때문에 콩 단백질은 항에스트로겐 작용을 하여 이런 암들의 발생 위험을 낮추는 것으로 보고되었다. 청소년기에 콩을 많이 먹은 그룹에서 콩의 식이 섭취량과 유방암의 발생률 감소가 강한 연관관계를 보였다. 이소플라본이 암 세포 성장을 자극하는 것으로 알려져 이미 유방암을 가진 여성들에게는 콩이 좋은 선택이 아니라는 증거도 있다. 콩의 이소프라본이 에스트로겐과 유사 역할을 하는 것으로 인해 갱년기의 증상을 감소시키는 효과가 있다. 갱년기 여성의 에스트로겐 농도가 떨어지면 골밀도가 낮아지고 골다공증이 위험성이 커진다. 이소플라본이 이런 뼈의 소실을 방지해 주는 역할을 할 수 있으리라는 증거가 있다. 콩을 먹지 않는 식사와 비교해 콩을 먹는 여성들은 골밀도가 높다. 합성 이소플라본인 이프리프라본(ipriflavone)은 여성의 골다공증 치료제로 사용된다. 콩의 이소플라본은 또한 갱년기 증상 중 하나인 피부 열감 같은 증상을 감소시키는 데도 단기적으로 이용된다.

그렇다면 우리는 콩을 더 많이 먹어야 할까? FDA는 그렇다고 생각한다. 콜레스테롤을 낮추기 위한 콩 단백질의 권장량이 하루에 25g이지만 대표적인 아시아 식단에서 제공되는 양인 하루10g만으로도 관상동맥질환을 낮추고 암을 예방하며 뼈를 더 건강하게 만든다고 할 수 있다.

콩은 쉽게 끓이거나 구워 먹을 수 있다. 콩나물을 샐러드에 더할 수 있고, 땅콩버터와 비슷한 콩버터도 크래커나 샌드위치에 바를 수 있다. 두부는 국이나 샐러드에 넣거나 볶음이나 튀김으로 먹기도 한다. 된장과 템페는 발효한 콩 제품으로 수프나 여러 요리에 사용된다. 콩가루는 빵을 구울 때 사용할 수 있다. 또한 여러 질감의 콩단백(textured soy protein; TSP)으로 만들 수 있다. 콩단백들은 덩어리나 가늘게 뽑거나 여러 형태와 질감과 맛 성분을 넣어 고기 대용품으로 만들어 채식주의자들의 고기로 이용되고 있다. 만두 등의 속재료나 양을 늘리는 목적으로도 사용된다.

콩이 건강에 도움을 주는 여러 증거들이 있지만 한 종류의 식품만 오래 먹는 것은 좋은 방법이 아니다. "콩은 그 자체로는 마술의 식품은 아니다."라고 식품안전과 응용영양센터(The Center for Food Satety and Applied Nutrition)의 크리스틴 루이스는 말한다. 그러나 콩은 다른 종류의 식품들과 섞어 먹음으로써 건강에 정말 좋은 영향을 주는 완전한 식사를 만들 수 있는 대표적인 예인 것은 분명하다.

5-6. 단백질 호르몬 — 호르몬은 한 조직이나 기관에서 만들어 혈액으로 분비하고 혈액을 타고 다른 조직에서 활성을 나타내는 화학 신호이다. 호르몬은 주로 콜레스테롤과 스테로이드로 만드는데 아미노산을 재료로 합성된 것은 단백질 호르몬 또는 펩티드 호르몬이라고 한다. 예를 들어 인슐린과 글루카곤은 펩티드 호르몬으로 신체가 일정한 양의 혈당을 유지하도록 도와주는 역할을 한다. 스테로이드 호르몬은 세포막을 가로질러 확산되어 세포로 들어가지만 펩티드 호르몬들은 세포막 표면에 있는 단백질 수용체에 결합하여야 활성을 나타낼 수 있다.

5-7. 체액 평형 조절 단백질 — 체내 세포와 혈관 그리고 세포 사이의 공간에 적당량의 체액이 분산되어 있도록 조절하는 것은 매우 중요한 생체 평형 작용 중 하나이다. 체액은 적당한 용질 농도를 유지하기 위하여 세포막과 조직 사이로 들락날락한다(9장 참조). 단백질은 이 체액의 평형에 두 가지로 기여한다. 첫째 단백질 펌프가 세포막에 있어 입자들을 막의 한쪽에서 다른 쪽으로 전달하는 역할을 한다. 둘째 혈관 내에 있는 큰 단백질은 삼투압 작용에 의해 혈관에 체액을 붙잡아 두는 역할을 하게 된다. 이 과정은 물이 용질 농도가 높은 조직으로 몰려 들어가는 것을 막고 조직에서 혈관으로 물을 끌어내는 역할을 한다. 단백질 결핍이 오래되면 이 혈액 내 거대 단백질의 농도가 줄어들며 체액은 조직으로 계속 스며들게 되어 부종과 복수가 생기게 된다.

5-8. 산 염기 평형 조절 단백질 — 모든 생체 대사가 원활히 이루어지기 위해서는 주변 환경이 적당한 산도(pH)를 유지하여야 한다. 소화관에서 산도는 매우 급격한 변화를 보인다. 소화효소인 펩신은 위의 산성 환경에서 가장 효율이 높은 반면 췌장 효소들은 소장이 중성일 때 가장 효율이 높다. 체내에서 적정 pH의 범위는 더욱 좁다. 대사 반응의 결과로 생성되는 산과 염기는 신속히 중화되어야만 대사 반응을 계속 유지할 수 있게 된다. 혈액과 세포 속 단백질은 산도 변화의 완충제 역할을 한다. 단백질들은 수소 이온과 결합하거나 해리함으로써 완충 기능을 한다. 또한 적혈구 단백질인 헤모글로빈은 이산화탄소가 물과 만나 생기는 산을 중화하는 데 일조한다. 치료받지 않은 제1형 당뇨병은 신체가 완충할 수 있는 허용 범위 이상의 산이 만들어질 때의 심각성을 보여준다. 제1형 당뇨에서 포도당을 세포 속으로 들여 보낼 수 없기 때문에 지방을 과도히 분해하게 되고 케톤체가 몸에 축적되게 된다. 케톤체는 산성이므로 축적되면 혈액의 pH를 낮추어 케톤혈증을 유발한다(4장 참조). 산성 pH는 단백질을 손상시키고 더 이상 기능을 행할 수 없도록 하여 결과적으로 혼수 상태에 이르게 되고 치료가 되지 않을 때에는 사망에 이르게 된다.

5. 단백질, 아미노산과 건강

식이 단백질은 매일 소실되는 체내 단백질을 보충하고 성장하는 데 필요하다. 만약 단백질을 너무 적게 섭취하게 되면 건강에 치명적인 결과로 나타날 수 있다. 너무 많은 단백질 섭취 역시 문제를 일으킬 수 있다. 특히 동물성 단백질이 많으면 그 피해도 커진다. 또한 일부 사람들은 특정 단백질이나 아미노산에 매우 민감한 대사를 가질 수 있다.

1. 단백질 결핍

서구화된 사회에서는 풍족한 식품 공급으로 인해 단백질 결핍은 보기 드문 증상이다. 그러나 개발 도상국가들에 있어서 단백질 부족은 심각한 문제이다. 단백질이 부족한 식사를 하는 사람들은 대개 열량 역시 부족하다. 그러나 순수한 단백질 결핍은 선택 가능한 음식의 종류가 제한되어 있거나 주식의 단백질 함량이 아주 낮을 때 일어난다. **단백질 에너지 영양 불량**(PEM)은 순수하게 단백질만 결핍된 경우(카시오카)와 에너지 결핍을 동반하는 경우(마라스무스)를 모두 포함하는 개념이다.

단백질 에너지 영양 불량(protein-energy mal-nutrition)…장기간의 불충분한 에너지와 단백질 공급 때문에 수척해지고 질병 감염에 매우 취약해지는 상태

카시오카(kwashiorkor)…단백질 에너지 영양 불량의 한 증상으로 단지 단백질만이 부족할 경우에 나타남

1-1. 카시오카 — **카시오카**는 대표적으로 어린이들에게서 많이 나타난다. 카시오카라는 말도 아프리카 황금 해안에서 둘째 아이가 생겼을 때 첫 아이에서 나타나는 질병을 의미하는 가(Ga)부족 언어가 어원이다. 둘째 아이가 태어나면 첫 아이는 더 이상 모유를 먹지 못한다. 단백질이 넉넉한 모유 대신에 첫 아이는 다른 가족들이 먹는 식사를 물에 희석하여 먹게 된다. 이 식사는 섬유소가 많아 소화하기 힘들며 동시에 단백질의 양도 적다. 적정량의 에너지를 공급받기는 하지만 적당한 단백질을 얻을 만큼 넉넉히 먹지는 못하게 된다. 유아들은 계속 자라나는 시기이기 때문에 체중당 단백질의 요구량은 어른보다 더 크고 부족 증상은 쉽게 나타난다.

카시오카 증상은 단백질이 신체에 미치는 영향을 그대로 보여준다. 단백질이 새 조직의 합성에 필요하기 때문에 카시오카에 걸린 아이들은 성장이 부진하게 된다. 단백질이 면역 기능에 중요하기 때문에 카시오카 증상을 가진 어린이들은 감염에 매우 취약하다. 피부 색소인 멜라닌이 만들어지지 않기 때문에 머리카락이 탈색되고, 구조 단백질이 충분한 탄성과 지지를 못해 피부에 각질이 생기고 비늘 모양으로 벗겨진다. 소화관을 구성하는 세포들이 계속 치환되어야 하는데 죽은 세포들을 치환할 수 없어서 영양소 흡수도 더 나빠진다. 이 상태에서 배는 부풀어 오르는데 여기에는 두 가지 원인이 있다. 첫째는 충분한 단백질이 있어야 지방을 체세포로 이동시킬 수 있는데 수송 단백질의 부족으로 간에 지방이 쌓였기 때문이고, 둘째는 체액을 혈관 속으로 잡아둘 단백질 부족으로 인해 조직액과 복부에 체액이 쌓였기 때문이다[**그림 5-15**].

카시오카는 아프리카와 중남미 지역, 동남 아시아와 중동에서 흔히 일어난다. 미국 내 빈곤이 창궐한 지역에서도 보고되고 있다. 카시오카는 아이들만의 질환인 것처럼 생각되지만 부상이나 감염 등으로 고단백질이 필요한 장기 요양 환자들이나 음식을 먹을 수 없는 환자들에게서도 나타날 수 있다.

마라스무스(marasmus)…식이 에너지 공급이 불량하는 체조직을 심각하게 소실하는 단백질 에너지 영양불량의 한 종류

1-2. 마라스무스 — 단백질 에너지 영양불량의 다른 한쪽 끝에는 **마라스무스**가 있다. 이 말은 '소모되어 버린다'라는 뜻이다. 마라스무스는 에너지 결핍 때문에 생긴다. 그러나 대개 단백질과 다른 영양소 역시 부족하다. 마라스무스는 카시오카와 비슷한 증상을 나타내지만 다른 점도 있다. 카시오카에서는 에너지 공급은 충분하기 때문에 일

[그림 5-15]…ⓐ카시오카는 복수로 부푼 배가 특징적이다. ⓑ마라스무스는 심한 수척 증상이 나타난다. 대부분의 단백질 - 에너지 영양불량은 이 두 증상이 복합적으로 나타난다.

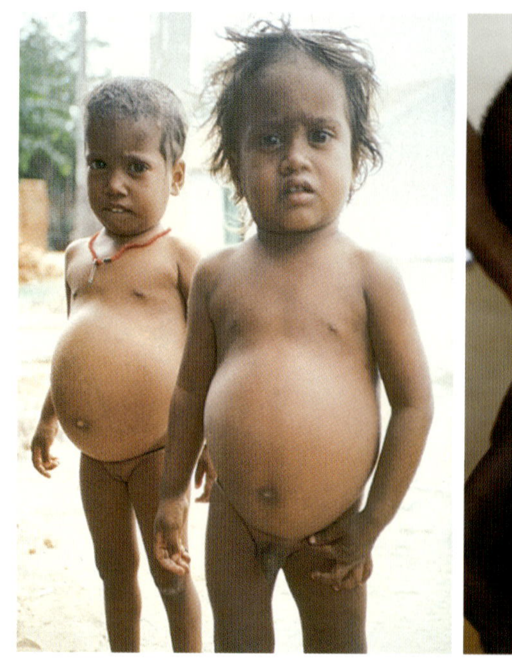

ⓐ

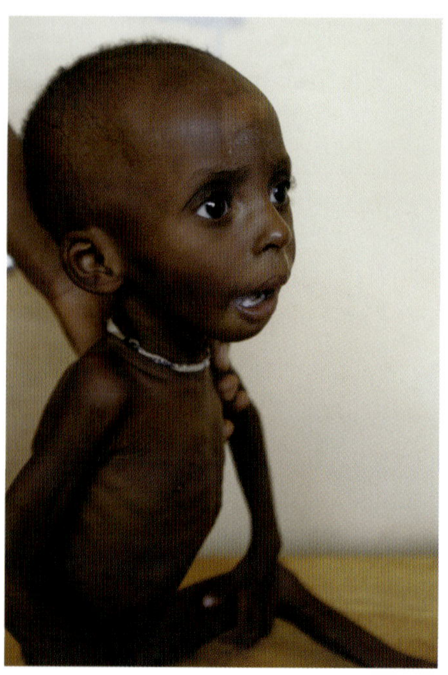

ⓑ

부 저장 지방 조직이 남아 있다. 반면 마라스무스는 체내 지방 조직이 에너지를 공급하기 위해 거의 소모되었기 때문에 뼈만 앙상하게 된다[그림 5-15b]. 체지방이 주 에너지 급원이고 섭취 탄수화물이 제한되어 있기 때문에 마라스무스에서는 케톤혈증도 같이 일어난다. 카시오카에서는 탄수화물 섭취는 충분하고 단지 단백질만 부족하기 때문에 케톤혈증은 잘 나타나지 않는 증상이다.

마라스무스는 거의 모든 연령대에서 생길 수 있으나 성장에 적절한 에너지가 필요한 시기인 신생아와 유아들에게는 특히 심각한 영향을 미친다. 이 기간의 영양불량은 전 생애에 걸친 지능 장애와 학습 능력 장애를 유발할 수 있다. 마라스무스는 대개 부족한 물자 공급 때문에 보호자가 우유를 묽게 타는 경우에 많이 생긴다. 모유를 먹는 아기들이 마라스무스가 생기는 경우는 오히려 드물다. 마라스무스는 과도한 다이어트나 식습관 장애로 인한 영양불량 시에도 나타난다.

2. 단백질 과다 영양

적정한 단백질의 섭취는 생명에 필수적인 요소이지만 단백질이 너무 많아도 신장과 뼈의 건강에 이롭지 않다는 설이 있다. 건강한 사람에게는 단백질이 매우 많이 든 식이를 단기간 먹었을 때 별다른 문제가 없다. 그러나 이와 같은 식생활이 장기간 계속되었을 때의 연구 결과는 아직 결론을 내리지 못하고 있다.

2-1. 소화와 신장 기능 — 단백질을 필요한 양 이상으로 많이 먹게 되면 단백질 분해산물인 요소의 생성량이 높아진다. 요소는 신장에서 체외로 배설되어야 하기 때문에 이를 위해서는 더 많은 물이 요소를 녹여서 소변으로 배설되므로 수분의 소실이 증가된다. 대부분의 사람들에게는 이런 수분 소실은 별 문제 아니지만 신장이 소변을 농축하는 기능이 떨어진 사람들에게는 문제가 될 수 있다. 예를 들어 신생아의 신장은 덜

성숙하여 소변을 농축시킬 수 없기 때문에 아기들은 어른보다 동량의 요소를 배출하기 위해 더 많은 수분을 배설하게 된다. 따라서 신생아에게 단백질의 농도가 높은 분유를 먹이는 것은 체액의 손실을 가져와 탈수에 이르게 한다. 또한, 고단백질 식사는 신장질환이 있는 사람에게는 위험할 수 있다. 고단백 식사로 인해 증가된 노폐물 생산으로 인해 신부전 증상이 더 빠르게 진행되기도 하기 때문이다. 그럼에도 불구하고 고단백 식사가 건강한 사람에게 신장질환이 생기도록 만든다는 증거는 아직 없다.

2-2. 뼈의 건강 — 식이 내 단백질의 양을 증가하면 소변 중 배설되는 칼슘의 양도 같이 늘어난다. 이로 인해 고단백 식사가 신장결석의 위험도를 증가시키며 뼈의 칼슘 소실을 증가시키고 뼈가 부러질 위험성을 높이는 것으로 추정되고 있다. 뼈 대사에 영향을 미치는 단백질의 양도 중요하지만 이 경우에는 단백질의 종류도 중요하다. 동물성 단백질을 많이 먹을 경우에 동물성 단백질의 아미노산 조성이 뼈의 분해를 자극하는 것으로 알려져 있다. 동물성 단백질은 신장결석을 증가시키고 뼈의 밀도를 낮추는 반면 식물성 단백질은 뼈의 밀도를 더 증가시켜 좋은 영향을 주는 것으로 알려져 있다. 그러나 단백질의 종류와 양만으로 전체 식사의 건강 효과를 관측하는 것은 적절치 못하다. 칼슘의 섭취량이 적정한 경우에는 고단백 식사로 인한 뼈의 소실이 방지되기 때문이다.

2-3. 심장질환과 암 유발 — 고단백 식사는 대개 식물성 단백질보다 동물성 단백질을 많이 먹는 사람에게 흔히 나타난다. 이 경우 고단백 식사는 고동물성 식품 중심으로 일어나며 이는 포화지방과 콜레스테롤이 많고 섬유소가 적은 식사와 비슷하다. 그 결과 심장질환의 위험도를 증가시키는 것으로 알려져 있다. 이는 대개 곡물과 채소, 과일량이 적은 식사이고 이들은 또한 암 발생 위험도가 높다. 또한 고단백 식사는 전형적으로 고에너지 고지방식이며 비만을 유발하기 쉬운 식사 유형을 가지고 있다.

3. 특정 단백질과 아미노산이 미칠 수 있는 위해

지방이나 탄소화물과는 달리 단백질 섭취는 만성질환의 이환률과 바로 연결되어 있지는 않다. 그러나 일부 사람들에게 잘못된 단백질은 위해 요소가 되기도 한다. 이는 특정 단백질이 음식에 포함될 경우 탄수화물이나 지방과는 달리 면역 체계에 의해 인지되고 결과적으로 식사성 알레르기를 유발하기 때문이다. 식품 알레르기에 대한 치료는 없기 때문에 증상을 피하기 위해서는 그 면역 반응을 일으키는 단백질을 포함하는 음식을 피하는 수밖에 없다. 비록 개별적인 아미노산이 음식 알레르기를 일으키지는 않지만 특별한 건강 조건을 가졌거나 민감성인 일부 사람들은 특정 아미노산을 원료로 하여 만들어진 첨가물이 든 음식을 피해야 한다.

3-1. 아스파탐과 페닐케톤혈증 — 아스파탐은 아스파르트산과 페닐알라닌 두 개의 아미노산이 연결되어 만들어진 설탕 대용제이다. 아스파탐은 여러 음식에 널리 사용되는 데, 예를 들어 탄산음료, 젤라틴을 넣은 디저트류 그리고 껌 등에도 사용된다. 소화 시에 아스파탐은 아스파르트산과 페닐알라닌 그리고 멘톨이라는 알코올로 분해된다. 이때 나온 페닐알라닌이 혈액으로 흡수되기 때문에 유전적으로 **페닐케톤혈증**이

[그림 5-16]…아스파탐은 여러 가공식품에서 감미료로 사용되는 디펩티드이다.

페닐케톤혈증(phenylketoneuria; PKU)…선천성 유전질환의 하나로 신체가 페닐알라닌 아미노산을 대사하지 못하는 병이다. 질환을 치료받지 않으면 페닐케톤이라고 하는 독성을 가진 부산물들이 혈액 중에 축적되어 뇌성장애를 유발한다.

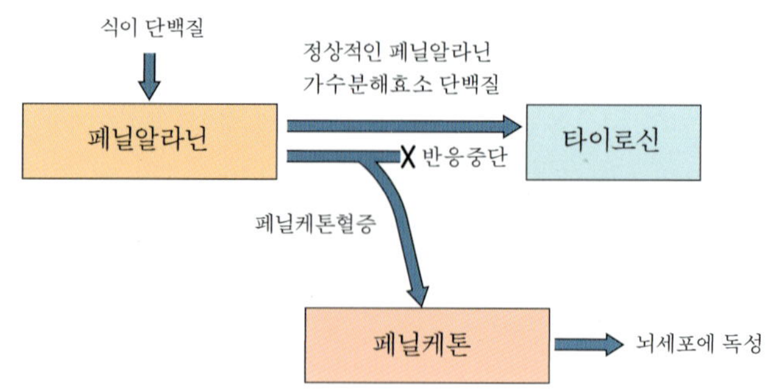

[그림 5-17]…건강한 사람들은 페닐알라닌을 타이로신으로 변화시킬 수 있다. 페닐케톤혈증을 가진 사람들은 페닐알라닌 가수분해효소가 없어서 이를 대사시킬 수 없고 대신 페닐케톤으로 변화시키는데, 이 물질은 성장 발육을 저해하며 타이로신이 합성되지 않아 결핍증이 생기게 된다.

있는 사람들은 아스파탐이 든 식품을 먹으면 안 된다.

PKU가 있는 사람들은 유전적으로 페닐알라닌 가수분해효소에 결함이 있어 페닐알라닌을 대사시킬 수 없다. 이 경우 결함이 있는 유전자는 정상적으로 필수 아미노산인 페닐알라닌을 조건부 필수 아미노산인 타이로신으로 전환시킬 수 없기 때문에 페닐알라닌은 페닐케톤이라는 물질로 변형된다. 이는 혈액 속에서 계속 축적되는데 페닐케톤의 양이 높은 신생아와 어린이들은 뇌가 정상적으로 발육하지 못하는 뇌 발달 장애가 생기게 된다. PKU를 가진 임신 여성들은 태아를 보호하기 위해서 특히 페닐알라닌이 없거나 아주 낮은 식사를 하도록 유의해야 한다. 임신 기간 동안 모체의 페닐케톤의 양이 높아지면 태아의 뇌성마비나 다른 출생 장애를 가질 수 있다.

약 12,000명의 신생아 중 1명은 PKU에 영향을 받는다. 이 질환은 출생 시 검사하여 질환 유무를 가리는 것이 중요한데, 이는 특수 처방된 저페닐알라닌 식이로 뇌손상을 막을 수 있기 때문이다. 이 식사는 신체가 필요한 정도에 겨우 맞출 정도의 페닐알라닌만을 갖고 있어 페닐케톤이 축척되지 않게 된다. 이 식사는 특히 충분한 타이로신과 함께 페닐알라닌이 타이로신으로 전환되지 못하여도 성장에 장애가 되지 않도록 되어 있다. 모든 단백질들은 자연적으로 페닐알라닌을 함유하기 때문에 저페닐알라닌 식이는 전체 단백질 섭취량을 엄격하게 조절하여야 한다. 이 병을 가지고 태어난 신생아를 위하여 저페닐알라닌 또는 무페닐알라닌 분유가 따로 만들어져 있다. 다이어트 소다나 다른 감미료를 넣은 음료들은 단백질이 들어 있지 않기 때문에 페닐케톤혈증을 가진 환자들이 위험하다고 생각지 않는 우를 범할 수 있다. 그러므로 아스파탐을 함유하는 모든 식품의 라벨에는 실제 감미료의 양이 얼마나 들어 있든 PKU를 가진 사람에 대한 경고문이 부착되어 있어야 한다[그림 5-17].

3-2. MSG 민감성 — MSG (monosodium glutamate)는 중국 음식에서 많이 사용되는 것으로 알려진 조미료이다. 이것은 감자칩부터 통조림 수프와 말린 육류 그리고 가공 포장식품에 많이 사용되고 있다. 또한 조미료로 따로 팔리기도 하는데 미원, 미풍, 아지노모도, 제스트베스틴 구어메파우더, 수부, 중국 조미료, 글루타빈, 클루타시리, RL-50, 다시마 추출물, 메징, 웨징 등 세계 각국에서 여러 이름으로 판매되고 있다. MSG는 아미노산인 글루탐산과 나트륨의 결합 구조이다. 일부 사람들은 MSG를 먹은 뒤 얼굴이 붉어지고, 가렵거나 아린 느낌과 두통, 심장 박동이 빨라지고 가슴 통증이 생기거나 전신 탈진과 같은 증상이 나타난다고 보고되고 있다. 이들은 MSG 복합 증상

이라고 하는데 일반적으로는 중국식당 증후군이라는 이름으로 더 잘 알려져 있다. 조미료를 많이 쓰는 중국식당에서 음식을 먹은 뒤 약 1시간 정도 지나면 나타난다고 하여 불려진 이름이다. 그러나 반응이 나타나는 임계치가 빈 속에 3mg 이상을 먹어야 증상이 생기는 것으로 보고되는데, 대개 중국 음식 1인 분량에 넣는 MSG의 양이 0.5mg 정도밖에 되지 않기 때문에 일관된 결론을 내리지는 못하였다. 글루탐산은 아미노산이기도 하지만 신경전달물질로 작용한다. 일부 뇌과학자들은 매일 글루탐산을 고농도로 먹는 것이 좋지 않은 영향을 미칠 것이라고 우려한다. 그러나 과학적인 결과로는 식이 MSG가 인간에게 뇌 손상이나 신경세포 손상을 일으킨다는 결과를 뒷받침해주지 못하고 있다. 그러므로 FDA는 MSG를 일반적으로 안전한 첨가물로 보고 있다. 그러나 MSG에 민감한 사람들은 식품 라벨에 명기된 첨가 재료를 보아 MSG를 피하도록 하는 것이 안전하다.

6. 단백질의 필요도

단백질은 단백질 회전 동안 일어나는 아미노산 소실을 메워 주고, 손상된 조직을 재생해서 성장에 필요한 새 체단백질을 합성할 만큼은 식이로 제공되어야 한다. 전형적인 미국 식사에서 단백질은 에너지량의 약 20%를 공급하게 되어 있다. 현재 영양 권장량은 단백질 섭취를 제한하지는 않고 있으나 식물성 단백질의 양을 늘리고 동물성 단백질의 양을 줄이라고 권장하고 있다. 이 식이 형태는 곡류와 콩류, 과일과 야채, 그리고 적은 양의 기름기 없는 육류와 저지방 유제품 중심의 식사에 기초를 두고 있다.

1. 단백질 필요량의 측정

단백질만이 유일하게 질소를 포함하는 영양소이기 때문에 체내에서 쓰이는 단백질의 양은 섭취한 질소의 양과 배설되는 질소의 양을 비교하여 나올 수 있다. 질소 섭취는 식이 단백질 섭취량에서 계산되고 질소 배설량은 소변과 대변으로 배설되는 질소의 양에 피부나 땀, 머리카락과 손톱 등으로 가는 질소의 양을 더하여 이루어진다. 대부분의 질소의 배설은 소변에서 요소의 형태로 이루어지므로 질소 섭취량에서 질소 배설량을 빼면 몸에서 합성되거나 분해된 단백질의 양에 대한 정보를 얻을 수 있다. 충분한 단백질을 먹는 개인은 **질소 평형**을 유지할 수 있다. 단백질의 필요량이란 탄수화물과 지방으로 에너지를 충분히 섭취할 때 질소 평형을 유지할 수 있는 최소량의 식이 단백질을 의미한다.

질소 평형(nitrogen balance)…일정 기간 동안 식사에서 먹는 질소량과 배설되는 양의 비교

만약 신체가 합성하는 단백질보다 분해하는 단백질이 더 많으면 질소 평형은 음의 평형이 된다. 이는 먹는 질소보다 더 많은 질소가 소실되는 것을 의미하고 신체가 체단백질을 소모하고 있음을 뜻한다. 음의 질소 평형은 식이 단백질이 너무 적거나 질환이나 스트레스, 외상, 수술 후와 같이 단백질 분해가 광범위하게 생길 때 나타난다.

만약 신체가 부서지는 것보다 더 많은 단백질을 합성한다면 질소 평형은 양수일 것이다. 이는 신체가 식이 단백질을 새로운 신체 단백질을 만드는 데 사용한다는

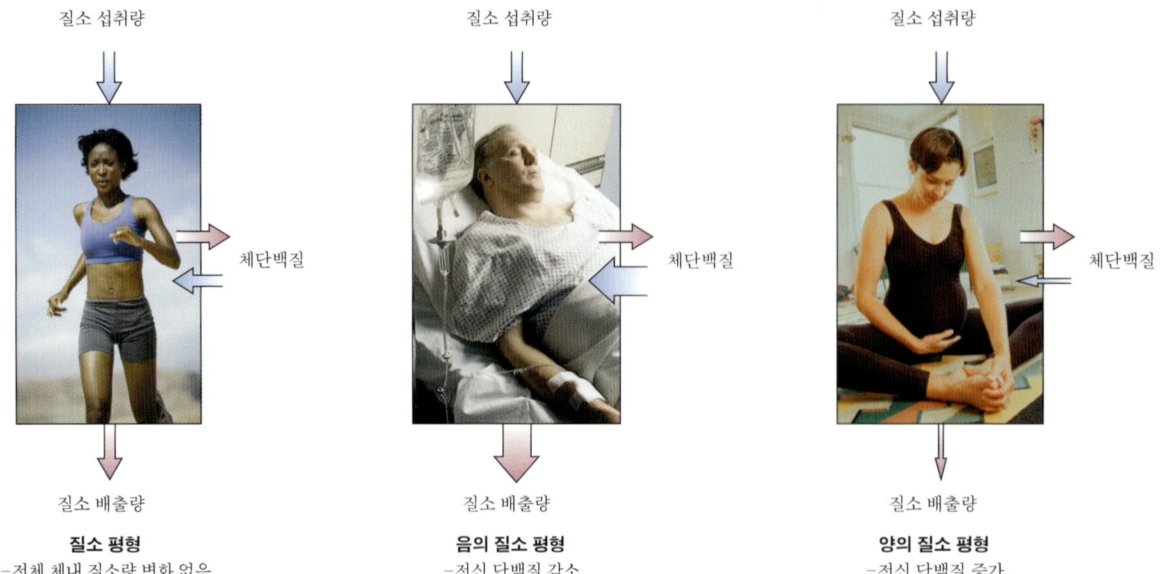

[그림 5-18]…질소 평형이 이루어진 상태에서는 질소 섭취는 질소 배출량과 동일하다. 음의 평형일 때 신체 단백질이 분해되는 양이 생산되는 양보다 많고 분해된 아미노기에서 질소가 배출되기 때문에 질소 배출량은 질소 섭취량보다 많다. 양의 평형상태에서는 신체의 새 단백질 합성량이 분해량보다 크기 때문에 질소 섭취량이 배설량보다 높다.

의미로 양의 질소 평형은 성장기, 임신기, 회복기나 보디빌딩 등의 상태에서 생긴다[그림 5-18].

개인의 단백질 필요도는 개인적인 질소 평형 실험으로 알아볼 수 있다. 이 방법은 누구에게나 다 적용시켜 볼 수 없기 때문에 집단에게 필요한 단백질은 추정된 질소 평형 실험에서 추정해서 나온다. 일반 대중을 위한 단백질 섭취권장량은 실제 개인의 평형 실험에서 나온 권장량보다 높다. 이는 개인 한두 명이 아니라 인구 전체의 필요량을 확실하게 맞추기 위하여 안전한 여분을 더하여 권장하기 때문이다.

2. 단백질 권장량

어른의 단백질 권장량은 체중 1kg당 단백질 0.8g이다. 70kg의 체중을 가진 사람은 하루에 56g의 단백질이 필요한 셈이다[표 5-2]. 성장 시처럼 몸에 단백질이 계속 쌓이는 시기와 수유기나 다쳤을 때처럼 체내 단백질 소실이 크게 일어날 때는 더 많은 단백질이 필요하다. 단백질 권장량은 각 필수 아미노산별로 지정되어 있다. 전형적인 식사에서는 아미노산이 골고루 섞여 있기 때문에 별다른 영향이 없지만 환자가 정상적인 식사를 할 수 없어 정맥으로 영양소를 보충할 때는 중요한 문제가 된다.

2-1. 유아기나 아동기 — 개인이 성장하는 동안 새로운 체단백질이 계속 합성되어야 한다. 신생아가 첫 1년 동안 빠른 성장 속도를 따라가기 위해서는 다량의 단백질이 필요하다. 그러므로 생후 1년 단백질 권장량은 체중 1kg당 하루에 1.5g이다. 성장 속도가 줄어드는 그 이후에는 단위 체중당 단백질 필요도는 서서히 감소한다. 그러나 19세가 될 때까지는 여전히 단위 체중당 단백질 필요량이 어른보다 높다[그림 5-19].

[그림 5-19]…어린 아이들에게서는 급속한 성장속도 때문에 단백질 필요도가 높다.

2-2. 임신 수유기 — 임신 기간 동안 모체나 태아는 모두 성장하고 있다. 엄마의 식이는 자궁과 유방으로 가는 혈액의 증가와 태반의 발육, 태아의 발달과 성장에 필요한 단백질의 양을 충분히 공급할 수 있어야 한다. 임신 여성의 단백질 권장량은 비임신

[표5-2]…단백질 필요량 계산하기

단백질의 필요량을 결정하기 위해서는 먼저

❶ **체중을 계산한다.** 체중이 파운드로 계산되었으면 이를 2.2로 나누어 kg으로 환산한다.
예: 150lb/2.2 = 68kg

❷ **하루에 필요한 단백질의 양을 계산한다.** 체중에 인종별, 연령별로 다르게 책정된 권장량을 곱한다.
예를 들어 23세 된 여성이 68kg이 나가면 하루에 0.8g/kg/1일×68kg = 54.4g의 단백질이 필요하다.

연령별 성별 단백질 권장량

성별, 상태별 구분	나이(연령)	권장량(g/kg/1일)
남녀 모두	0~0.5	1.52
	0.5~1	1.5
	1~3	1.1
	4~8	1.0
	9~14	0.98
	14~18	0.90
	19 이상	0.83
임신기		비임신기 권장량 + 25g/1일
수유기		비수유기 권장량 + 25g/1일

기간에 필요한 양에 25g을 일률적으로 더하여 권장한다. 대부분의 미국 여성들은 이 정도의 단백질은 일상적인 식사에서 이미 섭취하고 있다.

수유 기간에도 단백질의 양은 더 증가해야 한다. 그러나 이때 단백질은 체내에 저장되는 것이 아니라 모유를 만들고 분비하는 데 필요한 양으로 이로써 모유 속에는 단백질 함량이 풍부하게 된다. 만들어진 모유의 질과 단백질 함량은 식이 단백질의 질과 양에 따르게 된다. 수유 여성의 권장량은 비수유 시에 비해 25g 더 증가시킨다.

2-3. 질환과 부상 — 신체에 감염이나 발열, 화상, 수술 등의 극심한 스트레스가 가해지면 단백질 분해량이 높아진다. 이들 소실은 식이 단백질로 보충되어야 한다. 이런 스트레스에 대한 단백질 요구량은 개인적인 차원에서 소실의 정도에 맞추어 권장된다. 예를 들이 심한 감염성 질환은 단백질 필요량을 1/3 정도 더 증가시켜야 하고, 화상은 정상 수준보다 2~4배 정도의 단백질을 더 필요로 한다.

2-4. 운동 — 운동선수들은 흔히 단백질 부족을 염려해 단백질 정제나 아미노산 보충제들을 먹는다. 그러나 운동선수들도 식이로 충분한 단백질을 섭취할 수 있으며 대부분의 운동선수들은 일반인들처럼 체중 1kg당 0.8g의 단백질을 먹는 것으로 충분하다. 울트라 마라톤이나 장거리 사이클링과 같은 고지구력을 요구하는 운동 시에 단백질이 더 필요한 이유는 일부 단백질이 에너지를 내는 데 사용되고 지구력 운동 도중에 혈당의 농도를 유지하는 데 쓰이기 때문이다. 이런 지구력 운동을 하는 선수들은 체중당 1.2~1.4g 정도의 단백질을 필요로 한다. 보디빌딩과 같은 근력 운동을 하는 사람들

도 근육을 키우기 위해 원료인 단백질이 필요하기 때문에 추가로 더 먹을 필요가 있으므로 이들에게는 1.4~1.8mg/kg/1일 정도의 양을 권장한다. 지구력 운동가와 근력 운동가들도 식이로 적당한 열량을 공급받으면서 동시에 필요한 단백질을 충족시킬 수 있다. 예를 들어 91kg의 남자가 3,600kcal의 열량을 매일 먹는다면 약 15%는 단백질에서 얻을 수 있고(미국 식사의 평균 단백질 함량) 결과적으로 135mg의 단백질을 먹게 된다. 이 양은 1.5mg/kg/1일의 단백질량에 해당한다. 음식이나 보충제 형태로 단백질을 더 추가하여 먹는다고 운동 실력이 나아지는 것은 아니다.

3. 건강한 단백질 섭취의 범위

영양 권장량에 더하여 식품의약품안정청(DRI)에서는 식이 섭취 열량의 일정 비율을 단백질로 섭취하도록 권장하고 있다. 이를 허용거대영양소 분산범위(AMDR)라고 하는데 섭취 열량의 10~35%를 단백질의 형태로 섭취하라고 권장한다. 이 범위는 식습관과 선호도가 다른 문화적인 차이를 인정하는 것이다. 이 범위의 단백질은 필요량에 맞고, 건강 위험을 높이지 않으면서도 탄수화물과 지방의 열량에 균형을 맞춘 단백질의 섭취 범위이다. 10%의 단백질량은 영양 권장량에는 맞지만 일반적인 식사와 비교하면 비교적 낮은 권장량이고 대부분의 사람들은 열량의 약 20%를 단백질로 먹고 있다. 건강 범위의 위쪽 상한선인 35%의 단백질량은 하루 약 220g 정도로 일반인들의 2배에 해당하는 양이다. 이 정도 이상의 단백질도 해로운 정도로 많은 것은 아니나 만약 단백질량이 35%보다 많아지면 식이 지방의 양도 따라서 더 높아질 것이고 탄수화물의 양은 권장량보다 낮아질 것이며 또한 더 많은 총 지방, 포화지방, 콜레스테롤을 먹게 될 것이다. 고단백 식사에 따른 건강 문제는 지방과 탄수화물의 비율을 다르게 만든다는 데서 조심해야 할 필요가 있다.

4. 총 단백질 섭취량의 측정

얼마나 많은 단백질을 먹고 있는지 확인하려면 식품 분석표를 찾아 각 식품의 단백질량을 합산해 보면 알 수 있다. 간단하게 한눈에 보기 쉽기로는 식품 교환표를 찾아 어림해 볼 수도 있다[**표 5-3**]. 식품 교환표에 따르면 28g의 고기는 7g의 단백질을 가지고 있고, 우유 1컵은 8g, 곡물이나 야채 1회 분량은 2~3g의 단백질을 가진다. 식품 라벨 역시 포장 판매되는 음식의 단백질 함량에 대한 손쉬운 정보를 제공한다. 함유 재료란에는 단백질과 아미노산을 포함하는 재료에 대한 정보를 제공한다. 이 정보는 알레르기를 가진 사람들이나 특정 첨가제를 피하려는 사람들을 위한 것이다. 그러나 원료육과 생선에 대해 라벨을 붙이는 것은 법적으로 강요되는 사항이 아니기 때문에 많은 단백질 급원들은 라벨 없이 통용되고 있다.

5. 단백질의 질

단백질의 질(protein quality)…식이 단백질이 체내 단백질로 전환되는 효율로 측정한다.

대부분의 미국인들은 충분한 단백질을 섭취하고 있지만 단백질 섭취를 측정할 때 중요한 것은 단백질의 양과 더불어 **단백질의 질**이다. 단백질의 질이란 음식 속 단백질이 체내에서 필요로 하는 필수 아미노산을 제공하는 데 얼마나 적당한가를 측정하는 것이다. 단백질의 영양 권장량은 식사 내 동물성 단백질과 식물성 단백질을 섞어서 먹는

[표5-3]…식품 교환표를 이용한 단백질 함량의 추정

교환군/리스트	1회 분량	단백질(g)
탄수화물군		
곡류	쌀, 시리얼, 감자 1/2컵	3
	빵 1장	
과일	사과, 복숭아, 배 작은 것 1개	0
	바나나 1/2개, 통조림과일 1/2컵	
우유류		
무지방	우유나 요구르트 1컵	8
저지방		8
전유		8
다른 탄수화물들	분량에 따라 다름	다름
야채류	익힌 야채 1/2컵, 생야채 1컵	2
육류나 가공육류		
기름기가 전혀 없는 고기	육류나 치즈 28g, 두유 1/2컵	7
저지방 고기	〃	7
중지방 고기	〃	7
고지방고기	〃	7
지질류	**버터 마가린 식용유 1작은술, 샐러드 드레싱 1큰술**	**0**

것을 가정하여 먹을 양을 권하는 것이다. 그러므로 저질의 단백질을 주로 먹는다면 몸이 필요로 하는 필수 아미노산을 충분히 공급하기 위해서 단백질을 더 많이 먹어야 한다. 같은 양을 먹어도 한 가지 급원이 아니라 여러 급원의 단백질을 고루 포함하는 음식을 먹는 것은 충분한 단백질에 더불어 충분한 필수 아미노산이 든 음식을 먹게 만드는 장점이 있다.

식물성 단백질의 질은 유전자 변이 식품의 경우 달라질 수 있다. 예를 들어 옥수수는 리신 아미노산은 제한 아미노산이나, 유전자 변이 옥수수는 리신의 함량이 높은 다양한 변종이 생산될 수 있다. 그러므로 동물 사료나 식용으로 더 적합한 단백질의 질을 가진 제품으로 바뀌게 된다.

5-1. 고품질 단백질 — 동물성 단백질은 인체가 필요로 하는 아미노산의 조성에서 유사하기 때문에 동물성 단백질의 질이 식물성 단백질보다 더 낫다고 일반적으로 알려져 있다. 또한 소화된 단백질만이 체내에서 사용될 수 있기 때문에 단백질의 소화 용이성도 단백질의 질에 영향을 미친다. 일반적으로 동물성 단백질은 좀 더 쉽게 소화된다. 사람의 필요에 맞는 조성을 가지고 또 쉽게 소화되기 때문에 동물성 단백질을 **완전 단백질**이라고 부른다. 식물성 단백질은 소화하기 어렵고 한두 개의 필수 아미노산이 부족하기 쉬워서 대개 **불완전 단백질**이라고 부른다. 콩 단백질은 예외로 고품질의 아미노산 조성을 가지고 있기 때문에 식물성이지만 질이 좋은 단백질로 분류한다.

완전 단백질(complete dietary protein)…인체 단백질 합성을 유지하기에 좋은 필수 아미노산 조성을 가진 단백질

불완전 단백질(incomplete dietary protein)…신체가 필요로 하는 필수 아미노산 중 한두 가지가 없거나 부족한 단백질

[표5-4]…식품 교환표를 이용한 단백질 함량의 추정

- 화학가 또는 아미노산가=
(시료 단백질의 제한 아미노산 mg/ 기준 단백질의 제한 아미노산 mg) ×100
- 소화율을 고려한 아미노산가(PDCAAS)=아미노산가×소화도
- 단백질 효율(PER)=시료 단백질 섭취 시 체중 증가/기준 단백질 섭취 시 체중 증가
- 총 단백 이용률(NPU)=(보유한 질소량/질소 섭취량) ×100
- 생물가(BV)=(보유한 질소량/흡수된 질소량) ×100

5-2. 단백질의 질 측정 — 식사나 식품 내 단백질의 질을 확인하는 것은 한 집단에서 적정한 단백질을 먹고 있는지를 아는 데 중요하다. 예를 들어 카사바 속의 단백질의 질을 알게 되면 카사바를 주식으로 사용하는 지역(대개 식량 자원이 귀한 지역이다)의 식이가 현재 어느 정도나 필요량에 맞게 공급되고 있는지를 판정할 수 있게 된다.

단백질의 질은 여러 가지 방법으로 실험적으로 측정된다[표5-4]. 한 가지 방법은 질이 좋은 단백질(예를 들어, 달걀 단백질)을 기준으로 하여 상대적으로 해당 단백질의 상대적인 아미노산 함량을 측정하는 방법이다. 화학가 또는 아미노산가는 시료 단백질에 든 아미노산들 중 제한 아미노산을 찾아 그 양을 달걀 단백질의 해당 아미노산의 양과 비교하는 방법이다. 이 분석에서 가장 바람직한 아미노산 조성을 가진 단백질이 가장 높은 값을 얻을 것이다. 아미노산가는 매우 유용한 측정법이지만 해당 음식의 소화도를 고려하지 않았다는 단점이 있다. 소화도를 고려한 아미노산가(PDCAAS)는 아미노산가에 소화 용이성을 고려하여 보정한 값이다[그림5-20]. PDCAAS는 2~5살 된 아동(체격에 비해 아미노산 필요도가 가장 높은 연령대이다)의 아미노산 필요도에 비해 해당 아미노산의 아미노산 조성을 비교한 다음 이를 소화 정도로 교정한다. PDCAAS가 높을수록 적게 먹어도 충분한 아미노산을 공급할 수 있는 단백질이라는 뜻이 된다. 이 방법은 현재 인류의 음식 속에 든 단백질의 질을 측정하는 공식적인 방법으로 FDA가 식품 라벨에 하루 권장량의 몇 %에 해당하는지를 표시하는 기준이 된다.

단백질의 질을 계산하는 다른 방법으로 **단백질 효율**(PER)이 있다. 이는 한 단백질이 동물의 성장을 얼마나 더 촉진하는지 측정하는 방법이다. **총 단백 이용률**(NPU)과 **생물가**(BV)는 한 단백질이 신체의 성장과 유지에 얼마나 이용되었나를 보는 방법이다.

단백질 효율(protein efficiency ratio)…실험 동물에게 시료 단백질을 먹였을 때 체중 증가량을 기준으로 하여 단백질을 먹인 동물의 체중 증가로 나눈 값

총 단백 이용률(net protein utilization)…먹은 질소의 양에 비해 체내에 보유된 질소의 양으로 나누어 계산한 단백질의 질

생물가(biological value)…식사로 먹어서 체내로 흡수된 질소량에 비해 체내에 보유된 질소량을 계산하여 측정한 단백질의 질

5-3. 단백질의 보충 효과 — 단백질의 질을 측정하는 것은 특히 단백질이 귀한 지역의 영양 요구량과 자급도를 계산하는 데 중요하다. 그러나 대부분의 사람들이 고품질의 단백질을 쉽게 구할 수 있는 고도 산업 사회에서 단백질의 질을 고려하는 이유는 개인적인 식사가 어떤 단백질 급원으로 구성되어 있는지를 알게 하기 때문이다. 동물성 단백질은 완전 단백질이고 대부분의 식물성 단백질은 불완전 단백질이다. 만약 식이 중 단백질이 동물성과 식물성 모두에서 온다면 적은 양의 단백질을 섭취한다 해도 체단백질 합성에 필요한 모든 필수 아미노산을 함유하고 있을 가능성이 높다. 만약 불완전한 식물성 단백질만 먹는다 해도 여러 급원을 섞어 먹으면 필요한 단백질 요구량을 모두 맞출 수 있다. 이를 **단백질 보충 효과**라고 한다.

단백질 보충 효과(protein complementation)…다른 급원의 단백질을 섞어서 먹음으로써 결과적으로 필수 아미노산을 모두 적정량 맞출 수 있게 되어 식사 전체의 단백질의 질을 높이는 것

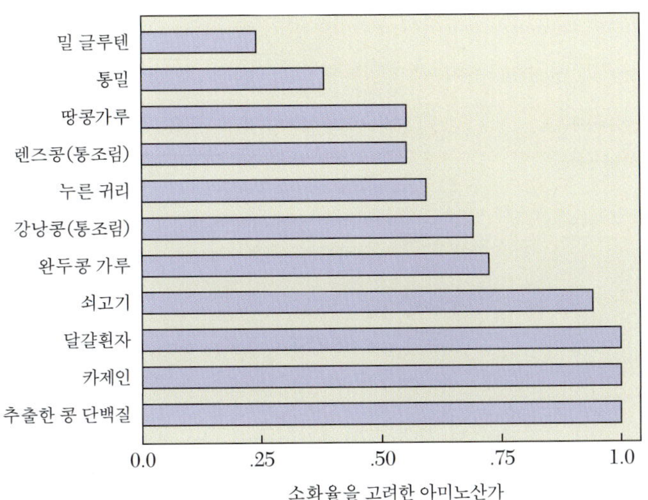

[그림 5-20]… 식물성 단백질의 소화도를 고려한 아미노산가는 대개 동물성 단백질보다 낮다. 콩단백질은 예외인데. 두부나 된장, 콩단백 추출물과 같은 단백질은 매우 소화도도 높아서 소화도를 고려한 아미노산가도 높게 된다.

단백질 보충 효과는 다른 제한 아미노산을 가진 단백질을 여러 가지 결합할 경우 식사 전체의 단백질의 질을 좋게 할 수 있다. 상호보완적인 아미노산 패턴을 가지는 식물성 단백질을 먹을 경우 동물성 단백질을 먹지 않아도 몸에서 필요로 하는 요구량을 모두 채울 수 있다. 식물성 단백질에서 주로 부족한 것은 리신과 메티오닌, 시스테인과 트립신이다. 전체적으로 콩 종류는 메티오닌과 시스테인이 부족하고 리신의 양은 높다. 곡류와 견과류 그리고 종실류들은 리신은 부족하지만 시스테인과 메티오닌은 높다. 옥수수는 리신과 트립토판이 부족하나 메티오닌은 충분히 들어 있다. 상보적인 아미노산 조성을 가진 식품을 합쳐 먹으면 우리 몸이 필요로 하는 모든 필수 아미노산을 충분히 공급할 수 있다. 예를 들어 리신의 양은 적지만 메티오닌이 많은 쌀과 리신은 높지만 메티오닌이 적은 콩을 같이 먹을 경우 적절한 아미노산을 모두 공급받게 된다[그림 5-21]. 곡류와 콩류의 일상적인 조화는 여러 지역의 주식에서 자주 나타난다. 예를 들어 쌀과 콩을 섞어서 밥을 하거나 콩과 옥수수나 밀로 만든 또띠야를 같이 먹는 것은 중미와 남미 지역에서 흔히 보이는 식단이다. 또한 밥과 두부는 중국과 일본에서, 쌀과 렌틸은 인도에서, 쌀과 쥐눈이콩은 미국의 남부 지역에서, 땅콩버터와 빵은 미국 전역에서 흔히 나타나는 조합이다. 식물성 단백질은 동물성 단백질에 보충 효과를 나타낼 수도 있다. 예를 들어 아시아의 쌀은 종종 적은 양의 쇠고기나 닭, 생선 반찬과 같이 먹는다. 반드시 매끼마다 보충되는 단백질 조합을 선택할 필요는 없으나 하루의 식사가 보충되는 급원으로 구성되도록 하는 것은 매일매일의 아미노산 필요를 충족시키는 안전한 방법이다.

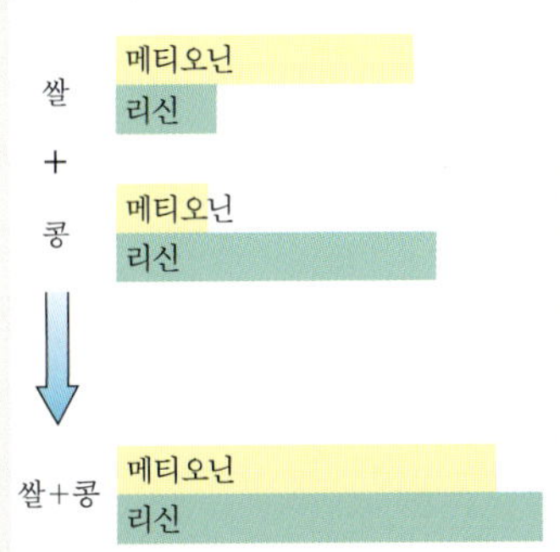

[그림 5-21]… 쌀과 콩으로 이루어진 식사는 충분한 메티오닌과 리신을 포함하고 있어서 신체가 필요로 하는 필수 아미노산을 모두 공급할 수 있다.

6. 현명한 단백질 식사

충분한 단백질을 먹는 것만이 건강한 식사가 아니다. 단백질의 공급은 건강에 영향을 미치며, 특히 식사가 얼마나 지방과 섬유소 섭취 기준을 맞추는가도 중요하다. 식품 구성탑에 의한 권고 사항에 따르면 식단에 동물성 단백질과 식물성 단백질을 모두 포함시키는 것이 현명한 식사 선택이다. 우유 1컵은 8g의 동물성 단백질을 가지고 있고, 여기에 고기와 콩 그룹 28g을 더하면 7~10g의 단백질을 더 섭취하게 된다[그림 5-22]. 곡류와 채소류의 1회 분량은 또 다른 1~5g의 단백질을 제공한다.

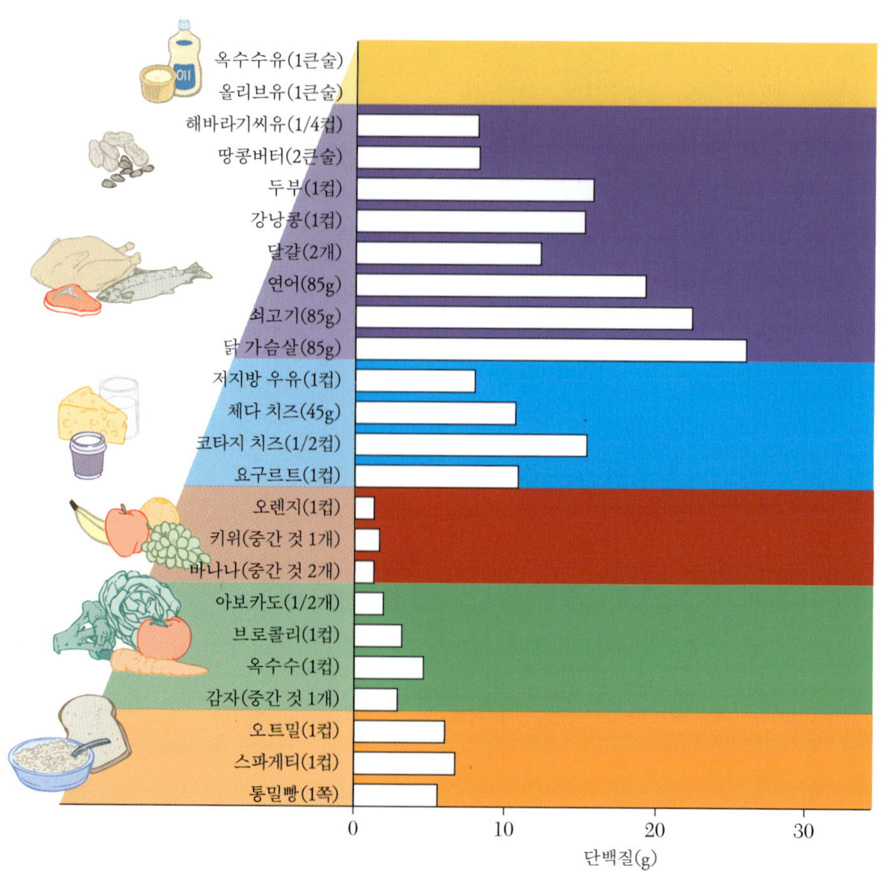

[그림 5-22]…식품 구성탑의 각 군에서 고른 단백질의 양. 고기와 콩류, 우유류의 음식들은 1회 분량당 가장 많은 단백질을 가지고 있다.

젤라틴(gelatin)은 여러 식품의 첨가물로 이용되는 단백질로 종종 류마티스 증상을 개선하고, 체중 조절 시 단백질을 보충할 수 있다고 주장하는 광고를 보게 된다. 그러나 실제 젤라틴은 동물성 단백질이기는 하지만 필수 아미노산인 트립토판이 조금도 들어 있지 않아 좋은 단백질 급원이라고 할 수는 없다.

6-1. 생선과 기름기 없는 육류 그리고 저지방 유제품 — 동물성 단백질이 많은 식품은 대개 포화지방산이 많으며 콜레스테롤이 유입되는 주요 통로이다. 이는 꼭 우리가 채식주의자처럼 동물성 단백질을 전혀 먹지 말라는 뜻은 아니다. 동물성 단백질을 현명하게 고르는 것이 필요하다. 예를 들어 육류에 많은 철분과 아연 그리고 비타민 B군을 넉넉히 얻으면서도 포화지방이 적은 고기를 고르는 것이 필요하다. 이를 위해서는 기름기 없는 육류와 껍질 벗긴 조류가 좋다. 생선은 철과 아연의 급원이기도 하지만 오메가 3 지방산이 넉넉히 들어 심장 건강에 매우 유익하다. 무지방 또는 저지방 우유와 유제품 역시 질 좋은 단백질과 칼슘을 포화지방 걱정 없이 먹을 수 있게 만든다.

6-2. 식물성 단백질을 더 많이 섭취하기 — 식물성 단백질이 많이 든 식품은 대개 불포화 지방산과 섬유질이 풍부하다. 콩도 섬유질이 많은데, 한 컵의 삶은 콩은 15g의 섬유질을 가지고 이 섬유질은 대부분 수용성 섬유질이어서 혈중 콜레스테롤 농도를 낮추는 역할을 한다. 견과류와 종실류를 선택하는 것도 심장 건강에 좋은 단일불포화지방산과 섬유소를 포함한다. 통곡과 야채는 섬유질과 식물화학물질, 비타민과 무기질이 많으며 이런 군들의 권장 섭취 횟수가 많기 때문에 식사의 대부분을 차지할 수 있다.

6-3. 단백질과 아미노산 보충 — 일부 사람들은 식사 내 단백질이 충분하여도 단백질과 아미노산 보충제를 먹는 것이 건강에 필요하다고 믿는다. 단백질은 적정한 면역 능력과 건강한 머리카락과 근육 성장을 위해 필요하다. 그러나 보충제로 먹을 때 효과가

[그림 5-23]…단백질 섭취량을 늘리기 위해 보충제를 먹는 것은 불필요한 일이다.

있는 것은 애초에 정상 식사에서 충분한 단백질을 먹지 못할 때뿐이다. 단백질의 섭취량을 권장량 이상으로 늘리는 것은 병으로부터 우리를 보호하거나, 머리카락을 반들거리게 하거나 근육 성장을 자극하지 않는다. 비록 단백질 보충제들이 대부분의 사람들에게 유해한 것은 아니지만 단백질 보충제는 비싸고 효과도 없으며, 필요치도 않은 방법이다.

아미노산 보충제 역시 운동선수들과 체중을 조절하는 이들에게 인기가 높다. 아미노산인 아르기닌과 오니시닌은 성장호르몬의 분비를 자극하고 이는 근육 성장을 촉진한다고 알려져 있다. 그러므로 아미노산 보충제는 근육을 만들고 지방을 빼고자 하는 이들에게 도움이 될 수 있는 것이다. 그러나 이들 보충제에 든 아미노산의 양은 성장호르몬의 분비에 영향을 미치기에는 너무 적고 근육 성장이나 근력 증가에 도움이 된다는 증거도 없다. 가지달린 아미노산들(루이신, 이소루이신, 발린)과 아르기닌, 알라닌은 운동 능력을 증가시킨다는 이유로 섭취되곤 하였지만 실제 이들 아미노산 보충제가 지속적인 효과를 나타낸다는 증거는 없다. 또한 일부 아미노산들은 같은 수송계를 통하여 흡수되기 때문에 한 종류의 아미노산을 계속 보충하는 것은 수송계를 공유하는 다른 아미노산의 결핍을 가져올 수 있다[**그림 5-8**].

닭 가슴살 2개 또는 불고기 1인분(200g)에는 하루 필요한 단백질 양이 충분히 들어 있다. 만약 육식을 하지 않더라도 땅콩버터 샌드위치 1개와 두유 한 컵이면 하루 필요한 단백질의 30%는 채울 수 있다.

7. 채식주의자들의 단백질 필요량 맞추기

세계의 많은 지역에서 동물성 단백질이 비싸거나 구하기가 여의치 않아 식품성 단백질에 의존하거나 채식주의 식단을 발전시켜 왔다. 다른 제한 아미노산을 가진 식품성 단백질을 조합하며 먹어서 필요한 아미노산 조성을 모두 갖춘 식사를 할 수 있다[**그림 5-24**]. 그리고 현명하게 식품을 선택하고 일부 강화 식품을 이용할 경우 다른 영양소도 충분히 제공할 수 있다. 유복한 서구사회에서의 채식주의자들은 경제적 이유 외에 건강, 종교, 도덕이나 환경에 대한 의식 등을 이유로 선택한다.

1. 채식주의 식단의 종류

전통적으로 **채식주의**는 고기와 생선, 가금류를 제한하는 식이를 의미한다. 그러나 이 용어는 동물성 식품의 제한 정도가 다른 많은 식이 패턴을 포함하는 넓은 의미의 용어이다. 부분 채식주의자는 일정 종류의 붉은 고기나 생선, 가금류만을 피한다. 예를 들어 어떤 사람들은 적색육을 전혀 안 먹는 대신 조류와 생선은 먹는다. 달걀-우유 채식주의자들은 동물성 육류는 먹지 않되, 달걀과 우유나 치즈 같은 유제품은 먹는다. 우유 채식주의자들은 모든 육류와 달걀을 먹지 않지만 유제품은 먹는다. **완전 채식주의자**들은 모든 동물성 식품을 전혀 먹지 않는 식이 패턴을 말한다.

채식주의(vegetarianism)…일부 또는 완전히 동물성 식품을 먹지 않는 식이 패턴

완전 채식주의자(vegan)…동물에서 기원되는 모든 식품을 먹지 않는 철저한 채식주의자

2. 채식주의의 장점

경제적으로 여유 있는 계층 중 건강에 유익한 삶의 스타일을 추구하는 사람들에게서 채식주의의 유익성에 대한 관심이 커지고 있다. 채식주의자들은 비만, 당뇨, 심장질

쌀과 콩
쌀과 렌즈콩
빵과 땅콩버터
두부와 캐슈넛 볶음
옥수수 또띠아와 콩부리토
후머스(병아리콩과 참깨)
쥐눈이콩과 옥수수빵
타이니(참깨와 땅콩소스)
등산용 간이식사(콩과 견과류)
쌀과 두부

곡류, 견과류, 씨앗류

두류

[그림 5-24]…불완전한 식물성 단백질들을 상보적으로 보충하는 식사를 함으로써 모든 필수 아미노산이 충분한 식사를 만들 수 있다.

미국인의 2.5%는 고기나 생선, 가금류를 포함하지 않는 채식 식사를 꾸준히 섭취한다고 한다. 그중 약 1%는 완전 채식주의자들이다.

환, 고혈압의 위험도가 더 낮고, 또한 일부에서는 암의 위험도 낮은 것으로 생각된다. 이는 아마 채식이 성인병의 위험 인자인 포화지방과 콜레스테롤을 낮추기 때문일 것이다. 또한 채식주의자들은 곡류와 콩류, 야채와 과일을 많이 먹어서 섬유질과 비타민, 무기질과 항산화제, 그리고 식물화학물질의 섭취량이 높기 때문이기도 하다. 채식이 건강에 유익한 것은 어느 한 요소에 의존하는 것이 아니라 위의 요소들을 포함하는 전체적인 식이 패턴이 건강 지향적이기 때문일 것이다. 질병의 위험도를 낮추는 것에 더하여 식물성 단백질에 많이 의존하는 식사는 더 경제적이기도 하다. 쌀과 파스타, 콩에 더하여 약간의 고기를 먹는 식사는 충분한 단백질을 공급하면서도 많은 고기를 먹는 식사보다 훨씬 싸다. 예를 들어 고기를 조금 넣고 볶은 야채와 밥을 먹는 식사는 스테이크와 감자의 식사보다 돈이 절반밖에는 들지 않는다. 그럼에도 불구하고 두 식사 모두 단백질 필요량을 충분히 채울 수 있다.

3. 채식에서 결핍되기 쉬운 영양소

경제적이고 건강에 좋은 장점에도 불구하고 채식만을 장기간 섭취하는 것은 일부 영양소들의 결핍을 가져올 수 있다. 특히 완전 채식주의 같이 엄격한 채식에서는 더욱 가능성이 높다. 유제품을 먹는 채식주의자나 유제품과 달걀을 먹는 채식주의 식단에서는 동물성 단백질을 포함하고 있기 때문에 이 단백질들은 식물성 단백질의 제한 아미노산에 보충 효과를 나타낸다. 완전 채식주의 식이에서는 단백질이 결핍될 가능성이 있다. 완전 채식주의 식이에서는 질이 좋은 단백질이 드물기 때문에 단백질 요구량이 높은 아동이나 임신기 여성이나 질병에서 회복되는 환자 또는 손상 부위가 있는 환자와 같은 일부 어른들에게서는 그 위험이 더 높아진다. 그러므로 이런 부류의 사람들은 단백질의 필요량을 맞추기 위해 아주 조심스럽게 식단을 짜야 한다.

단백질 결핍보다 더 위험도가 높은 것은 특정 비타민이나 무기질의 결핍이다. 완전 채식주의의 식사의 가장 염려스러운 점은 비타민 B_{12}의 결핍이다. 이 비타민은 거의 독점적으로 동물성 단백질 식품에서만 발견되기 때문에 완전 채식주의 식이를 따르는 사람들은 이 비타민 보충제를 따로 먹거나 비타민 B_{12}의 강화식품을 사용해야 한다. 또 관심 가져야 할 것은 칼슘이다. 미국 식사에서 칼슘은 거의 다 유제품의 형태로

[표 5-5]… 완전 채식주의 식사 시의 영양 필요량 맞추기

위험 영양소	완전 채식주의 식사에 적용하기
단백질	콩을 기초로 하는 식품들, 대두와 종실류, 견과류와 곡류, 야채
비타민 B_{12}	두유 음료와 시리얼, 영양이스트와 같이 비타민 B_{12}를 강화시킨 식품, 비타민 보충제
칼슘	칼슘으로 처리한 두부, 브로콜리나 케일, 청경채나 두류, 칼슘 강화식품들, 두유나 곡류, 오렌지주스 등
비타민 D	햇볕 쪼이기, 비타민 D 강화식품, 예를 들어 두유 음료, 시리얼, 마가린 등
철분	두류, 두부, 푸른 잎 채소, 말린 과일, 통곡식, 아연 강화 시리얼과 강화 빵들 (감귤류와 토마토, 딸기, 진한 녹색 야채 등에서 발견되는 비타민 C에 의해 철분의 흡수 촉진)
아연	통곡, 밀 배아, 두류, 견과류, 두부, 강화 시리얼 등
오메가 3 지방산	카놀라유, 아마인유, 대두유, 호두

섭취된다. 그러므로 이들 유제품을 먹지 않는 식사는 식물성 칼슘이 넉넉한 식사를 골라야 한다. 거의 모든 식이 비타민 D도 강화 유제품에서 온다. 이 비타민은 햇볕을 받으면 피부에서 만들어지거나(8장 참조) 강화 두유 등에서 섭취된다. 철과 아연도 채식에서는 결핍되기가 쉬운데 이들 영양소의 최대 급원이 적색육이기 때문이다. 식물성 식품 내에 있는 철분과 아연은 흡수도가 낮다. 철분과 아연이 유제품에도 낮기 때문에 완전 채식 식사나 유제품을 먹는 채식주의, 유제품과 달걀을 먹는 채식주의 모두 결핍 가능성이 있다. 생선이나 달걀을 포함하지 않은 식사나 다량의 해조류를 포함하지 않는 식사는 EPA나 DHA를 충분히 제공하지 못하며, 그러므로 더 많은 α-리놀렌산이 필요하다. α-리놀렌산의 좋은 급원인 아마씨유나 카놀라유를 식사에 포함시키면 채식주의자들도 건강한 오메가 3, 오메가 6 지방산의 비율을 가질 것이며, 동물성 식품을 먹지 않아도 EPA나 DHA의 부족이 생기지 않을 것이다. 채식주의자들을 위한 영양소의 급원이 [표 5-5]에 기록되었다.

식물성 급원의 철분은 동물성에 비해 흡수율이 낮기 때문에 채식주의자들의 경우 철분 권장량이 높다. 25세의 여성 채식주의자는 33mg의 철분을 섭취해야 하는데, 이는 고기를 먹는 일반 여성의 18mg에 비해 약 2배가 권장된다.

4. 채식주의자들의 식품 구성탑

잘 계획된 채식은 완전 채식주의 식사라 하더라도 임신기와 수유기, 유아기나 아동기, 그리고 노인기에 이르기까지 생애 전 기간에 필요한 영양소를 모두 충족시킬 수 있다. 건강한 채식 식사를 계획하는 한 가지 방법은 일반인의 식품 구성탑을 약간만 변형해도 가능하다. 곡류와 채소, 과일의 권장량과 선택 횟수는 채식주의자나 일반인이나 모두 같으며 한 컵의 진한 녹색 야채를 매일 먹는 것으로 철분과 칼슘의 필요량을 충족시킬 수 있다. 일반인들의 식품 구성탑은 우유와 고기같은 동물성 식품을 포함하고 있기 때문에 채식주의자들은 식품 구성탑을 일부 수정하여야 한다. 우유나 달걀을 먹는 채식주의자의 경우에는 별다른 문제 없이 식품을 고를 수 있다. 완전 채식 식사처럼 모든 동물성 식품을 피하는 사람들은 마른 콩류, 견과류, 종실류를 육류 대신 선택해야 한다. 강화 두유를 보강할 수 있고 적당한 비타민 B_{12} 보급을 위해 반드시 보충제를 먹거나 비타민 B_{12} 강화식품을 사용해야 한다. 특별히 채식주의자들을 위한 식품 구성탑을

식사계획 요령

❶ 여러 종류의 식품을 고른다.

❷ 각 군의 단위수는 매일 먹어야 하는 최소 단위이니 각 군에서 그 이상을 골라야 한다.

❸ 칼슘이 풍부한 식품군 1단위는 성인 1일 권장량의 10%를 포함한다. 하루에 8단위 이상을 골라야 하며, 다른 식품군에서 오는 단위에도 적용이 된다.

❹ 오메가 3 지방산을 공급하는 식품 2단위 이상을 섭취한다. 오메가 3 지방산은 콩과 견과류에 많고, 지방군에도 많다. 지방군 1단위는 아마씨유 1작은술, 대두유나 카놀라유 3작은술, 간 아마씨 1큰술, 호두 1/4컵이다.

❺ 견과와 종실류는 지방군에 포함된다.

❻ 적당한 일광욕으로 비타민 D 합성량을 늘리거나 비타민 D 강화식품을 이용한다. 우유나 두유, 아침식사용 시리얼에 강화제품들이 있다.

❼ 매일 비타민 B_{12}가 든 음식을 최소한 3가지 이상 섭취한다. 여기에는 채식주의자를 위한 이스트추출물 1큰술, 강화 두유 1컵, 우유 1/2컵, 요구르트 3/4컵, 달걀 큰 것 1개, 시리얼 28g, 강화 인조고기 28~42g 등이 있다. 매일 B_{12} 강화제 5~10㎍을 먹거나 주당 2,000㎍의 B_{12} 보충제를 섭취한다.

❽ 만약 알코올이나 당류를 식사에 포함시킨다면 적당량을 조정한다. 또한 될 수 있는 한 열량 음식을 채식주의자 식품 권장표에서 선정해야 한다.

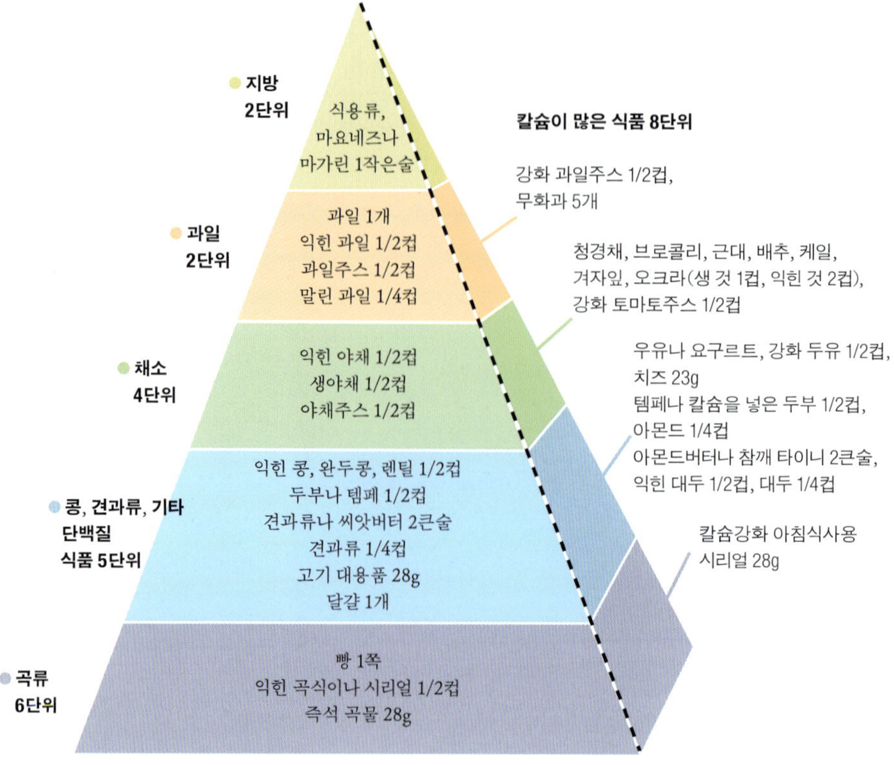

[그림 5-25]…채식주의자들의 식품 구성탑과 식사계획 요령은 동물성 식품을 먹지 않고도 필요한 영양소를 모두 고르는 방법을 선택하는 데 도움이 된다.

[그림 5-25]에 소개하였다. 이 구성탑의 정면에는 곡류, 콩류 및 단백질이 많은 식품과 야채, 과일, 지방의 순서로 5개의 기본 식물성 식품군이 배치되었다. 일반인의 식품 구성탑과 다른 점은 사이드 패널에 칼슘이 많은 식품을 포함한 제6군이 배치되었다는 것이다.

제6군은 구성탑 정면의 음식군들 중에서 식물성 칼슘이 많은 음식을 표시한 것이다. 이 군은 종합적으로는 하루에 8단위 이상 섭취하도록 권장하고 있지만 각 구성탑의 기본 5군의 한도 내에서 선택하는 것이 좋다. 예를 들어 칼슘이 많은 청경채와 같은 야채는 칼슘군의 1단위이지만 동시에 채소군의 1단위이기도 하다. 이 구성탑에 첨부한 식사 계획은 더 건강한 채식 식사를 고르는 가이드라인을 제공해 줄 것이다. 많은 내용들이 칼슘이나 오메가 3 지방산, 비타민 D와 비타민 B_{12} 같은 특별한 영양소에 초점을 맞추고 있다.

사례연구후기

T양이 평화유지군에 합류했을 때 그녀는 영양 불량이 어린이들의 건강에 미치는 영향에 대해서는 잘 모르고 있었다. 손지와의 경험은 그녀에게 단백질-에너지 영양 결핍의 어려움에 관하여 깨닫게 만들었다. 손지는 엄마가 모유를 동생에게 먹이면서부터 질 좋은 단백질을 먹지 못해 카시오카 상태가 되었고 지방과 체액이 배에 쌓여 부풀게 된 것이다. 몇 달 간 클리닉에서 고단백 식사를 제공한 결과 손지의 배는 줄어들었고 팔과 다리에 근육이 생기기 시작했다. 손지는 이제 3살이 되었고 비록 같은 연령대의 다른 아이들보다는 작지만 건강하고 잘 뛰어 놀 수 있게 되었다. 손지가 더 심한 단백질 에너지 영양 불량 상태에 이르지 않아서 다행이었다. 많은 단백질 에너지 영양 불량 어린이들은 단백질의 극심한 부족으로 면역 체계가 더 이상 기능을 못하여 감염질환으로 죽는다. T양이 병원에서 수행하는 과제 중 하나는 단백질-에너지 영양 부족을 방지하기 위해 바른 식품을 고르도록 가족들을 가르치는 것이다. 그녀는 이 지역 식사 중에 다른 단백질 급원이 있는가를 찾아보고 아미노산 필요를 충족시키도록 보충 효과를 내는 단백질을 먹도록 권장했다. 그녀는 이 지역의 전통 식사에 특정 단백질의 이용 가능성을 높이지 않는다면 더 많은 아이들이 손지와 비슷한 증상을 겪을 것임을 알게 되었다. 이와 같이 어린 시절에 적절한 식품을 선택하도록 적극적인 관여가 없다면 더 많은 아이들이 죽거나 영구적인 정신 장애 또는 신체적인 질환을 겪게 될 것이다.

연습문제

1. 식물성 단백질 식품의 예를 드시오.
2. 아미노산이란 무엇인가?
3. 단백질의 구조를 설명하시오.
4. 필수 아미노산이란 무엇인가?
5. 아미노산 풀이란 무엇이며 이들 아미노산은 어디에서 오는가?
6. 단백질이 체내에서 행하는 6개의 기능을 나열하시오.
7. 단백질이 어떻게 만들어지는지 설명하시오.
8. 왜 단백질 결핍이 유아나 어린이들에게서 흔하게 나타나는가?
9. 카시오카와 마라스무스의 이유 및 증상을 비교하시오.
10. 미국의 전형적인 단백질 섭취량을 권장량과 비교하시오.
11. 동물성 단백질이 많은 식이는 어떤 건강 문제와 연관되어 있는가?
12. 적정한 운동이 단백질의 필요에 미치는 영향은 무엇인가?
13. 단백질 합성과 분해 사이의 균형에 대해 단백질 평형 실험으로 무엇을 알 수 있는가?
14. 단백질의 질이란 무엇인가?
15. 단백질의 보충 효과란 무엇인가?
16. 완전 채식주의자의 식단에는 어떤 영양소가 결핍될 위험이 있는가?

Chapter 6

Energy Balance and Weight Management

사례연구

E양은 뚱뚱했다. 같은 부모님 밑에 태어난 그녀의 동생 S양과는 3년 정도 헤어져 지냈는데, 많이 달랐다. S양은 키가 크고 날씬한 몸매를 가졌지만, E양은 키가 작고 뚱뚱하여 항상 살을 빼야 할 처지였다. 그녀는 자건거 타기보다는 책 읽기를 좋아했고, 가끔 오후에 공부하는 동안에는 군것질거리를 먹으며 보냈다. 대학교 1학년이 된 어느 날, 그녀는 더 이상 뚱뚱한 자기 모습을 참을 수가 없어서 다이어트와 운동을 시작했다. 처음에는 저녁식사 후 산책 정도 했지만, 점점 운동이 그녀의 일상 생활의 한 부분이 되었다. 그녀는 체육관에서 운동을 하거나, 자전거를 타거나, 조깅 등으로 매일 몇 마일씩 달렸다. 그 후 과체중은 개선되었다. 한편 늘씬한 몸매를 가진 S양은 법대를 졸업하고, 변호사 시험을 준비하며 가을을 보냈다. 그녀는 변호사 시험에는 합격했지만, 몸무게가 전보다 13kg이나 늘었다. 최근 가족 모임에서 어느 먼 친척이 S양에게 이렇게 말했다. "너는 뚱뚱하지 않았잖니? 무슨 일 있어? 같은 부모에서 난 자매인데, 어쩌면 이렇게 다를 수 있니? 어떻게 이렇게 많이 변했니?" 그들은 같은 부모를 가진 두 자매이지만, 그들로부터 다른 유전자 구성을 물려 받았고 이 유전자는 그들의 몸매를 결정하였다. 그들이 먹는 음식량, 음식 종류, 운동량 등의 생활 요인이 몸속 지방량에 영향을 준 것이다. S양은 늘씬한 인자를 유전받았지만, 변호사 시험을 준비하는 동안 많이 먹고 운동을 그다지 하지 않아 뚱뚱해진 것이다. 한편 E양은 날씬하지 않았지만, 꾸준한 운동과 식이요법으로 건강한 체중을 유지하게 되었다.

제6장 에너지 균형과 체중관리

1. 에너지 균형
2. 에너지 측정
3. 체중과 건강
4. 건강한 체중을 위한 지침서
5. 에너지 균형의 법칙
6. 유전자와 생활 방식의 상호작용
7. 건강한 체중의 달성과 유지
8. 식이요법
9. 체중 감량 약품들과 수술

학습목표

1 에너지 균형 이론을 설명할 수 있다.
2 총 에너지 소비와 관련된 BMR, 물리적 활동, TEF를 토론할 수 있다.
3 음식으로부터 에너지를 얻는 과정을 설명할 수 있다.
4 탄수화물, 지방, 단백질로부터의 에너지가 체내 저장되는 과정을 설명할 수 있다.
5 다양한 활동 레벨에서 자신의 EER을 계산할 수 있다.
6 건강체중(healthy weight)을 정의하고, 비만이 가져오는 일반적인 건강상 문제점을 기술할 수 있다.
7 체지방률의 세 가지 측정 방법을 비교할 수 있다.
8 BMI를 계산하여 건강 범위 안에 있는지 확인할 수 있다.
9 배고픔과 포만감에 영향을 미치는 외적 요인과 내적 요인을 기술할 수 있다.
10 비만 유행병의 원인이 되는 요소를 논의할 수 있다.
11 체중 관리의 개념과 체중 감량법을 설명할 수 있다.
12 체중 감량 프로그램의 타당성을 평가할 수 있다.
13 다이어트 약이나 수술은 언제 하는 것이 적당한지 설명할 수 있다.

1. 에너지 균형

에너지 균형(energy balance)···일정 기간 음식을 통해 흡수된 에너지량과 육체에 의해 소비된 양을 비교

에너지 균형 이론은 에너지 섭취와 에너지 소비가 같으면 몸무게가 불변한다는 것을 나타낸다. 에너지 균형은 뚱뚱하든 야위었든 어떤 상태에서나 이루어질 수 있다. 에너지 소비에 비해 섭취가 적으면, 에너지 균형은 마이너스가 되어 체중이 감소한다. 한편 소비에 비해 에너지 섭취가 많으면, 에너지 균형은 플러스로 여분의 에너지가 몸에 저장되어 체중이 증가하게 된다. 에너지는 일할 수 있는 능력으로 정의되는데, 영양 측면에서 에너지는 열량 단위인 킬로칼로리(kcal) 또는 일의 단위인 킬로줄(kJ)로 측정된다. 유럽에서는 킬로줄이 에너지의 표준 단위이고 미국에서는 보통 킬로칼로리가 사용된다. 물 1kg을 섭씨 1℃ 올리는 데 필요한 열량을 kcal라 한다. 실질적인 의미에서 kcal는 몸에 사용되거나 방출된 에너지 양을 측정하는 단위다.

1. 에너지 섭취: 음식을 통한 칼로리 섭취

에너지는 음식이나 음료에서 섭취된 탄수화물, 지방질, 단백질과 같이 열량을 내는 영양소를 통해 얻는다. 체중을 감량하고자 노력하는 사람들은 음식물의 열량을 피해야 할 적으로 여긴다. 그러나 음식과 열량은 생명에 필수적인 존재이다. 엔진을 움직이기 위해 연료가 필요한 것처럼 열량은 생명을 유지하기 위해 없어서는 안 되는 꼭 필요한 요소다. 열량은 섭취한 음식량과 그 음식물의 영양소 조성에 달려 있다. 식품의 열량은 실험실에서 정확히 측정되거나, 영양소의 조성을 계산하여 추정할 수 있다.

폭발열량계(bomb calorimeter)···음식의 에너지 성분 측정 기구. 건조된 음식물이 연소되면서 방출하는 에너지열을 측정한다.

1-1. 음식물 속 에너지량 측정 — 식품의 열량은 실험실의 **폭발열량계**로 측정할 수 있다. 폭발열량계는 물이 담긴 관으로 둘러싸인 공간으로 이루어져 있다[**그림 6-2**]. 식품은 이 공간에서 연소되는데, 연소되는 동안 열이 방출되어 물의 온도가 올라간다. 물 1kg을 1℃ 올리는 데 필요한 열량이 1kcal라는 사실에 기초하여 음식의 열량을 계산한다.

폭발열량계 내에서는 음식의 연소로 열량을 측정할 수 있다. 그러나 몸속에서는

[**그림 6-1**]···얼마나 먹고 얼마나 소비하는가의 균형에 따라서 몸무게가 결정된다.

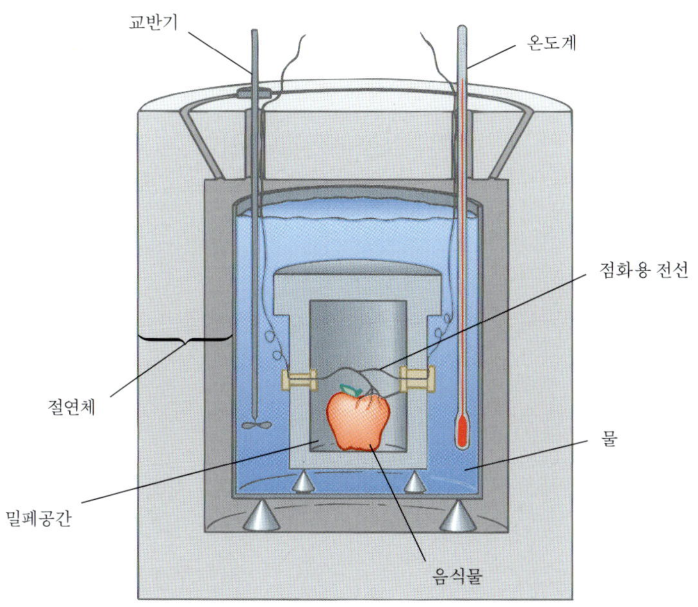

[그림 6-2]…건조 음식이 폭발열량계의 기관에서 연소될 때, 물의 상승온도를 측정하여 음식물의 에너지 성분을 알아본다.

완벽하게 소화, 흡수, 사용되지 않기 때문에 폭발열량계에서 측정된 값은 흡수된 에너지보다 약간 높을 수 있다. 이 차이를 보정하기 위해, 소변이나 대변으로 손실되는 양을 실험을 통해 계산하였다. 폭발열량계의 값에서 이러한 에너지를 뺌으로써 유용한 에너지를 보다 정확하게 측정할 수 있다. 이를 통해 탄수화물(g당 4kcal), 지방(g당 9kcal), 단백질(g당 4kcal), 알코올(g당 7kcal)로 구성된 에너지량을 측정할 수 있다.

어떤 식품의 영양 성분을 알게 되면, 그 음식 속의 탄수화물, 지방, 단백질로부터의 전체 에너지 항목을 어림잡을 수 있다[표 6-1]. 비타민, 무기질, 물 등은 필수 영양소이지만 몸에 에너지를 공급하지는 않는다. 탄수화물과 단백질은 1g당 약 4kcal를 생산한다. 거의 순수 탄수화물인 설탕 5g은 약 20kcal (5g×4kcal/g)이고, 순수 단백질인 건조된 달걀 흰자 또한 5g에 약 20kcal (5g×4kcal/g)를 발생한다. 지방은 가장 농

1년의 과정 동안, 건장한 성인은 거의 1백만 kcal를 소비한다.

[표 6-1]…식품의 에너지 평가

● 측정
음식물 속 탄수화물, 단백질, 지방, 알코올 함유량
● 각 영양소에서 발생한 에너지량 계산
탄수화물 g × 4 kcal/g = 탄수화물 kcal 단백질 g × 4 kcal/g = 단백질 kcal 지방 g × 9 kcal/g = 지방 kcal 알코올 g × 7 kcal/g = 알코올 kcal
● 총 에너지 계산
총 칼로리 = (탄수화물 kcal) + (단백질 kcal) + (지방 kcal) + (알코올 kcal)
● 예
마카로니와 치즈 1/2 컵(100g)에는 단백질 8g, 탄수화물 20g, 지방 11g이 들어 있다. 탄수화물 20g × 4kcal/g = 80kcal 단백질 8g × 4kcal/g = 32kcal 지방 11g × 9kcal/g = 99kcal 총 = 80kcal + 32kcal + 99kcal = 211kcal

[표 6-2]···식품 교환표를 이용하여 에너지 함량 측정

그룹/리스트	양	에너지(kcal)
탄수화물군		
전분	쌀 1/2컵, 시리얼, 감자, 빵 1쪽	80
과일	작은 사과, 복숭아, 배 1개 바나나 1/2개, 과일주스 1/2컵	60
우유	우유 또는 요구르트 1컵	
무지방(0%)		90
저지방(2%)		110
중저지방(3%)		120
전유(4%)		150
다른 탄수화물	제공량에 따라 다름	다양함
채소	익힌 채소 1/2컵, 생 채소 1컵	25
고기/고기대용군	고기 또는 치즈 28g, 콩류 1/2컵	
순살코기		35
살코기		55
중지방		75
고지방		100
지방군	버터, 마가린, 오일 1작은술 샐러드 드레싱 1큰술	45

[그림 6-3]···피자 한 조각에 들어 있는 탄수화물, 단백질, 지방이 열량을 제공한다.

축된 에너지급원으로 1g당 9kcal를 내므로, 순수지방인 옥수수유 5g은 45kcal (5g×9kcal)의 열량을 낸다.

알코올은 g당 7kcal를 생산한다. 대부분의 음식은 혼합물이다. 가령 피자 큰 것 한 조각의 영양소가 단백질 15g, 탄수화물 50g, 지방 10g이라면[그림 6-3], 이 피자의 열량은(4kcal/g×단백질 15g)+(4kcal/g×탄수화물 50g)+(9kcal/g×지방 10g) = 350kcal이다. 음식물의 에너지 성분에 관한 정보는 음식물 구성표와 데이터베이스 그리고 식품 라벨에서 알 수 있다. 식품 라벨의 영양 정보 부분에는 음식물의 총 열량을 표기한다('라벨 읽기: 그릇, 박스, 병에 얼마나 많은 열량이 들어 있나?' 참조). 식품에 포함되어 있는 열량은 [표 6-2]의 식품 교환표로 측정할 수 있다. 예를 들어 녹말 1교환 단위는 빵 1쪽, 시리얼 1/2 컵(100g), 크래커 6개로, 약 80kcal를 제공한다.

2. 에너지 소비: 신체가 사용하는 에너지

매일 우리 몸이 사용하는 에너지, 즉 **총 에너지 소비량**(total energy expenditure; TEE)은 일상적인 신체활동에 필요한 에너지뿐만 아니라 음식물 소화나 심장박동과 같은 기

● **총 에너지 소비량**(total energy expenditure)···식품 이용을 위한 열량 소모량, 신체 활동에 소모되는 열량, 체온 조절, 새로운 조직의 합성과 우유의 생산에 사용되는 에너지 등의 기초 열량 소모량의 합계

☀ 라벨 읽기: '그릇, 박스, 병에 얼마나 많은 열량이 들어 있나?'

당신의 건강한 체중을 유지하는 데 도움이 되는 음식을 찾는가? 신선한 과일과 채소는 훌륭한 선택이다. 포장물된 식품을 결정한다면 당신은 라벨을 확인하고, 그 정보가 뜻하는 바를 확인할 필요가 있다. 식품 라벨의 영양소 표기는 1회 분량당 열량의 정보를 제공한다. 하지만 섭취량에 따른 열량을 알기 위해 1회 섭취량(serving size)을 확인해 볼 필요가 있다. 사람들은 단위를 기준으로 먹는 경향이 있다. 예를 들면 주스 한 캔, 아이스티 한 병, 포테이토칩 한 봉지, 그러나 식품 라벨은 항상 그 단위로 kcal를 나타내는 것은 아니다. 음료수병 라벨에는 1회 분량이 100kcal로 표시된다. 그러나 자세히 보면, 1회 양은 227g이고, 한 병 전체는 567g이다. 그래서 한 병을 마시면 대부분 설탕 형태로 250kcal가 된다. FDA 노동기구의 비만 관련 권고 사항 중 하나는 일반적으로 한 번에 소비되는 포장물 전체 성분을 1회 분량으로 표시하는 것이다. 예를 들면 주스 567g 한 병은 병당 275kcal로 라벨 표시하는 것이다. 1회분 양(serving size)과 1인분 양(portion size)의 문제는 용기 전체 성분의 단 한 번 소비에 관한 것이 아니다. 1인분의 양은 저녁식사, 스낵, 또 다른 먹거리에 있어 개인의 특정한 양이라 할 수 있다. 물론 1인분은 라벨에 표시된 1회분보다 크거나 작을 수 있다. 때때로 사람들은 자신이 생각하는 것보다 더 많은 열량을 섭취한다. 왜냐하면 그들이 한 접시에 담는 양은 라벨에 기술된 양보다 크기 때문이다. 예를 들어 아이스크림 한 번의 양은 테니스 공 크기의 반인 1/2컵이다. 한 스푼 떠서 콘이나 그릇에 담아 먹으면, 약 270kcal를 섭취하는 것이다. 어떤 음식물 라벨은 조리 전후의 영양 정보를 기술한다. 음식물의 열량을 확인하면서 '저열량' ,'무열량', '열량 줄임'과 '라이트'라는 문구를 발견할 것이다. '저열량'으로 표기된 음식은 1회당 40kcal 미만이어야 한다. '무열량' 음식은 5kcal 미만이다. 'Light (가벼운)'나 'Lite (적은)'는 비교 대상 음식 칼로리의 1/3 미만이거나 지방의 반을 말한다. Light 문구는 음식물의 씹는 느낌이나 색깔 등의 속성을 나타내는 데도 사용된다. 즉 칼로리가 낮다는 것만을 의미하지는 않는다. 저지방, 저탄수화물이라는 표기 또한 음식물에 사용된다. 이러한 문구는 다이어트를 하는 사람들에게는 매혹적인 것이지만, 이것의 선택에는 신중해야 한다. 저지방 음식이 원래 비교된 음식보다 저칼로리를 담고 있지만, 그 차이는 미미한 것이라 할 수 있다. 음식물 라벨 이용의 결론은 최선의 선택을 위해 라벨 전체를 읽고 이해하는 것이다.

본적인 몸의 기능을 유지하기 위해 필요한 에너지의 소비를 포함한다. 또한 성장기나 임신기 여성은 새로운 조직을 합성하는 데 필요한 에너지가 포함되며, 수유기 여성에게는 수유에 필요한 에너지가 포함된다. 소량의 에너지는 추운 환경에서 체온을 유지하기 위해 사용된다.

2-1. 기초대사량 — 대부분의 사람들은 기초대사를 위해 신체의 총 에너지 소비량의 60~75%까지 사용한다. **기초대사**는 신체가 숨쉬고, 혈액을 순환시키고, 체온을 조절하고, 조직을 형성하고, 폐기물을 제거하고, 신경 신호를 보내는 것과 같이 생존을 위

기초대사(basal metabousm)…음식을 소화하지 않는 신체의 휴식 상태를 유지하는 데 소모되는 에너지

[그림6-4]…당신의 직업 유형은 당신의 하루에너지 소비에 커다란 영향을 끼친다. 목수는 하루 8시간 일을 하면서 약 2,800kcal를 소모하는 한편 책상에서 작업을 하는 누군가는 이것의 반보다 더 적게 소모한다.

기초대사량(basal metabouc rate; BMR)…기초대사량은 휴식 상태에서 소모되는 에너지 비율로 식사 후 적어도 12시간이 지난 후 기상 전 아침에 따뜻한 방에서 측정한다.

휴식대사량(resting metabouc rate; RMR), **휴식대사 에너지 소비량**(resting energy expenditure; REE)…식사나 운동 없이 5~6시간 이후 에너지 사용을 측정하는 것에 의해 결정된 기초대사율의 평가

제지방 조직(lean body mass)…뼈, 근육과 내장과 같은 지방을 포함하지 않은 신체 구성 요소에 기인한 것

해하는 무의식의 모든 것을 포함한다. 즉 기초적으로 없어서는 안 되는 대사 반응과 생명 유지 기능에 필요한 에너지를 포함하며 **기초대사량**(BMR) 값은 kcal/h로 표현된다. 그러나 신체 활동을 위해 또는 음식의 소화와 흡수를 위해 필요한 에너지는 포함되지 않는다. 그러므로 활동을 위해 사용되고 있거나, 음식을 처리하고 잔여의 에너지를 최소화하기 위해, 기초대사량은 식후 12시간이 지난 후 기상 전 아침에 따뜻한 방에서 측정된다. 그러나 이 상태를 유지하는 어려움 때문에, 음식 섭취나 운동과 활동을 하지 않고 약 5~6시간 지난 후 측정한다. 이 상태에서 측정하게 되는 에너지 소비 수치를 **휴식대사량**(RMR) 또는 **휴식대사 에너지 소비량**(REE)이라고 한다. 휴식대사량 값은 기초대사량 값보다 대략 10~20% 정도 높다.

기초대사량은 체중, 성, 성장률 및 나이와 같은 요인들에 의해 영향을 받는다. 기초대사량은 체중이 늘어나면 증가하고 무거울수록 높아지고 또한 **제지방 조직**이 많아지면 증가한다. 따라서 남성이 여성에 비해 제지방이 적고 근육이 많기 때문에 여성보다 남성의 기초대사량이 일반적으로 높다. 에너지가 새로운 신체 조직을 생산하는 데 필요하므로 기초대사량은 성장기에 증가했다가 나이가 들수록 감소하는데, 이는 노인에게서 흔히 일어나는 근육의 손실에 기인한다. 기초대사량은 어떤 비정상적인 상태에서는 변화되면 체온의 상승은 기초대사량을 늘리는데, 정상 체온보다 1℃ 정도 높으면 기초대사량은 7% 증가한다. 즉, 발열 시 체중이 감소하는 것으로 설명할 수 있다.

갑상선 호르몬의 이상은 기초대사량에 영향을 줄 수 있는데, 이 호르몬을 과잉 생산하는 사람은 많은 에너지를 소모하게 된다. 사실 갑상선 호르몬 과잉 여부의 진단 시, 그 증상은 이유 없는 체중 감소이다. 갑상선 호르몬의 기능저하 상태에서는 적은 에너지만을 필요로 한다. 이와 같이 갑상선에 의해 생산된 호르몬이 에너지 소비에 영향을 미친다는 사실은 비만이 한때 유전적인 문제로 설명된 이유다. 그러나 지금은 갑상선의 호르몬 결핍증으로 인한 비만인 경우는 드물다는 것을 알고 있다. 대사율 또한 저열량 음식물에 의해 영향을 받을지도 모른다. 에너지 흡수의 저하는 10~20%의 휴식대사량을 떨어뜨리며, 이는 하루 100~400kcal와 맞먹는 양이다. 기초대사량의 저하는 체중 유지에 필요한 에너지량의 감소를 의미하기 때문에 단식에는 효과적으로 적용되지만 의도적인 체중 감량은 보다 더 어렵게 한다.

2.2. 신체 활동 — 육체적 신체 활동은 에너지 소비의 두 번째 주요 구성 요소이다. 이는 외부 활동의 대사성 비용을 말하는데, 요리하고, 정원을 가꾸고, 개를 산책시키는 것과 같은 일상 생활의 활동을 수행할 뿐만 아니라 계획된 운동을 위해 필요로 하는 에너지를 포함한다. 대부분의 사람들은 신체 활동을 위해 15~30%의 에너지가 필요하나 사람에 따라 개인 차가 있기 때문에 하루 5~6시간 훈련하는 운동선수는 기초대사량보다 많은 활동의 에너지를 소비할지도 모른다. 사람의 직업 또한 활동 에너지에 큰 영향을 미친다.

예를 들어, 건설 현장에서 하루 8시간 동안 육체노동을 하는 근로자들은 책상에서 일을 하는 사무원보다 더 많은 에너지를 사용한다[그림 6-4]. 활동을 위해 필요한 에너지는 활동이 얼마나 격렬한지의 정도와 수행 시간에 달려 있다. 예를 들면 시간당 4.8~6.4km의 속력으로 걷는 것은 중등 정도의 활동으로, 70kg의 남성이 약 300kcal/h를 사용한다. 걷고 있는 속력과 거리, 활동하는 시간의 증가와 운동자의 체중에 따라 필요한 에너지는 점점 증가한다. 운동하는 동안 소비된 에너지에 더하여, 운동이 완료되고 난 후에도 적지만 일정 기간 에너지를 계속 소모한다. 활동을 위해 소비되는 에너지는 우리가 조절할 수 있는데 건강을 유지하기 위해서는 자신의 신체 활동을 의식적으로 증가할 필요가 있다. 그러나 이것이 마라톤을 해야 하는 것을 의미하지는 않는다. 단, 엘리베이터보다는 계단을 이용하고, 버스를 타기보다는 걷고, 운전을 하기보다는 자전거를 타서 모든 활동을 증가할 수는 있다[그림 6-5].

[그림 6-5]··· 할인점까지 자동차를 운전하는 대신 자전거를 타는 것과 같은 일상적인 활동의 작은 변화조차도 장기간 이루어지면 에너지에 중요한 영향을 끼칠 수 있다.

2-3. 식품 이용을 위한 에너지 소모량 — 우리는 음식으로부터 에너지를 얻는다. 그러나 이 음식을 소화, 흡수, 대사, 저장하는 데에도 역시 에너지가 필요하다. 이 과정을 위해 사용되는 에너지를 **식품 이용을 위한 에너지 발생량**(TET) 또는 **식사성 열발생 에너지**라고도 한다. 식사 후 몇 시간 동안은 체온 상승으로 인하여 에너지 소비가 증가한다. TEF를 위해 필요한 에너지는 대략 섭취 에너지의 10%에 해당한다고 추정하지만 소비된 영양소의 양과 종류에 따라 다르다. 에너지가 영양소를 저장하는 데 시간이 걸리기 때문에, TEF는 식사의 양에 따라 증가한다. 지방 음식이 각각의 단백질과 탄수화물보다 좀 더 효율적으로 저장될 수 있기 때문에 고지방 음식은 탄수화물이나 단백질 음식보다 TEF가 낮다. 식이지방을 분해하거나 식이지방을 저장하는 데 소비되는 에너지 대사량은 단지 2~3%이며, 한편 단백질의 산화와 아미노산을 합성하는 데 사용되는 에너지 소모량은 15~30%나 된다. 그리고 탄수화물을 분해하거나, 글리코

식품 이용을 위한 에너지 발생량(thermic effect of food;TEF), **식사성 열발생 에너지**(diet-induced thermogenesis)··· 에너지는 식품의 흡수, 소화, 대사와 영양소의 저장을 필요로 한다. 그것은 대략 1일 섭취 에너지의 10%에 해당한다.

[표 6-3]··· 인체에 저장된 에너지원

에너지원	저장 위치	열량(kcal)
글리코겐	간과 근육	1,400
포도당과 지방	체액	100
중성지방	지방 조직	115,000
단백질	근육	25,000
성인	성인 남자(70kg)의 대략적인 수치	

겐으로 저장하는 에너지 소모량은 6~8%이다. 다른 영양소를 저장하는 데 드는 비용의 차이는 고탄수화물 식사보다 고지방 식사가 체내에 더 많은 양의 지방을 축적한다는 것을 의미한다.

3. 에너지 저장

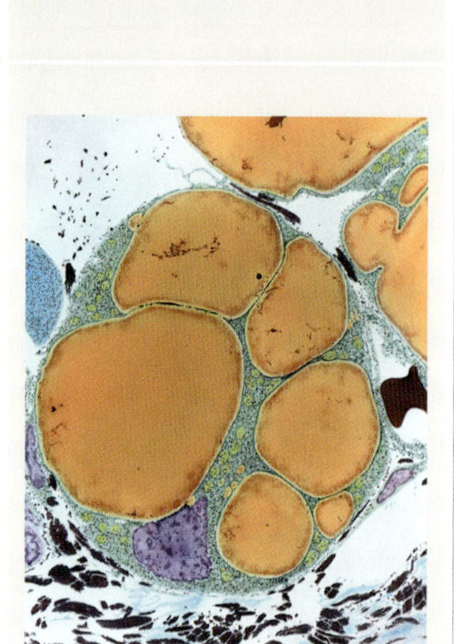

[그림 6-6]…지방 세포는 다른 세포 소기관에 둘러싸인 지방 방울을 가지고 있다. 체지방이 축적됨에 따라 지방 방울의 크기도 증가한다.

에너지는 글리코겐과 중성지방의 형태로 몸에 저장된다. 이러한 저장분은 식품을 섭취하여 얻은 영양소에서 만들어지지만 즉각적인 에너지 수요를 충족시키기 위해 사용되지는 않고 이렇게 저장된 에너지는 섭취가 체내 필요보다 적을 때 사용된다. 글리코겐은 탄수화물 식사를 했을 때 간과 근육에 저장된다[표 6-3]. 약 24시간 정도 포도당을 제공하기 위해 약 200~500g 정도의 글리코겐을 몸에 저장한다. 중성지방은 지방 세포로 구성된 지방 조직에서 저장되는데, 중성지방이 축적되면 지방 세포의 크기는 커지고, 중성지방이 대사되면 줄어든다[그림 6-6].

지방 세포수가 더 많아질수록 지방이 축적되는 능력도 커진다. 대부분의 지방 세포가 유아기와 사춘기 사이에서 형성되지만, 과도하게 체중이 늘면 성인기에 새로운 지방 저장 세포가 늘어날 수 있다.

3-1. 신체 에너지 저장량의 사용 — 신체가 정상적으로 기능하기 위해서는 에너지의 안정된 공급이 필요하다. 에너지 급원 중 어떤 것은 반드시 포도당의 형태로 와야 하는데, 이 포도당이 두뇌와 몇몇 세포의 연료로 사용되기 때문이다. 식후 에너지는 흡수된 영양소에서 공급받는다. 식사와 식사 사이에는 글리코겐이 분해되어 포도당을 제공하고, 지방 저장분이 다른 에너지 요구를 충족한다. 일반적으로 이렇게 식사와 식사 사이에 소비된 에너지는 다음 식사에서 들어온 열량을 지방으로 바꾸어 저장하기 때문에 체중의 변화는 없다. 그러나 저장된 에너지의 양이 다시 보충되지 않는다면, 이후 체중은 감소할 것이다. 몇 시간 동안 식사를 하지 않으면 포도당을 필요로 하는 세포에 계속적으로 포도당을 공급하기 위해 우리 몸은 에너지의 사용방식을 바꾸게 된다. 저장된 글리코겐에서 포도당이 공급되지만 그 양은 제한되어 있어 근육 단백질을 분해하여 포도당을 합성한다. 아미노산은 당신생(gluconeogenesis) 과정을 거쳐 포도당을 만드는 데 사용된다. 저장된 글리코겐이 고갈되면 포도당은 당신생 과정을 통해서 공급되어야만 한다. 단백질은 체내 저장되지 않으므로, 에너지를 생산하고 포도당을 합성하는 데 단백질이 사용되면 체단백질의 손실이 초래된다.

포도당을 필요로 하지 않는 조직을 위한 에너지는 저장된 지방의 산화(breakdown)에 의해 제공된다. 만약 기아 상태일 정도로 포도당의 공급이 제한된다면 간으로 운반된 지방산은 완전히 산화될 수 없기 때문에 케톤체가 생산되는데, 케톤체는 많은 조직에 에너지원으로 사용될 수 있다. 약 3일 정도 굶은 후에 뇌는 케톤으로부터 그 필요한 에너지 일부를 충족시키기 위해 적응하게 되어 필요한 포도당의 양을 줄이고, 이에 따라 단백질 분해의 속도를 늦추게 한다. 에너지 섭취가 장기간 제한되면 지방의 상당량은 에너지를 제공하기 위해 사용되고 단백질은 포도당을 제공하는 것으로 분해되며 그 결과 체중이 감소한다. 체중 변화의 정도는 에너지 결핍의 정도와 기간에 달려 있다. 약 3,500kcal의 에너지 결핍은 체지방 0.5kg을 줄인다.

3-2. 체내 에너지 저장 — 사람들은 보통 하루에 3~6 차례 먹는다. 체중을 안정적으로 유지하기 위해 모든 식사와 간식의 에너지 총량은 하루에 필요로 하는 에너지의 양과 같아야 한다. 그러나 식사와 간식을 필요한 것보다 더 많이 섭취하게 되면, 여분의 에너지는 지방으로 저장된다. 식후 신체는 신체 요구에 근거하여 어떤 영양소를 사용할 것인지, 어느 영양소가 어떤 방법으로 저장될 수 있는지 그리고 정말 효율적으로 그것들은 저장될 수 있는지 우선 순위를 정한다. 말할 것도 없이 식사의 구성 성분에 관계없이 장기간 과도한 에너지를 섭취했을 때 지방이 축적되고 체중도 증가할 것이다.

3-3. 영양소 사용의 우선 순위 — 몸에 사용되는 연료의 대사 작용에는 순서가 있다. 알코올은 영양소는 아니지만 에너지를 공급하는데, 알코올은 독성이 있고 체내 저장되지 못하므로 빠르게 산화된다. 식사 중 단백질로부터 오는 아미노산이 그 다음 분해되는데, 아미노산은 체단백질과 비단백질 분자 합성에 필요한 요구를 충족하기 위해 사용되고 사용하고 남은 아미노산은 단백질로 저장되지 않기 때문에 분해된다. 탄수화물은 혈중 포도당을 유지하고, 저장 글리코겐을 만드는 데 사용된다. 글리코겐 저장량이 가득 차면, 나머지 탄수화물은 에너지를 위해 산화된다. 지방은 다른 열량 영양소와는 다르게 특별한 조직이나 조직 형성의 연료로 필요하지 않고, 체내에 거의 무제한으로 축적될 수 있다. 그러므로 만일 섭취된 에너지가 필요한 양을 초과하면, 식이 지방은 우선적으로 축적된다. 예를 들면, 식사 이후 몸에 필요한 에너지는 가장 먼저

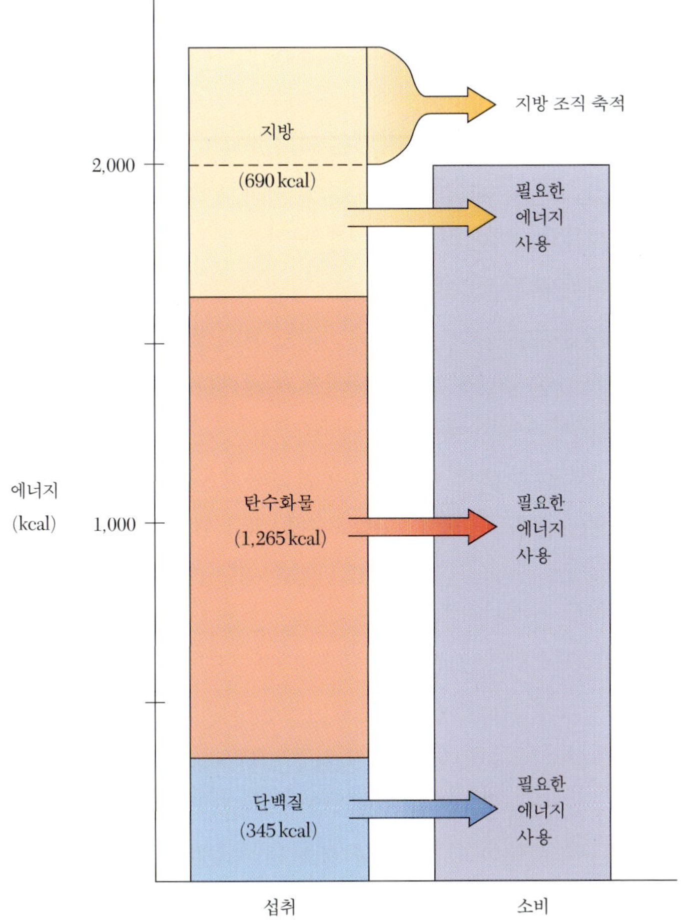

[그림6-7]… 대부분의 식이 탄수화물과 단백질은 필요한 에너지를 충족시키기 위해 산화한다. 지방 또한 산화되지만 섭취량이 소비량을 초과한다면 그 여분의 지방은 축적된다. 이 그림에서 탄수화물로부터 1,265kcal, 단백질로부터 345kcal, 필요한 일부 지방으로부터 690 kcal를 사용하고 나머지 지방은 지방 조직에 축적된다.

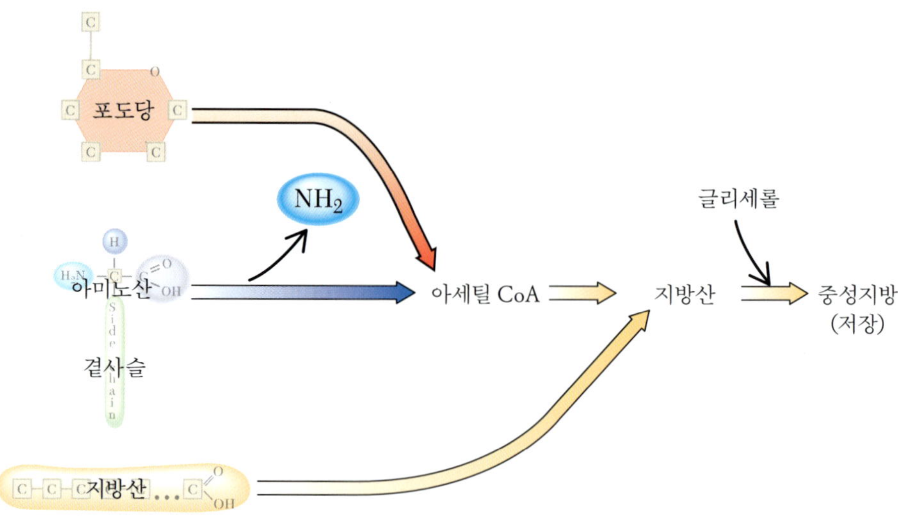

[그림 6-8]···식이지방산을 저장하기 위해 중성지방으로 저장하는 것은 포도당이나 아미노산을 저장하기 위해 중성지방으로 전환하는 것에 비해 더 쉽고 에너지 소모가 적은 대사 과정이다.

필수적인 기능에 필요하지 않은 단백질과 탄수화물을 분해하여 사용된다. 에너지가 더 필요하면 식이지방이 산화되고 남은 식이지방이 지방 조직에서 중성지방으로 저장된다[그림 6-7]. 그러므로 몸에 저장된 대부분의 지방은 식사에서 섭취된 지방이다.

3-4. 탄수화물과 단백질로부터 합성된 지방 — 신체에 저장하기 위하여 포도당과 아미노산을 중성지방으로 전환할 수 있지만 보통의 식이 환경 아래에서는 좀처럼 발생하지 않는다. 왜냐하면 이 전환은 에너지를 필요로 하기 때문이다. 포도당에서 지방을 만드는 것은 포도당을 아세틸 CoA로 전환하여 이 2-탄소 아세틸 CoA에서 지방산을 합성하는 과정을 거친다. 이 지방산은 그 다음 저장을 위해 글리세롤 분자와 결합하여 중성지방 형태로 저장된다[그림 6-8]. 아미노산이 지방으로 전환되기 위해 먼저 탈아미노 과정을 거치고, 탄소 골격에서 탄소 1개가 떨어져 나가면서 지방산 합성을 위해 사용될 수 있는 아세틸 CoA로 분해된다. 복잡한 분해와 재합성 과정을 거쳐 지방산으로 전환되는 아미노산과는 달리 식이지방을 체지방으로 전환하는 과정은 글리세롤 골격에 지방산을 떼었다 붙이기만 하면 되는 간단한 과정이다(4장 참조). 지방 조직으로 지방을 저장하는 데는 에너지의 2~3%만 필요로 한다. 식이지방을 체지방으로 전환하는 데 드는 에너지가 낮기 때문에 에너지가 필요하면 신체는 식이지방을 사용하기보다는 식이 탄수화물과 단백질을 먼저 산화한다. 탄수화물이 지방으로 전환되는 것도 식사가 주로 탄수화물로 이루어져 있고 에너지 섭취량이 필요량보다 더 많을 때에만 일어난다.

2. 에너지 필요량 측정

에너지의 양은 신체에 의해 사용되며, 이 때문에 체중을 유지하는 데 필요한 에너지는 다양한 기술로 측정될 수 있다. 이 측정에 의한 데이터는 다양한 사람들의 다양한 환경에서 필요 에너지를 측정할 때 사용할 수 있다. 필요 에너지의 계산은 체중을 안정되게 유지하기 위해 섭취되어야 하는 에너지 권장량을 산출하는 데 사용된다.

1. 에너지 소비 측정

에너지 소비는 열의 흐름을 측정하는 과학적인 열량 측정법에 의해 측정될 수 있는데, 열량 측정법은 간접적인 유형과 직접적인 유형으로 나눌 수 있다. 동위원소이중표지법은 장시간 지속된 에너지 소비를 측정하는 새로운 방법이다.

1-1. 직접 열량 측정법 — 식품이 폭발열량계에 의해 연소될 때 식품이 발생하는 열량을 측정하는 것으로서 일종의 직접 열량 측정법이다. 사람은 신체에서 발생되는 열량을 **직접 열량 측정법**으로 측정한다. 몸이 방출하는 열의 양은 사용되는 에너지의 양에 비례한다. 이 열은 식품에너지를 ATP로 전환하는 데 사용되며, ATP를 신체 작용에 사용하는 모든 신진대사의 반응에 의해 산출된다. 직접 열량 측정법은 에너지 소비를 측정하는 방법으로는 정확하지만, 이 방법은 사람이 절연된 방 안에 있는 동안 방출되는 열을 측정하는 실험 방법이기 때문에 비용이 비싸고 비실용적이다.

직접 열량 측정법(direct calorimetry)…방출된 열의 양을 측정하여 유효 에너지를 측정하는 방법

1-2. 간접 열량 측정법 — 산소 이용을 평가함으로써 에너지 사용을 계산하는 **간접 열량 측정법**은 다소 직접적인 열량 측정법보다 덜 번거롭다. 측정을 위해, 실험자는 마스크나 후드를 사용하여 호흡한다 [그림 6-9]. 산소 이용과 이산화탄소의 배출은 들여마신 공기와 내뱉은 공기의 구성 성분 사이의 차이점을 분석함으로써 측정된다. 신체의 에너지 사용은 이러한 값으로부터 측정될 수 있는데, 세포 내 호흡으로 몸의 연료를 태울 때 산소를 사용하고 이산화탄소를 생산해내기 때문이다. 이 방법은 신체 활동 또는 기초대사량과 같은 에너지를 측정할 수 있고, 또한 총 에너지 필요량을 측정하기 위해 사용할 수 있다. 그러나 실험 장비의 장시간 사용이 적절하지 않기 때문에 자유롭게 활동하는 사람들에게는 실용적이지 않다.

간접 열량 측정법(indirect calorimetry)…소비된 산소의 양과 배출된 이산화탄소의 양을 비교하여 에너지 사용을 측정하는 방법

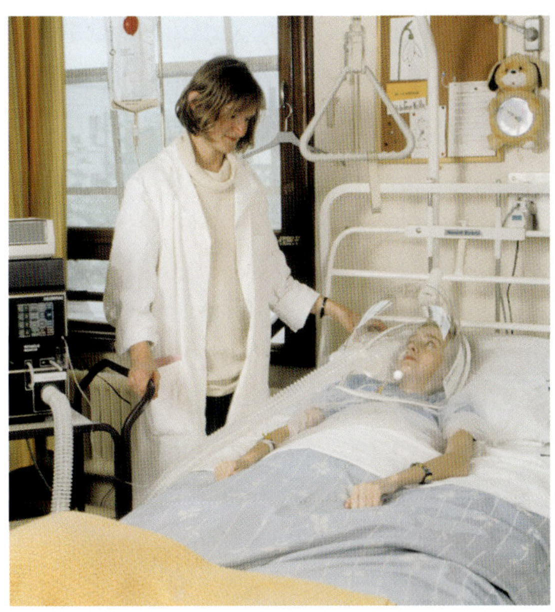

[그림 6-9]…피실험자를 후드를 통해 숨쉬게 하여 내쉰 가스를 측정함으로써 기초대사량을 평가한다. 그러나 이것은 일상 생활의 에너지 소모량을 측정하기 위해서는 쉽게 사용될 수 없다.

동위원소(isotopes)…원자번호는 같으나 질량수가 다른 원소로 방사능을 가질 수도 있다.
동위원소이중표지법(doubly-labeled water method)…두 가지 동위원소로 표지된 물을 섭취한 후 체액의 수소와 산소 동위원소가 소멸되는 속도를 측정하여 에너지 소모량을 계산하기 위한 기술

1-3. 동위원소이중표지법 — 에너지 필요량을 측정하기 위한 더 실용적인 방법은 이중동위원소로 표지된 물을 이용하는 기술이다. 산소와 수소의 동위원소로 표지된 물을 섭취하거나 주사하여 체내대사에 이용되는 것을 관찰하는 것이다. 표지된 수소는 물의 형태로 배출되고 표지된 산소는 물과 이산화탄소 형태로 체외로 배설된다. 이들 두 **동위원소**가 체내에서 소실되는 속도로써 체내 대사 산물인 이산화탄소가 만들어지는 속도를 잴 수 있다. **동위원소이중표지법**은 다른 장비를 가지고 다닐 필요도 없고 약 2주 동안 자유롭게 생활할 수 있어서 유용한 기법이다. 이 방법은 건강한 사람과 병상에 있는 사람들 모두의 총 하루 에너지 소비량을 측정하기 위해 선호되는 방법이다. 그러나 기초대사량, 신체 활동, 또는 식품 이용을 위한 에너지 소모량(TEF)에 사용된 에너지의 비율을 결정하는 데에는 도움이 되지 못한다.

2. 에너지 섭취권장량

에너지 평균 요구량(estimated energy requirement; EER)…나이, 성별, 크기, 활동 수준을 기반으로 한 건강한 사람의 체중을 유지하기 위해 산정된 에너지의 양

동위원소이중표지법으로 산출된 에너지 소비량의 측정은 개인의 에너지 필요량을 계산하기 위한 방정식을 개발하는 데 사용되어 왔다. 식생활 섭취 기준(DRIs)에 의해 확립된 **에너지 평균 요구량**(EER)은 미국에서의 에너지 섭취를 위한 현행 권고 사항이다. 에너지 평균 요구량은 건강한 사람의 규정된 나이, 성별, 몸무게, 키, 신체 활동 정도에서의 에너지 균형을 유지하기 위해 예측된 에너지의 양이다. 에너지 평균 요구량은 사람들의 표준 체중값으로 규정된다. 에너지에 대한 어떤 구체적인 권장량이나 상한 권장량은 아직 확립되지 않았다.

2-1. 신체 활동 수준 결정하기 — 에너지 필요 요구량 방정식을 사용하는 사람의 에너지 요구량을 계산하기 위해서는 남자 또는 여자의 활동 수준이 계산되어야 한다. 식생활 섭취기준(DRIs)은 비활동적(sedentary), 약간 활동적(low active), 활동적(active), 매우 활동적(very active)의 네 가지 신체 활동 수준으로 나눈다. '비활동적' 단계의 사람은 일상의 가사일, 숙제, 마당일, 정원 손질, 개 산책과 같은 독립적인 생활을 위해 요구되는 일 이외의 어떠한 활동에도 참여하지 않는 사람이다. '약간 활동적' 단계에 속하려면, 70kg인 어른은 일상 생활 활동에 시간당 4~5km의 속도로 3.5km를 걷는 것에 소모되는 에너지의 양을 소비해야 한다. '활동적' 단계는 시간당 4~5km의 속도로 11km를 걷는 것과 같은 에너지 양의 운동을 매일 해야 한다. 그리고 '매우 활동적' 단계는 일상 생활의 활동에 시간당 4~5km의 속도로 27km를 걷는 것과 같은 에너지를 소비해야 한다. 적당한 체중을 유지하고 만성 질병의 위험을 줄이기 위해서는 '활동적' 단계의 신체 활동이 권고된다. 모든 사람이 매일 1시간 45분 동안 걸을 시간이 있는 것은 아니다. 그러나 만약 당신이 격렬한 운동을 하면 더 적은 시간 안에 같은 양의 칼로리를 소모할 것이고, 여전히 '활동적' 수준에 있게 될 것이다.

PA값(활동계수)…에너지 필요량을 산정하기 위해 사용된 EER 방정식 안 가변성의 활동 단계에 관련된 값

활동 수준은 당신이 매일 활동한 것을 기록하고 각각 소모한 시간의 양을 기록하여 산출되며, 그 종류는 일상 생활 활동, 적당한 활동, 활발한 활동으로 분류된다[표 6-4]. [표 6-5]를 보면 당신의 신체 활동 단계는 각각 활동의 카테고리에서 당신이 사용한 시간을 기준으로 결정된다. 신체 활동 레벨은 에너지 평균 요구량 계산에 사용될 수 있는 **PA값**을 할당받는다. 주의깊게 활동 레벨을 측정하는 것이 매우 중요한

[표6-4]…다양한 활동의 강도

일상 생활의 활동	적당한 활동	활발한 활동
정원 손질(파내지 않음)	자전거 타기(천천히)	에어로빅(적절한 강도로)
식물에 물 주기	유연체조(가볍게)	농구(활발하게)
나뭇잎 긁어 모으기	춤추기	자전거 타기
잔디 깎기	정원 손질/앞마당 일(가볍게)	등산
가사일	골프(걷기, 클럽 옮기기)	조깅(7.5km/hour)
걸레질	하이킹	줄넘기
청소기 돌리기	스케이트 타기(아이스, 롤러, 인라인)	스케이트 타기(활발하게)
빨래	수영하기(느리게)	스키
그릇 닦기	걷기	수영(자유형)
집에서 차 또는 버스까지 걷기	수중 에어로빅	테니스
차에 짐 싣고 내리기	역도(가벼운 운동)	걷기/역도(활발한 운동)
개 산책시키기	요가	정원 일(힘든 정도, 나무 자르기)

[표6-5]…신체 활동을 결정하는 값

신체 활동 수준		활동계수			
		3~18세		19세 이상	
		남	여	남	여
비활동적	다른 활동 없이 단지 일상 생활 활동	1.00	1.00	1.00	1.00
약간 활동적	매일 행동의 강도에 따른 적당한 활동의 최소 30분 또는 활발한 활동의 최소 15~30분과 같은 양의 활동	1.13	1.16	1.11	1.12
활동적	행동의 강도에 따른 최소 30~60분의 활발한 활동 또는 최소 60분의 적당한 활동	1.26	1.31	1.25	1.27
매우 활동적	행동의 강도에 따른 최소 1~1.75시간의 활발한 활동 또는 최소 2.5시간의 적당한 활동	1.42	1.56	1.48	1.45

데, 왜냐하면 활동 레벨은 에너지 필요량의 중요한 의미를 갖기 때문이다. 예를 들어, 키가 168cm에 체중이 59kg인 30세 여성이 '비활동적' 활동 수준이라면 하루에 약 1,900kcal를 필요로 한다. 그러나 그녀의 활동을 식생활 섭취기준(DRI)에 의해 권고된 수준인 '활동적'으로 증가시킨다면, 그녀의 에너지 필요량은 하루에 2,370kcal로 증가될 것이다.

2-2. 에너지 필요량에서의 나이, 크기, 성별, 생활 수준의 영향 — 에너지 필요량은 신체 활동의 수준뿐만 아니라 성별, 키, 체중, 생활 단계, 나이의 영향을 받는다. 이러한 요소들은 에너지 평균 요구량(EER) 방정식에서 고려되는 것들이다. 에너지 요구량에서 성별의 차이가 있기 때문에 남녀의 EER 방정식을 각각 따로 적용하며 키와 체중은 방정식의 변수이다. 변수가 대입되면 계산된 결과치는 키가 더 크고 몸무게가 무거운 사람의 에너지 필요량이 더 크다는 것을 나타낸다. 예를 들어, 156cm 키에 77kg 체중의 활동적인 25세의 남자는 그의 몸무게를 유지하기 위해서 3,175kcal를 필요로

[표 6-6]…EER 측정하기

● 당신의 체중(kg)과 당신의 키(m)를 계산하라.

체중(kg) = 체중(pound) / 2.2 lbs/kg
키(m) = 키(inch) × 0.0254 in./m
예) 160 lbs = 160 ÷ 2.2 = 72.7kg
5' 9" = 69in. × 0.0254 = 1.75m

● 당신이 매일하는 신체 활동의 양을 산정하고, [표 6-5]를 당신의 나이, 성별 활동 단계로 PA 값을 찾기 위해서 이용하라.

예를 들어, 만일 당신이 40분의 활발한 활동 하루를 수행하는 19세의 남성이라면 당신은 활동적인 카테고리에 있고, 1.25의 PA를 가진다.

● 아래 문제에서 적합한 EER 방정식을 선택하여 당신의 EER을 구하라.

예) 당신은 19세의 활동적인 남성이다.
EER = 662 - (9.53 × 나이) + PA [(15.91 × 체중) + (539.6 × 키)]
나이 = 19세, 체중 = 72.2Kg, 키 = 1.75m, PA = 1.25
EER = 662 - (9.53 × 19) × 1.25 [(15.91 × 72.2) + (539.6 × 1.75)] = 3,107kcal/1일

● 생애주기 EER

남자 9~18세 EER = 88.5 - (61.9 × 나이) + PA [(26.7 × 체중) + (903 × 키)] + 25
여자 9~18세 EER = 135.3 - (30.8 × 나이) + PA [(10 × 체중) + (934 × 키)] + 25
남성 ≧ 19세 EER = 662 - (9.53 × 나이) + PA [(15.91 × 체중) + (539.6 × 키)] + 25
여성 ≧ 19세 EER = 354 - (6.91 × 나이) + PA [(9.36 × 체중) + (726 × 키)] + 25

이 방정식은 보통 체중의 개인에게서 EER을 결정하는 방식으로 적당하다. 또한 과체중과 비만인 개인에게서 체중 유지에 필요한 에너지 양을 예측하는 데 이용할 수 있는 방정식이다.

한다. 동일한 이 남자가 99kg이라면 그는 그 체중을 유지하기 위해서 매일 약 300kcal를 더 필요로 할 것이다.

유아, 아동, 청소년들에 대한 EER 값은 성장과 관련된 조직들을 저장하기 위해 사용된 에너지를 포함한다. 3살부터는 성장과 신체 활동에서의 차이점 때문에 남녀 어린이에게 각각 다른 EER 방정식을 적용한다. 임산부를 위한 EER은 임신하지 않은 여성의 총 에너지 소비량과 임신을 유지시키기 위해 그리고 임산부와 태아의 조직 사이의 교환을 위해 필요한 에너지의 합으로 결정된다. 수유기 동안 EER은 비수유기 여성의 총 에너지 소비량과 모유 생산 에너지를 합하고 모체의 조직 저장으로부터 동원된 에너지를 뺀 것이다. 에너지 필요량에 대한 성인의 연령도 영향을 미치므로 나이가 들수록 EER이 감소한다. 그러므로 25세 때 체중을 유지하기 위해 3,175kcal를 필요로 했던 남자가 50세가 되었을 때는 2,937kcal만을 필요로 할 것이다. 만약에 그가 늘 앉아 있는 일을 한다면 50세의 그가 77kg의 체중을 유지하기 위해서 2,387kcal의 에너지가 요구될 것이다. 만약 사람들이 나이가 들고 덜 활동적이게 된 것에 맞추어 칼로리 섭취를 줄이지 않는다면, 그들의 체중은 증가할 것이다.

3. 체중과 건강

건강을 위하여 약간의 체지방은 반드시 필요하다. 그것은 비축된 에너지를 제공하고, 체내 장기들을 보호하는 완충 작용을 하며, 환경 온도의 변화에 대한 보온 작용을 한

[표 6-7]··· 과체중과 연관된 질병의 위험성

심장혈관질환은 체중이 증가할수록 더 높다.

- 체중이 증가할수록 혈압도 증가한다.
- 체중이 증가할수록 중성지방 수치도 증가한다.
- 체중이 증가할수록 LDL 콜레스테롤도 증가한다.
- 체중이 증가할수록 HDL 콜레스테롤은 감소한다.

체중에 따라 2형 당뇨병의 위험률이 높아진다.

- 체중이 증가함에 따라 공복 시 혈당도 증가한다.
- 2형 당뇨에 걸린 사람의 80%가 비만이다.
- 체질량 지수가 35 이상이면 30배만큼 빈도가 증가한다.

비만인 사람들에게는 일반적으로 호흡기에 더 문제가 있다.

- 수면성 무호흡증은 비만인 사람에게 더 흔하다.
- 호흡을 위한 근육의 부하가 더 크다.
- 천식이 더 심하다.

비만인 사람들에게는 담낭질환이 더 일반적이다.

체중이 증가하면 골 관절염과 퇴행성관절염도 증가한다.

과체중인 여성은 월경불순이 증가한다.

과체중인 사람에게 암 발병률이 더 높다.

- 과체중인 여성은 자궁, 유방, 자궁경부, 난소암의 위험성이 더 높다.
- 과체중인 남성은 직장, 전립선암의 위험성이 더 높다.

앉아서 생활하는 생활 방식이 위험성을 더 높인다.

- 비활동적이며 비만인 사람은 질병의 위험과 사망의 위험이 더 높다.
- 비활동성(게으름)은 당뇨병과 심장질환에 걸릴 가능성을 높인다.

다. 그러나 과도한 체지방은 질병의 위험을 증가시키고 심리적, 사회적 문제를 만들 수 있어서 축적된 지방이 거의 없는 사람들 또는 체지방이 정상 범주에 있는 사람들에 비해 일찍 사망할 위험성이 크다.

1. 과도한 체지방과 질병의 위험

심장질환, 고 콜레스테롤 혈증, 고혈압, 뇌졸중, 당뇨병, 담석증, 수면 중 무호흡증, 호흡기질환, 관절염, 통풍, 유방암, 자궁암, 전립선암, 대장암은 모두 비만인 사람에게서 더 자주 발생한다[표 6-7]. 게다가 이 질병들이 이미 존재할 때 병의 위험도와 조기사망률은 비만과 밀접한 관련이 있다. 비만은 또한 전염성 질병의 빈도와 고통을 증가시키고, 더딘 상처 회복과 수술 합병증과도 연관이 있다. 건강에 대한 위험성은 과도한 지방 증가량에 따라서 커진다.

과체중이 되면 전 생애에 걸쳐서 문제를 야기시킨다. 임신 중 과도한 체지방은 산모와 아이 모두의 위험을 증가시키고, 유년기 혹은 청소년기에 과체중이 되는 것은 혈중 콜레스테롤 수치를 높임과 동시에 고혈압, 혈당 상승을 초래한다. 소아 비만의 높은 수치는 이 시대의 주요한 위협이 되고 있는데, 그 이유는 과체중 기간이 길어질수

체중 감소는 만성질환의 발생을 줄여줄 수 있다. 벤자민 프랭클린은 "당신의 삶을 늘리고 싶다면, 식사를 적게 하라."고 말하였다.

40세의 과체중 비흡연 여성은 같은 연령대의 건강한 몸무게의 여성에 비해 3.3년이나 수명이 짧다. 비만인 40세의 비흡연 여성은 7.1년을 적게 살게 될 것이다.

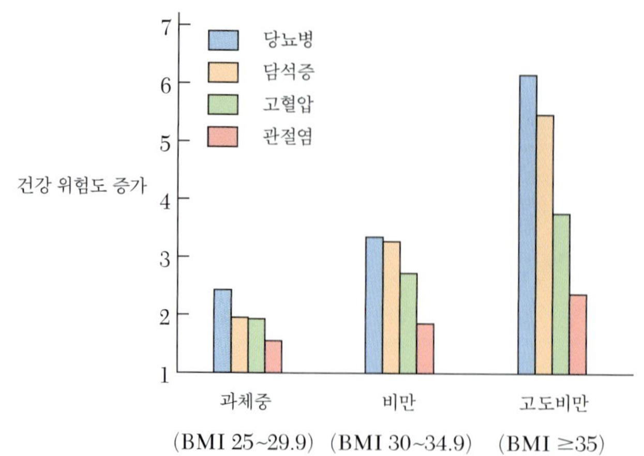

[그림 6-10]…과체중과 비만의 정도를 계산할 때 쓰이는 체질량지수(BMI)의 증가는 많은 질병들의 유병률과 서로 관련이 있다. 이 도표에서 1.0은 건강한 몸무게를 가지고 있을 때의 질병에 걸릴 위험성을 나타낸다. 2는 그 위험성이 두 배로 증가했음을 나타낸다.

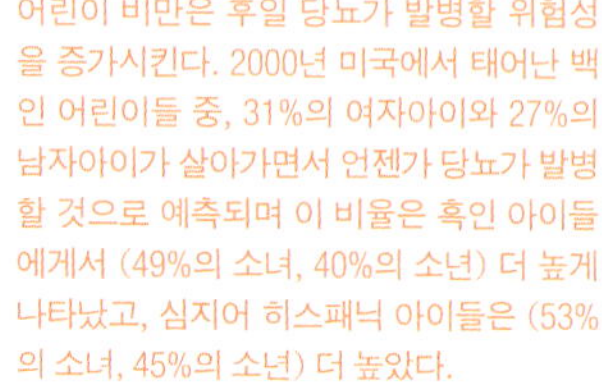
어린이 비만은 후일 당뇨가 발병할 위험성을 증가시킨다. 2000년 미국에서 태어난 백인 어린이들 중, 31%의 여자아이와 27%의 남자아이가 살아가면서 언젠가 당뇨가 발병할 것으로 예측되며 이 비율은 흑인 아이들에게서 (49%의 소녀, 40%의 소년) 더 높게 나타났고, 심지어 히스패닉 아이들은 (53%의 소녀, 45%의 소년) 더 높았다.

록 그 위험도 커지기 때문이다. 어린 시기에 과체중이 되면 평생 동안 과체중으로 지낼 수 있는데, 이는 건강의 가장 큰 위험들을 초래한다.

1-1. 심장질환, 뇌졸중, 당뇨 — 비만은 심장질환의 주된 위험요인으로 간주된다. 과도한 지방은 심장의 부담을 증가시키고, 고혈압과 높은 혈중 지질 수치를 증가시키는 위험을 가져다 준다. 체중과 지방이 감소하면 혈압, 혈중 콜레스테롤 수치, 심장질환 위험성도 모두 감소된다. 과체중은 또한 협심증(심장에 산소가 부족해짐으로써 발생하는 가슴의 통증) 징후와 증상이 없는 심장질환이나 뇌졸중에 의한 돌연사의 원인이 된다.

비만은 당뇨병의 위험을 증가시킨다. 2형 당뇨병 환자들 중 80% 이상이 과체중이다. 당뇨병을 갖게 되면 또한 심장질환과 뇌졸중의 위험도 증가한다. 아테롬성 동맥경화증(관상동맥 상경화증)은 가장 일반적인 장기적 당뇨병의 합병증이고, 뇌졸중에 걸리기 쉽게 하는 고혈압을 포함한 심혈관 위험 요인들은 당뇨병 환자에게 더욱 빈번하다. 당뇨병을 갖고 있는 과체중인 사람에게는 몸무게를 줄이는 것이 혈중 지질 수치를 정상 범주로 유지하는 것에 도움이 된다.

1-2. 담낭질환 — 과체중은 담석 형성의 증가와 관련이 있다. 담석은 담낭(쓸개)에서 형성되는 고형 물질의 덩어리이다. 그것들은 주로 콜레스테롤로 이루어져 있고, 하나의 큰 돌이나 작고 많은 돌로 이루어져 있기도 한다. 담석은 흔히 아무런 증상도 가져오지 않지만, 그것이 담관들에 머무르게 되면 고통과 경련을 유발할 수 있다. 담즙의 통로가 막히면 소장의 지질 흡수 작용이 손상되고 담낭에 염증이 생길 수 있는데, 비만할수록 담석이 발생할 위험은 더 커진다. 비만 여성은 담석을 발달시킬 위험성이 보통 몸무게의 여성들에 비해 3~7배가량 더 높다. 비만이 담석의 위험을 증가시키는 이유는 확실하지 않지만, 과학자들은 비만인 사람들은 간에서 담낭에 침적되는 돌을 형성하는 콜레스테롤을 과도하게 생산한다고 믿고 있다. 몸무게가 감소할수록 담석의 위험성도 함께 줄어드는데도 불구하고, 특히 급격한 체중 감량은 담낭 질환의 위험성을 증가시킬 수 있다. 그 이유는 체내 저장된 지질이 혈액으로 이동하면 콜레스테롤의 합성이 증가되고, 콜레스테롤 결석이 형성되는 경향이 증가하기 때문이다. 담석은 의학적으로 가장 중요한 자발적인 체중 감량의 합병증 중 하나이다.

1-3. 수면 중 무호흡증 — 수면 중 무호흡증은 수면 중 호흡이 중단되는 것으로서 매우 심각하며, 잠재적으로 생명을 위협하는 상태라 할 수 있다. 짧은 호흡의 중단은 밤마다 400번 이상 일어날 수 있으며, 수면 중 무호흡증을 가진 환자들은 잠이 부족하여 아침에 일어날 때 여전히 피로하다. 수면 중 무호흡증은 고혈압, 심장마비, 뇌졸중, 무기력함, 심부전과 같은 심혈관질환과 관련되어 있다. 이는 비만일 때 흔한데, 그 이유는 인두와 목의 지방 조직이 기도를 눌러 공기의 흐름을 압박하기 때문이다. 비만인 사람들에게 있어서 체중 감소는 수면 중 무호흡증의 횟수와 증세를 완화시킨다.

1-4. 암 — 과체중과 지방은 특정 암의 위험에 영향을 미친다. 비만인 남자에게서 전립선암과 결장암이 증가한다. 여자의 과체중이 가임 기간 동안은 유방암이 발생하지 않게 보호해 주는 것처럼 보이지만 폐경 후에는 유방암의 위험을 높인다. 지방 조직이 에스트로겐을 생산하므로 비만인 여성의 증가된 에스트로겐 수치가 체지방 과다와 관계가 있기 때문에 폐경 후 유방암의 위험이 더 크다고 생각되고 있다.

1-5. 관절염과 통풍 — 과체중과 지방은 또한 관절염 진행의 위험을 증가시킨다. 이런 종류의 관절염은 관절의 쿠션이 되어 주는 연골조직이 파괴되고 점진적으로 가늘고 거칠어지는 것이다. 이 과정이 계속되면 상당한 양의 연골조직이 닳아 없어지고, 그래서 관절에 있는 뼈들끼리 마찰하게 되어 고통을 유발하고 덜 움직이게 된다. 과체중은 관절에 압박을 주는 가장 일반적인 요인이고, 연골조직이 닳게 하는 속도를 가속시킨다. 몸무게를 줄이는 것이 압박과 관절의 긴장을 줄이며 연골이 닳고 찢어지는 것을 늦춘다. 관절염에 시달리는 사람들은 체중을 줄이는 것이 병에 걸린 관절, 특히 엉덩이와 무릎, 발등의 고통과 뻣뻣함을 줄이는 데 도움을 줄 수 있다.

통풍은 혈중 높은 요산의 영향을 받아 생기는 관절의 질병이다. 요산은 DNA와 비슷한 형태의 분자가 분해되어 생성된 질소 함유 부산물이다. 이는 때때로 관절에 결석을 형성하여 요산 결정이 쌓여 고통을 유발한다. 통풍은 과체중인 사람에게 더 흔하며 체중이 증가할수록 위험은 더 커진다.

우리가 너무 적지도 않고 너무 많지도 않는 적당한 양의 영양소와 운동을 취한다면, 우리는 가장 안전한 방법으로 건강을 찾게 될 것이다. —Hippocrates c.460-377 BCE

2. 비만의 심리적, 사회적 문제

과도한 체지방을 갖는다는 것은 또한 심리적, 사회적 문제를 가져온다. 우리 사회는 신체적 외관에 많은 가치를 두기 때문에 날씬하면 매력적으로 여겨지고 뚱뚱하면 그렇지 못해서 기준에 부합하지 않는 사람은 심리적, 사회적 대가를 치러야 한다. 예를 들어, 과체중인 어린이들은 종종 놀림당하고 배척당하는데, 이 조롱들은 자신감 저하와 낮은 신체 만족, 우울증, 사회적 고립, 자살 시도 등에 관련이 있다. 만약 비만인 어린이가 자라서 비만 청소년이 되고 성인이 된다면, 그들은 대학 입학, 구직, 일자리에서도 차별을 당할 수 있다. 모든 연령에서 비만인 사람은 대부분 우울증을 경험했고, 부정적인 자기 이미지를 갖고 있으며 무능함을 느낀다. 비만의 신체적 건강 문제는 그들 자신에게 주된 문제가 아닐 수도 있지만, 비만으로 인한 심리적, 사회적 문제는 매일 겪는 고통일 수 있다.

3. 저체중이 암시하는 건강 문제

어떤 사람들은 태어날 때부터 날씬한데, 그것은 그들의 건강 위험을 줄여 준다. 조사에 의하면 지방 수치가 낮으면 당뇨병과 다른 만성적인 질병을 줄이는 데 도움이 되고, 심지어는 수명도 연장할 수 있다고 언급했다. 그러나 너무 마른 것 또한 좋지 않다. 체지방은 쿠션재로서 필요하며, 절연체로서, 그리고 유병기간 중 에너지의 비축분으로서 필요하다. 에너지가 거의 저장되어 있지 않은 사람은 기아상태에서 불리하고, 소모성 질환 혹은 영양불량상태를 일으키는 암과 같은 상태에서 투병할 때 불리하다. 게다가 저체중인 사람은 일부 만성적인 질병의 낮은 발병률에도 불구하고, 정상 체중의 사람들과 비교했을 때 너무 마른 것은 조기 사망의 위험도를 높인다. 유전적 경향이 아니라 의도적이고, 강압적인 영양 섭취로 인해 마른 것은 건강 문제와 심각한 사태를 야기할 수 있다. 기아나 섭식 장애로 인한 상당한 체중의 감소는 체내 지방과 근육을 감소시키고 전해질 균형에 영향을 주며, 질병에 대항할 면역 체계의 능력을 감소시킨다. 너무 적은 체지방은 생명의 모든 단계에서 문제를 초래할 수 있다.

청소년 기간의 과도한 저체중은 성 기관의 발달에 장애를 일으킨다. 임신 기간 중 너무 적게 체중이 불어나면 아이가 합병증을 갖게 될 위험이 증가할 수 있으며, 노인 또한 너무 적은 체지방은 영양실조의 위험을 증가시킨다. 발달된 서구 사회에서는 사회 경제적으로 취약한 일부 계층 사람들이 저영양 상태에 놓일 수는 있지만 흔하게 일어나는 일은 아니다. 서구 사회에서 발생하는 대부분의 심각한 체중 감소는 신경성 거식증과 같은 식이 습관 이상 때문이거나 에이즈, 말기 암과 같은 소모성 질환의 결과로 발생한다.

4. 건강한 체중을 위한 지침서

체질량지수(body mass index; BMI) … 신장과 관련된 체중의 측정으로 표준신체치수와 비교할 때 이용된다.

건강한 체중을 위한 지침은 질병의 위험과 사망률이 가장 낮은 체중을 기준으로 하고 있다. 이 위험은 체중뿐만 아니라 체지방이 신체 어느 부위에 위치하고 있는지와 연관이 있기 때문에 건강한 체중은 반드시 신체 구성 성분을 고려해야 한다. 그럼에도 불구하고, 신체조성 측정은 건강을 평가하는 데 임상적으로 쓰이지 않는다. 대신 신장과 체중으로 계산하는 **체질량지수**(BMI)가 체중의 건강함을 평가하는 데 일반적으로 사용된다.

1. 제지방 조직 대 지방 조직

인간의 몸은 제지방 조직과 체지방으로 구성되어 있다. 제지방 조직이란 지방 조직을 제외한 뼈, 근육 등 모든 조직을 포함한다. 체지방 혹은 지방 조직은 피부 아래에 있고 내장 기관 주변에 있다. 개인이 지니고 있는 지방의 양과 그 지방의 분포도는 에너지 평형에 영향을 받을 뿐 아니라 연령과 성별, 유전적 특징에도 영향을 받는다. 태어날 때 체중의 12%는 지방이다. 이 비율은 처음에는 증가하다가, 아동기 동안 근육량이 늘어나면서 체지방의 비율은 줄게 된다. 청소년기에 여자아이는 비율적으로 지방이 더 늘고 남자아이는 근육이 더 는다. 성인기 여성은 남성보다 더 많은 체지방이 축적되는데, 동일한 연령의 남자들보다 체지방 비율이 약간 높은 편이 건강에 유익하다. 젊은 성인 여성의 건강한 체지방 비율은 전체 체중의 21~33%이고, 젊은 남성의 경우에는 8~20%이다. 임신 기간 중 체지방의 증가는 어머니와 태아를 위한 비축 에너지를 제공하기 위해서이다. 나이가 들면서 20세와 60세 사이에 제지방이 줄어들고, 몸무게는 그대로일지라도 체지방은 일반적으로 두 배가량 늘어나는데, 이는 영양소 섭취와는 무관하다. 제지방의 감소는 근력 운동을 통해 예방할 수 있다.

2. 체조성의 측정 방법

체조성을 측정하는 방법으로는 여러 가지 기술이 필요한데, 대부분 비싼 장비와 숙련된 기술자에 의한 조작이 필요하다. 그 밖의 것들은 간편하게 들고 다닐 수 있는 것으로서 병원, 사무실, 헬스클럽에서 사용하기에 적절하다.

2-1. 생체 전기 저항법 — **생체 전기 저항법**은 현재 가장 인기 있는 체조성 측정방법이다. 이는 고통이 없는 저에너지의 전류를 몸에 흘려보내서 체지방을 측정하는 것으로서 첫 번째 전극에 걸린 전류와 두 번째 전극에서 걸린 전류의 차이로 저항값을 계산하게 된다. 지방은 전기를 잘 전도시키지 못하기 때문에 전류에 대한 저항이 크므로 전류에 대한 저항의 양은 체지방의 양에 비례한다. 생체 전기 저항법은 체내 수분량이 표준량일 때를 가정하여 계산되기 때문에 위장관과 방광이 비어 있고 신체의 수화 정도가 정상일 때 측정을 실행해야 한다. 격렬하게 운동을 하고 난 뒤 24시간 이내에 측정을 하게 되면 체내 수분이 땀으로 인해 소실되었기 때문에 정확하지 않다. 저항 측정을 위한 장비는 비싸지 않고 과정이 빠르고 고통이 없다는 장점이 있다.

생체 전기 저항법(bioelectric impedance analysis)…낮은 에너지의 전류를 체내로 통과시키는 것으로 체지방을 측정하여 체조성을 평가하는 방법

2-2. 피부두겹 두께 측정법 — **피부두겹 두께**는 캘리퍼를 이용해 측정하고, **피하지방**의 양을 평가하는 데 이용되는데[그림 6-11] 지정된 여러 군데 위치에서 측정한다. 가장 일반적인 부위는 삼두근(팔 위쪽의 등에 있는 근육)과 견갑골하(어깨 뼈 아래)이며 이 두께를 그래프나 수학적 연산으로 지방량으로 치환하여 계산한다. 피하지방 측정법은 숙련된 기술자에 의해 측정하며 정상 체중인 사람의 체지방을 정확하게 예측할 수 있다. 그러나 이 방법은 비만한 사람이나 나이 든 사람을 대상으로 할 때는 하기 더 어렵고 부정확해진다.

피부두겹 두께(skinfold thickness)…피하의 지방 측정은 전체 체지방을 조사하는 데 쓰인다.

피하지방(subcutaneous fat)…피부 아래 위치한 지방 세포이다.

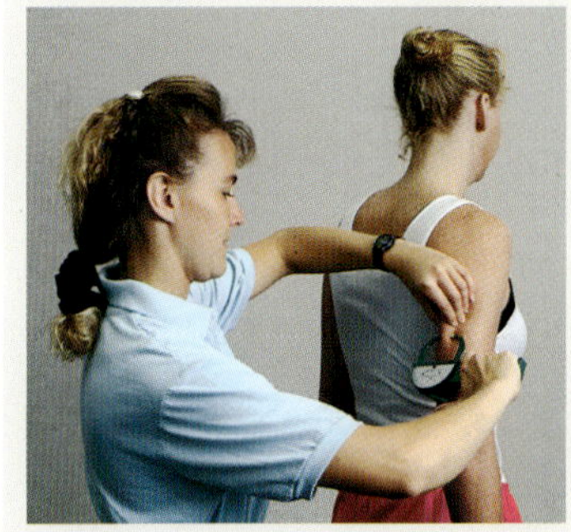

[그림 6-11]…삼두근의 피부 지방은 팔 뒤의 가운데 지점에서 측정하며 체지방을 재는 데 사용된다.

2-3. 수중 체중 측정법 — 정확하고 피검자에게 부담이 가지 않는 신체 조성 측정법으로 **수중 체중 측정법**이 있다. 개인의 체중을 물 밖과 물속에서 모두 측정하는 것을 포함한다. 이 두 무게의 차이는 제지방 비율인 신체의 부피와 밀도를 측정하는 데 사용되며 체지방 비율은 표준화된 방정식을 이용하여 계산된다. 수중에서 체중을 측정할 때에는 피검자들이 저울 위에 앉아 있어야 하며, 폐에 공기가 남아 있지 않도록 숨을 크게 내쉬어야 하고, 머리까지 물탱크 속에 잠기게 앉아 있어야 한다[그림 6-12]. 이 방법이 정확함에도 불구하고, 이 방법은 특별한 장비가 요구되며 어린이나 허약한 어른들에게는 사용할 수 없다. 더 새로운 신체 조성 측정법은 물 대신 공기로 가득찬 방

수중 체중 측정법(underwater weighing)…물 밖과 물속에서의 체중 차이를 이용해 체조성을 측정하는 기술이다.

에 사람을 넣는 공기 치환법이다. 사람이 BOD나 POD로 알려진 공기로 가득 찬 방에 있으면 부피만큼의 공기가 빠져나가는 것을 측정한다. 이는 매우 정확하며 수중 체중 측정법보다 편리하다는 장점이 있다.

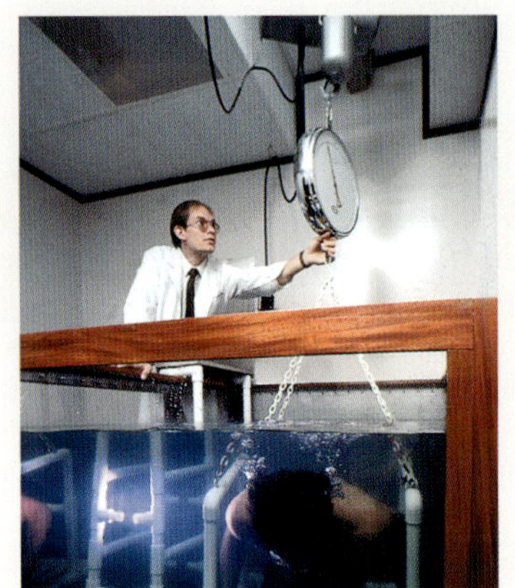

[그림 6-12]…수중 체중 측정법은 지상과 수중의 체중을 통해 신체 구성을 정하는 것이다. 물속에서의 체중을 측정하기 위해서 사람은 반드시 폐의 공기를 내뱉고 물탱크에 잠겨있어야 한다.

2-4. 희석법 — 체지방은 희석의 원리를 통해서도 측정될 수 있다. 물은 주로 체단백질 안에 있고 지방에는 없기 때문에 수용성의 동위원소를 섭취하거나 혈관에 주사하여 몸 전체의 수분과 섞이게 한다. 그 후 피와 같은 혈액 샘플 속 동위원소의 농도를 측정한다. 희석된 동위원소의 정도는 체내의 체단백질 양을 계산하는 데 사용되고, 체지방은 전체 체중에서 제지방을 가감하는 것으로 계산할 수 있다. 이외에 자연적으로 발생하는 칼륨 동위원소를 측정하는 기술이 있다. 칼륨은 주로 체 단백질에서 발견되기 때문에 신체 전체의 칼륨의 동위원소양을 측정하면 신체 칼륨 전체량을 측정할 수 있고, 따라서 신체 단백질의 양을 알 수 있다. 희석법은 비싸고 피검자에게 동위원소를 투여하는 등 신체적으로 부담이 되는 방법이므로 주로 연구에 한해 제한적으로 사용된다.

2-5. 방사선학적 방법 — 다양한 방사선학적 기술들이 신체조성을 평가하기 위해 사용되어 왔다. 이것들은 희석법보다는 부담이 덜 되지만 비용면에서 비싸다. 컴퓨터 단층촬영(CT)은 일반적인 진단 기법으로 이용되고 지방과 체단백질을 시각화할 수 있다. CT 촬영은 수중 체중 측정법, 피부두겹 두께 측정법, 전신의 칼륨 평가보다 더 정확하고, 특히 내장지방의 양을 측정하는 데 유용하다[그림 6-13].

이중에너지 흡수계측법(DEXA)은 체조성을 측정하기 위해 낮은 에너지의 X-ray를 사용하는 방법이다. 단 한번의 조사로 정확하게 총 체질량, 뼈 무기질의 질량, 체지방의 비율을 측정할 수 있으나 **내장지방**과 피하지방을 구분하지 못한다. 또 다른 방법의 자기공명이미지화(MRI)는 신체 내부의 이미지를 만들어내기 위해서 자기장을 사용한다. MRI는 심장질환과 그 밖의 만성질환의 위험과 관련된 복부 지방의 양을 정확하게 측정하기 위해 사용될 수 있다.

내장지방(visceral fat)…신체 복부 내부의 장기들 주변에 위치한 지방 조직

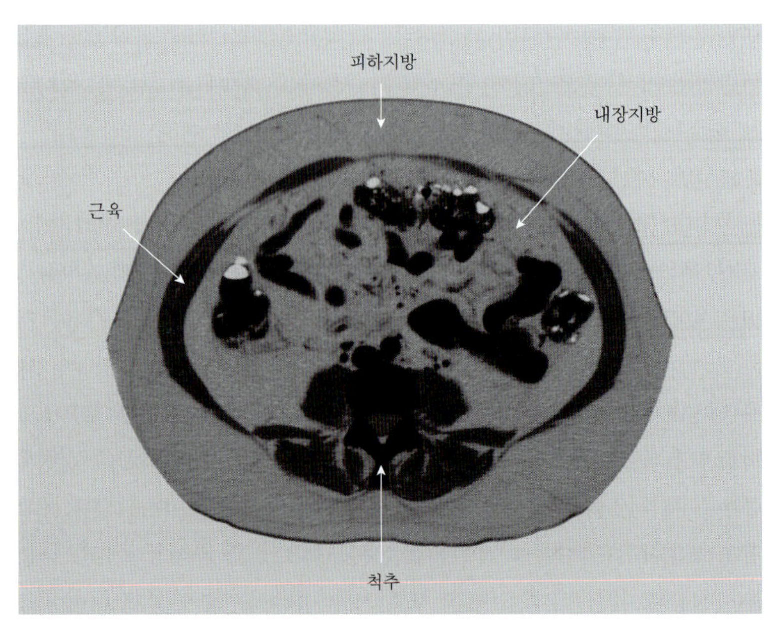

[그림 6-13]…과체중 여성의 허리 부분을 찍은 이 CT촬영에서 보이는 것처럼 복부 지방은 피부 밑(피하)과 내부 장기(내장)의 주변에 위치한다.

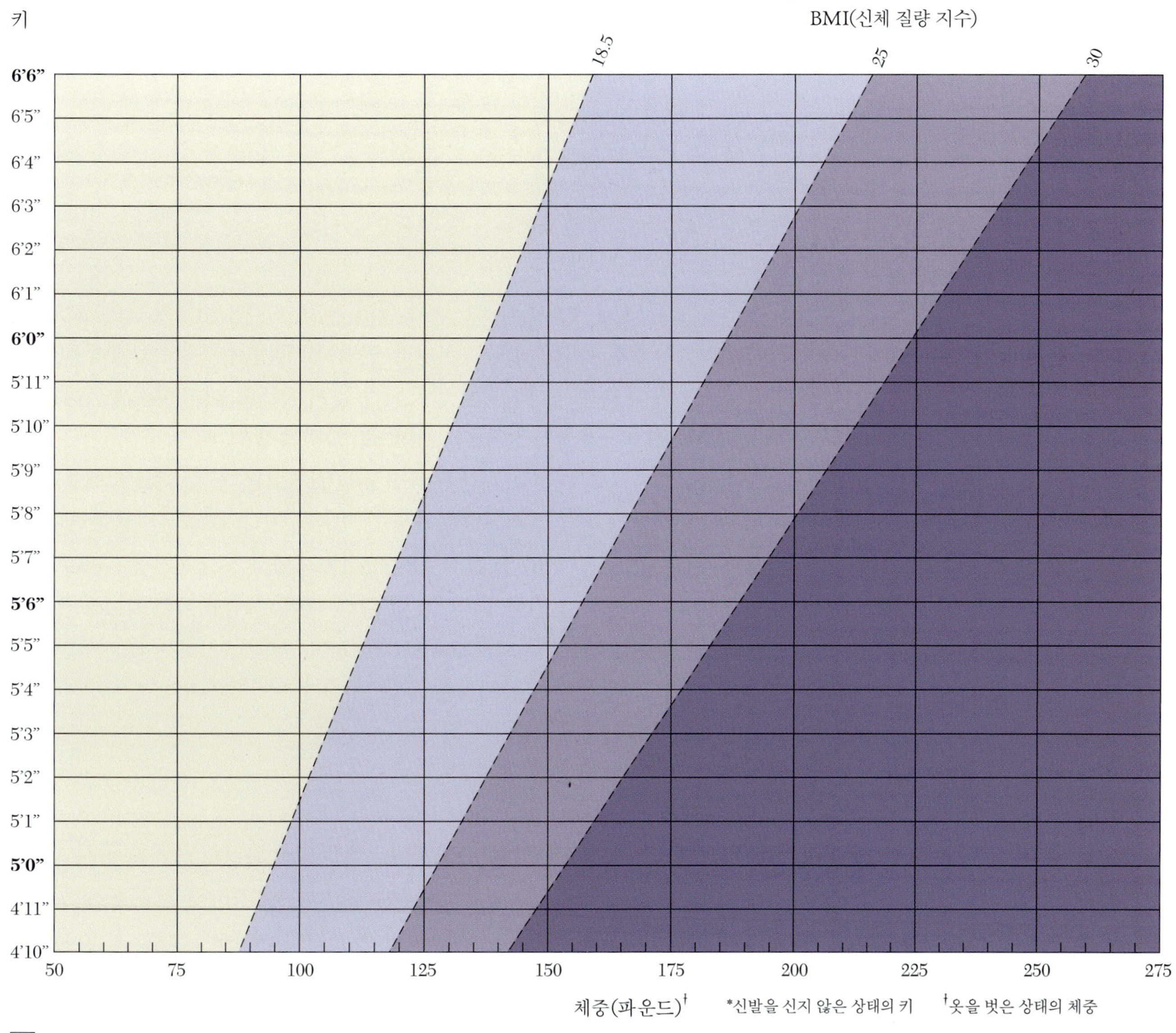

- 건강 체중(healty weight): (BMI) 신체질량지수 18.5~25 사이
- 과체중(overweight): (BMI) 신체질량지수 25~30 사이
- 비만(obese): (BMI) 신체질량지수 30 이상

[그림 6-14]…BMI 범위를 결정하기 위해서, 바닥 눈금 위에 체중(파운드)에 해당하는 점을 위치시키고 이 점으로부터 수직선을 위로 긋는다. 왼쪽 눈금 위에 키(피트와 인치)를 위치시키고 그래프에 수평선을 긋는다. 이 두 선들이 만나는 점이 BMI이다.

3. 체질량 지수

체중을 평가하는 표준으로는 체질량지수(BMI)가 있다. 비록 BMI가 직접적으로 체지방의 백분율은 평가하지는 못하지만, BMI 값은 대부분 사람들의 체지방량과 연관관계가 확립되어 있고, 체중만 측정하는 것보다 체지방을 추정하는 것이 더 정확하다. BMI는 아래 방정식에 의하여 키에 대한 체중의 비로 계산된다.

$$\text{BMI} = \text{체중(kg)} / (\text{키(m)})^2$$

예를 들어, 6피트(72인치 또는 183cm)의 키에 180lbs (81.8kg)의 체중을 가진 사람은 24.5kg/m² 의 BMI를 갖는다.

3-1. 건강한 BMI — 건강한 체중은 18.5~24.9kg/m² 사이의 BMI로 규정된다. 일반적으로, 이 범위 안의 BMI를 가진 사람들은 건강의 위험성이 가장 낮다. 표준 미달 체중은 18.5kg/m² 미만의 BMI로 규정되고, 과체중은 25~29.9kg/m²의 BMI로 규정된다. 그리고 30kg/m²의 BMI 또는 그 이상의 과체중은 비만이고, 40 또는 그 이상의 BMI는 고도 또는 병적인 비만으로 분류된다. [그림 6-14]는 당신의 BMI가 건강한 체중 범위에서 존재하는지를 결정하는 데 사용될 수 있다.

[그림 6-15]…207cm인 레슬러이자 배우인 헐크 호건(Hulk Hogan)은 30.3의 BMI를 가지고 있고, 이것은 비만의 범주에 들어간다. 그러나 그의 높은 BMI는 너무 많은 체지방 때문도 아니고 그것이 질병의 높은 위험률을 나타내지도 않는다.

3-2. BMI의 한계 — 비록 BMI가 체지방과 서로 관련될지라도 비만과 관련된 건강의 위험을 평가하기 위한 완벽한 도구는 아니다. 근육이 발달된 운동선수들에게 특히 그러하다. 운동선수의 BMI는 제지방의 양은 매우 많기 때문에 높다. 따라서 이러한 사람들은 BMI는 높지만 체지방과 질병의 위험도는 낮다[그림 6-15].

BMI는 또한 임신한 여성과 출산 직후 여성의 무게를 평가하는 데는 적합하지 않은데 그 이유는 급격하게 변화하는 체중과 몸 구성 때문이다. BMI는 근육을 잃은 노인들에게도 부정확하다. 이러한 한계 때문에 BMI는 영양적 건강과 건강 관리를 결정하는 데 사용되는 단일 측정법이 되어서는 안 된다. 예를 들어, BMI에 기초해 과체중 범주에 들었지만 건강한 식이(healthy diet)를 섭취하고 규칙적으로 운동하는 사람들은 늘 앉아만 있고 열악한 식이(poor diet)를 섭취하면서 정상의 BMI 범위를 가진 사람보다 더 건강하고 만성질환에 걸릴 위험이 낮을 수 있다.

4. 체지방의 위치

어디에 체지방이 축적되어 있는가는 너무 많이 먹는 것과 관련한 건강 위험도에 영향을 미친다. 피하지방(subcutaneous fat), 즉 피부 아래 위치한 지방은 복부에 있는 장기 주변에 저장된 내장지방(visceral fat)보다 덜 위험하다. 내장지방의 증가는 심장질환, 고혈압, 뇌졸중, 당뇨병의 높은 발병률과 관련이 있다. 일반적으로 둔부와 하체의 지방은 피하에 있는 반면, 허리 주위와 복부에 쌓이는 지방은 일차적으로 내장지방이다.

[그림 6-16]…ⓐ 사과 형태 체형의 과체중자들은 복부에 지방이 축적되고 심장질환과 당뇨병 발병률의 위험이 높다. ⓑ 배 모양 체형의 과체중자들은 주로 피하인 둔부와 허벅지에 지방이 축적된다.

ⓐ

ⓑ

[표 6-8]…BMI(신체 질량 지수)에 따른 질병 리스크

BMI(kg/m²)		질병 리스크	
		남자 허리 ≤ 102cm 여자 허리 ≤ 89cm	남자 허리 > 102cm 여자 허리 > 89cm
저체중	< 18.5	–	–
표준 체중	18.5 ~ 24.9	–	–
과체중	25.0 ~ 29.9	증가	높다
비만 1	30.0 ~ 34.9	높다	매우 높다
비만 2	35.0 ~ 39.9	매우 높다	매우 높다
비만 3(고도비만)	≧40	극도로 높다	극도로 높다

*BMI = 체중(kg) / 키²(m²)

그러므로 허리 주위와 위에 과도한 지방을 가진 사람은 더 많은 내장지방을 가지고 있다. 지방을 허리 아래의 둔부와 허벅지에 가지는 사람은 피하지방을 더 많이 갖고 있다. 이러한 체형은 각각 사과형과 배형으로 불려왔다[그림 6-16].

어디에 초과 지방이 쌓일 것인가는 유전자에 의해 일차적으로 결정된다. 내장지방은 여성보다 남성에게서 더 일반적이다. 미국 내 흑인은 동년배의 비슷한 지방의 양을 갖고 있는 백인 남성보다 내장지방을 더 적게 저장한다. 갱년기 이후 여성에게서는 내장지방이 증가한다. 내장지방의 양에 영향을 미치는 다른 요인들은 스트레스, 흡연, 알코올 섭취 등이다. 반면, 육체적 활동은 내장지방을 줄이는 경향이 있다. 내장지방과 피하지방의 비교량을 구별하는 데에는 정교한 영상기술을 필요한데, 내장지방의 축적과 관련한 위험성은 허리 둘레 측정으로 계산할 수 있다. 허리 둘레가 102cm보다 크고, BMI가 25 이상인 남성의 경우 위험도가 증가한다. [표 6-8] 같은 BMI 범위를 가진 허리 둘레 89cm 이상인 여성도 발병률이 증가할 수 있다. 그러나 152cm보다 작은 키이거나 BMI가 35 이상인 개인의 경우에는 동일한 기준으로 건강 위험도를 측정할 수 없다.

5. 에너지 균형의 법칙

우리는 체형과 특성을 부모로부터 물려 받았다. 우리 중 어떤 사람은 길고, 가는 뼈에 키가 크고 날씬한 몸을 물려 받았다. 또 어떤 사람들은 짧고 굵은 뼈에 땅딸막한 몸을 물려받았다. 어떤 사람들은 넓은 둔부를 가지고 있고, 또 어떤 사람들은 넓은 어깨를 가지고 있다[그림 6-17]. 어떤 사람들은 태어날 때부터 다른 사람들보다 더 많은 양의 체지방을 가지고 있다. 이렇게 유전적으로 물려 받은 특성은 오랜 시간 동안 별로 변하지 않는다. 심지어 단기간에는 우리가 하는 운동의 양과 섭취하는 음식의 양에 따라 체중이 변화했다가도 장기간의 추이로는 변하지 않는 경향이 있는 것이다. 이것은 **고정점 이론**에 의해 설명될 수 있는데, 이것은 체중이 유전적으로 결정되어 있고 체중 변

고정점(set-point) 이론…사람들이 성장을 멈추었을 때, 고정점이라고 알려진 안정적인 체중 범위를 가지게 된다는 이론. 체중은 일시적인 섭취나 소비 에너지의 변화에 불구하고 이 고정점에 되돌아가는 경향을 보일 것이다.

[그림 6-17]… 부모로부터 물려 받은 유전자들은 몸의 크기와 체형에 중요한 결정 요인이다. 우리 중 어떤 사람들은 키가 크고 날씬한 신체를 물려 받고, 또 다른 사람들은 뚱뚱한 체형과 체중이 늘어나는 경향을 물려 받는다.

화에 저항하는 내부적 메커니즘이 있다는 것을 시사한다. 식이 섭취량을 많이 혹은 적게 하는 연구는 고정점 이론을 지지한다. 피험자들이 실험 기간 중에는 식사량의 변화로 체중이 감소하거나 증가하지만, 실험이 끝나고 평소의 식이로 돌아갔을 때 체중은 본래의 체중 수준으로 돌아간다. 식이요법을 한 사람이 증명할 수 있듯이 체중을 줄이는 것은 어렵고, 대부분의 체중을 감량한 사람들은 결국엔 다시 본래의 체중으로 돌아간다.

만약 체중이 특징적인 고정점으로 조절된다면, 우리 중 많은 사람들은 왜 점점 더 뚱뚱해지는 것일까? 고정점의 존재에 관한 실험적인 입증에도 불구하고, 체중에 의존하는 메커니즘들은 절대적이지 않은 것으로 나타났다. 생리학적, 심리학적, 환경적 상황의 변화들은 체중의 고정점을 주로 증가하는 방향으로 변화시킨다. 예를 들어 사람들은 대개 30~60세 사이에는 계속 체중이 증가하는 추세를 보이며, 대부분의 여성들은 출산 후 6개월이 지나도 임신 전 체중보다 약 1~2kg은 늘어나서 원래 체중으로는 돌아가지 않는다. 이것은 체중이 줄어드는 것에 저항하는 메커니즘이 체중이 느는 것을 방지하는 메커니즘보다 더 강하다는 것을 의미한다.

1. 비만 유전자

비만 유전자(obesity gene)…음식 섭취 조절, 에너지 소비 또는 체지방 축적에 관련 있는 단백질을 암호화하는 유전자. 그 유전자들이 비정상일 때, 그 결과는 체지방의 비정상적인 양이다.

몸의 비만도를 조절하는 데 관여하는 유전자들은 **비만 유전자**라 불리는데, 약 300개 이상의 유전자와 인간 염색체의 부분이 체중 조절, 비만과 관련되어 있다. 이러한 유전자들은 한 개인이 얼마나 많은 음식을 먹고 에너지를 소비하는지, 저장된 체지방을 어떻게 조절하는지 등에 영향을 미치는 단백질을 생산해낸다. 이 모든 유전자들의 복합적 효과는 한 사람의 체중과 얼마나 많은 지방을 축적하는지를 결정하고 조절한다. 체중에 대한 유전자들의 영향은 동일한 유전자 조성을 가진 일란성 쌍둥이의 연구에 의해 확실하게 증명된다. 연구 기간 동안 여러 쌍의 일란성 쌍둥이에게 같은 기간 동안 과식하게 했다. 각 쌍의 쌍둥이들은 같은 양의 무게가 늘고 그들의 몸에 같은 부위

[그림 6-18]…일란성 쌍둥이들은 같은 유전자를 물려 받고, 같은 양의 체중을 얻고, 같은 부분에 지방을 저장하는 경향을 보인다.

에 지방이 축적되는 경향을 보였다. 대조적으로 이들 쌍둥이들 사이에서는 커다란 차이가 발견되었다. 한 쌍둥이 쌍은 단지 4kg이 늘어난 반면, 다른 쌍둥이 쌍은 13kg나 늘었다는 것이다[그림 6-18].

2. 체중 조절의 기전

일정한 체중과 지방의 양을 조절하는 것은 짧은 기간 동안 발생하는 음식물 섭취의 변화와 더불어 저장된 체지방 양의 장기적 변화에 대응하여야만 가능하다. 음식 섭취에 관련된 신호는 식사와 식사 사이의 **배고픔**과 **포만감**에 영향을 미치는 반면, 지방세포로부터의 신호는 뇌를 자극하여 음식의 섭취와 에너지의 소비를 조정하는데 이는 장기간 영향을 미친다.

배고픔(hunger)…개인에게 음식의 섭취를 자극하는 내부적 신호
포만감(satiety)…음식 섭취로 야기되어 음식에 대한 욕구를 없애는 충만과 만족의 느낌

2-1. 단기간: 식사와 식사 사이의 음식 섭취 조절 — 혈액 내 영양소의 양과 소화관에서의 신호, 뇌로부터의 메시지가 사람들로 하여금 먹게 하거나 먹는 것을 멈추게 만든다. 어떤 신호는 음식을 먹기 전에 보내지고, 어떤 신호는 음식이 소화관 내에 있는 동안에, 그리고 어떤 신호는 영양소가 혈액 내에서 순환하고 있을 때 발생한다. 얼마나 음식을 많이 먹었는가에 대한 가장 간단한 신호는 위벽이나 소장 벽의 말단 신경에서 시작한다. 일단 음식이 섭취되면, 위벽은 음식물의 부피나 압력을 느끼고 늘어나면서 신경을 자극하여 콜레시스토키닌과 같은 호르몬을 분비한다. 이 호르몬은 곧바로 뇌로 전달되어 음식물 섭취량에 대한 정보를 보내고 음식 섭취 중단 신호를 낸다. 포도당, 아미노산, 케톤질, 지방산과 같은 영양분들이 혈액으로 들어오면 뇌는 이들의 혈액 내 함량을 감지하여 더 먹거나 먹지 못하게 하는 신호를 유도할 수 있다. 뇌에 의해 흡수된 영양분들은 신경전달물질 농도에 영향을 미칠 수 있고, 그러면 이것은 섭취되는 영양분의 양과 종류에 영향을 미친다. 예를 들어 몇몇 연구에서 뇌 속의 신경전달물질 세로토닌의 농도가 낮아지면 탄수화물이 먹고 싶게 되고, 높아지면 단백질을

그렐린(ghrelin)…위에 의해 생산되어 음식 섭취를 자극하는 호르몬

더 선호한다고 제안한다. 또한 흡수된 영양분들은 간에서의 대사 작용에 영향을 미치는데, 그 이유는 물에 용해된 영양분들이 흡수되어 간에 곧바로 가기 때문이다. 간 대사 작용의 변화(특히 ATP의 양)는 섭취되는 음식을 조절하는 데 관여되어 있다고 믿어진다. 음식물 섭취의 다른 양상을 조절하는 많은 다양한 호르몬의 신호들이 있다. 예를 들어, 호르몬 인슐린은 탄수화물의 섭취에 대한 반응으로 췌장에서 방출된다. 인슐린은 포도당이 세포로 흡수되고, 그로 인해 혈당량이 감소되며 이는 배고픔을 증가시킨다. 호르몬의 한 종류인 **그렐린**은 사람들이 아침을 언제, 얼마나 먹었는가와 상관없이 점심 시간이 되면 늘 배고픔을 느끼는 이유가 될 수 있다. 그렐린 호르몬은 위에 의해 생산되어 일상 시간에 음식을 먹고자 하는 욕구를 자극하는 것으로 생각된다. 그렐린의 수치는 보통 식사 한두 시간 전에 오르고 식사 후에 매우 낮게 떨어진다. 체중 감량을 하고 있는 사람들에게서는 그렐린이 더 많이 생산된다. 평소보다 체중 감량 시에 왜 더 음식을 먹고 싶은 충동을 느끼는지를 설명해 주는 부분이다. 그렐린이 많이 생산되면 비만이 초래될 수 있다. 이와 달리, 식욕 감소를 가져오는 호르몬(단백질 PYY)이 있다. 이것은 식사 후에 소화관에서 분비되며 분비되는 양은 식사에 포함된 열량과 비례한다. 비만하거나 정상적 몸무게를 가진 피검자에 이 호르몬을 주입하면 식욕과 음식 섭취가 줄어든다. 심리학적인 요인 또한 배고픔과 포만감도 영향을 미칠 수 있다. 예를 들어, 어떤 사람들은 안정감을 얻고 스트레스를 경감시키기 위해 먹고, 어떤 사람들은 안정감이 든다거나 스트레스가 느껴질 때 식욕을 잃는다. 이와 같이 심리학적 좌절감은 음식 섭취를 조절하는 메커니즘을 변경할 수 있다.

2-2. 장기적: 체지방 양의 조절 — 에너지 균형의 단기적 조절인자(regulators)는 개개인의 식사량과 시간에 영향을 주지만, 만약 섭취에서의 변화가 오랜 기간 동안 유지되면 장기적인 에너지 균형에 영향을 미칠 수 있고, 그에 따라 체중과 비만에도 영향을 미칠 수 있다. 정해준 수준(set level)에서 지방의 양을 조절하기 위해 신체는 얼마나 많은 지방을 저장하는지 감시할 수 있어야만 한다. 이러한 정보는 인슐린과 렙틴(leptin)과 같은 호르몬으로부터 온다고 알려져 있고, 이 호르몬들은 체지방의 양에 비례하여 분비된다. 인슐린은 혈당량이 오를 때 췌장으로부터 분비되며 인슐린의 혈중 농도는 체지방의 양에 비례한다. 인슐린은 시상하부와 상호작용하여 음식 섭취와 체중을 줄이고, 인슐린 수치는 렙틴이 생산되고 분비되는 양에 영향을 미치는 것으로 알려져 있다. 렙틴은 지방 세포에 의해 생산되고 시상하부 내에서 작용하는 호르몬으로서 렙틴의 생산량은 지방 세포의 크기에 비례하고, 지방의 저장이 증가함에 따라 더 많은 렙틴이 분비된다. 렙틴은 시상하부에 존재하는 렙틴 수용체에 결합하여 음식물 섭취와 에너지 소비량을 변화시킨다. 렙틴 수치가 높을 때, 에너지 소비를 늘리고 음식물 섭취를 줄이는 기구가 자극받는다. 동시에 음식물 섭취를 증진하는 경로가 억제되고 그 결과 체중은 감소한다. 지방의 축적이 줄어들면, 렙틴이 더 적게 분비된다. 뇌에서의 낮은 렙틴 수치는 에너지 소비를 줄이고 음식물 섭취를 늘리는 경로가 활성화되도록 한다. 따라서 렙틴은 마치 온도계의 수은처럼 우리 몸속 체지방량의 변화를 측정하는 지방 측정계 역할을 한다[**그림 6-19**].

체중 조절에 관련된 호르몬은 뇌에서 장기적인 에너지 균형을 변경시키는 역할

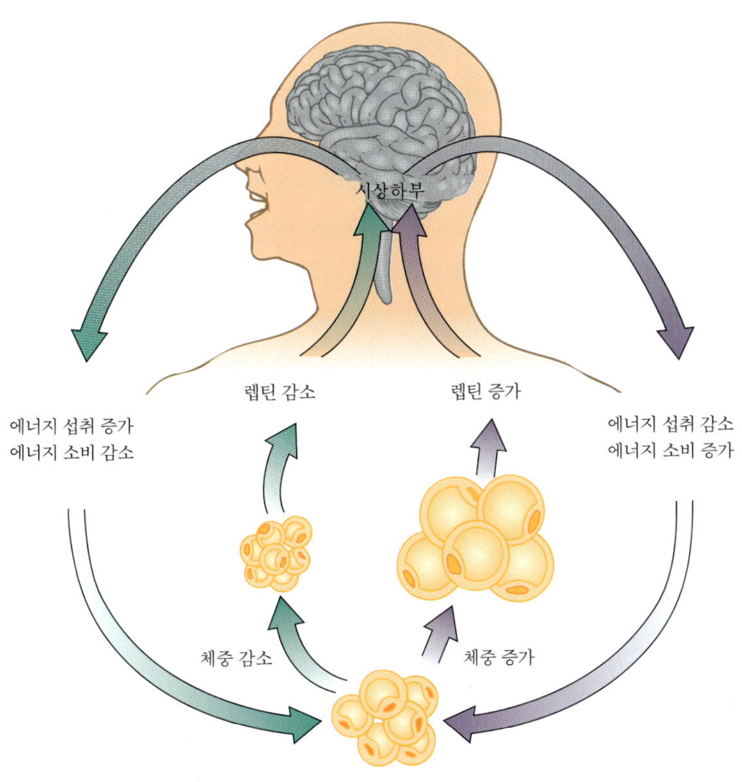

[그림 6-19]…렙틴은 적절한 수준에서 체지방을 유지하는 것을 도와준다. 한 개인이 무게를 얻을 때, 지방 세포들은 더 많은 지방을 축적하고 더 많은 렙틴이 분비되어 음식물 섭취를 줄여서 에너지 소비를 늘리는 것을 유도한다. 한 개인의 무게가 줄면, 지방 세포에서 지방을 잃고 더 적은 렙틴이 분비되어 음식물 섭취의 증가와 에너지 소비의 감소를 야기한다.

을 할 뿐 아니라 뇌로 오는 단기 신호의 민감도에도 영향을 미친다. 예를 들어, 체중이 줄어드는 동안 이들 호르몬이 낮아지면 뇌에서는 포만감 신호의 효력이 줄어들고, 체중을 감소시키는 경로들을 차단하며 체중이 느는 경로를 활성화시킨다는 가설이 나와 있다.

3. 비만의 원인이 되는 유전인자

유전자에 결함이 있을 때에는, 그것이 암호화하고 있는 단백질이 만들어지지 않거나 부정확하게 만들어진다. 렙틴 유전자와 같은 비만 유전자에 결함이 있으면, 음식물 섭취를 줄이거나 에너지 소비를 늘리는 신호가 받아지지 않고 체중이 늘게 된다. 비만에서의 몇몇 사례는 렙틴과 렙틴 수용체의 유전자 결함에 직접적으로 연관되어 왔으나, 대부분의 비만을 이런 것들과 같은 단일 유전자의 돌연변이로만 설명할 수는 없다. 많은 유전자들이 상호작용하면서 변화하여 대사율, 음식물 섭취, 지방 저장, 활성화 정도에 영향을 미치고, 이들은 차례로 전체적인 체형과 몸의 크기에 영향을 미친다. 많은 비만 유전자에 의해 만들어지는 단백질의 인간 에너지 균형에 대한 영향력은 여전히 연구 중이며, 체중 조절에 관련된 많은 유전자들의 기능은 설명해야 할 것으로 남아 있다.

3-1. 절약물질대사가 비만을 야기하는가? — 과체중인 사람들은 매우 적은 열량을 섭취하지만 체중은 계속 늘어난다고 주장하는데, 이것은 그들의 에너지 소비가 정상 체중인 사람들보다 더 적기 때문이라고 생각할 수 있다. 이에 대한 하나의 가설로서

과체중자들이 절약물질대사를 물려받았다는 이론이 있다. 절약물질대사를 가진 사람은 이론적으로 에너지를 매우 효과적으로 사용하고, 그래서 덜 효율적인 대사 물질을 가진 몇몇 사람들보다 그들이 섭취한 에너지 중 더 많은 것이 ATP로 전환되거나 지방으로 축적된다. 그러므로 그들은 체중을 유지하기 위해 덜 먹을 필요가 있을 것이다. 그러나 과체중인 사람들의 에너지 소비에 관한 실제 연구는 아직 결론이 나지 않았는데, 그 부분적 이유로는 에너지 섭취량을 측정하는 것이 어렵기 때문이고 또한 과체중자들이 마른 대조군보다 그들의 에너지 섭취량을 적게 보고하기 때문이다.

동위원소이중표지법을 사용하여 에너지 소모량을 측정한 결과 절약물질대사 가설은 지지받지 못했다. 체중이 증가하면 에너지 소모량도 증가하였고, 이는 비만한 사람들은 과체중을 유지하기 위해 저체중 표준인보다 더 먹을 필요가 있다는 것을 보여주었다. 그러므로 절약물질대사가 비만의 주 요인이라고 할 수는 없다.

3-2. 비만은 과잉 에너지를 소모하지 못하여 발생하는 것일까? — 인체는 특정한 고정점에서 체중을 유지해주는 것을 도와주는 기능이 있어서, 이따금 과식하면 대사 작용이 속도를 높여 효과적인 에너지를 소비하고 몸무게가 느는 것을 막는다. 반대로 음식 섭취를 제한함으로써 체중이 줄어들 때에는 에너지를 보존하기 위해 에너지 소비가 줄어든다. 과섭취 또는 저섭취, 환경적 온도의 변화 또는 외상 후 스트레스장애(트라우마)와 같은 주위 환경의 변화에 대한 반응으로 이러한 에너지 양이 늘어나는 변화는 **적응열 생산**(adaptive thermogenesis)라고 언급된다. 몇몇 연구에서는 체중 감소 시에 기초대사량은 비만인이 마른 사람보다 더 많이 감소하고, 체중 증가 시에는 마른 피검자보다 기초대사량이 적게 증가한다는 것을 발견했다. 마른 피검자와 비만 피검자의 적응 반응에서의 차이로써 어떤 사람들이 왜 더 쉽게 살이 찌는지를 설명할 수 있다.

적응열 생산(열발생)…에너지 소비에서의 변화는 주위 온도와 음식 섭취와 같은 특성에 의해 유발된다.

3-3. 공회전 이론 — 몇몇 생화학적 메커니즘들이 적응열 생산을 설명하기 위해 제안되어 왔다. 그 첫 번째는 기질 순환 또는 공회전 이론으로서 이것은 서로 반대 방향의 생화학적 반응이 동시에 일어나서 에너지를 계속 소모하는 것을 말한다. 예를 들어 한 분자가 생성되어 ATP를 소모하고, 그런 다음 빠르게 다시 분해된다. 이때 생성되고 분해되는 반응이 동시에 일어나기 때문에 그 물질량은 변화가 없지만 계속 에너지가 소모되고 따라서 지방으로 저장되는 에너지가 줄어들게 된다.

3-4. 갈색지방 조직 — 여분의 에너지가 소모되는 두 번째 방법은 ATP의 생산과 전자전달계의 연결고리가 풀리는 것인데, 이때 전자전달계를 통해 ATP가 생산되는 대신 에너지가 열로 사라진다. 예를 들어, 쥐에 렙틴을 주입했을 때 발생하는 에너지 소비의 증가는 **갈색지방 조직**이라 불리는 특화된 유형의 지방 조직의 수용체를 자극하기 때문인 것으로 믿어진다. 갈색지방 조직은 열의 형태로 에너지를 소모할 수 있으며 이 조직은 보통의 백색지방 조직보다 더 많은 미토콘드리아를 가지고 있고, 이들 미토콘드리아는 전자전달계와 ATP 생산이 연결되어 있지 않아서 음식에 있는 에너지를 열로 방출되게 한다. 쥐에서 갈색지방 조직은 과식하는 동안 열을 발생시키고 주위 온도

갈색지방 조직(brown adipose tissue)…보통의 백색지방 조직보다 더 많은 수의 미토콘드리아를 가진 지방 조직의 한 종류. 갈색지방 조직은 열을 생산함으로써 에너지를 소모할 수 있다.

☀ 과학의 적용 : '렙틴 : 비만 유전자의 발견'

1994년 제프리 프리드만 박사와 동료들에 의한 발견은 수백 만 명의 사람들에게 희망을 주었다. 프리드만 박사의 연구는 '살찐(obese)'이라는 뜻으로 'Ob'라고 이름 붙여진 한 변종 쥐로부터 시작되었다. Ob 쥐는 심하게 비만이 되었고, 정상 체중보다 세 배나 더 무거웠다. 프리드만 박사와 동료들은 이 돌연변이 쥐의 유전자를 확인하고 복제하여 이 쥐에게서 일어난 비만의 원인을 풀어냈다. 유전자를 확인하기 위하여 연구자들은 먼저 일련의 연속된 교배 실험을 통하여 비만 인자가 특정 염색체 상에 존재해 나가는 것을 밝혔다. 그런 다음 그 염색체를 부분부분 나누어 검사함으로써 어떤 유전자가 지방 조직에서 발현되는지 관찰했다. 그 결과 한 단일 유전자를 추출해 낼 수 있었다. 이 유전자가 체중의 조절에 관련되어 있다는 증거는 유전자 산물인 단백질을 검사함으로써 얻어졌다. 연구자들이 렙틴이라고 이름 붙인 이 단백질이 비만인 쥐에게서는 생산되지 않거나 불활성되어 생산되는 것을 발견했다. 곧 그 후 인간에게서 비슷한 유전자가 확인되었다. 렙틴 단백질의 조절 이상 때문에 인간에게서도 비만이 유도된 것이라는 낙관적인 관측이 압도적인 가운데 한 생명공학 기업(Amgen)이 렙틴이 인간 비만을 치료하는 데 사용될 수 있다는 희망으로 렙틴의 상업적 권리에 대하여 2,500만 달러를 지불했다. 프리드만 박사와 동료들이 렙틴 호르몬의 주입이 유전적으로 비만인 쥐를 정상 체중으로 되돌려 놓을 수 있다는 것을 증명할 수 있었을 때 그러한 희망들은 더 커졌다(그림). 렙틴의 역할은 체중의 복구에 있는 것으로 나타났다. 지방의 축적이 증가하면 렙틴이 증가하고, 이로 인해 에너지 섭취를 줄이고 소비를 늘리라고 뇌에 신호를 보낸다. 그러나 불행하게도, 인간 비만에 있어서 렙틴의 역할은 기대에 못 미치는 것이었다. 적은 수의 비만 사례가 렙틴 유전자 결함에 직접적으로 연관되어 왔지만, 이 유전자에서의 돌연변이는 대부분의 인간 비만에서는 책임이 없다. 사실, 비만인 사람은 일반적으로 높은 혈중 렙틴 농도를 가진다. 한 임상적인 시도는 조절된 렙틴 복용이 비만인 사람 중 몇몇 피검자에서 근소한 체중 감소만을 낳은 것을 보여주었다. 렙틴 수용체(체중 감소를 위해서 렙틴이 반드시 결합해야 하는 뇌의 단백질)는 렙틴 유전자가 발견된 후 곧 확인되었다. 비만인 인간이 높은 렙틴 수치를 가지고 있다는 사실은 인간 비만의 원인이 렙틴 수용체의 비정상을 포함할지도 모른다는 사실을 시사했다. 만약 렙틴 수용체에 결함이 있으면, 생산된 렙틴은 결합할 곳이 없게 되고 체중 감소를 촉진하는 기구에 신호를 보낼 수 없을 것이다. 그러나 아직까지는 렙틴 수용체의 결함이 인간 비만의 중요한 원인이라고 인정되지 않았다. 비만에서 렙틴의 역할에 대한 계속된 연구로 렙틴은 체지방의 장기적 조절에 관련되어 있는 중요한 신호이지만 홀로 작용하지 않는다는 것을 알게 되었다. 렙틴의 생산 및 음식 섭취와 에너지 소비의 변경 사이에 많은 유전자들을 포함하는 단계들이 많이 있다. 연구자들은 식욕을 조절하기 위해 뇌에서 렙틴과 상호작용하는 10여 개의 단백질 분자들을 발견해왔다. 예를 들어, 신경단백질(neuropeptide) Y와 멜라닌 집중 호르몬은 식욕을 증진시키는 반면, 알파 멜라노사이트 자극 호르몬은 식욕을 떨어뜨리고, SOCS3라 불리는 단백질은 렙틴 수용체의 민감도를 감소시킨다. 이들 물질 중 많은 것이 현재 새로운 비만약의 개발을 위한 목표가 되었다. 사실 렙틴이 인간 비만의 치료법으로 개발되지는 못하고 있지만, 그것의 발견은 그 분야를 밝게 했다. 이 연구는 체중 조절에 대한 유전학적인 이해에서 중대한 발전이 되었으며 계속되는 연구에 의해 언젠가 우리 중 어떤 사람은 비만이고 또 어떤 사람들은 깡마른지에 대한 남겨진 질문에 대한 답을 얻게 될 것이다.

렙틴 유전자(ob)에 결함이 있는 쥐는 정상 쥐보다 세 배 이상 무게가 나갈 수 있다. 두 쥐 모두 결함이 있는 유전자(ob)를 가지고 있으나 오른쪽에 있는 한 쥐는 렙틴 주입에 의해 치료받았다.

가 낮을 때 열을 제공한다. 인간의 경우, 매우 적은 양의 갈색지방 조직을 가지고 있기 때문에 쥐와 같은 렙틴의 효력이 발생하지 않지만, 아마 다른 조직에서 ATP와 전자전달계의 고리가 풀어질 수 있을 것이다. ATP의 생산과 전자전달계의 연결 고리를 푸는 몇몇 단백질들은 인간 근육, 백색지방 조직, 폐, 비장, 백혈구, 골수, 위에서 확인되어 왔다. 에너지 방출을 증가시키기 위해 연결을 푸는 단백질들이 체중 조절과 관련되어 있다는 가설이 설득력을 얻고 있다.

총 에너지 소비가 2,500kcal/1일인 사람은 1,500~1,800kcal를 단지 기본적 생체 기능에 사용할 것이다. 나머지 중 대부분은 활동에 사용된다.

3-5. 비만은 비활동 때문인가? — 활동은 열량을 소모한다. 이것은 그 활동이 계획된 운동이든, 집안일이나 교실 사이를 걷는 것과 같은 일상적 활동, 또는 자세를 유지하기 위해 움직이는 것과 같은 작은 무의식적인 행동이든 간에 사실이다. 얼마나 활동적인가는 유전자와 개인적 선택에 의해 영향을 받는다. 활동적 수준과 체지방을 비교한 연구들은 과도한 체지방을 가진 사람들이 가장 낮은 육체적 활동 수준을 가진다는 것을 발견했다. 이것은 비만인 사람들이 운동을 덜 한다는 것을 말해 주지만 줄어든 육체적 운동이 비만의 원인이라는 것을 의미하지는 않는다. 과체중인 사람들은 덜 활동적일 수 있는데 왜냐하면 초과된 체중을 가질 때 운동을 하거나 심지어 간단한 일상적 활동을 행하는 것이 더 어렵기 때문이다. 그러나 무의식적인 활동량의 차이는 어떤 사람들이 더 쉽게 살이 찌는가에 대한 한 이유가 될 수 있다.

정상 체중의 사람들에게 식이를 과다 섭취하게 만든 연구에서 그들이 얻은 지방 무게는 사람에 따라 약 10배나 차이나는 결과를 보였다. 몇몇 피검자들은 에너지 소비가 큰 범위로 증가하였고 그 결과 체지방의 증가는 얼마 되지 않았다. 이로써 과다 섭취와 함께 나타난 에너지 소비 증가의 2/3가 무의식적인 활동의 증가 때문이라는 것이 밝혀졌다. 몸무게가 가장 적게 늘어난 사람은 가장 큰 무의식적인 활동의 수준을 가지고 있었다. 그러나 어떤 사람은 식이 과다 섭취에도 불구하고 둔감하게 남아 있는 반면, 몇몇 사람들은 쉬지 않게 하고 더 많이 움직이게 함으로써 초과된 에너지 섭취에 반응하도록 유발하는 메커니즘은 여전히 이해되지 않고 있다. 우리 중 몇몇은 더 많이 움직이도록 자극하는 유전자를 물려 받지 못했기 때문에 쉽게 체중이 늘 수 있는 것이다.

6. 유전자와 생활습관의 상호작용

우리가 물려 받은 유전자들은 우리가 얼마나 무게가 나갈 것인지에 대한 중요한 결정인자이다. 만약 부모 중 한 명 또는 모두가 비만이라면, 비만이 될 위험도가 증가한다. 비만의 가족력이 있는 사람들은 두 배나 세 배 더 비만이 되기 쉽고, 비만의 정도와 함께 위험도도 증가한다. 그러나 과체중이 되도록 하는 유전자를 물려 받았음에도 실제 체중은 물려받은 유전자와 자신이 만드는 생활습관의 선택 사이의 균형에 의해 결정된다. 비만이 되기 쉬운 유전자를 가지고 있더라도 조심스럽게 자신의 식이상태를 감시하고 규칙적으로 운동하는 사람은 절대로 비만이 되지 않을 것이나, 비만의 유전적 경향이 없고 높은 에너지의 식이를 섭취하면서 적게 운동하는 사람은 과체중으로 끝날 것이다.

유전적 경향과 비만에 공헌하는 환경의 상호작용을 완벽하게 증명하는 인간 비만의 한 예는 아리조나에 사는 피마인디안 부족에게서 찾아볼 수 있다. 이들은 인구의 75% 이상이 비만이다. 연구자들은 이들 집단이 많은 체지방을 축적하려는 경향에 관련이 있을지 모르는 일련의 유전자들을 확인해 왔다. 그들의 현재 생활방식은 육체적 활동은 적고 고열량 식품은 많이 섭취하는 것이고 그 결과는 현저하게 높은 비만 발생률을 가져왔다. 대조적으로 유전적으로 비슷한, 멕시코에 사는 피마인디안 집단은 들판에서 일하는 농부들이고 스스로 생산하는 음식을 섭취한다. 그들도 여전히 그들의 섭식과 운동 패턴에 미루어 예상되는 것보다 높은 비만 발생률을 가지고 있으므로 이들이 가지고 있는 유전자가 과체중과 관련이 있어 보이기는 해도, 아리조나의 피마인디안보다는 현저하게 덜 비만하다.

1. 생활습관과 비만 발생률 증가

체중에 유전자가 중요한 결정요인임에도 그것이 오늘날의 사람들이 30년 전보다 더 높은 비만 발생률을 갖는 이유는 아니다. 유전자가 변화하기 위해서는 많은 세대를 필요로 하지만, 환경적 상황은 빠르게 변화할 수 있다. 지난 30년 간 발생한 확연한 환경적 사회적 변화는 우리들이 무엇을 먹는지, 얼마나 먹는지, 얼마나 운동을 하는지에 영향을 미치는 생활 방식의 변화를 야기해 왔다. 간단히 말해, 사람들이 예전에 그랬던 것보다 더 많은 것을 먹고 적은 열량을 소비하기 때문에 더 많은 사람들이 과체중이 된 것이다. 우리의 일상 생활에서 음식은 풍부하고 끊임없이 먹을 수 있으며 더 적은 활동이 요구되기 때문이다.

1-1. 섭취량의 증가 — 지난 40년 간 증가된 음식들은 다양하고, 가시적이고, 유혹적인 것뿐만 아니라 그 양도 늘었다. 사람들은 음식의 크기에 상관없이 쿠키 한 개, 샌드위치 하나, 또는 칩 한 봉지와 같은 단위로 먹는 경향이 있다. 그래서 피자, 버거, 소다수 병들이 과거보다 더 큰 단위로 나왔음에도 불구하고 사람들은 그것을 모두 같은 단위로 취급하면서 계속 먹거나 마신다. 따라서 제공되는 1인분의 양이 늘어남에 따라 사람들이 음식을 소비하는 양도 늘어났다. 탄산음료의 기준이 340g 캔에서 450~600g의 병으로 바뀜에 따라 음료수 섭취가 늘어났다. 1977년부터 2001년 사이 달게 한 음료수 한 병으로부터 얻어지는 에너지가 135% 늘어났다. 1인분의 크기가 어떻게 늘어왔는가의 가장 좋은 예 중 하나는 패스트푸드 식당에서 제공되는 음식이다. 오늘날 제공되는 햄버거와 감자튀김은 패스트푸드가 처음 도입되었을 때보다 2~5배 더 커졌다 [그림 6-20]. 이는 햄버거를 하나 더 추가 주문하지는 못하지만 1인분의 양이 두 배가량 크다면 다 먹을 수 있기 때문에 사람들은 큰 것을 선호하게 된다.

또한 사람들은 집에서 큰 사이즈를 주문한다. 1977년과 1996년 사이에 피자를 제외한 모든 음식의 1인분 크기가 집 안팎에서 커졌다. 지난 몇십 년에 걸쳐서 발생해 온 사회적 변화 또한 사람들이 섭취하는 총 열량을 증가시키는 데 기여해왔다. 편부모 가정과 맞벌이 세대의 증가는 집에서 가족들이 음식을 준비하는 시간이 한정되어 있

1950년대, 코카콜라 '패밀리 사이즈' 병의 함량은 740g이었다. 오늘날 대부분의 자판기에서 576g 병이 오래된 340g 캔을 대체해 왔다. 이러한 병들은 340g 캔보다 100kcal 이상의 열량을 함유한다.

[그림6-20]…1970년대 이후로 나타난 1인분 크기의 증가는 패스트푸드 음식 크기의 증가로 분명하게 설명된다.

음을 의미하는데, 오늘날은 패스트푸드 음식의 대중화에 의해 그저 몇 분이면 손에 쥘 수 있고 단지 봉지를 여는 일만 하면 간식을 먹을 수 있게 되었다. 빠른 속도의 생활습관의 결과로 미리 포장되어 있고 편리하며 빠른 음식들이 주류가 되었다. 이러한 음식들은 집에서 준비되는 음식들보다 전형적으로 에너지가 높다. 이러한 모든 요소들의 결과는 사람들의 식이습관에서 평균 열량의 증가를 가져왔다.

1-2. 활동량 감소 — 에너지 섭취의 증가와 더불어, 일과 휴식 모두에서 사람들이 소비하는 에너지의 양이 감소한다. 사람들은 걷거나 자전거를 타기보다는 자동차를 운전해 일하러 가고, 계단 대신에 엘리베이터를 타고, 빗자루보다는 진공청소기를 사용하고, 잔디 깎는 기계를 밀기보다는 기계에 타서 잔디를 깎는다. 이러한 모든 간단한 변화들이 일상 생활의 작업을 행하는 데 소비되는 에너지의 양을 감소시킨다. 오늘날 평범한 사무실 직원은 자신의 일상 생활에 있어서 단지 3,000~5,000보만 걸을 뿐이다. 대조적으로, 자동차 운전, 전기 기구의 사용, 다른 현대적 편리기구들을 사용하지 않는 아미쉬 공동체에서의 평범한 어른은 하루에 14,000~18,000보의 걸음을 걷는다. 이 집단 내에서 전체 비만 발생률은 단 4%밖에 안 된다. 덜 활동적인 직업 외에도, 바쁜 스케줄과 일과 통근에서의 긴 시간 때문에 사람들은 활동적인 여가 활동을 할 시간이 없다고 한다. 대신에 하루가 끝날 무렵 사람들은 텔레비전, 전자 게임 그리고 컴퓨터 앞에 앉으며, 이것들은 모두 여가 시간을 앉아서 보내는 방법이다.

육체적 활동의 감소는 성인에게만 국한된 것이 아니다. 많은 학교들은 돈을 절약하고 학업을 위한 시간을 더 찾기 위해 체육 교육 프로그램을 줄이거나 심지어 아예 없애버렸다. 이러한 사회적 변화는 범죄를 증가시켜 왔고, 아이들은 방과 후에 실내에 있도록 강요되었다. 이전에 어린이들은 방과 이후 시간을 야외에서 자전거, 공을 갖고 친구들과 함께 보냈다. 오늘날 어린이들은 비디오 게임과 컴퓨터와 함께 실내에서 보내는 시간이 길어졌다. 그 결과 어린이들은 더 많은 과자를 먹고 더 적은 열량을 소비하여 결과적으로 체중이 증가되었다.

2. 비만 발생률을 줄이는 전략

건강을 증진하기 위해 우리는 적게 먹고, 더 움직일 필요가 있다. 이는 음식 선택을 개선하고 육체적 활동을 증가시키는 것에 초점을 맞춘 일련의 전략들을 제안한다.

❶ 공공기관과 음식 조리자들이 더 작은 1회 분량의 크기를 제공하여 우리가 덜 먹도록 함께 노력할 것

❷ 지역사회가 여가적인 재밋거리를 모든 연령의 사람들에게 제공하고 직장에서 육체적 활동의 기회를 더 많이 제공하도록 노력할 것

❸ 어린이들과 젊은 성인들이 그들의 식습관을 개선하고 그들의 활동성을 증가시킬 것

위에 권고된 변화들은 인구 중 비만 발병률이 더 늘어나는 것을 예방하기 위해서 노력할 필요가 있다.

7. 건강한 체중의 달성과 유지

건강한 범위 내에서 체중을 조절하는 것은 일련의 생활습관의 선택을 포함하는데, 이는 열량 섭취와 운동 사이의 균형을 유지하는 것을 필요로 한다. 어떤 사람들에게 이것은 그들의 나이에 비해 살이 찌는 것을 피하기 위해서 건강한 음식을 선택하고, 1회 분량의 크기를 조절하고, 활동적인 생활습관 유지를 의미할 것이다. 다른 많은 사람들에게는, 그것이 체중을 줄일 수 있도록 하는 음식과 운동 계획을 개발하는 것을 의미할 것이다. 그리고 또 어떤 사람들에게 그것은 체중을 늘려서 건강한 범위 내에 유지할 수 있도록 노력하는 것을 의미할 것이다. 모든 사람들의 목표는 건강한 체중을 달성하고 그것을 유지하는 것이다.

1. 체중 감량 대상

몇 파운드가량 과체중인 모든 사람이 체중 감량으로부터 효과를 얻는 것은 아니다. 과체중과 비만에 관련한 위험성은 다른 질병이나 위험 요인들의 존재 그리고 개인의 나이와 생활 환경의 정도와 관련되어 있다. 누군가가 살을 빼야만 하는가를 결정하기 위한 첫 번째 단계는 그 사람의 현재 체중과 과거의 체중을 측정하고 그들의 의학적 상태를 검사한다. 만약 누군가의 BMI가 높다면 그것은 일반적으로 체중 감량이 장기적인 건강을 개선할 것이라는 것을 의미하나, 이것은 모든 경우에서 그런 것은 아니다. 역도선수와 같이 높은 BMI를 가진 몇몇 사람들은 많은 양의 근육 덩어리를 가지고 있으나 권장량보다 더 많은 체지방이 있는 것은 아닐 수 있기 때문이다. 그러나 체지방 비율의 증가 또는 허리 둘레의 증가와 높은 BMI가 함께 한다면, 일반적으로 체중 감량이 권장된다.

1-1. 의학적인 위험 요소들 — 체중 감량이 권고될 것인가, 안 될 것인가에 있어서 주요 요인은 초과된 체지방과 관련한 질병과 비정상적 상태들이다. 예를 들어 혈압, 혈당량, 혈중 콜레스테롤 수치는 체중과 함께 늘고, 그러한 상태들과 함께 심장질환과 당뇨병의 위험성 역시 증가한다. BMI가 건강한 범위보다 높고 이러한 상태들 중 하나 이상을 가지고 있는 사람은 아마도 체중 감량으로부터 이익을 얻을 것이다. 가족력에 대한 이러한 상황들은 또한 체중 감량의 권고 여부를 결정하는 고려사항이 된다.

이런 기준들에 근거해, 모두가 이상적인 몸무게에서 조금 더 나가는 양을 줄일 필요는 없다. BMI 25~29.9kg/㎡로서 과체중이지만 체지방 과다로 인한 건강상 문제가 없는 사람은 체중을 감량하여 얻는 효과가 없다. 예를 들면, BMI 28kg/㎡인 콜레스테롤과 혈압이 정상이면서 규칙적인 운동을 하는 사람도 체중 감량에 의해 생기는 건강상의 위험에서 예외일 수는 없다. 즉, 이러한 사람의 체중 관리는 체중이 더 느는 것을 예방하는 것이 되어야 하며 체중 감량은 고혈압과 혈중 콜레스테롤이 높은 BMI 28kg/㎡인 사람들에게만 권장되어야 한다.

1-2. 체중 감량과 생애주기 — 연령과 생애주기는 또한 몸무게와 비만에 관련된 건강 위험을 결정하는 데 중요하다. 인생의 특정 시기에는 체중 감량이 권장되지 않는다. 예를 들어, 아이들의 비만과 과체중이 심각한 사회문제로 대두되고 있긴 하지만, 지나친 체중 감량은 추천되지 않는다. 왜냐하면 음식 섭취량을 줄이는 것은 아이들이나 청소년들의 성장을 방해할 수 있기 때문이다. 더 좋은 방법은 에너지 섭취를 적당하게 제한하면서 육체적인 활동을 증가시키도록 독려하는 것인데, 이는 아이들의 체중은 약간 늘되 키는 더 자라게 한다. 게다가 성장기 어린이나 십대의 체중 증가는 아무런 문제 없이 건강한 BMI 범위에 들어가 급성장기로 이어질 것이다. 또한 체중 감량 식이 요법들은 임신 동안에는 추천되지 않는다. 과체중의 여성조차도, 임신기 전반에 걸쳐 약 7~11kg의 체중이 천천히 증가되어야 한다. 체중 감량 프로그램은 아이가 태어나고 산모가 회복된 후에 시작될 수 있으며 완만한 체중 감량은 수유기 동안에 적절하지만 급속한 체중 감소는 모유 생산량을 감소시킬 수 있다.

노인에게 있어 약간 초과하는 몸무게는 만성질환에 다소 유리하다. 게다가 과체중에 따른 위험은 젊은 사람들보다는 노인에게 더 적다. 그러나 비만을 치료하기 위한 결정은 나이에만 근거를 두어서는 안 되는데, 체중 감소는 모든 연령층에서 심혈관질환의 요인들을 개선시킬 수 있기 때문에, 특히 노인은 근육이 소실되어 지방으로 대체되므로 노인의 체중 관리 프로그램에서 웨이트트레이닝은 매우 중요하다.

2. 체중 감량 목표와 지침

체중 감량을 위한 의학적 목표는 과체중에 의해 야기되는 건강상 위험을 줄이기 위함에 있다. 대부분의 사람들은 몸무게의 5~15%를 감량함으로써 질병의 위험을 상당히 줄일 수 있을 것이다. 체중 감량 최초의 목표는 6개월에 약 10%의 체중 감량이다. 체중의 10% 감량은 대부분의 사람들이 성취할 수 있는 것으로 간주된다. 최초의 감량 후에 추가적인 체중 감량이 유익한지 결정하기 위해 그 사람의 건강 위험성을 재평가해야 한다. 여기서 중요한 것은, 감량해야 할 것이 지방 감소이지 제지방 조직은 아니라는 것이다. 체중은 주당 0.2~0.9kg 정도의 속도로 천천히 빠져야 한다. 만약 체중이 급속히 빠진다면 체중 손실이 덜 유지되며, 근육 단백질로부터 수분과 글리코겐의 추가적인 손실이 있게 된다. 많은 양을 줄였거나 급속하게 체중 감량을 한 대부분의 사람들은 결국엔 빠졌던 체중이 모두 다시 불어나게 되었다. 즉, 체중 감량과 증가가 반복되는 **체중순환**과 **요요현상**으로 체중 감량이 성공할 가능성을 감소시킨다. 체중 감량에는 에너지 균형에서 덜 먹거나 더 운동하는 것 등의 기술이 필요하며 그 계산은 단순하다. 그러나 체중 감량을 성취하고 유지하는 것은 쉽지 않다.

이전에 논의했듯이, 거기에는 체중을 안정하게 유지하려는 조절 기전이 있고 식품의 섭취는 증가하고 운동은 적게 하려는 환경적, 정서적 동기들이 있기 때문이다. 그럼에도 불구하고 섭취량 감소와 활동량 증가, 행동 수정은 오랜 기간의 체중 관리와 감량을 촉진할 수 있다.

체중순환(weight cycling), **요요현상**(yo-yo dieting) … 체중의 감소와 증가가 반복된다.

[표 6-9]… 체중 감량을 향하여 에너지 균형 이동을 위한 팁

당신의 식사량을 보라.

- 봉지에 든 채로 먹기보다는 1회 분량씩 작은 그릇에 담아 먹어라.
- 접시는 한 번에 가득 채우고 시간을 두어라.
- 당신의 양에 맞는지 라벨을 보고 확인하라.
- 슈퍼 사이즈는 안 된다. 음료수는 작은 컵을 선택하고 감자튀김은 작은 사이즈를 주문하라.
- 스페셜 소스 또는 아주 큰 고기가 아닌 평범한 햄버거를 먹어라.
- 외식할 때 과식하지 말라. 친구와 남은 음식을 나누거나 다음 날 점심을 위해 집에 싸가지고 가라.

고칼로리 음식의 칼로리를 줄여라.

- 아이스크림은 두 스쿱이 아니라 한 스쿱만 떠라.
- 토스트에 사용하는 버터나 마가린을 줄여라.
- 빵은 생략하고 디저트는 과일을 먹어라.
- 음식을 튀기기보다는 석쇠나 오븐 등에 구워서 먹어라.
- 카페테리아에서 점심을 사먹는 대신 집에서 도시락을 챙겨라.
- 사탕 대신에 사과를 한 개 먹어라.
- 소다수 대신에 물을 마셔라.
- 저지방 우유로 바꾸어라.

허기지게 만들지 마라.

- 아침을 먹어라. 당신은 그날 늦게까지 덜 먹게 된다.
- 섬유질이 높은 음식을 먹어라.
- 채소량을 늘려라.
- 영양소 가득한 간식을 계획하라.
- 채식을 유지하고 간식으로 가능한 한 과일을 먹어라.
- 고지방과 고당분의 선택을 줄여라.

더 먹으려면 운동을 더 하라.

- 자전거를 타러 가라.
- 금요일 저녁 TV를 보는 대신 볼링을 쳐라.
- 점심이나 저녁식사 후에 걸어라.
- 테니스를 쳐라. 잘 할 필요는 없다.
- 농구를 하라.
- 가까운 거리는 버스에서 내려서 걸어라.

2-1. 에너지 섭취 감소하기 — 영양소를 충분히 섭취하면서 체중 감량을 촉진시키기 위해서 개인의 식사는 에너지를 낮추어야만 하나 필요한 영양소는 제공해야 한다. 에너지 섭취가 감소되는 것에 따라 영양소의 비중은 더 중요하게 되기 때문이다. 식이지침은 설탕, 지방질, 술로부터 칼로리를 줄일 것을 제안한다. 이것들은 거의 필수 영양소를 제공하지 못하며 영양밀도가 있는 음식을 선택할 때조차 1,200kcal/1일의 열량으로 필요한 영양소를 충족하기가 어렵다. 1,200kcal 이하를 섭취하는 사람들은 종합 비타민과 무기질 보충제를 꼭 섭취해야 한다. 만약 하루에 800kcal 이하를 섭취한다면 의사의 관리가 필요하다.

2-2. 육체 활동의 증가 — 육체적인 활동은 어떠한 체중 관리 프로그램에서도 중요한 요소이다. 운동은 지방을 줄이며 체중을 유지시켜 주고 에너지 소비를 늘린다. 그래서 만약 섭취량을 같은 상태로 유지한다면, 지방으로 저장된 에너지는 연료로써 사용된다. 1주일에 다섯 번 200kcal에 해당하는 활동의 증가로 약 3주일 안에 0.5kg을 감량할 수 있다. 게다가 에너지 소비의 증가, 즉 운동의 증가는 또한 근육을 발달시키는데, 이는 체중 감량을 증진시키기 위해 중요한 것이다. 왜냐하면 근육은 신진대사의 활동적인 조직이기 때문이다. 근육 양의 증가는 체중 감량으로 인해 신진대사율이 떨어지는 것을 막는다. 체중 감량은 신체적 활동이 포함될 때 더 잘 유지된다. 게다가 신체 활동은 전반적으로 체력을 개선하여 피곤함과 스트레스를 줄여 준다.

2-3. 행동 수정하기 — 사람들은 다이어트를 함으로써 성취할 수 있는 무언가가 체중 감량이라고 생각하는 경향이 있기 때문에 체중이 줄어들면 다이어트를 그만둔다. 그것의 문제점은 살쪘던 이전 식습관으로 돌아간다는 것이다. 이런 '벼락치기 다이어트' 는 아마도 특별한 모임에서 잘 보이려고 한 것일 뿐, 장기간 체중 감량을 위해 필요한 것은 아니다. 따라서 건강한 상태에서 체중 관리를 위해서는 음식 섭취량의 습관과 운동의 양을 설정할 필요가 있다. 그리고 그것은 생활에서 편안하게 채택할 수 있는 패턴이어야 한다.

식품 섭취와 활동 양식의 변화는 체중 증가에 기여한 오래된 습관을 규정하고 그들을 새로운 것으로 대체함으로써 체중 감량을 촉진하고 유지한다. 이것은 행동을 포함하는 학설에 의거하여 행동 수정 — ① 행동을 이끄는 단서 ② 그 자신의 행동 양식 ③ 행동의 결과들—이라고 불리는 과정을 통하여 완성될 수 있다. 행동 조절 프로그램의 첫 번째 단계는 당신이 먹고 마신 것을 모두 기록하는 것인데, 어디서 먹었는지, 그 시간에 다른 행동은 무엇을 했는지, 무엇을 먹었는지 등을 모두 기록한다. 이 기록표를 분석함으로써 당신이 많이 먹고 고열량 식품을 먹도록 재촉한 것이 무엇인지 알 수 있다.

텔레비전 앞에 앉아서 감자칩 한 봉지를 먹어 치우는 것은 아마도 과식을 불려올 것이다. 열량을 초과하여 먹었기 때문에 기분이 나쁠 것이고, 그 결과 후회하지만 체중은 느는 것이다. 이 행동을 바꾸기 위한 열쇠는 선행한 것을 인식하고 행동을 바꾸어 부정적 결과를 긍정적 결과로 바꾸는 것이다. 이러한 예에서 TV를 보면서 먹지 않거나 당신이 먹고 싶어하는 음식을 딱 1인분만 먹는 것이고, 전의 그 행동을 지우는 것이다. 그 결과 당신은 당신이 먹고자 한 음식만을 먹고, 살찌지 않고, 성취감을 느낄 것이다. 이전의 식습관을 변화시키기 위하여 행동의 변화를 적용하는 것은 오랜 기간 체중 유지를 개선하는 것이다.

3. 체중 증가를 위한 제안

저체중자들에게는 체중 증가가 과체중자들의 체중 감소 만큼이나 어려울 수 있다. 체중 증가를 위한 첫 단계는 저체중의 의학적 원인을 밝혀내는 것이다. 이것은 특히나 체중 감소가 예기치 않게 발생할 때 중요하다. 만약 저체중이 낮은 열량 섭취와 높은 열량 소비 때문이라면 차츰 열량이 많은 음식의 섭취를 증가할 것을 제안한다. 좀 더 자주 먹기와 땅콩이나 땅콩버터, 밀크쉐이크와 같은 고열량 식품은 에너지 섭취 증가에 도움을 줄 수 있다. 물이나 다이어트 음료를 우유나 과일주스로 대체하는 것 역시 도움이 된다. 근육을 얻기 위한 근력 운동은 어떤 체중 증가 프로그램에서라도 구성요소가 되어야만 하는데, 근력 운동에는 근육을 만들기 위한 여분의 에너지가 필요하다. 이 추천 사항들은 권장 에너지 섭취량에서 체중을 얻는 데 문제가 있거나 원래 마른 사람들을 위해 적용된다. 그러나 이러한 식이요법 접근 방식은 섭식장애로 인해 먹는 것이 제한되는 사람들에게는 체중 증가를 촉진시켜주지 못할 것이다.

8. 식이요법

체중 감량에 자포자기한 사람들은 빠른 감량을 약속하는 모든 종류의 식이요법의 희생양이 된다. 그들은 기꺼이 하루에 한 번은 특별한 음식을 선택한 단조로운 식사를 한다. 그리고 그날 특별한 시간에 색다르게 조합한 음식을 먹는다. 대부분의 식이요법이 얼마나 이색적이든 에너지 섭취를 줄이기 때문에 체중 감량을 촉진시킬 것이다. 심지어 어떤 음식을 제한 없이 먹어도 되는 것에 초점을 맞춘 식이요법조차 섭취량이 줄어들기 때문에 그처럼 체중 감량이 될 것이다. 그러나 이상적인 다이어트는 체중 감량을 촉진시키고 오랜 기간 동안 감량을 유지하는 체중 관리 프로그램의 한 부분이 되어야 한다. 성공적인 프로그램이 되기 위해서는 체중 증가를 가져온 생활습관의 변화에 노력을 쏟아야 할 필요가 있다. 그것을 위해 프로그램을 선택할 때에는 영양 섭취 조언과 운동 원칙, 개인적으로 선호하는 음식의 적합성, 오랜 기간 생활습관 변화의 촉진, 그리고 시간과 비용 안에서 당신이 필요한 것을 얻는 것, 편안함, 시간적 공약에 근거를 두어야 한다. 빠른 감량은 매력적이지만, 그 프로그램을 평생 할 수 있는 것이 아니라면 성공적인 체중 관리를 촉진하지는 않을 것이다.

1. 식품 교환표

영양소의 적절한 균형을 제공하는 식품 교환표에 기초한 식이요법은 다이어트하는 사람들이 섭취를 제한하기 위해 특정 음식군에서 섭취 횟수를 선택하는 방법을 알려준다. 예를 들면, 아침식사를 위해 그룹 A로부터 한 가지를, 그룹 B로부터 한 가지를,

[표6-10]…체중 감량 프로그램 평가

생활에서 실천할 수 있는 건강한 식이요법 유형을 따르고 있나?
● 체중 감량 프로그램이 당신의 영양소 요구를 충족시키는가? ● 시간이 지날수록 지루하지 않을 만큼 다양한가? ● 당신의 건강 요구에 적합한가? 예를 들어, 고콜레스테롤 혈증인 사람이 건강해질 수 있는가? ● 당신의 선호 음식에 맞는가? ● 집 밖에서 식사를 할 때 그것은 충분히 유연한 다이어트 계획인가? ● 쉽게 얻을 수 있는 음식들인가? ● 비싼 음식과 추가 물품을 구입할 필요가 있는가?
체중 감량을 합리적인 속도로 증진하는가?
● 체중 감량 프로그램은 1,200kcal보다 적은 합리적인 칼로리를 제공하는가? ● 현실적인 체중 감량 목표를 권장하는가(일주일에 0.2~0.9kg)?
신체적 활동을 권장하는가?
● 활동량의 증가를 포함하는가? ● 당신이 따라서 할 수 있는 활동 계획인가?
행동 변화를 촉진하는가?
● 필요한 사회적 지원을 제공하는가? ● 오랜 기간 동안 유지할 수 있는 행동의 변화를 촉진하는가? ● 건강한 식습관을 배우는 것을 돕는가?
과학적인 얘기인가?
● 프로그램이 과학적인 원리에 근거한 것인가? ● 체중 관리 프로그램 건강 전문가가 개인을 모니터링하는가?

그룹 C로부터 두 가지 음식을 고르도록 제안받았다고 하자. 각 그룹의 음식은 서로 교환될 수 있을 정도로 에너지와 영양면에서 유사하다. 그래서 서로 다른 것들로 대체할 수 있다.

2. 가공된 식사와 음료수

누군가 당신이 먹을 분량을 정해 주면 당신은 보다 쉽게 덜 먹게 된다. 이는 당신의 평상시 식사 세 끼 모두 혹은 일부를 대체하는 포장된 식사로서 식이요법의 방법이 숨어 있다. 이 식이요법은 당신이 여행하거나 외식하지 않는 한 따라하기 쉽다. 그러나 이 방법은 비용이 많이 들 수 있고 오랜 기간 하기에는 효과적이지 않다. 모든 식사가 제공되기 때문에 이 방법은 생활 방식을 장기간 변화하는 데 필요한 음식 선택 기술을 가르치지는 않는다.

[그림6-21]…액체 다이어트 제품들은 다이어트 하는 사람들의 식품 선택이 필요없게 되기 때문에 사용이 편리하다. 그러나 식습관의 변화를 가져오지는 않는다.

2-1. 다이어트 음료 — 이 식이요법은 식사의 일부 혹은 모두를 특별한 음료수로 대체한다[그림6-21]. 이 방법으로는 섭취량을 쉽게 줄일 수 있는데, 왜냐하면 낮은 칼로리의 음식들을 선택하는 문제점을 없애주기 때문이다. 많은 음료 체중 감량 다이어트는 하루에 800~1,200kcal를 제공하기 위해 음식의 조합과 음료의 제조를 처방 없이 추천

한다. 이런 처방을 낮은 칼로리의 음식과 함께 적용한다면 체중 감량을 촉진할 것이다. 이 방법은 사용하기 쉽고 상대적으로 비싸지 않지만 일생 동안의 식습관을 변화시키지는 못한다. 따라서 음료 처방만 기대하는 모든 다이어트 프로그램들은 실패율이 높고 체중 유지 기간이 짧다. 또한, 이들은 의학적 소견 없이는 추천되지 않는다.

2-2. 초저열량 식이요법 — **초저열량 식이요법**은 하루에 800kcal보다 적게 섭취하는 것이다. 이 다이어트는 고단백질을 제공하나 에너지는 거의 없는 **단백질절약 변형단식**이다. 이것의 구성은 신체의 단백질 필요량을 충족시키기 위해 사용될 것이므로 신체 단백질의 과다한 감소를 막는다. 종종 초저열량 식이요법은 음료로 제공되는데, 하루에 단백질 50~100g의 300~800kcal를 제공하고 다른 모든 필요 영양소를 충족한다. 이 다이어트는 급속한 체중 감량을 초래해서 최초 체중 감량은 주당 1~2kg이다. 이 방법은 심리적 격려 효과가 있어서, 다이어트하는 사람들이 계속 체중을 줄이도록 동기부여를 한다. 그러나 대부분의 경우 초기 체중 감량의 거의 75%가 수분 감소에 의한 것이기 때문에 초기 수분 감소가 끝나면 체중은 천천히 빠진다. 다이어트하는 사람들의 기초 신진대사는 에너지를 보유하기 위해 느려지고 신체 활동은 감소하는데, 이는 다이어트하는 사람이 그들의 활동을 유지하는 데 필요한 에너지를 가지지 못하기 때문이다. 따라서 초저열량 식이요법은 장기간에 걸쳐 체중을 줄이는 다른 방법보다 더 효과적이지 않으며 위험은 더 크다. 이러한 낮은 에너지 섭취량에서 체단백질은 분해하고 칼륨은 배출되는데, 칼륨의 고갈은 불규칙한 심장박동을 초래하고 치명적이 될 수 있다. 다른 영향으로는 담석, 피곤함, 구역질, 오한, 어지럼증, 무기력함, 변비, 설사, 빈혈, 탈모, 건성피부, 불규칙한 생리를 가져온다. 이 다이어트는 건강한 신체 무게에서 30~40% 덜 나가는 사람, 성장기 아이들, 임산부나 수유부, 의학적 문제를 가진 사람들에게는 추천되지 않는다. 1984년 이후부터 FDA는 모든 초저열량 식이요법 다이어트는 심각한 병을 유발할 수 있으므로 의학적인 처방 하에서만 사용된다는 경고를 요청해 왔다.

초저열량 식이요법(very low-calorie diet) … 1일 800kcal 이하의 열량을 섭취하는 체중 감량 식이요법

단백질절약 변형단식(protein-sparing modified fast) … 초저열량 식이요법에서 신체로부터 지방의 손실을 최대화하고, 단백질의 손실을 최소화하기 위해 디자인된 높은 비율의 단백질

3. 저지방 식이요법

저지방 식이요법는 수십 년 간 인기를 끌어왔다. 지방은 g당 9kcal의 고에너지로 탄수화물이나 단백질보다 거의 두 배 정도이다. 그러므로 저지방 식이요법을 하면 열량은 적으면서 음식은 더 많이 먹을 수 있다. 사람들은 음식의 특정 무게나 양을 먹는 경향이 있는데, 저지방 식이요법은 적게 먹어서 느끼는 공복감을 해소시켜 준다. 지방과 탄수화물이 몸에서 사용되는 방법의 차이점은 왜 저지방 다이어트가 체중 감량에 보다 효과적인지를 설명해 준다. 식이지방으로부터 초과된 열량은 탄수화물로부터 초과된 열량보다 더 효과적으로 많이 축적된다. 단기간의 임상 실험은 의도적인 에너지 제한 없이도 지방의 섭취가 줄어들면 에너지 섭취의 감소를 가져오며 체중도 적당하게 감소시킨다는 것을 설명한다. 비록 저지방 식이요법의 효능을 위한 장기간의 임상실험은 아니었지만 장기간 체중 감량을 위한 다른 식이요법만큼의 효과를 얻게 된다고 생각하고 있다. 단, 저지방 식이요법의 문제점은 저지방 음식들을 과도하게 많이 섭취할 때 나타난다. 만약 에너지 섭취량이 에너지 소비량을 초과한다면 심지어 이런

양배추 수프나 자몽은 체지방의 분해를 자극하는가? 불행히도 그렇지 않다. 체중의 감소는 그런 음식물을 먹는 동안 에너지 섭취의 감소에 의한 것일 뿐 불가사의한 음식물의 특성은 아니다. 원 푸드 음식은 건강한 체중을 유지하는 데 필요한 식습관 변화를 조장하지는 않는다.

음식물조차도 체중 증가의 결과를 가져올 수 있기 때문이다. 이 식품들은 저지방이지만 에너지는 아니며, 많은 양을 섭취했을 때에는 체중 증가를 초래한다.

4. 저탄수화물 식이요법

당신이 빵과 설탕을 끊어 버린다면 체중이 감소할까? 체중 감량과 더불어, 저탄수화물 식이요법은 운동선수의 능력을 향상시키고 전반적인 건강을 증진한다는 것을 주장하고 있다. 저탄수화물 식이요법들은 고탄수화물 섭취가 인슐린 수치를 증가시키며 체지방 저장을 촉진한다는 가정 하에 기초하고 있다. 탄수화물 섭취 제한은 인슐린 분비를 감소하여 지방의 저장을 저하하며 지방 손실을 촉진한다고 가정되고 있다. 불행하게도 탄수화물 섭취량, 인슐린 수치, 그리고 체지방 사이의 상관관계는 그렇게 단순하지는 않다. 이 식이요법 중 일부는 탄수화물 섭취를 엄격히 제한하는 반면, 다른 방법은 다소 덜 엄격하며 탄수화물의 종류를 더 고려한다.

[그림 6-22]… 저탄수화물 음식이 체중 감소를 촉진시키지만 그것이 낮은 탄수화물로 분류된 식품이라는 것 때문에 그 에너지 내용에 관계없이 많이 먹을 수 있다는 것을 의미하지는 않는다.

4-1. 초저탄수화물 식이요법 — 매우 제한적인 저탄수화물 다이어트는 빵, 곡물, 과일을 금지하고 탄소화물 함유량이 낮은 고지방 음식과 무한한 양의 육류를 섭취하는 동안에 일부 야채 섭취도 제한한다. 이 다이어트는 초기에 다량의 수분 감소로 체중을 급속히 줄인다. 탄수화물의 섭취가 적을 때 이 현상이 일어나는 이유는 글리코겐의 저장과 수분 상실 때문이다. 지방이 탄수화물 결핍으로 완벽하게 없어지는 것이 아니기 때문에 케톤질이 생성되는데, 이 케톤질의 배출은 수분의 손실을 초래한다. 또한 혈액 속 케톤질이 음식 섭취를 줄이는 것을 더 쉽게 만들도록 식욕을 억압한다는 증거가 있다. 케톤질의 존재가 저탄수화물 다이어트에서만 유일한 것은 아니며 케톤질의 수치는 어떤 저칼로리 식이요법에서나 식욕 억제에서도 증가한다.

비록 이 식이요법이 체중 감량을 촉진하지만 장기간 동안 매우 낮은 탄수화물 음식물을 섭취해서 나타나는 건강상 결과물을 결정하기 위해 더 많이 연구할 필요가 있다. 이 식이요법들은 권장된 것보다 지방과 단백질이 더 높다. 포화지방의 많은 섭취와 콜레스테롤의 증가는 혈중 높은 콜레스테롤과 담낭질환의 위험을 증가시킨다. 이 식이요법은 권장된 과일, 야채, 모든 곡물과 우유를 적게 섭취한다. 이런 음식들을 적게 섭취하면 필수 영양소와 식물화학물질(phytochemicals)과 섬유질의 섭취도 감소될 것이다.

4-2. 탄수화물의 유형 — 모든 저탄수화물 식이요법이 탄수화물을 엄격하게 제한하는 것은 아니며, 시간이 지나면서 다이어트를 하는 사람들에게 탄수화물 섭취를 늘이기를 제안하게 되었다. 탄수화물들은 야채와 모든 곡물들처럼 정제되지 않은 재료들로부터 오는 것도 포함하는데, 이 식품들은 섬유질이 많고, 하얀 밀가루와 설탕 같은 정제된 탄수화물만큼 혈당과 인슐린의 수치를 증가하지 않는다.

4-3. 에너지 흡수 — 체중 감소는 저탄수화물 다이어트에서 발생한다. 왜냐하면 총 에너지 섭취가 줄어들기 때문이다. 즉 햄버거에서 빵을 제거하고, 스테이크를 먹을 때 구운 감자를 곁들이지 않는다면 전반적인 식사에서 열량이 줄어든다. 그러나 만약 저

탄수화물 빵으로 교체하고 감자 대신 저탄수화물 파스타로 대체한다면 아마도 더 많은 체중 감소 효과를 가져올 것이다.

9. 체중 감량 약품들과 수술

체중과 전쟁을 해 왔던 사람들은 누구나 그들의 입으로 들어가는 모든 음식들을 측정해야 할 필요없이 체중을 녹이는 수술이나 알약을 꿈꾼다. 그러한 강력한 방법이 모두에게 해당되는 것은 아니지만 처방전과 수술이 식이요법과 운동을 혼자서 충분히 하지 못할 때 비만인을 위한 체중 관리 방법으로서 적용될 수도 있다.

1. 약과 보충제

다양한 약물 치료들은 체중 감량을 하는 데 유용하다. 몇몇은 잘 연구되었고 체중 감량을 위해 합법적인 보충제로 사용된다. 그러나 어떤 것들은 별 다른 효과가 없는 것도 있다. 비만 치료를 위한 이상적인 약물은 오랜 기간 사용할 때 안전하고, 부작용이 없으며, 중독 현상 없이 체중 감량과 유지를 위해 허용되어야 한다. 많은 노력과 시도들이 약물의 발전을 불러왔으나 체중 감량 약물은 여전히 위험을 안고 있다.

1996년 미국에서는 식품 섭취를 줄이기 위해 대략 1,800만 처방이 팬팬(팬플로라민과 팬터민)이라는 약 처방 배합을 위해 사용되었다. 그것은 다음 해 심각한 심장판막 손상과 관련되었다. 그 결과, 팬플로라민과 관련된 약이 시장으로부터 퇴출되었다.

1-1. 처방과 비처방의 약들 — 비만 치료에 사용 가능한 처방 약물은 뇌신경 물질 활동 영향에 의해 음식물 섭취를 줄이고(시트라민, 메리디아), 지방 섭취 감소에 의해 에너지 섭취량의 감소를 포함한다(오릴스테이트, 제니칼). 이러한 약물은 체중으로 인해 건강에 심각하게 나쁜 영향을 받는 사람들, 즉 BMI 30 이상 혹은 위험인자를 가지고 있거나 질환이 있는 BMI 27 이상의 사람에게만 추천된다. 약물치료의 주요 부작용 중 하나는 비록 약물이 빠른 시간에 체중을 줄일지라도, 그 체중은 약물이 중단되었을 때 다시 돌아온다는 것이다. 처방 약물이 같이 비처방 의약품들은 체중 감량을 목적으로 한 판매가 FDA에 의해 통제되고 있으며, 알약당 구성 성분의 효과에 관해 정확한 지침서가 부착되어야만 한다. 단지 FDA에 의해 처방 없이 살 수 있는 몇몇 약물들이 드물게 체중 감량의 효과를 보일지는 몰라도 이 또한 처방 약물과 같이 약이 투여되지 않을 때 다시 돌아온다.

1-2. 식이요법의 보충제 — FDA는 약물의 대용이 되거나 약물의 효능이나 치료를 수행한다는 주장을 하지 않는 한 체중 감량을 위한 식이요법의 보충제들을 규정하지는 않는다. 다른 보충제들과 같이 체중 감량 보충제 제조업자들은 그 제품들이 출시되기 전에 제품의 안전성이나 효능의 증거를 제공할 것을 요구받지는 않는다. 각기 100종 이상의 보충제들과 독점 제품들이 체중 감량을 위해 흔히 사용되며 과체중 환자들은 수많은 이유로 이런 보충제들에게 매료된다. 많은 이들이 보충제는 더 안전하고 자연스럽다고 믿고 있지만 불행하게도 '약초'와 '자연산'이라는 표시가 있다고 그 제품의 안전성이 보증될 순 없다. 체중 감량 보충제들은 종종 처방 의약품이 포함된 복합적 약초 원료들을 함유하고 있다. 그중 몇몇은 심각한 부작용을 가진 위험한 약품들이다.

☀ 현명한 식품 선택: '체중 감량 보조제가 당신이 몸무게를 줄이는 데 도움을 줄 수 있을까?'

체중 감량은 쉽지 않다. 그리고 그것을 유지하는 것은 더 어렵다. 어느 슈퍼마켓이나 약국, 보충제 상점을 지나쳐 걸어가면 체중 감량을 위한 약의 광고들이 모습을 드러낼 것이다. 그들은 지방 흡수 작용을 막기 위한 에너지 소비 증대 범위의 다양한 기법에 의해 작용한다고 알려져 있다. 그러나 과연 그들이 안전하고 그런 작용을 할까? 대부분이 임상실험으로 평가조차 되어 있지 않은 것이 사실이다.

1. 신진대사를 촉진하는 보충제

신진대사를 촉진하는 체중 감량 보충제는 지방 연소기로 불린다. 그들은 신진대사의 증진뿐만 아니라 근육 조직의 손실을 막아 주고, 식욕을 억제하며, 저장된 지방의 연소를 증가시키는 것을 약속한다. 2004년까지 모든 지방 연소들은 과라나(guarana) 또는 마테차(yerbamate)와 같은 약초 원료의 카페인과 함께 마황알칼로이드(ephedra alkaloid)라 불리는 화합물을 포함했다. 마황(ephendra)함유 제품은 임상실험에서 체중 감량을 불러왔다. 그러나 이들은 고혈압, 부정맥, 심근경색, 맥박, 발작과 같은 심각한 부작용을 포함한다. 이러한 안전성의 문제로 2004년 4월에 이 제품들의 판매가 금지되었다.

2. 포만감을 주는 보충제들

만약 당신이 포만감을 느낀다면 덜 먹는 것이 더 쉬울 것이다. 가용성의 섬유질을 포함하는 보충제는 적은 칼로리의 섭취 후에도 물을 흡수하여 당신의 위를 가득 채워 줄 것이다. 흔하게 사용되는 섬유질 원료로는 포도당 사슬 다당류인 글루코만난을 포함한다. 곤약 뿌리에서 만노스, 구아검, 사막의 인디안히트의 여문 씨앗의 껍질에서 얻는 수용성 섬유질인 사일리움이 해당된다. 이런 섬유질들이 먹기에 안전함에도 불구하고 그것이 체중을 감량한다는 증거는 거의 없다.

3. 지방의 흡수를 막는 보충제

만약 당신이 다이어트 중 지방을 흡수하지 않는다면, 더 쉽게 음(-)의 에너지 균형을 이루게 된다. 키토산을 포함하는 보충제들이 지방 흡수를 막아 준다고 하는데, 키토산은 키틴에서 유도되었으며 양(+)으로 하전되어 있는 분자이다. 이 키토산은 소장의 내강에서 음(-)으로 하전된 지방과 결합하여 지방의 흡수를 방해하는 것으로 생각된다. 그러나 키토산 보충제를 사용한 가장 최근의 임상 실험 결과는, 키토산을 사용한 사람이 체중 감량이나 지방 배설의 증가를 보이지는 않았음을 보여주고 있다.

계속➡

2. 비만 치료 수술

체중 감량을 위한 수많은 외과 수술들이 있다. 이 같은 비만 치료 수술은 음식 섭취량과 영양분 흡수를 줄이기 위해서 소화관을 변경하기 때문에 체중 감소를 일으킬 수 있다. 이와 같은 외과적인 접근들은 오직 비만으로 치명적인 위험을 가진 개인들을 위해서 추천된다. 일반적으로 이들은 BMI 수치 40kg/m²과 같거나 그 이상을 포함한다. 그리고 체중 감량에 의해 치료될 수 있는 생명이 위협적인 상태의 35~40kg/m²의 BMI 수치를 가진 이들도 포함한다. 그러나 성공적으로 수술하기 위해서는 수술 절차를 이해하여야만 하고, 그 위험성과 수술 후에는 생활이 어떻게 변할지를 인지하여야 한다. 심지어 수술 후에는 균형 잡힌 섭식과 신체 활동을 포함하는 일생 동안의 행동 책임이 요구된다.

일반적인 체중 감량 보충제

보충제	적용	유효성과 안전성
사과즙 식초	에너지 소비량 증진 식욕 감소	체중 감소 효과가 있다는 증거는 없다.
아주 신 오렌지	에너지 소비 증가	체중 감소 촉진, 고혈압, 부정맥, 심장발작, 기절, 뇌졸중, 발작의 위험을 가중시킨다.
카스카라, 세나, 갈매나무, 대황 뿌리 아주까리기름, 알로에	수분 감소 증가	지방 감소를 일으키지는 않는다. 남용은 설사, 구토, 위경련, 만성변비, 기절, 전해질 불균형을 일으킬 수 있다.
키토산	지방질 흡수를 방해	체중 감소를 보여주지는 못했다.
크롬	탄수화물 신진대사에 영향	임상실험은 체중 감소에 효과적이라는 증명이 되지 않았다.
CLA(conjugated linoleic acid)	지방 산화 증가 지방 합성 감소	사람의 체중 감량에 효과적이라는 증거는 없다. 위장에 대한 병리적 증상을 일으킬 수 있다.
컨트리멜로우	에너지 소비 증가	체중 감량을 촉진하나 고혈압, 부정맥, 심근경색, 뇌졸중, 발작의 위험성을 증가시킬 수 있다.
민들레	수분 감소 증가	지방 감소를 일으키지 않는다. 드문 알레르기 반응이 있을 수 있다.
인삼	탄수화물 신진대사에 영향	체중 감량 촉진에 대한 아무런 증거가 없다.
글루코만난	포만감을 증가	안전하나 체중 감량 촉진을 보여주지 못했다.
녹차	지방 산화 증가 지방 합성 감소	안전하나 임상실험 결과에서 차와 차 추출물이 체중 감량을 촉진시킨다는 증거가 없다.
구아검	포만감 증가	안전하나 체중 감량 촉진을 하지 못한다.
구굴	갑상선 활동을 촉진 신진대사를 증대	갑상선 활동을 촉진한다는 주장을 뒷받침하는 연구가 없다. 부작용으로는 위장장애, 두통, 구역질, 딸꾹질 등이 있다.
과라나	식욕 억제	다량의 카페인(커피보다 두 배나 많음)을 함유한다.
하이드록시 시트르산	지방 산화 증가 지방 합성 감소	사람의 연구에서는 효과를 보여주지 못한다. 부작용으로는 관장 효과, 복통, 구토 증세가 있다.
라미나리아 켈프	갑상선 활동 촉진	체중 감소에 대해 연구되어 온 것이 없다.
L-카르니틴	지방 산화 증가	체지방에 종합적으로 두드러지게 영향을 끼친다는 증거를 찾을 수 없다.
감초	지방 산화 지방 합성 감소 증가	평균 체중을 목표로 하는 체지방 감량을 보인다. 고혈압과 낮은 혈중 칼륨을 일으킨다.
사일리움	포만감 증가	안전하나 체중 감량 촉진 결과는 보이지 않는다.
피루브산	지방 산화 증가 지방 합성 감소	몇몇의 연구들은 다이어트를 하는 사람들이 피루브산 보조제를 사용하여 체중 감량을 했음을 보여준다.
초유	식욕 억제	안전하나 체중 감량의 증거는 없다.
요한 초	심리 상태 강화	체중 감량에 대한 증거는 없다. 항우울증 치료제로 쓰이며, 일반적인 사람들에 의해 사용되어서는 안 된다.
마테차	에너지 소비 증가	체중 감량의 혜택이 있는지 제공한 연구들이 없다. 과용은 이뇨 작용으로부터 신경쇠약을 더하여 탈수증과 구토 증상을 일으킬 수 있다.
요힘빈	식욕을 억제	체중 감량의 증거는 없다. 잠재적인 부작용은 불안감, 혈압 상승, 메스꺼움, 불면증, 빠른 심박 수, 떨림, 구토 증상 등이 있다.

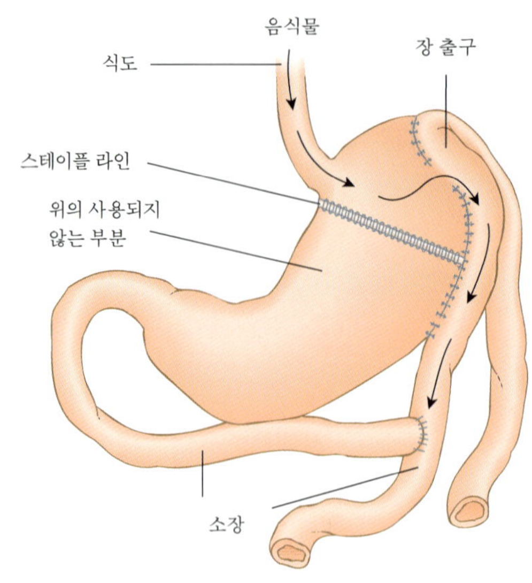

[그림 6-23]··· 위우회술은 위의 윗부분을 가로질러 스테이플로 설정하고 창자 부분에 측관을 내어 소장에 위 맹낭을 붙여서 흡수를 줄인다.

위절제술(gatroplasty)··· 위의 크기와 위의 비어 있는 비율을 줄이는 병적 비만증을 다루는 외과적 수술

위우회술(gastric bypass)··· 위의 크기를 줄여서 소장과 연결하는 병적 비만증을 치료하는 외과적 수술

지방흡입술(liposuction)··· 배와 엉덩이에 채워진 지방 세포의 크기를 줄이는 수술로 피부 아래 지방 조직을 흡입한다.

2-1. 외과적 수술의 유형 — 체중 감량 수술은 소비할 수 있는 음식의 양과 섭취될 수 있는 음식의 양 모두를 제한한다. 음식의 섭취량만을 제한하는 수술은 **위절제술**이라고 불린다. 위의 위쪽 끝부분에 작은 주머니를 만들기 위해서 스테이플이나 단단한 밴드를 사용한다. 이것은 일반적으로 한 번에 알맞게 소비될 수 있는 음식 양을 제한한다. 단지 흡수를 제한하게 하는 수술은 장우회술(intestinal bypas)이라 하여 대부분의 소장을 제한한다. 이 외과 수술은 높은 영양실조의 위험이 있으므로 좀처럼 수행하지 않는다. 위의 크기를 줄여서 소장과 연결하는 **위우회술**이라는 이 복합적인 수술이 현재 가장 일반적이고 가장 성공적인 비만 치료 수술의 하나다. 위우회로는 소장을 위의 상부에 연결한다[그림 6-23]. 따라서 섭취와 흡수를 제한한다. 이 수술들 중 어느 것을 했든 개개인들은 그들의 식습관과 배변 습관을 영구적으로 변화시켜야만 하고, 일부의 체중 회복은 일반적으로 2~ 5년 후에 가능해진다.

2-2. 지방흡입술 — **지방흡입술**은 또 다른 외과적 수술이다. 지방을 흡수하는 위치인 피부 아래에 큰 중공바늘을 삽입하고 완전히 진공으로 만들어 지방을 밖으로 뽑아낸다. 그것은 조직 층 아래와 연결된 지방이 덩어리로 나타나는 셀룰라이트를 제거하는 한 방법이다. 특별한 위치의 지방의 양을 줄일 수 있어서 체중을 현저하게 줄일 수 있다. 지방흡입술의 위험은 전신마취와 세균감염에 관련된 것이다. 총체적인 체중 감량과 달리, 이 방법은 비만에 관련된 신진대사의 이상에는 영향을 미치지는 않기 때문에 심장병의 위험이나 과잉 체지방과 관련되는 당뇨병을 줄여 주지는 못한다.

2-3. 비만 수술의 효과와 위험성 — 비만 치료 수술의 가장 명백한 효과는 체중 감량에 있다[그림 6-24]. 수술 받은 사람의 90%는 상당한(체중의 20~25%) 체중 감량을 하고, 50~80%는 적어도 5년 동안은 이 감량 상태를 유지한다.

이 체중 감량과 함께 고혈압, 당뇨병, 심장병과 같은 비만에 관련된 질병의 위험이 감소되며 일반적으로 기동력과 체력, 더 좋은 신체 분위기와 자존심, 대인관계의 효과가 증가되었다고 보고되었다. 그러나 이러한 혜택들도 대가 없이는 오지 않는다.

[그림 6-24]··· 위우회술이 체중 감량을 촉진하는 것에 매우 효과적일 수 있으나 위험이 없지는 않다. NBC의 오늘의 날씨의 고정 앵커 알로커는 수술 후 45.3kg을 감량했다.

위절제술과 위우회술은 둘 다 단기간 수술의 위험성을 가지고 있다. 약 10~20%가 탈장, 스테이플 라인의 고장, 위 출구의 늘어남과 같은 합병증들을 위해 수술의 사후 점검이 요구되었고 체중 감량 수술을 받은 비만 환자 1/3 이상은 담석이 발생되었다. 많은 환자들에게 식사 후 메스꺼움, 병약함, 발한, 실신과 설사, 그리고 음식이 소장을 통하여 너무 빠르게 움직이는 상태인 '덤핑증후군'이 발생되었다. 환자들이 덤핑증후군을 피하기 위해서는 조금씩 먹고, 자주 먹고, 문제를 일으키는 음식을 피해야만 한다. 또한 30%의 환자들이 영양결핍, 빈혈, 골다공증과 대사성 골질환을 경험한다. 이런 결핍 현상을 예방하기 위해서는 수술한 환자들의 보호자가 영양 보충제를 챙겨줘야 한다. 급속한 체중 감소와 영양 부족 때문에 체중 감량 수술을 받은 여성은 태아 발달에 영양을 끼칠 수 있으므로 체중이 안정적일 때까지 임신을 해서는 안 된다.

사례연구후기

한 사람의 무게가 얼마나 나갈지를 결정하는 데에는 많은 요인들이 서로 상호작용한다. S양과 E양의 몸 형태와 얼마나 쉽게 체중을 감량할 수 있는지의 여부는 그들의 부모님들로부터 상속된 유전자로 결정된다. 그러나 실제로 그들의 몸무게는 그들이 얼마나 먹고 운동하는지에 의해서 결정되었다. 인생 전체를 뚱뚱하게 보낸 E양은 건강한 다이어트 식사와 규칙적인 운동을 함으로써 건강한 체중을 얻기 위한 계획이 지금 그녀의 생활에서 한 부분을 차지하였다. 몸무게에 관하여 생각할 필요가 전혀 없던 S양은 체중 증가를 초래한 생활 변화를 경험했다. 그러나 그녀는 언니의 변화에 고무되어 자신의 생활 양식을 재평가했다. 그녀는 먹는 것과 스트레스를 줄이기 위하여 자전거를 타기 시작했고, 그녀가 조절한 몸무게가 유지되는 것을 볼 수 있게 되었다. 6주 후에 그녀는 전에 증가했던 8kg의 몸무게를 다시 줄였다. 금년 가족 소풍에서 두 자매는 건강 범위 내의 BMI를 가졌음을 확인했다.

연습문제

1 칼로리는 무엇인가?
2 에너지 균형이 체중과 어떤 관계인지 설명하라.
3 어느 영양소가 에너지를 제공하는가? 각각 얼마를 제공하는가?
4 에너지 소비의 세 개의 주요한 구성요소를 리스트하라.
5 기초대사율은 무엇인가?
6 음식에 따른 열발생 효과는 무엇인가?
7 식이 지방의 에너지가 식이 탄수화물의 에너지보다 체지방에 효율적으로 축적되는 이유를 설명하라.
8 에너지 소비를 측정하는 세 가지 방법을 기술하라.
9 무엇이 건강한 체중을 의미하게 되는지 설명하라.
10 과잉 체지방과 관련되는 다섯 개의 건강 문제를 리스트하라.
11 체지방의 분포는 과잉 체지방의 위험에 어떤 영향을 미치는가?
12 체지방의 양을 결정하는 방법을 리스트하라.
13 BMI는 어떻게 계산되는가? 그리고 그것은 왜 일반적으로 체중을 평가하기 위해 사용되는가?
14 당신이 식사에서 충분한 양을 먹었을 때, 먹는 것을 그만두게 하는 세 가지의 기법을 설명하라.
15 체중을 조절할 때에 렙틴의 역할을 논의하라.
16 에너지 균형에 영향을 미치는 몇몇 사회적 리스트와 환경 인자가 특별한 체중에 개인의 유전적 요인과 어떻게 상호작용할지 논의하라.

17 개인의 과체중에 대하여 체중 감량을 권고받을 수 있지만 같은 BMI의 다른 쪽은 그렇지 않는 이유를 설명하라.

18 지방 0.45kg을 없애기 위해 얼마나 많은 열량을 소비해야 하는가?

19 체중 관리를 위한 최선의 방법은 무엇인가?

20 체중 감량 약품들의 위험과 효과를 리스트하라.

21 체중 감량을 위한 외과 수술은 부정적인 에너지 균형을 어떻게 초래하는가?

사례연구

H씨(남, 65세)는 대체적으로 건강하다. H씨 부부는 규칙적인 운동으로 체중을 유지하면서 건강에 좋은 식사를 한다. 그런데 최근 H씨는 쉽게 피곤해지고, 손과 발이 쑤시며, 걷기가 힘들고, 설사 증세까지 나타나 의사를 찾아갔다.

검사 결과 비타민 B_{12}의 수준이 낮은 것으로 나타났다. 식사력을 보면, 비타민 B_{12}를 공급하지 않는 곡류와 과일, 채소를 많이 섭취하는 반면, 비타민 B_{12}의 급원인 육류는 거의 섭취하지 않는 것으로 나타났다. 더구나 H씨의 경우 위에 염증이 있어 비타민 B_{12}의 흡수 능력이 낮은 것이 문제였다. H씨는 육류의 섭취가 적어 비타민 B_{12}의 섭취가 낮았는데, 섭취한 것도 잘 흡수되지 않았던 것이다. 피곤과 신경학상의 증상들은 비타민 B_{12}의 결핍 때문이었다. 의사는 H씨에게 비타민 B_{12} 주사를 투여하고, 비타민 B_{12} 함유 보충제를 권했다.

풍족한 식품 공급과 비타민 보충제의 이용으로, 사람들은 비타민 결핍증을 과거의 것으로 생각하거나 개발도상국에서나 나타나는 것으로 생각하는 경향이 있다. 대개의 경우 그렇지만, H씨의 경우처럼 특정한 비타민의 섭취가 낮거나 비타민 흡수가 잘 안 되는 사람은 해당하는 비타민을 충분히 공급해 주어야 한다.

Nutrition: Science and Applications

제 7 장 수용성 비타민

학습목표

1. 비타민에 대해 정의하고, 콜린이 비타민으로 분류되지 않는 이유를 설명할 수 있다.
2. 체내에서 이용되는 비타민의 양에 영향을 주는 요인을 설명할 수 있다.
3. 티아민, 리보플라빈, 나이아신, 비오틴, 판토텐산 기능의 유사점을 설명할 수 있다.
4. 티아민, 나이아신, 엽산, 비타민 C 결핍 시 나타나는 질병에 대해 설명할 수 있다.
5. 체내에서 비타민 B_6의 역할에 대해 설명할 수 있다.
6. 비타민 B_6, 엽산, 비타민 B_{12} 결핍이 심장병의 위험을 증가시키는 이유를 설명할 수 있다.
7. 세포 분열이 빠르게 일어날 때 엽산이 왜 중요한지 설명할 수 있다.
8. 비타민 B_{12}의 결핍이 체내에서 엽산의 기능에 영향을 주는 이유를 설명할 수 있다.
9. 항산화제에 대해 정의하고, 비타민 C의 항산화 역할에 대해 설명할 수 있다.
10. 비타민 C가 피부의 세포 결합에 중요한 이유를 설명할 수 있다.

1. 비타민이란 무엇인가?

비타민(vitamin)…음식이나 다른 급원으로 공급되어야 하는 유기화합물로서, 소량으로 화학 반응과 성장, 재생산, 건강의 유지를 위해 필요한 과정을 조절한다. '비타민(vitamin)'이란 말은 원래 'vitamine'이란 말을 사용했던 폴란드의 생화학자 풍크(Casimir Funk)에 의해 1912년 생겨났다. 'vitamine'은 생명(vital)에 필요한 아민(amine:아미노기 NH_2를 가지고 있는 화합물)을 말한다. 오늘날 비타민이 생명에 중요한 것이라는 것은 알고 있지만, 비타민이 모두 아민을 가지고 있지는 않기 때문에 'e'를 빼고 '비타민(vitamin)'이라 부르게 되었다.
수용성 비타민(water-soluble vitamin)…물에 용해되는 비타민
지용성 비타민(fat-soluble vitamin)…기름에 용해되는 비타민

비타민은 음식이나 다른 급원으로 반드시 공급되어야 하는 필수 유기화합물로서 소량으로 성장, 재생산, 건강 유지에 필요한 신체 기능들을 증진시키고 조절한다. 비타민이 결핍되면 결핍 증상이 나타나지만, 비타민을 다시 섭취하게 되면 증상은 사라진다. 비타민은 일반적으로 물과 기름에서의 용해 여부에 따라 수용성 비타민과 지용성 비타민으로 분류하는데, **수용성 비타민**에는 비타민 B 복합체와 비타민 C가 있고, **지용성 비타민**으로는 비타민 A, D, E, K가 있다[**표 7-1**]. 비타민은 원래 발견된 순서에 따라 A, B, C, D, E와 같이 알파벳순으로 명명되었다. 비타민 B 복합체는 처음에 한 가지 화합물로 생각되었지만, 후에 많은 물질로 구성되어 있음이 발견되어 알파벳 체계 대신 숫자를 사용하게 되었다. 티아민, 리보플라빈, 나이아신은 원래 각각 비타민 B_1, B_2, B_3라 불렸다. 비타민 B_6와 B_{12}만이 여전히 공통적으로 숫자로 나타내는 비타민들이다.

1. 현대 식사에서의 비타민

현재까지 알려진 비타민은 13종이며, 1948년 마지막 비타민이 발견되었다. 비타민을 분리하고 정제할 수 있게 됨에 따라 식품에 비타민을 첨가하거나 보충제를 이용할 수 있게 되었다. 그 결과 현대인의 비타민 섭취는 식품에 원래 존재하는 비타민 이외에도 식품에 첨가되거나 보충제로 이용되는 비타민을 포함한다. 이와 같이 비타민 섭취 경로가 다양해졌음에도 불구하고 일부 비타민에 대해서는 과다 섭취나 섭취 결핍의 가능성이 증가되고 있다.

1-1. 비타민의 자연 공급원 — 거의 모든 식품이 어느 정도의 비타민을 갖고 있다[**그림 7-1**]. 곡류는 비타민 B 복합체 대부분에 대한 좋은 공급원이다. 녹색 채소는 엽

[**표 7-1**]…**비타민류**

수용성 비타민	지용성 비타민
● **비타민 B 복합체**	● **비타민 A**
티아민(B_1)	● **비타민 D**
리보플라빈(B_2)	● **비타민 E**
나이아신(B_3)	● **비타민 K**
비오틴	
판토텐산	
비타민 B_6	
엽산	
비타민 B_{12}	
● **비타민 C**	

곡류	채소	과일	우유	육류 & 두류
티아민	리보플라빈	엽산	리보플라빈	티아민
리보플라빈	나이아신	비타민 C	비타민 A	리보플라빈
나이아신	비타민 B_6	비타민 A	비타민 D	나이아신
판토텐산	엽산		비타민 B_{12}	비오틴
비타민 B_6	비타민 C			판토텐산
엽산	비타민 A			엽산
	비타민 E			비타민 B_{12}
	비타민 K			비타민 A
				비타민 D
				비타민 K

[그림 7-1]…식품 구성탑에서 모든 그룹의 식품에 함유된 비타민. 특히 일부 그룹은 특정한 비타민의 좋은 급원이다.

산, 비타민 A, 비타민 E, 비타민 K를 공급한다. 감귤류는 비타민 C를 공급한다. 육류와 어류는 비타민 B 복합체의 좋은 공급원이고, 우유는 리보플라빈과 비타민 A, D를 공급한다. 기름도 비타민을 공급하는데, 식물성 기름은 비타민 E가 풍부하다. 식품에 들어 있는 이러한 비타민들이 우리 식탁에까지 얼마나 도달하게 되는지는 비타민 자체의 성질과 식품의 취급 요령에 달려 있으며 조리와 저장 방법이 비타민 손실의 원인이 되기도 한다. 이와 같이식품 가공은 영양을 파괴하기도 하며, 식품에 영양소를 첨가해 주기도 한다.

1-2. 강화식품 — 식품에 영양소를 첨가하는 것을 **'강화'**라고 한다. 강화식품의 소비가 늘어나면 영양 섭취도 함께 증가한다. 만약 강화식품을 섭취할 때, 첨가된 영양소가 식품에 결핍된 것이라면 유익한 것이기는 하지만, 때로는 독성을 유발할 수도 있다. 정부는 국민의 영양 섭취를 증가시키고 영양 결핍 관련 질병을 줄이기 위해 강화 프로그램을 권장하여 왔다. 식품에 영양소를 첨가하는 것은, 국민들로 하여금 식성을 바꾸게 하거나 영양 보충제를 이용하지 않고도, 식단에 결핍된 영양소를 보충하는 가장 효과적인 방법이라 생각했다. 어떤 식품을 강화시킬 것인지, 어떤 영양소를 첨가할 것인지, 얼마나 많은 영양소를 첨가할 것인지는 식품 공급과 국민들의 결핍된 영양소, 공공보건 정책에 의해 좌우된다. 미국의 경우 1920년대에 소금에 요오드를 첨가하였고, 1930년대 초에는 우유에 비타민 D를 처음으로 첨가하였다. 1943년까지 대부분의 정제된 곡류 제품에는 티아민, 리보플라빈, 나이아신과 철분이 첨가되었다. 현재는 결핍 가능한 영양소의 섭취를 증가시키기 위해 전 세계적으로 강화 프로그램이 시행되고 있다. 첨가되는 영양소 수준은 영양소 섭취가 필요한 사람에게는 충분하되, 과잉 섭취 위험이 나타나지 않을 정도의 양으로 설정되었다.

강화(fortification)…우유에 비타민 D를 첨가하는 것과 같이, 일반적으로 식품에 영양소를 첨가하는 과정을 일컫는 말이다.

오늘날 강화식품의 확대로 생산업자들은 다양한 영양소를 첨가하여 강화식품을 생산하고 있으며, 식품 회사들은 일반 대중의 건강 관심사가 되는 영양소를 자유재량으로 강화하고 있다.

[그림 7-2]…비타민 보충제가 균형잡힌 식사를 대신할 수 없다.

1-3. 식이 보충제 — 보충제는 현대인의 식생활에서 또 다른 비타민 공급원이다. 식이 보충제는 비타민, 무기질, 약초, 기타 식물추출물, 아미노산, 효소 같은 식품 성분들을 한두 개 이상 함유하고 있다. 보충제는 운동 능력 향상, 체중 감량, 증상 완화, 수명 연장, 고질병 예방뿐만 아니라 영양 섭취를 위해서 섭취되는데, 그 형태로는 알약, 정제, 액상, 분말 형태가 있다. 보충제는 특정 영양소를 공급하고 일부 사람들에게 영양적인 필요를 충족시켜 주기도 하지만, 다양한 식품을 섭취할 수 있는 식사의 이점들을 제공하지는 못한다. 영양제가 아닌 다양한 식사는 건강을 증진시키는 속성을 갖는 식물화학물질과 기타 물질을 제공한다. 즉, 비타민 보충제는 비타민을 함유하는 식품급원이 제공하는 에너지, 수분, 단백질, 무기질, 식이섬유 또는 식물화학물질은 제공하지 못한다[그림 7-2]. 역학적 연구에 따르면 과일과 채소를 많이 섭취한 사람은 고질적인 질병에 걸릴 가능성이 더 낮은 것으로 나타났다. 그러나 식품에 함유된 영양소를 보충제로 섭취한다고 해서 과일과 채소를 섭취했을 때의 특성이 동일하게 나타나는 것은 아니다. 분명한 것은 적절한 건강을 유지하기 위해서는 다양한 식사가 중요하다는 것이다. 주의해서 선택한다면 보충제가 해롭지 않겠지만, 비타민 필요량을 채우기 위해 너무 보충제에만 의존해서는 안 된다.

건강을 위한 목적으로 보충제를 섭취함에도 불구하고, 보충제를 이용하고 있는 많은 사람들은 여전히 그들이 가장 필요로 하는 영양소를 얻지 못하고 있다. 사람들이 섭취하고 있는 제품의 유형과 식사에서 결핍 위험이 큰 영양소를 비교해 보면, 두 가지가 서로 일치하지 않는 경우가 많다.

2. 비타민의 필요성에 대한 이해

오늘날 산업화된 여러 나라에서 비타민의 급원과 기능, 다양한 식품 공급, 영양소의 정제 능력에 대한 이해는 심각한 비타민 결핍을 제거하는 데 큰 힘이 되었다. 예를 들면, 1900년대 초 미국 남부에서 흔히 발생하던 나이아신 결핍은 현재 거의 찾아볼 수 없다. 역사상 수많은 선원들과 병사들을 죽음으로 몰아 넣었던 비타민 C 결핍증도 지금은 거의 나타나지 않고 있다. 또 선진국에서는 비타민 A 결핍증이 거의 발생하지 않고 있다. 그러나 이러한 지식들과 다양한 식사, 비타민 보충제 공급에도 불구하고 모든 사람들이 충분한 비타민을 공급받고 있는 것은 아니다. 어린이, 임산부, 노인 같은 일부 계층은 특수한 비타민 결핍의 위험에 노출되어 있고, 어떤 비타민 결핍 증상은 식사 패턴의 변화 때문에 나타난다. 최적의 건강 상태를 유지하기 위해 필요한 비타민의 권장량을 설정하려면 비타민이 어떻게 흡수, 운반, 이용, 저장 및 배설되는지 이해하는 것이 중요하다.

2-1. 비타민의 생체이용률 — 비타민이 식품이나 강화식품을 통해 섭취되든, 보충제로 섭취되든 간에, 비타민이 기능을 수행하려면 체내에 흡수되어야 한다. 식품에 있

☀ 현명한 식품 선택: '이것은 식품인가? 당신은 이것을 선택할 것인가?'

콩 단백질과 23가지의 비타민과 무기질을 함유하고 있는 영양바, 비타민 B 복합체 대부분의 1일 영양소 기준 100%를 함유하고 있는 캔음료, 1일 영양소 기준 600%의 티아민, 리보플라빈, 비타민 B_6, 비타민 B_{12}를 공급하는 과일주스, 1일 영양소 기준 100%의 비타민 C를 함유하는 생수가 식품일까?

식품 제조업자들은 이런 제품이 건강 증진, 질병 감소, 운동 능력 향상과 관련된 영양소를 제공한다고 선전하고 있지만, 과연 제조업자들이 주장하는 효능이 제공될 수 있을까? 실제 이런 제품들은 보충제인지 식품인지 구분이 모호하다. 그러므로 이런 제품을 섭취하기 전에 그 유익이 자신에게 필요한 것인지, 안전한지에 관해 제품의 위험성과 유익성을 함께 살펴볼 필요가 있다.

강화제품 선택 시 고려해야 할 사항은 그 제품이 어떤 영양소를 제공하고 있는지에 관한 것이다. 강화제품에는 영양성분표나 강화성분표가 표시되어 있다. 제품에 당신이 원하는 영양소가 들어 있다는 것을 일단 확인한 후에는 원치 않는 영양소가 들어 있는지 살펴보아야 한다. 예를 들면, 콩을 첨가한 영양바는 콩단백질의 섭취를 증가시킨다. 그러나 콩단백질을 두부에서 얻는 것이 더 바람직할 것이다.

이 제품을 식품처럼 먹는다면 보충제와 비슷한 영양소 함량이 들어 있기 때문에 과량 섭취 시 위험이 증가된다. 강화되지 않은 식품에서는 영양소를 과량 섭취한다는 것이 거의 불가능하지만, 강화식품의 경우는 그렇지 않다. 예를 들면, 성인은 하루에 3리터 정도의 음료를 마실 필요가 있는데, 음료에 비타민 C, 나이아신, 비타민 E, 비타민 B_6, 비타민 B_{12}가 강화되었다면, 독성의 위험은 마실 때마다 증가할 수 있다. 날씨가 더워 한 병을 더 마실 경우, 영양소를 필요량 이상으로 섭취하게 되어 독성 위험이 증가한다. 또한 이 제품이 약초를 함유하고 있다면 어떨까? 약초가 추가된다면 건강에 좋을까? 약초의 경우는 1일 영양소 기준이나 최대 허용섭취량이 없기 때문에, 공급받은 양이 너무 적어 효과가 없는지, 아니면 양이 너무 많아 역효과가 나타날지에 관해 알 수 없다.

요즘 건강 증진과 영양소 강화를 위한 제품이 다양하게 나와 있다. 이런 제품을 유혹하는 광고 문구가 많지만, 영양소 함량을 주의깊게 살펴볼 필요가 있다. 당신에게 비타민이 강화된 음료가 정말 필요한지? 비용을 더 지불할 만큼 가치가 있는지?

소비자들은 건강에 유익한지, 위험은 없는지를 따져 현명하게 선택할 필요가 있다.

는 비타민의 40~90%가 체내에 흡수되는데 주로 소장에서 흡수된다[그림 7-3]. 그리고 식품의 구성과 몸의 상태는 체내에서 비타민이 어느 정도 이용될 수 있는지에 영향을 준다. **생체이용률**이란 체내에 흡수되어 이용될 수 있는 영양소의 양을 의미한다. 생체이용률에 영향을 주는 요인 중 하나는 비타민이 지용성인지 수용성인지 여부이다. 지용성 비타민이 흡수되려면 식사에 지방이 필요하며, 지방 섭취가 낮을 때에는 흡수가 잘 되지 않는다. 수용성 비타민은 흡수되기 위해 지방을 필요로 하지 않지만, 에너지를 필요로 하는 수송시스템에 의존하거나 소화관에서 특정 분자들과 결합해야 흡수된다. 예를 들면, 티아민과 비타민 C는 에너지를 필요로 하는 수송시스템에 의해 흡수되고, 리보플라빈과 나이아신이 흡수되려면 운반 단백질이 필요하다. 비타민 B_{12}는 장에서 흡수되기 전에 위에서 생성된 단백질과 결합해야 한다.

생체이용률(bioavailability)···일반적으로 영양소가 체내에 얼마나 잘 흡수되고 이용될 수 있는지를 일컫는 말

일단 혈액으로 흡수되면, 비타민은 세포로 운반된다. 대부분의 수용성 비타민이 운반되려면 혈액 단백질과 결합해야 하는 반면, 지용성 비타민은 지단백질과 합쳐지거나 혈액의 수용성 환경에서 운반되기 위해 운반 단백질과 결합해야 한다. 예를 들면, 비타민 A, D, E, K는 장에서 운반되기 위해 카일로미크론과 합쳐진다. 비타민 A는 간에 저장되며, 특정 운반 단백질과 결합한 후 혈액을 통해 조직에 운반되므로 조직에 운반되는 양은 운반 단백질의 효율성에 달려 있다.

조효소(coenzyme)···대사 반응에서 전자 또는 원자의 운반체로 작용하는 비단백질 유기화합물로서 효소가 적당히 작용하는 데 필요하다.

2-2. 비타민의 기능—비타민은 신체 활동을 향상시키고 조절한다. 각 비타민은 독특한 역할을 수행하지만, 그 기능 중 일부는 비슷하거나 체내에서 공동 목표를 향해 작용한다. 비타민 B 복합체는 모두 **조효소**인데, 조효소는 이들의 활성을 증진시켜 주는 효소와 결합된 유기적 비단백질 물질이다. 비타민은 에너지를 공급하지 않지만, 다수의 비타민 B 복합체는 에너지 생성 영양소의 대사 과정에 관여된 효소들이 적절히 작용하는 데 필요한 조효소이다. 티아민, 리보플라빈, 나이아신, 판토텐산 및 비오틴은 알코올, 탄수화물, 지방, 단백질이 에너지를 내는 반응에 조효소로 작용한다. 비타민 B_6는 아미노산과 단백질 대사에서 중요한 역할을 하며, 엽산과 비타민 B_{12}는 서로 세포 분열이 정상적으로 일어날 수 있도록 한다. 비타민 K는 적당한 혈액 응고에 필요한 지용성 조효소이고 비타민 C는 신경전달물질, 호르몬, 결합조직 구성에 필요한 단백질 합성에 관여하는 조효소이다. 또한 비타민 C는 비타민 E와 함께 산화적 손상으로

[그림 7-3]···소화관에서 비타민의 개요

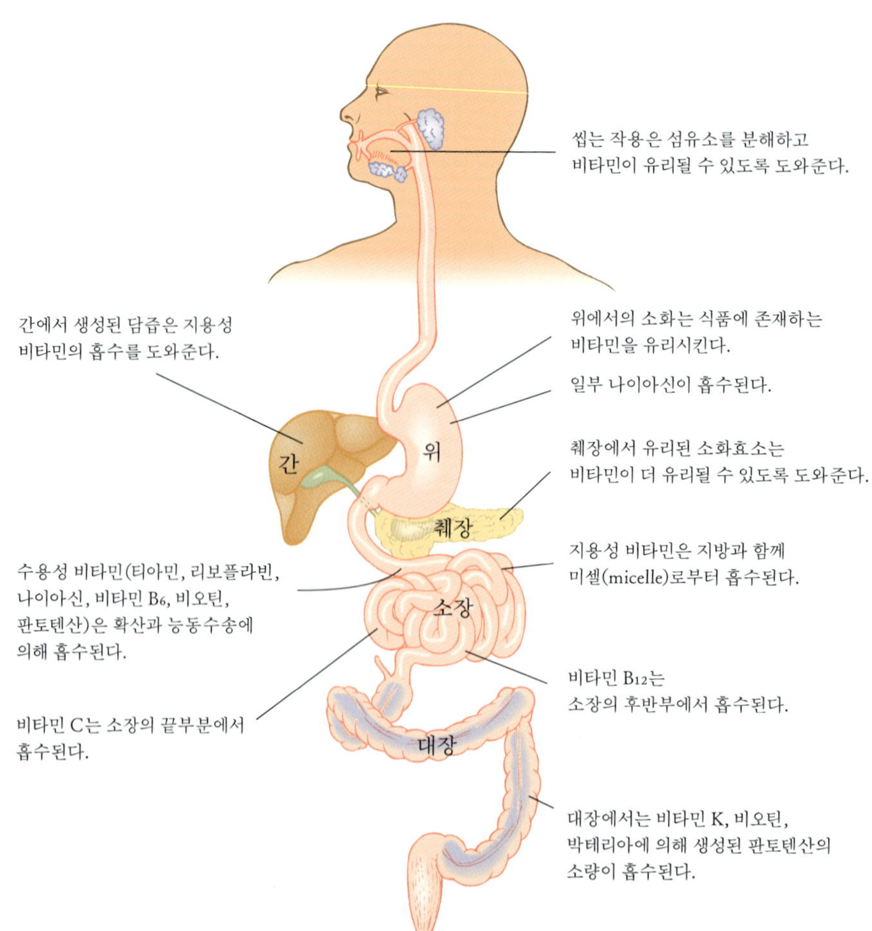

부터 신체를 보호하는 작용을 한다. 비타민 A와 D는 세포에서 합성되는 단백질에 영향을 주어 호르몬처럼 작용한다.

2-3. 저장과 배설 — 비타민을 저장하고 배설하는 능력은 체내에 존재하는 비타민의 양을 조절할 수 있도록 한다. 비타민 B_{12}를 제외한 수용성 비타민은 소변으로 쉽게 배출된다. 수용성 비타민은 체내에 많은 양이 저장되지 않기 때문에, 공급된 수용성 비타민이 빨리 고갈되어 식사를 통해 정기적으로 공급해 주어야 한다. 식사에서 수용성 비타민이 빠진다면, 비타민 결핍 증상이 나타나는데 그 기간은 며칠 이상 걸린다. 반면, 지용성 비타민은 간과 지방조직에 저장되며, 소변을 통해 배출되지 않는다. 일반적으로 지용성 비타민은 많은 양이 저장되므로 지용성 비타민이 식사를 통해 더 이상 공급되지 않더라도 비타민 결핍 증상이 나타나려면 보다 긴 시간이 걸린다.

2-4. 권장 섭취 — 영양섭취기준은 미국과 캐나다에서 처음 제정되었으나 여러 나라로 확대되고 있다. 영양섭취기준은 평균 필요량을 설정할 수 있을 만큼 충분한 자료가 있으면 섭취권장량을 제시하고, 자료가 충분하지 못할 때는 충분 섭취량을 제시한다. 또한 건강에 해로운 영향을 주지 않는 정도의 영양소 최대 섭취량으로 최대 허용섭취량을 제시하였다. 비타민 섭취 시 필요량을 충족시키기 위해서는 식품에 첨가된 영양소에 대한 지식과 보충제에 들어 있는 영양소, 선택된 식품의 종류에 대한 주의가 요구된다.

체내에 필요한 비타민의 양은 밀리그램(mg)과 마이크로그램(㎍)으로 나타낸다. 모래 한 알은 약 1mg이다. 1,000mg은 1g과 같고 1,000㎍은 1mg과 같다.

2. 티아민 (thiamin) : 비타민 B_1

티아민은 비타민 B 복합체 중 첫 번째로 발견된 것으로서 흔히 비타민 B_1이라고 부른다. 비타민 B_1 결핍 시 나타나는 각기병은 지난 1000년 이상 동안 동아시아에서 나타났던 질병으로, 19세기 아시아 식민지에서 서구 의료진의 관심을 끌게 되었다. 네덜란드 동인도회사는 문제가 된 각기병의 원인을 찾기 위해 과학자로 구성된 팀을 파견했다. 과학자들이 발견하리라고 기대했던 것은 콜레라와 공수병을 일으켰던 것과 같은 미생물이었지만 오랫동안 그들은 아무것도 찾아내지 못했다. 10년이 지나 크리스찬 에이크맨(Christian Eijkman)이라는 의사가 닭에게서 **각기병**을 유도하려고 시도했다. 그의 성공적 실험은 전혀 의외의 상황에서 일어났다. 실험용 닭의 먹이가 떨어져, 평소에 먹였던 현미 대신 백미를 먹였더니 얼마 지나지 않아 닭에게 각기와 유사한 증상이 나타나며 주저 않았다. 에이크맨이 다시 현미를 먹이기 시작하자 닭들은 다시 상태가 좋아졌다. 이것을 통해 각기병이 독이나 미생물이 아닌 닭의 식사에 결여된 어떤 것임을 찾아내게 되었다.

각기병(beriberi) … 티아민의 결핍으로 나타나는 질병

백미 식사가 에이크맨의 실험용 닭에게 각기병을 일으켰던 것과 같이, 무엇보다 백미 혹은 정제된 쌀 위주로 식사를 하였던 것이 1800년대 동아시아에서 획기적으로 증가한 각기병 발생의 원인이었던 것이다. 정제된 곡류나 백미는 현미의 겨층을 제거하여 만들어진 것으로, 겨를 제거하는 것은 곡식에 들어 있는 풍부한 티아민 부분을

제거하는 것이며[그림 7-4], 따라서 백미가 주식인 곳에서 각기병은 일반적인 건강 문제가 되었다.

[그림 7-4]…강화되지 않은 백미는 티아민의 좋은 급원이 아니다.

1. 식사에서의 티아민

티아민은 식품에 널리 분포되어 있다[그림 7-5]. 돼지고기, 통곡, 두류, 견과류, 종실류, 내장육은 티아민의 좋은 급원이다. 식품에 들어 있는 티아민은 열, 산소, 산성 환경에 매우 민감하여 조리 중이나 저장 중에 파괴될 수 있다. 티아민 생체이용률은 비타민을 파괴하는 항티아민 인자들에 의해 영향을 받는다. 예를 들면, 날 조개와 민물고기에는 티아민을 파괴하는 효소가 들어 있다. 이들 효소는 가열조리에 의해 파괴되기 때문에 익혀 먹지 않을 때에만 문제가 된다. 조리에 의해서 비활성화되지 않는 항티아민 인자는 차, 커피, 블루베리, 붉은색 양배추에서 발견된다. 이런 식품들은 티아민이 체내에서 작용할 수 없도록 만들기 때문에, 이러한 항티아민 인자들을 함유한 식품을 습관적으로 섭취한다면 티아민 결핍이 일어날 위험이 증가한다.

2. 체내에서의 티아민

티아민 피로인산(thiamin pyrophosphate)…티아민의 활성조효소 형태. 세포 내에서 발견되는 주된 형태로, 탄소를 포함하고 있는 작용기에서 CO_2가 제거되는 반응을 도와준다.

티아민은 에너지를 공급하지는 않지만, 체내에서 에너지를 생산하는 반응에 관여하므로 중요하다. 활성 형태인 **티아민 피로인산**은 탈탄산 반응에 관여하는 조효소이다. 예를 들면, 피루브산이 아세틸 CoA로 전환되는 반응과 시트르산 회로 반응에서 티아민 피로인산은 조효소로 작용한다. 그러므로 티아민은 포도당으로부터 에너지를 생성하는 데 필요하다. [그림 7-6]은 비타민 B 복합체인 리보플라빈, 나이아신, 비오틴, 판토텐산을 조효소로 필요로 하는 반응과 티아민을 필요로 하는 대사 반응을 나타낸다.

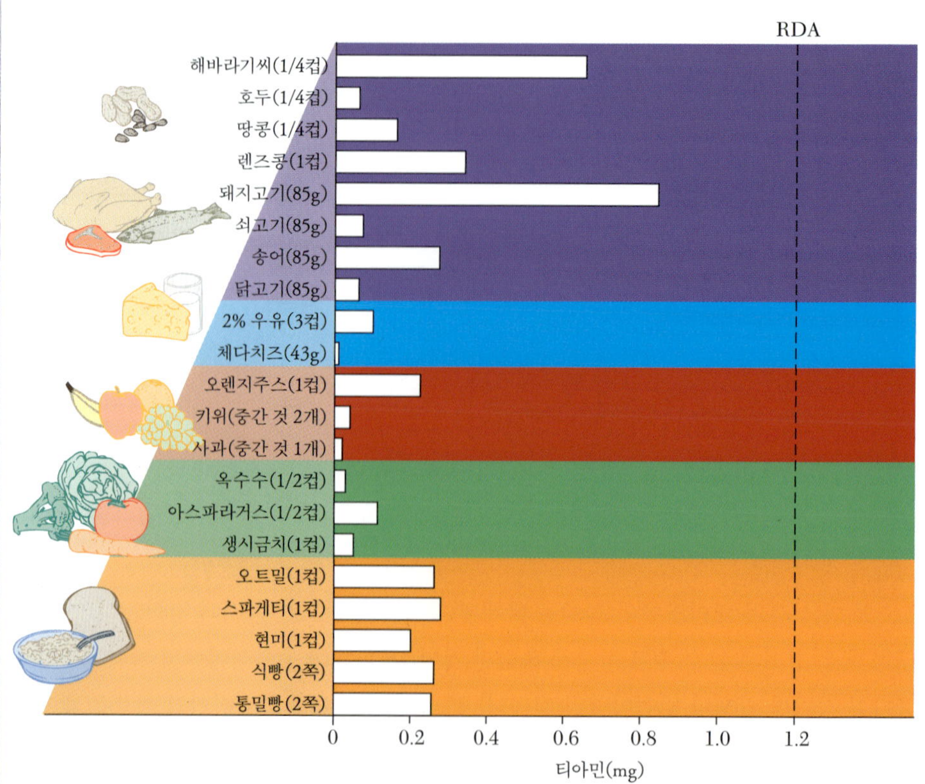

[그림 7-5]…식품 구성탑에서 각 식품군의 티아민 함량. 점선은 성인에 대한 영양 권장량을 나타낸다. 돼지고기는 다른 육류에 비해 더 좋은 티아민의 급원이다. 또한 통곡물과 강화곡류는 좋은 급원이다.

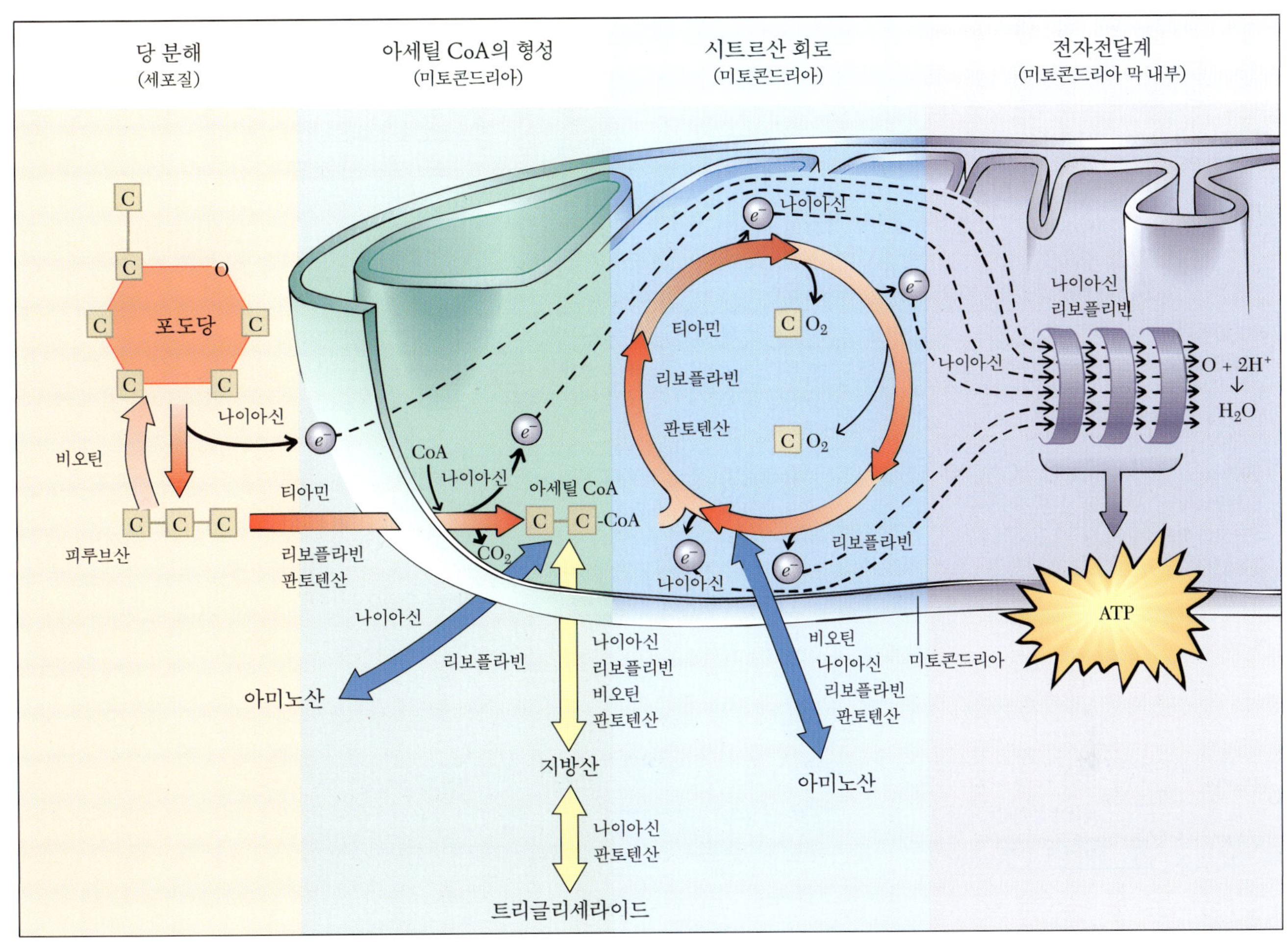

또한 티아민은 신경전달 물질인 아세틸콜린의 합성, RNA(리보핵산) 합성에 필요한 당 리보오스(sugar ribose)의 생성과 같은 당류와 특정 아미노산의 대사에 필요하다.

[그림 7-6]… 티아민, 리보플라빈, 나이아신, 비오틴, 판토텐산이 조효소로 관여하는 대사 반응의 일부이다. 이 반응은 탄수화물, 지질, 단백질로부터 에너지를 생성하는 데에 특히 중요한 반응이다.

3. 티아민 섭취권장량

19세 이상 성인 남자의 티아민 섭취권장량은 1.2mg/1일이고, 성인 여자는 1.1mg/1일이다. 이것은 적혈구에 존재하는 티아민 의존 효소의 활성과 티아민 소변배출을 적정 수준으로 유지하는 데 필요한 양에 기초하여 만들어졌다. 보통 성인의 경우, 돼지고기 110g 정도나 해바라기 씨 1/4컵으로 영양 권장량의 절반을 공급받을 수 있다.

임신 중에는 태아의 성장과 에너지의 사용이 증가하므로 티아민 필요량이 증가하며, 수유기에는 모유에 함유된 티아민을 고려하여 티아민의 필요량이 증가한다. 유아의 경우 영양 권장량을 설정할 만큼 정보가 충분치 않아, 모유를 먹는 유아의 티아민 섭취를 근거로 하여 충분 섭취량이 설정되었다. [표 7-2]는 티아민과 다른 수용성 비타민들의 급원, 섭취권장량, 기능, 결핍증, 중독에 관해 요약한 것이다.

4. 티아민 결핍증

티아민 결핍은 각기병을 초래한다. 스리랑카에서 'Beriberi (각기병)'란 단어는 글자 그대로 '나는 할 수 없다, 나는 할 수 없다'를 의미하는데, 이것은 질병과 함께 발생하는

[표 7-2]…수용성 비타민과 콜린의 정리

비타민	급원식품	권장량	주요 기능	결핍증과 증상	결핍 위험 집단	독성	최대 허용섭취량
티아민 (비타민 B_1)	돼지고기, 통곡, 강화곡류, 종실류, 견과류, 두류	1.1~1.2 mg/1일	아세틸 CoA 형성과 시트르산 회로에서 조효소, 신경 기능에 필요함	각기병: 허약, 무감각, 화를 잘냄, 흥분, 마비, 근육운동 불량, 감정 변화	알코올 중독자, 가난한 사람들	보고된 바 없음	없음
리보플라빈 (비타민 B_2)	유제품, 통곡, 강화곡류, 육류, 녹색채소	1.2~1.5 mg/1일	시트르산 회로, 지방대사, 전자전달계에서 조효소	구순구각염, 설염, 구내염, 입 주변이 갈라짐	없음	보고된 바 없음	없음
나이아신 (비타민 B_3, 니코틴아미드, 니코틴산)	쇠고기, 닭고기, 생선, 땅콩, 두류, 통곡, 강화곡류, 트립토판 함유 식품	14~16mg NE/1일	해당 과정과 지방 합성 및 분해 시 조효소	펠라그라: 설사, 햇빛에 노출된 부위에 피부염, 치매	옥수수를 주로 먹으며 제한된 식사를 하는 사람들, 알코올 중독자	피부 홍조, 메스꺼움, 피부 발진, 욱신거림	35 mg/1일 강화식품과 보충제로부터
비오틴	간, 난황, 소화관에서 박테리아에 의해 합성	30㎍/1일[a]	포도당 생성과 지방 합성에서 조효소	피부염, 우울, 망상, 메스꺼움	생달걀의 흰자를 과량 섭취하는 사람, 알코올 중독자	보고된 바 없음	없음
판토텐산	육류, 두류, 통곡, 식품에 널리 분포됨	5mg/1일[a]	시트르산 회로와 지방 합성 및 분해에서 조효소	피로, 피부발진	알코올 중독자	보고된 바 없음	없음
비타민 B_6 (피리독신, 피리독살 인산, 피리독사민)	육류, 생선, 가금류, 두류, 통곡, 견과류, 종실류	1.4~1.5 mg/1일	단백질과 아미노산 대사, 신경전달물질과 헤모글로빈 합성 시 조효소	두통, 경련, 신경증상, 메스꺼움, 성장 부진, 빈혈	여성, 알코올 중독자	무기력, 신경 손상	100mg/1일
엽산 (Folic acid)	녹색 채소, 두류, 종실류, 강화곡류, 오렌지주스	400㎍ DFE/1일	DNA 합성과 아미노산 대사에서 조효소	거대적아구성 빈혈, 성장 부진, 설염, 설사, 신경관 손상	임산부, 알코올 중독자	비타민 B_{12} 결핍의 발견 기회 상실	1,000㎍ DFE/1일 강화식품과 보충제로부터
비타민 B_{12} (코발아민, 사이아노코발아민)	동물성 식품	2.4㎍/1일	엽산대사에서 조효소, 신경 기능 유지	악성빈혈, 거대적아구성 빈혈, 신경 손상	완전 채식주의자, 노인, 위 또는 장에 질병이 있는 사람	보고된 바 없음	없음
비타민 C (아스코르브산)	감귤류, 브로콜리, 딸기, 고추	100mg/1일	콜라겐(결합조직) 합성, 호르몬과 신경전달 물질 합성 시 조효소, 항산화제	괴혈병: 상처 치유 지연, 잇몸 출혈, 치아 변형, 뼈 부스러지기 쉬움, 관절 통증	알코올 중독자, 노인	설사	2,000mg /1일
콜린	난황, 육류 내장, 녹색 채소, 견과류, 신체 합성	425~550 mg/1일[a]	세포막과 신경전달물질의 합성	간기능 장애	없음	발한, 저혈압, 간 손상	3,500mg /1일

a 충분 섭취량(AI)

극도의 허약함과 피로를 잘 나타내 주고 있다. 각기병은 신경계에 미치는 영향 외에도 급격한 심장박동, 심장확장, 심장마비와 같은 심장혈관 증상을 일으킬 수 있다.

모든 증상이 다 그런 것은 아니지만, 각기병 증상의 일부는 포도당 대사 과정과 신경전달물질인 아세틸콜린 합성에서의 티아민 역할에 의해 설명될 수 있다. 티아민이 결여된 식사를 10일 정도만 해도 나타나는 초기 증상인 우울증과 심신허약은 아마도 포도당을 사용할 수 없는 것과 관련이 있을 것이다. 뇌와 신경 조직은 에너지를 위해 포도당에 의존하기 때문에 아세틸 CoA를 신속하게 형성할 수 없으면 신경계 활성에 영향을 준다. 또한 조절 능력 약화, 팔다리 쑤심, 마비와 같은 증상은 아세틸콜린의 결핍에서 비롯되었을 가능성이 있다. 티아민 결핍이 심장혈관 관련 증상을 유발하는 이유는 아직 알려져 있지 않다.

알코올 중독자는 알코올의 영향으로 인해 소화관에서 티아민 흡수가 낮아 티아

[표 7-3]…수용성 비타민 보충제의 실제적인 이익과 위험성

보충제	판매자의 주장	실제적인 이익 또는 위험성
비타민 B 복합체 (티아민, 리보플라빈, 나이아신, 판토텐산, 비오틴, 비타민 B_6 비타민 B_{12})	에너지 증진, 스트레스 시 필요함	• 에너지 생성에 필요하지만 에너지를 제공하지는 않음 • 비타민 B_6을 제외하고는 독성의 위험 낮음
나이아신 (니코틴산 형태)	콜레스테롤을 낮춰 줌	• 보충제를 적당히 복용하면 콜레스테롤 수준을 낮춰줄 수 있음 • 피부 홍조, 욱신거림, 간 손상을 일으킬 수 있음 • 35mg 이상 복용 시는 의사의 관리 하에 섭취해야 함
비타민 B_6	심장질환 예방, 손목관절 압박, 증후군, 자폐성, 월경전 증후군 경감, 면역 기능 증대	• 면역 기능과 정상적인 호모시스테인 수준 유지에 필요한 적당한 양은 심장질환 위험을 감소시킴 • 과량 섭취 시 추가적인 이익을 제공하지 않음 • 손목관절 압박 증후군이나 월경전 증후군을 가진 일부 사람에게는 약간의 이익이 있을 수 있음 • 최대 허용섭취량 이상을 먹게 되면 욱신거림, 마비, 근육 약화가 나타날 수 있음
엽산	선천적 결함 예방, 심장질환과 암 예방	• 호모시스테인 수준을 정상으로 유지하는 데 필요한 적당한 양은 심장질환의 위험을 감소시킴 • 엽산의 섭취가 낮으면 암 위험이 증가함 • 보충제는 선천적 결함의 위험을 감소시키며 가임기 여성에게는 보충제가 권장됨 • 과량 섭취 시 비타민 B_{12} 결핍을 발견할 기회를 상실할 수도 있음
비타민 B_{12}	심장질환 예방, 치매 예방, 피로 감소	• 신경 기능, 적혈구 세포 합성, 호모시스테인 수준을 낮게 유지하는 데 필요한 적당량은 심장질환 위험을 감소시킴 • 보충제는 노인과 채식주의자에게 권장됨 • 과량 섭취 시 이익은 없음. 독성 위험은 낮음
비타민 C	감기 예방, 감기 증상 감소, 면역성 증가, 심장병과 암 예방	• 감기 지속 기간 감소 • 중요한 항산화제이지만 보충제로 여분을 섭취 시 추가적인 이익을 제공하지 않음 • 과량 섭취 시 소화관 이상, 치아 손상, 신장결석 증가, 항응고약 방해가 일어날 수 있음

베르니케-코르사코프 증상(wernicke-korsakoff syndrom)…알코올 남용과 관계된 티아민 결핍 증상으로 정신 혼란, 혼미, 기억 상실, 비틀거림이 특징이다.

민 결핍이 일어난다. 더구나 만성적인 알코올 소비로 인한 간의 손상은 티아민이 활성 효소 형태로 전환되는 것을 감소시킨다. 또한 높은 알코올 섭취와 영양소가 결여된 식사 때문에 티아민의 섭취가 낮게 된다. 티아민이 결핍된 알코올 중독자는 **베르니케-코르사코프 증상**으로 알려진 신경학상의 상태로 발전할 수 있다. 이 증상은 정신적 혼란, 정신 이상, 기억 장애, 혼수 상태가 특징이다.

5. 티아민의 독성

식품이나 보충제로부터 티아민을 과량 섭취한 경우 독성이 보고된 적이 없기 때문에, 티아민 섭취에 대한 최대 허용섭취량을 설정할 만한 충분한 정보가 없다. 그러나 이것이 과량의 티아민 섭취가 안전하다는 것을 의미하는 것은 아니다.

6. 티아민 보충제

하루에 50mg 이상의 티아민을 제공하는 티아민 보충제가 널리 이용되고 있으며, 이들 보충제는 '더 많은 에너지'를 제공할 것이라고 광고한다. 티아민이 에너지를 생산하는 데 필요하지만, 에너지 생산을 자극하지는 않는다. 티아민 결핍이 아닌 경우, 티아민 섭취 증가가 에너지 생성 능력을 향상시키지는 않는다. 티아민 결핍이 정신적 혼란과 심장에 손상을 일으키기 때문에, 티아민 보충제가 흔히 정신 기능을 향상시키고 심장질환을 예방한다고 선전한다. 또한 티아민은 비타민 B 복합체에 함유되어 있다 [**표 7-3**].

3. 리보플라빈(riboflavin) : 비타민 B_2

각기병 치료 방법을 찾던 중, 과학자들은 티아민 외에 리보플라빈과 몇 개의 다른 비타민 B를 분리해냈다. 이것은 채소류와 곡류로부터 얻어낸 추출물이 두 성분으로 분리될 수 있었기 때문이었다. 한 성분은 과학자들이 찾았던 항각기병 인자로 각기병을 치료했던 티아민이었고, 다른 성분은 비타민 B_6, 나이아신, 판토텐산, 리보플라빈을 포함하는 비타민 B의 혼합물이었다.

1. 식사에서의 리보플라빈

우유, 간, 육류, 가금류, 어류, 통곡, 강화 곡류는 리보플라빈의 좋은 급원이다. 채소 급원은 아스파라거스, 브로콜리, 버섯류와 시금치 같이 잎이 녹색인 채소들이다 [**그림 7-7**]. 리보플라빈은 빛에 노출되면 파괴되어 식품에 들어 있는 양이 감소한다. 투명 용기에 담은 우유가 빛에 노출되었을 때의 문제가 그것이다. 종이팩이나 불투명한 플라스틱 우유 보관 용기는 리보플라빈의 손실을 방지하는 데 매우 효과적이다 [**그림 7-8**].

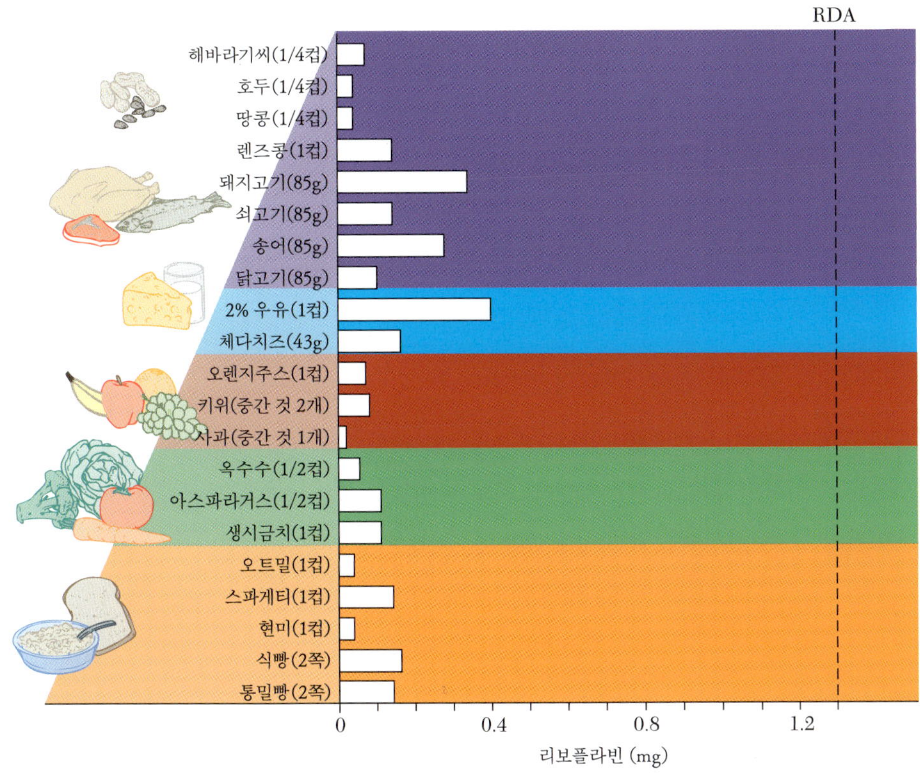

[그림 7-7]…식품 구성탑에서 각 식품군의 리보플라빈 함량. 점선은 성인에 대한 영양 권장량을 나타낸다. 우유와 강화 시리얼은 리보플라빈의 매우 좋은 급원이다.

[그림 7-8]…불투명한 우유 용기는 리보플라빈이 빛에 의해 파괴되는 것을 막을 수 있다.

2. 체내에서의 리보플라빈

리보플라빈은 **플라빈 아데닌 디뉴클레오티드**(FAD)와 **플라빈 모노뉴클레오티드**(FMN)라는 활성 조효소를 생성한다. FAD는 시트르산 회로에서 작용하며, 지방산 분해에 중요하다. FAD와 FMN는 전자전달계에서 전자운반체로 작용한다[그림 7-6]. 그러므로 적당한 리보플라빈은 탄수화물, 지질, 단백질로부터 에너지를 생성하는 데 있어 중요하다. 또한 리보플라빈은 엽산, 나이아신, 비타민 B_6, 비타민 K가 활성 형태로 전환하는 데 관여한다.

플라빈 아데닌 디뉴클레오티드(flavin adenine dinucleotide; FAD), **플라빈 모노뉴클레오티드** flavin mononucleotide; FMN)…리보플라빈의 활성조효소 형태. 이 분자들의 구조는 화학반응에서 수소와 전자를 쉽게 얻거나 잃을 수 있도록 한다.

3. 리보플라빈 섭취권장량

한국 성인의 리보플라빈 섭취권장량은 남자 1.5mg/1일, 여자 1.2mg/1일로, 적혈구에 존재하는 리보플라빈 의존 효소의 정상적 활성과 리보플라빈 소변 배설량을 적정 수준으로 유지하는 데 필요한 양에 기초하여 만들어졌다. 일반적으로 우유 두 컵은 성인에게 권장되는 리보플라빈의 약 1/2을 공급해 준다. 임신기에는 태아의 성장과 증가된 에너지 이용을 고려하여 리보플라빈의 권장량이 추가되고, 수유기에는 모유에 함유되는 리보플라빈을 고려하여 권장량이 추가된다. 유아의 경우는 영양 권장량을 설정할 만한 정보가 충분하지 않아 충분 섭취량은 모유를 먹는 유아에 의해 섭취되는 리보플라빈의 양에 기초하여 만들어졌다.

4. 리보플라빈 결핍증

리보플라빈이 결핍되면, 새로운 세포들이 성장하여 손상된 세포들을 대체해 줄 수 없어 상처가 잘 낫지 않는다. 눈, 입, 혀의 피부처럼 급속하게 성장하는 조직들은 리보플라빈 결핍에 의한 영향을 가장 먼저 받는다. 리보플라빈 결핍 증상으로는 눈, 입술, 입과 혀의 염증, 피부 각질, 끈적이는 피부 발진, 입 주변 조직들의 갈라짐이 있다. 리보플라빈이 결핍된 식사를 약 2개월 정도 하게 되면 뚜렷한 결핍 증상이 나타난다.

리보플라빈 결핍은 거의 단독으로 나타나지 않고 다른 비타민 B 복합체의 결핍과 연결되어 발생한다. 그 이유 중 하나는 비타민 B 복합체의 급원식품이 유사한 데 있다[표 7-2]. 그러므로 영양이 결핍된 식사에 기인한 결핍은 복합적인 비타민 결핍을 초래할 수 있다.

5. 리보플라빈의 독성

식품이나 보충제로부터 리보플라빈을 과량 섭취하여 나타난 부작용에 대해서는 아직 보고된 바 없으며, 리보플라빈에 대한 최대 허용섭취량을 설정하는 데 필요한 자료도 충분하지 않다. 리보플라빈의 과량 복용은 잘 흡수되지 않고, 쉽게 소변으로 배출된다. 보충제로 과량의 리보플라빈 섭취 시 나타나는 무해한 증상은 노란색 소변이다.

6. 리보플라빈 보충제

리보플라빈 결핍이 피부와 눈에 증상을 일으키기 때문에 리보플라빈은 눈병과 피부질환에 대한 치료제로 제안되어 왔다[표 7-3]. 그러나 결핍이 없는 상태라면 보충제의 복용은 눈이나 피부에 어떠한 영향도 주지 않는다.

4. 나이아신 (niacin)

펠라그라(pellagra)…나이아신의 결핍으로 나타나는 질병

나이아신의 결핍은 육체적, 정신적 악화를 가져오는 **펠라그라**라 불리는 질병을 초래한다. 펠라그라는 18세기 유럽에서 처음으로 발견되었으며, 20세기 초 미국 남동부 지역의 풍토병이 되었다. 펠라그라의 등장은 식사에 주요 곡물이었던 옥수수의 경작으로 거슬러 올라간다. 펠라그라는 주로 다양한 식사가 공급되지 않는 빈곤층에게 나타난다.

1. 식사에서의 나이아신

육류와 생선은 나이아신의 좋은 급원이며[그림 7-9], 다른 급원으로는 두류, 버섯류, 밀겨, 아스파라거스, 땅콩이 있으며 나이아신이 첨가된 강화 밀가루는 북미인의 식사에 나이아신을 많이 공급해 준다. 나이아신은 또한 필수 아미노산인 트립토판으로부터 체내에서 합성될 수 있다. 우유와 달걀은 나이아신의 좋은 급원은 아니지만 트립토판의 우수한 급원이다[그림 7-10]. 이와 같은 고단백질 식품에서 나이아신의 필요량은 트립토판에 의해 공급될 수 있다. 트립토판이 단백질 합성을 충분히 할 수 있다면 트립토판은 나이아신을 만드는 데 사용되지만, 트립토판이 적을 경우에는 트립토판이 나이아신을 합성하는 데 사용되지 못한다. 식품 성분표에는 식품에 들어 있는 나이아신의 양만 나타나 있을 뿐, 식품에 함유된 트립토판으로부터 만들어질 수 있는 나이

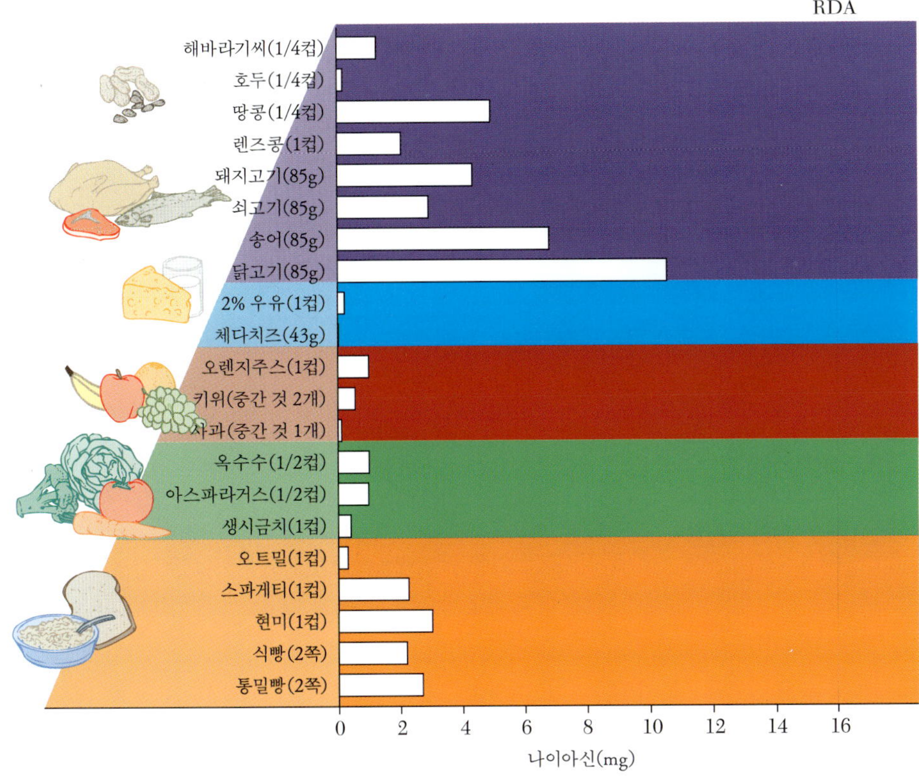

[그림 7-9]…식품 구성탑에서 각 식품군의 나이아신 함량. 점선은 성인에 대한 영양 권장량을 나타낸다. 육류, 두류, 통곡, 강화곡류는 나이아신의 좋은 급원이다.

아신의 양은 나와 있지 않다.

나이아신 결핍과 옥수수를 주로 하는 제한된 식사와의 관계는 옥수수가 트립토판을 적게 함유하고 있다는 것과 옥수수에서 발견된 나이아신이 다른 분자에 결합되어(다른 곡류에서는 덜하다) 흡수가 잘 되지 않는다는 것이다. 멕시코와 중미에서 또띠야를 만들 때, 옥수수를 라임석(물과 수산화칼슘)으로 조리하는 것은 나이아신의 섭취량을 높일 수 있다[그림 7-11]. 또 이 지역에서의 식사에는 나이아신과 나이아신 합성을 위한 트립토판의 급원을 제공하는 콩류가 포함되어 있다. 그 결과 옥수수 위주의 식사에도 불구하고, 이 지역 사람들은 펠라그라로 고생하지 않는다. 현재 펠라그라는 인도, 중국의 일부 지역, 아프리카에 남아 있다. 나이아신 결핍을 예방하기 위한 노력의 일환으로 나이아신과 전통적인 품종보다 많은 트립토판을 공급하는 옥수수의 신품종 개발이 이루어지고 있다.

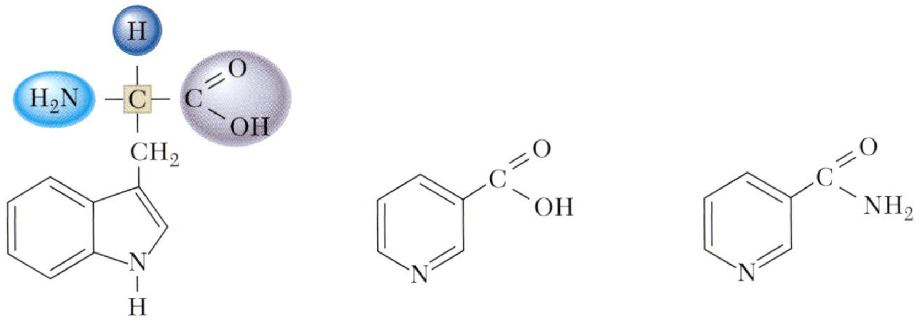

ⓐ 트립토판 ⓑ 니코틴산 ⓒ 니코틴아미드

[그림 7-10]…ⓐ아미노산인 트립토판의 구조. 트립토판은 니코틴산 ⓑ의 대사에 필요한 물질을 합성하는 데 사용된다. 니코틴산은 니코틴아미드ⓒ로 전환될 수 있으며 나이아신의 활성조효소 형태이다.

[그림 7-11]…또띠야(tortilla, 둥글넓적한 옥수수빵)를 만들 때 석회수로 옥수수를 처리하게 되면 나이아신의 생체이용률을 향상시킬 수 있으며, 멕시코와 라틴 아메리카에서 펠라그라를 예방할 수 있도록 해 준다.

2. 체내에서의 나이아신

나이아신은 다른 분자의 합성 반응과 영양소의 에너지 생성 반응에 중요하다. 나이아신의 형태는 니코틴산과 니코틴아미드 두 가지이다[그림 7-10]. 이들 형태는 각각 두 개의 활성 조효소 **니코틴아미드 아데닌 디뉴클레오티드**(NAD)와 **니코틴아미드 아데닌 디뉴클레오티드 인산**(NADP)를 만들기 위해 사용된다. 니코틴아미드 아데닌 디뉴클레오티드(NAD)는 유리된 전자를 받아들이고 ATP가 생성되는 전자전달계에 유리된 전자를 통과시킴으로써 시트르산 회로에서 작용한다[그림 7-6]. 니코틴아미드 아데닌 디뉴클레오티드 인산(NADP)는 지방산과 콜레스테롤을 합성하는 반응에서 전자운반체로 작용한다. 나이아신에 대한 수요는 대사 작용에서 매우 광범위하여 결핍 시 신체 장애의 원인이 된다.

니코틴아미드 아데닌 디뉴클레오티드(nicotinamide adenine dinucleotide; NAD), **니코틴아미드 아데닌 디뉴클레오티드 인산**(nicotinamide adenine dinucleotide phosphate; NADP)…수소와 전자를 얻거나 잃게 할 수 있는 나이아신의 활성 조효소 형태. 이 활성조효소들은 세포의 호흡 작용과 많은 합성 반응에서 전자를 산소로 이동시키는 데 중요하다.

3. 나이아신 섭취권장량

나이아신의 권장량은 **나이아신 당량**(NE)으로 표시한다. 나이아신 1당량은 나이아신 1mg 또는 트립토판 60mg이다. 이것은 나이아신의 일부가 트립토판으로부터 합성되는 것을 고려한 것이다. 나이아신 1mg을 만들기 위해서는 트립토판 약 60mg이 필요하다. 고단백질 식품이 나이아신을 만드는 데 기여하는 양을 통해 예측컨대, 단백질은 약 1% 정도가 트립토판인 것으로 추정된다. 나이아신 필요량을 측정하기 위해 사용되는 기준은 나이아신 대사 작용에서의 소변 배설량이다. 한국인 성인의 하루 섭취권장량은 남자 16mgNE, 여자 14mgNE이다. 중간 크기의 닭 가슴살과 찐 아스파라거스 한 컵 정도의 식사가 이 정도 양을 공급할 수 있다.

임신기에는 에너지 소비량의 증대로 인해 나이아신에 대한 필요량이 증가되며, 수유기에는 에너지 소비량 증대와 모유에 함유된 나이아신 때문에 증가된다. 유아에 대한 영양 권장량을 설정하기 위한 정보가 충분치 않아 충분 섭취량은 모유에서 발견된 나이아신 양에 기초하여 만들어졌다.

나이아신 당량(niacin equivalent; NE)… 트립토판으로부터 생성되는 나이아신을 포함해 식품에 존재하는 나이아신의 양을 나타내는 데 사용하는 값이다.
1NE＝1mg 나이아신
＝60mg 트립토판

과학의 적용: '펠라그라: 전염성 질병인가? 아니면 식이 결핍증인가?'

1900년대 초 미국 남동부의 병원은 '펠라그라'라 불리는 질병에 걸린 환자들로 가득 찼다. 100,000명 정도의 사람이 펠라그라에 걸렸고, 매년 10,000명 이상이 사망했다.

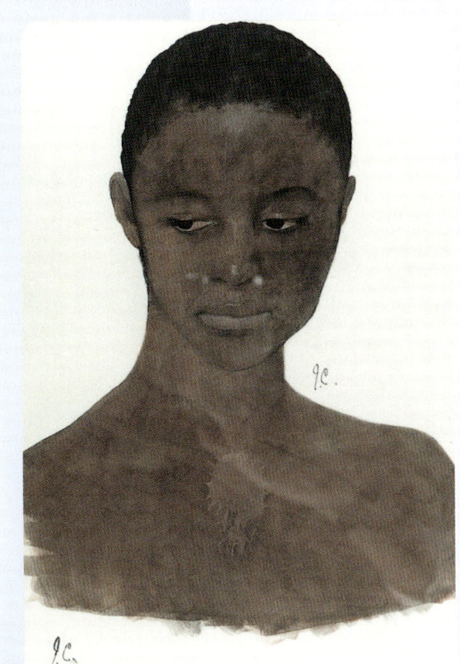

1919년 여름, 젊은 예술가 존 캐롤은 골드버거의 펠라그라 연구를 함께 하게 되었다. 그는 펠라그라에 걸린 환자의 그림을 41편이나 그렸는데, 이 그림은 1919년 미국 남부 조지아 주 요양소에 있던 한 여성 펠라그라 환자를 그린 것이다.

의사 골드버거는 펠라그라를 연구하면서, 펠라그라가 시설에 있는 사람들에게서 유행한다는 것과 간호사나 간병인들은 결코 펠라그라에 걸리지 않았다는 것을 알게 되었다. 이 사실은 펠라그라가 전염성이 없다는 것을 의미한다. 펠라그라 환자와 펠라그라에 걸리지 않은 사람과의 차이를 조사한 결과, 펠라그라 환자들이 영양이 결핍된 전형적인 식사를 하고 있다는 것을 찾아냈다. 환자들의 식사는 옥수수, 당밀, 돼지의 비계로 구성되어 있었다. 그래서 골드버거는 식사로 실험을 하였다.

골드버거는 고아원과 병원의 식사에 우유, 달걀, 고기를 보충함으로써 펠라그라를 치료하게 되었고 재발을 방지할 수 있었다. 그의 가설을 뒷받침하기 위해 건강한 사람들에게 시설의 식사와 비슷한 식사를 제공함으로써 펠라그라를 일으키는 것을 실험하였다. 1915년 한 교도소의 소년범죄자들을 대상으로 실험을 하였는데, 12명의 죄수들에게 옥수수, 거칠게 찧은 곡물, 밀가루, 백미, 사탕수수 시럽, 설탕, 고구마, 양배추, 돼지비계로 구성된 식사를 하게 하였다. 6개월 후 6명이 펠라그라로 발전했다.

펠라그라가 전염병이 아니라는 것을 증명하기 위해, 골드버거와 15명의 동료들은 펠라그라 환자로부터 혈액을 채취해 자신들에게 주입하고, 환자의 콧물을 빼내 그들의 목구멍에 바르고, 환자의 소변과 배설물을 삼켰다. 6개월 후, 아무에게도 펠라그라가 나타나지 않았다. 골드버거는 펠라그라가 전염병이 아니라는 것을 확실히 증명했고 식이 원인에 대한 연구를 계속했다.

마침내, 1937년 다른 연구팀이 펠라그라 예방 인자가 나이아신이라는 것을 알아냈다. 소화관을 통과하지 않고도 분리된 비타민 형태를 정맥 주사에 투약하여 치료할 수 있어 펠라그라로 고생하는 사람들의 간을 보호할 수 있게 되었다.

4. 나이아신 결핍증

펠라그라의 초기 증상은 피로, 식욕 부진, 소화 불량이며, 이어 3D 증상, 즉 피부염, 설사, 치매 증상이 나타난다. 만약 그대로 방치되면, 나이아신 결핍은 4번째 D, 즉 죽음을 초래한다. 피부염은 햇빛, 열, 상처에 노출된 신체 부분에 나타난다[그림 7-12]. 위장 관련 증상으로 혀가 밝은 적색을 띠며 구토, 변비, 설사가 나타날 수 있다. 정신적 증상으로는 흥분, 두통, 기억 상실, 불면증, 정서적 불안정, 정신병, 심각한 광란 등이 있다.

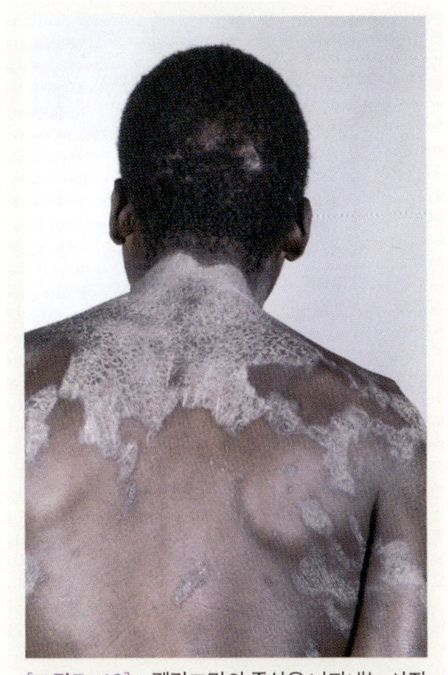

[그림 7-12]…펠라그라의 증상을 나타내는 사진으로, 피부가 갈라지고 염증이 생긴다. 햇빛 노출 부위의 발진이 가장 흔하게 나타난다.

5. 나이아신의 독성

식품에 자연적으로 나이아신이 함유된 경우는 부작용이 나타난 증거가 없지만, 보충제를 통해 섭취할 때에는 독성이 나타날 수 있다. 나이아신의 과량 섭취로 인한 부작용은 피부 홍조, 팔다리 욱신거림, 붉은 피부 발진, 메스꺼움, 구토, 설사, 고혈당, 간

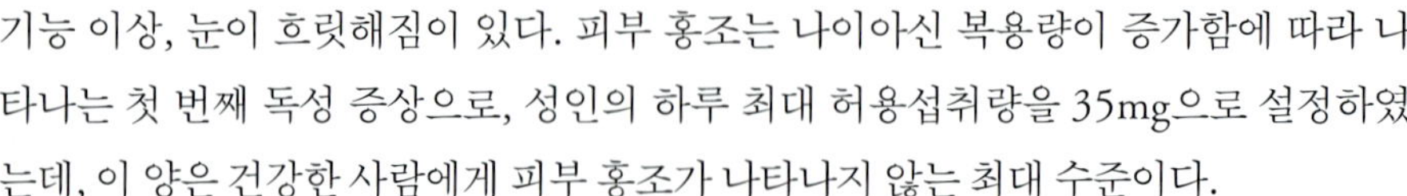

기능 이상, 눈이 흐릿해짐이 있다. 피부 홍조는 나이아신 복용량이 증가함에 따라 나타나는 첫 번째 독성 증상으로, 성인의 하루 최대 허용섭취량을 35mg으로 설정하였는데, 이 양은 건강한 사람에게 피부 홍조가 나타나지 않는 최대 수준이다.

6. 나이아신 보충제

나이아신은 일반적으로 비타민 보충제에 사용된다. 나이아신은 비타민 B 복합체뿐만 아니라 종합비타민제에도 들어 있다. 또 나이아신의 다량 보충은 높은 혈중 콜레스테롤을 치료하는 데 사용된다[표 7-1]. 나이아신의 니코틴산 형태를 하루에 50mg 이상 섭취하면 LDL 콜레스테롤의 혈중 수치를 감소시키고 HDL 콜레스테롤 혈중 수치를 증가시키는 것으로 나타났다. 나이아신 보충제는 의사의 처방 없이도 살 수 있기 때문에 사람들은 콜레스테롤을 스스로 치료하려고 시도하지만, 나이아신의 과량 섭취는 독약만큼 위험하므로 의사의 관리 하에 사용되어야 한다.

5. 비오틴 (biotin)

[그림 7-13]…달걀 노른자는 비오틴의 우수한 급원이지만, 고단백 쉐이크를 만들 때 생달걀을 먹는 것은 권장되지 않는다. 생달걀에는 식중독을 일으킬 수 있는 박테리아가 존재하며, 생달걀 흰자에는 비오틴과 결합하여 비오틴의 흡수를 방해하는 아비딘이라는 단백질이 있다.

비오틴은 쥐가 생달걀 흰자에 들어 있는 단백질을 먹은 후 발견되었는데, 탈모, 피부염, 신경과 근육의 기능장애 같은 증후군으로 발전했다. 이 증상은 비오틴의 결핍 때문이었다. 결핍증은 아비딘이라 불리는 생달걀 흰자에 포함된 단백질 때문인데, 아비딘은 비오틴과 결합하여 비오틴의 흡수를 방해한다.

1. 식사에서의 비오틴

비오틴의 우수한 급원식품은 간, 달걀 노른자, 요구르트, 견과류인 반면, 과일과 육류는 좋은 급원이 아니다. 생달걀 흰자를 함유하는 식품은 아비딘이 비오틴과 결합하여 비오틴의 흡수를 방해할 뿐 아니라 박테리아에 의한 오염이 식중독을 일으킬 수 있기 때문에 피해야 한다[그림 7-13]. 달걀을 익히면 박테리아가 파괴되고 아비딘이 변성되어 비오틴과 결합하지 않는다.

2. 체내에서의 비오틴

비오틴은 분자에 카르복실기(-COOH)를 제공하는 효소의 조효소이다. 비오틴은 시트르산 회로와 포도당 합성에서 4-탄소 분자를 만드는 데 필요하기 때문에 에너지 생성에 관여한다. 또한 비오틴은 지방산과 아미노산의 대사 과정에 중요하다[그림 7-6].

3. 비오틴 섭취권장량

비오틴은 장에서 박테리아에 의해 생성되고 체내로 흡수되기 때문에 식품으로부터 요구되는 양을 측정하기 어렵다. 따라서 섭취권장량 대신 충분 섭취량을 설정하였는데, 성인 남녀의 비오틴 충분 섭취량은 30㎍/1일이다.

임신 기간에는 비오틴 추가를 권장하지 않지만, 수유기에는 모유에 필요한 양을 고려하여 충분 섭취량이 증가한다. 유아의 충분 섭취량은 모유를 먹는 유아가 섭취하는 비오틴의 양을 근거로 설정하였다.

4. 비오틴 결핍증과 독성

비오틴 결핍이 흔하지 않지만, 흡수 불량이나 단백질 영양이 부족한 사람, 장기간 경련방지제를 복용한 사람, 생달걀 흰자를 자주 섭취하는 사람에게서 나타날 수 있다. 비오틴이 결핍되면 메스꺼움, 탈모나 탈색, 피부 발진, 우울증, 무기력, 망상, 흥분 등의 증상이 나타난다.

다양한 질병을 치료하기 위해 비오틴을 하루에 200mg 섭취한 환자에게서 독성이 나타났다고 보고된 바 없으며, 최대 허용섭취량을 설정하기에 충분한 자료가 없다.

6. 판토텐산 (pantothenic acid)

그리스어인 pantos('모든 곳으로부터'라는 의미)에서 유래한 판토텐산은 식품에 널리 분포되어 있다.

1. 식사에서의 판토텐산

판토텐산은 특히 육류, 달걀, 통곡, 두류에 풍부하며, 우유, 채소, 과일에는 함량이 적다[그림 7-14]. 판토텐산은 열과 산성에 의해 파괴되기 쉽다.

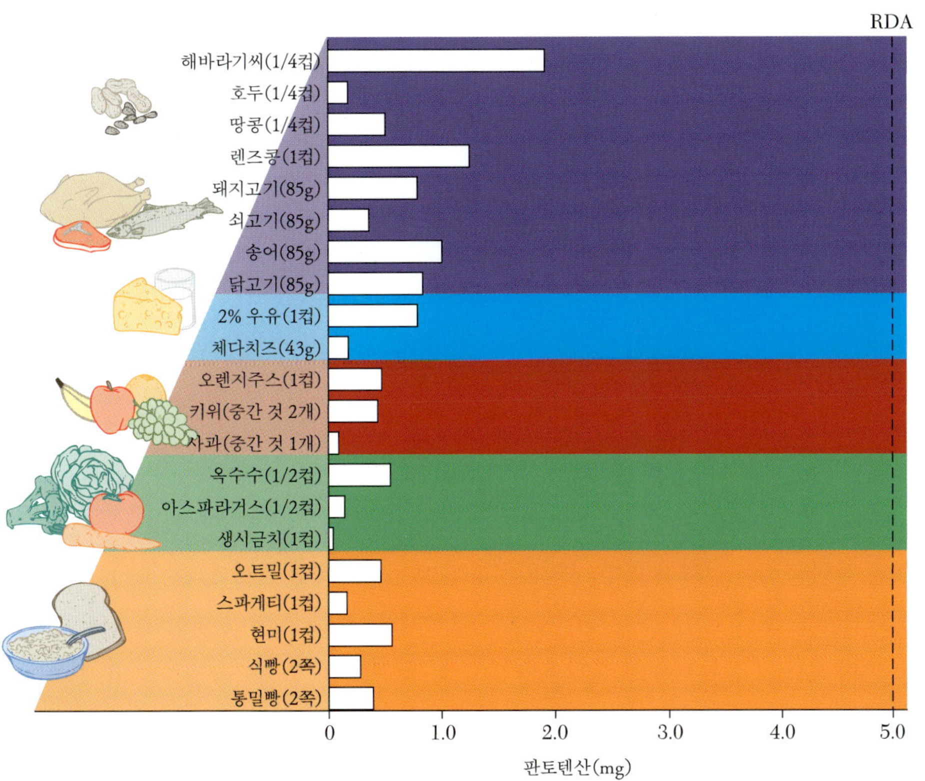

[그림 7-14]··· 식품 구성탑에서 각 식품군의 판토텐산 함량. 점선은 성인 남녀에 대한 영양 권장량을 나타낸다.

2. 체내에서의 판토텐산

판토텐산은 코엔자임 A(CoA)의 구성 성분이다. 판토텐산은 아세틸 CoA 형태로 탄수화물, 지질, 단백질의 대사 과정에 관여하며 콜레스테롤과 지방산 합성에 필요한 아실기 운반 단백질 생성에 필요하다[그림 7-6].

3. 판토텐산 섭취권장량

판토텐산의 충분 섭취량은 성인 남녀 모두 5mg/1일을 권장하고 있는데, 이것은 소변으로 손실되는 양을 고려한 값이다. 임신기에는 6mg, 수유기에는 7mg으로 충분 섭취량이 증가된다.

4. 판토텐산 결핍증과 독성

판토텐산은 식품에 널리 분포되어 있기 때문에 그 결핍 증세는 드물다. 판토텐산 단독으로 결핍 증세가 나타난 것은 보고된 바 없지만, 영양실조나 만성 알코올 중독자에게 나타나는 복합적인 비타민 B 결핍증으로 나타날 수 있다.

판토텐산은 상대적으로 독성이 나타나지 않는다. 6주 동안 매일 10mg을 먹은 사람들에 대한 연구에서 독성 증상이 나타난 것으로 보고되지 않았다. 한 연구에서는 하루에 10~20mg을 섭취하면 설사와 수분저류가 나타날 수 있다고 보고하고 있지만 충분한 자료가 없어 판토텐산의 최대 허용섭취량은 설정하지 않았다.

7. 비타민 B_6 (vitamin B_6) : 피리독신

비타민 B_6는 티아민, 리보플라빈과 달리 아미노산 대사 과정에서 조효소로 작용한다.

1. 식사에서의 비타민 B_6

비타민 B_6는 동물성 식품과 식물성 식품에서 모두 발견된다. 동물성 급원으로는 가금류, 어류, 육류가 있으며, 식물성 급원으로는 통밀제품, 현미, 콩, 해바라기씨와 바나나, 브로콜리, 시금치와 같은 과일, 채소 등이 있다[그림 7-15]. 비타민 B_6는 열과 빛에 쉽게 파괴되며 가공 과정에서 쉽게 손실된다. 곡류제품에는 비타민 B_6를 강화하지 않지만, 아침식사용 강화 시리얼은 비타민 B_6 섭취의 중요한 급원이다.

2. 체내에서의 비타민 B_6

피리독신(pyridoxine)…비타민 B_6의 화학적 용어이다.
피리독살 인산(pyridoxal phosphate)…100개 이상의 효소 반응에서 작용하는 비타민 B_6의 주요한 조효소 형태로, 아미노산 대사에 중요하다.

비타민 B_6는 **피리독신**으로 알려져 있는데, 피리독살, 피리독신, 피리독사민을 포함하는 화합물로 구성되어 있다. 세 가지 형태 모두 **피리독살 인산**이라는 활성조효소 형태로 전환될 수 있다. 피리독살 인산은 탄수화물, 지질, 단백질 대사 과정에 필요한 100개 이상의 효소 활성에 필요하며, 특히 단백질과 아미노산 대사에 중요하다[그림 7-16]. 피리독살 인산이 없으면, 불필수 아미노산이 합성될 수 없고, 시스테인이 메티오닌으로부터 합성될 수 없다. 피리독살 인산은 적혈구에 산소를 운반해 주는 단

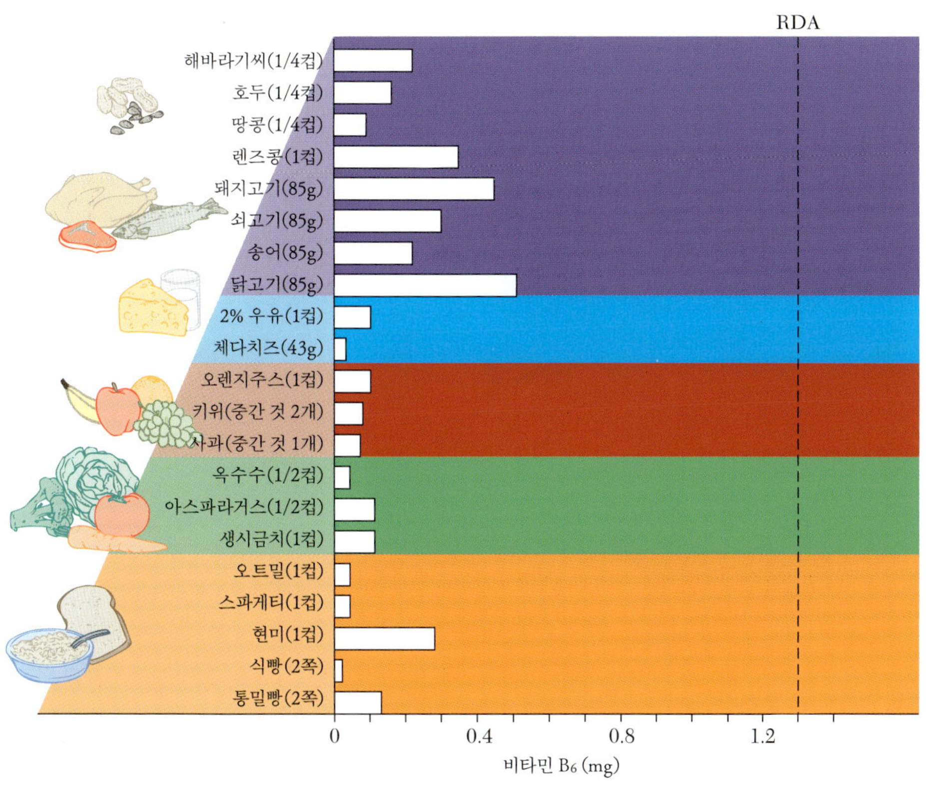

[그림 7-15]…식품 구성탑에서 각 식품군의 비타민 B_6 함량. 점선은 50세 이하 남녀에 대한 영양 권장량을 나타낸다. 가장 좋은 급원은 육류, 콩류, 통곡물, 강화곡류이다.

백질인 헤모글로빈을 합성하는 데 필요하다. 피리독살 인산은 면역 기능에 중요한 백혈구 형성에도 필수적이다. 또한 트립토판이 나이아신으로 전환되는 과정, 글리코겐의 대사 과정, 신경전달 물질 합성, 지방 합성에도 필요하다.

3. 비타민 B_6 섭취권장량

성인의 비타민 B_6 섭취권장량은 남자 1.5mg/1일, 여자 1.4mg/1일이다. 이것은 활성 조효소 피리독살 인산의 적절한 혈중 농도 유지를 위해 필요한 양이다.

임신기에는 엄마와 태아의 대사 요구량과 성장으로 인해 비타민 B_6의 하루 섭취권장량이 증가된다. 모유에 함유된 비타민 B_6의 농도는 수유부의 비타민 B_6 섭취량에 의존하므로, 수유기에는 유아에게 적절한 수준이 제공될 수 있도록 하루 섭취권장량이 추가된다. 유아의 경우는 하루 섭취권장량이 아니라, 모유의 비타민 B_6 함량을 토대로 충분 섭취량이 설정되었다.

4. 비타민 B_6 결핍증

1954년 유아용 조제유를 가공하는 과정에서 고열처리로 인해 비타민 B_6가 파괴되어 비타민 B_6 결핍 증상이 나타났는데, 고열에 의해 비타민 B_6가 파괴된 조제유를 먹은 유아에게서 복통, 경련, 신경학상 증상이 나타났다. 비타민 B_6 결핍과 관련된 신경학상 증상은 우울증, 두통, 의식장애, 무기력, 흥분, 발작 등이며 이는 비타민 B_6가 신경전달물질 합성과 미엘린 형성에 관여하기 때문이다. 또한 비타민 B_6가 결핍되면 헤모글로빈이 제대로 합성되지 않아 빈혈이 생기는데, 헤모글로빈의 부족으로 크기가 작은 적혈구가 형성되기 때문이다. 비타민 B_6는 단백질과 에너지 대사에 중요하기 때문

[그림 7-16]…비타민 B6는 아미노기 전이반응에서 불필수 아미노산을 합성하는 데에 필요하다(**단계 ❶**). 비타민 B6는 아미노기를 제거하는 데에 필요하며, 아미노산은 에너지를 생산하거나 포도당을 합성하는 데에 사용된다(**단계 ❷**). 비타민 B6는 신경전달물질의 합성을 위해 아미노산으로부터 카르복실기(-COOH)를 제거하는 데 필요하며(**단계 ❸**), 아미노산 대사 과정의 다른 반응에도 작용한다.

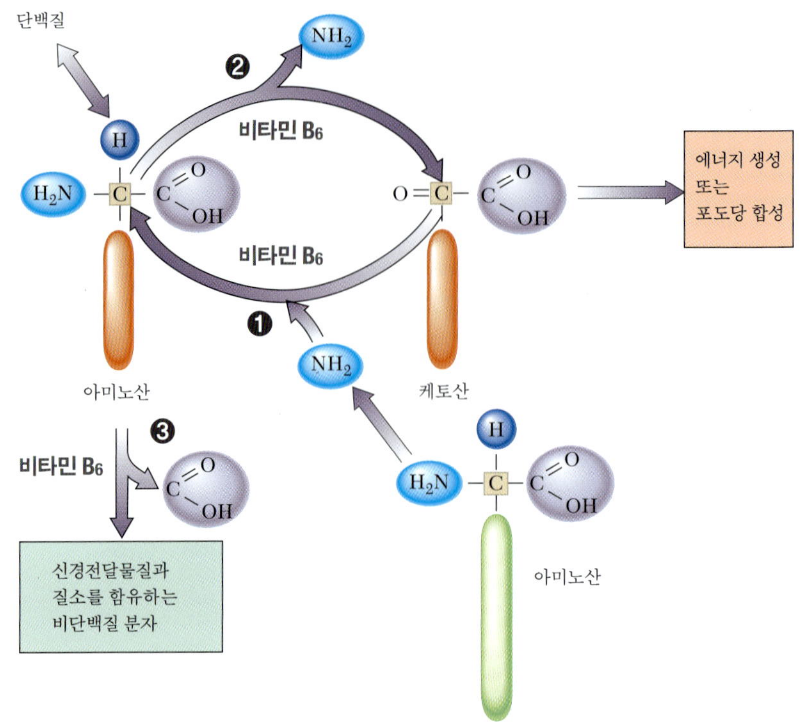

에 성장 불량, 피부염, 항체형성 감소와 같은 다른 결핍 증상이 나타날 수 있다. 비타민 B6는 아미노산 대사에 필요하기 때문에 비타민 B6 함량이 적고 단백질 함량이 높은 식사를 하게 되면 결핍 증상이 더 빨리 올 수 있다.

비타민 B6는 알코올이나 경구 피임약 같은 약에 의해서도 영향을 받는다. 알코올은 활성조효소 피리독살 인산의 형성을 감소시키고, 경구 피임약 사용은 피리독살 인산의 혈중 농도를 감소시킨다. 하지만 경구 피임약을 복용하는 여성에게 비타민 B6 보충제를 권장하지는 않는다.

5. 비타민 B6, 호모시스테인, 심장혈관질환

메티오닌 대사 과정에서 중간생성물인 호모시스테인에 문제가 생기면 비타민 B6가 심장병의 위험에 영향을 주는 것으로 알려져 있다[**그림 7-17**]. 만성적으로 호모시스테인의 혈중 농도를 높이는 호모시스틴요증이 있는 사람은 젊어서 아테롬성 동맥경화증으로 발전하게 된다. 비타민 B6의 과량 섭취(100~1,000mg/1일)는 높은 호모시스테인을 감소시키고, 호모시스틴요증이 있는 환자에게 아테롬성 동맥경화증의 위험을 줄이는 데 성공적으로 사용되고 있지만, 일반인에게 과량이 권장되지는 않는다.

건강한 사람에게서 혈중 호모시스테인의 증가는 심장혈관질환의 위험 인자로 나타난다. 비타민 B6, 비타민 B12, 엽산의 결핍은 호모시스테인 축적과 아테롬성 동맥경화증을 일으키는 것으로 보인다. 여성에게 엽산과 비타민 B6 섭취 효과에 대한 연구에서는 식사로 엽산과 비타민 B6를 많이 섭취한 여성이 아주 적게 섭취한 여성에 비해 관상동맥심장질환의 위험성이 1/2 정도 줄어드는 것으로 보고되었다. 비타민 B6, 비타민 B12, 엽산 보충제는 호모시스테인이 높은 사람에게 호모시스테인의 수준을 감소시키는 데 사용하되 있다. 영양섭취기준을 따르는 사람들은 비타민 B6, 비타민 B12,

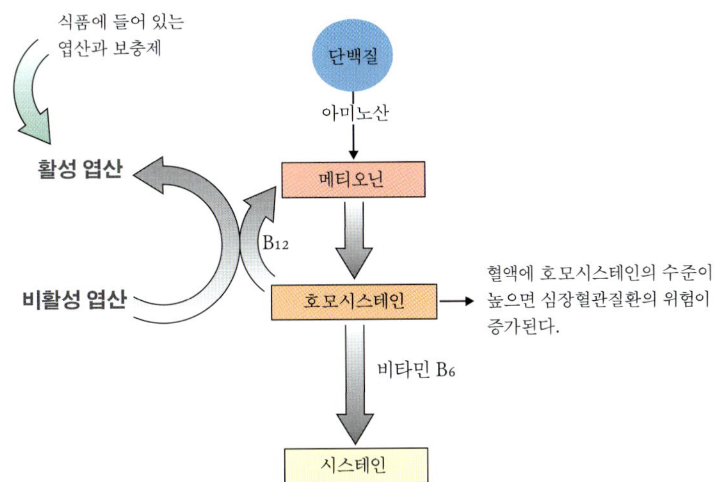

[그림 7-17]… 비타민 B6, 비타민 B12, 엽산을 포함하는 비타민 B는 정상 호모시스테인 농도를 유지하는 데 필요하다. 비타민 B6는 호모시스테인을 시스테인으로 전환시키는 데 필요하며, 비타민 B12와 엽산은 호모시스테인을 메티오닌으로 전환시키는 데 필요하다. 비타민 B가 결핍되면 심장혈관질환의 위험을 증가시키는 호모시스테인이 축적된다.

엽산의 섭취 증가가 심장혈관질환의 위험을 감소시킬 수 있다고 주장하는 것은 너무 성급하다고 생각한다.

6. 비타민 B6 보충제와 독성

비타민 B6를 식품으로 많이 섭취할 경우 부작용이 나타나지 않지만, 보충제로 과량 섭취하게 되면 심각한 독성이 나타날 수 있다. 1980년대 피리독신 보충제를 하루에 2~6g 섭취한 사람에게 심각한 신경 손상이 나타났다고 보고되어 독성이 처음으로 알려지게 되었다. 걸을 수 없게 되는 심각한 증상이 나타났는데, 피리독신 보충제 사용을 중단하였더니 회복되었다. 비타민 B6 보충제를 복용할 때 독성을 피하려면 식품과 보충제로부터 섭취하는 비타민 B6의 양이 최대 허용섭취량 100mg/1일을 초과하지 않도록 해야 한다. 최대 허용섭취량은 건강한 사람의 대다수에게 신경 손상을 일으키지 않는 양을 근거로 하여 설정하였다. 1회 분량이 100mg인 비타민 B6 보충제는 의사의 처방 없이도 살 수 있기 때문에 최대 허용섭취량을 초과하여 복용하기 쉽다.

비타민 B6 보충제는 독성에도 불구하고 만성적인 병의 치료를 위해 판매된다. 보충제 판매를 주장하는 내용 중에는 일부 과학적으로 증명된 것도 있지만, 제품을 팔기 위해 과장된 부분도 있다[**표 7-3**].

6-1. 비타민 B6가 손목관절 압박증후군을 치료할 수 있을까? — 비타민 B6가 손목이나 손의 통증과 근력 저하를 일으키는 손목관절 압박증후군의 치료에 유용하다고 생각되어 왔다. 비타민 B6는 통증 지각을 변경시키고 통증 역치를 증가시키거나 말초신경 장애를 경감시킴으로써 직접적으로 증상들을 완화시킬 수 있다. 비타민 B6의 사용을 지지할 만한 증거가 아직은 확실하지 않지만, 대개 다른 치료와 함께 비타민 B6가 사용되고 있다.

6-2. 비타민 B6가 월경 전 증후군을 예방할 수 있을까? — 월경 전 증후군(PMS)이란 일부 여성들이 월경 이전에 겪는 육체적, 정신적 증상을 말한다. 두드러진 기분 변화, 음식 갈망, 화가 남, 긴장, 우울, 두통, 여드름, 가슴의 유연함, 불안, 감정의 폭발

등 100가지가 넘는 증상들이 나타나는 것을 말한다. 이러한 증상과 비타민 B_6의 관계는 신경전달물질인 세로토닌과 도파민의 합성에 비타민 B_6가 필요하다는 사실이 잘 말해 준다. 비타민 B_6가 충분하지 않으면 신경전달물질의 수준을 감소시키고 월경 전 증후군과 관련된 불안, 분노, 우울이 나타난다. 월경 전 증후군에 미치는 비타민 B_6 보충제의 영향에 대한 연구에서는, 소량의 비타민 B_6 보충제가 이 증상을 완화시키는 데 효과적이라고 한다.

6-3. 비타민 B_6이 면역성을 증가시킬 수 있을까? — 세포의 성장과 분화를 방해하는 영양소의 결핍으로 인해 면역 기능이 손상된다. 그러므로 비타민 보충제에 대한 대부분의 주장은 보충제가 면역 기능을 향상시킨다는 것이다. 비타민 B_6도 예외가 아니며 비타민 B_6 보충제가 노인에게 면역 기능을 향상시키는 것으로 나타난 자료도 있다. 하지만 노인은 비타민 B_6의 섭취가 적기 때문에 보충제의 유익한 효과가 비타민 B_6로 인해 향상된 것인지, 면역 체계 자극 때문인지 확실하지 않다.

8. 엽산 (folate or folic acid)

엽산(folate, folacin)…엽산에 대한 일반적인 용어. 식품에서 발견된 엽산은 대부분 폴리글루탐산(polyglutamate) 형태인데, 폴리글루탐산는 흡수되기 전에 제거되어야 할 글루탐산(glutamate) 분자 사슬을 가지고 있다.

엽산(folic acid)…엽산의 모노글루탐산(mono glutamate) 형태로, 강화식품과 보충제에 존재한다.

빈혈이 임신 기간에 흔히 발생한다는 것은 오래 전부터 알려진 사실이다. 1937년 한 임신부의 빈혈이 성장 인자(Wills Factor)인 이스트에 의해 성공적으로 치료되었는데, 이 환자를 치료했던 의사가 윌스(Lucy Wills)였다. 성장 인자는 시금치에서 분리되었는데, 후에 라틴어로 잎이란 단어인 'folate'라 이름하였다. 엽산이라 불리는 **folate, folacin**은 **folic acid**와 화학구조와 영양학적 성질이 비슷한 화합물에 대한 일반적인 단어이다[그림 7-18]. 엽산에 대한 화학적 이름은 프테로일글루탐산(pteroylglutamic acid)이다.

[그림 7-18]…ⓐ엽산은 글루탐산(glutamate)이 연결된 고리 구조로 되어 있다. 모노글루탐산(monoglutamate) 형태는 강화식품과 보충제에서 발견된다. ⓑ폴리글루탐산(polyglutamate)은 식품에 본래 들어 있는 형태이다. 폴리글루탐산은 여러 개의 글루탐산(glutamate) 분자가 연결되어 한 사슬을 형성한다.

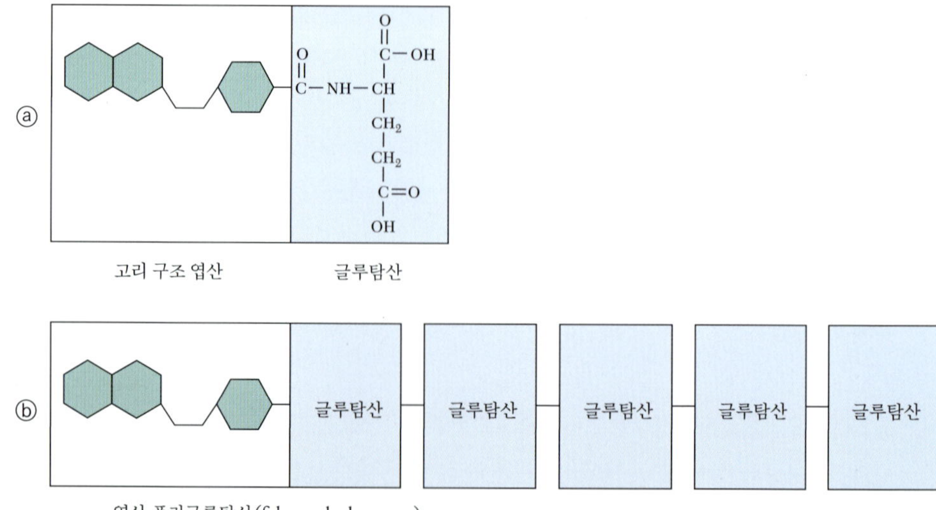

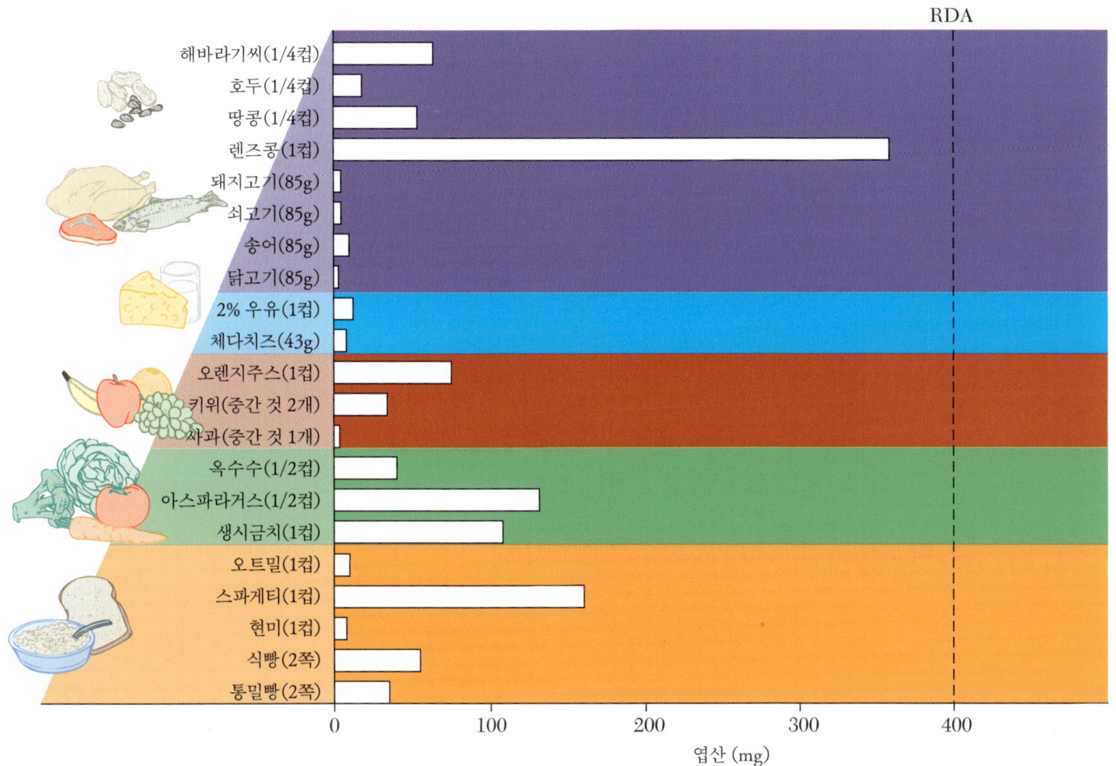

[그림 7-19]… 식품 구성탑에서 각 식품군의 엽산 함량. 점선은 성인에 대한 영양 권장량이다. 콩류, 강화식품, 일부 과일과 채소는 엽산의 좋은 급원이다.

1. 식사와 소화관에서의 엽산

엽산의 우수한 급원식품은 간, 이스트, 아스파라거스, 오렌지, 두류이다. 견과류뿐만 아니라 옥수수, 강낭콩, 겨자잎, 브로콜리와 같은 채소도 좋은 급원이며 육류, 치즈, 우유, 과일, 그 밖의 채소에는 적은 양이 들어 있다[그림 7-19]. 식품에 원래 함유된 대부분의 엽산은 글루탐산(glutamate) 분자가 연결된 사슬을 가지고 있다[그림 7-18]. 글루탐산은 아미노산이며, 여러 개의 글루탐산이 연결된 엽산 형태를 폴리글루탐산(polyglutamate)이라 한다. 모노글루탐산(monoglutamate) 형태의 엽산을 만들기 위해 폴리글루탐산은 흡수되기 전에 글루탐산 분자 중 하나만 남기고 모두 소장의 융모에서 효소에 의해 제거된다. 식품에 함유된 엽산은 50% 정도가 흡수된다고 알려져 있다. 모노글루탐산 형태의 엽산은 본래 식품에서는 잘 발견되지 않으며, 보충제와 강화식품에 이용된다. 모노글루탐산 형태의 엽산은 효소에 의해 글루탐산 분자를 제거할 필요가 없기 때문에 더 쉽게 흡수된다. 곡류에 첨가하거나 보충제에 사용되는 엽산의 생체이용률은 식품에 본래 들어 있는 엽산의 2배이다.

2. 체내에서의 엽산

엽산은 단일 탄소기를 전해 주는 조효소 형태로 반응에 작용한다. 엽산은 DNA 합성과 아미노산의 대사 과정에 필요하며, 세포가 분화되기 전에 DNA가 복제되어야 한다. 그러므로 DNA 합성에서 엽산의 역할은 적혈구가 만들어지는 골수와 같이 세포가 빠르게 분화되는 조직에서 특히 중요하며, 장, 피부, 태아기와 같이 빠른 성장을 하는 시기에 중요하다. 임신기에 엽산이 부족하면 **신경관 손상**의 위험이 증가된다.

신경관 손상(neural tube defects)… 태아 발달과정에서 이상이 생겨 뇌 또는 척수 조직에 나타나는 기형

식이엽산 당량(dietary folate equivalent; DFE)… 식품 중 엽산 1㎍DFE는 강화식품 또는 식품과 함께 섭취한 보충제 중 엽산 0.6㎍과 같고, 공복에 섭취한 보충제 중 엽산 0.5㎍과 같다.

3. 엽산 섭취권장량

성인 남녀의 엽산 섭취권장량은 400㎍DFE(**식이엽산 당량**)로 설정하였다. 식품 중 엽산 1㎍DFE는 강화식품 또는 식품과 함께 섭취한 보충제 중 엽산 0.6㎍과 같으며, 공복에 섭취한 보충제 중 엽산 0.5㎍과 같다. 가임기 여성에게는 태아의 신경관 손상의 위험을 감소시키기 위해 특별히 권장된다. 식품으로 섭취하는 엽산 외에 강화식품이나 보충제로 매일 400㎍DFE의 섭취가 권장된다. 따라서 임신한 여성은 하루 섭취권장량을 초과하게 된다. 임신기에 엽산의 하루 섭취권장량은 세포 분열 증가로 인해 600㎍DFE로 증가한다. 이 양은 식사로 섭취할 수도 있지만, 임신 기간에는 대체로 보충제를 섭취한다. 수유기에는 모유로 분비되는 양이 필요하므로 이 양만큼 하루 섭취권장량이 증가한다. 유아와 어린이는 빠른 성장으로 인해 성인보다 필요량이 더 많다. 모유와 우유는 유아에게 엽산의 필요양을 충분히 제공하지만 염소 우유는 그렇지 못하다. 염소 우유를 섭취하는 유아와 어린이가 다른 급원으로 엽산을 제공받지 못한다면 적절한 엽산이 공급되지 않을 수 있다.

4. 엽산 필요량

임신 가능한 연령의 여성은 엽산이 함유된 복합 비타민이나 강화식품을 섭취함으로써 엽산 권장량을 충족시킬 수 있다. 강화식품으로부터 400㎍DFE을 섭취하려면, 매일 강화시리얼 1~4끼분이나 강화곡류 4~6끼분을 먹어야 한다. 권장량을 강화식품으로 섭취하는 것이 불가능하다면 보충제를 이용하는 것이 좋다.

곡물에 엽산을 강화하게 된 것이 상당히 최근이기 때문에, 엽산 함량을 나타내는 방법에 있어 모순이 있다. 식품 조성 데이터베이스가 일부 제품에 대해서는 강화된 양을 제공하지만 다른 제품에 대해서는 제공하지 못할 수 있기 때문이다. 식품 라벨의 1일 섭취권장량과 식품 조성표의 엽산 함량을 ㎍DFE가 아닌 ㎍ 총 엽산으로 나타내는 것이 혼동을 주는 것은 사실이다. ㎍DFE은 여러 가지 형태의 엽산이 생체이용률에 차이가 있어 이를 보정하기 위해 발전되었다. 본래 엽산이 함유되어 있는 식품의 경

[표 7-4]… 강화식품의 식이엽산 당량 계산

강화식품의 라벨에 표시된 엽산은 식품에 본래 들어 있는 것보다 이용률이 높은 엽산이다. 강화식품에 함유되어 있는 엽산의 함량을 비교하기 위해 엽산의 양은 식이엽산 당량(㎍DFE으로 표현)으로 전환되어야 한다. 강화식품에 함유되어 있는 엽산은 첨가된 엽산에서 온 것이라는 것을 가정하고 계산한다.

강화식품에서 엽산의 함량을 정한다.

- 라벨에 적혀 있는 하루 섭취권장량 중 % 비율을 하루 섭취권장량에 곱한다.
- 하루 섭취권장량은 400㎍이다.

㎍엽산을 ㎍DFE로 전환한다.

- ㎍ 엽산에 1.7을 곱한다.
- 강화식품에 첨가된 엽산은 식품에 본래 들어 있는 엽산보다 이용률이 ㎍당 1.7배이다.

예

영국식 머핀에 함유되어 있는 엽산은 하루 섭취권장량의 6%를 제공한다.

- ㎍ 엽산의 계산: 400㎍ × 6% = 24㎍ 엽산
- ㎍ DFE로 전환: 24㎍ 엽산 × 1.7 = 40㎍ DFE

우, 엽산 함량은 라벨에 표시된 하루 섭취권장량 중의 % 비율을 하루 섭취권장량(400 ㎍)에 곱하여 계산할 수 있다. 하루 섭취권장량의 25%를 제공하는 냉동 시금치 포장 상품에 함유된 엽산을 계산하면, 400㎍×25%=100㎍DFE가 된다. 엽산이 강화된 식품의 경우는 엽산 생체이용률이 더 높기 때문에 하루 섭취권장량 중의 % 비율로 나타낸 엽산 함량에 1.7을 곱하면 된다[**표7-4**].

5. 엽산 결핍증

엽산이 결핍되면 혈중 엽산 농도가 감소하고 세포 분열 속도가 빠른 적혈구 생성 과정에 영향을 주며, 혈장 호모시스테인 농도가 증가한다. 엽산 결핍 시 성장 장애, 신경 이상, 설사, 설염, 빈혈 등의 증상이 나타난다. 엽산이 부족한 사람의 골수에서는 혈액으로 방출되는 적혈구의 세포들이 DNA를 합성할 수 없어 분열되지 못하고 빈혈을 일으킨다. 대신 적혈구가 더 크게 성장한다. 이렇게 크고 미숙한 세포를 **거대적아구**라 부르는데, 이것은 **거대적혈구**라 부르는 큰 적혈구로 바뀔 수 있다. 한편, 성숙한 적혈구의 수가 감소되고 산소 운반 능력이 감소하는 결과를 가져오는데, 이것을 **거대적아구성 빈혈**이라 부른다[**그림7-20**]. 엽산 결핍의 위험 집단은 세포 분열 속도와 성장이 빠른 임신부와 조산아, 충분한 엽산이 함유된 식품의 섭취가 제한된 노인, 알코올이 엽산의 흡수를 방해하는 알코올 중독자, 폐의 내벽 세포에서 엽산을 불활성시키는 흡연자 등이다.

거대적아구(megaloblast)…적혈구가 정상적으로 분열되지 못할 때 형성되는 크고 미성숙한 적혈구
거대적혈구(macrocyte)…수명은 짧으며, 정상보다 크고 성숙한 적혈구
거대적아구성 빈혈(megaloblastic, macrocytic anemia)…비정상적으로 크고 미성숙한 적혈구와 크고 성숙한 적혈구를 가지고 있으며, 적혈구의 총 수와 산소 운반 능력이 감소하는 상태

6. 엽산과 신경관 손상의 위험

같은 엽산 수준에 있는 모든 임신부가 신경관이 손상된 아이를 다 출산하는 것은 아니기 때문에, 뇌와 척수에 영향을 주는 **이분척추**, **무뇌증**, 선천적 결손증과 같은 신경관 손상은 실제로 엽산 결핍 증상이 아니다. 신경관 손상은 아마도 낮은 엽산 수준과 유전적 소인에 관련된 인자들이 결합하였기 때문이다. 신경관 발달에서 엽산의 역할이 알려져 있지는 않지만, 엽산은 신경관 폐쇄라 불리는 중요한 단계에 필요하다. 신경관 폐쇄가 정상적으로 일어나지 않으면 뇌와 척수의 일부분이 적당히 보호받지 못한다[**그림7-21**]. 신경관 폐쇄는 임신 후 28일까지 완성된다. 그러므로 초기 발달 기간에

이분척추(spina bifida)…척추골이 척수를 보호하지 못하는 선천적 결손증
무뇌증(anencephaly)…뇌, 두개골, 두피에 중요한 단백질의 결핍으로 신경관에 이상이 생겨 발생하는 선천적 결손증

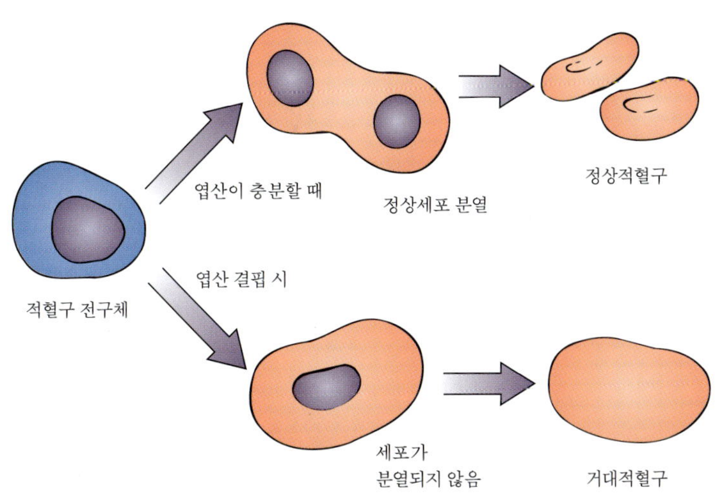

[**그림7-20**]…거대적아구성 빈혈은 혈액 세포가 분열되지 못할 때 발생하는데 그 결과, 비정상적으로 큰 적혈구가 생긴다.

[그림 7-21]… 뇌와 척수에서의 신경관 발달 과정. 엽산이 충분하지 않으면 이분척추와 같은 신경관 손상이 더 빈번하게 나타난다.

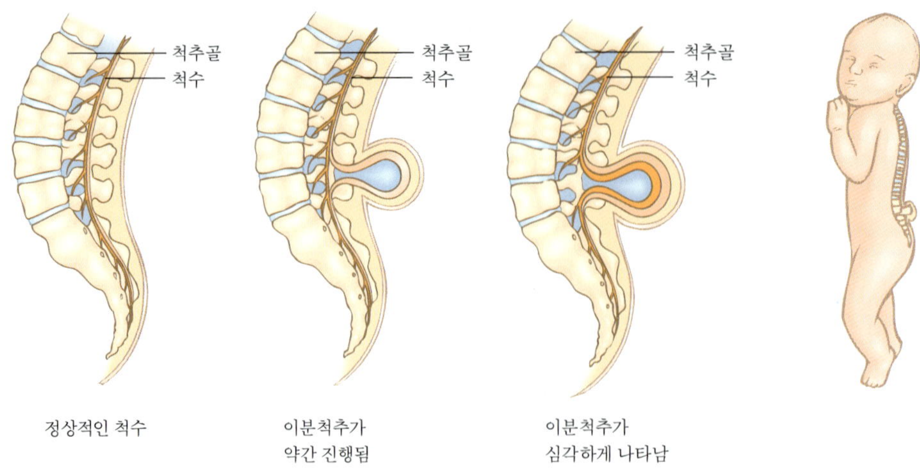

엽산을 적당히 공급해 주기 위해서는 임신 전에 엽산 수준이 적당해야 한다. 임신 전과 임신 초기에 엽산을 추가 섭취하게 한 연구에서, 식품에 들어 있는 엽산 외에 하루에 360~800㎍씩 엽산을 보충하였더니 신경관 손상의 발생 감소와 관련이 있다는 것이 보고되었다. 본래 식품에 함유되어 있는 엽산이 신경관 손상을 방지할 만큼 풍부하게 엽산을 제공할 수 있는지 알려지지 않았기 때문에, 보충제나 강화식품으로 엽산 보충이 권장된다. 더 효과적이려면 여성들은 임신하기 전부터 엽산 섭취가 적당해야 하므로 임신가능한 연령에 있는 모든 여성에게 엽산 보충이 권장되고 있다.

7. 엽산과 심장질환

엽산의 낮은 섭취는 심장질환의 위험 증가와 관련이 있다. 심장질환에서 엽산의 영향은 아미노산 호모시스테인의 대사 과정에서의 역할과 관련이 있다[그림 7-17]. 엽산은 호모시스테인을 메티오닌으로 전환시키는 데 필요하다. 호모시스테인의 농도가 증가하면 심장혈관질환의 위험이 증가하고 엽산의 섭취가 증가하면 호모시스테인의 농도와 심장혈관질환의 위험은 감소한다.

8. 엽산과 암

낮은 엽산 섭취는 자궁, 자궁경부, 폐, 위, 식도, 대장과 같은 상피 조직에 영향을 주는 암의 발전 위험성을 증가시킨다. 엽산 결핍이 암을 발생시키는 것은 아니지만, 낮은 엽산 섭취가 암이 생기는 잠재적인 소인을 높이는 것으로 생각되고 있다. 역학적 자료는 엽산의 높은 혈장 농도가 특히, 알코올 섭취로 위험이 큰 여성에게 유방암을 발전시키는 위험을 감소시키는 것과 관련이 있다는 것을 보여주었다. 알코올 섭취는 낮은 엽산 섭취와 연관된 암의 위험을 매우 증가시킨다. 역학적 연구와 의학적 연구는 더 높은 엽산 섭취와 혈액의 엽산 농도가 직장암의 위험을 감소시키는 것과 관련이 있음을 말해 준다. 연구에서 엽산을 아주 적게 섭취한 사람에 비해 엽산을 매우 높게 섭취한 사람에게서 직장암의 위험이 거의 40% 감소하였음이 나타났다.

엽산의 결핍은 암세포를 죽게 할 수 있는 DNA 합성을 방해한다. 많은 화학 약품은 암세포가 분열하는 것을 막는 엽산의 작용을 방해한다.

☀ 라벨 읽기: '오렌지주스에는 비타민 C가 얼마나 많이 들어 있을까?'

제품의 라벨을 보고 식품에 미량영양소가 정확히 얼마나 들어 있는지 알기는 어렵다. 지질, 탄수화물, 나트륨은 식품 라벨에 성분 표시가 무게로 적혀 있기 때문에 식품에 지질, 탄수화물, 나트륨이 얼마나 들어 있는지 알기 쉽지만, 미량영양소의 양은 1일 영양소 기준의 %로 적혀 있기 때문이다.

비타민 A, 비타민 C, 철분, 칼슘은 식품 라벨에 1일 영양소 기준의 %로 나타내도록 되어 있다. 그 밖의 비타민과 무기질의 하루 섭취권장량도 흔히 제공된다. 식품 1회 분량에 함유되어 있는 영양소의 함량을 계산하려면, 1일 영양소 기준을 알아야 한다. 미량영양소의 1일 영양소 기준은 1일 영양섭취 기준과 같다.

비타민의 1일 영양소 기준은 하단에 적혀 있다. 일단 1일 영양소 기준을 알면, 식품의 1인 분량에 들어 있는 양을 계산하기 위해 라벨에 표시되어 있는 1일 영양소 기준의 %를 곱해 주면 된다. 오렌지주스 한 컵에 비타민 C가 얼마나 들어 있는지 알아보자.

오렌지주스

영양 정보
1회 분량 250mL
8인분

1회 분량당 양	
열량 110, 지방에 의한 열량 0	
	1일 권장량의 %
총 지방 0g	**2%**
나트륨 0mg	**0%**
칼륨 450mg	**13%**
총 탄수화물 26mg	**9%**
당류 7mg	
단백질 2g	
비타민C 120%	• 칼슘 2%
티아민 10%	• 리보플라빈 4%
나이아신 4%	• 비타민 B_6 6%
엽산 15%	• 마그네슘 6%

Not a significant source or saturated fat, cholesterol, dietary fiber, vitamin A and iron.

1일 권장량은 2,000kcal를 기준으로 책정된다.

1. 1일 영양소 기준을 살펴본다.

비타민	1일 영양소 기준	비타민	1일 영양소 기준
비타민 A	5,000 IU	**티아민**	1.5 mg
비타민 D	400 IU	**리보플라빈**	1.7 mg
비타민 E	30 IU	**나이아신**	20 mg
비타민 K	80 μg	**비타민 B_6**	2.0 mg
비오틴	300 μg	**엽산**	400 μg
판토텐산	10 mg	**비타민 B_{12}**	6 μg
비타민 C	60 mg		

지용성 비타민에 대한 1일 영양소 기준은 국제적 단위(IU)로 표시한다. 영양섭취기준은 더 새로운 측정 방법을 이용한다.

2. 식품 라벨에 표시된 1일 영양소 기준 %를 찾는다(식품 라벨: 비타민 C 120%).

오렌지주스에 함유된 비타민 C의 1일 영양소 기준 % = 120%

3. 1회 분량에 비타민 C가 얼마나 들어 있는지 알려면 1회 분량에 1일 영양소 기준 %를 곱한다.

60mg × 120% = 60 × 1.2 = 72mg 비타민 C

1일 영양소 기준을 찾지 못하여 식품에 들어 있는 비타민 C, 그 밖의 비타민이나 무기질의 정확한 양을 계산하지 못하더라도 식품 라벨에 표시된 1일 영양소 기준의 %가 그 식품이 우수한 급원인지 알려 준다. 일반적으로, 1일 영양소 기준 비율이 5% 이하이면 해당 영양소의 좋은 급원이 아니고, 10~19%이면 좋은 급원이며, 20% 이상이면 우수한 급원이다.

9. 엽산의 독성

엽산의 독성에 대해 알려진 것은 없지만, 엽산을 과량 섭취하게 되면 비타민 B_{12} 결핍의 초기 증상이 가려져서 치료할 수 없게 되거나 회복할 수 없는 신경 손상을 가져오게 될 수 있다. 성인의 경우 보충제나 강화식품으로부터의 엽산 최대 허용섭취량을 하루에 1,000μg으로 설정하고 있다. 이 양은 비타민 B_{12}가 결핍된 환자에게 엽산을 보충한 연구에서 신경학상 증상이 진행되는 정도에 근거해서 설정되었다.

9. 비타민 B_{12} (vitamin B_{12}) : 코발아민

악성빈혈(pernicious anemia)…내적 인자의 부족으로 비타민 B_{12}가 흡수되지 않아 발생하는 비타민 B_{12} 결핍증으로 나타나는 빈혈. 비타민 B_{12} 주사나 약을 과량 복용해도 치료되지 않는다면, 신경 손상을 가져오게 된다.

악성빈혈은 철분 보충제에 반응하지 않는 빈혈의 한 형태이다. 1820년에 처음 발병하였는데, 그 당시에는 치료가 되지 않아 사망하였다. 악성빈혈은 비타민 B_{12}를 충분히 흡수하지 못하기 때문에 나타난다. 1926년 의사 마이넛(Minot)과 머피(Murphy)는 비타민 B_{12}의 좋은 급원인 간을 다량 함유한 식사로 질병을 치료하여 노벨상을 받았다. 오늘날은 비타민 B_{12}의 한계 결핍증의 영향과 과량의 엽산 섭취 시 비타민 B_{12} 결핍이 가려지는 것에 대해 관심이 모아지고 있다.

1. 식사에서의 비타민 B_{12}

[그림 7-22]…식품 구성탑에서 각 군에 들어 있는 비타민 B_{12}의 함량. 점선은 성인 남자와 여자에 대한 영양권장량을 나타낸다. 비타민 B_{12}는 동물성 식품이나 비타민 B_{12}가 강화된 식품에 함유되어 있다.

비타민 B_{12}는 거의 동물성 식품에 풍부하게 들어 있다[**그림 7-22**]. 비타민 B_{12}가 박테리아, 곰팡이, 조류에 의해 생성될 수 있지만, 식물과 동물에 의해서는 만들어질 수 없

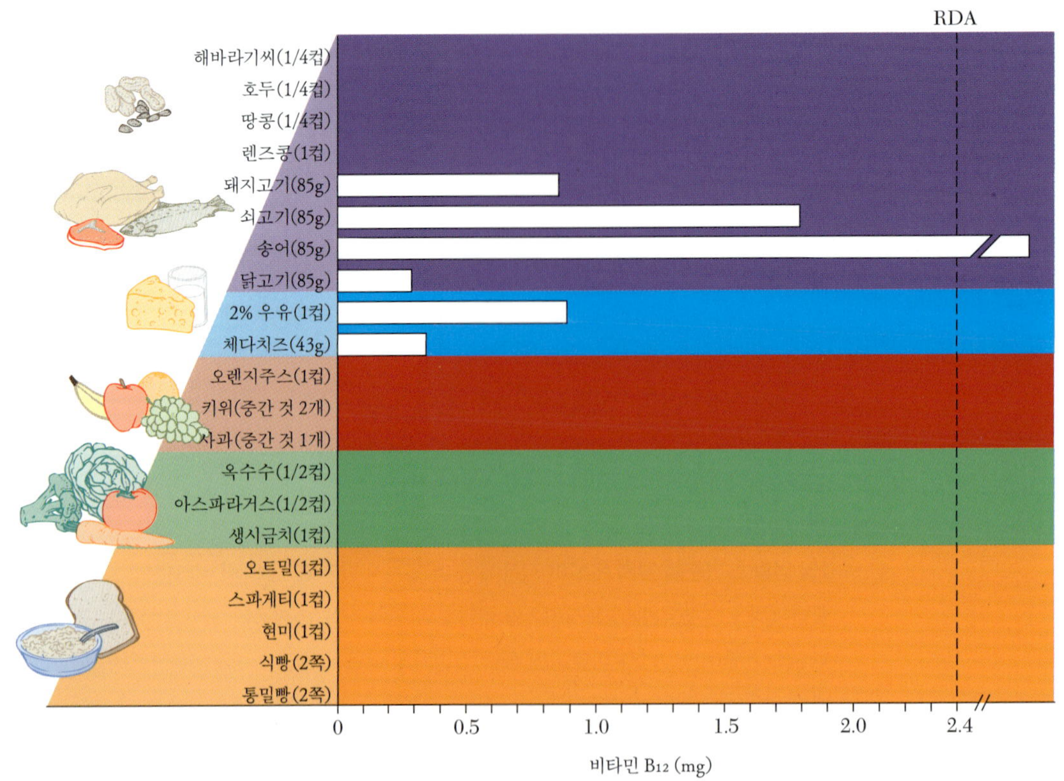

다. 비타민 B_{12}는 식품으로부터 또는 박테리아에 의한 합성으로 동물 조직에 축적된다. 사람의 직장에서 미생물은 비타민 B_{12}를 생산할 수 있지만 흡수될 수는 없다. 식물이 박테리아, 토양, 곤충, 비타민 B_{12}의 다른 급원으로 오염되거나 비타민 B_{12}를 강화하지 않는다면, 식물에는 비타민 B_{12}가 함유되어 있지 않게 된다. 비타민 B_{12}의 필요량을 공급해 주기 위해서 동물성 식품이 없는 식사에는 보충제나 비타민 B_{12} 강화식품을 공급해 주어야 한다.

2. 소화관에서의 비타민 B_{12}

비타민 B_{12}가 흡수되기 위해서는 특별한 방법이 필요하다. 비타민 B_{12}는 식품에 존재하는 단백질과 결합한 후 흡수되기 전에 유리된다. 비타민 B_{12}는 위산과 단백질 소화효소인 펩신에 의해 유리되며, 유리된 비타민 B_{12}는 침, 위액, 체액에 존재하는 R–단백질이라 불리는 특별한 단백질과 결합한다. R–단백질과 결합한 비타민 B_{12}는 소장으로 이동하는데, 췌장 효소에 의해 R–단백질이 제거되고 유리 상태의 비타민 B_{12}는 **내적인자**와 다시 결합한다. 내적인자는 **위벽세포**에서 만들어지는 단백질이다. 내적인자 –비타민 B_{12} 복합체가 소장의 끝인 회장에서 단백질 수용체와 결합하고 비타민

내적인자(intrinsic factor) … 위에서 만들어지는 단백질로, 비타민 B_{12}가 적당량 흡수되기 위해 필요하다.

위벽세포(parital cell) … 위의 내부에 존재하는 큰 세포로 내적인자와 염산을 생산한다.

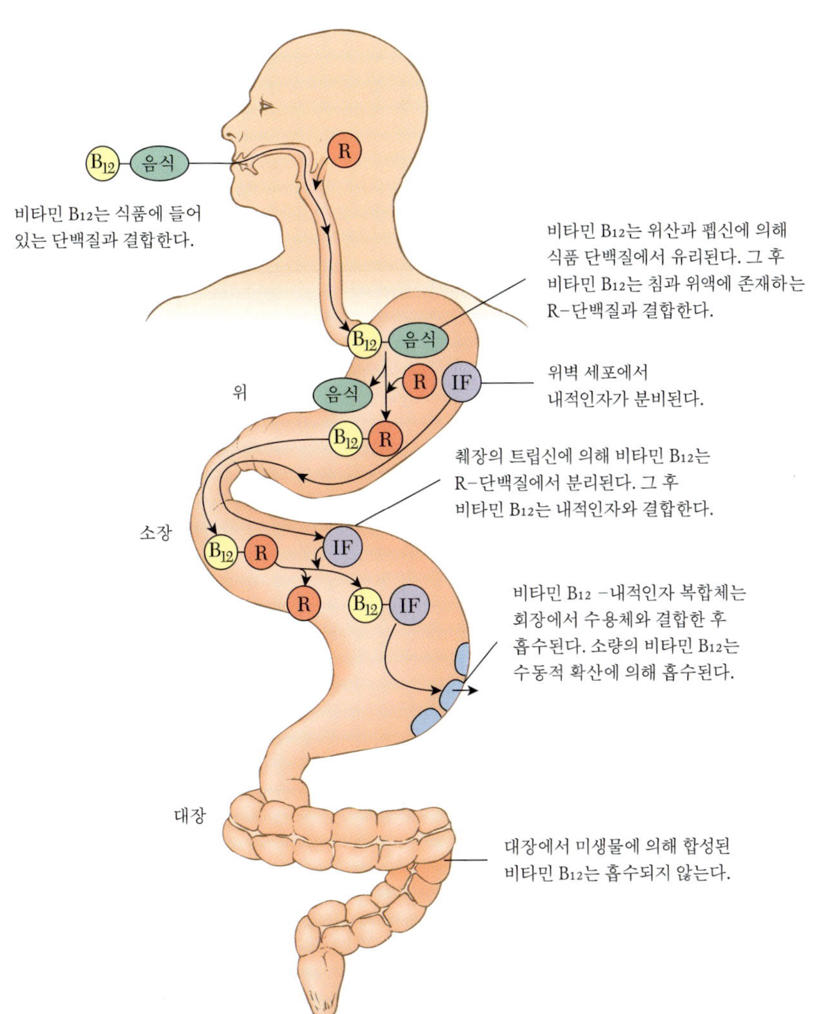

[그림 7-23]…건강한 위, 췌장, 소장에서 비타민 B_{12}의 정상적인 흡수가 일어난다. 위에서 내적인자가 생성되고 위산과 펩신은 식품 단백질과 결합한 비타민 B_{12}를 유리시킨다. 유리된 비타민 B_{12}는 R 단백질과 결합한다. 소장에서는 췌장에서 분비되는 효소가 비타민 B_{12}를 R 단백질에서 유리시키며 유리된 비타민 B_{12}는 내적인자와 결합한다. 비타민 B_{12}–내적인자 화합물은 소장의 끝인 회장에서 수용체와 결합하여 흡수된다. 대부분의 비타민 B_{12}는 이 대사 과정에 의해 흡수되고, 일부는 수동적 확산에 의해 흡수된다.

B_{12}는 흡수된다[그림 7-23]. 내적인자가 결여되면 소량의 비타민 B_{12}만이 흡수될 수 있다. 또한 위산 분비가 적거나 췌장 분비액이 충분하지 못하면 비타민 B_{12}의 흡수가 감소된다.

비타민 B_{12}는 담즙이 분비되는 소화관으로 들어가는데, 담즙에 존재하는 대부분의 비타민 B_{12}는 재흡수되지 않고 배설물로 손실된다. 이러한 순환으로 인해 비타민 B_{12} 결핍 증상이 나타나기 전에 수년 간 비타민 B_{12}가 결핍된 식사를 하게 될 수 있다.

3. 체내에서의 비타민 B12

코발아민(cobalamin)…비타민 B_{12}의 화학적 용어이다.

비타민 B_{12}와 **코발아민**은 코발트를 함유한 화합물이다. 비타민 B_{12}는 신경의 절연체 역할을 하는 수초를 유지시켜 주며, 정상적인 신경전달에 필요하다. 비타민 B_{12}는 활성 코발아민 조효소인 메틸코발아민과 아데노실코발아민 중 하나로 전환될 수 있다. 이 조효소들은 두 대사 반응에서 중요한 작용을 한다. 첫 번째 반응은 사슬에 홀수 개의 탄소를 가진 지방산 생성물이 시트르산 회로를 거쳐 에너지를 발생할 수 있도록 탄소원자를 재배열한다. 두 번째 반응은 호모시스테인으로부터 아미노산인 메티오닌을 합성하는 반응이다. 이 반응에서 DNA 합성에 작용하는 활성 엽산 조효소가 생성된다[그림 7-17].

4. 비타민 B12 섭취권장량

성인의 비타민 B_{12} 섭취권장량은 2.4㎍/1일이다. 이 양은 정상적인 적혈구 변수와 정상적인 비타민 B_{12} 혈청 농도를 유지하는 데 필요한 양이다.

임신기에는 비타민 B_{12}의 섭취권장량이 증가하며, 수유기에도 모유를 통한 분비를 고려하여 섭취권장량이 증가된다. 임신 중이거나 수유 중이면서 동물성 식품을 먹지 않는 완전 채식주의자들은 비타민 B_{12}의 권장량 섭취를 위해 보충제나 강화식품을 섭취하도록 권장한다.

5. 비타민 B12 결핍증

비타민 B_{12}가 결핍되면 혈중 호모시스테인의 농도가 증가하고 엽산 결핍성 빈혈과 유사한 대적혈구성 빈혈이 나타난다. 비타민 B_{12}는 DNA 합성 시 엽산을 활성 엽산으로 전환시키는 데 필요하기 때문에 빈혈이 나타난다[그림 7-17]. 비타민 B_{12}의 결핍은 이차적으로 엽산의 결핍을 일으키고, 결국 대적혈구성 빈혈이 나타난다. 또한 비타민 B_{12}가 결핍되면 무감각, 흥분, 걸음걸이의 이상, 기억 상실, 방향감각 상실과 같은 신경학상의 증상이 나타나는데, 이것은 신경, 척수, 뇌를 둘러싸고 있는 수초의 퇴화 때문이다. 치료하지 않으면 마비가 오거나 사망하게 된다.

비타민 B_{12}는 체내에 저장되어 재사용되기 때문에 심한 결핍은 드물다. 노인과 동물성 식품을 섭취하지 않는 채식주의자들에게 비타민 B_{12}의 최저 수준은 건강의 중요한 관심사다. 효율적인 비타민 B_{12}의 재사용으로, 결핍 증상이 나타나기 전에 수 년 동안 비타민 B_{12}가 결핍된 식사를 할 수 있다. 비타민 B_{12}를 식품으로 섭취하지 않거나 담즙에 존재하는 비타민 B_{12}가 잘 흡수되지 않아 흡수가 불량하면, 결핍 증상이 더 빠르게 나타난다. 내적인자를 생성하는 벽세포가 파괴된 자기면역 질환인 악성빈혈을 가지고 있는 사람이나 위산 분비 감소, 세균의 과증식을 일으키는 위의 염증인 **위축성 위염**을 가지고 있는 사람에게서 결핍증이 나타난다.

위축성 위염(atrophic gastritis)… 위 내부의 염증으로, 위산의 감소와 세균의 과증식을 일으킨다.

5-1. 악성빈혈 — 악성빈혈은 심각한 비타민 B_{12} 결핍의 중요한 근거다. 내적인자가 없다면 비타민 B_{12}는 정상적으로 흡수될 수 없다. 이 빈혈은 주사를 맞거나 코점막에 비타민 B_{12}를 함유하는 젤을 바르거나, 경구로 대량 복용함으로써 치료될 수 있다. 비타민 B_{12}를 피하지방과 근육으로 운반해 주는 주사와 비타민 B_{12}가 코점막을 통해 혈액으로 들어갈 수 있도록 해 주는 코점막에 바르는 겔은 내적인자를 필요로 한다. 경구로의 과량 복용은 내적 인자를 필요로 하지 않는 수동적 확산에 의해 충분한 비타민 B_{12}가 흡수될 수 있도록 해 주기 때문에 악성빈혈을 치료할 수 있다.

5-2. 위축성 위염 — 50세 이상인 사람 중 10~30% 정도는 위축성 위염을 가지고 있기 때문에 식품에 들어 있는 비타민 B_{12}를 정상적으로 흡수하지 못한다. 위산이 감소하면 단백질과 결합한 비타민 B_{12}를 유리시킬 수 있는 효소가 제대로 작용할 수 없기 때문에 비타민 B_{12}가 유리되지 못하여 흡수되지 않는다. 또한 위축성 위염은 소장에서 세균의 과증식을 일으키고, 세균은 비타민 B_{12}의 흡수를 감소시킨다. 50세 이상인 사람은 시리얼이나 콩으로 된 제품과 같이 비타민 B_{12}를 강화한 식품을 섭취하거나, 비타민 B_{12}가 함유된 보충제를 섭취하도록 권장한다. 이와 같은 제품은 비타민 B_{12}가 단백질과 결합하지 않기 때문에 위산이 적은 경우에도 흡수될 수 있다.

5-3. 채식주의자의 식사 — 비타민 B_{12}가 동물성 식품에 함유되어 있기 때문에, 완전 채식주의자들에게는 비타민 B_{12} 결핍이 문제가 된다. 완전 채식주의자인 여성의 모유를 먹은 유아에게 심각한 결핍증이 나타났으며, 보충제나 강화식품을 섭취하지 않는다면 완전 채식주의자에게 한계 결핍이 문제가 된다.

5-4. 비타민 B_{12} 결핍과 엽산 보충 — 비타민 B_{12}가 결핍된 사람이 엽산을 충분히 섭취하게 되면, 비타민 B_{12}의 결핍을 쉽게 확인할 수 있는 증상인 빈혈이 나타나지 않을 것이다. 증상이 없으면, 진단이 늦춰지게 되어 신경 손상과 같은 더 심각하고 비가역적인 증상이 나타나게 될 것이다. 엽산을 곡류에 강화하면 보충된 엽산이 비타민 B_{12}의 결핍 진단을 늦추게 되는 문제가 발생하지만, 전형적인 식품에서 섭취하는 양은 이런 문제를 야기할 만큼 함량이 높지 않다. 보충제에 들어 있는 엽산의 함량은 비타민 B_{12}의 결핍증을 가릴 정도로 상당히 높다.

6. 비타민 B_{12} 독성과 보충제

식품이나 보충제로 비타민 B_{12}를 하루에 100μg 이상 과량 섭취한 경우 독성이 보고되지 않았다. 그리고 비타민 B_{12}의 최대 허용섭취량을 설정한 만한 충분한 자료가 없다.

비타민 B_{12}의 보충제로 시아노코발아민을 경구와 주사 형태로 이용한다. 비타민 B_{12}의 결핍은 빈혈을 일으키지만, 특히 주사 형태의 보충제는 피곤하고 지친 사람에게 기운을 돋우는 강장제로서 사용될 수 있다. 하지만 비타민 B_{12} 보충제가 비타민

B_{12}가 결핍되지 않은 사람에게 이롭다는 증거는 없다. 경구로 복용하는 보충제는 완전 채식주의자나 50세 이상인 사람처럼 비타민 B_{12} 결핍의 위험에 있는 사람들에게 이로울 것이다.

10. 비타민 C (vitamin C) : 아스코르브산

괴혈병(scurvy)…비타민 C의 결핍 증세
아스코르브산(ascorbic acid, ascorbate)…비타민 C의 화학적 용어

비타민 C의 결핍은 역사를 통해 볼 때 군인과 탐험가들에게서 나타났는데, 비타민 C 결핍증은 **괴혈병**으로 알려져 있다. **아스코르브산**으로 알려진 비타민 C가 군인과 탐험가들에게 특히 문제가 되었던 이유는 신선한 과일과 채소가 비타민 C의 주요 급원이기 때문이다. 이런 식품은 빨리 상하기 때문에 긴 항해에 가져갈 수 없다. 1500년대 중반 캐나다 동부의 인디안들은 삼나무 잎에서 추출한 물질이 괴혈병을 치료한다고 생각했다. 1594년 리차드 홉킨스(Richard Hawkins)는 남태평양을 항해한 후 이 질병은 감귤류를 섭취함으로써 치료될 수 있다고 제시했다. 그럼에도 불구하고 같은 해에 10,000명의 영국 선원들이 괴혈병으로 사망했다. 100년 후 영국 해군에서 근무하던 스코틀랜드인 의사 제임스 린드(James Lind)는 괴혈병을 치료하는 데 효과가 있는 여러 가지 물질을 테스트하였고, 감귤을 섭취한 두 환자가 6일만에 회복되었다는 보고를 하였다. 48년이 지나 상업적 항해에서 라임주스나 레몬주스를 배급하게 되었다.

1. 식사에서의 비타민 C

오렌지와 같은 감귤, 레몬, 라임은 비타민 C의 우수한 급원이다. 비타민 C가 높은 다른 과일로는 딸기와 멜론이 있다. 녹색 채소, 고추, 토마토, 감자 그리고 브로콜리, 콜리플라워 같이 양배추과에 속하는 채소들 또한 비타민 C의 좋은 급원이다[**그림 7-24**]. 육류, 생선, 가금류, 달걀, 유제품, 곡류에는 비타민 C의 함량이 적다. 포장 식품의 경우 비타민 C의 함량은 1일 영양소 기준의 %로 라벨에 표시되어야 한다. 라벨 표시는 냉동 딸기와 오렌지주스 같은 포장 식품이 비타민 C의 좋은 급원이라는 것을 쉽게 알아볼 수 있도록 해 준다.

비타민 C는 불안정하고 산소, 빛, 열에 의해 파괴되기 때문에 조리 중에 쉽게 손실되며, 특히 구리나 철로 된 조리기구와 산성 조건은 비타민 C의 손실을 가속시킨다.

2. 체내에서의 비타민 C

비타민 C는 수용성 비타민으로, 결합조직의 합성과 유지에 필요하며 생화학 반응에서 전자를 내놓는다. 전자를 내놓기 때문에, 비타민 C는 산소 분자로부터 몸을 보호하는 항산화제로서의 중요한 역할을 한다[**그림 7-25**]. 또 비타민 C는 면역 체계를 유지하고 철의 흡수를 돕는다.

2-1. 비타민 C와 조효소 — 비타민 C를 필요로 하는 많은 생화학 반응에서 수산기(OH)가 다른 분자에 첨가된다. 이와 같은 반응은 체내에서 모든 결합조직을 구성하는

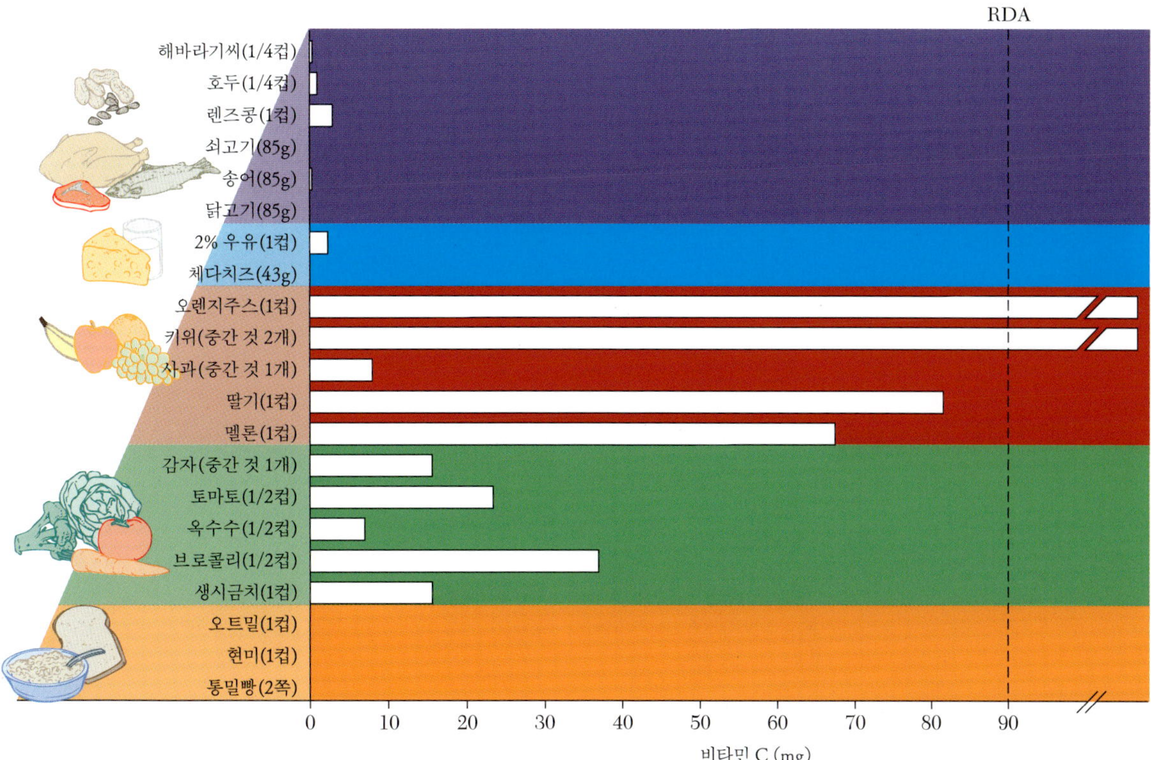

[그림 7-24]…식품 구성탑에서 각 군에 들어 있는 비타민 C의 함량. 점선은 성인에 대한 영양 권장량을 나타낸다. 과일과 채소는 비타민 C의 가장 좋은 급원이다.

단백질인 **콜라겐** 형성에 중요하다. 아미노산인 프롤린과 라이신이 수산화 효소에 의해 하이드록시프롤린과 하이드록시라이신을 형성하는 데 있어 비타민 C가 필요하다. 수산기는 콜라겐의 폴리펩티드 사슬이 꼬여 화학 결합을 형성할 때 강한 결합을 만들어 준다[그림 7-26]. 또한 비타민 C는 신경전달물질, 갑상선 호르몬, 스테로이드 호르몬, 담즙산, 카르니틴을 포함한 세포 화합물의 합성에 필요한 조효소로 작용한다.

콜라겐(collagen)…결합조직을 구성하는 중요한 단백질. 콜라겐은 신체에 있는 단백질 중 양적으로 가장 많은 단백질이다. 또한 인대와 힘줄의 중요한 구성 성분으로 세포간질과 피부를 구성하며 상처 회복, 동맥벽의 탄력 유지에 중요하다.

2-2. 항산화제로서의 비타민 C — 비타민 C는 **항산화제**로 작용한다. 항산화제는 반응 산소 분자에 의해 생기는 **산화적 손상**을 방지하는 물질이다. **산화 스트레스**란 반응하는 반응 산소 분자의 양과 항산화 방어의 효율성 사이에 생기는 심각한 불균형을 의미한다. 산화 스트레스는 암과 심장질환뿐 아니라 노화와 관련이 있다. 반응 산소 분자를 증가시켜 산화 스트레스를 야기하고, 항산화 방어를 감소시키며, 산화적 손상을 증가시키는 물질을 **프로-산화제**라고 한다.

항산화제(antioxidant)…활성 산소를 제거할 수 있는 물질로 산화에 의한 손상을 줄여 준다.
산화적 손상(oxidative damage)…산소가 화합물에서 전자를 빼앗아 생기는 손상으로, 구조와 기능에 변화를 준다.
산화 스트레스(oxidative stress)…효율적인 항산화 방어 기능보다 반응하는 반응 산소 분자의 양이 더 많을 때 발생하는 상태를 말한다. 산화 스트레스는 반응하는 반응 산소 분자의 양이 과도하게 많거나 항산화 방어가 부족하기 때문에 일어난다.
프로-산화제(pro-oxidant)…산화적 손상을 증가시키는 물질

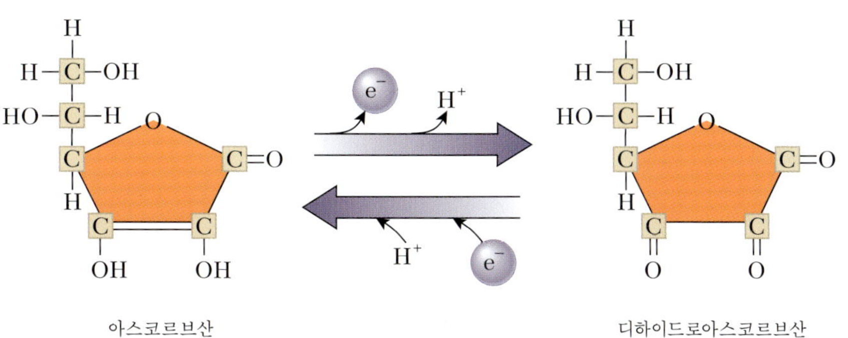

[그림 7-25]…비타민 C는 화학반응에서 전자와 수소를 내놓고 디하이드로아스코르브산(dehydroascorbic acid) 분자가 되어 구조가 바뀐다. 이 반응은 가역반응이며 비타민 C는 글루타티온(glutathione)과 같은 다른 항산화제에 의해 원래대로 돌아갈 수 있다.

[그림 7-26]…비타민 C는 콜라겐이 결합조직을 강하고 안정적으로 만들 수 있도록 연결하는 화학 결합 형성에 필요하다.

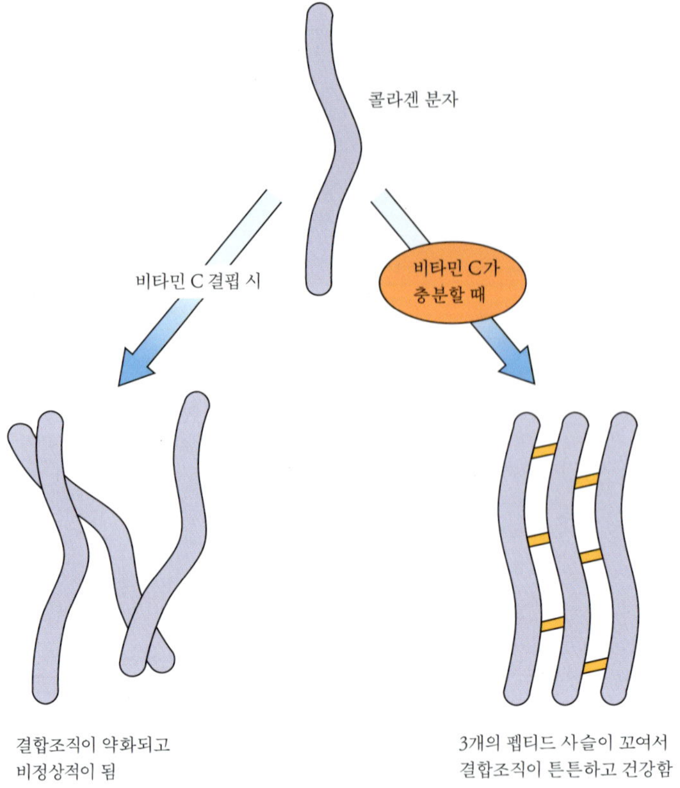

[그림 7-27]…비타민 C는 유리 라디칼을 제거하기 위해 전자를 내놓는 항산화제로 작용하므로 더 이상 손상되지 않는다.

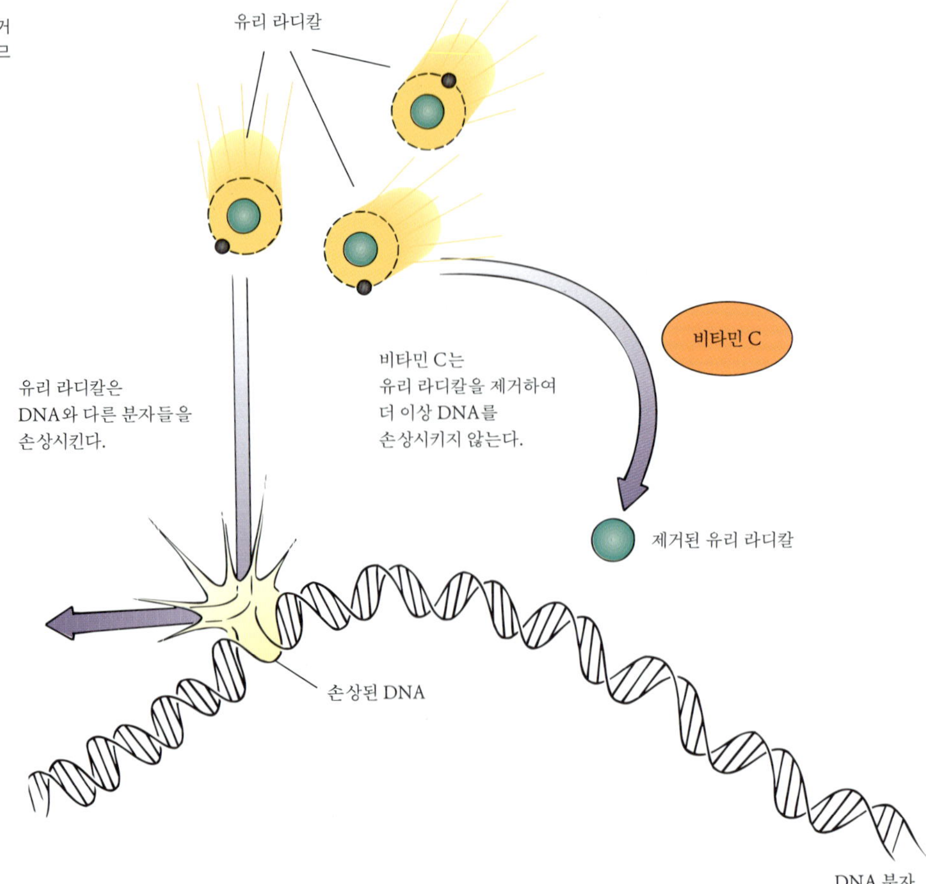

유리 라디칼(free radical)…반응성이 큰 분자의 한 형태로, 산화적 손상을 일으킨다.

항산화제는 어떻게 작용할까 — 반응 산소 예컨대 **유리 라디칼**은 체내에서 산소를 필요로 하는 반응으로부터 오기도 하고 대기오염이나 담배연기 같은 환경적 원인에서 오기도 한다. 유리 라디칼은 DNA, 단백질, 탄수화물, 불포화지방산에서 전자를 빼앗아 손상을 일으키며, 이들 분자의 구조와 기능에 변화를 주게 된다. DNA 손상은 고령에 나타나는 암 발생률 증가에 대한 중요한 원인으로 여겨지고 있다. 세포막에서 유리 라디칼의 지단백질과 지방에의 손상은 아테롬성 동맥경화증의 발전과 관계가 있다.

항산화제는 유리 라디칼이 손상을 주기 전에 반응 산소 분자를 파괴시키는 작용을 한다. 일부는 유리 라디칼을 직접 파괴하는 반면, 일부는 유리 라디칼을 형성하기 전에 다른 반응 분자인 과산화 라디칼이나 과산화수소를 제거한다. 체내에서 만들어지는 항산화제도 있고, 식품을 통해 섭취되는 항산화제도 있다. 비타민 C, 비타민 E, 셀레늄은 **식이 항산화제**로 분류된다.

식이 항산화제(dietary antioxidant)…사람에게 정상적인 생리 기능을 할 수 있도록 반응종의 부작용을 상당히 감소시키는 식품에 함유된 물질

비타민 C의 역할 — 비타민 C는 혈액과 체액에서 항산화제로 작용한다. 비타민 C는 DNA가 손상되기 전에 과산화 라디칼과 유리 라디칼을 제거할 수 있다[그림 7-27]. 또한 비타민 C는 백혈구, 폐, 위점막에서 반응 산소 분자를 제거하는 것으로 나타났다. 비타민 C의 항산화제 특성은 다른 영양소의 작용에 중요하다. 비타민 C는 비타민 E의 활성 항산화제를 재생시키고, 쉽게 흡수될 수 있는 철의 환원 형태(Fe^{2+})를 유지시켜 주어 철의 흡수를 향상시킨다. 철이 함유된 식사에서 비타민 C 50mg(작은 컵으로 오렌지주스 한 잔에 해당하는 양)을 섭취하면 철의 흡수는 6배로 증가한다.

3. 비타민 C 섭취권장량

비타민 C 섭취권장량은 비타민 C가 소변으로 최소한 배출되어, 호중성 백혈구의 비타민 C 농도를 극대화시키는 데 필요한 양을 근거로 하여 설정하였다.

임신기와 수유기에는 비타민 C의 권장량이 증가되고, 유아의 비타민 C 권장량은 모유에 함유되어 있는 비타민 C 함량을 근거로 설정되며 노인의 경우는 비타민 C 섭취권장량이 증가하지 않는다. 흡연자는 비타민 C 요구량이 증가하는데, 이는 비타민 C가 담배 연기에 들어 있는 화합물을 붕괴시키는 데 사용되기 때문이다. 흡연자는 하루에 35mg의 비타민 C를 추가로 섭취하도록 권장한다. 이것은 브로콜리 1/2컵에 들어 있는 양이다. 운동과 정신적 스트레스가 비타민 C의 필요에 영향을 주는 것으로 나타나지는 않았다.

4. 비타민 C 결핍증

하루에 비타민 C 섭취량이 10mg 이하이면 괴혈병 증상이 나타날 수 있다. 이 증상은 콜라겐을 유지하는 비타민 C의 역할을 반영한다. 비타민 C가 없다면, 인접한 콜라겐 분자들끼리 결합이 형성되지 않아 건강한 콜라겐이 합성되거나 유지될 수 없다. 그 결과 상처 치유가 잘 안 되거나 이전에 치료된 상처가 재발하고, 뼈와 관절의 통증, 뼈의 골절, 치아가 부적절하게 형성되고 흔들리는 증상이 나타난다. 결합조직은 혈관을 잘 유지하기 위해 중요한데, 비타민 C가 결핍되면 혈관이 약화되고 모세혈관이 파열되어 모낭 주변의 출혈, 잇몸의 출혈과 멍이 쉽게 드는 증상이 나타난다. 또한 철의 흡수가 감소되어 빈혈이 나타날 수 있다. 괴혈병의 심리적 증상은 우울증과 히스테리이다.

앞에서 말했듯이, 비타민 C를 함유하는 과일과 채소의 부족은 수천 명의 선원, 군인, 탐험가의 생명을 빼앗아갔다. 오늘날 괴혈병을 초래할 만큼의 심각한 비타민 C의 결핍은 드물지만, 과일과 채소를 거의 섭취하지 않는 사람에게는 비타민 C 한계 결핍이 문제가 된다. 괴혈병은 오로지 우유만 먹는 유아나 알코올 중독자, 영양이 부실한 식사를 하는 노인에게서 발생하는 것으로 보고되었다.

5. 비타민 C 독성

일반적으로 비타민 C는 독성이 없는 것으로 알려졌다. 비타민 C의 섭취를 크게 증가시켜도 체액에서 비타민 C의 양은 크게 증가하지 않는다. 필요량을 초과해서 흡수된 비타민 C는 신장에서 배설되기 때문이다. 비타민 C를 1g 이상 섭취할 때 나타나는 가장 일반적인 증상은 설사, 메스꺼움, 복부 경련 등이다. 이 증상은 흡수되지 않은 비타민 C가 물을 장으로 끌어당기기 때문이다. 비타민 C의 최대 허용섭취량은 건강한 사람에게 위장 증상이 나타나지 않을 정도의 양을 근거로 하여 식품과 보충제로부터 2,000mg/1일로 설정하였다.

과량의 비타민 C 섭취를 피해야 하는 사람은 다음과 같다. 비타민 C가 결석 형성을 증가시킬 수 있기 때문에 신장결석이 있는 사람, 비타민 C는 철의 흡수를 증가시키기 때문에 철의 흡수가 조절되지 않는 사람, 비타민 C가 증상을 더 악화시킬 수 있는 겸상 적혈구 빈혈증 환자 등이다. 하루에 비타민 C를 3g 이상 과량 섭취하게 될 때의 문제는, 비타민 C의 구조가 포도당의 구조와 비슷하기 때문에 혈액 응고를 늦추려고 처방된 약을 방해하는 것과 포도당 수준을 체크하는 데 사용되는 소변 테스트를 방해한다는 것이다. 비타민 C 보충제는 치아의 법랑질을 손상시킨다. 비타민 C 보충제를 씹을 때 비타민 C는 치아의 법랑질을 녹일 만큼 충분히 강한 산이다.

6. 비타민 C 보충제

미국인의 1/3은 감기 증상을 예방하거나 감소시키려는 바램으로 비타민 C 보충제를 복용한다. 최근 심장혈관질환과 암을 예방하는 항산화제로서 비타민 C의 역할은 비타민 C 보충제를 활성화시키고 있다.

6-1. 비타민 C와 감기 — 비타민 C 보충제를 규칙적으로 복용하면 감기의 지속 기간과 고통이 감소된다. 효과를 보려면 감기 증상이 시작되기 전에 보충제를 복용할 필요가 있다. 감기 증상에 대한 비타민 C의 효과는 직접적인 항바이러스의 효과, 항산화제 효과, 면역 기능의 여러 가지 양상을 자극하는 역할, 히스타민(염증을 일으키는 분자) 파괴의 증가 또는 모든 작용이 복합적으로 나타나기 때문이다.

6-2. 비타민 C와 심장혈관질환 — 비타민 C 보충제가 혈압을 낮추고, LDL 콜레스테롤의 산화를 방지하며, 혈중 콜레스테롤 농도를 감소시킴으로써 심장혈관질환의 위험을 줄이는 것으로 알려졌다. 일부 연구에서는 혈압이 비타민 C 상태와 반비례 관계가 있다는 것을 알아냈지만 확정적인 자료는 아니다. 비타민 C는 항산화제 기능 때문에 LDL 산화를 방지하는 것으로 생각되고 있다. 간에서 콜레스테롤으로부터 담즙산

을 합성할 때 비타민 C가 필요하기 때문에 비타민 C는 혈중 콜레스테롤을 감소시킬 수 있다. 적당한 양의 비타민 C는 콜레스테롤이 담즙의 합성에 사용될 수 있도록 하여 혈중 콜레스테롤의 양을 감소시키게 된다.

6-3. 비타민 C와 암 — 과량의 비타민 C가 암을 치료하고 예방하는 것으로 제안된다. 암이 발전된 환자의 치료에서 비타민 C의 유익함을 찾지는 못했지만, 암을 예방하는 데 있어 비타민 C의 역할을 뒷받침할 만한 증거가 있다. 역학적 연구에서 비타민 C가 풍부한 식품인 과일과 채소의 섭취와 암 발생률은 반비례 관계가 있다는 것을 찾아냈다. 혈장에 비타민 C 농도가 높을수록 암 사망률이 더 낮아지는 것으로 나타났는데, 항산화제로서 비타민 C는 산화적 손상에 의해 일어날 수 있는 암을 예방할 수 있다. 위장암의 경우, 비타민 C가 장에서 발암성인 니트로사민(nitrosamine)의 형성을 막음으로써 암을 예방할 수 있다. 과량의 비타민 C 섭취와 여러 가지 암의 발생률 저하 관계에도 불구하고, 암의 위험성은 단일의 항산화제보다는 항산화제의 급원이 풍부한 자연식품으로 구성된 식사 형태와 더 밀접한 관련이 있다. 과일과 채소에 함유된 비타민 C 외에 다른 인자들은 전체적으로 비타민 결핍을 막는 효과에 도움이 된다.

11. 콜린(choline)은 비타민인가?

콜린은 세포막에 존재하는 인지질, 신경전달물질인 아세틸콜린, 메틸기 공여체인 베타인의 구성 물질로, 많은 중요한 분자들을 합성하는 데 필요하다. 콜린은 생화학 반응에서 탄소 원자의 중요한 급원이다. 콜린은 체내에서 제한된 양이 합성될 수 있으며, 현재 비타민으로 분류되지 않는다. 콜린이 건강한 남자에게 필수적인 영양소라는 증거가 있기는 하지만, 여성이나 유아, 어린이의 식사에서도 필수적인지에 대한 자료는 충분하지 않다.

콜린은 식품에 널리 분포되어 있다. 특히 좋은 급원식품은 달걀 노른자, 육류의 내장, 시금치, 견과류, 맥아 등이다. 대부분의 사람들은 콜린을 평균적으로 매일 600~1,000mg을 섭취하고 있는 것으로 추정된다. 충분 섭취량은 남자 550mg/1일, 여자 425mg/1일로 설정하였는데, 이것은 간 손상을 방지하는 데 필요한 양을 근거로 한 것이다. 콜린 섭취가 일생 동안 전체 시기에서 필요한 것인지를 평가할 만한 자료는 거의 없다. 어떤 시기에는 필요량이 체내에서 합성된다. 콜린 결핍증은 간 이상을 일으키는데, 건강한 사람에게는 결핍증이 나타나지 않지만 콜린이 결핍된 식사를 하는 사람이나 무콜린 음식물을 비경구로 공급받는 사람에게서는 결핍증이 나타날 수 있다. 동물에게 지속된 콜린 결핍증은 간에 지방 축적을 가져오고 간암을 일으킬 수 있다.

콜린을 식품으로부터 얻을 수 있는 양보다 훨씬 높게 과량 섭취하게 되면 체취, 발한, 성장률 저하, 저혈압, 간 손상이 나타날 수 있다. 성인의 최대 허용섭취량은 3.5g/1일로 설정하였는데, 이것은 저혈압 발생에 근거를 둔 것이다.

사례연구후기

H씨(남, 65세)는 건강에 좋은 식사와 생활습관을 유지하기 위해 열심히 일한다.

H씨 부부는 규칙적으로 운동하고, 1인분의 식사량을 지키며, 과일과 채소, 통곡물을 많이 먹지만, 육류는 가급적 먹지 않았다. 그러나 H씨 부부는 이런 식생활이 인체에 필요한 영양소를 충분히 얻을 수 있는 방법이 아니라는 것을 알고 놀랐다. 나이가 들수록 일부 비타민의 경우 체내에서 흡수 능력이 감소한다. H씨의 경우, 비타민 B_{12}의 필요량을 충분히 섭취하지 못했다. 낮은 육류 섭취는 콜레스테롤 건강을 유지하기에는 좋았지만, 유당불내증으로 인해 제한되었던 유제품 섭취와 더불어 비타민 B_{12}를 충분히 공급하지 못했다. 게다가 H씨는 노인에게 흔히 발생하는 위산의 양을 감소시키는 위축성 위염이라는 증상을 가지고 있었다. 위산은 비타민 B_{12}를 식품에 존재하는 단백질에서 유리하는 데 필요하다. 비타민 B_{12}가 충분하지 않으면, H씨의 신경을 둘러싸고 있는 수초가 유지될 수 없고 신경 기능이 파열된다. 주치의는 비타민 B_{12} 수준을 높이기 위해 H씨에게 비타민 B_{12} 주사를 투여했으며 비타민 B_{12}가 함유되어 있는 보충제 섭취를 권했다. 보충제에 들어 있는 비타민 B_{12} 형태는 단백질에 결합되지 않아서 위산이 적을 때도 쉽게 흡수가 된다. 현재 H씨는 상태가 좋아졌다. H씨는 적당한 비타민 B_{12} 의 섭취를 위해 종합비타민 보충제를 복용했다. H씨가 치료를 받지 않았다면 비타민 B_{12} 결핍증은 영구적인 신경의 손상을 가져왔을 것이다.

연습문제

1 비타민이란 무엇인가?

2 신체에서 비타민의 이용에 영향을 주는 4개의 인자를 적어 보시오.

3 조효소에 대해 정의하고, 다섯 가지 비타민의 조효소 기능을 설명하시오.

4 티아민 결핍이 알코올 중독자에게 흔한 이유는 무엇인가?

5 왜 우유를 불투명한 용기에 포장할까?

6 펠라그라가 무엇인가?

7 비타민 B_6가 단백질 대사에 어떻게 관여하는가?

8 엽산 부족이 특히 가임기 여성에게 문제가 되는 이유는 무엇인가?

9 위를 제거한 사람(또는 위장 접합술 수술을 받거나)은 비타민 B_{12} 필요량을 충족시키기 위해 왜 비타민 B_{12} 주사를 맞아야 할까?

10 왜 채식주의자는 비타민 B_{12} 결핍의 위험에 있을까?

11 비타민 B_6, 엽산, 비타민 B_{12}의 결핍이 모두 호모시스테인 수준을 증가시키는 이유를 설명하시오.

12 비타민 C의 결핍은 왜 상처 치유를 더디게 할까?

13 활성 산소 분자가 무엇이며, 활성 산소 분자는 어떻게 손상을 일으키는가?

14 산화 스트레스에서 항산화제의 역할은 무엇인가?

15 콜린은 비타민의 정의에 적합한가? 왜 그런가 또는 왜 그렇지 않은가?

Chapter 8

The Fat-Soluble Vitamins

사례연구

A양(여, 1세)은 다음 주가 되면 두 살이 된다. A양은 생후 9개월경에 보육원에서 미국으로 입양되었다. A양이 미국에 온 후, 한 소아과 의사는 한 개의 치아를 갖고 있던 A양에게 관심을 갖게 되었다. 의사는 A양의 늑골과 다리를 살펴본 후, A양이 구루병이라 불리는 비타민 D 결핍증이 의심되므로 혈액 검사를 해야 한다고 양부모에게 말했다. 양부모는 구루병에 대해 전혀 들어본 적이 없었다. 의사는 보육원에 있는 아이들은 적절한 비타민 D 합성에 필요한 충분한 햇빛을 자주 받지 못하기 때문에 입양된 아이들에게 상대적으로 이 결핍증이 흔하다고 설명했다. 비타민 D는 뼈와 치아의 적절한 형성과 유지에 필요하다. 어린이의 경우 비타민 D가 충분하지 않으면 체중을 견디지 못해 다리가 휘게 되고, 빈약하게 형성된 뼈는 쉽게 부러진다. 또 치아가 늦게 형성되고 쉽게 충치가 생기는 경향이 있다. 혈액 검사를 통해, 뼈를 약하게 하는 세포에 의해 생성되는 효소의 양뿐만 아니라 혈액에 있는 칼슘과 인의 양을 측정함으로써 구루병을 찾아낼 수 있다. A양의 부모처럼 대부분의 미국인은 구루병에 익숙하지 않지만, 최근의 여러 증거들이 미국의 사회적 문제로서 비타민 D의 결핍으로 인한 질병이 재출현할 것임을 암시하고 있다.

제 8 장 지용성 비타민

학습목표

1 비타민 A의 기능, 발생 가능한 독성에 대해 말할 수 있다.

2 야간 시력에서 비타민 A의 역할에 대해 설명할 수 있다.

3 비타민 A와 비타민 D가 유전형질 발현에 어떻게 영향을 미치는지 설명할 수 있다.

4 비타민 A 결핍이 눈에 나쁜 영향을 미치며, 실명까지 될 수 있는 이유에 대해 설명할 수 있다.

5 비타민 D를 햇빛 비타민이라고 표현하는 이유를 설명할 수 있다.

6 비타민 D 결핍으로 나타나는 증상을 비타민 D 기능과 관련해 설명할 수 있다.

7 비타민 E가 어떻게 세포막을 보호하는지에 대해 설명할 수 있다.

8 비타민 E의 급원식품 두 가지를 말할 수 있다.

9 비타민 K가 혈액 응고와 어떤 관련이 있는지 설명할 수 있다.

1. 현대 식사에서의 지용성 비타민

비타민 A, D, E, K는 지방에 용해되는 성질 때문에 지용성 비타민으로 분류한다. 지용성 비타민이 흡수되기 위해서는 담즙과 지방이 필요하다. 지용성 비타민은 일단 흡수되면, 혈액으로 가기 전에 카일로미크론(chylomicrons)에서 림프계를 통해 지방과 함께 운반된다. 필요 이상 섭취된 여분의 지용성 비타민은 혈액에 저장되었다가 필요할 때 사용할 수 있기 때문에, 평균적인 섭취량이 필요량만큼만 된다면 여러 달 동안 결핍증에 대한 위험 부담이 없어 필요량을 매일매일 공급해 주지 않아도 된다. 지방에 용해되는 성질은 체외로 배출되는 것을 제한하기 때문에 독성이 증가된다.

지용성 비타민의 체내 저장 능력에도 불구하고 비타민 A와 D의 결핍증은 개발도상국에서 흔하다. 보충과 강화를 통해 이 결핍증을 없애는 것이 국민 건강 프로그램의 핵심이다. 미국과 다른 선진국에서는 이 영양소에 대한 극심한 결핍증이 드물지만, 현대인의 식사 경향은 섭취하는 지용성 비타민의 양에 영향을 주고 있다. 패스트푸드의 유행으로 과일, 채소, 특히 녹색 채소의 섭취가 줄었고, 비타민 A, E, K의 섭취가 감소하고 있다[**그림 8-1**]. 우리는 실내에서 일을 하고, 실내 체육관에서 운동을 하며, 외출할 때는 자외선차단제를 사용함으로써 햇빛으로부터 신체를 보호하고 있는데, 이런 모든 것들이 햇빛으로부터 적절한 비타민 D의 합성을 제한한다. 우리는 허리 둘레와 만성병의 위험을 줄이기 위해 지방 섭취를 제한하고 있지만, 동물성 지방은 비타민 D와 비타민 A의 좋은 급원이고 식물성 지방은 비타민 E를 많이 제공한다. 지방 흡수를 제한하는 약물치료 또한 지용성 비타민의 흡수를 제한한다. 저탄수화물 식사의 유행은 곡류의 섭취는 줄이고 다량의 과일과 채소를 먹기 때문에, 비타민 K뿐만 아니라 비타민 E, 비타민 A 전구체의 섭취를 줄여 전체 음식에서 섭취되는 지용성 비타민의 양

[**그림 8-1**]…근대 같은 녹색 채소는 지방이 매우 낮지만 비타민 E와 K뿐만 아니라 비타민 A 전구체의 좋은 급원식품이다.

에 영향을 주었다. 따라서 제한된 섭취의 위험성을 피하기 위해 지용성 비타민을 보충하고 지용성 비타민이 들어 있는 식품을 강화하고 있다. 하지만 독성이 나타나는 양을 섭취할 위험성이 커진다.

2. 비타민 A (vitamin A)

당근은 정말 눈에 좋은 식품일까? 당근은 비타민 A 전구체를 많이 가지고 있으며, 비타민 A는 시력에 중요하다. 오래 전부터 비타민 A가 풍부한 식품은 시력과 관계가 있다고 알려져 왔다. 고대 이집트인들은 밝은 곳에서 어두운 곳으로 갈 때 적응이 힘든 사람들에게 간을 먹이면 야간 시력을 향상시킬 수 있다고 생각했다. 1968년 조지 월드(George Wald)는 비타민 A가 시력에 영향을 미치는 기전을 증명하는 약으로 노벨상을 받았다. 이것은 비타민 A의 중요한 기능이기는 하지만, 요즘은 비타민 A가 세포 성장과 세포 분화를 조절하는 유전자와 어떻게 서로 작용하는지에 관해 초점을 맞추고 있다.

1. 식사에서의 비타민 A

식품 중의 비타민 A는 활성형과 전구체의 두 가지 형태로 존재한다.

활성형 비타민 A는 주로 동물성 식품에 존재하고, 프로비타민 A (전구체)는 식물성 식품에 존재한다[그림 8-2]. 두 가지 모두 체내에서 비타민 A가 필요할 때 이용될

[그림 8-2]…식품 구성탑의 각 식품군에 대한 비타민 A 함량. 점선은 성인에 대한 영양 권장량을 나타낸다. 식물성 식품과 동물성 식품 모두 비타민 A의 좋은 급원이다.

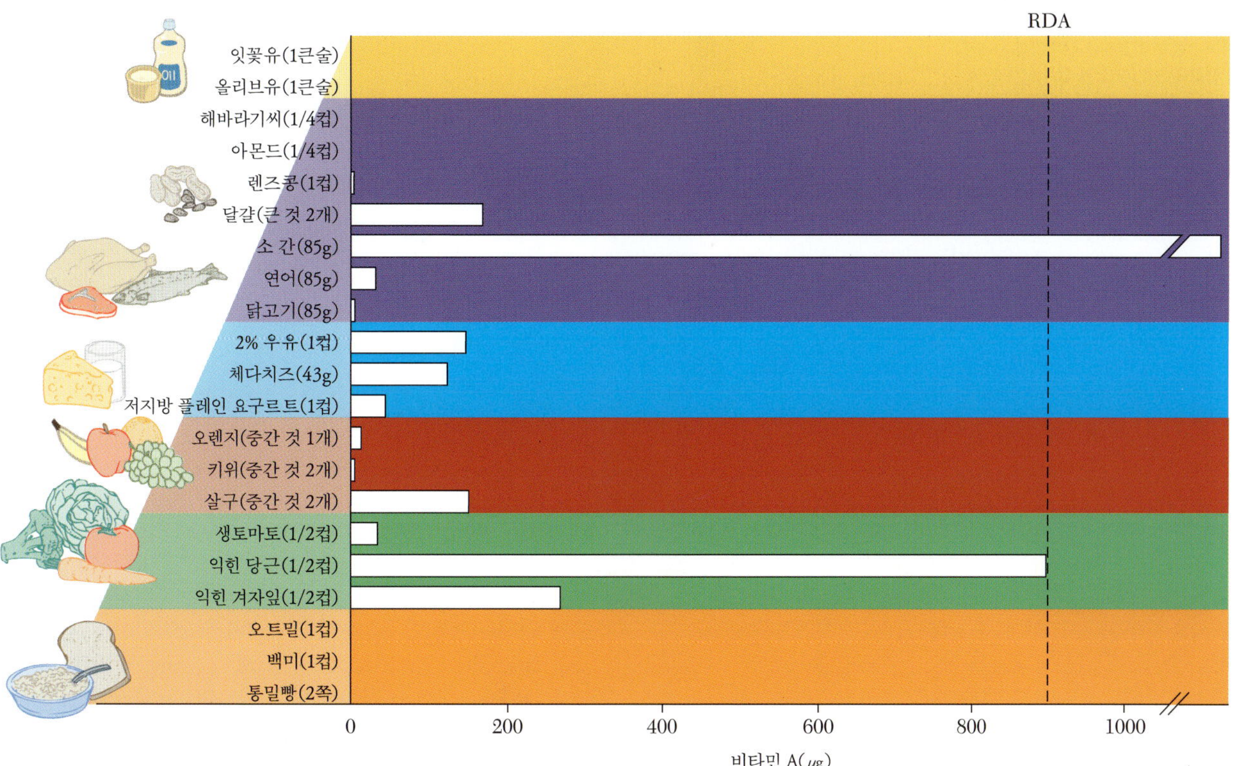

레티노이드(retinoid)…활성형 비타민 A의 화학적 형태: 레티놀, 레티날, 레틴산

비타민 A는 저지방 우유와 무지방 우유에 첨가된다. 왜냐하면 전지유에서 지방을 제거할 때 지용성 비타민인 비타민 A가 소실되기 때문이다.

카로티노이드(carotinoid)…식물과 미생물에 의해 합성되는 자연 색소로 과일과 채소에 노란색, 주황색, 적색을 띠게 한다.

β-카로틴(β-carotene)…가장 대표적인 프로비타민 A·β-카로틴은 항산화제로 작용한다.

수 있다. 활성형 비타민 A는 레티노이드라 불린다. **레티노이드**는 레티놀, 레티날, 레틴산을 총칭한다.

간, 생선, 달걀 노른자, 유제품과 같은 동물성 식품들은 주로 레티놀 같은 활성형 비타민 A를 제공한다. 마가린과 무지방 우유, 저지방 우유에는 레티놀이 강화되는데, 이는 비타민 A의 좋은 급원인 버터와 지방을 빼지 않은 우유 대신 흔히 소비되기 때문이다. 레티날과 레틴산은 레티놀로부터 체내에서 만들어질 수 있다. 식물성 식품에는 **카로티노이드**라 불리는 프로비타민 A가 들어 있다. 카로티노이드는 노란색, 오렌지색, 적색을 나타내는데, 이러한 색상은 과일과 채소가 색을 띠게 해 준다. 600여 종의 카로티노이드 중에 약 50가지 정도가 비타민 A 전구체로서의 기능을 한다. **β-카로틴**은 가장 대표적인 전구체로 망고, 살구, 당근, 고추, 호박, 고구마 같이 진한 주황색을 띠는 과일이나 녹색 채소에 풍부하다. 당근, 호박에 들어 있는 α-카로틴과 망고, 파파야 같은 열대 과일과 고추에 들어 있는 β-크립토잔틴은 카로티노이드이다. 루틴(난황의 황색소), 라이코펜(토마토의 붉은 색소), 지아잔틴은 비타민 A 활성이 없는 카로티노이드들이다. 소비자들이 비타민 A 급원식품을 식별할 수 있도록 포장 식품의 라벨에는 1일 영양소 기준(%)으로 비타민 A 함량을 표시해야 한다. 비타민 A는 열에 상당히 안정적이지만, 쉽게 산화되며 빛에 노출될 때 파괴되기 쉽다.

2. 소화관에서의 비타민 A

활성형 비타민 A와 카로티노이드는 식품에 있는 단백질과 결합하는데, 이들이 흡수되기 위해서는 펩신과 다른 단백질 소화효소에 의해 단백질과 분리되어야 한다. 분

[**그림8-3**]…식품에 있는 비타민 A는 주로 지방산과 결합한 레티놀로 존재한다(**단계 ❶**). 체내에서 레티놀과 레티날은 상호전환될 수 있지만(**단계 ❷**), 레틴산은 한 번 형성되면 레티놀과 레티날로 다시 전환될 수 없다(**단계 ❸**). 식물성 식품에 존재하는 β-카로틴은 장점막과 간에서 레티날로 전환될 수 있다(**단계 ❹**). β-카로틴은 활성비타민 A처럼 잘 흡수되지 못하고 레티날 1㎍을 얻기 위해서 β-카로틴 약 12㎍을 섭취할 정도로 효율적으로 레티날로 전환되지 못하기 때문에, 이론적으로 β-카로틴이 반으로 분할되면 레티날 두 분자가 생긴다.

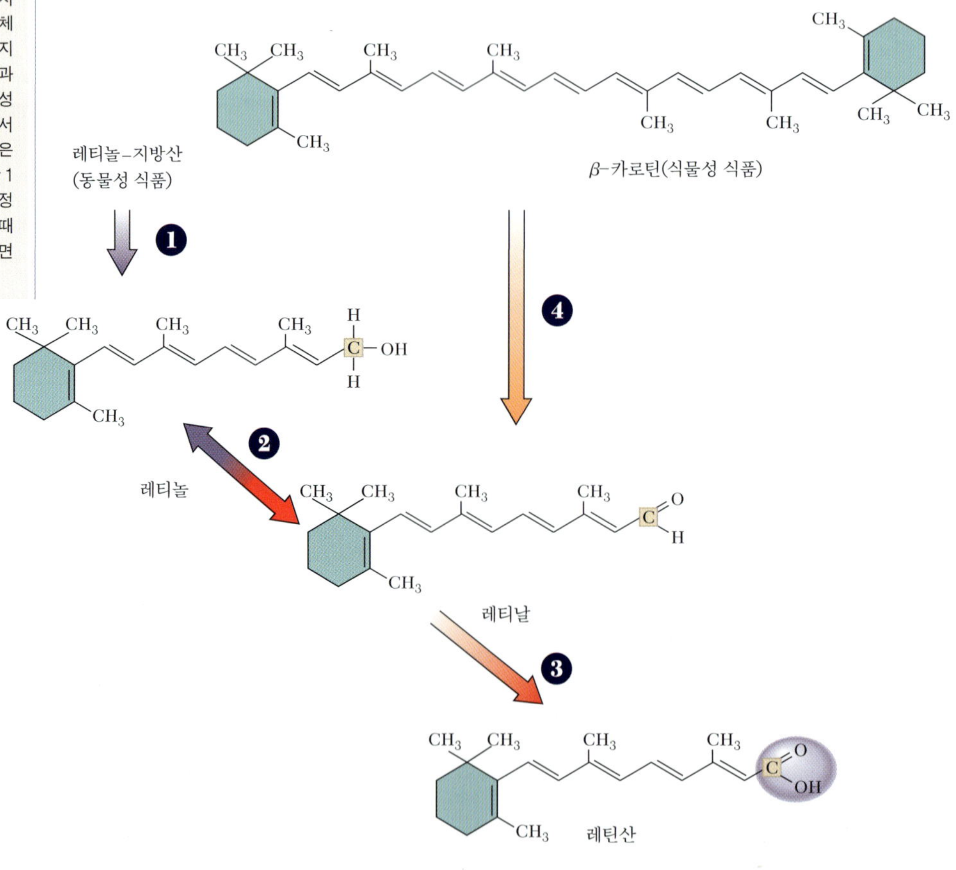

☀ 현명한 식품 선택: '신선한 것, 냉동한 것, 통조림?'

신선한 생과일이나 채소가 최상의 선택인 것처럼 보일 수 있지만, 가격이 비싸고 계절적 제한이 있다. 냉동 과일과 채소는 저장할 냉동 공간을 가지고 있다면 괜찮지만 저장 공간이 없다면 불편하고, 통조림 과일과 채소는 가격면에서 가장 싸다.

당신은 어떤 것을 선택할 것인가?

식품에서 열, 빛, 공기, 시간의 경과는 영양소의 손실을 가져온다. 그러므로 최선의 선택을 하기 위해서는 식품이 어떻게 취급되었는지를 고려해야 한다. 신선한 것이 최상인 것으로 보이지만, '신선한' 채소가 당신에게 오기까지는 트럭으로 며칠이 걸리고, 또 며칠 동안 진열대에 진열되었다가 당신의 냉장고에서 일주일 있었다면 그것이 가장 좋은 선택일까?

냉동한 채소가 실제로 더 많은 비타민을 제공할 수 있다. 채소를 냉동하는 제조업체는 채소를 재배한 산지에서 냉동한다. 냉동은 채소 자체의 손실을 약간 가져올 수 있지만, 재배한 것을 채집해 바로 냉동하기 때문에 시간의 경과나 빛, 공기의 노출로 인해 어떤 영양소도 손실되지 않는다.

통조림한 과일과 채소는 어떨까? 통조림을 만드는 제조 과정은 높은 온도가 사용되기 때문에 비타민 함량이 줄어들 수 있다. 뿐만 아니라 통조림 과일에는 설탕을 많이 첨가하며 통조림 채소에는 소금을 많이 첨가하기 때문에 소금과 설탕 섭취 관점에서는 최선의 선택이 아닐 수 있다. 이런 단점에도 불구하고 통조림 식품이 오랫동안 유지되고 있으며, 냉장 보관할 필요도 없고, 신선한 것이나 냉동한 것에 비해 가격이 싸다는 것이 특징이다. 통조림 식품은 영양소를 이용할 만하고 가격이 저렴하기 때문에 최선의 선택이 될 수도 있다.

어떤 것을 선택하겠는가? 어떤 것을 선택하든 당신이 1일 권장량의 채소와 과일을 섭취하는 데 도움을 준다. 당신의 생활습관에 도움이 되는 것을 선택하면 된다.

리된 카로티노이드와 레티놀은 점막 세포로의 이동을 용이하게 하는 미셀 형태로 소장에서 담즙산과 지용성 식품 화합물과 결합한다. 활성형 비타민 A의 흡수율은 70~90% 정도이다. 프로비타민인 카로티노이드는 흡수가 잘 되지 않고, 섭취량이 증가하여도 흡수율은 감소하기 때문에 많은 양을 섭취하여도 흡수가 잘 되지 않는다. 다량의 β-카로틴은 점막 세포 내부에서 레티노이드로 전환된다[그림 8-3].

식사의 지방 함량과 지방 흡수력은 흡수되는 비타민 A의 양에 영향을 줄 수 있다. 지방이 매우 낮은 식사(10g 이하/1일)는 비타민 A의 흡수를 줄일 수 있다. 이것은 지방 섭취가 하루에 50~100g 정도 수준인 산업화된 국가에서는 좀처럼 나타나지 않는 문제이다. 그러나 지방 섭취가 낮은 사람들에게는 비타민 A 결핍증이 나타날 수 있다. 또한 일부 약물이나 지방 흡수 불량을 일으키는 질병은 비타민 A 흡수를 방해하여 결핍증을 일으킬 수 있다.

3. 체내에서의 비타민 A

식사를 통해 흡수된 활성형 비타민 A와 카로티노이드는 카일로미크론에서 장으로 운반된다. 지단백질은 활성형 비타민 A와 카로티노이드를 골수, 혈구, 비장, 근육, 신장,

레티놀 결합단백질(retinol-binding protein)…비타민 A를 간에서 다른 조직으로 이동시키기 위해 필요한 단백질

간 같은 체내 조직으로 전달한다. 일부 카로티노이드는 간에서 레티놀로 전환될 수 있다. 간에서 조직으로 이동하기 위해서 레티놀은 **레티놀 결합단백질**과 결합되어야 한다. 카로티노이드는 지용성이기 때문에 혈액으로 이동하기 위해서는 지단백질과 섞인다. 다른 형태의 비타민 A는 다른 기능을 가진다. 신체는 식사를 통해 레티놀과 카로티노이드로부터 레티날과 레틴산을 만들어 낼 수 있다[그림 8-3]. 레티놀은 혈액에서 순환하는 형태이며, 레티날은 시력에 중요하다. 레티놀과 레티날은 서로 상호전환될 수 있다. 레티놀과 레티날로부터 만들어지는 레틴산은 시각회로에 이용되지는 않지만, 유전자 발현에 영향을 미치고 세포의 분화, 성장, 재생에 있어 중요한 역할을 한다. 레티노이드로 전환되지 않는 카로티노이드는 항산화제로 작용하거나 다른 생물학적 기능을 제공한다.

로돕신(rhodopsin)…눈의 망막에 있는 빛을 감지하는 화합물로, 레티날이 단백질인 옵신과 결합하여 만들어진다.

3-1. 시각회로 — 비타민 A는 빛의 인식과 관련이 있다[그림 8-4]. 간상세포에서 레티날은 단백질인 옵신과 결합하여 물체를 볼 수 있게 해 주는 색소인 **로돕신**을 합성한다. 로돕신은 빛의 자극이 뇌로 전달되는 신경충동으로 형태 변화가 일어나도록 도와주고, 신경충동은 우리가 볼 수 있도록 해 준다. 시각회로는 빛이 눈을 통과하여 로돕신이 자극을 받을 때 시작되는데, 빛에 의해 자극을 받으면 로돕신의 레티날은 시스 이중결합 형태가 트랜스 이중결합 형태로 구조가 바뀌면서 굽은 분자구조가 직선형의 분자로 변한다. 형태의 변화는 신경신호가 뇌에 보내질 수 있도록 해주고 레티날이 옵신으로부터 분리될 수 있도록 해준다. 빛에 의한 자극이 통과한 후, 트랜스 레티날은 본래의 시스 레티날로 다시 전환되고 로돕신을 재생성하기 위해 옵신과 결합한다. 시각회로가 반복되는 동안 일부 레티날은 소실되는데, 혈액 중 레티놀이 레티날로 전환되어 보충된다. 레티놀은 눈에서 레티날로 전환된다. 비타민 A가 결핍되면 로돕신의

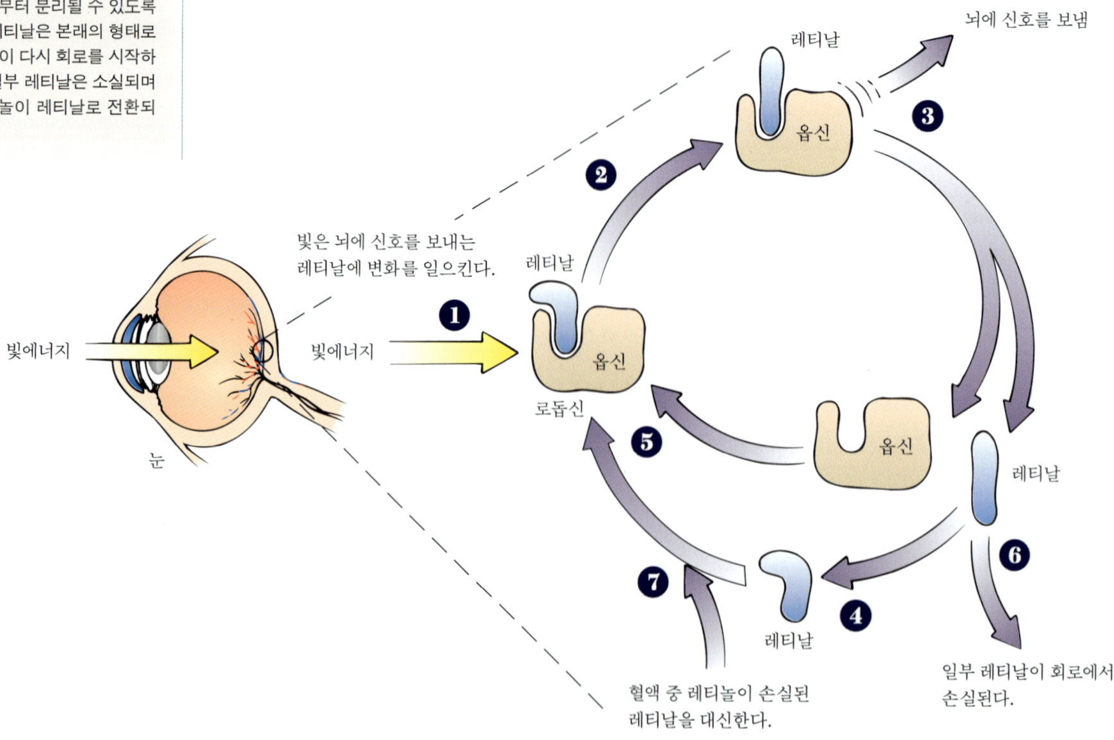

[그림 8-4]…시각회로에서 레티날은 로돕신을 형성하기 위해 단백질인 옵신과 결합한다. 빛이 로돕신을 자극할 때(**단계 ❶**), 레티날에서 변화가 일어난다(**단계 ❷**). 신경신호를 뇌에 보내고 레티날이 옵신으로부터 분리될 수 있도록 해준다(**단계 ❸**). 일부 레티날은 본래의 형태로 전환되어(**단계 ❹**), 옵신이 다시 회로를 시작하도록 해준다(**단계 ❺**). 일부 레티날은 소실되며(**단계 ❻**), 혈액 중 레티놀이 레티날로 전환되어 보충된다(**단계 ❼**).

재생이 늦어져 밝은 빛을 경험한 후 어두운 빛에 적응하는 것을 어렵게 하는데, 이 상태를 **야맹증**이라고 한다. 야맹증은 비타민 A결핍으로 나타나는 흔한 증상인데, 원래 상태로 쉽게 되돌릴 수 있는 증상이다.

야맹증(night blindess)…광각이 감쇠하여 암순응의 능력이 떨어져 어두운 곳에서 잘 보이지 않는 상태

3-2. 유전자 발현: 세포 분화 — 세포 분화는 세포를 구조와 기능면에서 변화시키는 과정이다. 예를 들어, 골수에서 일부 세포들은 백혈구로 분화되지만 다른 세포들은 적혈구로 분화된다. 비타민 A는 유전자 발현을 통해 세포 분화에 영향을 준다. 이것은 세포 내에서 기능을 조절하는 일부 단백질을 생산할 수도 있고 생산하지 않을 수도 있다는 것을 의미한다. 비타민 A는 유전자 발현에 영향을 미침으로써 아직 분화하지 않는 세포가 어떤 형태의 세포가 될 것인지 결정한다.

레틴산은 특정한 표적세포로 들어가 유전자 발현에 영향을 준다[그림 8-5]. 레틴산은 표적세포의 핵에서 단백질 수용체와 결합한다. 그 다음 레틴산-단백질 수용체 화합물은 DNA의 조절 부위에 결합한다. 이 결합은 유전자에 의해 생성되는 mRNA의 양에 변화를 주고, mRNA의 변화는 생성되는 단백질의 양에 변화를 준다. 유전자의 작동은 단백질의 생산을 증가시키고 다양한 세포질의 기능에 영향을 준다. 예를 들어, 비타민 A는 간세포에서 효소를 만드는 유전자를 작동시킨다. 이 효소는 간에서 이루어지는 대사반응을 통해 간이 포도당을 만들 수 있도록 해준다.

상피 조직의 유지 — 세포 분화에서 비타민 A의 기능은 상피 조직의 유지이다. 상피 조직은 신체의 표면이나 내장기관 및 혈관의 내벽을 덮고 있는 세포를 말하는데, 피부, 각막, 장, 폐, 질, 방광을 덮고 있는 세포를 말한다. 비타민 A가 결핍되면 비타민 A가 특정한 단백질의 생산을 조절하지 못하기 때문에 상피세포가 정상적으로 분화하지 못한다. 예를 들면, 신체의 표면에 존재하는 상피 조직은 미끈미끈한 점액을 만드는 세포를 가지고 있다. 점액을 분비하는 세포가 죽으면 새로운 세포가 이를 대신해 점액을 분비하는 세포로 분화한다. 그러나 비타민 A가 결핍되면 새로운 세포가 제대

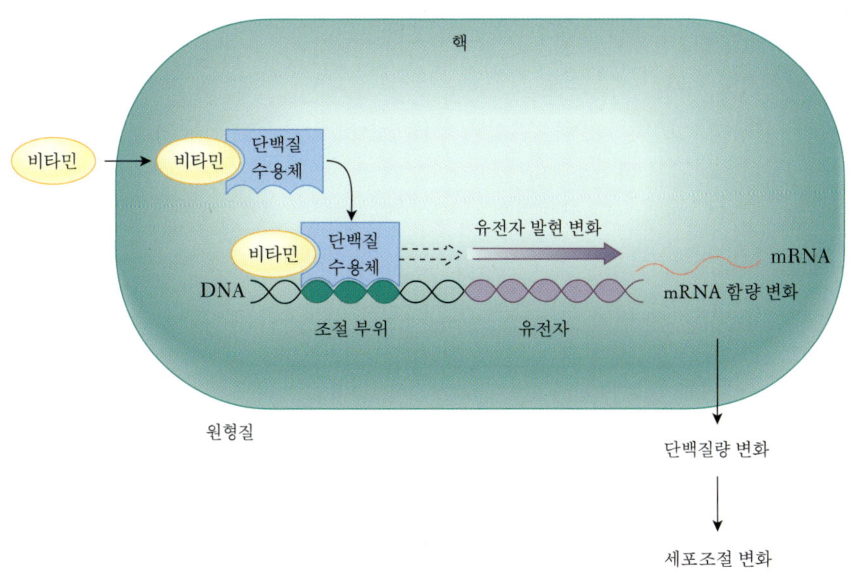

[그림 8-5]…레틴산은 핵에 들어가서 단백질 수용체와 결합한다. 결합체는 DNA의 조절 부위에 결합하여 유전자 발현을 변화시키고 핵의 기능과 체내 과정뿐만 아니라 합성된 단백질의 양에 변화를 준다.

케라틴(keratin)…머리카락과 손톱을 구성하는 단단한 단백질

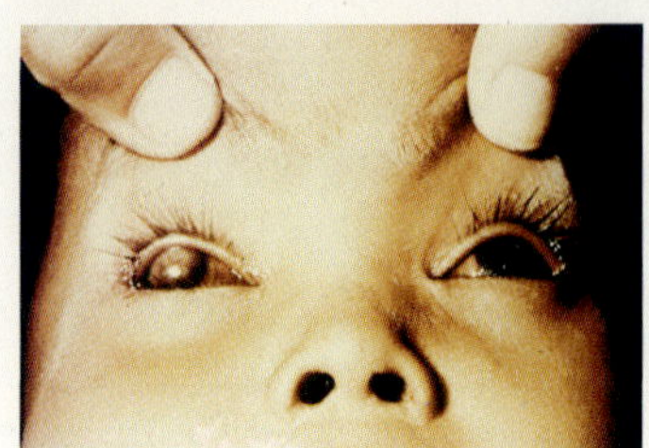

[그림 8-6]…비타민 A 결핍은 전 세계에 알려진 실명의 주요한 원인 중 하나이다.

안구건조증(xerophthalmia)…비타민 A 결핍에서 오는 증상인데 실명을 초래할 수 있다. 초기 증상은 밤에 잘 보이지 않으며 결핍이 더 심각해질수록 점액의 부족으로 인해 눈이 건조하고 상처가 생기기 쉬우며 빠른 속도로 감염된다.

각막연화증(keratomalacia)…비타민 A 결핍에서 오는 증상으로 각막이 연화되고 건조해지며 각막에 궤양이 생긴다.

로 분화되지 못하고 대신 **케라틴**이라 불리는 단백질을 만드는 세포가 된다. 케라틴은 머리카락과 손톱을 구성하는 단단한 단백질이다. 점액을 분비하는 세포가 죽고 케라틴을 생산하는 세포로 대체됨으로써, 상피의 표면은 딱딱하고 건조해지는데 이 과정은 각질화로 알려져 있다. 딱딱하고 건조해진 표면은 상피의 정상적인 방어 능력을 갖지 못하여 감염이 증가된다. 감염의 위험은 비타민 A 결핍이 면역성을 떨어뜨린다는 사실에서 비롯된다. 모든 상피 조직은 비타민 A 결핍의 영향을 받지만, 눈은 특히 손상을 받기 쉽다. 눈에서 점액은 표면을 미끈미끈하게 하고 먼지와 다른 이물질에 대해 방어해 주며 박테리아를 파괴하도록 도와주는 단백질을 가지고 있다. 비타민 A가 결핍되면, 점액 부족과 케라틴 축적은 각막을 건조하게 만들고 눈이 쉽게 감염된다. **안구건조증**이라 알려진 눈병은 비타민 A 결핍과 관련이 있다. 밤에 잘 보이지 않는 증상과 극심한 건조로 시작된 안구건조증은 눈이 흐려지고 반점이 생기며 **각막연화증**이라 불리는 각막의 연화가 진행된다. 방치하면 각막의 파열, 전염, 퇴화적인 조직 변화는 물론이고 영구적 실명까지도 초래할 수 있다[그림 8-6].

재생, 성장, 면역 — 세포의 성장과 분화의 조절 능력을 가진 비타민 A는 일생을 통한 정상적인 재생, 성장, 면역 기능을 위해 필수적이다. 재생 측면에서, 비타민 A는 심장, 순환계, 신경계, 호흡기계, 골격의 형성에 중요하다. 태아가 발달하는 동안 비타민 A 결핍은 기형을 초래하고 사망에 이르게도 한다. 어린이의 경우 성장이 나쁜 것은 비타민 A 결핍의 초기 신호이다. 비타민 A는 뼈를 형성하고 망가뜨리는 세포의 활동에 영향을 주는데, 어릴 때 결핍되면 비뚤어진 치아와 빈약한 치아를 만들어 비정상적인 턱뼈의 성장을 가져올 수 있다. 비타민 A는 면역체계에서 면역 세포의 여러 가지 형태를 생성하는 분화에 필요하다. 또한 비타민 A 결핍은 면역 세포의 기능을 감소시키고, 감염에 의해 손상된 점막의 정상적인 재생을 방해한다. 이렇게 약해진 면역 기능은 손상된 상피 조직막 때문에 질병과 감염의 위험성을 증가시킨다.

β-카로틴: 비타민 A 전구체와 항산화제 — 카로티노이드 가운데 특히 β-카로틴은 장 점막과 간에서 비타민 A로 전환될 수 있다. 전환되지 않은 카로티노이드는 혈액을 순환하다가 비타민 A로의 전환과 관계없이 항산화제로서의 기능과 역할을 하게 될 조직에 도달한다. β-카로틴과 다른 카로티노이드들은 지용성 항산화제로 유리 라디칼에 의한 손상으로부터 세포막을 보호하는 역할을 한다. 카로티노이드의 항산화제 특성은 암, 심장병, 반점이 생기는 변성과 백내장으로 인해 손상된 시력 같은 질병에 대해 보호하는 능력으로 관심을 모은다.

4. 비타민 A 섭취권장량

비타민 A 섭취권장량은 정상적으로 체내에 저장을 할 수 있는 양에 기초한다. 성인 남자의 섭취권장량은 700~750㎍/1일, 성인 여자는 600~650㎍/1일로 설정했다[표 8-1]. 임신 기간에는 태아에게 비타민 A가 이동되는 것을 고려하여 권장량을 증가시켰고, 수유 기간에는 모유가 함유하는 비타민 A의 양을 고려하여 권장량을 증가시켰다. 어린이의 경우 신체 크기가 더 작은 것에 기초하여 권장량이 성인에 비해 더 낮게 설정되었다. 유아의 경우 섭취권장량은 평균적으로 모유로 자란 건강한 유아의 비타민 A 양에 기초하여 설정되었다.

[표8-1]…지용성 비타민 정리

비타민	급원식품	권장량	주요 기능	결핍증	결핍위험 집단	독성	최대 허용섭취량
비타민 A: 레티놀, 레티날, 레틴산, 비타민 A 아세트산, 비타민 A 팔미트산, 레티닐 팔미트산, 프로비타민 A, 카로틴, β-카로틴, 카로티노이드	**레티놀**: 간, 생선, 강화우유, 마가린, 버터, 달걀 **카로티노이드**: 당근, 녹색 채소, 고구마, 브로콜리, 살구, 멜론	600~750 ㎍/1일	시력, 각막과 상피 조직의 건강, 세포 분화, 재생산, 면역 기능	야맹증, 안구건조증, 성장 부진, 피부 건조, 면역 기능 약화	영양결핍자 (특히 어린이와 임산부), 지방 섭취가 매우 낮은 자, 단백질 섭취가 매우 낮은 자	두통, 구토, 탈모증, 간 손상, 피부 이상, 뼈통증, 골절, 선천적 결손증	3,000㎍/1일
비타민 D: 칼시페롤, 콜레칼시페롤, 에르고칼시페롤, 디하이드로 비타민 D	난황, 간, 어유, 다랑어, 연어, 강화우유, 햇빛에서 합성	5~10㎍ /1일[a]	칼슘과 인 흡수, 뼈의 유지	**구루병(어린이)**: 성장 이상, 뼈형태 변화, 휜 다리, 뼈연화 **골연화증(성인)**: 뼈약화, 뼈와 근육 통증	모유를 먹은 유아, 어린이와 노인(특히 어두운 피부 소유자, 햇빛노출이 거의 없는 사람), 신장병 환자	연조직에 칼슘 축척, 성장 속도 지연, 신장 손상	60㎍/1일
비타민 E: 토코페롤, α-토코페롤	식물성 기름, 녹색 채소, 견과류, 땅콩	10mg/1일	항산화제, 세포막 보호	적혈구 파괴, 신경 손상	지방 흡수가 잘 안 되는 사람, 조산아	비타민 K 활성 방해	보충제로 540mg/1일
비타민 K: 필로퀴논, 메나퀴논	식물성 기름, 녹색 채소, 장박테리아에 의해 합성	65~75㎍ /1일[a]	혈액응고 단백질 합성에 조효소	용혈성 빈혈	신생아(특히 조산), 항생제 장기 복용자	빈혈, 두뇌 손상	ND

[a]충분 섭취량(AI)
ND, 최대 허용섭취량을 설정할 근거가 불충분함

비타민 A 섭취권장량은 레티놀의 마이크로그램(㎍)으로 표현된다. 레티놀은 식사에 포함된 활성형 비타민 A와 카로티노이드로부터 공급된다. β-카로틴과 다른 카로티노이드의 섭취권장량은 설정하지 않았다. β-카로틴과 다른 카로티노이드는 유일하게 그들이 공급하는 레티놀의 양에 관해서만 고려된다. 카로티노이드는 흡수가 잘 안 되고 비타민 A로 완전히 전환되지 않기 때문에 **레티놀 당량**(RAE)으로 나타낸다. β-카로틴 12㎍은 비타민 A 1 레티놀 당량을 제공하고, α-카로틴 또는 β-크립토잔틴 24㎍은 비타민 A 1 레티놀 당량을 제공한다.

레티놀 당량(retinol activity equivalent; RAE)…레티놀 1㎍과 동등한 비타민 A 활성을 제공하는 레티놀, β-카로틴, α-카로틴, β-크립토잔틴의 양

비타민 A에 대한 이해가 증가함에 따라, 섭취권장량을 표현하는 단위가 변하고 있다. 1980년에는 비타민 A의 단위로 IU를 사용하였고 1989년 섭취권장량은 활성형 비타민 A와 카로티노이드의 흡수력 차이 때문에 RE를 사용했다. 이 오래된 단위를 아직도 식품 조성 데이터베이스와 표에서 찾아볼 수 있다. RE와 IU를 레티놀의 마이크로그램으로 환산하는 방법이 [표8-2]에 나와 있다.

5. 비타민 A 결핍증

비타민 A 결핍은 개발도상국에 있는 수백 만 아이들의 건강과 시력, 삶을 위협하고 있다. 비타민 A가 결핍된 아이들은 식욕 저하, 빈혈 증상이 나타나고 쉽게 감염되며 어

[표8-2]…**비타민 A 단위 전환**
보충제에 들어 있는 β-카로틴이 식품에 들어 있는 β-카로틴보다 흡수가 더 잘 되기 때문에 더 많은 비타민 A 활성을 제공한다. 기름에 용해된 β-카로틴 2㎍은 1㎍의 비타민 A 활성을 제공한다.

형태과 급원	레티놀 1㎍과 동등한 양
식품 또는 보충제에 있는 비타민 A	1㎍
	1RAE
	1㎍ RE
	3.3IU
식품에 있는 $\beta-$ 카로틴	12㎍
	1RAE
	2㎍ RE
	20IU
식품에 있는 $\alpha-$ 카로틴 또는 $\beta-$ 크립토잔틴	24㎍
	1RAE
	2㎍ RE
	40IU

린시절에 사망하기도 한다. 전 세계 1억~1억 4천만 명의 아이들이 비타민 A 결핍으로 추정되고 있으며, 해마다 25만~50만 명의 아이들이 비타민 A 결핍으로 인해 시력을 잃고 있는 것으로 추정된다. 인도, 아프리카, 라틴 아메리카, 카리브해에서는 비타민 A 결핍이 매우 일반적이다.

비타민 A 결핍으로 시력을 잃어가고 있는 아이들의 1/2 정도는 시력을 잃고 12개월 안에 사망한다.

비타민 A 결핍은 비타민 A, 지방, 단백질, 아연 같은 무기질의 불충분한 섭취가 원인이 될 수 있다. 지방이 없으면 비타민 A가 흡수될 수 없기 때문에, 지방을 너무 적게 섭취하게 되면 비타민 A 흡수율을 감소시켜 비타민 A 결핍을 일으킬 수 있다. 또 단백질이 결핍되면 비타민 A를 간으로 이동시키기 위해 필요한 레티놀 결합 단백질이 충분히 만들어질 수 없기 때문에 비타민 A 결핍을 초래하게 된다. 비타민 A에 대한 아연의 중요성은 단백질 합성에서의 역할 때문인 것으로 알려져 있다. 아연이 결핍되면, 비타민 A 수송에 필요한 단백질이 부족하여 대사가 잘 이루어지지 않는다.

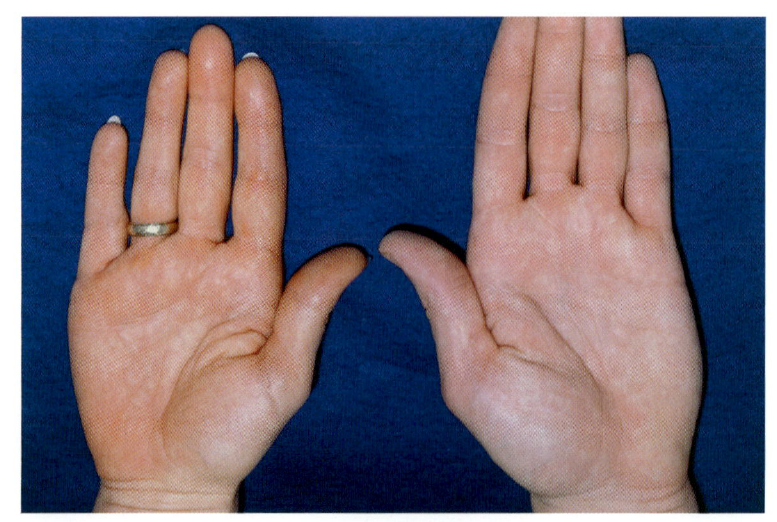

[그림8-7]…이 사진은 정상적인 손(우)과 카로틴혈증이 있는 환자의 손(좌)을 비교한다. 피부가 노랗게 변하는 것은 당근주스를 과다하게 섭취하거나 β-카로틴 보충제를 과잉 섭취하였기 때문이다.

선진국에서는 비타민 A 결핍이 일반적이지 않지만, 식품의 공급이 양적으로는 풍부하더라도 바람직하지 않은 선택을 하게 되면 섭취권장량 이하로 섭취할 수 있다. 대부분의 신선한 과일과 채소는 프로비타민 A의 좋은 급원식품이며, 햄버거와 프렌치 후라이 같은 전형적인 패스트푸드는 비타민 A를 거의 제공하지 않는다.

6. 비타민 A 독성과 보충제

활성형 비타민 A는 독성을 가질 수 있다. 북극곰의 간을 섭취한 북극 탐험가에게서 급성 독성이 나타났다고 보고된 바 있으며, 북극곰의 간 90g 정도에는 비타민 A 60,000 ㎍이 포함되어 있다. 북극곰의 간이 평범한 음식은 아니지만, 활성형 비타민 A의 과량 보충은 독성이 될 수 있다. 급성 독성은 메스꺼움, 구토, 두통, 어지럼증, 시력 흐려짐, 근육운동의 부조화로 나타난다. 만성 독성은 보통 권장량의 10배 이상을 지속적으로 섭취할 때 나타나며 만성 독성의 증상은 체중 감소, 근육과 관절의 통증, 간손상, 뼈의 기형, 시각적 장애, 입술 건조, 피부 발진으로 나타난다. 비타민 A 과잉이 임신한 여성의 경우 선천적 결손증을 일으킬 수 있어 특별한 관심이 요구된다. 또한 비타민 A의 과량 섭취는 골절 발생률을 증가시키는 것으로 밝혀졌다. 비타민 A 최대 허용섭취량은 15~19세까지는 2,400㎍/1일이고, 성인은 3,000㎍/1일로 설정하였다.

피부는 카로틴혈증이나 황달로 인해 노랗게 보일 수 있다. 황달이란 헤모글로빈 파괴에 의해 생성되는 색소를 간이 제거하지 못할 때 일어나는 것으로, 치료가 필요하다. 카로틴혈증은 황달과 쉽게 구별되는데, 카로틴혈증은 눈의 흰자위가 변하지 않고 하얗게 남아 있는 반면, 황달은 안구의 흰자위 색도 누렇게 변한다.

6-1. 카로티노이드 독성 — 활성형 비타민 A의 독성 때문에 대부분의 보충제는 비타민 A의 일부 또는 모두를 카로티노이드로 공급한다[**표 8-3**]. 식품으로부터 흡수된 카로티노이드는 레티노이드로의 전환을 감소시키기 때문에 독성이 없다. 매일 당근주스 또는 β-카로틴 보충제같은 다량의 카로티노이드를 섭취하게 되면 일반적으로 **카로틴혈증**이라는 상태에 이르게 되는데, 다량의 카로티노이드가 지방 조직에 저장되어 피부가 노랗게 변한다[**그림 8-7**]. 특히 손바닥과 발바닥에 나타나는데, 카로티노이드의 섭취를 줄이면 피부가 정상적인 색으로 돌아가므로 인체에 위험하지는 않다.

카로틴혈증(hypercarotenomia)…피부가 노랗게 변하는 원인이 되며 지방 조직에 카로티노이드가 축적되는 상태이다.

[표 8-3]…지용성 비타민 보충제의 실제적인 이익과 위험성

보충제	판매자의 주장	실제적인 이익 또는 위험성
비타민 A	시력 향상, 피부질환 방지, 면역력 향상	눈 건강, 성장, 재생산, 면역력을 위해 필요하지만, 보충제로 과잉 섭취를 하게 되면 부가적인 이득을 제공하지 않는다. 과량 복용하면 기형아 출산, 뼈의 손실을 가져온다.
카로티노이드	시력을 위해 필요함, 피부질환 방지, 항산화제	비타민 A의 모든 기능을 제공하고 항산화제이지만 보충제는 부가적인 이득을 제공하지 않는다. 과다 복용은 피부를 노랗게 만들고 흡연자의 경우 폐암을 증가시킨다.
비타민 D	뼈 건강, 복합적인 경화 방지	칼슘 흡수와 뼈의 유지를 위해 필요하고, 보충제는 자기면역병과 암의 위험성을 줄인다는 증거가 있다. 과량 복용은 심장과 신장에 손상을 준다.
비타민 E	심장병 예방, 낭포성 섬유증의 유방질환 증상 향상 면역기능 촉진, 상처 형성 감소	항산화제이며 세포막을 보호한다. 경구로의 보충제가 심장병을 줄인다거나 국소의 적용이 상처의 형성을 감소시킨다는 증거는 없다. 과량 복용은 백혈구의 기능을 손상시킨다.

3. 비타민 D (vitamin D)

우유는 비타민 D가 강화된 유일한 유제품이다. 요구르트와 마가린은 비타민 D가 강화될 수도 있고 강화되지 않을 수도 있다. 당신이 선택한 제품이 비타민 D가 강화된 것인지 보려면 식품에 있는 라벨을 살펴보면 된다.

비타민 D는 자외선에 노출될 때 피부에서 만들어지기 때문에 '햇빛 비타민'이라고 알려져 있다. 비타민 D가 체내에서 만들어지기 때문에, 비타민 D가 비타민인가 호르몬인가에 관한 논쟁은 오랫동안 계속되고 있다. 정의에 따르면, 비타민은 음식물로 섭취해야 하는 필수적인 것이다. 비타민 D가 피부에서 만들어지긴 하지만, 햇빛에 노출이 제한되거나 비타민을 합성하는 체내 능력이 감소할 때는 음식물로 섭취해야 하는 필수적인 것이다. 비타민 D는 호르몬과 같은 방식으로 작용한다. 즉 한 기관인 피부에서 만들어져 다른 기관, 주로 창자, 뼈, 신장에 영향을 주기 때문이다.

1. 식사에서의 비타민 D

자연계에 비타민 D 급원식품이 몇 가지 있다. 비타민 D는 간이나 연어, 고등어, 정어리와 같이 지방이 많은 생선, 대구 간유, 달걀 노른자에 들어 있다[그림 8-8]. 이러한 식품에는 비타민 D_3라고 알려진 **콜레칼시페롤**이 들어 있다. 콜레칼시페롤은 7-디하이드로콜레스테롤(콜레스테롤의 한 종류)에 햇빛이 작용하여 동물의 피부에서 만들어지는 비타민 D이다[그림 8-9]. 미국의 경우 비타민 D의 탁월한 급원식품은 강화우유와 강화시리얼이며, 이 식품에는 비타민 D_3 또는 비타민 D_2가 들어 있다. 비타민 D를 과량 복용할 경우 독성이 나타날 수 있기 때문에 강화될 수 있는 식품의 분류와 식품에 첨가되는 수준에 엄격한 제한을 두고 있다.

콜레칼시페롤(cholecalciferol)…비타민 D_3의 화학적 이름. 7-디하이드로콜레스테롤이라 불리는 콜레스테롤에 햇빛이 작용하여 동물 피부에서 만들어지는 비타민 D이다.

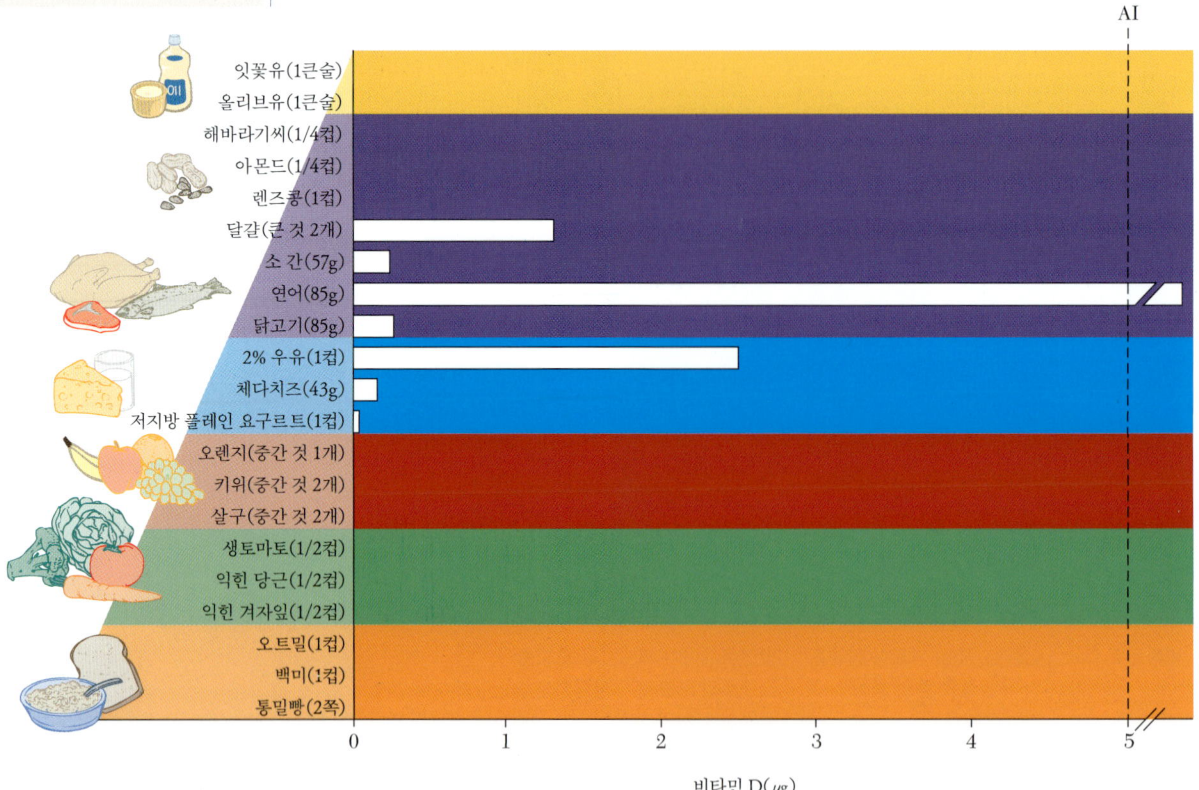

[그림 8-8]…식품 구성탑의 식품군 간 비타민 D 함량. 점선은 19~50세 성인에 대한 충분 섭취량을 나타낸다. 연어와 달걀 같은 몇 가지 식품만이 자연계의 비타민 D 급원식품이다. 다른 식품들은 비타민 D가 강화된 것들이다.

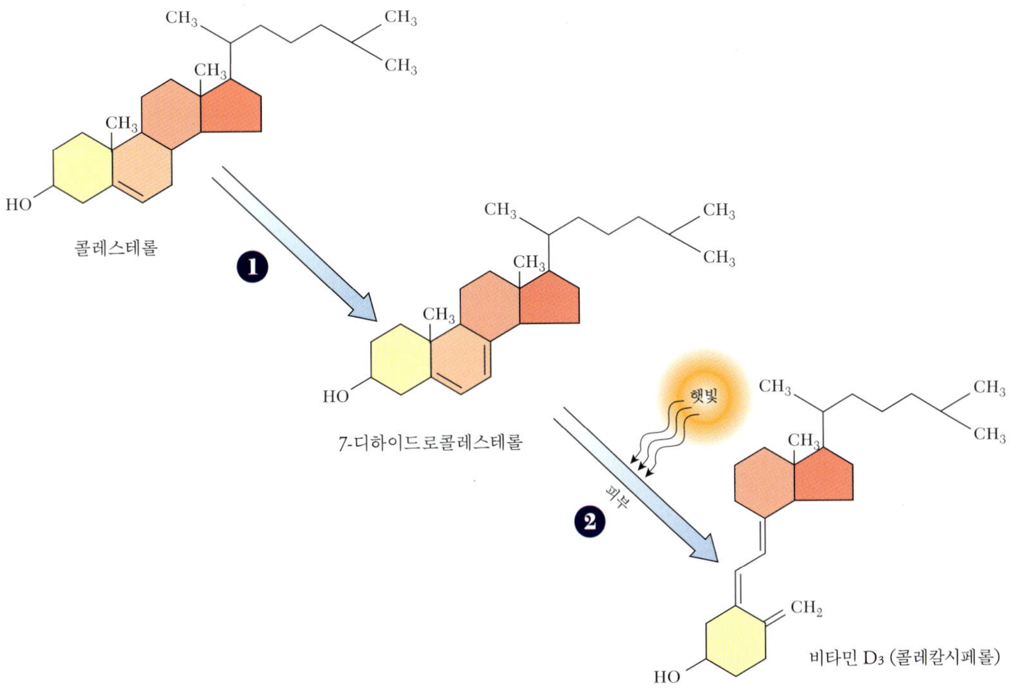

콜레스테롤

❶

7-디하이드로콜레스테롤

햇빛

피부

❷

비타민 D3 (콜레칼시페롤)

[그림 8-9]··· 체내에서 7-디하이드로콜레스테롤은 콜레스테롤으로부터 만들어질 수 있다(**단계 ❶**). 비타민 D3는 7-디하이드로콜레스테롤에 햇빛이 작용하여 피부에서 형성된다.

2. 체내에서의 비타민 D

식사로부터 섭취된 비타민 D와 피부에서 합성된 비타민 D는 간과 신장에서 화학 변화가 일어날 때까지 작용하지 않는다. 비타민 D는 간에서 하이드록실기(OH)가 붙어 25-하이드록시 비타민 D_3로 전환된다. 25-하이드록시 비타민 D_3는 혈액을 순환하면서 상태를 체크하여 환자의 비타민 D 수준을 알려 준다. 25-하이드록시 비타민 D_3는 신장에서 또 하나의 하이드록실기(OH)가 첨가되어 활성형 비타민 D인 1,25-디하이드록시 비타민 D_3로 전환된다[**그림 8-10**].

2-1. 비타민 D와 뼈건강 — 비타민 D의 주요한 기능은 혈액에서 칼슘과 인의 농도를 일정하게 유지시켜 주는 것이다. 혈액 칼슘 농도가 많이 감소하면 부갑상선은 **부갑상선 호르몬**(PTH)을 분비한다. 부갑상선 호르몬 분비는 효소를 자극하여 신장에서 25-하이드록시 비타민 D_3를 활성형 비타민 D로 전환시킨다. 활성형 비타민 D의 기능은 비타민 D 수용체 단백질과 결합하여 유전자 발현에 영향을 주는 것이다[**그림 8-5**]. 활성형 비타민 D는 세 개의 다른 표적 조직에서 혈액 칼슘 농도가 증가하도록 도와준다. 표적조직 중 하나는 소장인데, 비타민 D는 소장세포에서 유전자 발현을 증가시킨다. 섭취한 칼슘이 부족하면, 혈액 칼슘 농도를 정상으로 유지시키기 위해 많은 양의 비타민 D가 부갑상선 호르몬과 함께 뼈와 신장에서 작용한다. 뼈가 쇠약해지면 칼슘과 인을 혈액으로 내보내는데, 이때 비타민 D는 신장에서 부갑상선 호르몬과 함께 작용하여 칼슘의 배설을 억제시킴으로써 신장에 남아 있는 칼슘의 양을 증가시킨다.

부갑상선 호르몬(parathyroid hormone; PTH)··· 부갑상선에서 분비되는 호르몬으로, 혈액 칼슘 농도를 증가시켜 주는 작용을 한다.

햇빛에 과도하게 노출하면 피부암의 위험성이 증가되지만, 햇빛 노출을 전부 차단하면 비타민 D 결핍증의 위험성이 증가된다. 비타민 D 결핍증은 암과 자가면역질환의 위험성을 증가시킬 수 있다. 햇빛 노출을 제한하고 비타민 D 섭취를 증가시키면 햇빛으로부터와 비타민 D 결핍으로부터 오는 암의 위험성을 줄일 수 있다.

2-2. 비타민 D의 기타 기능 — 비타민 D는 뼈, 소장, 신장에서 체내 칼슘 대사에 관여하는 것 이외에 결장세포, 부갑상선, 뇌하수체, 면역체계, 생식기, 피부와 관련이 있

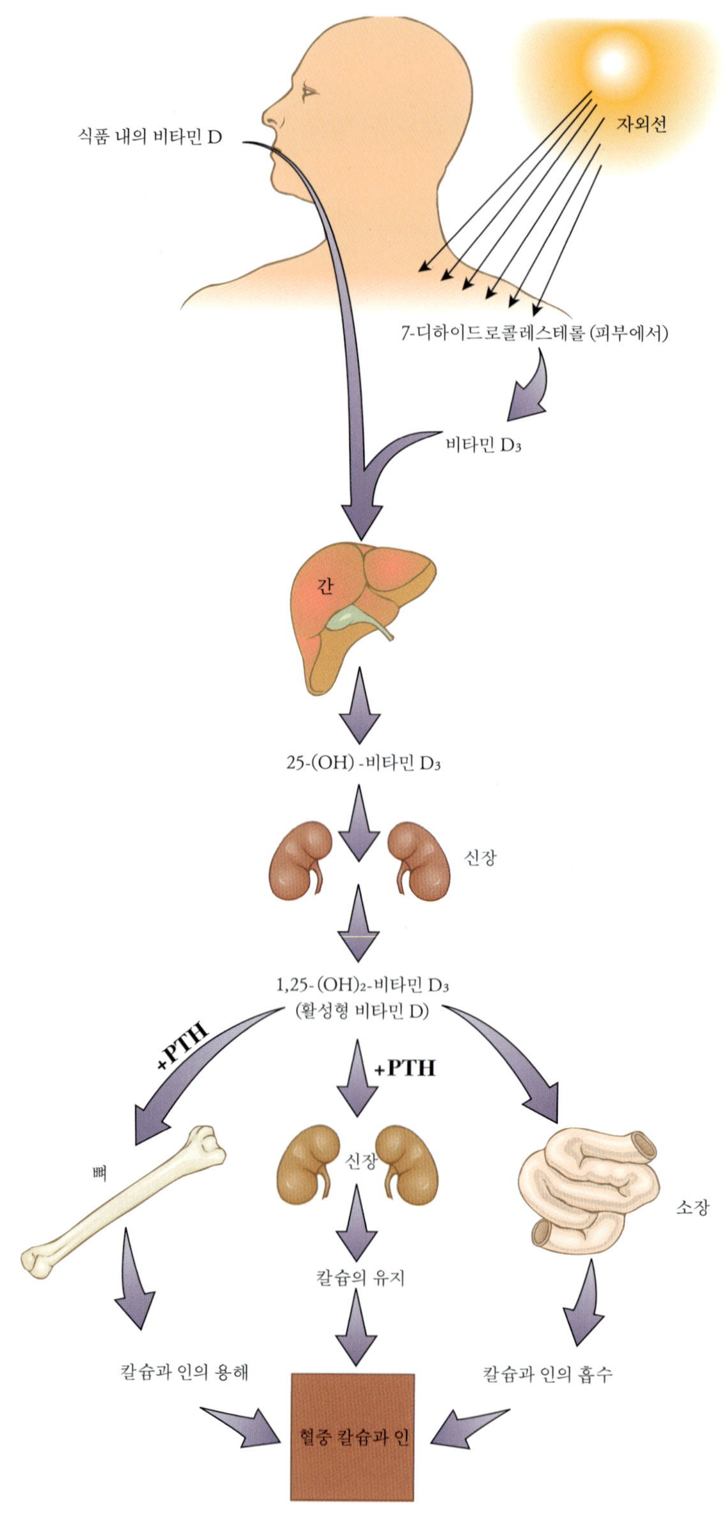

[그림 8-10]…비타민 D는 식품으로부터 섭취되기도 하고 피부에서 합성되어 만들어지기도 한다. 비타민 D가 작용하려면 간과 신장에서 첨가되는 하이드록실기(OH)가 있어야 한다. 활성형 비타민 D는 칼슘 농도의 균형을 유지하는 기능을 한다. 칼슘 농도가 낮으면 소장에서는 칼슘 흡수를 촉진시키고, 칼슘 농도가 높으면 부갑상선 호르몬(PTH)이 분비되어 뼈에서 함께 작용한다.

다. 비타민 D는 부갑상선의 정상적인 작용을 유지하는 데 필요하며, 중요한 면역 체계를 조절한다. 적당한 양의 비타민 D는 자기면역질환이 발생하는 것을 막아 준다고 알려져 있다. 비타민 D의 효과로는 햇빛에 더 많이 노출하여 충분한 비타민 D가 만들어지면 암과 심장병뿐만 아니라 당뇨병, 다발성 경화증 같은 자가면역질환을 막을 수 있다는 보고가 있다.

3. 비타민 D 섭취권장량

비타민 D 섭취권장량은 25-하이드록시 비타민 D_3의 정상적인 혈액 농도를 유지하기 위해 식품을 통해 요구되는 양에 기초를 두고 있다. 성인 남녀의 경우 충분 섭취량을 1일 5μg으로 책정하고 있다. 충분 섭취량을 마이크로그램(μg)으로 나타내지만, 식품과 보충제에 들어 있는 비타민 D 함량은 국제적 단위인 IUs을 사용하고 있다. 비타민 D_3 1IU는 0.025μg과 같다(비타민 D 40IU = 1μg)[**표 8-1**].

충분 섭취량은 피부에서 비타민 D가 합성되지 않는다는 가정하에 설정된 것인데, 이런 가정은 햇빛으로부터 합성되는 비타민 D의 정도가 다르기 때문이다. 햇빛 노출이 충분하다면 식품을 통해 비타민 D를 섭취할 필요가 없지만, 피부에서 합성되는 양은 많은 요인에 의해 영향을 받는다. 기후, 계절, 위도는 지구에 도달하는 햇빛의 양에 영향을 준다. 옷의 착용, 대기오염, 높은 빌딩은 햇빛을 차단하며, 자외선 차단제와 검은색 피부는 자외선이 피부의 진피를 통과하는 것을 방해하기 때문에 비타민 D 형성을 감소시킨다. 자외선 차단제는 비타민 D의 합성을 95% 이상 감소시킬 수 있다. 피부에서 합성되는 비타민 D의 양은 많은 변수에 의해 영향을 받기 때문에, 필요한 비타민을 만들기 위해 햇빛에서 어느 정도의 시간을 보내야 하는가에 관해서는 일률적인 권장량을 설정하기 어렵다. 예를 들면, 필요한 비타민 D를 만들기 위해서 하얀 피부를 가진 사람은 1주일에 2~3번, 6~8분 정도 야외에서 얼굴, 손, 팔, 다리를 노출하면 되지만, 어두운 색의 피부를 가진 사람은 10~50시간을 햇빛에 노출해야 한다. 대부분의 아이들과 활동적인 성인들은 비타민 D 생성을 방해하는 선크림 없이 야외에서 충분한 시간을 보낸다. 대부분의 사람들이 비타민 D 필요량의 90% 이상을 일상적인 햇빛 노출로 공급받고 있다고 추정한다. 반면 피부암과 주름 같은 피부 손상의 위험성을 줄이기 위해 선크림의 이용이 권장되고 있다.

유아와 어린이는 체격이 작음에도 불구하고 비타민 D의 충분 섭취량이 성인의 비타민 D 충분 섭취량과 같다. 이것은 빠른 성장 기간 동안에 뼈가 발달하기 위해 충분한 양의 비타민 D가 필요하다는 것을 고려한 것이다. 모유는 비타민 D의 함량이 낮지만, 유아를 하루에 30분 정도 햇빛에 노출시켜 주면 비타민 D를 추가하지 않아도 된다. 50~70세의 성인의 경우 햇빛 노출이 적은 시기로 뼈의 손실을 방지하기 위해 충분 섭취량을 1일에 10μg으로 설정하고 있다. 임신기와 수유기 여성의 경우 비타민 D 충분 섭취량이 일반 성인의 수준에서 상향되지 않는다.

4. 비타민 D 결핍증

비타민 D가 결핍되면 섭취된 칼슘이 효율적으로 흡수될 수 없다. 그 결과, 칼슘은 뼈를 적당히 형성할 수 없게 되어 뼈의 구조에 변형이 일어나게 된다.

어린이에게 비타민 D가 결핍되면 뼈에 칼슘과 인이 충분하지 않기 때문에 뼈가 약해진다. **구루병**이라 불리는 이 증상은 새가슴으로 알려진 좁은 흉곽, 휜 다리와 같은 뼈의 기형이 특징이다[**그림 8-11**]. 다리가 휘는 이유는 뼈가 너무 약해져서 몸무게를 지탱할 수 없기 때문이다. 또한 어린이에게 비타민 D가 결핍되면 유전적으로 성장하게 되어 있는 키가 미처 다 자라지 못하며 뼈의 무게가 감소되고 근육이 약화된다. 1600년대에 처음으로 알려진 구루병은 산업혁명 기간에 많이 나타났는데, 산업화된

구루병(rickets) … 어린이에게 나타나는 비타민 D 결핍 증상으로 불충분한 칼슘 흡수 때문에 뼈 발달이 제대로 되지 않는 특징이 있다.

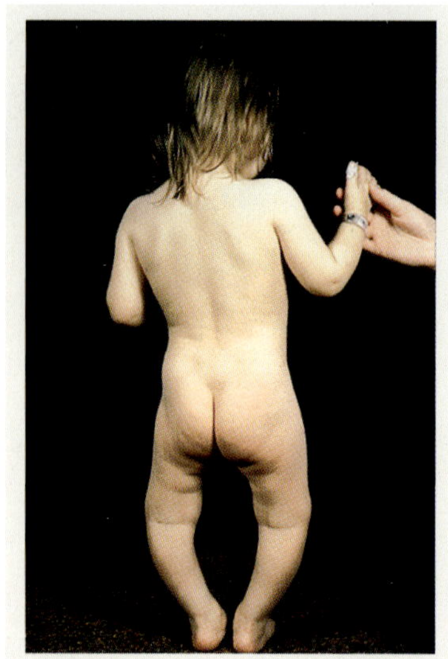

[그림 8-11]…휜 다리는 구루병의 특성이다.

1930년대에 비타민 D의 구루병을 치료할 수 있는 능력은 비타민 D를 기적의 비타민으로 만들었다. 당시에 비타민 D는 땅콩버터, 핫도그, 빵, 소다, 맥주와 같은 많은 식품에 첨가되었다.

도시에서 많은 아이들이 매연이 가득한 곳에서 살았기 때문이다. 높은 빌딩과 매연으로 가득 찬 공기는 아이들에게 햇빛을 차단시켰다. 햇빛에 적당히 노출되지 않을 경우, 비타민 D는 식품을 통해서 섭취되어야 한다. 비타민 D가 강화된 우유는 대부분의 선진국에서 구루병을 감소시켜 왔지만, 모유를 먹는 아이나 검은 피부를 가진 아이들에게는 여전히 문제가 된다. 구루병은 지방의 흡수 작용에 장애를 가진 아이들이나 어떤 이유이든 간에 우유를 마시지 않는 아이들에게서 잘 나타난다.

성인에게 비타민 D가 결핍되어 발생하는 구루병을 골연화증이라 한다. 성인은 뼈의 성장이 끝났기 때문에 골연화증이 뼈의 기형을 초래하지는 않지만, 튼튼한 뼈를 유지하기 위해 필요한 칼슘이 충분히 이용될 수 없기 때문에 뼈가 약해진다. 뼈의 석회화가 충분히 이루어지지 않으면 엉덩이뼈나 등뼈처럼 무게를 지탱하는 뼈의 골절이 일어나게 되며, 뼈의 총량이 감소하는 골다공증을 촉진하거나 악화시킨다. 골연화증은 뼈의 통증, 근육통, 뼈의 약화를 가져온다. 미국에 있는 아프리카계 미국 흑인의 절반 이상이 만성적이거나 겨울철에 비타민 D 결핍의 위험성에 있는 것으로 추정되고 있다. 이들에게 비타민 D 결핍의 위험성이 큰 이유는 검은 피부색 때문에 비타민 D 합성이 잘 안 되며 유당불내증이 많아서 비타민 D가 강화된 우유의 소비가 낮기 때문이다. 또한 비타민 D 결핍은 신장이 쇠약한 성인에게 흔히 일어나는데, 비활성 형태에서 활성 형태로 비타민 D의 전환이 감소하기 때문이다. 노인은 비타민 D 결핍의 위험성이 있는데, 나이가 들어감에 따라 피부에서 비타민 D를 생성하는 능력이 감소하고 노인들은 일반적으로 피부를 옷으로 더 감싸며 젊은이들에 비해 햇빛에서 보내는 시간이 적기 때문이다. 게다가 노인들은 유제품의 섭취가 더 낮은 경향이 있기 때문이다.

5. 비타민 D 보충제

비타민 D 보충은 많은 집단의 사람들에게 권장된다. 비타민 D를 보충해야 하는 사람은 우유를 마시지 않거나 유제품을 섭취하지 않는 사람, 노인, 검은 피부색을 가진 사람, 정상적으로 지방 흡수가 되지 않는 사람, 실내에만 있는 사람, 종교적인 이유 때문에 옷으로 몸을 감싸는 사람, 햇빛 노출이 되지 않는 직장에서 일하는 사람이며 이밖에도 햇빛에 노출이 제한된 사람들이 여기에 포함된다.

6. 비타민 D 독성

2차 세계대전 후, 유럽에서는 비타민 D 강화 과정이 잘 모니터링되지 않아 우유 제품에 비타민 D를 과잉으로 첨가하게 되었다. 비타민 D 과잉 첨가는 유아와 어린이에게 비타민 D 독성을 발생시켰고, 유럽에서는 유제품에 비타민 D를 강화하는 것이 금지되었지만, 현재 대부분의 나라에서 비타민 D 강화가 행해지고 있다.

비타민 D가 강화되지 않은 식품의 섭취는 비타민 D 독성을 일으키지 않는다. 햇빛에 노출하여 인체 내에서 합성되는 비타민 D의 양은 생리적으로 잘 조절되므로 비타민 D의 독성이 유발되지 않는다. 그러나 비타민 D 과잉과 비타민 D 강화가 지나치게 많이 되면 독성이 나타날 수 있다. 비타민 D가 지나치게 많이 강화된 우유를 섭취한 56명의 사람이 입원하고 2명이 사망한 사례가 있다. 비타민 D 독성 증상은 혈관이나 신장 같은 연조직에 칼슘이 축적되어 혈청의 칼슘 농도가 증가하고 소변의 칼슘 농도가 증가하며, 심장혈관에 손상을 가져온다. 성인의 경우 1일 최대 허용섭취량은 60㎍으로 설정되었다.

4. 비타민 E (vitamin E)

비타민 E는 항산화 기능을 가진 지용성 비타민이다. 비타민 E는 실험용 쥐의 생식에 필수적인 곡물의 지용성 성분에서 처음 발견되었다. 이 비타민을 분리하여 사람의 생식에 필요한지를 결정하는 데 30년 정도가 걸렸다. 비타민 E의 화학적 이름은 **토코페롤**(tocopherol)인데, 그리스어로 '분만'을 의미하는 tos와 '낳다'를 의미하는 phero에서 유래되었다. 비타민 E는 불임치료, 상처치료약, 젊음의 유지를 위해 권장되어 왔지만, 이 목적에 유용한지에 대한 보고는 나타난 바가 없다. 지금도 만성병으로부터 보호하는 항산화제의 역할에 대한 연구가 계속되고 있다.

토코페롤(tocopherol)···비타민 E의 화학적 이름

사람들은 상처에 비타민 E를 국소적으로 사용하면 상처의 외관이 개선될 것이라고 믿고 있다. 연구에 의하면, 상처 치료에 비타민 E를 사용한 것이 어떤 미용적인 이익을 주지 않았고, 실제로 많은 경우에 상처의 외관이 더 나빠졌다. 뿐만 아니라 환자의 1/3은 비타민 E 때문에 발진으로 발전했다.

1. 식사에서의 비타민 E

식품에서 서로 다른 활성을 갖는 여러 가지 비타민 E가 발견되었는데, **α-토코페롤**만이 사람에게 비타민 E 필요량을 채워줄 수 있다. 다른 형태의 비타민 E는 몸에서 α-토코페롤로 전환되지 않기 때문에 비타민 E 필요량을 채워주지 못하며, 체내 조직에 비타민 E를 분배하지 못한다.

α-토코페롤(α-tocopherol)···사람에게 비타민 E 활성을 제공하는 토코페롤의 한 형태

비타민 E의 급원식품은 견과류와 땅콩, 콩기름, 옥수수유, 해바라기씨유와 같은 식물성 기름, 녹색 채소, 맥아가 있다[그림 8-12]. 또한 비타민 E는 강화식품과 보충제로도 섭취할 수 있다. 하지만 이렇게 섭취하는 비타민 E는 필요량을 섭취하는 데 효과적이지 않다. 식이보충제와 강화식품에 들어 있는 합성 α-토코페롤은 여덟 종류의

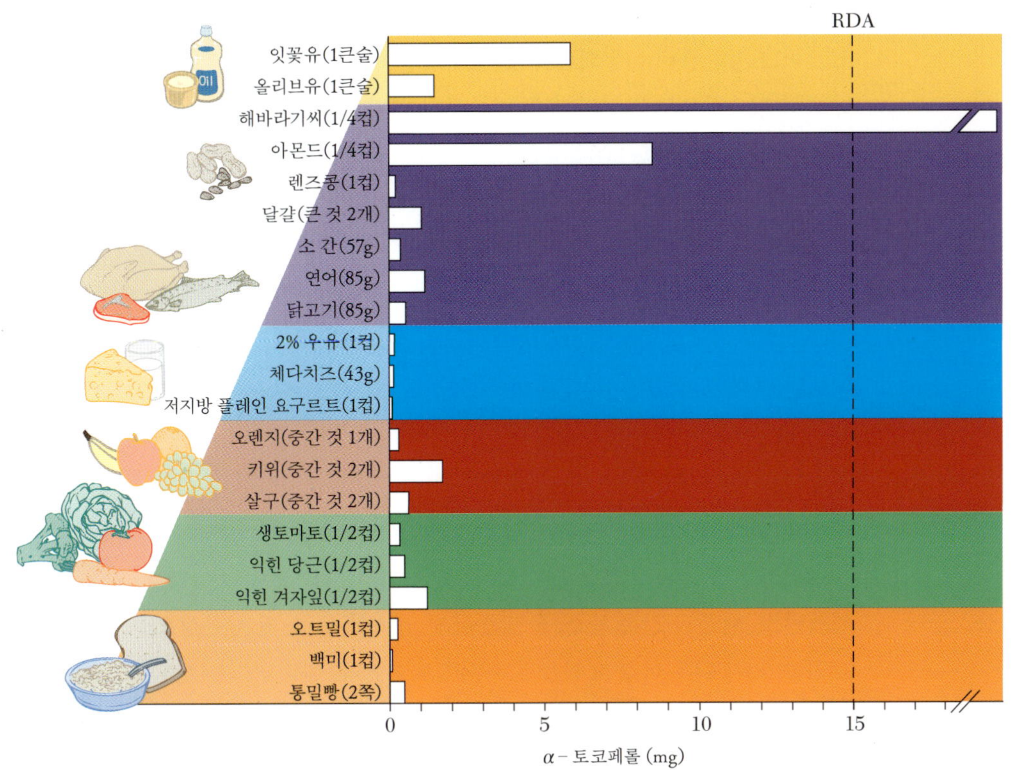

[그림 8-12]··· 식품 구성탑의 각 식품군에 대한 비타민 E 함량. 점선은 성인에 대한 영양 권장량을 나타낸다. 비타민 E는 식물성 기름, 견과류, 종자, 녹색 채소에 들어 있다.

[그림 8-13]…비타민 E의 항산화제로서의 기능. 세포막에서 유리 라디칼을 제거함으로써 불포화지방산을 보호하는 역할을 한다.

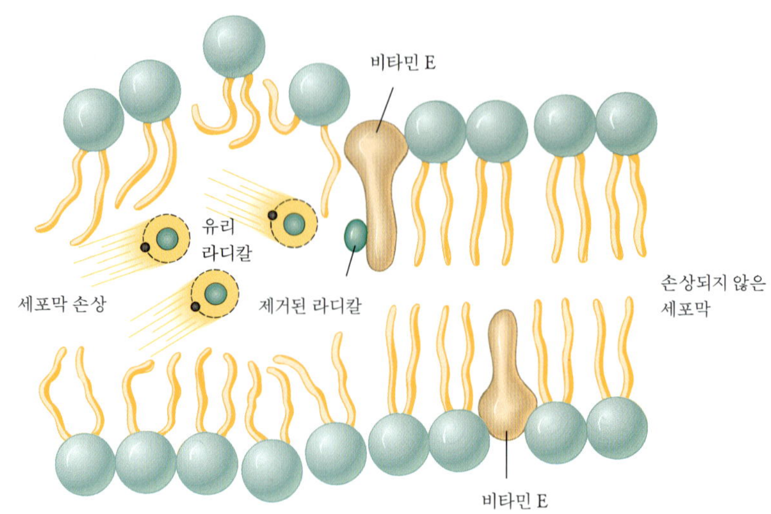

이성체(isomer)…같은 분자식을 갖지만 원자의 배열이 다른 분자

이성체로 구성되어 있다. 여덟 종류 중에서 반은 체내에서 활성을 가진다. 합성된 토코페롤의 생물학적 활성도는 자연계에 존재하는 α-토코페롤의 생물학적 활성도에 비해 1/2 정도 떨어진다. 합성된 토코페롤 10mg은 자연계에 존재하는 α-토코페롤 5mg의 기능을 제공한다.

비타민 E는 산소, 금속, 빛, 열에 의해 쉽게 파괴되기 때문에 식품을 공정, 조리, 저장하는 과정에서 손실된다. 비타민 E가 일반적인 조리 온도에서는 상대적으로 안정적이지만, 기름을 함유하고 있기 때문에 높은 온도에서 기름을 반복적으로 사용할 경우 파괴될 수 있다.

2. 체내에서의 비타민 E

비타민 E의 흡수는 일반적으로 지방 흡수에 의존한다. 비타민 E는 일단 흡수되면, 카일로미크론을 통해 이동되며, 카일로미크론이 파괴되면 일부 비타민 E는 지단백질로 이동하고 조직으로 전달되지만, 대부분의 비타민 E는 간에 저장된다. α-토코페롤은 초저밀도 지단백질(VLDL)에 합류되고, 초저밀도 지단백질에 존재하는 α-토코페롤은 혈장 지단백질로 이동되어 세포까지 전달된다.

비타민 E는 주로 지용성 항산화제로 작용한다. 세포막에 존재하는 불포화지방산은 유리 라디칼에 의해 쉽게 산화되는데, 비타민 E가 유리 라디칼을 제거하므로 항산화제 기능을 할 수 있다[그림 8-13]. 비타민 E는 유리 라디칼을 제거하는 데 사용된 후, 비타민 C에 의해 항산화 기능이 복구될 수 있다[그림 8-14]. 불포화지방은 특히 산화에 의한 손상을 쉽게 받기 때문에 다가불포화지방의 섭취가 증가함에 따라 비타민 E 필요량도 증가된다.

비타민 E는 세포막을 보호함으로써 적혈구, 신경조직 세포, 면역체계의 세포가 손상되지 않도록 유지하는 데 중요하다. 또한 비타민 E는 납, 수은과 같은 금속과 사염화탄소, 벤젠과 같은 독소, 온갖 종류의 약에서 올 수 있는 손상으로부터 지켜 준다. 그리고 오존 같은 환경 오염물질로부터 보호한다. 비타민 E는 산화제로서 저밀도 지단백질(LDL) 콜레스테롤이 산화되는 것을 막아 준다. 한 연구에서 비타민 E는 아테롬성 동맥경화증의 발생을 억제해 주는 것으로 나타났다.

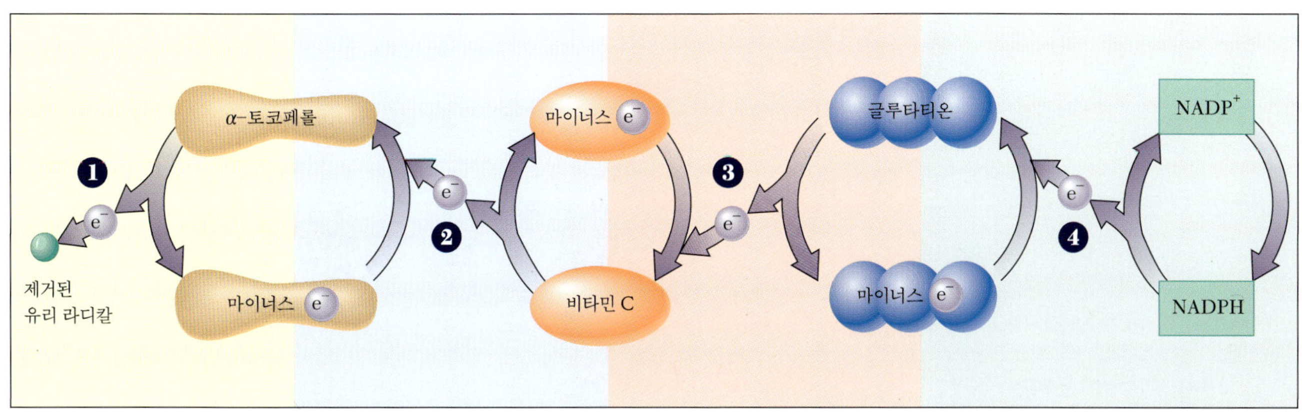

[그림 8-14]…비타민 E가 전자를 내놓음으로써 유리 라디칼을 제거한다(**단계 ❶**). 후에 비타민 E는 산화제로 작용할 수 있는 형태로 복구되어야 한다. 비타민 E가 복구될 때 비타민 C가 필요한데, 비타민 C는 비타민 E를 원래의 형태로 되돌리기 위해 전자 제공자로 작용한다(**단계 ❷**). 비타민 C는 항산화 분자인 글루타티온에서 전자를 가져온 후 복구된다(**단계 ❸**). 글루타티온은 NADHP에서 전자를 가져오고, 활성조효소는 나이아신으로부터 전자를 가져온다(**단계 ❹**).

3. 비타민 E 섭취권장량

비타민 E 충분 섭취량은 α-토코페롤의 혈장 농도 유지에 필요한 양을 근거로, 성인 남녀의 경우 10mg/1일로 설정하였다.

유아의 충분 섭취량은 주로 모유를 먹은 유아에게 필요한 양에 기초하여 설정하였으며, 어린이와 청소년의 경우 성인의 값에서 어림하였다. 임신 기간 동안에 필요한 비타민 E 하루 권장량은 비임신 기간의 값보다 증가되지 않는다. 수유 기간에 필요한 양을 계산하려면, 모유 수유를 하지 않는 여성에게 필요한 양에 모유에 필요한 양을 더하면 된다.

4. 비타민 E 결핍증

비타민 E는 세포막을 보호한다. 그러므로 비타민 E가 결핍되면 세포막에 변화가 생기는데, 특히 신경 조직과 적혈구 세포가 쉽게 영향을 받는다. 비타민 E 결핍은 대개 신경 퇴화와 관련된 신경 문제를 일으키며 사람에게 나타나는 비타민 E 결핍 증상에는 근육 작용의 약화, 시력 손상 등이 있다. 비타민 E는 식물성 식품에서 공급되는데, 체내에 저장되므로 비타민 E 결핍은 드물다. 다만, 지방 흡수 불량으로 인해 비타민을 흡수하지 못하는 사람, 비타민 E 대사에 이상이 있는 사람, 단백질-에너지 영양 부족인 사람, 미숙아에게서는 결핍증이 나타난다. 예를 들면, 지방 흡수를 감소시키는 낭포성 섬유증을 갖고 있는 사람은 심각한 신경의 문제를 일으키며 비타민 E 결핍증이 빠른 속도로 발전할 수 있는데, 치료받지 않으면 영구적일 수 있다.

임신 마지막 주까지 엄마에게서 태아로 비티민 E의 이동이 거의 없기 때문에 모든 신생아들은 토코페롤 수치가 낮은데, 비타민 E가 엄마로부터 이동되기 전에 태어난 미숙아인 경우에는 수치가 더 낮다. 미숙아는 적혈구 세포막이 산화에 의해 손상을 받기 때문에 파열을 일으키는데, 적혈구가 파괴되는 **용혈성 빈혈**이 발생한다. 미숙아로 태어난 유아의 유동식은 만삭으로 태어난 유아의 경우보다 비타민 E의 양을 더 많이 보충한다.

용혈성 빈혈(hemolytic anemia)…적혈구 세포가 파괴될 때 발생하는 빈혈

5. 비타민 E 보충제와 독성

비타민 E 결핍은 흔하지 않지만, 비타민 E 보충은 머리카락의 성장 촉진, 성적 효능과 생식 능력의 회복, 유지, 증가, 피로 완화, 면역기능 유지, 운동능력 향상, 월경 전 증후

☀ 라벨 읽기: '보충제를 선택하기 전에 생각하라'

미국에 있는 성인의 절반 정도가 영양 보충제를 이용하고 있다. 그들은 에너지를 더 내기 위해, 질병을 예방하기 위해, 병을 치료하기 위해, 식품으로부터 얻는 것을 강화하기 위해, 결핍증을 예방하기 위해 이용한다. 일부에서는 '메가(mega-)', '고효능', '울트라(ultra)'라는 말로 당신을 유혹한다. 당신은 보충제가 필요한가?

다양한 식품을 섭취하는 것이 필요한 영양소를 공급하는 가장 좋은 방법이다. 좋은 식품을 알맞게 섭취하는 건강한 사람들의 대부분은 보충제가 필요없다. 그러나 섭취가 낮은 사람, 필요량이 증가된 사람, 과도한 손실이 있는 사람에게는 보충제가 필요할 수 있다. 일반적으로 비타민과 무기질 보충제가 권장되는 사람들은 다음과 같다.

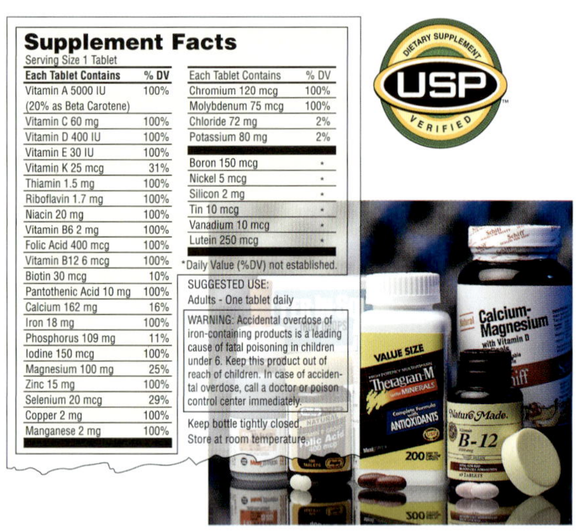

Supplement Facts
Serving Size 1 Tablet

Each Tablet Contains	% DV
Vitamin A 5000 IU (20% as Beta Carotene)	100%
Vitamin C 60 mg	100%
Vitamin D 400 IU	100%
Vitamin E 30 IU	100%
Vitamin K 25 mcg	31%
Thiamin 1.5 mg	100%
Riboflavin 1.7 mg	100%
Niacin 20 mg	100%
Vitamin B6 2 mg	100%
Folic Acid 400 mcg	100%
Vitamin B12 6 mcg	100%
Biotin 30 mcg	10%
Pantothenic Acid 10 mg	100%
Calcium 162 mg	16%
Iron 18 mg	100%
Phosphorus 109 mg	11%
Iodine 150 mcg	100%
Magnesium 100 mg	25%
Zinc 15 mg	100%
Selenium 20 mcg	29%
Copper 2 mg	100%
Manganese 2 mg	100%

Each Tablet Contains	% DV
Chromium 120 mcg	100%
Molybdenum 75 mcg	100%
Chloride 72 mg	2%
Potassium 80 mg	2%
Boron 150 mcg	*
Nickel 5 mcg	*
Silicon 2 mg	*
Tin 10 mcg	*
Vanadium 10 mcg	*
Lutein 250 mcg	*

*Daily Value (%DV) not established.

SUGGESTED USE:
Adults - One tablet daily

WARNING: Accidental overdose of iron-containing products is a leading cause of fatal poisoning in children under 6. Keep this product out of reach of children. In case of accidental overdose, call a doctor or poison control center immediately.

Keep bottle tightly closed.
Store at room temperature.

다이어트 중인 사람……하루에 1,600kcal보다 적게 섭취하는 사람은 종합비타민－무기질 보충제를 복용해야 한다.

채식주의자와 유제품을 섭취하지 않는 사람……동물성 식품을 먹지 않는 사람들은 적당한 비타민 B_{12}를 얻기 위해 보충제나 비타민 B_{12} 강화식품을 먹을 필요가 있다. 유제품은 칼슘과 비타민 D의 중요한 급원이기 때문에 유당불내증, 우유 알레르기 또는 다른 이유로 유제품을 섭취하지 않는 사람들은 칼슘과 비타민 D 보충제가 이롭다.

유아와 어린이……불소, 비타민 D, 철 보충제가 어떤 상황에서는 권장된다.

젊은 여성……가임기 여성은 강화식품이나 보충제로부터 매일 400μg의 엽산을 섭취해야 한다. 임신한 여성에게는 철과 엽산 보충제가 권장되고, 일반적으로 종합비타민과 무기질 보충제가 처방된다.

노인……50세 이상인 성인의 경우는 위축성 위염 발병률이 높기 때문에 비타민 B_{12} 보충제나 강화식품이 권장된다. 또한 노인들은 비타민 D와 칼슘의 충분 섭취량을 섭취하기가 어려울 수 있기 때문에 흔히 보충제와 영양제가 권장된다.

어두운 피부색을 가진 사람……어두운 피부색을 가진 사람들은 필요한 만큼 충분히 비타민 D가 합성되지 않기 때문에 보충제를 섭취할 필요가 있다.

제한된 식사를 하는 사람……무엇을 먹는지, 영양분이 어떻게 이용되는지에 따라 건강 상태에 영향을 받는 사람들은 비타민과 무기질 보충제가 필요하다.

약물 치료 중인 사람……약물 치료는 일부 영양소의 체내 이용을 방해할 수 있다.

흡연자와 알코올 복용자……심각한 흡연자는 비흡연자에 비해 비타민 C와 비타민 E가 더 많이 필요하며, 알코올 섭취는 비타민 B의 흡수를 억제하고 대사 과정을 방해한다.

보충제는 일부 사람에게 이로움을 주기도 하지만 위험을 가져올 수 있다. 비타민과 무기질의 농축된 복용량은 독성을 일으킬 수 있으며, 약초와 같은 다른 물질의 첨가는 비타민과 무기질이 제공하는 이익에 능가하는 부작용을 가져올 수 있다. 보충제의 라벨에 정보를 적어 놓았지만 부작용을 일으킬 수 있는 성분이나 복용량에 관해서는 언급이 없다는 것을 명심해야 한다.

보충제는 건강을 향상시키는 효과적인 방책의 일부분이 될 수는 있지만, 건강한 습관의 대용품으로 간주되어서는 안 되며 의학적 치료법을 대신해서 사용되어서도 안 된다. 당신이 보충제를 섭취하기로 결정했다면, 하루 적정 섭취량의 100%를 초과하지 않는 종합비타민 또는 무기질 보충제를 선택하는 것이 안전하다.

군과 폐경기 증상 감소, 노화 예방, 심장병과 암 예방, 또 다른 의학적 문제를 치료해 준다. 그러나 비타민 E의 보충이 이와 같은 이득을 준다는 확실한 증거는 적다. 역학적 연구에서 비타민 E를 하루에 100 IU 이상 섭취하면 남성과 여성 모두에게 심장병 위험을 줄인다고 하였다.

비타민 E 보충제의 생물학적 효과에 관한 연구는 비타민 E 보충제가 LDL 콜레스테롤 산화를 감소시키고, 혈소판 점착성을 감소시키며, 염증이 생기는 것을 방지해 준다고 주장하지만, 오랜 기간 동안 인체에 대한 의학적 시도는 비타민 E 보충제가 심장병 발생률을 낮춘다는 것을 보여주지는 못했다. 따라서 심장병 예방을 위한 목적으로 비타민 E 보충제를 권장할 만한 충분한 증거가 아직은 없다.

비타민 E는 상대적으로 독성이 없다. 식품에서 비타민 E를 많이 섭취해서 오는 부작용에 대한 증거는 없다. 보충제로부터의 최대 허용섭취량은 1일 540mg이다. 비타민 E 보충제는 혈액응고를 감소시키고 비타민 K의 작용을 방해하기 때문에 피를 묽게 하는 약을 복용하는 사람은 섭취하지 말아야 한다.

5. 비타민 K (vitamin K)

다른 지용성 비타민과 마찬가지로, 비타민 K는 동물에게 지방이 없는 식사를 하게 함으로써 우연히 발견되었다. 덴마크에 있는 학자들은 지방이 없는 식사를 한 병아리가 출혈을 하게 되어 녹색 식물에서 얻은 지용성 추출물을 먹였더니 치료가 되었다는 것

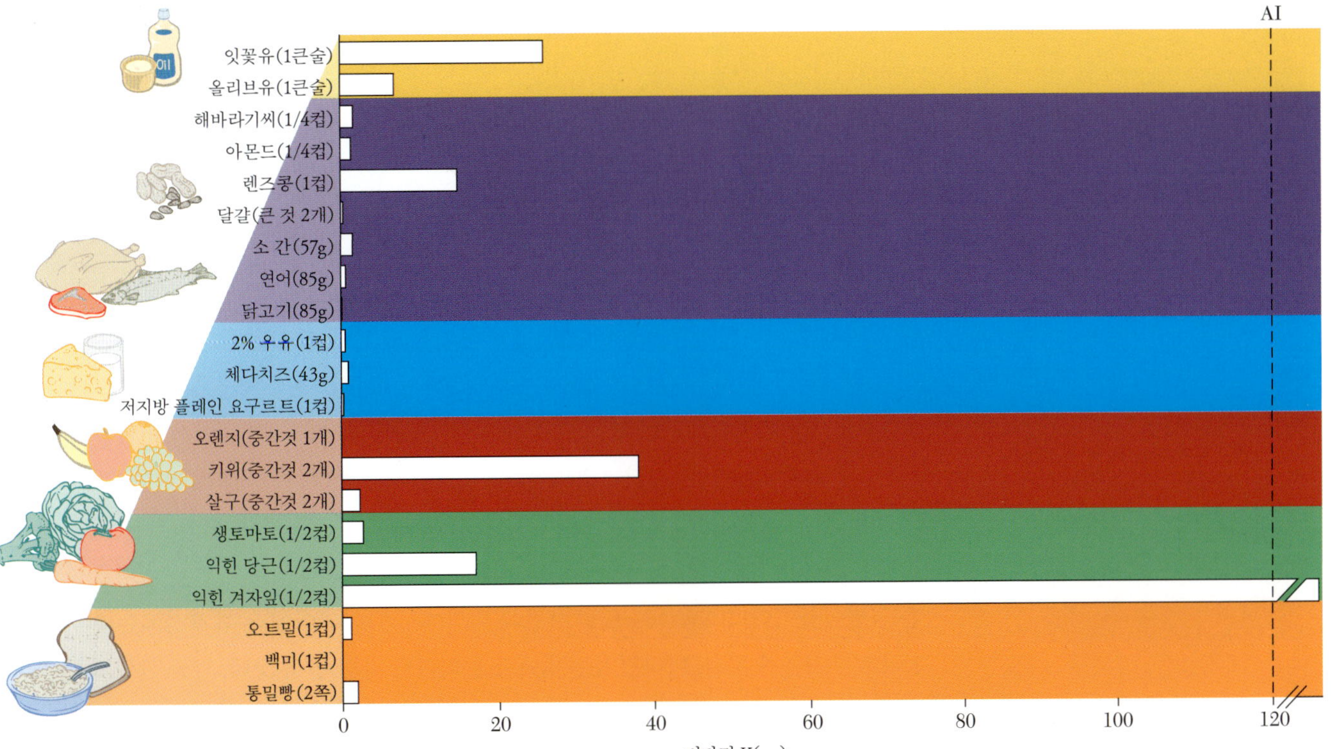

[그림 8-15]… 식품 구성탑의 각 식품군에 들어 있는 비타민 K의 함량. 점선은 성인에 대한 충분섭취량을 나타낸다. 비타민 K의 가장 좋은 급원은 녹색 채소와 식물성 기름이다.

과학의 적용 : '소, 클로버, 그리고 혈액 응고'

1933년 어느 날, 한 농부가 칼 링크 교수 연구실로 곰팡이 핀 클로버 건초, 응고되지 않은 혈액 한 통, 그리고 죽은 소를 가져왔다. 칼 링크 교수는 농부의 소를 죽게 했던 클로버 병(sweet clover disease)과 항혈액 응고 요인에 관한 연구를 하게 되었다.

아이젠하워 대통령은 1955년 9월 심장마비로 고통받고 있었는데, 항응고제인 와파린 나트륨으로 치료를 받고 회복되어 1년 후인 1956년 11월 두 번째 임기 선거에서 대통령으로 선출되었다.

1930년경 클로버 병은 미국과 캐나다의 중서부 대초원의 수많은 소들을 출혈로 죽게 했다. 곰팡이 핀 클로버 건초를 먹인 소들은 피가 응고되지 않아 죽었다. 가시가 돋힌 철조망 울타리에 긁혀 생긴 작은 상처도 치명적이었다. 한 번 출혈이 시작되면 멈추지 않았다. 6년 후 칼 링크 교수는 곰팡이 핀 클로버에서 '다이쿠머롤(dicumarol)'이라는 혈액 응고 방지제를 분리해냈다. 다이쿠머롤은 클로버에 향긋한 냄새를 주는 쿠머린(coumarin)의 유도체인데, 곰팡이는 쿠머린을 다이쿠머롤로 전환시킨다. 곰팡이 핀 클로버를 먹은 소는 결국 다이쿠머롤을 먹게 되는 것이다. 다이쿠머롤은 비타민 K의 활동을 막아 정상적인 혈액 응고를 방해한다.

다이쿠머롤의 발견은 항응고제의 발전을 가져왔으며, 항응고제는 혈액 덩어리를 제거하고 응고가 되는 것을 막아 주었다. 이 약은 혈액 덩어리가 혈관을 막아 발생하는 심장마비를 치료하는 데 사용되었다. 1940년에 처음 합성된 다이쿠머롤은 사람에게 경구로 허용된 항응고제의 시초였다. 다이쿠머롤은 칼 링크 교수가 '와파린(warfarin)'이라 불리는 유도체를 쥐약으로 제안할 수 있도록 한 계기가 되었는데, 와파린은 다이쿠머롤보다 더 효능이 있었다. 쥐가 무색, 무향의 와파린을 먹으면 쥐의 혈액이 응고되지 않아 죽게 된다. 와파린은 1954년 의학적 치료제로 소개되기 이전, 10년 동안 쥐약으로 사용되었다. 1955년 아이젠하워 대통령은 와파린 나트륨으로 심장마비 치료를 받았다.

와파린 나트륨과 다이쿠머롤은 심장마비로 고생하는 수백만 환자들에게 혈액 응고를 방지해 주는 역할을 하였다. 대평원을 가로질러 수백 마리의 소를 죽이고, 우리의 가정에서 효과적으로 쥐를 죽였던 바로 그 물질이 많은 사람의 생명을 구하게 된 것이다.

을 알게 되었다. 비타민 K는 koagulation이라는 의미에서 명명하였고, 덴마크 단어로 **응고** 또는 혈액 응고라고 한다.

응고(coagulation)…혈액이 응고되는 과정

1. 식사에서의 비타민 K

다른 지용성 비타민처럼 비타민 K도 여러 가지 형태로 발견되었다. 식품에서 가장 중요한 형태는 식물에서 발견된 **필로퀴논**이다. 생선 기름과 육류에서 발견된 **메나퀴논**은 사람의 장에서 박테리아에 의해서 합성된다. 메나퀴논은 보충제에서 발견된 형태이다. 몇 가지 식품만이 비타민 K의 상당한 양을 제공한다. 가장 좋은 급원식품은 간과 시금치, 브로콜리, 양배추, 케일, 순무와 같은 녹색 채소들이다. 이와 같은 녹색 채소들은 북아메리카인의 식사에서 비타민 K의 1/2 정도를 제공한다. 식물성 기름도 좋은 급원식품이다[그림 8-15]. 또한 사람의 위장에서 박테리아에 의해 생성되는 비타민 K의 일부가 흡수된다. 비타민 K는 빛에 노출되거나 강한 산성 상태, 약한 산성 상태에서 파괴된다.

필로퀴논(phylloquinone)…식물에서 발견된 비타민 K의 형태
메나퀴논(menaquinone)…박테리아에 의해 합성된 비타민 K의 형태로 동물에서 발견되었다.

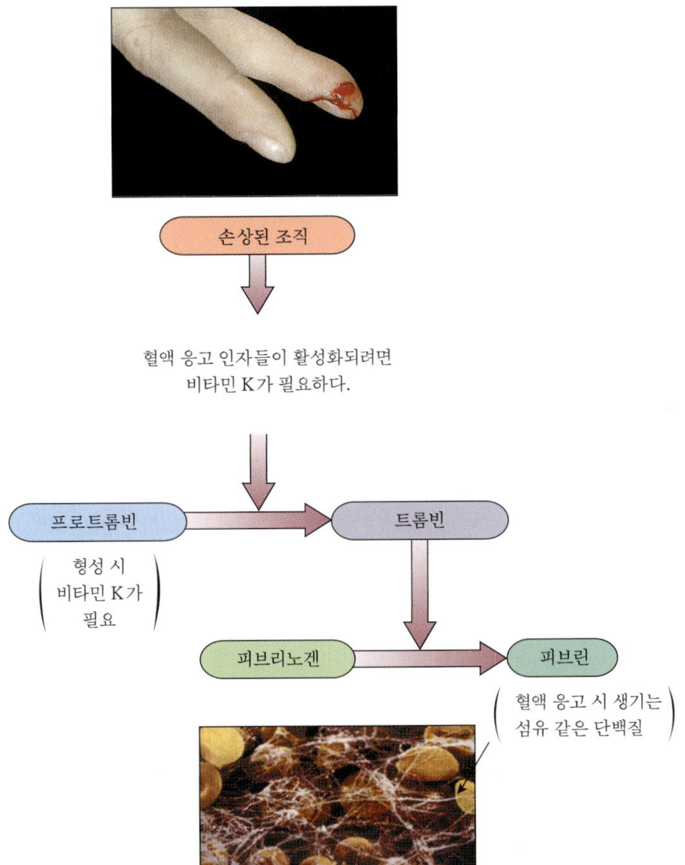

[그림 8-16]…혈액 응고는 응고 요인이라 불리는 많은 물질을 가지고 있다. 프로트롬빈이 체내에서 합성될 때 비타민 K가 필요하다. 프로트롬빈이 없다면 피브리노겐은 활성형인 피브린으로 전환될 수 없다.

2. 체내에서의 비타민 K

비타민 K는 혈액 응고 단백질인 **프로트롬빈**과 혈액 응고 인자의 생산에 필요한 조효소이다. 혈액 응고 인자는 비활성 형태로 혈액을 순환하는 단백질이다. 일단 활성이 되면 혈액 응고를 일으키는 단백질인 피브린을 형성하게 된다[그림 8-16]. 상처는 혈관에 작은 손상을 일으킨다. 상처가 치료되기 위해서는 혈액 손실을 방지하기 위해 혈액이 응고되어야 한다.

프로트롬빈(prothrombin)…혈액 응고에 필요한 단백질

3. 비타민 K 섭취권장량

다른 지용성 비타민과 달리, 비타민 K는 체내에서 빠른 속도로 사용되기 때문에 끊임없는 공급이 필요하다. 장에서 박테리아에 의해 합성된 비타민 K는 필요량을 공급하긴 하지만, 잘 흡수되지 않으며 필요량을 충분히 제공하지는 못한다. 비타민 K의 충분섭취량은 성인의 경우 남자 75μg/1일, 여자 65μg/1일로 설정하였다. 임신 기간이나 수유기에 충분 섭취량은 증가되지 않는다. 유아의 충분 섭취량은 모유에서 섭취하는 양을 근거로 하여 설정하였다.

4. 비타민 K 결핍증

비타민 K 결핍의 주요 증상은 비정상적인 혈액 응고이다. 비타민 K가 결핍되면 파열된 동맥과 정맥을 봉할 만큼 혈액이 응고되지 않아 혈액 손실이 계속된다. 결핍이 심

혈액 응고가 되지 않는 것은 혈우병이라 불리는 유전병으로부터 올 수도 있다. 이 병은 혈액 응고 요인 중 하나에 유전자 코딩 결함이 생겨서 혈액이 응고되지 않는 것이다. 혈우병은 비타민 K 결핍증과 증상이 비슷하지만 비타민 K 결핍증과는 관련이 없다.

각하다면 혈액 손실로 사망까지 이르게 될 수 있다. 건강한 성인에게는 비타민 K 결핍이 드물지만, 지방 흡수 불량 증후군이나 오랜 기간의 항생 물질 사용으로 결핍이 될 수 있다. 항생 물질은 장에서 비타민의 급원인 박테리아를 죽인다. 항생 물질은 비타민 K 섭취를 감소시키는 질병과 함께 비타민 K 결핍을 촉진시킨다. 일반적으로 혈액 응고를 촉진시키는 수술을 하기 전에 비타민 K 주사가 투여된다. 비정상적인 혈액 응고가 발작과 심장마비를 일으키기 때문에, 비타민 K 활성을 방해하는 약은 심장질환 환자에게 혈액 응고 형성을 감소시키기 위한 방법으로 사용되어 왔다.

비타민 K 결핍은 신생아에게 가장 흔한데, 이것은 비타민 K가 엄마에게서 태아로 거의 이동하지 않는데다가 신생아의 장에는 박테리아가 존재하지 않아 비타민 K가 만들어지지 않기 때문이다. 모유에는 비타민 K가 적다. 그러므로 신생아에게 출혈이 계속되는 것을 방지하기 위해 생후 6시간 내에 비타민 K 주사를 투여한다.

5. 비타민 K 독성과 보충제

비타민 K는 식품과 보충제로 하루에 370㎍ 이상을 섭취하여도 충분히 입증된 부작용이 없기 때문에 최대 허용섭취량을 설정하지 않았다. 비타민 K의 혈액 응고 작용 때문에 비타민 K 과다 복용은 항응고제 약을 방해할 수 있다. 따라서 이 약을 처방받은 사람은 비타민 K 보충제를 섭취하기 전에 의사와 상의해야 한다.

사례연구후기

현재 2살인 A양은 건강하며 행복하다. 1년 전 A양은 비타민 D 결핍증인 구루병으로 진단받았다. A양이 보육원에서 지낼 당시, 비타민 D의 섭취가 너무 낮은 데다 적당한 양의 비타민 D가 합성될 정도의 충분한 햇빛을 받지 않았기 때문에 구루병이 점점 발전하고 있었다. 적당한 비타민 D가 없다면 뼈의 성장과 건강을 지켜줄 칼슘을 흡수할 수 없다. A양이 구루병으로 진단받은 후, 의사는 비타민 D와 칼슘 보충제를 권했고 칼슘이 풍부한 식사를 권장했다. A양은 단지 일주일의 요법 후 수치가 향상되었고 X-레이 결과 뼈가 회복되고 있다는 것이 나타났다. 몇 주 후 A양의 늑골에 돌출된 뼈가 사라졌고 휜 다리가 교정되었으며 새로운 치아가 나기 시작하였다. A양이 어릴 때 치료받지 않았다면 골격의 변형이 계속되었을 것이다. A양은 칼슘과 비타민 D의 중요한 급원식품인 우유를 싫어해, 칼슘과 비타민 D가 강화된 두유를 섭취하고 있다. 칼슘과 비타민 D가 강화된 두유는 건강에 좋은 식품으로서 A양에게 필요한 비타민 D를 공급해 줄 것이다.

연습문제

1 비타민 A의 급원식품을 말하시오.
2 비타민 A가 빛의 인지에 얼마나 영향을 주는가?
3 비타민 A는 세포로부터 만들어진 단백질에 어떻게 영향을 미치는가?
4 비타민 A 결핍증은 왜 야맹증, 안구건조증을 일으킬까?
5 β-카로틴은 무엇인가?
6 β-카로틴은 독성이 없지만 활성형 비타민 A는 독성을 가지는 이유를 설명하시오.
7 비타민 D를 왜 햇빛 비타민이라 부르는가?
8 비타민 D의 급원식품 두 가지를 말하시오.
9 비타민 D의 주요 기능은 무엇인가?
10 어린이의 경우 비타민 D 결핍 증상을 설명하시오.
11 비타민 D가 유전자 발현에 어떻게 영향을 미쳐 칼슘 흡수를 변화시키는지 설명하시오.
12 비타민 E의 기능은 무엇인가?
13 비타민 E의 급원식품 두 가지를 말하시오.
14 비타민 K의 주요 기능은 무엇인가?
15 비타민 K 결핍 증상은 무엇인가?

Chapter 9 Water and Electrolytes

사례연구

가브리엘 앤더슨 샤이스(Gabriele Andersen-Scheiss)가 1984년 여자 마라톤에서 마지막 한 바퀴를 돌기 위해 올림픽 경기장으로 통하는 터널을 빠져나왔을 때, 그 선수는 그리 세계 정상급 운동선수 같아 보이지는 않았다. 37살의 주자는 술 취한 것처럼 경주로를 비틀거리며 달렸는데, 왼팔은 힘 없이 흐느적거리고 오른발은 뻣뻣했다. 무엇이 잘못되었는가? 그 선수는 마라톤 42.195km 중에서 42km 정도를 달려왔지만 딱 한 바퀴 남아 있는 경주로를 마저 달릴 수 있을지는 분명하지 않았다. 누군가 그 선수를 멈추게 해야 하지 않을까? 보건원들이 쫓아가 도우려 했지만 그 여자는 손을 흔들어 사람들을 물리쳤다. 경주로를 따라 앞으로 나아가는 이 선수를 관찰한 후에, 의사들은 그 여자가 혼자 힘으로 가게 놔두도록 했다. 앤더슨 샤이스는 심각한 탈수 징후를 드러냈지만, 그 선수가 땀을 충분히 흘리고 있는 것을 볼 수 있었기 때문에 의사들은 그녀가 아직은 열사병에 시달리지 않고 있다고 판단했다. 열사병은 가장 위중하고 생명을 위협할 수 있는 형태의 열 관련 병이다. 이 경기의 금메달리스트인 조앤 베너잇(Joan Benoit)은 20분 전에 결승선을 지나갔지만, 앤더슨 샤이스는 우승하기 위해서가 아니라 단지 완주를 하기 위해 몸부림을 쳤다. 관중들은 잠시 그 선수를 응원했지만 곧 이어서 달리지 못하게 말리라고 의사들에게 간청했다. 그 선수가 경주로를 비틀거리며 마지막 한 바퀴를 도는 데는 5분 44초가 걸렸다. 의사들은 즉시 그 여자의 탈수증과 소모성 열사병을 치료했다.

이 경우는 신체를 유지하는 데에 물이 얼마나 중요한가를 말해 준다. 수분과 무기질이 녹아서 수프 같은 형태를 만들고 그 안에서 생명을 유지시키는 반응이 일어난다. 수분과 무기질의 불균형 증상은 빠르면서 파괴적일 수 있지만 어느 다른 영양소 결핍일 때보다도 더 빠르게 회복될 수 있다.

제 9 장 수분과 전해질

학습목표

1 체내에서 수분의 다섯 가지 기능을 설명할 수 있다.
2 체내 수분 공급원과 수분을 잃는 경로를 열거하고 설명할 수 있다.
3 체내의 수분량을 조절하는 신장의 역할에 대해 설명할 수 있다.
4 탈수증의 영향에 대해 토론할 수 있다.
5 나트륨과 칼륨의 주요 식이 공급원을 열거할 수 있다.
6 '전해질'이라는 말을 정의하고, 체내에서의 전해질 기능을 설명할 수 있다.
7 서로 다른 신체 부위 내의 수분량에 영향을 주는 요소들을 설명할 수 있다.
8 혈압이 조절되는 방법을 설명할 수 있다.
9 '고혈압'에 대해 정의하고 그 증상과 결과를 열거할 수 있다.
10 식이 소금 섭취가 혈압에 미치는 영향에 대해 토론할 수 있다.

1. 수분 : 체내의 바다

1. 체내에서의 수분의 기능

수분은 사람이 살아가기 위해 음식물로 섭취해야 하는 필수 영양소이다. 물이 없으면 단 며칠 내에 죽게 된다. 몸에서 화학반응이 일어날 때 물이 용매 역할을 한다. 또한, 영양소를 운반해서 소비하고, 보호하고, 온도 조절을 돕고, 화학반응과 산-염기 균형에 관여한다[표 9-1].

1-1. 용매 — 물이 가지고 있는 체내에서의 핵심 기능 중 하나가 용매 기능이다. 용질이 어떤 용매 중에 녹아서 용액을 형성할 수 있게 하는 액체가 바로 용매이다. 물은 극성, 즉 물 분자의 양끝단이 서로 다른 전하를 가지고 있기 때문에 몇몇 물질에 대해서는 이상적인 용매가 된다. 물의 극성 성질은 두 개의 수소 원자와 한 개의 산소 원자로 구성되는 물의 구조로부터 만들어진다. 수소와 산소 원소들은 양전하를 띤 원자핵과 그 주변 궤도를 선회하는 음전하를 띤 전자로 이루어져 있다. 두 개의 수소 원자와 한 개의 산소 원자가 전자를 공유하는 공유결합을 할 때 물 분자가 만들어진다. 공유하는 전자들이 수소 주변에 있는 시간보다 산소 주변에 있는 시간이 더 길면 분자의 산소 쪽에 약간 음전하를 띠게 되고 수소 쪽에는 약간 양전하를 띠게 된다. 물의 이러한 극성 성질 때문에 전하를 띤 다른 분자를 에워싸서 흩어지게 한다. 식탁용 소금은 물에 녹는데, 음전하를 띤 염화물 이온과 양전하를 띤 나트륨 이온이 묶여서 구성된다. 물에 두면 나트륨 이온과 염화물 이온이 나뉘거나 해리된다. 왜냐하면, 양전하를 띤 나

[표 9-1]…물과 전해질 요약

영양소	공급원	성인 섭취권장량 (적정량)	주요 기능	결핍 질환/증상	결핍 위험군	독성	최대 허용섭취량
취량	마시는 물, 기타 음료수, 및 식품	2.7~3.7L/1일	용해, 반응, 보호, 수송, 체온 및 pH 조절	갈증, 허약, 지구력 부족, 정신착란, 방향감각 상실	유아, 열이 있고 설사를 하는 자, 노인, 운동선수	있을 것 같지 않음, 정신착란, 혼수상태, 경련	상한치 결정 자료 불충분
나트륨	식탁용 소금, 가공식품	2,300mg/1일, 적정치 1,500mg/1일	세포외액의 양이온, 신경 전달, 근육 수축, 체액 균형	근육 경련	심각하게 나트륨 제한 식이를 하는 자, 지나치게 땀을 흘리는 자	민감한 사람에게 고혈압의 원인 제공	2,300mg /1일
칼륨	신선한 과일 및 채소, 두류, 곡류, 우유, 쇠고기	4,700mg/1일 또는 그 이상	세포내액의 양이온, 신경 전달, 근육 수축, 체액 균형	불규칙 심박, 피로, 근육 경련	소식하면서 가공식품을 많이 섭취하는 자, 고혈압환자용 이뇨제 섭취자	비정상 심박	상한치 결정 자료 불충분
염화물	식탁용 소금, 가공식품	3,600mg/1일, 적정치 2,300mg/1일	세포외액의 음이온, 체액 균형	없음	없음	없음	3,600mg /1일

트륨 이온이 물 분자의 음극에 이끌리고, 음전하를 띤 염화물 이온은 양극으로 끌어당겨지기 때문이다[**그림 9-1**]. 물에서 해리되어 양이온과 음이온을 형성하는 염화나트륨 같은 물질을 전해질이라고 하는데, 전해질은 물에 녹았을 때 전류를 흘릴 수 있다.

1-2. 수송 — 90%가 물인 혈액은 산소와 영양소를 세포로 수송하면서 세포로부터 이산화탄소와 다른 노폐물을 받아온다. 혈액은 호르몬과 다른 조절분자를 몸 전체에 골고루 전해서 목표로 정한 세포에까지 미치게 한다. 소변 속의 물은 요소와 케톤 같은 노폐물을 몸 밖으로 운반하는 것을 돕는다.

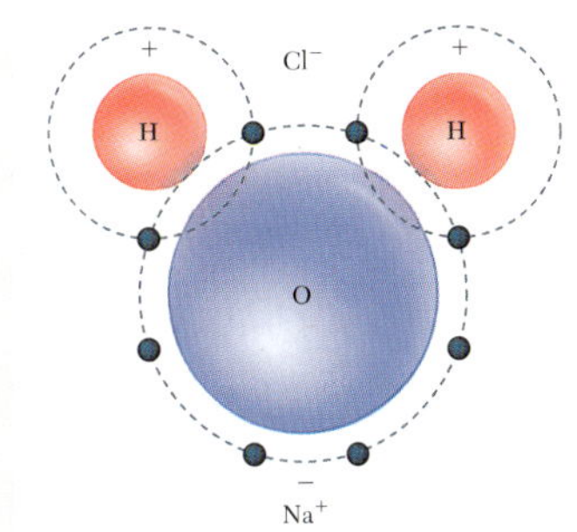

[**그림 9-1**]···두 개의 수소 원자는 한 개의 산소 원자와 전자를 공유하여 물 분자를 형성한다. 전자들은(진한 점으로 표기) 산소 원자 주위를 돌며 약간의 음전하를 띤다. 반면에 두 개 수소 원자를 가진 분자의 측면에는 약간의 양전하를 띤다. 염(염화나트륨)을 물에 첨가했을 때 나트륨 양전하가 물의 음전하에 끌려 염소 음전하가 양전하 쪽에 이끌린다.

1-3. 윤활 및 보호 — 물은 윤활제와 세척제 기능을 한다. 촉촉한 눈물은 눈을 매끄럽게 해서 먼지를 씻어내고, 활액은 관절을 매끄럽게 하며, 침은 입을 매끄럽게 하고 음식을 씹거나 맛을 보고 삼키는 것을 쉽게 한다. 안구 안쪽과 척추의 물은 충격에 대한 완충 역할을 한다. 비슷한 예로 임신 기간 동안 양수 내 물은 태아 주위를 감싸고 보호하는 쿠션 역할을 한다.

1-4. 체온 조절 — 체온은 정상 수준인 37℃를 유지하기 위해 조절된다. 만약 체온이 42℃ 이상으로 상승하거나 27℃ 이하로 내려간다면 죽게 된다. 물이 열을 보유하고 온도를 천천히 변화시킨다는 사실은 외부의 온도가 변동될 때도 물이 체온을 일정하게 유지하는 데 도움이 된다는 것을 말해 준다. 그러나 물은 온도 조절을 위해 적극적으로 관여한다.

물은 몸의 표면으로부터 손실되는 열의 양을 증가시키거나 감소시켜 체온을 조절한다. 체온이 상승하기 시작할 때 혈관이 확장되면서 체표면 피부로 혈액이 흐르게 되면 열의 일부가 외부로 방출되어 체온이 떨어진다. 외부의 온도가 상승할 때뿐 아니라 병으로 인해 열이 날 때에도 이런 현상이 일어난다. 추운 환경에서 피부의 혈관은 수축되는데, 이는 체표면 가까운 쪽 혈액의 흐름이 제한되어 그 결과 체온이 떨어지는 것을 막는다.

물은 땀의 방출을 통해 체온을 조절한다. 체온이 증가할 때 뇌는 피부의 땀샘에서 대부분이 물인 땀을 생산하도록 지시한다. 땀이 피부로부터 증발할 때 열이 손실되고 몸은 식게 된다[**그림 9-2**].

[**그림 9-2**]···온도가 아주 더운 환경에서 운동을 하면 땀을 흘림으로 인해 엄청난 물의 손실이 있게 된다.

1-5. 화학반응 — 물은 체내 화학반응에 관여한다. **가수분해반응**은 큰 분자가 작은 분자로 될 때 물이 첨가되어 일어나는 반응이다. 예를 들어, 맥아당 분자가 두 개의 포도당분자로 될 때 물이 첨가된다. 물은 두 개의 분자가 결합하는 반응에도 관여한다. 이런 형태의 반응을 **축합반응**이라고 한다. 두 개의 포도당 분자로부터 이당류가 형성되는 것은 축합반응이며, 이때 한 개의 물 분자가 제거된다[**그림 9-3**].

가수분해반응(hydrolysis reaction)···큰 분자들이 물의 첨가로 인해 작은 분자들로 분해되는 화학반응

축합반응(condensation reaction)···두 개의 분자들이 함께 결합하는 화학 반응. 두 개의 분자가 결합하여 물을 형성함으로써 수소와 산소가 손실된다.

1-6. 산-염기 균형 — 체내에서 일어나는 화학반응은 산도에 매우 민감하다. 산도는 **pH** 단위로 나타낸다. pH 단위는 1~14까지인데 1은 매우 강산이고, 14는 매우 염기성이며 7은 중성이다. 체내에서의 대부분의 반응은 약간 염기성 용액에서 일어나며 대

pH···용액의 산도와 알칼리성의 수준을 측정

[그림 9-3]…이당류 맥아당이 두 개의 포도당으로 분해되는 것이 가수분해의 예이며, 이당류가 형성되는 것은 축합반응의 예이다.

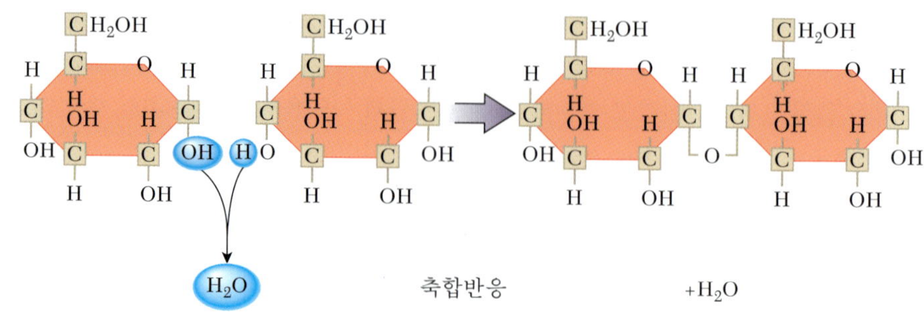

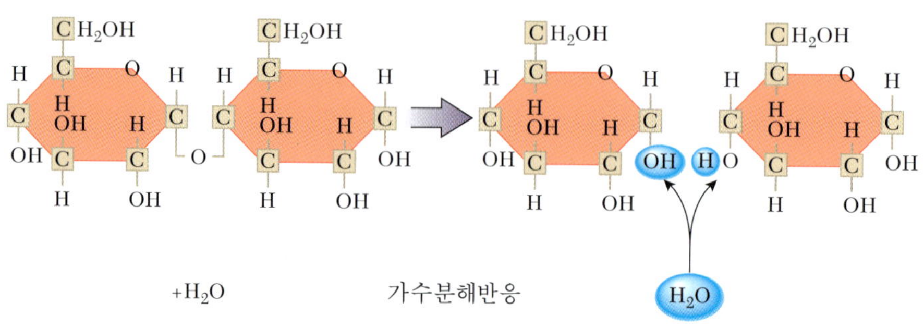

략 pH7.4이다. 만약 체액이 너무 산성이거나 너무 염기성이 되면 화학반응은 효율적으로 진행될 수 없다[그림 9-4]. 물과 물에 용해된 물질이 적절한 수준의 산도를 유지하는 것이 중요하다. 물은 pH의 변화를 막아 주는 화학반응을 위해 매개체로 작용하고 이들 반응에도 관여한다. 물은 수송매개체로서 호흡조절 경로와 신장의 산-염기 균형을 조절한다.

[그림 9-4]…몇몇 일반적인 액체들의 pH값. 정상적인 혈액의 pH 범위인 7.35와 7.45 사이로부터 벗어나면 산독증(너무 산이 많음), 염기독증(너무 염기가 많음)이 되며 심하게 되면 생명에 치명적일 수 있다.

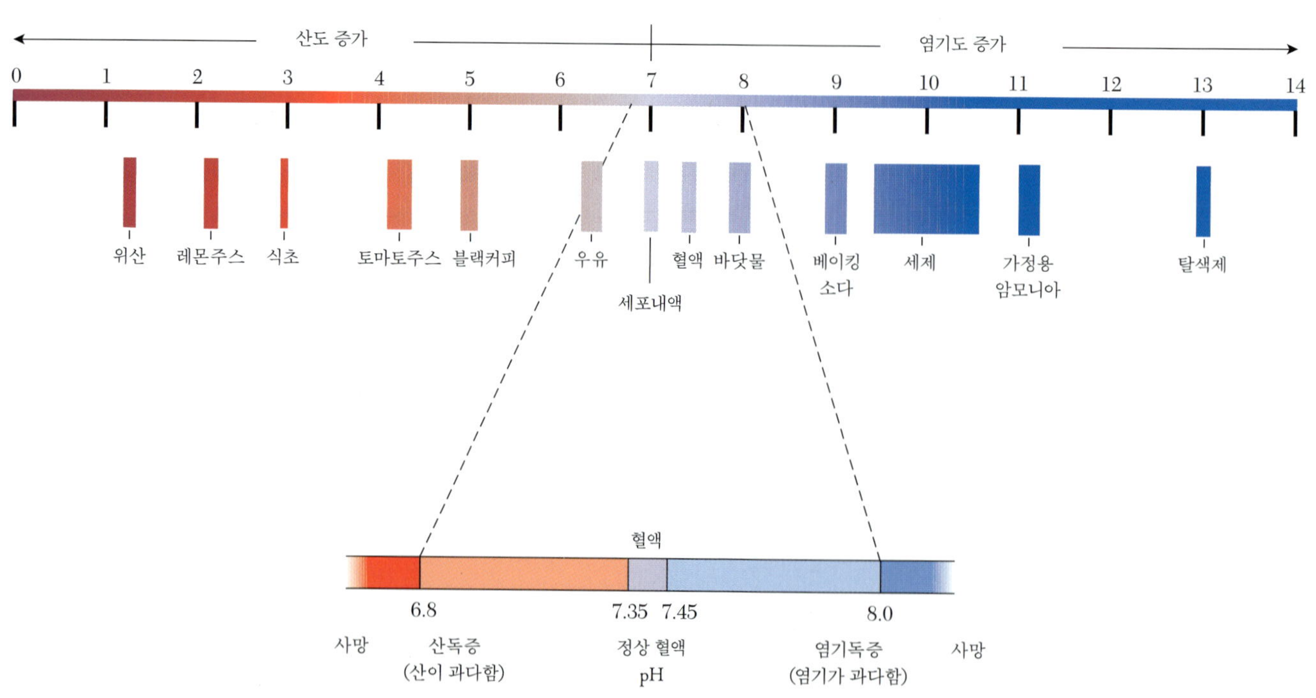

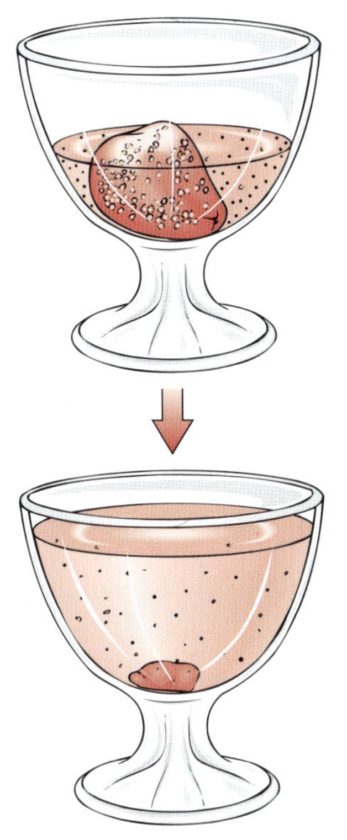

[그림 9-5]…삼투압은 용질의 농도가 낮은 쪽에서 용질의 농도가 더 높은 쪽으로 세포막을 가로질러 물이 움직이는 과정이다. 설탕을 딸기 위에 뿌려 놓았을 때 딸기 표면의 설탕 용액의 농도를 희석시키기 위해 딸기로부터 물을 끌어내는 삼투압 현상이 일어난다.

2. 수분의 분포

수분은 신체 모든 조직에 다양한 비율로 들어 있다. 혈액의 약 90%가 수분이고 근육은 약 75%, 뼈는 약 25%가 수분으로 되어 있다. 지방 조직은 수분 함량이 낮은 조직으로서 약 10% 정도이다. 성인의 경우에 체중의 60%를 수분이 차지하나 나이와 체내 구성 성분에 영향을 주는 다른 요인들에 의해 달라진다. 신생아는 수분의 비율이 성인보다 높다. 성인은 나이가 들어가며 특히 체지방의 증가와 근육량의 감소로 인해 수분의 비율이 감소한다. 전형적으로 여성은 체지방의 비율이 남성보다 높기 때문에 체내 수분량이 적다. 비만한 사람은 야윈 사람에 비해 비율적으로 수분 함량이 낮다.

어린아이의 몸은 80%가 수분이며 5개월된 태아는 94%가 수분이다.

체내 수분량의 약 2/3는 세포 내에 있다. 이를 **세포내액**이라 한다. 나머지 1/3은 세포의 외부에 있어 이를 **세포외액**이라 한다. 세포외액에는 혈장, 림프액이 포함되며 세포와 세포 사이의 액체인 **세포간질액**이 포함된다. 기타 세포외액에는 침, 소화분비액, 눈, 척추, 연결 부위에 들어 있는 액체가 포함된다. 체내 수분에 용해되어 있는 농축 물질은 이들 체내 부위에 따라 다양하다. 단백질 농도는 세포내액에서 가장 높고, 세포외액에서 가장 낮다. 심지어 세포간질액에서도 낮다. 세포외액에는 나트륨과 염소 이온의 농도가 높고 칼륨의 농도가 낮다. 세포내액에는 칼륨 농도가 높고 나트륨과 염소 이온의 농도가 낮다.

세포내액(intracellular fluid)…세포 내부에 들어 있는 액체

세포외액(extracellular fluid)…세포 외부에 들어 있는 액체. 세포외액에는 혈액, 림프, 소화관, 척추관, 눈, 연결 부위, 세포와 조직 사이에서 발견된다.

세포간질액(interstitial fluid)…세포외액에 속하는 것으로 세포와 조직 사이 공간의 액체. 땀으로 손실되는 체액의 대부분은 혈장으로부터 온다.

체내에서 구획 간 수분의 이동은 체액의 압력과 각 구획 내에 들어 있는 용질의 농도에 의존한다. 혈관벽에 미치는 혈액압을 **혈압**이라 하는데, 혈압에 의해 수분이 혈액에서 세포와 세포 간 공간 사이로 이동하게 한다. 모세혈관 내의 혈액과 세포 간 공간 사이의 용질 농도의 차이 때문에 많은 양의 수분이 삼투압에 의해 모세혈관 쪽으로 다시 들어가게 된다. 삼투압은 선택적으로 반투막에서 일어난다. 세포막은 수분을 자

혈압(blood pressure)…동맥벽에 대해 혈액이 가하는 힘의 양

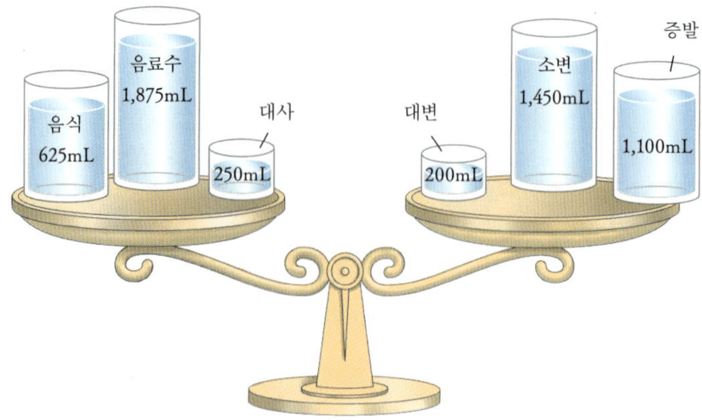

[그림 9-6]…수분 평형을 유지하기 위해 섭취와 배설이 같아야 한다. 이 그림은 땀으로 수분을 손실하지 않는 성인의 경우에 여러 다른 경로를 통해 얻게 되는 수분량과 손실되는 수분량을 나타내고 있다.

유로이 통과시키지만 다른 물질의 통과는 조절한다. 수분은 양쪽의 용질의 농도가 똑같아지는 방향으로 물 분자가 이동하기 때문에 과일로부터 물을 끌어내어 과일을 쭈그러지게 한다. 우리 몸은 각 구획별로 삼투압에 의존하여 물을 이동시키며 세포 내 용질의 농도를 조정함으로써 체내 수분량을 조절한다.

3. 수분의 균형

체내 수분량은 시간이 지나면서 비교적 일정하게 된다. 우리 몸은 수분을 저장하지 않기 때문이 이런 항상성을 유지하기 위하여 체내 섭취된 수분은 소변, 대변, 증발을 통해 손실되는 양과 같아야 한다[그림 9-6]. 뜨거운 날씨에 운동으로 수분 손실이 증가될 때에는 체내 수분량을 유지하기 위해 수분 섭취량을 증가시켜야 한다.

3-1. 수분 섭취 — 체내의 대부분의 수분은 우리가 마시는 음료수뿐 아니라 다른 기타 음료와 고형음식 섭취에서 온다[그림 9-7]. 전체 수분 섭취의 75~80%는 액체를 통한 것이고 20~25%는 음식 섭취에 의한 것이다. 우유는 90%가 수분이며 사과는 85%가 수분이고 구운 쇠고기는 약 50%가 수분이다. 소량의 수분은 체내 대사 내에서 생성되지만 체내 수분 요구량에 비교해보면 그다지 많은 비율은 아니다.

식사에서 섭취하는 수분량은 소장관에서 삼투압에 의해 흡수된다. 소장 내강으로부터 혈액으로 영양소의 흡수에 의해 생기는 농도 기울기 때문에 가능하며 영양소가 흡수됨으로써 내강 내 용질의 농도는 감소한다. 그러므로 수분은 고농도의 용질 쪽으로 흡수되는 영양소와 함께 이동한다. 수분 흡수율은 수분량과 수분과 함께 소모되는 영양소의 농도에 의해 영향을 받는다. 다량의 수분을 소모하는 것은 수분 흡수율을 증가시키는 반면, 영양소와 다른 용질의 양이 증가하면 수분의 흡수율이 감소한다.

수분 손실은 고단백, 저탄수화물 식사를 할 때에 증가한다. 단백질 분해로 요소가 많이 생기고 지방 분해로 인해 케톤이 분비되기 때문이다.

3-2. 수분 손실 — 수분은 소변과 대변을 통해서 배출되고, 허파와 피부, 땀을 통한 증발로 인해 손실된다. 땀을 흘리지 않는 보통 성인의 경우 하루에 2.75L를 수분으로 배출한다.

소변으로 손실 — 보통 소변으로 배출되는 양은 1~2L/1일이지만 이 양은 섭취하는 액체류 양과 체내 대사에서 분비되어 배설되는 노폐물 양에 따라 달라진다. 소변에 분비되는 노폐물에는 요소와 기타 단백질 분해로 생긴 질소를 포함한 물질과 지방 분해

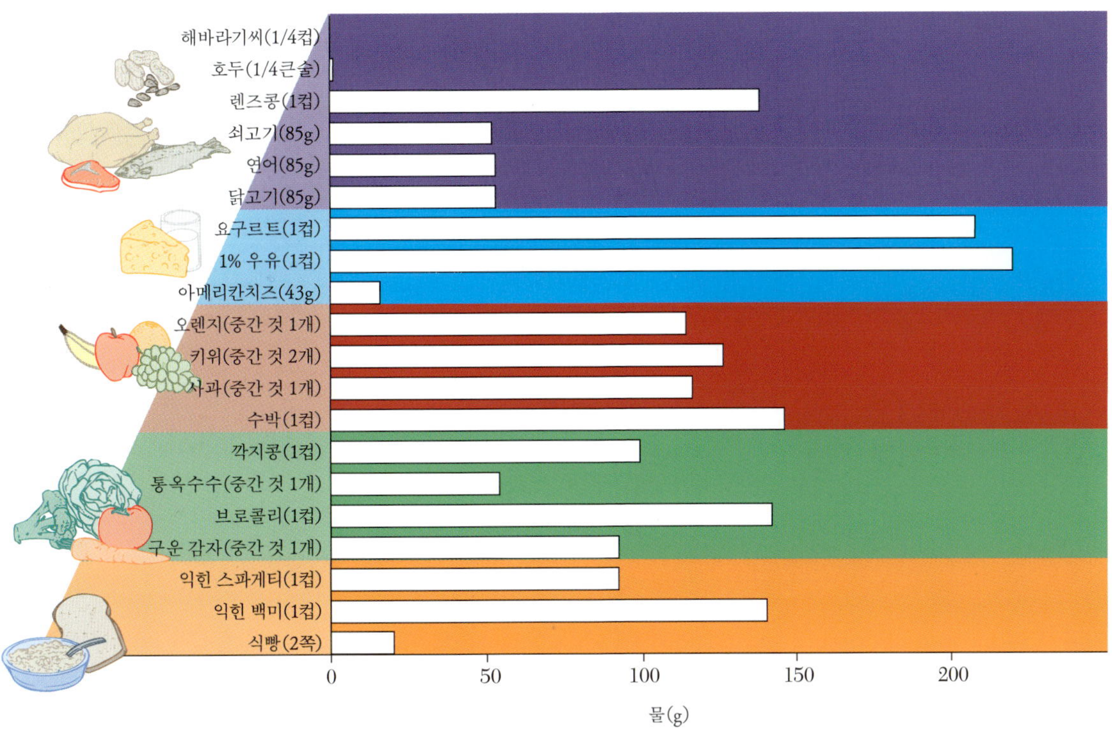

[그림 9-7]…액체류나 음식의 섭취를 통해 체내 수분 필요량을 얻는다. 과일이나 채소류는 수분을 다량 함유하고 있다.

로 생긴 케톤, 인산, 황화물, 무기질 등이 포함된다. 식사에 단백질 함량이 증가하거나 또는 체내 단백질 이화작용이 증가할 때 체내 대사에서 분비되는 요소의 양이 증가한다. 케톤 분비량은 체내 지방이 분해될 때 증가하는데, 이 두 가지 경우에 생기는 노폐물을 배출하기 위해 좀더 많은 소변을 생산하므로 수분 필요량이 증가한다.

대변으로 손실 — 대변으로 손실되는 수분의 양은 약 200mL/1일 정도로 소량이다(하루 한 컵 미만). 이 양은 음식, 음료수, 대사로 분비되는 수분량이 소화관을 통해 하루에 약 9L가 들어가는 것에 비하면 놀라울 정도로 소량이다. 정상 상태에서는 95% 이상의 수분이 대변으로 배출되어 나가기 전에 재흡수된다. 그러나 심한 설사를 하는 경우에 소화관을 통해 다량의 수분이 손실된다.

전 세계적으로 매년 약 40억 인구가 설사를 경험하는데 이 중 220만 명이 설사로 인해 사망한다. 대부분 5세 이하의 어린이가 대부분을 차지하는데, 이것은 매 15초마다 어린이 1명이 죽는다는 것이다. 보통 설사는 미생물 감염으로 야기되나 탈수로 인해 죽게 된다.

증발과 땀으로 손실 — 피부와 허파를 통해 증발하는 수분 손실은 수분이 손실되고 있다는 것을 본인이 알지 못하는 사이에 일어난다. 이런 손실을 **불감 손실**이라고 한다. 실온에서 비활동적인 사람은 약 1L/1일의 불감 손실이 있다. 그러나 이 손실량은 체격, 주변 환경의 온도와 습도, 육체 활동에 따라 다르다. 예를 들어, 비행기 안이나 사막과 같은 매우 건조한 환경에서는 증발되는 수분 손실량이 증가한다.

불감 손실(insensible loss)…피부와 허파를 통한 수분의 증발 같이 인식되지 않는 수분 손실

땀으로 손실되는 수분량은 수분이 손실되는 것을 감지할 수 있기에 불감 손실과 분명히 다르다. 땀을 통한 수분 손실량은 개개인에 따라 다양할 뿐만 아니라 활동 수준과 주변 환경 여건에 따라 극히 다양하다. 약 29℃에서 가볍게 일하는 사람은 약 2~3L/1일의 땀을 흘린다. 더운 환경에서 긴장된 운동을 하는 사람은 한 시간에 2~4L 이상의 땀을 흘림으로 수분을 손실한다. 이런 수분 손실을 보상하기 위해 적당한 수분의 섭취가 필수적이다. 운동선수들은 운동 전후 자신의 몸무게를 측정함으로써 수분 손실량을 측정한다. 수분 손실로 인한 체중은 적어도 액체류 섭취를 통해 대체될 수 있다. 예를 들어, 운동하는 동안 하루 0.9kg의 체중 손실이 있는 운동선수는 적어도 1L의 액체류를 섭취해야 한다.

2003 Tour de France 자전거 경기에서 47km를 달리는 동안 더운 날씨와 힘든 운동으로 경기의 리더였던 랜스 암스트롱(Lance Armstrong)은 그의 체중의 8%인 5.44kg이 수분 손실로 인해 감소했다.

[그림 9-8]…충분한 액체류 섭취가 되지 않을 때 혈장의 부피가 감소하고 혈장 내 용질의 농도가 증가한다. 또한 침이 감소해서 입이 마르게 된다. 이 두 가지 현상은 뇌에서 갈증중추를 자극한다. 액체류를 섭취할 때 혈장 부피가 증가하고 혈장 내 용질 농도가 감소한다.

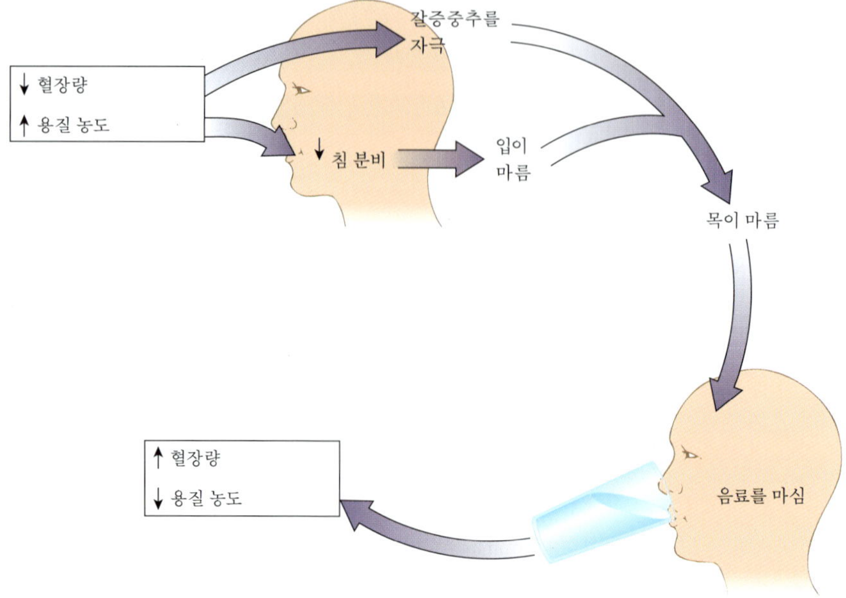

3-3. 수분 섭취의 조절 — 혈액량이 감소하거나 혈액 내 용해된 물질의 농도가 증가되면 뇌의 시상하부에 있는 갈증중추가 작동되어 음료수를 마시고 싶거나 갈증을 느낀다. 혈액 내 수분량의 감소는 또한 침의 분비를 감소시킨다. 뇌의 신호와 입의 갈증으로 액체류를 마시고 싶도록 한다[그림 9-8].

일상에서 갈증이나 식사를 통해 음료 섭취로 체내의 수분 항상성을 유지하는 것이 적절하다. 사람들은 갈증이 날 때 항상 수분을 섭취할 수 있는 것은 아니며, 갈증은 액체를 섭취하자마자 거의 사라지지만 체내 수분 균형이 회복되는 데는 시간이 걸린다. 또한, 흔히 갈증 감각은 체내 수분에 대한 요구에 비해 뒤떨어진다. 예를 들면, 더운 날씨에 운동하는 선수는 빨리 수분이 손실되지만 체내 많은 수분 손실로 육체적인 운동 수행이 위협을 받을 때까지도 강력한 갈증을 느끼지 않는다. 열이 나거나, 설사, 구토를 하는 사람은 갑자기 수분이 손실되지만 역시 갈증을 느끼는 대사기전을 통해 손실된 수분량을 채우는 것이 적절치 않은 것 같다. 갈증을 통한 수분 섭취로 체내의 수분량을 강력하게 조절하지만 수분 분비를 통해 조절하는 것 또한 필요하다.

3-4. 수분 손실의 조절 — 소변으로 분비되는 수분량을 증가시키거나 감소시킴으로써 체내 수분량을 조절한다. 신장은 수분량을 조절하고 혈액 내 남아 있는 물질을 용해하고 소변으로 분비하는 여과계 기능을 갖는다. 혈액이 신장을 통해 흐르기 때문에 수분과 작은 분자들이 혈관을 통해 여과된다. 수분과 분자들의 일부가 재흡수되고 나머지는 소변으로 배출된다. 재흡수되는 수분량은 몸의 상태에 따라 다르다. 혈액 내 용질의 농도가 높을 때 뇌하수체에서 분비되는 **항이뇨호르몬**은 신장에 신호를 보내어 소변으로 손실되는 수분량을 감소시키고 재흡수하게 한다. 이렇게 재흡수된 수분은 혈액으로 되돌아 혈액 내 용질의 농도가 더 높아지는 것을 막는다[그림 9-9]. 혈액 내 용질의 농도가 낮을 때 항이뇨호르몬 수준은 감소하여 물이 재흡수되지 않고 소변으로 많이 배출되도록 함으로써 혈액 내 용질 농도가 증가하여 정상 수준이 되게 한다. 혈액 내 나트륨량, 혈액 부피와 혈압은 체내 수분량을 조절하는 역할을 갖는다.

항이뇨호르몬(antidiuretic hormone; ADH)…뇌하수체에서 분비되는 호르몬으로 신장에서 수분을 재흡수하도록 하여 체내 수분을 일정하게 유지한다.

☀ 현명한 식품 선택 : '병에 담은 물이 더 좋은가?'

미니마트의 69센트짜리 물부터 호화스런 레스토랑의 5달러짜리 물까지 어느 곳에서든 병에 담긴 물은 비용이 든다. 에비앙 1병의 가격으로 집에서 수도꼭지에서 나오는 물 1,000갤런(3,785L)을 사용할 수 있다. 그럼에도 불구하고, 병에 담긴 물은 미국에서 80억 달러 산업이다. 우리는 왜 병에 담긴 물에 돈을 지불할까? 병에 담긴 물이 정말로 더 좋은 것인가?

어떤 사람들은 자동차, 책상 서랍, 점심 가방에 두기가 편해서 병에 담긴 물을 사지만, 대부분의 사람들은 수도꼭지에서 나오는 물보다 안전하고 순수하다고 믿기 때문에 병에 담긴 물을 산다. 병에 담긴 물의 순도 표준은 도시의 수질관리체계를 위해 환경보호국에서 정한 표준의 최소치와 비슷하다. 병에 담긴 물을 규정하는 표준은 수돗물 규정보다 더 엄격하지 않기 때문에 실제로 어떤 병에 담긴 물이 수돗물이라 할지라도 그리 놀랄 일은 아니다.

수돗물을 염려하지만 식품점에서 물을 사오고 싶지 않는 사람들은 집에서 물을 처리하는 시스템을 선택하는데, 이런 시스템에는 많은 종류가 있다. 수도꼭지 부착형 여과기는 물의 맛을 나쁘게 하는 여러 다른 물질과 염소를 제거한다. 훨씬 정교한 여과기인 증류장치, 연수기는 오염물을 제거하지만 물의 무기질 내용물을 바꾼다. 예를 들어, 이온교환기 또는 연수기는 물의 몇 가지 무기질 중에서도 주로 칼슘, 마그네슘을 제거하는데, 이 무기질들을 나트륨으로 대체한다. 경수에 들어 있는 무기질은 수조를 더럽히고 온수기를 막히게 하며 세탁할 때 비누로 막을 형성하여 때를 제거하기 어렵게 하기 때문에, 연수는 가사를 편하게 만든다. 그러나 경수는 건강상 좋은 이점이 있어서 경수를 먹는 지역에서는 심장병 발병이 낮다. 덧붙여 연수는 나트륨 양이 약 2배여서 물 1L에 약 94mg 들어 있다. 만약 나트륨 제한 식사를 하고 있다면 물을 마실 때에는 연수를 피하는 것이 필요하다.

물을 선택할 때에는 위험 대비 장점을 저울질해 보아야 한다. 병에 담긴 물은 비싼 반면 순수를 보증하지 않는다. 가장 안전한, 병에 담긴 물은 증류수이다. 증류 과정에서 비휘발성 화합물이 제거되며, 가열은 박테리아와 다른 생물학적 오염원를 파괴한다. 이 증류수는 아마도 안전할 것이다. 그러나 맛이 없고 흔히 물이 공급하는 필수미네랄이 부족하다. 물을 처리하는 시스템은 병에 담긴 물을 사는 것보다는 비용이 적게 든다. 병에 담긴 물을 구매할 것인가 혹은 여과기를 설치할 것인가를 결정하기 전에 물 회사가 수행한 물 모니터링 시험 결과를 잘 살펴봐야 한다(또는 샘물을 검사하게 하거나). 또한 보건부가 정한 오염 물질의 법적 허용치와 비교해 보아야 한다. 수돗물에 대한 대안을 찾으려 한다면 결심하는 데 분명한 도움을 주어야 하기 때문이다.

4. 수분 섭취권장량

우리는 매일 다른 어떤 영양소보다 더 많은 수분을 필요로 하며, 표준권장량은 남자의 경우 하루 3.7L(3,700mg), 여자의 경우 2.7L(2,700mg)이다. 실제 필요로 하는 양은 활동성, 열, 습도, 식사에 따라 달라진다. 활동성은 땀으로 인한 수분 손실이 많기 때문에 수분 필요량을 증가시킨다. 덥고 습한 환경에서는 더 많은 수분량이 요구된다. 식사의 구성이나 적절성은 수분 필요량에 영향을 준다. 저칼로리 식사는 체지방과 체단백질이 분해되어 연료로 쓰일 때 케톤과 요소가 생성되고 소변으로 배출되어야 하기

카페인은 커피, 차, 초콜릿과 카페인이 첨가된 콜라와 기타 음료에서 천연적으로 발견되는 이뇨제이다. 카페인이 든 음료의 섭취로 단기간 소변 배출량이 증가한다. 하지만 하루가 지나면서 카페인이 든 음료로 인해 매일 섭취하는 수분 총 섭취량은 비카페인 음료 섭취의 경우와 비슷한 정도가 된다.

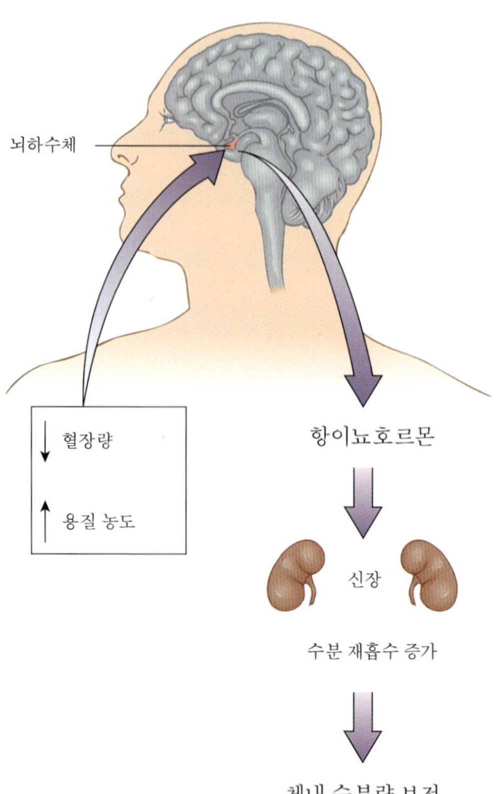

[그림 9-9]…충분한 양의 액체류를 섭취하지 않을 때 혈장의 부피가 감소하고 용질의 농도가 증가한다. 이것이 시상하부를 자극하여 항이뇨호르몬(ADH)을 분비시켜 신장에서 수분의 재흡수가 일어나게 되고 결국 수분 손실이 감소된다.

생애를 통해 한 사람이 섭취하는 평균 음료 수 양은 75,000L이다.

때문에 수분 필요량을 증가시킨다. 고단백질 식사는 소변으로 분비되는 질소 배출량을 증가시킨다. 고나트륨 식사는 과량의 나트륨염이 소변에 분비되어야 하기 때문에 수분 손실량을 증가시킨다. 고섬유질 식사는 소장에서 좀 더 많은 수분을 보유하고 변으로 손실되기 때문에 수분 요구량이 증가한다. 이런 액체류 요구량이 다양함에도 불구하고 대부분의 사람들은 매일매일 적절한 양의 액체류 섭취로 체내 수분량을 정상 수준에서 유지한다.

임신과 수유 기간 중에는 수분 필요량이 증가한다. 임신 중에는 혈액 부피가 증가되고 양수가 만들어지며 태아에게 영양을 공급해야 하므로 수분량이 더 필요하다. 적정 섭취량으로 임신 중 하루 3L를 권장하는 것은 임신 기간 동안 총 수분 섭취량의 중앙값을 근거로 한 것이다. 수유 기간 중에는 모유를 통해 하루에 약 750mL 또는 3컵 정도가 분비되므로 모체의 액체 섭취량이 증가되어야 한다. 수유 기간 중 액체 섭취량의 중앙값을 근거로 권장량을 3.8L/1일로 한다.

신생아의 액체 요구량은 비례적으로 볼 때 성인보다 높다. 한 가지 이유는 신생아의 신장이 성인에 비해 효율적으로 소변을 농축할 수 없어 수분 손실이 크기 때문이다. 게다가 신생아와 어린아이들에게 있어 불감 손실량이 비례적으로 더 크다. 왜냐하면, 체중에 대한 체표면적 비율이 성인에 비해 훨씬 크기 때문이다. 수분 요구량이 훨씬 많은 것에 더하여 신생아들은 갈증이 날 때 음료를 요구할 수 없기 때문에 탈수증상에 더 민감하다. 권장량 지침에서는 0~6개월 신생아의 수분 권장량을 0.7L/1일로 하고 있으며, 이는 모유로 섭취하는 수분량에 근거한 것이다.

5. 수분 결핍 : 탈수

체내 수분의 분포와 양의 미미한 변화가 생명을 위협할 수 있다. 음식의 섭취 없이 사람은 평균 8주 정도 살 수 있으나 수분 섭취 없이는 겨우 단 며칠밖에 생명을 유지할 수 없다. 수분 결핍은 다른 영양소 결핍보다 매우 빠르게 증상이 나타나는 반면, 마찬가지로 수분을 보충하면 수분 혹은 수시간 내에 건강이 회복된다.

탈수는 혈액 부피가 감소할 만큼 많은 양의 체내 수분이 감소했을 때 일어나며, 산소와 영양소를 세포로 보내고 노폐물을 제거하는 능력이 감소한다. 체중의 1~2%에 해당하는 체수분의 손실로 일어나는 경미한 탈수로도 물리적 인지적 수행 능력에 손상을 줄 수 있다. 초기 탈수로 두통, 쇠약함, 식욕 상실, 안구와 입의 건조, 짙은 색깔의 소변을 보는 증상이 나타난다. 체중의 5% 수분 상실로 메스꺼움을 일으키고 집중이 어렵다. 수분이 7% 손실될 때 정신착란과 방향감 상실이 일어난다. 10~20% 수분이 손실되면 사망하게 된다[**그림 9-10**].

탈수(dehydration)…수분 섭취를 적게 하거나 또는 과도한 수분 손실로 인해 수분의 배출이 수분 섭취를 능가하여 생기는 몸의 상태

레슬링, 권투 같은 스포츠는 젊은 운동선수들을 체중에 따라 분류한다. 때때로 낮은 체중급에서 경쟁하기 위해 체중을 감소시키는 방법으로 수분 섭취를 제한하기도 한다. 그러나 이런 체중조절은 경미하게나마 신체를 탈수 상태로 만들어 운동 수행 능력을 손상시킬 수 있다.

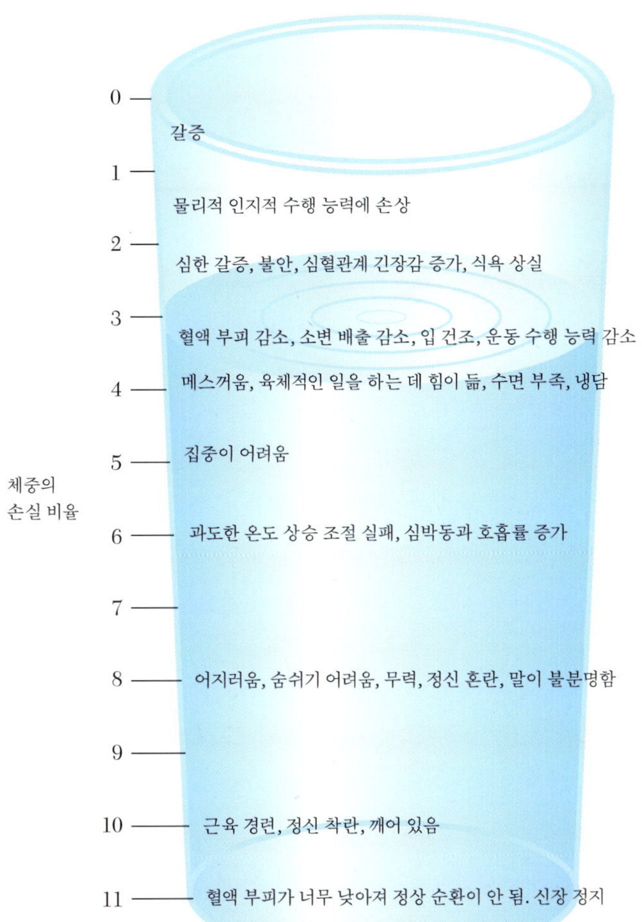

[**그림 9-10**]…수분 손실이 증가할수록 탈수로 인해 심각한 증상이 나타난다. 만약 수분 손실이 심한 경우에 더하여 심하게 땀을 흘리거나 구토하거나 설사를 한다면 이런 역효과는 더 빠르게 진행된다.

최근 보스턴마라톤 경주자들을 조사한 결과 그들 중 13%가 비정상적으로 낮은 혈중 나트륨 수준일 정도로 물을 마셨다는 것을 알아냈다. 세 명은 혈중 나트륨 수준이 너무 낮아서 사망할 정도로 위험하였다. 이런 선수들은 점점 느려져서 경주를 마치는 데 4시간 이상 걸렸다. 이들에게 충분한 시간을 주고 내용물이 충실한 액체를 마시도록 하자 이들은 평균 3L 또는 약 13컵의 액체를 마셨고 실제로 경주하는 동안 체중이 늘었다.

6. 수분 중독: 과도수화

지나친 물은 체내 구획 사이에서 수분의 분포에 영향을 주며 탈수만큼 위험하다. 그러나 정상적인 환경에서는 과도한 물의 섭취가 일어나지 않지만, 병이 있거나 또는 운동하는 동안 어떤 특별한 상황에서는 과도수화가 일어날 수 있다. 수분과 무기질은 땀으로 손실된다. 운동하는 동안 땀으로 손실이 일어나고 이를 순수한 수분으로 보충할 때 수분과 그에 녹아 있는 물질의 균형이 깨질 수 있다. 지나치게 땀을 흘린 후에 순수한 물을 마시는 것은 염이 든 물 컵에서 1/2을 덜어내고 순수한 물로 유리컵에 채우는 것과 같다. 유리컵에 든 총량의 물은 같지만 염은 더 희석된 것처럼 같은 일이 혈액에도 일어날 수 있다.

수분 중독의 초기 증상은 탈수증과 비슷한 메스꺼움, 근육 경련, 방향감 상실, 분명치 않은 발음, 혼미 증상이 나타난다. 탈수 혹은 수분 중독인가를 결정하는 것이 중요한데 이는 순수한 물만을 주는 것은 중독증을 더 악화시켜 발작, 혼수, 사망에 이르게 할 수 있기 때문이다. 이런 문제를 피하기 위해서는 운동을 한 시간 이상 계속할 때 수분 손실을 보충하기 위해 사용되는 설탕뿐 아니라 나트륨 희석 용액이 포함되어 있는 스포츠음료를 마시도록 권장한다.

2. 전해질 : 체내 바다의 염

체내의 수분(체내 바다)은 다양한 무기질염을 갖고 있다. 이들의 적절한 양과 비율은 생명 유지에 필요하며, 이들 무기질의 분포는 여러 다른 체내 구획 내 수분의 분포에 영향을 준다. 전기적 전하를 갖는 무기질의 특성은 체내 신경과 근육 기능에 영향을 준다. 수분에 용해된 물질은 이온을 형성하는데, 이를 전해질이라 한다. 체내에 많은 무기질이 있다 해도 체액의 주요 전해질인 나트륨, 칼륨, 염소 이온이 주로 언급되어 사용된다.

1. 현대 식사의 나트륨, 칼륨, 염소

현대의 식사는 염(염화나트륨)이 높고 칼륨이 낮다. 이유는 우리가 가공된 식품을 많이 먹는데 여기에 나트륨이 많고 칼륨이 적기 때문이다. 과일, 채소, 통곡류, 신선한 고기류 같은 가공되지 않은 식품에는 나트륨이 적고 칼륨이 많으나 이런 식품은 극히 적게 먹기 때문이다[그림 9-11].

미국인들이 먹는 염의 약 77%는 식품을 가공하거나 제조하는 동안 첨가된 염에서 얻는다. 단지 12% 염만 천연적으로 식품에 들어 있는 염으로부터 얻는 반면 11%는 요리 시 넣은 염이거나 혹은 식탁에서 얻는다. 염은 무게로 보면 40%가 나트륨이고 60%가 염소로 되어 있다. 9g의 염에는 3.6g의 나트륨(9g×40%=3.6g)과 5.4g의 염소가 포함되어 있다. 가공식품의 일부 나트륨은 향을 위해 첨가된 염으로부터 들어온 것이며 감자칩, 런천미트, 염화나트륨이 높은 통조림 수프가 여기에 속한다. 나트륨이 박테리아 성장을 억제하기 때문에 보존제로 나트륨을 첨가하는데, 염화나트륨 외

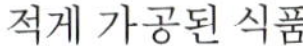

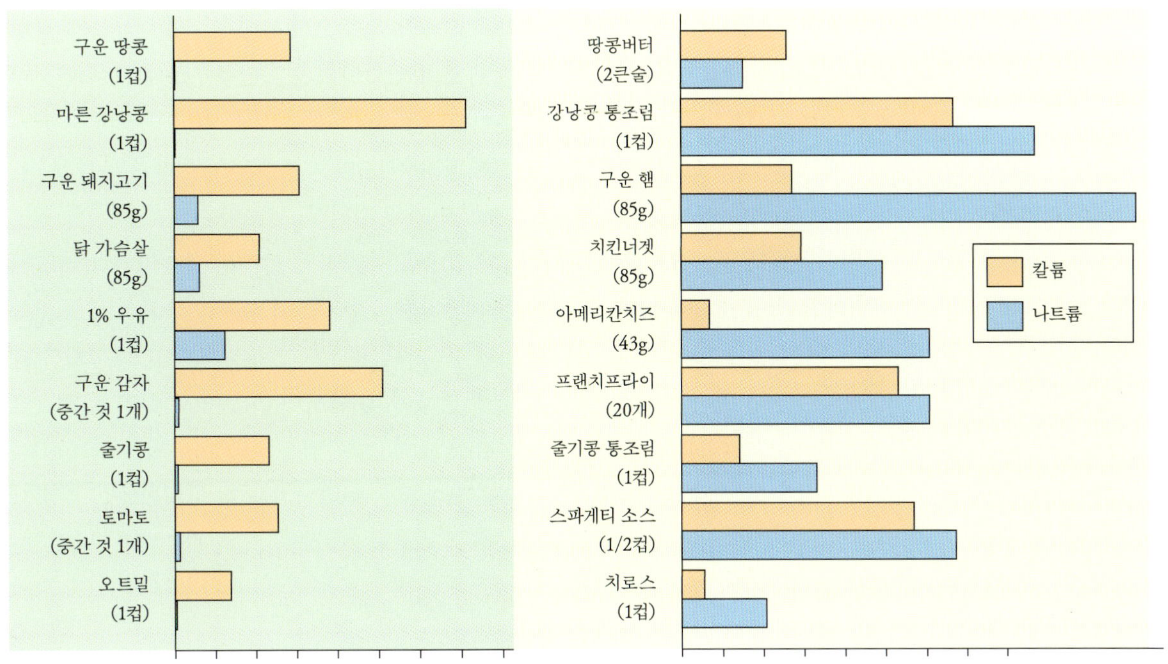

[그림 9-11]…적게 가공된 식품은 나트륨량이 낮고 칼륨의 좋은 급원식품이다. 가공이 많이 된 식품들은 일반적으로 나트륨이 높고 또한 칼륨은 더 낮다.

에 중탄산나트륨, 시트르산나트륨, 글루탐산나트륨이 보존제로 사용된다. 1% 미만의 염이 수돗물을 통해 섭취되는 반면, 연수 혹은 미네랄 워터는 수돗물보다 나트륨이 높기 때문에 만약 이들을 다량 섭취한다면 매일 섭취하는 나트륨량에 상당한 영향을 미칠 것이다.

사람들이 항상 고염식이를 했던 것은 아니다. 선사시대 이전의 식사는 주로 견과류, 딸기류, 구근류, 녹색 채소 같은 식물성 식품으로 구성되어 있었다. 이들 식품에는 칼륨이 많고 염이 적고 신선한 동물성 식품인 고기와 우유에는 나트륨은 적고 칼륨이 많다. 식품보존제와 맛의 증진제로서 염은 고대 문화에서 대단히 높게 평가되었다. 이는 아시아, 아프리카, 유럽의 고대 문화에서는 염을 식품의 보존뿐 아니라 제사의식에 사용했기 때문이다. 로마 군인들은 소금으로 봉급을 받았는데, 라틴어의 'sal'은 염(salt)에서 유래하였고 우리의 봉급이란 단어는 여기에서 나온 것이다. 오늘날 염은 오히려 가치있는 상품이 아니라 식사에서 제한해야 하는 물질이다. 염을 제한하는 이유는 염이 높은 식사는 **고혈압**의 위험 요인을 내포하고 있다고 보기 때문이다.

패스트푸드는 나트륨이 높은 것으로 악명 높다. 치즈가 들어 있는 113g의 버거는 1,150mg, 그릴에 구운 치킨 샌드위치는 약 1,240mg, 생선필레 샌드위치는 640mg이 들어 있다. 만약 당신이 피자를 선택한다면 플레인치즈 1인분 팬피자에는 1,370mg의 염이 들어 있고, 만약 소시지를 추가한다면 1,640mg의 나트륨이 들어 있게 된다. 심지어 몸에 좋다고 하는 6인치 질면조 가슴살에도 1,000mg의 나트륨이 들어 있다. 이는 하루 최대 권장량의 약 40%에 해당되는 양이다.

고혈압(hypertension)…140/90mmHg 또는 이보다 높은 수치로 일관되게 상승된 혈압

2. 체내의 나트륨, 칼륨, 염소

식사 내에 포함된 나트륨, 염소, 칼륨은 거의 모두 흡수된다. 식사에서 큰 변동폭으로 섭취함에도 불구하고 항상성 기전은 이들 전해질의 농도를 조절하여 체액 균형을 이루게 하고 신경 전도와 근육 수축에 중요하다.

2-1. 체액 균형의 조절 — 체내 구획 사이의 체액 분포는 전해질과 다른 용질의 농도에 의존하고 삼투압에 의해 용질의 농도에 따라 수분이 이동한다. 모든 체액은 삼투압적 균형을 이룬다. 예를 들어, 혈액 내 용질의 농도 변화는 물이 이동하도록 하여 세포

내액과 세포간질액 부피뿐 아니라 혈액 부피에도 영향을 준다. 체내 구획에서 특별한 전해질의 농도는 매우 다르다. 칼륨은 세포 내부의 중요한 양이온으로 세포 외부보다 30배 농축되어 있다. 나트륨은 대부분 세포외액에 양이온으로 풍부하게 들어 있으며 염소이온은 세포외액의 중요한 음이온이다.

짭짤한 감자칩 봉지로 손을 넣어 먹고 싶게 하는 소금에 대한 갈망은 생리적인 요구에 대한 반응이라기보다는 학습된 선호에 의한 것이다. 염을 섭취하고 싶은 생리적 욕망은 염의 섭취가 매우 낮은 경우에만 일어난다.

세포내액과 세포외액에서 이들 전해질의 서로 다른 농도는 세포막과 나트륨-칼륨-ATPase라고 불리는 능동수송 체계에 의해 유지된다. 세포막을 사이에 두고 세포 외부에 나트륨을 세포 내부에 많은 양의 칼륨을 유지하나 일부는 세포막을 가로질러 새어나온다. 나트륨-칼륨-ATPase는 세포 바깥 쪽으로 나트륨을 퍼내고 세포 안쪽으로 칼륨을 가게 하여 농도 차이를 유지한다[**그림 9-12**]. 전해질의 농도 기울기를 유지하는 것은 신경 전도와 근육 수축에 중요하며, 대단히 많은 양의 에너지를 필요로 한다. 성인에 있어 휴식 에너지의 20~40%가 나트륨-칼륨- ATPase 펌프 유지에 사용된다고 한다. 세포막을 가로질러 나트륨 이온이 퍼내어지는 것은 영양소의 수송과 관계 있다. 예를 들어, 포도당과 아미노산은 세포막을 가로질러 나트륨 이온이 이동되는 것에 의존하여 수송된다.

2-2. 신경 전도와 근육 수축 — 신경세포막을 가로질러 나트륨과 칼륨의 농도 기울기는 신경 충격의 전도에 중요하다[**표 9-1**]. 전기적 전하 또는 세포막 전위차는 신경세포막을 가로질러 존재한다. 왜냐하면 세포막 내부의 음이온이 세포막 외부보다 더 크기 때문이다. 이것은 세포막이 좀 더 많은 양이온이 세포의 내부보다는 세포의 바깥쪽으로 새어나가도록 하기 때문에 일어난다. 신경 충격은 세포막을 가로질러 전기적 전하 차이에서의 변화에 의해 생성된다. 접촉 혹은 신경전달물질의 존재 같은 자극은 나트륨의 세포막 투과성을 변화시켜 세포로 자극이 전달되게 한다. 그 결과 탈극화되고 국소적으로 세포막의 그 부위에서는 전하가 없어지며 전기적 세기가 발생한다. 신경 충격은 전기적 세기로 신경세포를 따라간다. 신경 충격이 통과할 때 원래의 세포막 전위차는 세포막 투과성에 또 다른 변화로 인해 빠르게 회복된다. 즉 원래 세포막을 가로질러 나트륨과 칼륨 이온의 분포가 세포막에 있는 나트륨-칼륨-ATPase 펌프에 의해 본래대로 회복된다. 비슷한 기전이 근육세포막의 탈극화를 일으키고 근육 수축을 가져온다.

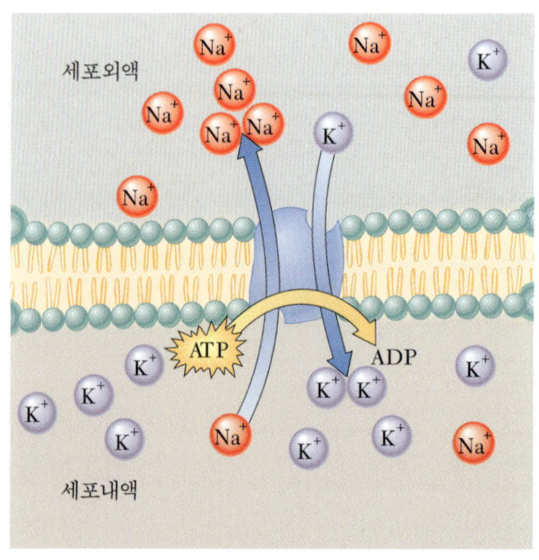

[**그림 9-12**]…나트륨-칼륨-ATPase 펌프는 칼륨 이온을 세포 내로 밀어넣고 나트륨 이온을 바깥으로 빼내기 위해 ATP 에너지를 사용한다. 이로 세포 외부의 나트륨 이온농도를 높게 세포 내부의 칼륨 농도를 높게 유지한다. 한 개의 펌프 사이클은 두 개의 칼륨 이온을 세포 내로 넣고 세 개의 나트륨 이온을 세포 외부로 축출한다.

2-3. 전해질 균형의 조절 — 중국의 북쪽 지방에서는 소금의 섭취가 13.9g/1일을 넘는다. 한편 칼라하리 사막에서는 1.7g/1일보다 적다. 브라질 원주민은 0.06g/1일보다 적게 섭취한다. 이런 다양한 섭취에도 불구하고 항상성 기전으로 인해 혈액 내 나트륨의 양은 크게 차이가 나지 않는다.

나트륨과 염소 항상성은 어느 정도 수분과 염의 섭취에 의해 조절된다. 염의 농도가 높을 때에는 갈증이 자극되어 수분을 섭취하게 하고, 염의 섭취가 낮을 때에는 짭짤한 것을 먹고 싶은 욕구로 무기질을 찾게 한다. 이런 기전을 통해 적당한 비율의 염과 수분이 섭취되어야 함을 확실하게 한다. 신장은 체내에서 나트륨, 염소, 칼륨의 균형을 조절하는 주요 조절기관이다. 소변을 통한 이들 전해질의 배출은 염의 섭취가 낮을 때 감소하고 염의 섭취가 높을 때 증가한다. 수분은 삼투압에 의해 나트륨을 따라다니기 때문에 신장이 나트륨을 조절하는 능력을 보아 체내 수분을 조절하는 기전을 알게 한다.

나트륨은 세포외액의 부피를 조절하는 데 있어 매우 중요하다. 혈액 내 나트륨의 농도가 증가할 때 수분이 따라와 혈액의 부피가 증가하는데, 혈액의 부피를 변화시키면 혈압을 변화시킬 수 있다. 혈압의 변화는 신장의 나트륨량에 영향을 주는 단백질과 호르몬의 분비와 생산을 촉발하게 한다. 그러면서 신장에 의해 보유되는 수분량에도 영향을 준다. 예를 들어, 혈압이 감소했을 때 신장은 **레닌**효소를 분비하고 **안지오텐신 II** 생성으로 이어지는 일련의 반응을 시작한다[그림 9-13]. 안지오텐신 II는 혈관벽을 수축시키고 **알도스테론** 호르몬의 분비를 촉진하여 혈압을 증가시킨다. 알도스테론은 신장에서 나트륨(그리고 염소) 재흡수를 증가시킨다. 수분은 재흡수된 나트륨을 따라다니므로 혈액 부피가 회복되도록 하고 결과적으로 혈압을 회복시킨다. 이때 혈압의 상승은 레닌과 알도스테론의 분비를 억제해서 혈압이 계속 오르지 않도록 한다.

레닌(renin)…안지오텐신을 활성 형태인 안지오텐신 II로 전환시키는 데 도움을 주는 효소로 신장에서 만들어진다.

안지오텐신 II(angiotensin II)…혈관벽이 수축되게 하여 알도스테론 호르몬의 분비를 자극하는 화합물

알도스테론(aldosterone)…신장에서 나트륨의 재흡수를 증가시키는 호르몬이며 수분 보유량이 상승된다.

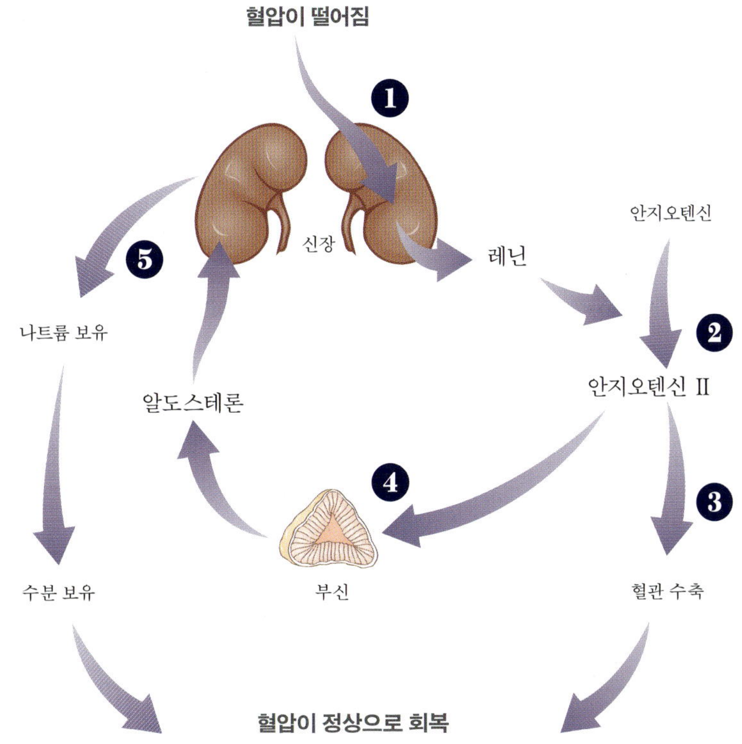

[그림 9-13]…혈압이 떨어질 때 신장은 레닌효소를 분비한다(**단계 ❶**). 레닌은 안지오텐신을 안지오텐신 II로 전환시킨다(**단계 ❷**). 안지오텐신 II는 혈압을 상승시켜 혈관이 수축되게 한다(**단계 ❸**). 그리고 알도스테론의 분비를 자극한다(**단계 ❹**). 알도스테론은 신장에서 나트륨의 보유(그리고 따라서 수분도 보유됨)를 자극한다(**단계 ❺**). 혈압이 정상으로 회복되게 한다.

체내 칼륨의 양 또한 엄격하게 조절된다. 혈액 내 칼륨 수준이 올라가기 시작한다면 세포에서 칼륨을 빨아들이도록 자극하는 기전이 활성화된다. 이런 단기간 조절은 세포외액의 칼륨량이 치명적으로 높아지는 것을 막아 준다. 반면, 장기간의 칼륨 균형 조절은 알도스테론 분비에 의존한다. 알도스테론은 신장으로 하여금 칼륨을 배출하게 하고 나트륨을 보유하게 한다. 알도스테론 분비는 혈장 내 칼륨 농도가 높거나, 혈장 내 나트륨이 낮거나 안지오텐신 II에 의해 자극받는다.

3. 나트륨, 염소, 칼륨 섭취권장량

권장량 지침에서 19~50세 성인의 나트륨 권장량은 1,500mg, 염소 권장량은 2,300mg으로, 이는 염 3.8g/1일과 같은 양이다[표 9-1]. 이 정도의 염을 섭취함으로써 다른 영양소의 적당한 섭취를 확실하게 보증하고 땀으로 손실되는 나트륨량도 충당한다. 최대 허용섭취량으로 나트륨 권장량은 2,300mg, 염소는 3,600mg으로 정하고 있다. 이 양은 하루에 염 5.8g으로 1작은술과 같은 양이다. 최대 허용섭취량으로 높은 수준의 나트륨량이 혈압에 미치는 해로운 효과에 근거로, 영양학계는 일반 사람들이 하루에 2,300mg 미만의 나트륨이 들어 있는 식사를 할 것과 고혈압 혹은 고혈압 위험인자를 가진 사람들은 하루에 1,500mg 나트륨이 들어 있는 식사를 하도록 권장한다. 하루에 2,400mg(6g 염) 이상의 나트륨을 섭취하지 않도록 하는 나트륨에 대한 1일 섭취권장량이 그 결과이다.

칼륨을 하루에 4,700mg으로 권장하는데, 이 수준은 혈압을 낮아지게 하고 혈압에 나트륨이 미치는 해로운 효과를 감소시킨다. 또한 영양학계에서는 1일 섭취량으로 적어도 성인의 경우 하루에 3,500mg의 칼륨을 섭취하도록 권장한다. 건강한 사람들은 정상적인 신장 기능을 갖고 있어서 식품으로부터의 칼륨 섭취가 위험하지 않기 때문에 최대 허용섭취량은 정하지 않고 있다. 그러나 만약 칼륨의 보충이 지나치거나 신장의 기능이 제대로 일어나지 않는다면 혈액 내 칼륨이 증가해서 결국 불규칙적인 심장박동으로 인해 사망하게 된다. 일반적으로 고단위 경구 투여는 구토를 일으키고 다량의 칼륨이 혈액으로 들어가는 경우 심장이 멈추게 된다.

임신 기간 중 나트륨과 염소 요구량에 대한 특이점은 없으므로 임신한 여성은 일반적인 나트륨 권장섭취량을 따르도록 한다. 임신 기간 동안 임신성 고혈압(pregnancy-induced hypertension)이라는 증후군을 막기 위해 식사 내 염 제한은 일반적이다. 권장량 지침에서 칼륨 섭취권장량은 임신 중에는 증가시키지 않으나 수유하는 동안은 모유로 칼륨이 손실되기 때문에 증가시키고 있다. 신생아에 있어 나트륨, 염소, 칼륨 요구량은 나트륨보다 염소가 더 많이 포함된 모유를 통해 섭취되는 양을 추정하여 정한다. 이 모유와 같은 염소 대 나트륨 비율은 신생아 조제분유 제조 시 권장된다.

4. 전해질 결핍증

설사는 감염성 질환으로 전 세계 어린이들의 주요 사망 원인 중 하나이다. 설탕, 수분, 전해질로 신속한 치료를 함으로써 설사를 통해 손실된 영양소를 보충하고 탈수증과 전해질 불균형을 막을 수 있다. 이런 경구 수화 치료(oral rehydration theraphy)는 급성설사로 고통을 당하는 어린이들의 생명을 구하는 데 널리 이용되고 있다.

우리의 식사에는 충분한 양의 전해질이 들어 있다. 건강한 사람의 신장은 체내에서 필요한 양을 조절하는 데 효율적이다. 그러나 질병과 극도의 나쁜 건강 상태에서는 전해질 손실이 증가하고 전반적인 건강에 영향을 줄 수 있다.

아주 심하게 계속 땀이 나거나 만성설사 혹은 구토로 전해질 손실이 증가할 때 혹은 지나치게 소변이 빠져나가는 신장질환이 있을 때 나트륨, 염소, 칼륨의 감소가 있게 된다. 약물치료는 전해질 균형을 방해할 수 있다. 예를 들어, 고혈압 치료제인 디아자이드 유레틱스(thiazide diuretics)는 칼륨 손실을 일으킨다. 일반적으로 칼륨 보충제를 약물치료에 함께 처방한다. 어떤 전해질의 결핍증은 전해질 불균형을 가져오고 이것은 산-염기 균형을 교란시키며, 식욕 부진, 근육 경련, 혼란, 무감각, 변비 증상을 일으키며 결국에는 불규칙적인 심박동을 일으킨다. 예를 들어 기아, 거식증, 아사 상태에 있다가 갑작스럽게 사망하는 경우는 아마도 칼륨 결핍에 의해 일어나는 심부전 때문일 것이다.

5. 전해질 독성

필요로 하는 양보다 많은 양의 염을 먹는다면 신장은 위에서 설명한 기전을 따라 본래 신장의 기능보다 더 많은 일을 한다. 그러나 많은 사람들의 경우에 염의 섭취가 증가하기 때문에 생기는 혈압 상승을 신장의 조절기전으로 막을 수는 없다. 이런 사람들은 염에 민감한(salt-sensitive) 사람에 속한다. 혈압과 염의 섭취의 관계는 염의 섭취권장량을 토대로 제공된다. 염의 섭취에 민감하지 않은 사람들에 대해서도 중독 증상을 나타내지 않는 나트륨 섭취량을 기록해야 한다. 나트륨을 많이 섭취하면 칼슘의 배설이 증가되고 골다공증의 위험이 있다고 한다.

건강한 사람들이 식품으로부터 아주 많은 양의 칼륨을 섭취하는 것은 가능하지 않다고 해도 주사로 체내에 칼륨이 투여될 때는 치명적이다. 칼륨은 치명적인 주사제 구성 성분으로 사형수뿐만 아니라 동물 안락사에 사용된다. 고농도의 칼륨이 혈액에 들어오면 심장 기능에 필수적인 전기 신호를 방해하여 심장이 정지하게 된다.

3. 고혈압

혈액이 모든 조직으로 흐르기 위해서는 일정 수준의 혈압이 필요하다. 적당한 혈압은 120/80mmHg 혹은 이하이다. 혈액량이 증가하거나 혹은 혈관이 좁아짐으로써 혈압이 높아져 고혈압이 된다. 고혈압은 140/90mmHg 혹은 이상을 말한다. 고혈압은 동맥벽에 손상을 입히고 심장에 부담을 증가시켜 혈관벽이 약해지거나 파열된다.

또한 신장질환의 위험을 증가시키고 수명을 다하지 못하고 일찍 사망하게 한다. 미국에서 6,500만 명이 고혈압(약 3명의 성인 중 1명)을 갖고 있으며 이들 중 40% 이상이 치료를 받지 않고 있다[그림 9-14]. 120/80mmHg와 139/89mmHg 사이의 혈압은 예비 고혈압으로 고혈압으로 발전할 가능성이 높다는 것을 나타낸다. 미국의 예비 고혈압 환자는 약 5,900만 명으로 추정된다.

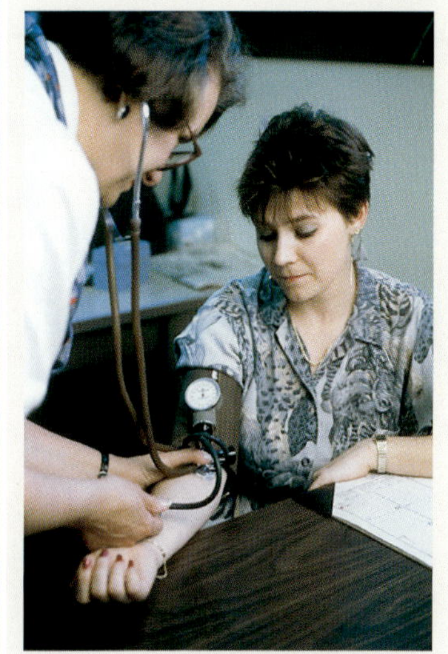

[그림 9-14]…고혈압은 '조용한 살인자'라고 불린다. 거의 외부로 나타나는 증상은 없지만 동맥경화증, 심장발작, 뇌졸중, 신장질환, 갑작스런 사망을 가져오기 때문이다. 그러므로 누구나 정기적으로 혈압을 체크해야 한다. 고혈압이 있는 사람들 중 30%는 자신이 고혈압인 것을 모른다.

1. 무엇이 고혈압을 일으키게 하는가?

고혈압을 갖고 있는 대부분의 사람들은 분명한 외부 원인이 없는 본태성 고혈압을 갖고 있다. 이것은 복잡한 질환이며 체액과 전해질 균형을 조절하기는 하나 그 이상의 기전이 교란되어 생긴 결과로 나타나는 것 같다. 기타 다른 질환의 결과로 생긴 고혈압을 이차성 고혈압이라 한다. 예를 들면, 동맥경화증은 신장으로 가는 혈액 흐름을 감소시키고 신장은 레닌의 분비를 일으키도록 반응한다. 이것이 촉발되어 혈액량이 증가되고 혈관이 수축되는데, 이것은 신장에 대한 혈압을 상승시키고 또한 체내 전체로 혈압을 상승하게 한다.

라벨 읽기: '소금에 대해 말한다'

영양 정보
1회 분량 1/2컵(125g)
3 1/2인분

1회 분량당 양	
열량 50	지방에 의한 열량 10
	1일 권장량의 %
총 지방 1g	**2%**
포화지방 0g	**0%**
트랜스지방 0g	
콜레스테롤 0mg	**0%**
나트륨 0mg	**10%**
칼륨 530g	**15%**
총 탄수화물 9g	**3%**
식이섬유 1g	**4%**
당류 7g	
단백질 2g	
비타민 A 10% •	비타민 C 25%
칼슘 2% •	철분 10%

*Percent Daily Values are based on a 2,000 calorie diet. Your daily values may be higher or lower depending on your calorie needs.

	Calories:	2,000	2,500
Total Fat	Less than	65g	80g
Sat Fat	Less than	20g	25g
Cholesterol	Less than	300mg	300mg
Sodium	Less than	2,400mg	2,400mg
Potassium		3,500mg	3,500mg
Total Carbohydrate		300g	375g
Dietary Fiber		25g	30g

Light Spaghetti Sauce, 250 milligrams (mg) per serving
Regular Spaghetti Sauce, 500mg per serving

나트륨은 가공식품의 조미료, 방부제, 가공 및 취급 보조제로 사용된다. 염화나트륨이라는 가장 보편적인 형태로 나트륨을 식품에 첨가한다. 가공육에 들어 있는 나트륨은 조리 중에 가공육이 질겨지지 않게 한다. 굽는 제품에 들어 있는 나트륨은 발효 속도를 조절해서 반죽이 딱딱해지는 효과를 준다. 치즈를 생산할 때 소금물을 쓰면 박테리아 증식을 방해하고, 응유 형성을 돕고, 치즈의 맛을 내게 된다. 채소와 과일의 통조림을 만들 때는 소금물을 써서 무른 것은 가라앉히고 덜 익은 것은 뜨게 해서 분류한다. 나트륨의 다른 형태로는 첨가제가 있다. 예를 들면, 통조림하기 전에 토마토나 몇 가지 과일의 껍질을 벗길 때 수산화나트륨 용액을 사용한다. 베이킹소다와 베이킹파우더 같은 나트륨 소금은 제과제빵에서는 발효제로 쓰이고, 글루탐산나트륨(MSG)은 스낵, 통조림 수프, 포장 식사의 조미료가 된다.

식품 라벨은 나트륨이 많은 식품과 나트륨이 적은 식품으로 분류해서 식사지침상의 적절한 나트륨 섭취 권장량이 들어 있는 식사를 선택하는 데 도움을 준다. 성분표에 식품 중 나트륨 함유 성분이 열거되어 있고 나트륨 총량이 밀리그램 단위로 영양 성분표에 표시된다. 식품 중 나트륨 양이 건강에 좋은 식사를 위한 권장량과 잘 맞는지 평가하기 쉽게 식품의 나트륨 함유량이 매일 섭취량의 몇 퍼센트인가를 알려 준다(1일 2,400mg 이하). 예를 들면, 여기에 보이는 영양 성분표에는 이 스파게티가 250mg, 또는 하루에 섭취해야 할 나트륨 최대량의 10%를 포함한다고 표시되어 있다. 대체로 매일 섭취량의 5% 이하이면 나트륨이 적은 식품이고 20% 이상이면 나트륨이 많은 식품이다.

가공식품의 나트륨 함량에 대한 추가 정보는 소금이나 나트륨 함량 관련 영양소 함량 설명서에서 얻을 수 있다(표 참조). 여기에 보이는 스파게티 소스통에는 '나트륨이 적음(light in sodium)'이라고 표시되어 있다. 이것은 보통 스파게티 소스보다 50% 적게 포함한다는 것을 뜻한다. 이런 영양소 설명서에다 덧붙이자면, 식품에 나트륨이 적고 지방, 불포화지방, 콜레스테롤 함량이 매일 섭취량의 20%라고 표시되어 있으면, 나트륨이 적은 식사를 하면 고혈압의 위험을 줄일 수 있다는 안내문도 볼 수 있다. 약물치료도 식사의 나트륨 공급원이 될 수 있다. 진통제, 제산제, 기침약, 하제 등이 대부분 나트륨을 다량으로 포함하고 있기 때문에 의사처방전 없이 살 수 있는 약품의 라벨에서 나트륨이 다량 포함한 것을 확인할 수 있다.

계속→

혈압은 두 개의 숫자로 읽는다. 처음의 숫자는 수축기 혈압으로서 심장이 수축되었을 때 최고의 혈압을 나타낸다. 두 번째 낮은 수치는 이완기 혈압으로서 심장이 휴식하고 있을 때 동맥에서의 압력이다.

2. 고혈압의 위험에 영향을 주는 요인들

유전, 나이, 현재 갖고 있는 질병 상태, 생활습관 같은 인자들이 고혈압이 되는 데 영향을 준다. 고혈압 가족력이 있는 사람은 고혈압이 될 수 있는 위험이 크다. 어떤 민족이나 인종에서는 고혈압이 유전적이라는 것이 일반적인 이론이다. 예를 들어, 아프리카

식품 라벨에서 볼 수 있는 소금과 나트륨

나트륨이 없음	나트륨 함량 5 mg 이하
소금이 없음	'나트륨이 없음' 기준을 충족해야 함
나트륨 극소량	나트륨 함량 35mg 이하
나트륨 소량	나트륨 함량 140mg 이하
나트륨을 줄임	나트륨 함량을 기준 식품보다 25% 이상 줄임
나트륨이 적음	나트륨을 줄이지 않은 동종 식품의 평균 기준량보다 나트륨 함량이 50% 이상 적음
소금을 첨가하지 않음	가공 중 소금을 첨가하지 않음, 유사식품이나 대체식품은 보통은 소금으로 가공함(영양 성분표에 '나트륨이 없는 식품이 아님'이나 '나트륨을 조절하지 않음'이라는 표시가 없으면 '나트륨이 없음' 식품이 아니다.)
소금을 적게 첨가함	소금 함량이 기준량보다 50% 이하임(식품이 '나트륨 소량'이 아니라면 영양성분표에 '나트륨 소량이 아님'이라는 표시가 있어야 한다.)
나트륨이 소량인 식사	100g당 나트륨 함량이 140mg 이하인 식사

계 미국인들, 푸에르토리코인들, 쿠바인, 멕시코계 미국인들은 비히스패닉 백인들보다 훨씬 더 높은 고혈압 발생률을 갖고 있다. 아프리카계 미국인들은 백인에 비해 뇌졸중으로 인한 사망률 1.8배, 심장질환으로 인한 사망률 1.5배, 고혈압 관련 신장부전으로 인한 사망률이 4.2배로 높다. 고혈압의 위험은 나이가 들어가면서 증가한다. 한 가지 이유는 나이가 들어감에 따라 동맥이 탄력성을 잃는다는 것이다. 당뇨병은 고혈압의 위험을 증가시킨다. 신장 손상은 일반적으로 Type 1 당뇨병에서 고혈압의 원인이다. Type 2 당뇨병에서는 과도한 체지방뿐 아니라 혈액 내 높은 인슐린이 신장에서 나트륨 보유에 영향을 주기 때문에 고혈압 발생이 높아지는 것 같다. 육체 활동 부족, 지나친 음주, 흡연, 스트레스, 여러 식이요소들이 혈압 상승을 일으킨다. 비만, 특히 복부 비만은 고혈압의 위험을 증가시킨다. 과도한 지방 조직이 혈액이 펌프되어 나가는 수만 마일의 모세혈관에 추가되어 있다. 비만한 사람에게 있어 체중 감소는 고혈압 발생을 늦추거나 막아 준다.

과체중인 사람이 육체적으로 비활동적이며, 나트륨 함량이 높고 칼륨 함량이 낮은 식사를 하는 것은 고혈압이 되게 하는 주요 요인이다.

3. 음식물과 혈압

나트륨과 혈압의 관계는 잘 알려져 있다. 염의 섭취가 평균보다 높아지면 혈압도 상승한다. 그러나 나트륨이 혈압에 영향을 주는 유일한 무기질은 아니다. 칼륨, 칼슘, 마그네슘이 높은 식사는 고혈압 발생률 저하와 관련 있다.

3-1. 염의 섭취와 혈압 — 염의 섭취와 혈압 사이의 관계는 식사 내 염의 섭취가 다른 집단의 고혈압 발생률을 조사함으로써 밝혀졌다. 하루 4.5g보다 적은 염을 섭취하는 집단에서 평균 혈압이 낮았고 고혈압은 드물거나 거의 없었다. 하루 5.8g의 염 혹은 그 이상을 섭취하는 집단은 나트륨 섭취에 따라 혈압이 증가했다. 보다 최근의 연구에

160/95mmHg 혹은 그 이상인 혈압을 가진 사람은 정상 범주의 혈압인 사람보다 뇌졸중에 걸릴 위험이 4배이다.

[표 9-2]…정상 범주로 혈압을 유지하기 위한 생활습관

충분한 과일과 채소를 섭취한다…과일과 채소는 염의 함량과 열량이 낮고 칼륨 함량이 풍부하다.

염이 적게 들어 있는 식품을 선택하고 음식을 준비한다.

건강한 체중을 목표로 한다…체중이 증가하면 혈압도 상승하며 지나치게 과다한 체중을 감소할 때 혈압도 감소한다.

육체 활동을 증가한다…혈압을 낮추는 데 도움이 되며, 다른 만성질환의 위험을 감소시키고 정상 체중을 유지하게 한다.

알코올 음료를 마신다면 적당한 양을 섭취한다…지나친 알코올 소비는 고혈압과 연관이 있다.

금연한다.

출처 : Dietary Guidelines for Americans, 2005

[표 9-3]…나트륨 섭취를 줄이는 비결

식사에 소금을 줄여서 식품에 소금을 넣지 않은 맛을 즐기게 한다.

장볼 때

- 식품 라벨을 보고 나트륨이 소량인 식품을 고른다.
- 가공하지 않은 식품을 고른다. 이런 식품은 가공식품보다 나트륨 함량이 적다.
- 통조림보다는 신선하거나 냉동한 야채를 고른다.
- 통조림이나 가공한 것보다는 더 자주 신선한 것이나 냉동한 것으로 생선류, 조개류, 가금류, 육류를 고른다.

조리할 때

- 식사 준비를 처음부터 해서 소금 추가량을 조절할 수 있게 한다.
- 쌀, 파스타, 곡류를 조리할 때 물에 소금을 타지 않는다.
- 소금보다는 레몬즙, 양파나 마늘가루, 후추, 카레가루, 딜, 바질, 오레가노,타임 같은 것으로 음식의 맛을 낸다.

식사할 때

- 식탁에서 소금 사용을 제한한다.
- 감자칩, 팝콘, 크래커와 같이 소금을 친 간식류를 제한하고, 대신에 신선한 과일과 야채를 먹는다.
- 젓갈류, 김치류, 된장, 간장 같은 소금이 많은 식품을 적절하게 사용한다.
- 소금을 치거나, 훈제한 육류를 일주일에 몇 번 이하로 제한하고, 대신에 닭고기, 쇠고기를 먹는다.
- 치즈, 특히 가공 치즈를 줄인다.
- 우스터소스, 바비큐소스, 케첩, 겨자의 양을 제한한다.

외식할 때

- 소스가 없는 음식을 선택하거나 따로 놓아달라고 부탁한다.
- 소금을 치지 말고 달라고 부탁한다.
- 즉석음식 섭취를 제한한다. 즉석음식에는 보편적으로 소금이 매우 많이 들어 있다.

서는 나트륨 섭취 수준을 다르게 했을 때 혈압에 미치는 영향을 시도했다. 식사에서 나트륨의 섭취를 낮추면 혈압도 낮아진다는 것을 발견했다. 3,300mg의 나트륨 섭취(미국인들이 섭취하는 평균 수준)와 2,400mg 섭취군을 비교했을 때 고혈압이 있는 사람들과 고혈압이 없는 사람들 모두에서 혈압이 감소했으며 하루 1,500mg의 나트륨을 섭취한 군에서 훨씬 유의적인 혈압 감소가 있었다. 이 연구를 비롯하여 많은 연구원들은 현재의 표준 권장량과 영양학계에서 나트륨을 하루에 2,300mg보다 적게 먹도록 권장하는 것의 기초가 되었다. 나트륨의 섭취가 혈압에 주는 일반적인 영향에도 불구하

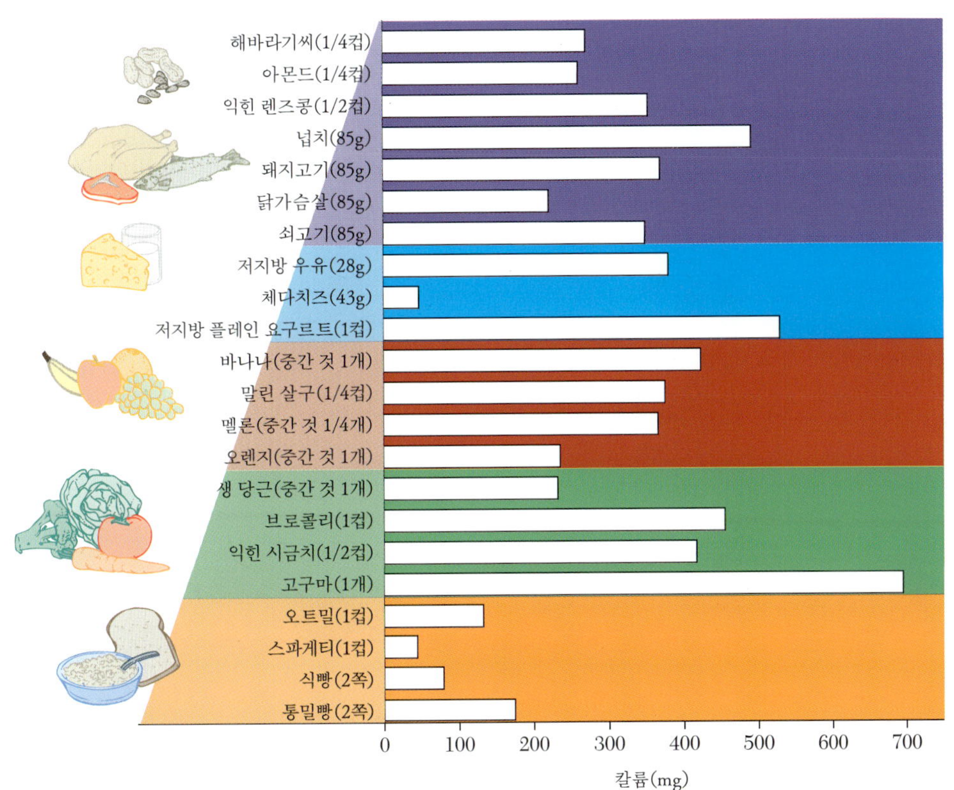

[그림 9-16]… 모든 식품군의 식품들은 칼륨의 좋은 공급원이지만 가공을 전혀 하지 않은 것이 가장 좋다. 하루 권장량 4,700mg을 섭취하도록 칼륨이 풍부한 음식을 많이 먹을 필요가 있다.

고 권장량보다 많은 양을 섭취하는 사람들은 모두 고혈압이 될 것이다. 나이든 사람, 아프리카계 미국인뿐만 아니라 고혈압, 당뇨병, 만성신장질환이 있는 사람들은 염의 섭취에 대해 좀 더 민감해져야 한다.

3-2. 칼륨, 칼슘, 마그네슘 섭취와 혈압 — 역학 조사에서 섬유소와 칼륨, 마그네슘, 칼슘이 많이 들어 있는 식사 패턴과 혈압이 낮은 것과 관계 있다는 것이 밝혀졌다. 예를 들어, 이들 영양소가 많이 들어 있는 야채를 주로 먹는 채식주의자들은 비채식주의자들에 비해 혈압이 낮다. NHANES 같은 인구 조사에서는 칼슘, 칼륨, 마그네슘 함량이 낮은 식사 패턴은 미국 성인에 있어 고혈압과 관련이 있음을 보여준다. 이런 자료에도 불구하고 각각의 영양소가 혈압에 미치는 영향에 대한 연구들은 흔히 결론을 내리지 못한다. 그 이유는 각각의 영양소가 미치는 영향이 작거나 다른 식이 요소들이 혈압 조절에 중요하기 때문일 것이다.

칼륨 보충은 혈압을 감소시키나 지나치게 섭취하면 불규칙한 심장박동을 일으킬 수 있다. 칼륨의 보충은 의사의 처방 없이는 권장되지 않는다. 바나나, 오렌지, 감자 같이, 칼륨이 풍부한 식품의 섭취를 증가시키는 것이 칼륨의 섭취를 늘리는 안전한 방법이다.

3-3. 고혈압을 막기 위해 선택하는 식사와 생활습관 — 식사와 생활습관 두 가지 모두 혈압 조절에 포함된다. 건강한 범주에서 체중을 유지하고 활동적이고 알코올 섭취를 제한하는 것은 혈압을 정상 범위로 유지하는 데 도움이 된다[표 9-2]. 신선한 과일, 채소, 콩과류, 견과류와 씨앗, 통곡, 살코기, 저지방 유제품이 풍부한 식사를 하는 것이 또한 혈압을 정상으로 유지하는 데 중요하다. 식품 구성탑에서는 대부분의 성인들이 과일과 채소를 하루에 4.5컵 또는 9회 섭취할 것을 권장한다[그림 9-15].

나트륨 섭취를 제한하는 것 또한 중요하다. 표준 권장량과 영양학계에서 권장하는 나트륨량은 전형적인 미국인들이 하루에 섭취하는 6~12g보다 유의적으로 낮다.

염치환물은 흔히 염화칼륨을 포함한다. 이것이 음식에 향미를 줄지라도 너무 많은 칼륨은 근육 수축을 방해할 수 있다. 여기에 심장 근육도 포함되며, 이것이 일부 사람들에게 위험할 수 있다. 신장질환이 있는 사람은 칼륨이 함유된 염치환물과 칼륨 보유를 일으키는 약물을 피해야 한다.

[그림 9-15]…과일과 채소를 9회 섭취하라는 것이 많은 것처럼 들린다. 그러나 아마도 당신이 생각하는 것보다 제공되는 크기가 작을 것이다. 9회 섭취량은 2컵의 과일에 2.5컵의 조리된 채소를 더한 양이다. 계량컵 안에 들어 있는 과일과 채소량이 9회 섭취량을 보여주고 있다.

나트륨 섭취를 줄이기 위해 미국인들은 가공식품을 줄이고 염의 첨가를 줄이면서, 신선한 식품의 섭취를 늘리는 것이 필요하다. [표 9-3]은 나트륨을 줄이는 약간의 비결을 제공하자면, 식품의 라벨은 저염식품을 선택하는 데 도움을 준다. 염이 적게 들어 있는 식품은 처음에는 맛에 자극성이 없으나 염의 기호성은 고정된 것이 아니다. 저염식품을 일정 기간 먹고 난 후에는 염에 대한 기호도가 감소한다. 음식에 양파, 마늘, 레몬주스, 식초, 후추, 파슬리, 허브 향신료를 첨가하면 염을 첨가하지 않아도 풍미 있는 음식의 맛에 만족을 느낀다.

육류, 우유 및 곡류 제품에도 칼륨이 들어 있기는 하지만 이런 식품에는 즉시 흡수할 수 있는 형태로 들어 있지는 않다. 과일과 채소를 많이 먹는 사람들은 칼륨 권장량을 쉽게 얻게 된다. 과일과 채소를 많이 먹을 때의 식사에서는 8,000~11,000mg을 섭취하는 것이 보통이다.

☀ 사례연구후기

가브리엘 앤더슨 샤이스(Gabriele Andersen-Scheiss)는 고통스러운 모습으로 나타났지만 그 후에 빠르게 회복했다. 그 여자가 마지막 한 바퀴를 다 돌자마자 의사들이 정맥주사를 주고, 호스로 물을 뿌리고, 차가운 수건을 몸 위에 놓았다. 두 시간 뒤에 그 여자 선수는 올림픽촌으로 돌아와서 의사들이 몇 시간이나 지켜보는 가운데 음식을 먹었다. 그 여자에게 탈수증이 생긴 것은 몸에 수분이 적게 들어온 반면 몸에서 수분이 많이 나갔고 캘리포니아 남부의 열기에 잘 적응하지 못했기 때문이었다. 달리는 동안 호흡관과 피부로부터 물이 증발하였고 몸을 식히려고 많은 양의 땀이 만들어졌다. 이렇게 무더운 환경 조건에서는 운동선수들이 수분을 매시간 몇 리터씩이나 잃을 수 있다. 앤더슨 샤이스는 물 보급소에서 주는 물을 자주 마셨지만 몸에서 빠져나가는 수분 손실을 채울 수가 없었고, 그런 까닭에 몸에 있는 수분의 양이 줄어들기 시작했다. 그러자 피의 양이 줄어들어서 운동근육에 산소와 영양소를 충분히 전달할 수 없게 되었다. 그녀가 마지막 바퀴를 돌기 위해 운동장에 들어섰을 때에는 팔과 다리로 흘러가는 피가 부족해서 마비를 일으켰다. 그녀의 말을 빌리면, "내가 무얼 하려고 하는지는 알겠는데 근육이 더 이상 반응하지 않았다."고 한다. 가브리엘 앤더슨 샤이스는 다음 올림픽 마라톤 경기에서 달리지는 않았지만 계속해서 많은 장거리 경주 기록을 세우며 달리기 엘리트 선수가 되었다. 1984년 올리픽 여자 마라톤 경주에서 그 여자 선수가 경주를 마치기 위해 휘청거리며 몸부림을 친 경우는 탈수로 인해 사람의 몸에서 수분과 전해질의 균형이 깨졌을 때 발생할 수 있는 생생한 사례가 되었다.

연습문제

1 체내에서 수분이 어떤 기능을 갖는지 설명하시오.
2 체내에 물의 총량이 어떻게 조절되는가?
3 체내의 각 구획에 있는 물의 양이 어떻게 조절되는가?
4 성인의 수분 흡수 권장량은 얼마인가?
5 수분 결핍을 증가시키는 세 가지 요소를 나열하시오.
6 전해질의 정의는 무엇인가?
7 몸에서 나트륨, 칼륨, 염화물이 어떤 기능을 갖는지 설명하시오.
8 매우 낮은 혈압이 어떻게 정상으로 회복되는지 설명하시오.
9 고혈압을 치료하지 않으면 그 결과는 어떻게 되는가?
10 우리의 식사에서 어떤 식품 형태가 나트륨을 가장 많이 섭취하게 하는가?
11 식이 나트륨과 혈압의 관계는 무엇인가?

Chapter 10

Major Minerals and Bone Health

사례연구

H씨(여, 64세)는 동네의 마트에서 장을 본 후 서둘러 집으로 돌아오는 길이었다. 조금 있으면 딸과 사위가 새로 태어난 손자를 데리고 올 것이기 때문이다. 신호등이 파란색으로 바뀌자 H씨는 길을 건너기 위해 횡단보도 아래로 발을 내디뎠다. 그러나 발이 바닥에 닿는 순간 골반 쪽에 타는 듯한 통증을 느꼈고, 정신을 차려 보니 길바닥에 누워 있었다. 골반이 골절된 것이다.

H씨는 64세로 키가 155cm이며 몸무게는 52kg이다. 그녀는 얼마 전 정년퇴임하고 아파트에서 혼자 살고 있는데 집안일을 돌보고 도서관에서 자원 봉사를 하느라 항상 바빴다. 건강한 편이지만 뼈가 몇 번 골절된 경험이 있고 6개월 전에는 빙판에서 넘어지면서 손목이 부러졌다. 5년 전에는 관광을 하던 중 발에 골절이 생겨 고생을 했다. 단지 횡단보도 아래로 발을 내디뎠을 뿐인데 어떻게 골반이 부러질 수 있을까?

H씨의 건강 기록을 보면 운동을 많이 하지 않으며, 칼슘 섭취가 하루 권장량인 700mg의 약 1/2밖에 되지 않는다는 것을 알 수 있다. H씨의 골반은 골다공증에 의해 약해졌기 때문에 부러진 것인데, 골다공증이란 골밀도가 감소해 골절의 위험도가 증가하는 질병이다. 골밀도는 운동과 적절한 칼슘 섭취에 의해 증가하는데, 그녀의 평소 식습관과 생활습관이 골다공증의 위험을 증가시킨 것이다. 그녀는 골반 골절로 입원한 후 큰 수술을 받고 오랜 재활 기간을 거쳐야 했다. H씨는 아직 젊기 때문에 재활과 식이요법, 약물치료를 통해 회복을 돕고 재발을 예방할 수 있다. 그러나 골다공증으로 인한 골반 골절의 경험이 있는 고령자의 경우 병원에서 오랫동안 치료를 해야 하며, 다시는 혼자 걸을 수 없는 경우도 많다.

제 10 장 주요 무기질과 뼈의 건강

학습목표

1 무기질이 무엇인지 설명할 수 있다.

2 무기질과 다른 식이 성분과의 상호작용이 무기질의 생체이용률에 어떤 영향을 미치는지 설명할 수 있다.

3 인체에서 칼슘의 기능을 설명할 수 있다.

4 부갑상선 호르몬과 칼시토닌, 비타민 D의 혈중 칼슘 농도 조절 역할을 비교 설명할 수 있다.

5 골다공증의 위험을 감소시키는 식습관과 생활습관을 말할 수 있다.

6 칼슘과 인의 섭취권장량을 충족시키는 식단을 계획할 수 있다.

7 인체에서 인의 기능을 설명할 수 있다.

8 인체에서 마그네슘의 기능을 설명하고 마그네슘이 풍부한 식품 세 가지를 말할 수 있다.

1. 무기질이란 무엇인가?

무기질(mineral)…영양학적 측면에서 무기질이란 인체를 구성하고 인체에서 일어나는 화학반응을 조절하기 위해 인체가 소량 필요로 하는 성분이다.

다량무기질(major mineral)…식사를 통해 하루 100mg 이상 공급이 필요하거나 인체 내에 체중의 0.01% 이상 존재하는 무기질
미량원소(trace element), **미량무기질**(trace mineral)…식사를 통해 하루 100mg 이하로 필요하거나 인체 내에 체중의 0.01% 이하로 존재하는 무기질

무기질이란 신체의 구성 요소로서, 신체반응의 조절인자 역할을 한다. 무기질은 비타민과는 달리 열이나 산소, 산에 의해 파괴되지 않는다.

무기질은 필요한 섭취량 또는 인체 내에 존재하는 양에 따라 분류한다. **다량무기질**은 식사를 통해 하루 100mg 이상의 공급이 필요하거나 체중의 0.01% 이상 인체에 존재하는 무기질을 말한다. **미량원소** 또는 **미량무기질**은 인체가 하루에 100mg 이하를 필요로 하거나 인체 내에 체중의 0.01% 이하로 존재하는 무기질을 말한다[**그림 10-1**]. 다량무기질에는 제9장에서 다루었던 전해질인 나트륨, 염소, 칼륨이 포함된다. 이 장에서는 칼슘과 인, 마그네슘을 다루는데, 이들은 뼈의 건강에 있어 중요한 역할을 하는 다량무기질이다. 미량무기질은 제11장에서 다루게 된다.

1. 현대 식사에서의 무기질

무기질은 식물성과 동물성 식품 모두에 들어 있다. 대부분의 음식은 자연적으로 무기질을 포함하고 있으며, 강화를 통해 의도적으로 또는 오염을 통해 우연히 음식에 더해지기도 한다. 무기질은 신선한 과일, 채소, 통곡, 살코기, 저지방 유제품뿐만 아니라 강화식품 등 다양한 음식을 통해 섭취할 수 있다[**그림 10-2**].

1-1. 자연적인 급원 — 몇몇 음식에 존재하는 무기질의 양을 예측할 수 있는데, 이것은 무기질이 식물이나 동물의 조절 성분이기 때문이다. 예를 들어, 칼슘은 우유의 구성 성분이다. 따라서 한 잔의 우유를 마시면 일정량의 칼슘을 제공해 준다. 마그네슘은 엽록소의 구성 성분이기 때문에 녹색 잎에 일정한 양이 존재한다. 일부 무기질의 경우 물과 토양의 무기질 농축 정도에 따라 음식에 들어 있는 양이 달라진다. 예를 들

[**그림 10-1**]…무기질은 주기율표에 등장하는 화학원소다. 다량무기질은 보라색으로 미량무기질은 파란색으로 표시하였다.

H																	He
Li	Be											B	C	N	O	F	Ne
Na	Mg											Al	Si	P	S	Cl	Ar
K	Ca	Sc	Ti	V	Cr	Mn	Fe	Co	Ni	Cu	Zn	Ga	Ge	As	Se	Br	Kr
Rb	Sr	Y	Zr	Nb	Mo	Tc	Ru	Rh	Pd	Ag	Cd	In	Sn	Sb	Te	I	Xe
Cs	Ba	La	Hf	Ta	W	Re	Os	Ir	Pt	Au	Hg	Tl	Pb	Bi	Po	At	Rn
Fr	Ra	Ac	Unq	Unp	Unh	Uns		Une									

[그림 10-2]…식사를 통한 무기질 섭취는 다양한 고영양식품들을 통해 최대화할 수 있다.

어, 토양의 요오드 함량은 해안 근처에서는 높은 반면 내륙 지방에서는 매우 낮다. 따라서 해안 근처에서 자란 식품은 내륙에서 자란 것보다 요오드 함량이 높다. 선진국에서는 현대적인 운송 시스템 덕분에 매우 다양한 지역에서 생산되는 식품을 섭취하기 때문에 무기질 결핍이 잘 생기지 않는데, 이것은 음식이 생산된 지역에 따라 무기질 함량이 다르기 때문이다. 한 지역에서 자란 음식만 섭취하는 나라에서는 미량무기질의 결핍이나 과잉이 일어나기 쉽다.

1-2. 가공식품 — 식품의 가공과 정제는 식품의 무기질 함량에 영향을 준다. 가공 과정은 무기질을 파괴하지는 않지만 손실을 가져올 수는 있다. 예를 들어, 식품이 손상되면 칼륨이 손실되며, 과일이나 채소의 껍질, 곡류의 겨와 배아를 제거하면 마그네슘, 철, 셀레늄, 아연, 구리 같은 무기질이 함께 제거된다. 나트륨은 흔히 식품보존제로 첨가된다. 무기질은 오염을 통해 음식에 우연히 들어가기도 하는데, 예를 들어 유제품은 착유기에 사용되는 세척 용액으로부터 오염되어 요오드의 함량이 증가하기도 한다.

1-3. 식이보충제 — 보충제 역시 무기질 급원 중 하나이다. 그러나 보충제를 통해 많은 양의 무기질을 섭취하는 것은 독이 될 수 있다. 무기질 간의 복잡한 상호작용 때문에 한 가지 무기질을 과량 섭취하는 것은 다른 무기질들의 생체이용률을 감소시키거나 무기질 불균형을 초래하여 인체의 기능을 방해할 수 있다. 인체는 무기질의 흡수와 배설을 조절하지만, 식품에 자연적으로 함유되어 있는 무기질에 대해서만 가능하다. 무기질 보충제의 과량 섭취는 이러한 조절을 받지 않기 때문에 독성을 초래할 수 있다.

2. 무기질 필요량의 이해

건강을 유지하기 위해서는 각각의 무기질을 충분량 섭취해야 하며, 식사에 모든 무기질이 바람직한 비율로 함유되어 있어야 한다. 그렇지 않으면 결핍증이나 독성반응을 일으킬 수 있다. 지나치게 과량이나 소량을 섭취할 경우 단시간 내에 건강에 영향을 주는 무기질들이 있다. 예를 들어, 철분 섭취가 부족하면 적혈구의 숫자와 크기가 감소해 혈액의 산소 운반 능력이 저하되기 때문에 쉽게 피곤해진다. 다른 무기질들의 결핍 증상은 장기간에 걸쳐 나타난다. 예를 들어, 칼슘 섭취가 부족한 경우 당장은 변화가 나타나지 않지만, 장기간으로 이어지면 골밀도를 감소시켜 중년기에 골절 위험도를 증가시킨다. 철, 요오드, 칼슘의 결핍은 세계적인 건강 문제다.

무기질의 독성은 환경오염이나 보충제를 지나치게 과량 섭취할 때 종종 일어난다. 예를 들어 납은 독성이 있는데, 오래된 납 페인트나 납 파이프에 장기간 노출되거나 토양과 공기의 오염은 어린이들의 성장 지연과 학습 능력 장애를 초래할 수 있다. 철분과 같이 필요량이 적은 무기질도 과량을 섭취하면 독성을 나타낼 수 있다.

2-1. 무기질의 생체이용률 — 인체가 무기질을 흡수하는 능력뿐 아니라 식단의 구성과 영양 상태, 연령 모두 무기질의 생체이용률에 영향을 준다. 음식을 통해 섭취하는 나트륨은 거의 100% 흡수되는 반면, 철분의 흡수율은 5% 정도로 낮다. 칼슘의 흡수는 보통 25% 정도이지만, 칼슘의 요구량이 높은 시기인 임신기나 유아기에는 흡수율이 증가한다. 칼슘, 마그네슘, 아연, 구리, 철은 모두 2^+ 전하를 갖고 있으며, 그중 하나를 과량 섭취하면 다른 것의 흡수가 감소된다.

흡수를 증가시키는 물질들도 있다. 예를 들어, 철분을 산성 식품과 함께 섭취하면 흡수가 잘 된다. 반면 소화관 내에서 무기질과 결합하는 물질들은 흡수를 감소시킨다. 통곡, 겨, 두류에 들어 있는 **피틴산**은 칼슘, 아연, 철분, 마그네슘과 결합해 흡수를 방해한다. 피틴산은 이스트에 의해 분해되기 때문에 이스트로 발효시킨 빵과 같은 음식은 무기질의 생체이용률이 높다. 차와 일부 곡류에 들어 있는 **탄닌**은 철분의 흡수를 방해하며, 시금치, 비트잎과 초콜릿에 들어 있는 옥살산은 칼슘과 철분의 흡수를 방해한다[그림 10-3]. 식이섬유소 역시 무기질의 흡수를 방해한다.

장의 점막세포에서 인체의 다른 곳까지 무기질을 수송하는 능력도 생체이용률에

피틴산(phytic acid or phytate)…종실류와 곡류에 들어 있는 인을 함유한 화합물로 무기질과 결합해 흡수를 방해한다.

탄닌(tannin)…차와 일부 곡류에 들어 있는 물질로 특정 무기질들과 결합해 흡수를 방해한다.

[그림 10-3]…이러한 식품에 들어 있는 피틴산, 옥살산, 탄닌 같은 성분들은 무기질 흡수를 감소시킨다.

영향을 준다. 몇몇 무기질들은 혈장 단백질이나 특정한 운반 단백질과 결합하여 혈액을 통해 이동된다. 이러한 결합은 무기질의 흡수를 조절하며 무기질에 산화적 손상을 입힐 수 있는 유리 라디칼의 형성을 막아 준다. 영양상태 역시 인체의 무기질 수송에 영향을 줄 수 있다. 예를 들어, 단백질 섭취가 부족할 때는 운반 단백질이 합성될 수 없으므로 무기질을 충분히 섭취해도 세포에 전달될 수 없다.

2-2. 무기질의 기능 — 무기질은 인체에서 생명유지에 필요한 다양한 구조적, 조절적 역할을 한다. 예를 들어, 칼슘, 인, 마그네슘, 불소는 뼈의 구조와 강도에 영향을 준다. 요오드는 대사 속도를 조절하는 갑상선 호르몬의 구성 성분이다. 크롬은 혈중 포도당 농도를 조절하는 역할을 한다. 아연은 유전자 발현에 중요한 역할을 한다. 이처럼, 많은 무기질들이 효소 작용에 필요한 **보조인자**로 작용하고 있다.

보조인자(cofactor)…효소활성에 필요한 무기 이온이나 조효소

2-3. 무기질의 섭취권장량 — 무기질의 영양섭취기준은 평균 필요량을 결정하는데, 유용한 정보가 충분할 때에는 섭취권장량을, 필요량 추정에 역학조사를 사용했을 때에는 충분 섭취량을 설정하고 있다. 무기질의 독성을 막기 위해 적절한 자료가 있을 때에는 최대 허용섭취량을 설정한다. 미량원소의 필요량은 미량원소의 생체 이용에 영향을 주는 유전질환의 연구나 비경구 영양으로만 장기간 영양 공급을 받은 환자들에게서 나타나는 무기질 결핍증 연구를 통해 결정된다. 다른 자료가 없을 때에는 건강한 사람들의 섭취량을 평가하여 무기질의 필요량을 결정한다. 그러나 이러한 접근방법은 결핍이 심할 경우에만 결핍 증상이 뚜렷해진다는 문제점이 있다. 무기질 결핍으로 일어나는 미세한 증상은 탐지하기 어려우며 몇 년 간 증상이 나타나지 않는 경우는 결핍증 여부를 알아내기가 더욱 어렵다.

2. 칼슘 (calcium)

칼슘은 인체에 가장 많은 무기질이다. 칼슘은 뼈와 치아의 구조를 형성하며 조절 기능을 담당한다. 혈중 칼슘 농도는 엄격하게 조절되고 있다. 이런 조절은 뼈에 보유되어 있는 칼슘 덕분에 가능하다. 혈중 칼슘 농도가 감소하면 뼈로부터 칼슘이 용출되는데, 결과적으로 장기간 칼슘 섭취가 부족하면 뼈의 칼슘이 감소하고 **골다공증**으로 인한 뼈의 골절 위험이 증가한다.

골다공증(osteoporosis)…골질량의 감소로 골격이 약화되고 골절의 위험이 증가하는 골격 이상 증세

1. 식사에서의 칼슘

칼슘의 주요 급원은 우유, 치즈, 요구르트 같은 유제품이다. 뼈까지 통째로 먹는 정어리 같은 생선과 두류, 브로콜리, 배추, 케일 같은 녹색 채소에도 칼슘이 많이 들어 있다. 곡류에는 칼슘이 많이 들어 있지는 않지만, 많은 양을 섭취하기 때문에 칼슘 섭취에 중요한 기여를 한다('현명한 식품 선택: 탄산음료와 우유 사이의 선택' 참조).

식품에 들어 있는 칼슘 중에는 식품 가공 중에 첨가된 것도 있다. 빵, 크래커 같이

탈지분유가 첨가된 과자는 칼슘을 공급한다. 두부 역시 가공 과정 중에 칼슘이 사용되면 칼슘의 좋은 급원이 된다. 또한 오렌지주스나 아침식사용 시리얼처럼 칼슘이 강화된 제품들도 있다.

2. 소화관 내에서의 칼슘

충분한 칼슘 섭취는 납 중독을 예방해 준다. 칼슘은 납의 흡수를 감소시킨다. 흡수된 납은 골격에 축적되는데 칼슘의 섭취가 충분할 때에는 납은 뼈에 그대로 머무르며 뼈에 머물러 있는 한 크게 위험하지 않다. 칼슘의 섭취가 부족할 때에는 뼈에서 칼슘과 함께 납도 용출된다.

칼슘은 능동수송과 확산 두 가지 모두의 방법으로 흡수된다[그림 10-4]. 능동수송은 활성형 비타민 D에 의존하는데, 비타민 D는 장내의 칼슘 운반 단백질의 합성을 유도한다. 능동수송은 칼슘의 섭취가 낮거나 보통일 때 칼슘 흡수를 책임지고 있다. 비타민 D가 부족할 때 칼슘 흡수는 10% 아래로 감소하는데, 비타민 D가 부족하지 않을 때에는 25%가 흡수된다. 칼슘 섭취가 많을 때에는 확산이 더 중요한 역할을 하게 되며, 칼슘 섭취가 증가함에 따라 흡수되는 비율은 감소한다.

칼슘의 생체이용률은 탄닌과 섬유소, 피틴산, 옥살산에 의해 감소한다. 시금치는 칼슘 함량이 높지만 흡수율은 5% 정도에 불과하다. 나머지 칼슘은 옥살산과 결합해 대변을 통해 배설된다. 케일이나 순무잎, 겨자잎과 배추 같은 채소에는 옥살산이 적기 때문에 칼슘이 잘 흡수된다. 밀기울과 강낭콩 등에 있는 피틴산은 칼슘의 흡수를 감소시킨다. 우유 1회 분량에 들어 있는 흡수 가능한 동량의 칼슘을 섭취하기 위해서는 약 10회 분량의 팥을 먹어야 한다. 그러나 칼슘의 섭취가 충분할 때에는 이런 요인들이 거의 영향을 주지 않는다.

칼슘 흡수는 연령에 따라서도 다르다. 유아기에는 섭취되는 칼슘의 약 60%가 흡수되지만, 젊은 성인의 흡수율은 약 25%에 불과하다. 더 나이가 들면 혈액의 활성형 비타민 D의 감소나 비타민 D에 대한 반응성 저하로 인해 흡수가 감소한다. 폐경기 이후 여성은 칼슘 흡수가 더욱 감소하는데, 이것은 에스트로겐의 감소 때문이다.

태아의 골격 형성을 위해 칼슘이 필요해지는 임신 기간 중에는 에스트로겐 증가가 칼슘 흡수를 높인다. 칼슘 흡수는 임신 기간 중 50% 이상까지 증가한다. 칼슘의 필요량은 수유기에도 증가하는데, 모유를 만들기 위해 필요한 칼슘의 일부는 모체의 뼈

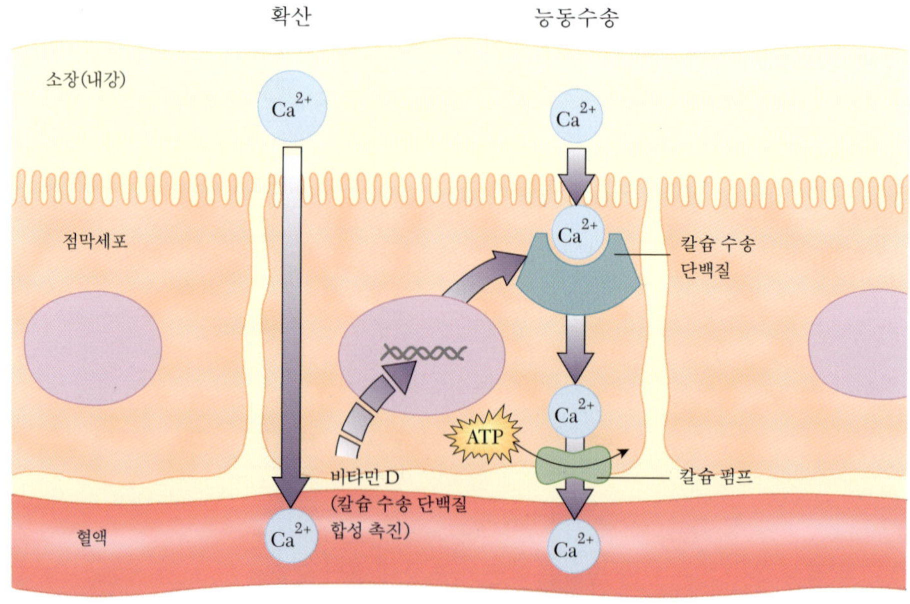

[그림 10-4]…칼슘의 농도가 매우 높을 때에는 칼슘의 일부가 확산에 의해 흡수될 수 있다. 칼슘의 농도가 낮을 때에는 대부분 능동수송에 의해 흡수되며, 비타민 D를 필요로 한다. 비타민 D는 점막세포에서 칼슘을 실어나르는 칼슘 수송 단백질의 합성을 자극한다. 이후 ATP를 필요로 하는 칼슘 펌프가 점막세포에서 혈류로 칼슘을 이동시킨다.

현명한 식품 선택 : '탄산음료와 우유 사이의 선택'

어딜 가나 탄산음료가 가득 들어찬 자판기를 발견할 수 있다. 편의점의 냉장 코너에도 탄산음료들이 가득 차 있다. 우리는 이런 음료들이 갈증을 해소해 준다고 생각하며 매일 마시고 있다. 탄산음료에는 어떤 영양소가 들어 있을까?

335mL 탄산음료 1캔에는 설탕이 약 10작은술 정도 들어 있으며, 다른 영양소는 거의 들어 있지 않다. 만약 탄산음료를 커피나 쿠키 같은 영양가가 낮은 식품 대신 섭취한다면 그리 나쁠 것도 없겠지만, 대부분의 사람들은 탄산음료를 마시는 대신 영양가가 높은 우유는 마시지 않는다. 탄산음료에 대한 선호 결과는 첨가당의 소비를 크게 증가시키고, 칼슘과 다른 영양소의 섭취를 감소시킨다. 우유 대신 탄산음료를 마시게 되면 열량 섭취는 증가하고 단백질, 칼슘, 비타민 A, 비타민 D와 리보플라빈 섭취는 감소한다. 우유 대신 탄산음료를 마시는 것은 비단 10대들만이 아니다. 많은 성인들 역시 유당불내증 때문에, 또는 우유가 어린이용 식품이라고 생각해서 마시지 않기도 한다.

유아기와 청소년기에 칼슘 섭취가 부족하면 골다공증의 위험이 증가한다. 우유 대신 탄산음료를 마심으로써 어린이와 10대 청소년들은 자신의 뼈를 위험에 빠뜨리고 있는 것이다. 어린이와 청소년들의 골절률이 갈수록 증가하는데, 이것은 바로 칼슘 섭취의 부족 때문이다.

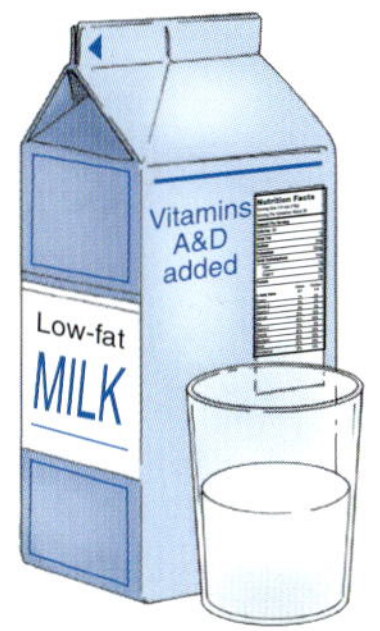

영양소	저지방 우유	콜라, 탄산음료
1회 분량(mL)	200(1팩)	335(1캔)
열량(kcal)	90	150
단백질(g)	7	0
칼슘(mg)	267	0
인(mg)	209	45
리보플라빈(mg)	0.4	0
비타민 A(μg)	128	0
비타민 D(μg)	2.2	0
카페인(mg)	0	40

로부터 용출된다. 수유가 끝난 후에는 칼슘 흡수의 증가와 신장에 의한 칼슘의 보유가 골격의 칼슘 회복을 돕는다.

3. 체내에서의 칼슘

칼슘은 성인 체중의 1~2% 정도를 차지하고 있다. 인체에 존재하는 칼슘의 99% 이상은 뼈와 치아에 고체 형태로 저장되어 있고, 나머지 1%는 세포내액과 혈액, 세포외액에 존재한다. 이곳에서 칼슘은 신경전달, 근육 수축, 혈압 조절, 호르몬의 분비 등 생명 유지에 절대적인 역할을 하고 있다[표 10-1].

3-1. 칼슘의 조절 기능 — 체액에 있는 칼슘은 세포 간의 의사소통과 인체의 조절 기능에서 결정적인 역할을 한다. 칼슘은 효소 활성의 조절을 보조하며 혈액 응고에도 필요하다. 또한 신경과 근육의 화학적, 전기적 신호전달에도 관여한다. 칼슘은 근육 단백질인 액틴과 미오신이 서로 작용해 근육이 수축할 수 있도록 한다. 신경전달과 근육 수축에 있어 칼슘의 중요성은 세포외액의 칼슘 농도가 지나치게 감소했을 때 어떤 일이 일어나는지를 보면 알 수 있다. 세포외액의 칼슘 농도가 지나치게 감소하면 신경계

동물은 사망 직후 사체가 딱딱하고 단단하게 변한다. 사후강직이라고 부르는 이 상태는 근육 조직 안의 세포막이 파괴되면서 칼슘 이온이 근육세포의 세포질 내로 유출되기 때문이다. 칼슘의 존재는 액틴과 미오신 단백질이 서로 결합하여 근육이 수축하도록 한다. 이렇게 강직된 상태로부터 근육을 풀게 만드는 데에 필요한 ATP는 사망 후에는 더 이상 공급되지 않는다. 따라서 근육은 근육의 분해가 일어나 긴장이 풀어질 때까지 약 24시간 동안 긴장된 상태로 유지된다.

[표 10-1]…칼슘, 인, 마그네슘의 비교

무기질	급원	성인을 위한 섭취권장량	주요 기능	결핍 증상 및 질병	결핍 위험군	독성	최대 허용섭취량
칼슘	유제품, 뼈째 먹는 생선, 녹색 채소, 강화식품	남녀 모두 700mg/1일	뼈와 치아 골격, 신경 전달, 근육 수축, 혈액 응고, 혈압 조절, 호르몬 분비	골다공증 위험 증가	폐경여성, 완전 채식주의 또는 유당불내증, 신장질환이 있는 노인	혈중 칼슘 농도 상승, 신장 석회화, 신장결석, 다른 무기질 흡수 감소	음식과 보충제로부터 2,500mg/1일
인	육류, 유제품, 곡류, 제과류	남녀 모두 700mg/1일	뼈와 치아 골격, 세포막과 ATP, DNA 구성 성분, 산염기 평형	뼈의 감소와 약화, 식욕부진	미숙아, 알코올 중독자, 고령자	뼈로부터의 칼슘 용출	4,000mg/1일
마그네슘	풀, 통곡, 견과류, 종실류	남 340mg/1일 여 280mg/1일	뼈 골격, ATP 안정화, 효소 활성, 신경과 근육 기능	오심, 구토, 허약, 근육 통증, 비규칙적인 심장박동	알코올 중독자, 신장과 소화계 질환이 있는 사람	오심, 구토, 저혈압	식품 외 급원으로부터 350mg/1일

가 점점 더 흥분되어 근육의 수축을 초래하는데, 이런 상태를 테타니라고 한다. 경미한 테타니의 경우 입술과 손가락, 발가락 등이 얼얼한 느낌이 나며, 더 심한 테타니의 경우 심각한 근육 수축, 발작, 경련, 심지어 사망에까지 이르게 한다. 테타니는 전형적으로 식이 칼슘 부족 때문이 아닌 호르몬 이상으로 생긴다. 칼슘은 또한 혈관벽 근육의 수축을 조절하고 혈압을 조절하는 물질의 분비를 자극하여 혈압을 조절하는 기능도 한다.

3-2. 혈액 내 칼슘 농도의 조절 — 칼슘의 기능은 생존을 위해 없어서는 안 될 중요한 것이기 때문에 정확한 조절 기전에 의해 세포내액과 세포외액의 농도가 일정하게 유지된다. 이러한 항상성은 **부갑상선 호르몬**(PTH)에 의해 조절되는데, 부갑상선 호르몬은 혈중 칼슘량을 증가시키며 **칼시토닌**은 혈중 칼슘량을 감소시킨다[그림 10-5]. 혈액의 칼슘 농도가 낮아지면 PTH가 분비되어 뼈에서의 칼슘 용출을 자극하고 신장에서 칼슘의 배설을 감소시키며 비타민 D를 활성화시킨다. 활성화된 비타민 D는 소화관 내에서 칼슘의 흡수량을 증가시킨다. 이렇게 해서 혈액의 칼슘 농도를 재빨리 증가시키는 것이다. 만약 혈액의 칼슘 농도가 높을 경우에는 PTH의 분비가 정지된다. PTH가 없으면 신장에 의한 칼슘의 배설은 증가하고 비타민 D의 활성화가 감소하여 식이 칼슘의 흡수가 감소되며 뼈로부터 용출되는 칼슘의 양이 줄어든다. 또한 혈액의 칼슘 농도가 높아지면 칼시토닌이 분비된다. 칼시토닌은 뼈에 작용해 칼슘의 용출을 막는다.

부갑상선 호르몬(parathyroid hormone; PTH)…부갑상선에서 분비되며 혈액의 칼슘 농도를 증가시키는 호르몬
칼시토닌(calcitonia)…갑상선에서 분비되며 혈액의 칼슘 농도를 감소시키는 호르몬

4. 칼슘 섭취권장량

칼슘의 영양섭취기준은 칼슘 보유량을 최대로 할 수 있는 양에 맞게 정해졌기 때문에 그 이상으로 칼슘을 섭취해도 체내에 보유되는 칼슘의 양은 증가하지 않는다. 성인은 에스토로겐의 감소, 흡연, 앉아서 생활하는 습관 등으로 인해 골질량이 지속적으로 감소한다. 그러나 이러한 손실은 부족한 칼슘 섭취 때문만은 아니다.

칼슘의 1일 섭취권장량은 성인 남녀 모두 700mg이다. 폐경기 여성의 경우 골다

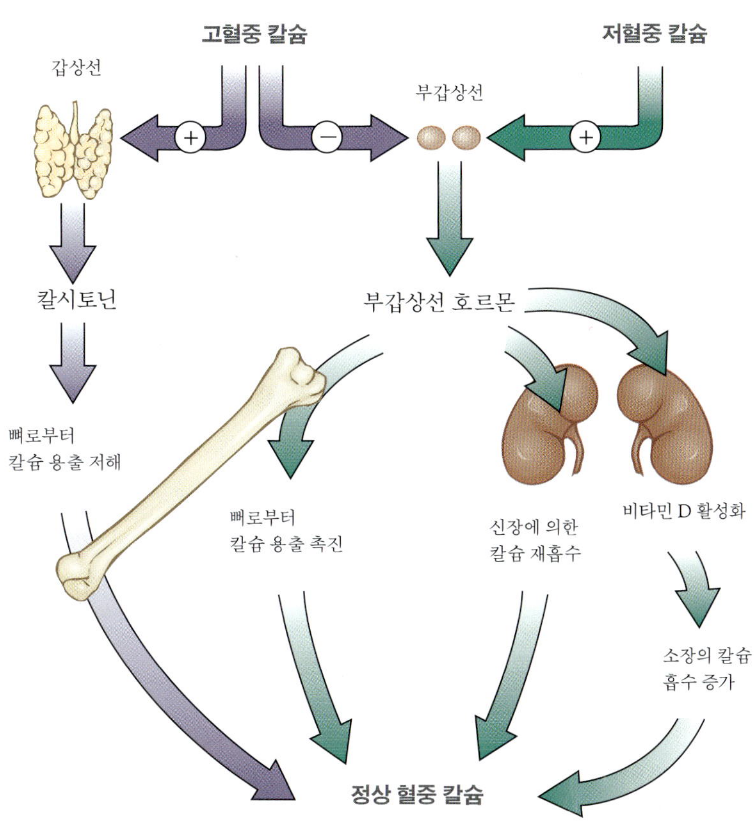

[그림 10-5]…혈액의 칼슘 농도는 부갑상선 호르몬과 칼시토닌에 의해 매우 정확하게 조절된다. 혈중 칼슘 농도가 낮으면 부갑상선 호르몬이 분비되어 뼈에서 칼슘이 용출되고 신장의 칼슘 보유가 증가하여 활성형 비타민 D의 합성을 촉진함으로써 혈중 칼슘 농도를 증가시킨다. 활성형 비타민 D는 소장의 칼슘 섭취를 증가시킨다. 혈중 칼슘 농도가 높으면 부갑상선 호르몬의 분비가 억제되고 칼시토닌의 분비가 자극되는데, 이것은 뼈로부터 칼슘의 용출을 막아 혈중 칼슘 농도가 정상을 회복하도록 한다.

공증 예방을 위해 하루 100mg이 추가된다. 성장이 진행되는 12~19세 청소년의 경우에도 남자는 1,000mg, 여자는 900mg으로 섭취권장량이 증가한다.

영아는 모유로부터 공급받는 칼슘만으로도 잘 자란다. 영아의 칼슘 섭취권장량은 건강한 모유영양아의 평균 칼슘 섭취량을 기준으로 설정하였다. 조제유의 칼슘은 잘 흡수되지 않으므로 조제유를 먹는 아이들의 경우 칼슘이 더 많이 필요하다. 조제유를 먹는 유아들을 위한 정확한 충분 섭취량은 없지만, 조제유는 흡수율이 낮은 것을 감안했을 때 모유보다 칼슘의 함량이 높다.

임신 기간 중 칼슘의 섭취권장량은 태아의 골격에 필요한 칼슘을 공급하기 위해서 1,000mg으로 증가한다. 수유기에도 영아에게 공급해야 할 모유 수유 때문에 칼슘의 요구량이 크게 증가한다. 따라서 모유 수유 기간 중 칼슘 섭취권장량은 성인 여성의 칼슘 섭취권장량보다 400mg이 추가된 1,100mg이다.

5. 칼슘의 결핍증과 독성

칼슘의 섭취가 부족할 때에는 뼈로부터 칼슘이 용출되어 정상적인 혈중 칼슘 농도가 유지된다. 칼슘의 결핍은 단기간에는 증상을 나타내지 않지만, 골질량에 영향을 준다. 골격 형성 기간 중 칼슘 섭취가 부족하면 **최대 골질량**이 감소한다. 성인이 된 후 칼슘 섭취가 부족하면 뼈의 손실이 빨라져 골다공증의 위험이 증가한다.

최대 골질량(peak bone mass)…생애 중 최대의 골밀도로, 주로 젊은 성인기에 최대 골질량에 도달한다.

칼슘을 지나치게 많이 섭취해도 문제를 유발할 수 있다. 혈중 칼슘 농도가 증가하면 식욕 감퇴, 오심, 구토, 변비, 복통, 갈증, 잦은 소변 등의 증상을 유발할 수 있다. 혈중 칼슘 농도가 지나치게 증가하면 혼란, 정신착란, 혼수상태, 심지어 사망까지 이를 수 있다. 혈중 칼슘 농도의 증가는 암이나 부갑상선 호르몬의 분비를 증가시키는 장애가 원인인 경우가 대부분이다.

보충제를 통해 칼슘을 지나치게 많이 섭취하면 신장결석을 유발할 수 있다. 지나친 칼슘 섭취는 철분, 아연, 마그네슘과 인의 생체 이용을 방해할 수도 있다. 이러한 사실에 기초해서, 성인의 칼슘 최대 허용섭취량은 하루 2,500mg으로 결정되었다.

3. 칼슘과 뼈의 건강

인산칼슘복염(hydroxy apatite)…칼슘과 인산으로 이루어진 결정형 화합물로 뼈의 단백질 구조망에 쌓여 뼈에 강도와 경도를 준다.

뼈는 무기질의 침착으로 단단해진 단백질 구조망으로 이루어져 있다. 뼈에 가장 많은 단백질은 콜라겐이다. 뼈의 무기질은 주로 인과 칼슘이 결합한 고체 무기질 결정체인 **인산칼슘복염**으로 이루어져 있다. 뼈에는 칼슘과 인 외에도 마그네슘, 나트륨, 불소와 기타 수많은 미량무기질들이 함유되어 있다. 뼈의 건강을 위해서는 콜라겐을 유지하기 위한 적절한 단백질과 비타민 C를 필요로 하며, 혈중의 칼슘과 인의 농도를 적절히 유지하기 위한 바람직한 비타민 D의 공급, 뼈의 단단함을 유지하기 위한 무기질의 충분한 공급이 필요하다.

치밀골(cortical or compact bone)…주로 뼈의 단단한 겉부분을 구성하는 치밀하고 단단한 뼈
해면골(trabecular or sponge bone)…안쪽의 스펀지 형태의 조직을 형성하고 골수강을 둘러싸고 있으며 치밀골 세포를 지지하고 있는 뼈

뼈에는 두 종류가 있다. 견고하고 단단한 바깥쪽 표피층을 형성하고 있으며 골격의 약 80%를 차지하는 **치밀골**과 치밀골세포를 지탱하며 안쪽에 격자무늬를 형성하고 있는 **해면골**이다[그림 10-6]. 해면골은 기다란 뼈의 혹 모양의 끝쪽과 골반, 손목, 척추, 견갑골과 골수를 덮고 있는 부분의 뼈에 있다.

1. 뼈: 살아 있는 조직

뼈의 재생성 과정(bone remodeling)…성장과 유지를 위해서 뼈가 끊임없이 분해되고 생성되는 과정
조골세포(osteoblast)…뼈의 생성을 담당하는 세포
파골세포(osteoclast)…뼈의 분해를 담당하는 거대 세포

뼈는 재생성 과정을 통해 끊임없이 분해되고 다시 생성되는 살아 있는 조직이다. 뼈는 **조골세포**라고 불리는 세포에 의해 생성되며, **파골세포**라고 하는 세포에 의해 분해된다. 뼈가 생성되는 과정에서는 조골세포의 활성이 파골세포의 활성을 능가하는 반면, 뼈가 분해되는 과정에서는 조골세포가 뼈를 재생성하는 것보다 더 빠른 속도로 파골세포가 뼈를 분해한다.

골격은 대부분 생애주기 초기에 형성된다. 자라나는 아이들의 뼈에서는 뼈의 생성이 분해보다 더 빠르게 일어난다. 골질량은 성장이 정지된 이후에도 16~30세의 젊

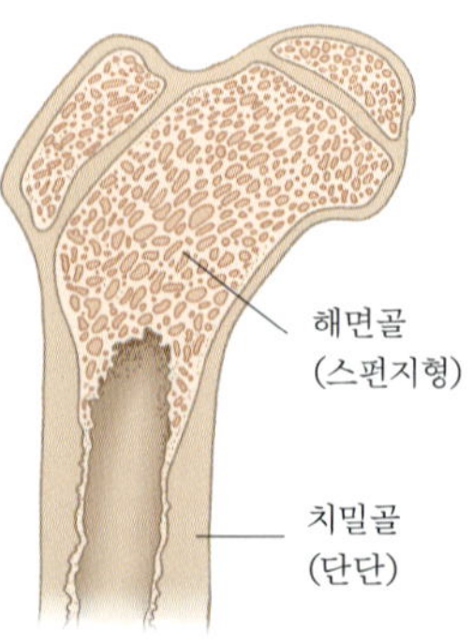

[그림 10-6]…뼈의 바깥쪽 조밀한 층을 형성하고 있는 단단한 뼈를 치밀골이라고 하며 안쪽의 스펀지형 뼈를 해면골이라고 한다.

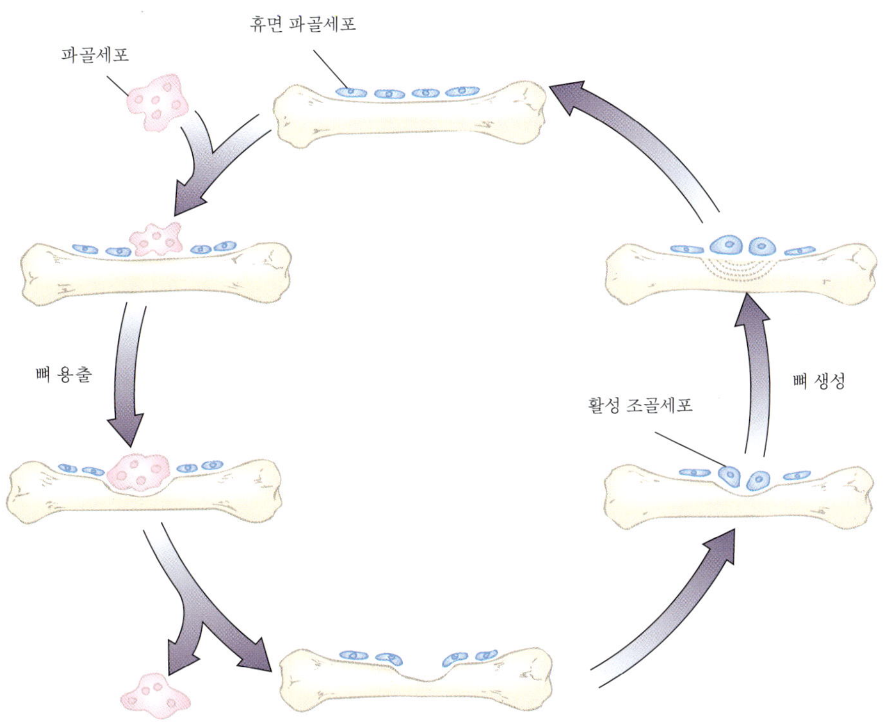

[그림 10-7]… 뼈는 끊임없이 재생성을 한다. 파골세포(분홍색)는 뼈를 용출시키고 조골세포(파란색)는 뼈를 생성한다. 뼈의 용출량과 뼈의 생성량이 같으면 골질량은 변하지 않는다. 뼈는 총 표면의 4% 정도가 재생성 과정을 거치고 있다.

은 성인기까지 계속 증가해 최대 골질량에 도달한다. 뼈의 분해와 생성이 평형을 이루게 되면 골질량은 변하지 않고 유지된다. 35~45세 이후에는 뼈의 분해량이 생성량을 초과하기 시작한다. 뼈가 상당량 손실되면 골격이 약해져 골절이 쉽게 일어나는데, 이것을 골다공증이라고 한다.

2. 골다공증

뼈의 무기질 손실에 의해 일어나는 골다공증은 뼈 무게를 감소시킨다[그림 10-8]. 넓은 표면적을 가진 해면골은 치밀골보다 회전율이 빠르기 때문에 뼈 손실이 더 쉽게 일어난다. 결과적으로 중년기에는 척추나 골반 등 해면골의 함량이 많은 골격에서 골절이 더 쉽게 일어날 수 있다.

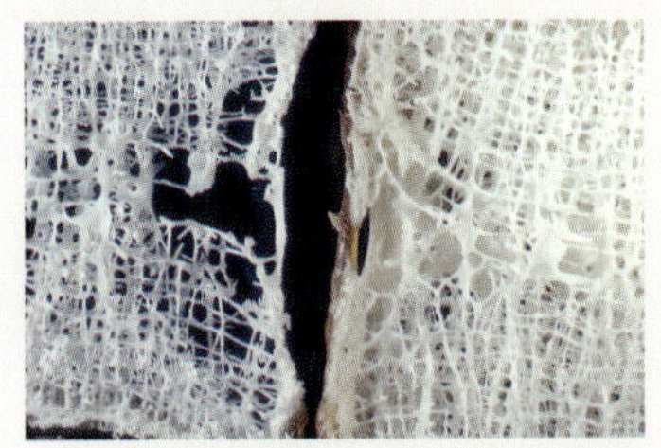

[그림 10-8]… 골다공증은 골밀도를 감소시키고 골절의 위험을 증가시킨다. 오른쪽이 건강한 해면골이며, 왼쪽이 골다공증에 의해 약화된 해면골의 모습이다.

2-1. 골다공증이 건강에 미치는 영향 — 골다공증 초기에는 아무런 증상도 나타나지 않는다. 골다공증이 있는 50~60대의 사람은 뼈가 약해져서 요통이 생기거나 척추와 골반, 손목에 골절이 발생한다. 척추압박골절은 키를 줄어들게 하고 자세를 구부러지게 한다.

2-2. 골다공증 위험에 영향을 미치는 요인 — 골다공증 위험도는 최대 골질량 수준과 뼈가 손실되는 속도에 의존한다. 나이, 유전, 성, 호르몬 수준, 생활습관 등이 골다공증에 영향을 준다[표 10-2].

연령 — 연령이 증가할수록 골다공증의 위험도 증가한다. 뼈의 분해가 뼈의 생성을 능가하는 약 35세부터 골밀도가 점점 낮아지기 때문이다. **연령과 관계된 뼈의 손실**은 남성, 여성 모두에게서 일어나며 뼈는 연간 0.3~0.5% 정도의 비율로 감소한다. 노인들

연령과 관계된 뼈의 손실(age-related bone loss) …연령이 증가함에 따라 남성 여성 모두에게서 나타나는 치밀골과 해면골의 손실

[표 10-2]…골다공증의 위험 요인

일차적 골다공증
성…여성
인종…백인 또는 아시아인
연령…60세 이후 크게 증가
신체의 크기…저체중과 낮은 BMI
병력…골다공증의 가족력, 골절 경험, 폐경이나 다른 요인으로 인한 에스트로겐 감소
생활습관…운동 부족, 흡연, 지나친 알코올 섭취, 칼슘과 비타민 D 섭취 부족
이차적 골다공증(다른 의학적 원인으로 인한 골다공증)
유전질환
테스토스테론 저하, 갑상선 기능 항진, 부갑상선 기능 항진 등 내분비 이상
결합조직 질환
소화계 질환
혈액 이상
만성 신부전, 당뇨, 만성 폐쇄성 폐질환, 울혈성 심부전, 알코올 중독 등 뼈의 대사에 영향을 미치는 기타 질환들
약물, 특히 프레드니손 같은 항경련제

에게서 뼈 손실을 증가시키는 요인으로는 칼슘과 비타민 D 섭취의 감소, 운동의 감소, 신장에서의 비타민 D 활성화 감소, 칼슘 흡수의 감소 등이 있다. 게다가 노인들은 보통 햇빛에 노출되는 시간이 적으며 외출할 때 피부를 감싸는 옷을 많이 입는데, 이로 인해 피부에서 일어나는 비타민 D 합성이 감소되어 칼슘의 흡수가 감소된다.

성(性)과 호르몬 — 골다공증의 영향을 받는 사람 중 약 80%가 여성이다. 여성이 남성보다 골다공증의 위험이 높은 것은 남성들은 최대 골질량 수치가 더 높으며, 여성은 **폐경** 이후 약 5년간 뼈 손실이 증가하기 때문이다[그림 10-9]. 이러한 **폐경 후 뼈의 손실**은 폐경기에 일어나는 에스트로겐 감소와 관계가 있다. 에스트로겐의 감소는 뼈의 분해를 증가시키며, 소장에서의 칼슘 흡수를 감소시킨다. 5~7년의 기간 동안 뼈의 손실은 10배 정도 증가해서 매년 3~5%의 손실이 일어난다. 폐경 후에도 속도는 느리지만 여성은 뼈의 손실이 계속된다.

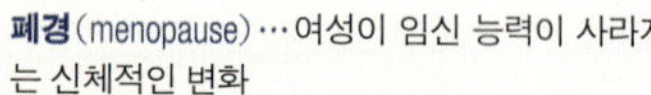

폐경(menopause)…여성이 임신 능력이 사라지는 신체적인 변화

폐경 후 뼈의 손실(postmenopausal bone loss)…에스트로겐 생성이 감소한 후 약 5년 간 여성에게서 일어나는 빠른 뼈의 손실

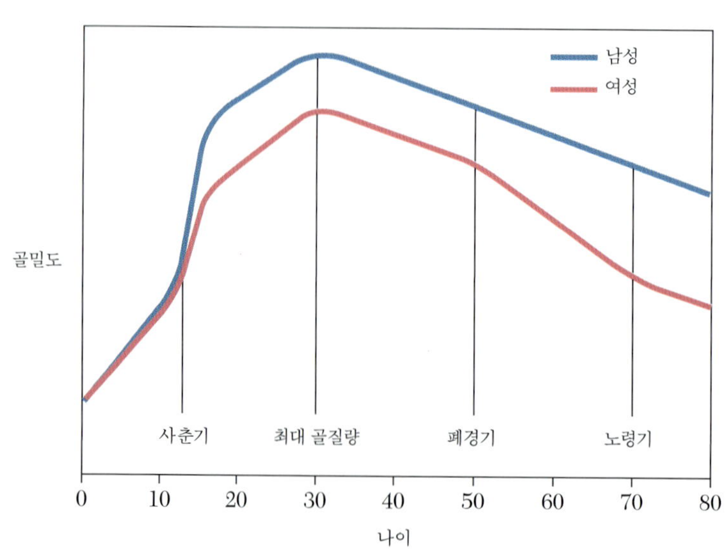

[그림 10-9]…남성은 여성에 비해 뼈의 무기질 함량이 높다. 남자나 여자 모두 35세가 되면 뼈가 손실되기 시작하지만, 여성의 경우 폐경기 동안 뼈의 손실이 가속화된다.

과학의 적용: '우주에서의 뼈 손실'

걷기와 조깅, 웨이트 트레이닝 같은 운동은 뼈에 기계적인 압력을 가해 뼈가 칼슘을 저장하도록 자극한다. 그런데 우주에서는 무중력 상태 때문에 뼈가 이러한 자극을 받을 수 없다. 때문에 장기간의 우주 비행은 골격의 기능에 이상을 초래해 건강을 해칠 수 있다. 우주에서 왜 뼈의 손실이 가속화되는지를 이해하고, 그 예방법을 알아낸다면 골다공증의 위험이 있는 사람들에게도 도움을 줄 수 있을 것이다.

미르 우주정거장에서 운동하고 있는 섀넌 루시드(Shannon Lucid)

우주인이 겪는 뼈의 손실은 골격의 체중 부하 부위, 즉 척추 하부와 골반, 대퇴골 상부에서 가장 심한 것으로 나타났는데, 이 부위들은 바로 골다공증에 의한 골절 위험이 큰 부위들이다. 우주인들이 일단 지구로 돌아오고 나면 칼슘 손실은 느려지지만, 대부분은 6개월이 지나도 골질량이 완벽하게 회복되지 않는다.

우주비행 동안 일어나는 뼈의 손실은 뼈의 용출이 증가하고 장에서의 칼슘 흡수가 감소하기 때문인 것으로 밝혀졌다. 칼슘 흡수의 감소는 비타민 D가 감소하기 때문인데, 이것은 비타민 D 섭취가 부족하고 우주비행 동안 자외선 노출이 부족하기 때문이다.

무중력 상태의 악효과를 상쇄시키기 위해, 우주비행사들은 실내용 자전거나 밧줄 당기기 등 중력의 힘을 자극하는 운동을 한다. 체중부하운동은 뼈의 손실을 어느 정도 막아줄 수는 있지만 우주에서의 뼈의 용출을 막아 주기에는 부족하다. 앞으로의 연구는 적절한 비타민 D와 칼슘을 공급, 비타민 K나 나트륨, 단백질과 같이 뼈의 대사에 영향을 미치는 다른 영양소의 적절한 섭취량 등 영양학적인 해결책을 제시해야 한다. 뼈의 무기질 보유를 위해 영양소 섭취와 운동 패턴을 최상화할 수 있는 방법을 알아낸다면 우주비행사들이 장기간의 우주여행에서 건강을 유지할 수 있을 것이며, 뼈 손실의 위험이 있는 노인이나 누워만 지내는 환자들에게도 도움을 줄 수 있을 것이다.

유전 — 유전적 요인은 뼈의 밀도와 뼈 크기, 뼈의 회전에 중요한 영향을 미친다. 유전적 요인이 골밀도와 골다공증에 미치는 영향은 70%에 이른다. 영양, 운동 수준, 흡연, 알코올 섭취나 생활습관과 같은 요인은 유전적 요인과 상호작용하며 실질적인 골밀도를 결정한다.

흡연과 음주 — 흡연과 알코올 섭취는 모두 골질량을 감소시킬 수 있다. 흡연은 난소 기능과 칼슘 대사에 영향을 주어 뼈 손실과 골다공증의 위험도를 증가시킨다. 흡연은 척추 골절 발생의 위험도를 여성의 경우 13%, 남성의 경우 32% 증가시키며, 골반 골절은 여성의 경우 31%, 남성의 경우 40% 증가시키는 것으로 추정된다. 적당한 음주가 폐경 여성의 골절 위험을 감소시킬 수 있다는 증거가 있지만, 장기간의 지나친 알코올 섭취는 청소년기의 뼈의 성장을 방해할 수 있으며, 성인의 경우 뼈의 회전율에 영향을 주어 뼈의 손실을 일으킬 수 있다.

운동 — 뼈의 건강에는 걷기나 조깅처럼 골격에 체중을 직접적으로 가하는 체중부하운동이 좋다. 이런 기계적 압력은 뼈가 더 단단하고 강해지도록 자극해 골질량을 증가시키기 때문이다. 반대로 척추에 상해를 입었거나 침대에서만 지내야 하는 사람, 우주공간에 있는 우주비행사처럼 체중부하운동을 하지 않는 사람들은 골질량이 빠른 속도로 감소한다(과학의 적용 참조). 체중이 높을수록 골질량도 증가하는데, 체중이 체중

규칙적으로 운동을 하는 운동선수들의 골질량은 보통 평균 이상이다. 그러나 젊은 여성의 경우 운동이 뼈에 주는 긍정적인 영향은 에스트로겐의 수치에 따라 달라진다. 만약 지나친 운동과 비정상적인 식습관 때문에 월경이 정지되었다면 낮은 에스트로겐 수치의 영향은 운동의 긍정적인 영향보다 커서 결국 골밀도가 감소하게 된다.

부하운동의 양을 증가시키기 때문이다. 한 연구에서는 저체중인 여성 노인의 경우 정상 체중인 노인에 비해 뼈의 손실이 상당히 많았다. 게다가 지방 조직은 에스트로겐을 합성하는데, 에스트로겐은 골질량을 유지하는 데 도움을 주며 칼슘의 흡수를 증가시킨다. 따라서 체중이 더 나가거나 지방이 많은 사람의 경우 골다공증의 위험도와 심각성은 낮아진다.

식습관 — 칼슘 섭취의 부족은 골다공증에 가장 큰 영향을 준다. 골밀도를 최대화시키기 위해서는 아동기와 청소년기의 적절한 칼슘 섭취가 중요하다. 뼈 형성 기간 중 칼슘의 섭취가 부족하면 최대 골절량이 낮아진다. 최대 골질량에 도달한 이후 칼슘의 섭취가 부족하면 뼈 손실 속도가 증가하며 이와 함께 골다공증 위험도 증가하게 된다.

그러나 칼슘 섭취만 골다공증에 영양을 주는 것은 아니다. 다른 식이 성분들이 칼슘의 흡수, 소변을 통한 칼슘의 손실, 뼈의 생리에 영향을 줌으로써 골질량과 뼈의 건강에 영향을 주기 때문이다. 비타민 D의 섭취가 부족하면 칼슘 흡수가 감소해 골다공증의 위험이 증가한다. 피틴산, 옥살산과 탄닌이 많은 식품의 섭취도 칼슘 흡수를 감소시킨다. 지나친 나트륨 섭취도 소변을 통한 칼슘 손실을 증가시켜 골다공증의 위험을 증가시킨다. 적절한 단백질 섭취는 뼈의 건강을 위해 필요하지만, 지나친 단백질 섭취는 소변을 통한 칼슘 손실을 증가시킨다. 그러나 단백질이 풍부한 음식은 보통 칼슘 함량이 높고 칼슘의 흡수율도 높기 때문에 골다공증과는 크게 관계가 없다. 골질량은 단백질만의 양보다는 칼슘과 단백질의 비율에 의존한다. 따라서 칼슘의 섭취가 적절하다면 과량의 단백질 섭취는 골질량에 부정적인 영향을 주지 않는다. 과일과 채소에 풍부한 아연, 마그네슘, 칼륨, 섬유소, 비타민 C를 많이 섭취하면 골질량을 증가시킨다.

3. 골다공증의 예방과 치료

골다공증의 가장 좋은 치료법은 골질량을 최대로 높여 골다공증을 예방하는 것이다. 뼈의 칼슘 침착을 최대화하는 것은 특히 아동기와 청소년기에 중요하다. 청소년기에 높은 최대 골질량에 도달한 사람은 이후의 삶에서 뼈 손실을 예방할 수 있다. 또한 체중부하운동, 흡연과 음주의 제한, 칼슘이 충분한 식이 등을 포함한 활동적인 생활습관은 최대 골질량을 높여준다. 일단 골다공증이 생기고 나면 약물치료를 통해 골질량을 회복하고 골절을 예방해야 한다.

3-1. 식이 칼슘의 최대화 — 골다공증의 위험은 칼슘뿐 아니라 비타민 D를 적당히 섭취하는 식습관을 통해 최소화할 수 있다. 인, 단백질, 나트륨의 섭취를 제한하는 것도 도움을 준다. 이러한 기준에 부합하는 식단은 과일, 채소, 통곡을 충분히 섭취하고 저지방 유제품을 적절히 섭취하는 것이다.

유당불내증이 있는 사람들은 유당이 없는 급원을 섭취해 칼슘 필요량을 충족시킬 수 있다. 유당불내증이 심하지 않은 사람은 요구르트나 치즈 같은 발효 유제품을 섭취하면 된다. 유당이 전혀 없는 칼슘 급원으로는 케일, 브로콜리, 겨자잎 같은 짙은 녹색 채소나 칼슘으로 가공한 콩 제품, 뼈째 먹는 생선 등이 있다 [그림 10-10a]. 유당분해 효소인 락타아제 처리를 한 우유(Lactaid milk)를 마시거나 식사와 함께 유당을 소

☀ 라벨 읽기: '칼슘 섭취량 측정'

모든 식품 표시에 있는 영양표시에는 칼슘 함량이 1일 권장량의 백분율로 표기되어 있다. 식품에 들어 있는 칼슘의 양을 계산하기 위해서는 1일 권장량 퍼센트에 700mg(칼슘의 1일 기준치)을 곱하면 된다. 예를 들어, 아침식사용 시리얼 1회 분량이 칼슘 1일 기준치의 25%를 제공한다고 가정했을 때, 25%에 700mg을 곱하면 시리얼 1회 분량에는 칼슘이 175mg 함유되어 있다는 것을 알 수 있다.

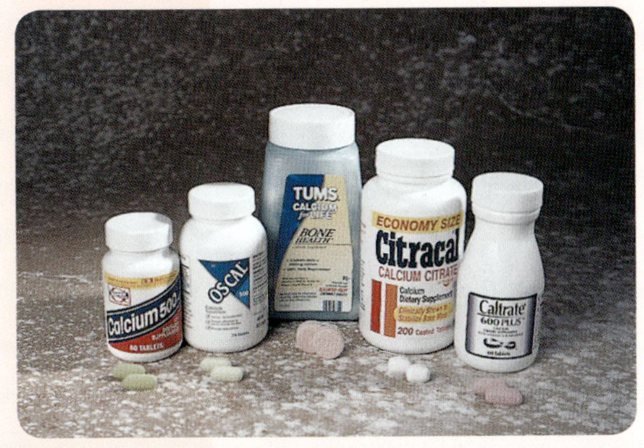

만약 식품으로부터 섭취하는 칼슘의 양이 부족하다면, 보충제로 칼슘 섭취를 늘릴 수 있다. 보충제를 통해 충분한 양의 칼슘을 섭취하려면 칼슘제나 비타민 D가 함유된 칼슘제를 선택하는 것이 좋다. 비타민 D는 칼슘의 흡수를 돕는다.

어떤 형태의 칼슘이 사용되었는지도 중요하다. 탄산칼슘은 우유에 들어 있는 칼슘과 흡수율이 비슷하며, 구연산 칼슘, 글루콘산 칼슘, 젖산 칼슘, 구연산 말산 칼슘, 인산 칼슘 등은 다른 식품에 들어 있는 칼슘과 흡수율이 비슷하다. 골분, 산호 칼슘, 가루낸 뼈, 백운석(석회석)과 굴껍질 같은 것으로 만든 칼슘은 피해야 하는데, 이런 것들에는 일상적인 복용 시 위험한 오염물질들이 많이 들어 있기 때문이다.

충분한 양의 칼슘을 섭취하고 있는지를 알아보려면 섭취하는 음식, 보충제, 약 등에 있는 표기사항을 확인할 필요가 있다. 그리고 칼슘의 형태를 고려해 보고 다른 영양소나 오염물질이 지나치게 많이 들어 있지는 않은지 살펴보아야 한다. 아마도 우유를 한 잔 더 마시는 것이 간단한 칼슘 섭취 방법일 것이다.

화시키는 락타아제 알약을 함께 먹는 것도 유당불내증을 가진 사람들의 칼슘 섭취에 도움을 준다. 칼슘을 강화한 아침식사용 시리얼이나 주스 또는 칼슘 보충제 역시 유당 없이 칼슘을 공급해 준다[그림 10-10] ('식품라벨에서 정보 얻기: 칼슘 섭취량 측정' 참조).

3-2. 칼슘 보충제 — 음식만으로 칼슘의 필요량을 충족할 수 없는 사람들은 칼슘 보충제로 칼슘을 섭취할 수 있다. 젊은 사람들에게 칼슘 보충제를 공급하면 최대 골질량을 높일 수 있다. 폐경 이후 여성에게 칼슘을 보충하면 골질량을 증가시킬 수 있으며, 뼈

ⓐ

ⓑ

[그림 10-10]··· ⓐ 유제품은 칼슘의 좋은 급원이지만, 뼈째 먹는 생선, 녹색 채소와 두류는 좋은 급원이면서 유당은 함유하고 있지 않다.
ⓑ 유제품을 피해야 할 사람들은 다양한 칼슘 강화식품을 섭취할 수 있다.

골절률을 약 50% 감소시킨다. 칼슘과 비타민 D의 처방은 뼈 손실을 예방하고 골밀도를 증가시키며 뼈 골절 횟수를 감소시키는 것으로 알려졌다. 칼슘은 많은 양(400mg 이상)을 한꺼번에 섭취하면 흡수율이 감소하므로, 적은 양의 칼슘 보충제(1회에 500mg 이하)를 하루에 2번 섭취하는 것이 좋다. 보충제와 함께 무엇을 먹는지도 칼슘뿐 아니라 다른 무기질의 생체이용률에 영향을 준다. 장 통과 시간이 긴 지방뿐 아니라 산성 식품이나 유당은 칼슘의 흡수를 증가시키는 반면, 옥살산, 피틴산과 섬유소는 칼슘의 흡수를 방해한다.

3-3. 골다공증의 약물치료 — 골다공증 치료에는 호르몬과 비스포스포네이트(bisphosphonate)라고 알려진 약물이 이용된다. 폐경기 동안 손실된 에스트로겐과 프로게스테론의 보충(호르몬 대체 요법)은 뼈 손실을 감소시키고 손실된 뼈의 일부를 되돌려 주는데, 이 치료법에는 위험이 따르며 개인이 갖고 있는 다른 질병도 고려해야 한다. 뼈의 용출을 막는 역할을 하는 호르몬인 칼시토닌을 주사나 코 스프레이로 처방하면 뼈의 손실을 감소시킬 수 있으며, 이런 효과는 칼슘 보충에 의해 더 상승된다. 비스포스토네이트는 뼈의 표면에 결합해 파골세포의 활성을 저해시킨다. 운동 역시 골다공증을 치료하는 데 도움이 된다.

호르몬 대체요법은 골다공증을 예방하는 효과는 있지만, 심장질환, 혈액 응고, 뇌졸중, 유방암, 기억력과 사고력 감퇴 등의 위험을 증가시킬 수 있다.

4. 인 (phosphorus)

인은 성인의 인체에서 체중의 1% 정도를 차지하고 있으며, 그중 85%가 뼈와 치아에 존재한다. 인은 연조직의 구조적 기능과 조절 기능 모두를 행하고 있다. 인은 대부분 산소와 결합된 인산의 형태로 존재한다[그림 10-11].

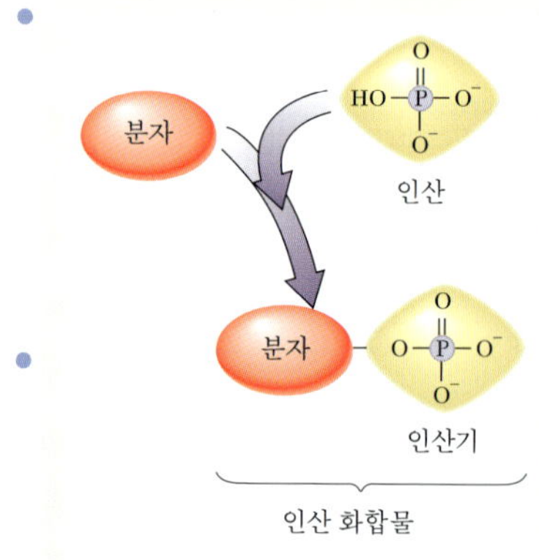

[그림 10-11]… 인산은 인과 산소가 결합된 형태이다. 인산은 인산기의 형태로 다른 분자와 결합할 수 있다. 인산 화합물은 인체에서 매우 중요하다.

1. 식사에서의 인

인은 칼슘보다 식품 중에 더 폭넓게 존재한다. 칼슘과 마찬가지로 우유, 요구르트, 치즈 같은 유제품에 들어 있지만 육류, 곡류, 달걀, 견과류와 생선도 좋은 급원이다. 빵과 과자, 치즈, 가공 육류와 청량음료 등에 사용되는 식품 첨가제 또한 인의 공급원이다.

2. 소화관 내에서의 인

인은 칼슘보다 쉽게 흡수되며 흡수율은 보통 60~70% 정도이다. 인은 섭취량에 따라 흡수율이 달라지지는 않는다. 비타민 D는 인의 흡수를 돕지만, 대부분의 흡수는 비타민 D에 의존하지 않는다. 따라서 비타민 D가 부족할 때도 흡수량이 감소하기는 하지만 인은 여전히 흡수된다.

3. 체내에서의 인

인은 구조적 또는 조절적 기능을 하는 수많은 물질들의 중요한 구성 성분이다[표 10-1]. 인은 칼슘과 함께 수산화인회석 결정(hydroxyapatite crystal)을 형성해 뼈를

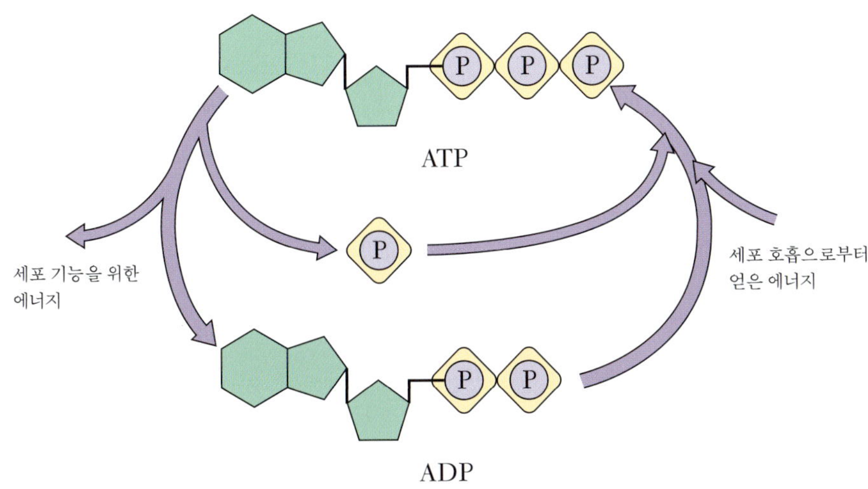

[그림 10-12]…ATP의 두 번째, 세 번째 인산기 사이의 고에너지 결합이 분해되면 세포에 사용될 수 있는 에너지가 방출된다. 이렇게 해서 형성된 ADP는 세포호흡의 전자전달계에 의해 얻은 에너지를 이용해 인산기를 결합시킴으로써 다시 ATP로 전환될 수 있다.

단단하게 해준다. 인은 세포막의 구조를 형성하고 있는 인지질의 수용성 말단기를 구성하고 있다. 또한 유전물질인 DNA와 RNA의 주요 구성 성분이며, ATP의 고에너지 결합이 인산기 사이에 형성[그림 10-12]되기 때문에 에너지 생성과 저장에 필수적이다. 인은 또한 운동 근육에 에너지를 제공하는 크레아틴인산을 포함해 다른 고에너지 화합물들의 구성 성분이기도 하다. 인을 함유한 물질은 호르몬 작용이나 다른 대사 활성을 중재하기 위해 세포 내부로 신호를 전달하는 데에도 중요하다. 인은 효소 조절에도 관여하는데, 이것은 인산기의 첨가로 특정 효소가 활성화 또는 불활성화될 수 있기 때문이다.

신장질환 환자들은 침대에서 구르는 것만으로도 갈비뼈가 부러진다고 알려져 왔다. 이것은 인을 정상적으로 배출하지 못하기 때문에 혈중 인의 농도가 증가하고 뼈의 칼슘 손실이 많아져서 뼈가 약해지기 때문이다. 많은 신장질환 환자들은 혈중 인의 농도가 상승하는 것을 막기 위해 식사와 함께 인결합제를 복용한다.

혈중 인의 농도는 칼슘처럼 엄격하게 조절되지는 않지만, 뼈의 석회화를 위해 칼슘과의 비율이 유지되도록 조절된다. 혈중 인의 농도가 낮을 때에는 활성형 비타민 D가 합성된다. 이것은 장에서 인과 칼슘 모두의 흡수를 증가시키고 뼈로부터의 용출을 증가시킨다. 혈중 인의 상승은 간접적으로 PTH 분비를 자극하여 인의 배출과 신장에서의 칼슘의 보유뿐만 아니라 뼈로부터의 칼슘 유출을 초래한다. PTH가 분비되지 않으면 신장은 인을 배출하지 않지만 칼슘은 배출한다.

4. 인 섭취권장량

인의 섭취권장량은 20세 이상 성인 남녀의 경우 하루 700mg이며, 이것은 정상적인 혈중 인 농도를 유지하기 위해 필요한 양이다. 흡수나 소변을 통한 손실은 연령에 따라 크게 변하지 않기 때문에 노인의 섭취권장량은 변하지 않는다.

성장 중인 아동기나 청소년의 인 영양섭취기준은 뼈와 연조직 성장에 필요한 양을 충족시키기 위한 인의 평균 필요량에 기초를 두고 있다. 인의 필요량이 임신 기간 동안 증가한다는 증거는 없지만, 장에서의 흡수는 약 10% 정도 증가하며, 이것은 모체나 태아에게 추가적으로 필요한 인을 공급하기에 충분하다. 모유를 수유하는 동안에는 섭취권장량은 증가하지 않는데, 이것은 모유에 함유되어 있는 인은 식사를 통한 인이나 칼슘의 섭취와는 별개로 뼈 용출의 증가와 소변으로의 배출의 감소에 의해 공급되기 때문이다.

5. 인 결핍증

인의 결핍은 뼈의 손실, 체력 약화, 식욕 저하 등을 일으킬 수 있다. 인은 식품에 매우 광범위하게 들어 있기 때문에 건강한 사람들에게는 인의 결핍이 매우 드물다. 인의 한계상태 결핍은 미숙아, 완전 채식주의자, 알코올 중독자, 노인층에서 흔히 일어난다. 한계상태 결핍증은 만성 설사나 인의 흡수를 막는, 알루미늄을 포함한 제산제의 과용이 원인인 경우가 많다.

6. 인의 독성

지나친 인의 섭취로 인한 독성은 건강한 성인에게서는 드물지만, 인의 지나친 섭취는 뼈의 용출을 유발할 수 있다. 인을 포함하는 식품 첨가물의 과다 사용은 뼈의 건강에 영향을 미친다. 그러나 한 연구 결과에 의하면 인의 섭취가 하루 800mg에서 1,600mg으로 두 배로 증가했을 때도 뼈의 용출은 증가하지 않았다. 따라서 인의 섭취는 칼슘의 섭취가 적절하다면 뼈의 건강에는 영향을 미치지 않는 것으로 생각되고 있다. 인의 최대 허용섭취량은 20~74세 성인들의 경우 하루 3.5g이다.

5. 마그네슘 (magnesium)

성인의 몸에는 약 25g의 마그네슘이 들어 있다. 마그네슘은 칼슘, 나트륨과 칼륨의 대사에 영향을 주는 무기질이다.

1. 식사에서의 마그네슘

마그네슘은 엽록소의 구성 성분으로서 시금치나 케일 같은 녹색 채소에 들어 있다. 견과류, 종실류, 바나나, 통곡의 배아와 겨도 좋은 급원이다. 반면, 대부분의 가공식품에는 마그네슘이 충분히 들어 있지 않다. 예를 들어, 통밀가루 한 컵에는 166mg의 마그네슘이 들어 있는 반면, 밀알에서 배아와 겨를 제거한 밀가루 한 컵에는 고작 28mg의 마그네슘이 들어 있다. 경수가 나오는 지역에서는 수돗물이 상당한 양의 마그네슘을 공급해 준다.

2. 소화관 내에서의 마그네슘

섭취한 마그네슘 중 약 50%가 흡수되는데, 섭취량이 증가함에 따라 그 비율은 감소한다. 활성형 비타민 D는 마그네슘 흡수를 소량 증가시키며, 피틴산은 흡수를 감소시킨다. 칼슘 섭취량이 증가하면 마그네슘의 흡수는 감소하기 때문에 칼슘 보충제를 복용하면 마그네슘의 흡수가 감소될 수 있다.

3. 체내에서의 마그네슘

인체에 포함되어 있는 마그네슘의 50~60%는 뼈에 들어 있는데, 마그네슘은 뼈의 구조를 유지하는 데 필수적이다. 나머지 마그네슘의 대부분은 세포 안에 존재하는데, 세

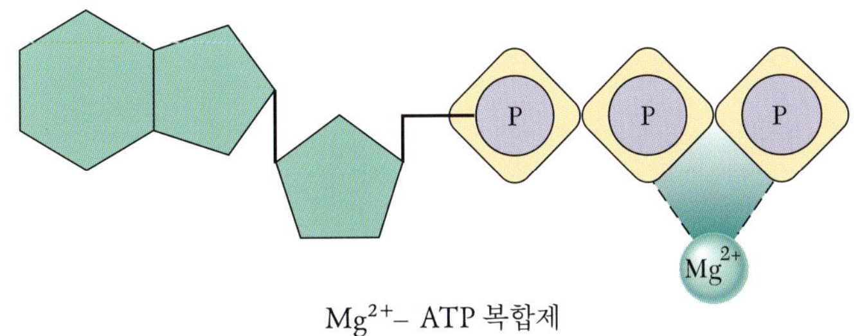

[그림 10-13]···ATP에 마그네슘이 첨가되면 마그네슘-ATP 복합제를 형성하여 구조가 안정화된다.

포 내의 양전하 중 칼륨 다음으로 두 번째로 양이 많다. 마그네슘은 ATP 같은 인산 함유 분자에서 음전하와 결합하고 있다[그림 10-13]. 마그네슘은 칼슘의 항상성 조절에도 관여하며, 비타민 D의 작용과 PTH를 비롯한 호르몬의 작용을 위해서도 필요하다.

마그네슘은 300개가 넘는 효소의 보조인자로, 탄수화물, 지질, 단백질로부터 에너지를 생성하는 데 필요하다[표 10-1]. 이런 반응들에서 마그네슘은 ATP 안정제로서 간접적으로 관여하거나, 효소활성제로서 직접적으로 관여한다. 마그네슘은 세포막 사이의 나트륨과 칼륨의 능동수송을 책임지고 있는 나트륨-칼륨-ATPase 펌프의 작용에도 필요하다. 따라서 마그네슘은 세포막 안팎의 전압 유지와 심장을 포함해 신경과 근육의 기능 유지에 필수적이다. 또한 DNA와 RNA의 합성과 단백질 합성에도 필요하다.

신장은 혈중 마그네슘 농도를 정확하게 조절하고 있다. 마그네슘 섭취가 낮을 때는 소변에서의 배출이 감소하며, 섭취가 증가하면 소변으로의 배출이 증가해 정상적인 혈액 농도를 유지한다. 이런 효율적인 조절 덕분에 섭취량의 차이가 크더라도 항상성을 유지하게 된다.

4. 마그네슘 섭취권장량

젊은 남성의 하루 마그네슘 섭취권장량은 340mg이며 여성은 280mg이다. 이 수치는 인체의 총 마그네슘 평형 유지에 기초한 것이다. 마그네슘 섭취권장량은 30세 이상 남성에서는 약간 높다. 통곡 시리얼과 시금치 또는 두류의 1회 분량에는 약 100mg의 마그네슘이 함유되어 있다.

임신기에는 제지방량(lean body mass)의 증가 때문에 섭취권장량이 하루 40mg 증가한다. 수유기에는 권장량이 증가하지 않는데, 뼈가 용출되어 마그네슘이 공급되며 소변으로의 배출도 감소하기 때문이다. 영아를 위한 적정 섭취량은 모유의 마그네슘 함량에 기초해 설정하였다.

5. 마그네슘 결핍증

마그네슘 결핍은 알코올 중독, 영양 불량, 신장질환, 소화관질환을 가진 사람이나 소변을 통한 마그네슘 손실을 증가시키는 이뇨제를 사용하는 사람들에게 일어난다. 결핍 증상은 구토, 근육 약화, 경련, 흥분, 정신착란, 혈압과 심장박동의 변화 등이 있다. 혈액의 마그네슘 농도가 낮아지면 혈중 칼슘과 칼륨 농도에 영향을 준다. 따라서 이러한 다른 무기질들의 수치 변화로 결핍 증상이 나타나기도 한다.

마그네슘 섭취의 부족은 골다공증을 포함해 수많은 만성질환과 관련이 있다. 마그네슘 섭취가 높은 식습관은 혈압을 낮추는 데 도움이 되며 동맥경화의 위험을 낮추어 준다. 칼슘과 마그네슘 함량이 높은 경수가 공급되는 지역에서는 심혈관계 질환에 의한 사망률이 낮은 경향이 있다.

6. 마그네슘 독성과 보충제

음식을 통한 마그네슘 섭취는 부작용을 일으키지 않지만, 마그네슘을 함유한 약물이나 보충제 같이 농축된 급원으로부터는 독성이 일어날 수 있다. 독성은 마그네슘을 함유한 완하제나 수산화마그네슘 같은 제산제를 자주 복용한 고령의 환자에게서 신장 기능 장애의 형태로 보고되고 있다. 마그네슘의 독성은 오심, 구토, 저혈압, 심혈관 변화가 특징이다. 성인과 9세 이상의 청소년의 마그네슘 최대 허용섭취량은 비식품 마그네슘 급원으로 350mg이다.

사례연구후기

H씨의 골반 골절은 그녀의 과거를 생각해 보면 놀랄 만한 일이 아니다. H씨는 운동을 많이 하지도 않았고 칼슘을 많이 섭취하지도 않는 체구가 작은 여성이다. 이러한 요인 모두가 최대 골질량을 낮게 만든 것이다. 게다가 폐경이 된 지 오래되었으므로 뼈가 생성되는 것보다 손실되는 속도가 훨씬 빠르다. 이 때문에 뼈가 너무 약해져서 횡단보도 아래로 발을 내딛는 충격에도 골반뼈가 부러진 것이다. H씨가 만약 정기적인 검진을 받았다면, 의사는 위험을 알아차렸을 것이고 미리 치료를 시작하여 골반 골절을 막을 수 있었을 것이다. H씨는 골반뼈가 부러진 이후 재활 기구를 한 채 4개월을 지내야 했다. 그러나 운이 좋아서 예전의 삶으로 돌아갈 수 있었다. 1년이 지난 지금 H씨는 약물과 칼슘, 비타민 D 보충을 통해 치료를 계속하고 있다. 움직일 수 있게 되면서 H씨는 매일 걷는 양을 30분으로 늘리기 위해 노력하고 있다. 감사하게도 그녀는 자신의 집에서 첫 손자의 생일을 축하할 수 있었다.

연습문제

1 다량무기질과 미량무기질의 차이를 설명하시오.

2 무기질의 생리활성도에 영향을 주는 네 가지 요인을 설명하시오.

3 뼈와 치아에서 칼슘의 기능은 무엇인가?

4 체액에서 칼슘의 역할은 무엇인가?

5 혈액의 칼슘 농도가 지나치게 감소했을 때 정상수치를 유지하기 위해 무슨 일이 일어나는가? 지나치게 높아졌을 때에는?

6 뼈의 재생성 과정이란 무엇인가?

7 생애주기에 걸쳐 뼈의 생성과 분해 속도는 어떻게 변화하는가?

8 골질량 최대치는 골다공증의 위험에 어떻게 영향을 주는가?

9 칼슘의 섭취는 골다공증과 어떤 관계가 있는가?

10 칼슘 섭취 외에 골다공증의 위험을 증가시키는 요인은 무엇인가?

11 유당불내증이 있는 사람들이 먹을 수 있는 식이 칼슘 급원에는 무엇이 있는가?

12 인의 급원식품의 예를 몇 가지 드시오.

13 인체에서 인의 기능은 무엇인가?

14 마그네슘의 급원식품의 예를 몇 가지 드시오.

15 인체에서 마그네슘의 기능은 무엇인가?

사례연구

N양(여, 16세)은 인도의 시골에 산다. 수 세대 동안 그녀의 가족은 갠지스 강 평야지대에서 농사를 짓고 살아왔다. 그들은 생계수단으로 농사를 지었으며 주로 그들이 농사 지은 작물을 먹었다. N양의 식사는 거의 모두 집에서 기른 것으로서 곡류, 두류, 채소로 만든 음식이었다. 전형적인 식사는 납작하게 생긴 모양의 튀긴 빵 차파티, 콩으로 만든 달, 감자와 콜리플라워, 요구르트로 이루어져 있다. 최근 N양은 항상 피곤하였고 목에 작은 혹이 만져졌으며 점점 커지는 것을 느꼈다. 병원에서는 그녀가 자주 피로를 느끼고 목에 혹이 있는 것이 요오드 결핍 때문인 것으로 진단하였다. 그녀는 요오드 주사를 맞고 곧 활기를 되찾았으며 목에 있던 혹도 사라졌다.

그렇다면 건강하고 영양적으로 문제 없는 어린아이가 어떻게 영양소 결핍 현상이 나타날 수 있는가? 요오드의 필요량은 하루 약 150㎍의 소량임에도 불구하고, N양의 동네뿐 아니라 인도 전역에서 요오드 결핍증이 문제가 되고 있다. 이는 수 세기 동안 갠지스 강에 반복되는 범람으로 인해 토양에서 요오드가 씻겨나갔기 때문이다. 그래서 이 땅에서 자란 식물은 요오드의 함량이 낮으며, 그 지역에서만 나는 작물을 먹으면 필수무기질의 필요량을 제공하지 못하기 때문에 치료하지 않고 방치하면 N양의 증상은 더욱 악화될 것이다. 그녀가 임신한다면, 그녀의 아기는 임신 기간 중 요오드의 결핍으로 인해 성장이 지연될 수 있다. 요오드 결핍증을 막는 유일한 방법은 요오드가 더 많이 함유된 음식을 포함하는 식사로 바꾸는 것이다. 그러나 N양의 경우 그 지역에서 나는 식품 모두 요오드가 결핍되어 있으므로 이 방법이 실제적이지 못하다. 그러므로 N양 가족의 대안은 소금에 요오드가 더하여진 요오드 강화소금을 이용하는 것이다.

제 11 장 미량무기질

학습목표

1 철의 주 기능과 철분 결핍 및 독성에 대한 생리적 효과를 묘사할 수 있다.
2 체내에서 얼마만큼의 철이 대사(조절)되는지 설명할 수 있다.
3 왜 구리 결핍이 빈혈을 이끄는지 설명할 수 있다.
4 유전자 발현에서 아연의 역할을 논의할 수 있다.
5 얼마나 많은 아연 섭취량이 구리의 흡수에 영향을 미치는지 설명할 수 있다.
6 망간, 구리, 아연의 항산화 기능을 논의할 수 있다.
7 셀레늄과 비타민 E의 항산화 기능을 비교할 수 있다.
8 요오드의 기능을 토의할 수 있다.
9 요오드 결핍증이 갑상선을 왜 비대하게 만드는지 설명할 수 있다.
10 혈당과 크롬의 관계를 설명할 수 있다.
11 치아 건강을 유지하는 데 있어서의 불소의 역할을 논의할 수 있다.

1. 현대 식사에서의 미량무기질

미량무기질, 즉 철분, 아연, 구리, 망간, 셀레늄, 요오드, 불소, 크롬, 몰리브덴, 그 밖의 미량무기질은 하루 100mg 이하가 필요하거나 체중의 0.01% 이하로 체내 존재한다. 미량무기질도 다량무기질과 같이 다양하면서도 체내에서 구조적 그리고 조절적 역할을 한다. 이들의 기능은 특이하다. 요오드는 갑상선 호르몬을 만드는 데 필요하며, 철분은 체내 세포에 산소를 운반하는 데 필요하고, 불소는 강한 치아를 위해 필요하다. 그 밖의 무기질은 유사하거나 상호보완적이며, 셀레늄, 구리, 아연, 철분, 망간은 항산화시스템에서 보조인자의 역할을 한다. 미량영양소가 식사 중 소량 존재하기 때문에 연구하기에 어려운 점이 많다. 무기질의 필요량은 해당 영양소가 결핍된 식이를 조절하는 것으로써 평가된다. 그러나 미량무기질 필요량이 너무나 적기 때문에 환경으로부터 오염이나 이미 체내 존재하고 있는 것이 실험 결과를 애매하게 만들 수 있다. 미량무기질은 극히 소량만이 우리의 식사에 들어 있기 때문에 생체이용률 또한 고려되어야 한다. 피틴산, 탄닌, 옥살산, 섬유소는 무기질과 결합하여 무기질의 흡수를 저하시킨다. 예를 들면, 식사에 미발효 곡류의 양이 많으면 함유된 피틴산이 아연의 흡수를 저하시킬 만큼 높을 수 있고, 이것이 아연의 결핍을 초래할 수 있다. 미량무기질의 흡수와 이용에 영향을 미칠 수 있는 무기질 상호작용은 미량무기질의 상태에 더 큰 영향을 미친다. 예를 들어, 구리의 결핍은 혈장 철분 운반 단백질과 결합하는 철분의 양을 낮추어 철분의 이용을 감소시킨다. 식품 중 미량무기질 함량을 측정하는 것은 어려

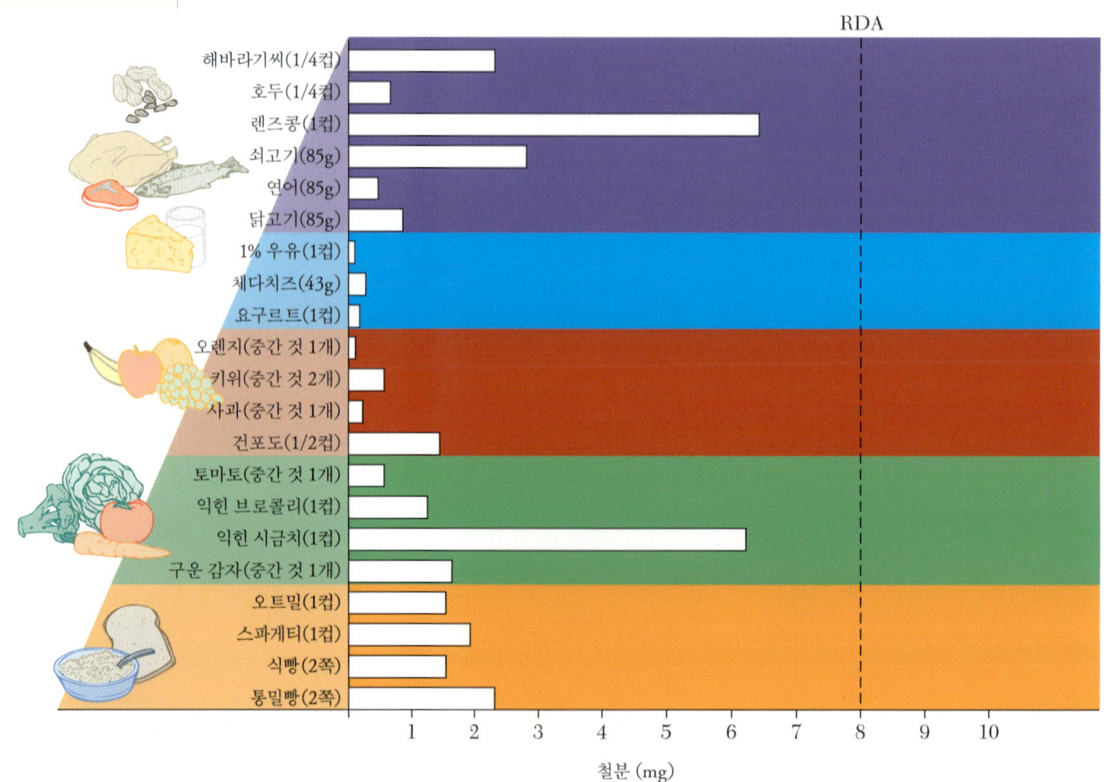

[그림 11-1]…식품 구성탑의 각 식품군의 철분의 함량. 점선은 성인 남자와 폐경기 여성의 RDA이다. 식물성과 동물성 식품 모두 철분의 좋은 급원이지만 동물성 식품의 철분은 쉽게 흡수된다.

우며, 일부 미량무기질은 그 식품이 자라는 지역의 토양에 의해 영향을 받아 함량이 지역마다 다르다. 예를 들어, 어떤 지역에서 자란 밀로 만든 빵의 셀레늄의 양은 다른 지역의 밀로 만든 빵의 셀레늄의 양과 다르다. 다른 많은 곳에서 자란 작물로 식품을 제조하는 것이 현대 수송시스템에 의해 가능하므로, 이러한 차이는 미량무기질의 상태에 크게 영향을 미치지 않는다. 그러나 그 지역에서 자라는 식품만으로 이루어진 식사를 하는 나라에서는 개인의 미량영양소가 결핍되거나 초과되기 쉽다.

2. 철분 Iron (Fe)

철분은 이미 18세기에 피의 주요 성분으로 생각되었다. 1832년, 철분 알약이 피에 부족한 'coloring matter'로서 작용하므로 젊은 여성을 치료하는 데 사용되었다. 오늘날, 우리는 피의 붉은색이 철분을 함유하고 있는 단백질인 헤모글로빈 때문이라는 것과 철의 결핍이 헤모글로빈의 생산을 저하시킨다는 것을 알고 있다. 철분이 미량영양소 중 가장 이해가 잘 된 영양소임에도 불구하고, 철분 결핍은 전 세계에서 가장 흔하게 나타나며 미국의 여러 인구 집단에서도 문제가 되고 있다.

1. 식사에서의 철분

철분의 급원은 동물성과 식물성 식품 모두이다[그림 11-1]. 동물성 급원의 철분 **헴철**이며, 이는 혈액의 헤모글로빈과 근육의 **미오글로빈**의 구성 물질이다[그림 11-2]. 육류, 조류, 생선은 헴철의 좋은 급원이다. 헴철은 선진국의 경우 식사의 10~15% 정도를 차지한다. 엽채류, 두류, 통곡류 혹은 강화곡류는 **비헴철** 급원이다. 식사에 있어서, 다른 비헴철의 급원은 조리기구의 철분이 녹아 나온 것이다. 녹아 나오는 정도는 식품의 산성 정도에 따라 더 높아진다. 예를 들어, 유리팬에 스파게티소스 85g을 조리하면 철분의 양이 0.6mg인데 비해, 철냄비에 조리하게 되면 조리시간에 따라 다르지만 철분의 양은 5.7mg이 된다.

헴철(heme iron)…쉽게 흡수되는 철분의 형태로 동물성 식품에 많다. 헤모글로빈과 미오글로빈에 잘 결합한다.
미오글로빈(myoglobin)…근육에 있는 철분 함유 단백질이며 운반된 산소를 취한다.

비헴철(nonheme iron)…흡수가 잘 되지 않는 철분의 형태로 동물성과 식물성 식품 모두에 있으며 헤모글로빈과 미오글로빈에 결합되지 못한다.

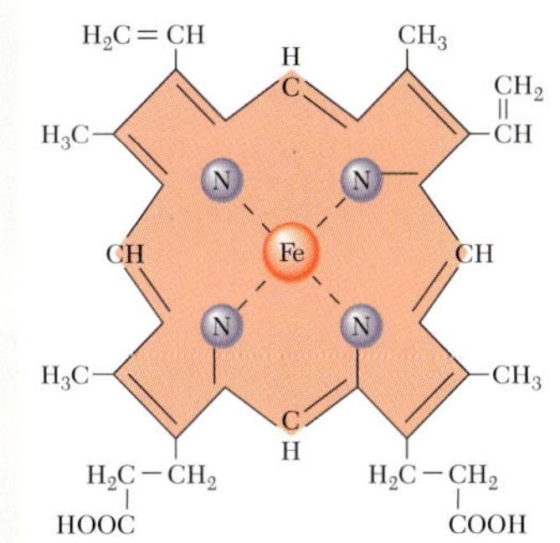

[그림 11-2]…헴 이온은 헴그룹의 구성 성분이다. 질소를 포함하는 오각형의 고리구조 4개로 이루어져 있고, 중앙에 철 이온이 있다. 헤모글로빈과 미오글로빈에 있는 철 이온은 Fe^{2+}이다.

2. 소화관 내에서의 철분

식사로 섭취된 철분은 소장 점막세포에서 흡수된다. 흡수되는 양은 헴철인지 비헴철인지에 따라 다르며, 식사의 성분 중 철분의 흡수를 향상시키거나 저해시키는 인자에 의해 달라진다. 헴철은 비헴철보다 효율적으로 흡수된다. 헴단백질을 함유하는 식품을 함께 먹으면 철분을 포함하는 헴그룹이 단백질 가수분해 효소에 의해 보다 쉽게 분리된다. 헴은 점막세포 표면의 수용체에 결합하여 세포로 들어갈 수 있게 되는데, 이때 헴그룹에서 철분이 분리된다[그림 11-3]. 헴철 흡수는 비헴철의 흡수에 영향을 미치는 식사 요인에 영향을 받지 않는다. 비헴철이 함유되어 있는 식사를 하게 되면, 위산이 3가 철(ferric, Fe^{3+})을 2가 철(ferrous, Fe^{2+}) 상태로 전환시킨다. 2가 철은 소장으로 들어갈 때 수용성이어서 점막세포로 보다 쉽게 들어간다. 비헴철을 함유하는 식품을 비타민 C, 구연산, 젖산과 같은 산을 포함하는 식품과 함께 먹었을 때, 흡수는 더욱 향상되는데 이는 산이 2가 철 상태로 유지시켜 주기 때문이다. 이들 산 중 비타민 C의 효과가 가장 좋은데, 비타민 C는 철이 보다 흡수가 잘 되는 형태로 유지시켜 주고 철과 복합제를 형성하여 더 잘 녹고 더 잘 이용되도록 하며 비헴철의 흡수를 6배까지 증가시킨다. 비헴철의 흡수를 돕는 다른 식사 급원은 쇠고기, 생선, 닭고기와 같은 육류이다. 칠리 한 냄비에 들어 있는 소량의 쇠고기는 콩의 비헴철의 체내 흡수를 향상시킨다. 비헴철의 흡수를 방해하는 식사 요인은 섬유소, 곡류의 피틴산, 차의 탄닌, 시금치와 같은 푸른 잎 채소에 많은 옥살산 등이 있다. 이들 성분은 소화관에서 철분과 결합하여 흡수를 방해한다. 이들 성분은 일반적으로 철분 결핍을 초래할 정도로 많이 먹지 않지만 헴철과 비헴철의 흡수를 돕는 인자의 함량이 낮고 흡수를 방해하는 식품의 섭취가 높은 개발도상국 일부에서 철분 결핍의 원인이 된다. 다른 무기질의 존재도 철분의 흡수를 저하시킨다. 예를 들면, 칼슘은 철분과 함께 먹으면 철분의 흡수도가 낮아진다. 그러나 수많은 식사요인이 철분의 흡수에 영향을 미치므로, 식사의 한 부분으로서 장기간의 칼슘 섭취의 효과 여부는 아직 결론이 나지 않은 상태이다.

3. 체내에서의 철분

철분은 생명에 필수적이지만 과도하면 독성이 있다. 철분의 이러한 독성 효과로부터 보호하기 위해 우리 몸은 소화관의 점막세포에서 혈액이 들어가는 양을 조절하고 안전하게 수송하고 저장하는 방법으로 진화되어 왔다.

페리틴(ferritin)…주된 철 저장 단백질

트랜스페린(transferrin)…혈중 철을 운반하는 단백질

트랜스페린 수용체(transferrin receptor)…철-트랜스페린 복합제에 결합하는 단백질로 세포막에 있고 이것이 세포 내로 복합제가 들어오도록 한다.

3-1. 철분 수송의 조절 — 체내 철분의 양은 소장에서 조절된다. 소장의 점막세포로 들어온 철분은 철분 저장단백질 **페리틴**과 결합되거나 철분 운반 단백질 **트랜스페린**에 결합된다. 페리틴에 결합되고 남은 철분은 점막세포가 죽어서 소장 내강으로 떨어져 나가 대변으로 배설된다[그림 11-3]. 철분은 트랜스페린에 결합되어 혈액을 타고 간, 뼈, 기타 조직으로 운반된다. 점막세포에서 몸 구석구석으로 운반되는 철분의 양은 필요에 따라 다르다. 몇 가지 단백질이 철분의 수송과 배달을 조절한다. 트랜스페린은 소장의 점막세포뿐 아니라 헤모글로빈의 분해로부터 방출된 철분과도 결합한다. 철분이 트랜스페린에 결합하기 이전에 철분은 3가 철로 전환되어야만 한다. 이 과정은 소장세포막에 있는 구리를 함유하는 단백질(copper-containing protein)에 의해 완성된다. 철분이 체세포에 의해 흡수되기 위해서는 철-트랜스페린 복합제는 세포막 단백질인 **트랜스페린 수용체**에 결합되어야만 한다. 철분의 저장이 낮을 때, 트랜스페린 수용체 단백질의 유전자 발현이 증가되고, 이 단백질의 생산이 가속화되어 보다 많은 철분이 체세포로 운반되게 된다. 철분이 풍부하면, 트랜스페린 수용체 단백질이 덜 만들어지고 페리틴의 유전자 발현이 증가되어, 페리틴의 생산과 철의 저장 능력이 향상된다. 그러므로 철이 풍부하면, 점막세포에 더 많이 저장되고 이들 점막세포가 탈락되면서 손실된다.

3-2. 철분의 저장 —점막세포 밖으로 운반된 철분 중 필요량을 초과한 양은 페리틴 단백질에 저장되는데, 주로 간, 골수, 비장에 저장된다. 혈중 페리틴의 농도는 철의 저장치를 평가하는 데 사용된다. 간에서 페리틴의 농도가 높으면, 일부는 헤모시더린

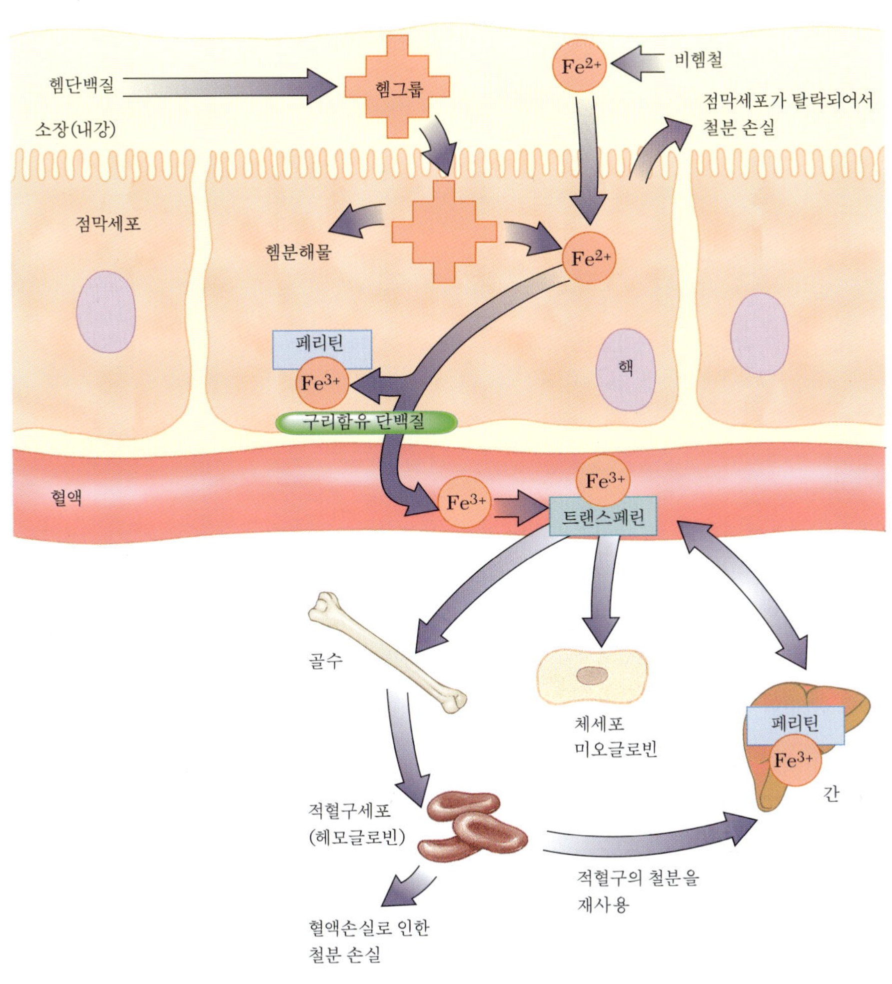

[그림 11-3]… 헴철은 헴그룹의 구성 성분으로 흡수된다. 한 번 철분이 점막세포로 들어가면 철분은 방출된다. 비헴철은 2가 철(Fe^{2+})에서 흡수된다. 점막세포 내부에서 일부 철분 이온은 페리틴과 결합하여 저장된다. 점막세포가 죽으면 페리틴에 결합한 나머지는 대변으로 배설된다. 혈액으로 들어간 철분은 세포막에서 구리 함유 단백질에 의해 3가 철(Fe^{3+}) 형태로 전환되고 트랜스페린과 결합하여 운반된다. 트랜스페린은 철 이온을 뼈와 기타 체세포로 운반한다. 적혈구 세포가 죽으면 간, 지라, 골수에서 분해되고 철분은 방출되어 재사용된다. 남은 철분은 페리틴과 결합하여 간에 저장된다.

(hemosiderin)이라는 불용성 저장단백질로 전환된다. 철분은 필요에 따라 체내에 저장된 철분에서 사용되고 결핍 증상은 이 저장분이 고갈된 상태에서만 나타난다.

3-3. 철분의 손실 — 철분은 쉽게 배설되지 않는다. 심지어 적혈구세포가 죽었을 때라도, 헤모글로빈에 있는 철분은 몸 밖으로 손실되지 않는다. 적혈구세포는 간, 비장, 골수세포에서 제거되어 철분은 트랜스페린에 실려 뼈로 운반된다[그림 11-3]. 건강한 사람에게 있어 대부분의 철분 손실은 혈액의 손실에 의하는데, 월경 기간 중 손실이나 소화관에서의 소량의 손실이 그것이다. 나머지 철분의 일부는 소장, 피부, 요도관의 세포 탈락을 통하여 손실된다.

3-4. 철분의 기능 — 철분은 세포로 산소를 운반하는 데 필수적이다. 산소 운반 단백질은 헤모글로빈과 미오글로빈이다. 체내에서 대부분의 철분은 헤모글로빈의 형태이다[표 11-1]. 적혈구의 헤모글로빈은 체세포에 산소를 운반하고 이산화탄소를 폐로 운반한다. 미오글로빈은 근육에서 근육 수축에 필요한 산소를 흡수한다. 철분은 또한 시트르산 회로와 전자전달계에 관련된 몇몇 단백질의 구성 성분으로서 에너지 생산에 필수적이다. 철분을 함유하는 단백질은 약물대사와 면역 기능에 연관된다. 철분은 또한 카탈라아제 효소의 구성 성분으로 수퍼퍼옥사이드가 유리 라디칼을 형성하기 전에 하이드로젠퍼옥사이드를 파괴하여 산화적 손상으로부터 세포를 보호한다.

[표 11-1]⋯ 미량영양소의 요약

무기질	급원	권장량	주기능	결핍 증상	결핍 위험군	독성	상한 섭취량
철분	적색육, 엽채류, 말린 과일, 통곡류, 강화곡류	8~18mg/1일	산소를 세포에 운반하는 헤모글로빈의 구성 물질, 근육에서 산소를 저장하는 미오글로빈의 구성 물질, 전자전달계에서 전자운반, 면역 기능에 필요	철결핍성 빈혈: 피로, 허약, 적혈구의 크기가 작고 옅은색, 헤모글로빈 감소	유아, 학령기 전 아동, 청소년, 가임기 여성, 임신부, 운동선수	소화관 불편, 간 손상	45mg/1일
아연	고기, 해산물, 통곡류, 알류	8~11mg/1일	단백질 합성 조절: 성장, 발달, 상처 치료, 면역, 항산화 보호 등에서 기능	성장과 발달 지연, 피부 발진, 면역 기능 저하	채식주의자, 저소득층 어린이, 노인	구리 흡수 저하, 면역 기능 저하	40mg/1일
구리	내장육, 견과류, 종자, 통곡류, 해산물, 코코아	900㎍/1일	철분 흡수에 필요한 단백질의 구성 물질, 지방대사, 콜라겐 합성, 신경과 면역 기능, 항산화 보호	빈혈, 성장 지연, 뼈 이상	아연 보충제를 과용한 사람	구토	10mg/1일
망간	견과류, 두류, 통곡류, 차	1.8~2.3 mg/1일[a]	탄수화물과 지질대사에서 기능, 항산화 보호	성장 지연	없음	신경손상	11mg/1일
셀레늄	내장육, 해산물, 난류, 통곡류	55㎍/1일	글루타티온 퍼옥시다아제의 구성 성분, 갑상선 호르몬 합성, 비타민 E 절약	근육통, 허약, 케산병	토양 중 셀레늄이 낮은 지역에 사는 사람	구역질, 설사, 구토, 피로, 모발 변화	400㎍/1일
요오드	요오드 강화 소금, 해수어, 해산물, 유제품	150㎍/1일	갑상선 호르몬 합성에 필요	갑상선종, 그레틴병, 정신지체, 성장과 발달 이상	토양 중 요오드의 함량이 극히 낮은 지역에 사는 사람이나 요오드강화소금을 먹지 않는 사람	갑상선 비대	1,110㎍/1일
크롬	맥주효모, 견과류, 통곡류, 버섯	25~35㎍/1일[a]	인슐린 활성 증가	고혈당	영양결핍 어린이	보고된 것 없음	ND
불소	불소첨가한 물, 차, 생선, 치약	3~4mg/1일[a]	치아 에나멜층 강화, 치아 에나멜층에 재무기질화 향상, 구강 내 박테리아에 의한 산 생산 감소	충치 위험 증가	불소를 첨가하지 않은 물을 먹는 지역에 사는 사람	치아 변색, 신장손상, 뼈 이상	10mg/1일
몰리브덴	우유, 내장고기, 곡류, 콩	45㎍/1일	효소의 보조인자	인간에 알려져 있지 않음	없음	관절염	2mg/1일

[a] 이 값은 충분 섭취량(AI)이다.
ND=최대 허용섭취량을 평가하는 데 불충분한 데이터

4. 철분 섭취권장량

철분의 권장량은 정상적인 기능을 유지하기 위한 최소의 양과 최소한의 저장량에 기초한다. 섭취권장량은 19세 이상의 남자 10mg, 가임기 여성은 하루 14mg으로 월경으로 손실되는 양을 감안한 것이다. 성과 생애주기에 따른 철분 권장량은 철분의 흡수되는 정도, 철분의 손실량, 성장과 임신에 따른 양을 기초로 정해진다[**표 11-2**]. 채식주의자를 위한 권장량은 식물성 식품급원에서는 철분 흡수가 불량하기 때문에 다소 높게 정해져 있다.

임신 기간 중 권장량은 하루 27mg으로 증가되는데 이 양은 태아와 모체에 축적되

[표 11-2]… 철분의 섭취권장량

성/생애상태	권장량
유아	
0~6개월	0.27mg/1일[a]
7~12 개월	11mg/1일
어린이	
1~3세	7mg/1일
4~8세	10mg/1일[a]
남성	
9~13세	8mg/1일
14~18세	11mg/1일
≧19세	8mg/1일
여성	
9~13세	8mg/1일
14~18세	15mg/1일
19~50세	18mg/1일
≧51세	8mg/1일
피임약을 먹고 있는 여성	
14~18세	11.4mg/1일
19~50세	10.9mg/1일
임신	27mg/1일
수유	
≦18세	10mg/1일
19~50세	9mg/1일
채식주의자	
남자 ≧ 19세	14mg/1일
가임기 여성	33mg/1일
사춘기 여성	26mg/1일

[a] 이 값은 충분 섭취량(AI)이다. 다른 값은 영양 섭취권장량이다.

는 철분의 양을 계산한 양이다. 수유기 동안의 권장량은 철분이 유즙으로 거의 손실되지 않으며 월경이 없기 때문에 가임기 여성의 권장량보다 낮다. 유아, 어린이, 사춘기 학생은 성장에 따른 부가적인 철분 필요량을 고려한다. 신생아와 6개월 이하의 유아의 적정 섭취량는 원칙적으로 먹은 모유의 철분 섭취량의 평균값에 기초했다. 왜냐하면, 모유 중 철분은 조제분유보다 생체이용률이 더 높기 때문인데, 이에 근거하여 미국소아과 의사협회는 모유를 먹지 않거나 일부분만 먹는 아이는 철분강화 식이를 해야 함을 권장하고 있다.

[그림 11-4]…철분 결핍성 빈혈은 적혈구와 철분 포함 단백질의 농도가 낮은 정도로 진단된다. 적혈구세포의 크기는 작고 색이 옅다. ⓐ 정상적 혈구세포, ⓑ 철분 결핍성 빈혈

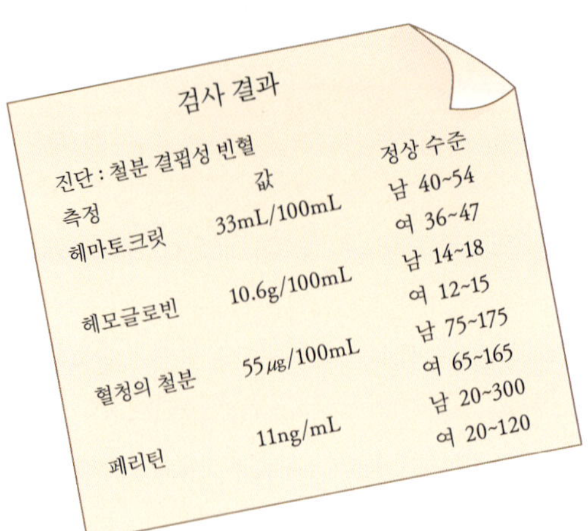

검사 결과

진단 : 철분 결핍성 빈혈

측정	값	정상 수준
헤마토크릿	33mL/100mL	남 40~54 여 36~47
헤모글로빈	10.6g/100mL	남 14~18 여 12~15
혈청의 철분	55㎍/100mL	남 75~175 여 65~165
페리틴	11ng/mL	남 20~300 여 20~120

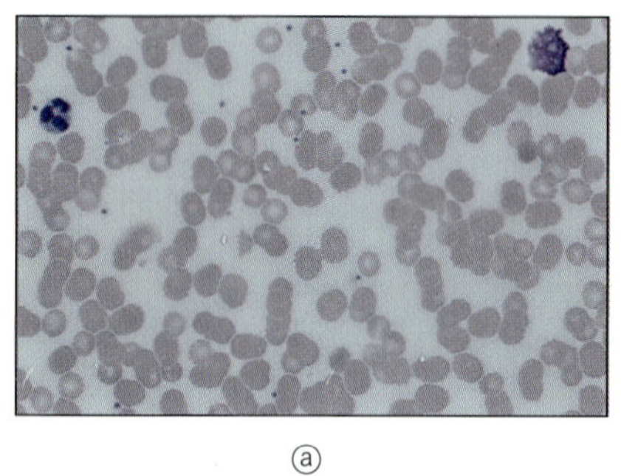

ⓐ

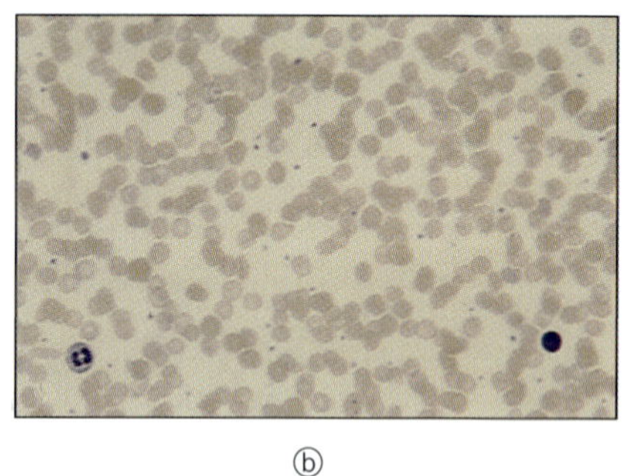

ⓑ

5. 철분 결핍증

철분이 부족하면 헤모글로빈이 생산될 수 없고, 충분한 헤모글로빈이 생성되지 않으면 적혈구가 작고 색이 연하며 조직으로 적절하게 산소를 운반할 수 없다. 이것이 **철분 결핍성 빈혈**이다[그림 11-4]. 빈혈은 철분 결핍의 마지막 단계이며 철분 결핍의 초기 단계는 적혈구가 철분의 양이 영향을 받지 않기 때문에 증상이 없다. 철분 결핍의 정도는 혈장과 체내 저장분의 철분 농도를 측정하는 혈액검사로 측정된다[그림 11-5].

철분 결핍성 빈혈(iron deficiency anemia)…헤모글로빈을 만드는 데 필요한 철분이 부족하여 혈액의 산소운반 능력이 감소되어 생기는 철분 결핍 질환

[그림 11-5]…철분 결핍성 빈혈은 철분 결핍의 마지막 단계이다. 철분의 부족은 처음에는 철분 저장분이 감소되고 그 다음 혈장의 철 농도가 낮아진다. 철분 결핍성 빈혈은 혈장에서의 농도가 떨어진 상태를 말하는데, 이는 적혈구 내에 적절한 헤모글로빈을 유지하는 데 철분을 더 이상 사용할 수 없는 상태이다.

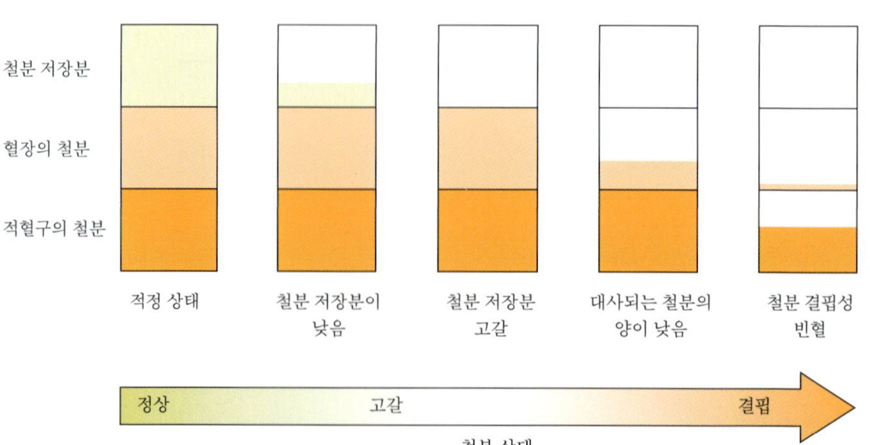

5-1. 철분 결핍성 빈혈의 증상 — 철분 결핍성 빈혈의 증상은 피곤, 허약, 두통, 작업 능률 저하, 찬 곳에서 체온 유지를 잘 못함, 행동 변화, 감염에 대한 저항 감소, 일시적 불임, 유아의 발달 손상, 어린이의 납중독 위험 증가 등을 포함한다. 한 가지 특이한 증상으로, 철분 결핍과 관계있는 것으로 생각되는 것은 **피카**이다. 이것은 진흙, 얼음, 반죽(풀, paste), 세탁세제, 페인트칩, 재와 같이 식품이 아닌 것을 먹는 강박 행동이다. 피카는 납이 들어 있는 페인트와 같은 독성무기질을 함유하는 것을 먹거나, 무기질 흡수를 저해하는 물질을 먹을 수 있다.

피카(pica)…진흙, 세제풀, 페인트칩 같은 것을 먹는 강박 행동

5-2. 철분 결핍 위험군 — 전 세계 인구의 80%가 철분 결핍이며, 30%(20억 명)는 철분 결핍성 빈혈로 고통을 받고 있는 것으로 추정된다. 미국에서 철분 결핍의 이환률은 1~2세 유아는 약 7%이며, 사춘기와 성인 여성은 9~16%이며, 저소득 그리고 소수 여성과 아동들에게서 발생 비율이 더 높다. 가임기 여성은 월경으로 인한 손실 때문에 철분 결핍성 빈혈의 위험이 있다. 임신기 동안 월경이 없는데도 이 기간에 철분의 필요량이 더 증가하는 것은 모체의 혈액 증가, 모체의 조직과 태아의 성장 때문이다. 철분 결핍은 심지어 선진국에서도 임신한 여성에게서 흔하며 이는 조산이나 모체의 큰 위험으로 이어질 수 있다. 철분 결핍은 유아, 어린이, 청소년에게도 흔한데, 유아와 어린이에게 있어 빠른 성장이 철분의 요구량을 증가시키기 때문이고 까다로운 식사습관으로 식사량이 감소되기 때문이기도 하다. 청소년기 소년에 있어서 빠른 성장과 근육과 혈액량의 증가는 철분의 필요량을 증가시킨다. 청소년기 소녀의 체중 증가는 같은 또래 남학생만큼 되며 월경의 시작으로 철분이 손실되기 때문에 철분의 필요량이 증가한다. 그러나 청소년기와 가임기 여성의 오직 1/4만이 권장량을 충족하는 철분을 섭취하고 있으며 운동선수는 또 다른 철분 결핍 위험군이다. 이는 낮은 철분 섭취뿐만 아니라 오래 지속되는 운동으로 인한 철분의 손실 때문이다. 운동선수들은 보통 다른 사람들보다 철분 손실량이 30~70% 더 많다.

6. 철분의 독성

철분은 세포대사에 필수적이지만 과량 섭취 시에는 독성이 있을 수 있다. 철분은 유리라디칼의 생성을 촉진하고, 세포 구성인자의 과도한 산화로 인한 세포의 죽음을 유발할 수 있다. 철분 독성은 급성일 수 있는데, 한 번에 다량 섭취할 때 나타날 수 있다. 오랜 기간 체내 철분이 축적되면 철분 과부하가 되어 만성 독성을 나타낼 수 있고 최대 허용섭취량은 하루 45mg으로 정해져 있다.

6-1. 급성 독성 — 단 한 번이라도 과량 복용은 생명을 위협할 수 있다. 철분 독성은 소장 내벽을 손상하여 체내 pH, 쇼크, 간 손상 등에서 비정상을 초래한다. 보충제로 인한 철분 독성은 흔히 6세 이하의 어린이 가운데 생기며, 어린이 간 이식의 원인이 된다. 철분이 함유된 약물과 보충제의 우연한 독성으로부터 어린이를 보호하기 위해, 이들 제품은 라벨에 경고문이 붙어 있다[**그림 11-6**]. 게다가 심각한 철분 독성 대부분의 경우는 하루 복용량 30mg 이상 함유하는 제품에서 일어나기 때문에 이들 제품은 복용량을 각각 포장함으로써 어린아이들이 다량 먹지 않도록 하였다.

[그림 11-6]… 철분 함유 보충제의 라벨과 내용은 반드시 독성 경고를 실어야 한다.

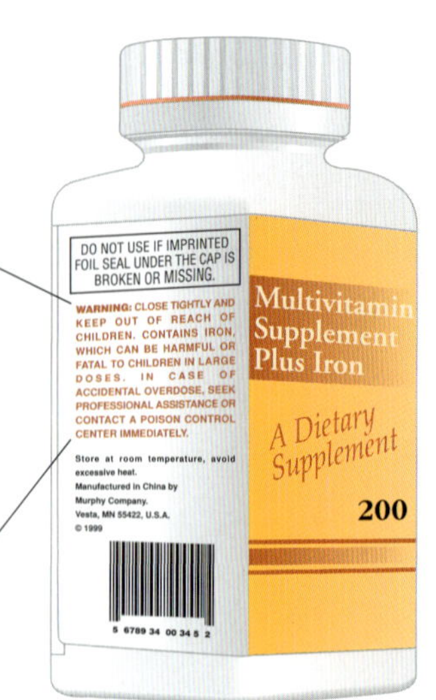

경고: 밀폐하여 어린이의 손이 닿지 않는 곳에 보관하십시오. 철분을 함유하고 있어 과량 복용 시 어린이에게는 치명적입니다. 과량 복용 시 전문의의 도움을 구하거나 독성통제센터에 연락하십시오.

헤모크로마토시스(hemochromatosis, 혈액색소침착증)… 철분 흡수가 증가되는 유전질환

6-2. 철분의 과부하 — 체내로 철분이 너무 많이 들어오면, 시간이 지남에 따라 심장이나 간과 같은 조직에 축적된다. 철분의 과부하는 비정상적인 적혈구 합성 증상을 가지고 있는 사람, 자주 수혈이 필요한 사람에게서 나타날 수 있다. 만성적인 철분의 과부하에 있어서 가장 흔한 원인은 **헤모크로마토시스**이다. 헤모크로마토시스는 철분의 흡수가 증가되는 유전적인 질병으로 미국인 200~500명당 1명 정도가 고통받고 있으며, 미국에서 가장 흔한 유전질환 중 하나이다. 헤모크로마토시스는 어린 시절에는 증상이 없으나, 중년기에 체중 감소, 피로, 허약, 비정상적인 통증과 같은 비특이성 증상이 시작된다. 헤모크로마토시스의 상태에서 계속 과도한 철분의 침착이 계속된다면, 심장의 산화적 변화, 간 손상, 당뇨, 특정 종류의 암, 그 밖의 만성질환이 생긴다. 철분은 피부에 침착되어 피부를 검게 만든다. 이러한 증상은 양쪽 부모 모두에게서 헤모크로마토시스 유전자를 받아야만 발생되는데, 한 부모에게서만 이 유전자를 받은 사람 10명 중 1명은 이렇게 심각한 증상을 보이지 않으나 이 유전자를 모두 가지고 있지 않은 사람에 비해 철분을 더 잘 흡수한다. 철분이 축적되는 속도와 헤모크로마토시스의 심각한 증상으로 이끄는 정도는 섭취하는 철분의 양과 월경과 헌혈로 인한 철분의 손실뿐 아니라 철분 흡수에 영향을 미치는 식사요인에 의존한다. 헤모크로마토시스는 공중 보건에 많은 영향을 미치고 있다. 미국의 식사에서는 적색육을 구하기 쉽고 철분이 강화된 가공식품이 많은 상태여서 헤모크로마토시스의 두 유전자를 모두 가지고 있는 사람은 결국 위험한 수준의 철분 농도가 쌓이게 된다. 헤모크로마토시스 환자로 진단받더라도 치료는 간단한데, 정기적으로 혈액을 뽑는 것으로서 철분 과부하로 인한 합병증을 예방한다. 그러나 이 방법은 기관이 손상되기 전에 시작되어야만 효과적이다. 그러므로 젊고 건강한 사람에게 있어서 환자로 확인하기 위한 유전 검사(genetic screening)와 치료는 합병증을 예방하는 데 필수적이다. 철분 보충제를 과용하거나 흡수가 잘 되는 철분을 함유한 식품을 많이 먹으면 철분의 저장량이 증가된다. 철분의 저장량이 헤모크로마토시스를 일으킬 정도가 아니라 할지라도, 철분의 저장량이 많은 사람들은 헤모크로마토시스와 동일한 증상(심장질환, 당뇨, 암)에 걸릴 위험성이 증가되는 것으로 가정되고 있다. 철분은 동맥경화로 이끌 수 있는 저밀도 콜레스테롤(LDL cholesterol)의 산화를 촉진하여 심장질환을 촉진하는 것으로 추정되며, 일부 연

구에서는 철분 저장단백질 페리틴의 농도 증가가 심장마비의 위험 증가와 관련이 있다는 주장을 하고 있으나, 대부분의 연구는 이러한 관련성을 지지하지 않는다. 여성에게 있어서는 철분의 저장량과 당뇨병 위험 증가 간의 상관관계가 알려져 있다. 철분은 당뇨병의 원인으로도 추정되고 있는데, 이는 철분이 유리 라디칼 형성을 촉진하고 이것이 인슐린 저항의 원인이 되어 결국 인슐린 분비를 감소시키기 때문이다. 유리 라디칼의 생성은 암의 위험도 또한 증가시킨다.

7. 철분 요구량 충족하기

철분 요구량을 충족시킬 때는 식사로부터의 철분 양과 생체이용률 모두를 고려할 필요가 있다. 철분의 최고 급원은 적색육과 간이나 신장 같은 내장육이고 좋은 비헴철 급원은 콩, 말린 과일, 시금치나 케일 같은 엽채류, 강화곡류제품이다[그림 11-7]. 비헴철은 철분이 들어 있는 음식을 먹을 때, 육류, 생선, 닭고기, 비타민 C가 풍부한 음식을 함께 먹고 칼슘이 많이 들어 있는 유제품을 줄이게 되면 철분의 흡수가 향상된다. 철분은 미국의 식사에서 결핍될 위험이 높은 영양소이므로 포장 제품의 라벨에 철분의 함량이 실려 있어야 한다. 그 양은 철분의 1일 권장량(성인 18mg)의 %로 나타낸다. 시리얼에 철분 1일 권장량의 10%가 들어 있다면 1회 분량당 1.8mg의 철분을 함유한다는 것이다. 식사가 철분의 필요량을 충족하는 이상적인 방법이지만, 철분 결핍 위험군, 어린아이, 가임기 여성, 임신 중인 여성에게는 보충제가 자주 권장된다. 철분 영양제는 보통 철분단독 보충제, 종합비타민제, 무기질 보충제의 형태로 사용한다. 이들 보충제는 비헴철을 함유한다. 식사에서 비헴철과 마찬가지로 보충제의 철분 흡수를 향상하기 위해서는 오렌지주스와 같이 비타민 C를 함유하는 식품과 함께 먹어

[그림 11-7]… 식물성 급원이나 강화 밀가루의 철분 생체이용률은 고기 간 것과 다른 동물성 급원보다 낮다.

[표 11-3]… 미량영양소 보충제의 유익과 위험

보충제	건강기능표시	유익과 위험
철분	에너지 증가	조직에 산소를 운반하는 헤모글로빈을 만드는 데 필요. 철분이 부족하다면 철분보충제가 유익하다. 고용량은 변비, 간 손상을 유발하고 죽음에 이르게 할 수 있다.
아연	감기치료, 노화방지, 면역기능 개선, 생식력 향상	효소기능, 단백질 합성, 비타민과 호르몬 기능에 필요. 보충제는 이러한 효과를 향상시킬 수 없고 감기를 예방하거나 치료한다는 증거가 거의 없다. 고용량은 구리결핍성빈혈, 구역질, 구토를 일으킨다.
구리	심장질환과 골다공증 예방. 관절염 증산 완화, 건강한 피부와 모발 유지, 저혈당치료	보충제는 뼈 건강개선에 유용하고 구리결핍증인 사람의 혈중 지질을 개선하나, 권장량 이상 섭취가 심장질환을 예방하거나 관절염이나 피부병의 치료에 효과적이라는 증거는 없다. 고용량은 구토를 유발한다.
셀레늄	암예방. 심장건강증진, 면역기능 증진	항산화제: 저농도로서 암을 예방할 수 있다. 고용량은 모발손실과 손톱의 변화를 일으킨다.
크롬	당뇨병 조절, 콜레스테롤 저하, 지방 감소, 제조직 증가	인슐린 활성에 필요. 보충제는 혈당조절을 개선한다. 고용량은 두통, 수면방해, 기분 장애에 관련된다.
바나듐	인슐린 활동 도움: 보디빌더에게 있어 빨리 그리고 강한 근육생성	보디빌더에게 유익하다는 증거 없음. 보충제는 인슐린의 필요를 감소시킬 수 있으나 UL을 초과하는 복용량이 필요하다.

야 한다. 육류, 생선, 닭고기는 먹되, 유제품이나 칼슘 보충제, 그 밖의 철분과 결합하는 성분이 있는 식품은 먹지 않아야 한다. 황산제철1과 같은 2가 철(ferrous, Fe^{2+}) 형태를 함유하는 보충제의 철분은 3가 철(ferric, Fe^{3+}) 형태보다 더 쉽게 흡수된다. 철분 보충제는 철분의 상태를 개선시킬 수 있으나, 보충제의 과량 섭취는 아연과 구리의 흡수를 방해할 수 있다[**표 11-3**]. 철분을 함유하는 보충제는 라벨에 제시된 양만을 먹어야 하며, 어린이나 철분이 과도하게 많은 상태에 있는 사람의 손이 닿지 않는 곳에 보관해야 한다.

3. 아연 Zinc (Zn)

아연은 식물성 단백질만 먹는 이란과 이집트 남자에게서, 성장이 저하되고 성적 발달이 지연되는 증상이 아연 보충제로 인해 경감되는 현상이 관찰되어 중요성이 대두되었다. 또한 식사 중 아연의 섭취가 낮지 않음에도 불구하고, 아연의 흡수를 방해하여 결핍증상을 유발하는 피테이트(phytate)가 함유된 곡류를 많이 먹었기 때문에 발생한 아연 결핍증상도 관찰되었다.

1. 식사에서의 아연

아연은 동물성과 식물성 급원의 식품에서 발견된다. 동물성 급원의 아연은 식물성 급원의 아연보다 흡수가 더 잘 되는데, 이는 식물에 함유되어 있는 아연은 피테이트와

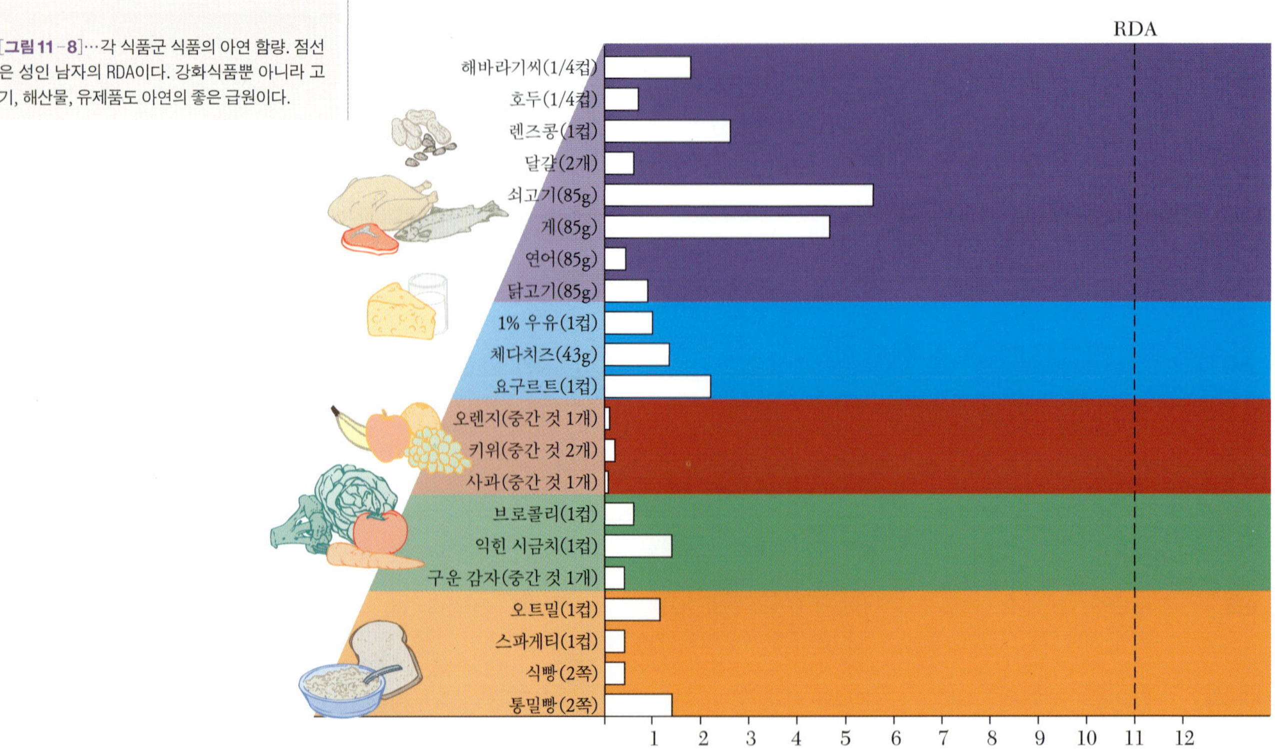

[**그림 11-8**]…각 식품군 식품의 아연 함량. 점선은 성인 남자의 RDA이다. 강화식품뿐 아니라 고기, 해산물, 유제품도 아연의 좋은 급원이다.

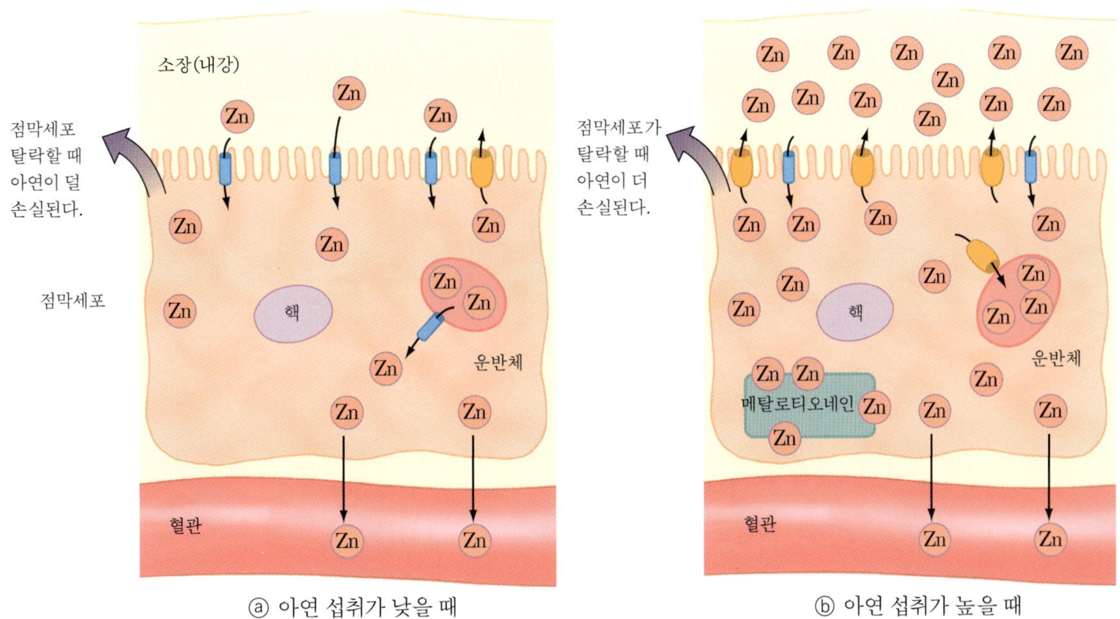

ⓐ 아연 섭취가 낮을 때

ⓑ 아연 섭취가 높을 때

[그림 11-9]…아연의 흡수는 아연 운반 단백질에 의해 조절된다. ⓐ아연의 함량이 낮으면 소장 내강에서 점막세포로 아연을 운반하는 단백질의 활성이 증가하여 운반체에서 세포질로 아연의 이동이 용이해진다. 아연의 섭취가 낮으면 점막에서 메탈로티오네인의 합성이 거의 되지 않는다. ⓑ아연의 섭취가 높으면 아연을 세포로 운반하는 아연 운반 단백질의 활성이 낮고 세포 밖이나 운반체로 아연을 이동시키는 운반 단백질의 활성이 증가된다. 아연의 섭취가 높으면 메탈로티오네인의 합성이 증가된다. 메탈로티오네인은 아연과 결합함으로써 혈액 중으로 방출되는 것을 제한한다.

결합되어 있기 때문이다. 아연은 적색육, 간, 달걀, 유제품, 야채, 일부 해산물에 풍부하다[그림 11-8]. 통곡류도 좋은 급원이지만 정제된 곡류는 도정 과정 중 손실되고 다시 강화 첨가되지 않기 때문에 좋은 급원이 아니다. 이스트로 부풀린 곡류 제품은 이스트 발효가 피테이트의 함량을 줄이기 때문에 발효되지 않은 것에 비해 더 많은 아연을 제공한다.

2. 소화관 내에서의 아연

소화관은 아연의 항상성을 조절하는 주된 장소로서 이곳에서는 소장 점막세포의 아연의 함량과 세포를 떠나는 아연의 양 모두 조절된다. 아연 운반 단백질은 점막세포의 원형질에서 아연의 양을 조절한다. 이들 단백질의 일부는 소장의 내강에서 세포로 아연의 수송을 촉진함으로써 점막세포로 흡수되는 아연의 양을 증가시킨다. 다른 단백질은 점막세포의 원형질에 있는 아연의 양을 감소시키는데, 아연이 소장의 내강이나 세포의 저장 소낭으로 다시 운반되기에 그러하다[그림 11-9].

세포질에 있는 아연의 양은 아연을 운반하는 단백질의 합성을 증가시키거나 감소시켜서 조절한다. 예를 들어, 아연의 섭취량이 낮다면[그림 11-9a], 내강(lumen)에서 점막세포로 아연을 옮기는 아연 운반 단백질의 발현이 점막 외부로 내보내는 단백질의 발현에 비하여 증가한다. 아연 농도가 높은 상태에서는 반대로, 세포로 들어오는 아연에 비하여 내강으로 나가는 아연이 증가된다[그림 11-9b]. 점막에서 혈액으로 들어가는 아연의 양은 **메탈로티오네인**이라는 금속이 결합되어 있는 단백질에 의해 조절되며, 아연의 섭취가 높을 때 메탈로티오네인이 합성된다. 점막세포의 아연은 메탈로티오네인에 결합하여 혈액으로 완만하게 운반된다. 아연의 섭취가 높거나 점막세포가 죽어서 아연이 손실되면 내강으로 아연이 더 많이 배출된다. 메탈로티오네인은 구리와도 결합하며, 고농도는 구리의 흡수를 방해한다.

메탈로티오네인(metallothionein)…아연, 구리와 결합하는 단백질로서 점막세포에서 혈액으로 흡수를 제한한다.

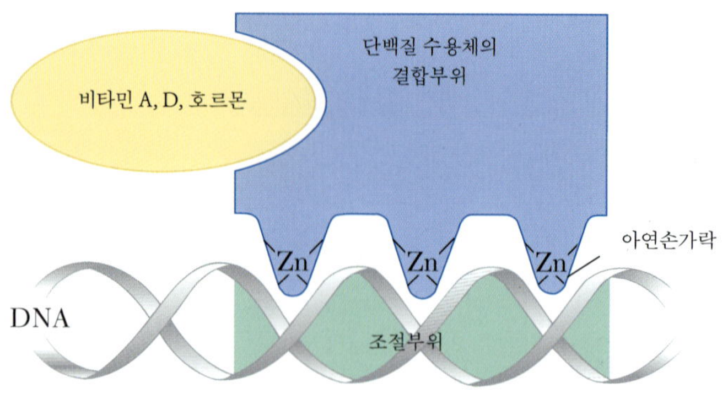

[그림 11-10]…아연은 단백질의 모양을 아연손가락이라는 손가락 모양으로 만든다. 아연손가락은 비타민 A, D, 호르몬과 결합한 핵단백질 수용체로서 유전자의 조절부위와 적절하게 반응하게 한다. 이 결합이 유전자 발현에 영향을 미친다.

3. 체내에서의 아연

아연이 한 번 흡수되면, 항상성은 배출을 조절하여 그 양이 유지된다. 아연은 췌장액과 소장액으로 분비되어 소장 내강으로 들어간다. 아연의 농도가 낮을 때 소화관으로 들어간 아연은 재흡수되고 재순환되는 반면, 농도가 높을 때는 재흡수되지 않고 대변으로 배설된다.

3-1. 아연의 기능 — 아연은 가장 풍부한 세포 내 미량영양소로서 원형질, 세포기관, 핵에서 발견된다. 아연은 300가지 이상의 효소의 기능에 관여하는데, 유리 라디칼로부터 세포를 보호하며 필수적인 **슈퍼옥사이드 디스뮤타아제**의 생성에도 관여한다. 아연은 메탈로티오네인 단백질의 적정한 농도를 유지하는 데 필요한데, 이 단백질 또한 유리 라디칼을 소거하는 능력이 있다.

슈퍼옥사이드 디스뮤타아제(superoxide dismutase)…슈퍼옥사이드 유리 라디칼을 중성화시켜 산화를 막음으로써 세포를 보호한다. 어떤 형태는 아연을 필요로 하고 활성을 나타내기 위해 구리를 필요로 하며 다른 형태는 망간을 필요로 한다.

아연은 DNA와 RNA의 합성, 탄수화물 대사, 산-염기 평형, 식품에서 엽산을 흡수하는 필수적 반응 등의 효소 반응에 필요하다. 아연은 인슐린의 저장과 방출, 간에서 비타민 A 대사, 세포막의 안정화 등에 기능한다. 아연은 세포분화의 호르몬 조절에 영향을 미치므로 성장과 세포의 보수, 면역계의 활성, 성기관과 뼈의 발달에 필요하다.

3-2. 아연과 성의 발현 — 아연은 성발현에서 역할을 한다. 예를 들어, 아연은 조절인자와 결합하여 메탈로티오네인의 생성을 자극하고 이 단백질 유전자의 전사를 활성화하며 성발현에 필수적인 단백질의 구조적인 역할을 한다. 아연을 함유하고 있는 단백질은 아연 원자 주위를 접어 루프(loop)나 '손가락' 모양을 형성한다. 이 구조는 단백질의 수용체가 DNA의 조절 부위에 결합되도록 하여 유전자의 전사를 자극하고 이로써 단백질의 합성을 자극한다[그림 11-10]. 아연손가락을 가지고 있는 단백질은 비타민 A, 비타민 D, 갑상선 호르몬, 에스트로겐, 테스토스테론을 포함한 많은 호르몬과 결합하여 이들의 활성을 나타내는 데 필수적이다. 아연 없이는 이들 영양소와 호르몬은 성발현을 증가 혹은 감소시키는 데 있어서 DNA와 반응할 수 없고 이로써 특정 단백질의 합성도 되지 못한다.

4. 아연 섭취권장량

아연의 RDA는 성인 남자 1일 10mg, 성인 여성 8mg이다. 이 양은 체내에서 매일 손실되는 아연을 대체하는 데 필요한 양이다. 임신 기간 중에는 모체와 태아에 쌓이는 아연의 양을 감안하여 섭취권장량이 증가된다. 수유기 동안에는 유즙으로 분비되는 양을 메우기 위해 증가된다. 신생아에서 6개월까지의 유아에 있어서, 충분 섭취량은 유아의 아연 섭취량에 기초하여 설정되었다. 유아, 아동, 청소년의 아연 권장량은 손실되는 양, 성장에 필요한 양, 식사에서 아연의 흡수 정도를 기초하여 설정되어 있다.

5. 아연 결핍증

아연 결핍증은 아연의 흡수와 대사에 아크로더마티티스 엔테로파티카(acrodermatitis enteropathica)라는 유전적 이상이 있는 사람, 아연이 결여된 비경구영양(TPN)을 급여받는 사람, 단백질의 섭취가 낮고 피테이트의 섭취가 높은 사람에게서 관찰된다. 또한 신장질환, 악성빈혈, 알코올 중독, 암, 에이즈 환자에게서도 나타난다. 아연 결핍 증상은 성장과 발달 지연, 피부 발진, 머리카락 빠짐, 설사, 신경의 변화, 생식 이상, 골격 이상, 면역기능 저하 등을 포함하며 이들 증상의 대부분은 단백질의 합성과 유전자 발현에서의 아연의 중요성을 반영한다. 아연이 비타민A, D, 그리고 수많은 효소 활성의 기능에 필요하므로, 아연 결핍 증상이 다른 필수영양소의 결핍과 유사하다. 면역 기능의 감소는 심지어 심각하지 않은 아연 결핍 상태에서도 고려해야 하는 중요한 문제이다. 면역 기능에서의 아연 결핍의 영향은 빠르고 광범위한데, 혈중 면역세포 수의 감소와 기능의 저하를 유발하여 감염될 가능성이 증가된다. 개발도상국에서 아연의 결핍은 건강과 발달에 있어서 더 중요하다. 면역 기능과 아연의 관계를 보면, 아연이 감염과 어린이의 전체 사망률에 있어서 주요 원인이 됨을 알 수 있다. 아연 결핍의 위험은 피테이트, 섬유소, 탄닌, 옥살산을 많이 먹는 지역에서 더 크며 임신부, 노인, 저소득층 자녀들, 완전 채식주의자는 특히 위험하다.

6. 아연의 독성

아연을 권장량보다 많이 섭취하면 독성이 있을 수 있다. 한 번에 1~2g의 섭취는 소화관 과민, 구토, 식욕 저하, 설사, 심한 복통, 두통 등을 유발할 수 있다. 이는 아연 도금한 용기로, 아연으로 오염된 식품과 음료수를 마셨을 때 일어날 수 있다. 하루 50~300mg 섭취는 면역 기능을 감소시키며 HDL 콜레스테롤을 감소시킨다. 하루 50mg의 보충제는 구리의 흡수를 방해하는 것으로 알려져 있다. 고아연 섭취로 구리의 흡수를 방해하게 되면, 적혈구의 구리-아연 슈퍼옥사이드 디스뮤타아제(copper-zinc superoxide dismutase)의 활성 저하를 이끈다.

7. 아연 보충제

아연은 면역 기능을 개선하고 생식과 성적 능력을 향상하기 위한 보충제로 시중에 팔리고 있다. 적정량의 아연을 섭취하는 개인이 보충제를 더 먹어서 유익하다는 증거는 없다. 미미하게 아연 결핍이 있는 사람에게는 보충제가 상처 치료, 면역, 식욕이 좋아지는 효과가 있다. 어린이에게는 성장과 학습 능력이 개선되고 건강한 노인에게서는 아연 보충제가 면역 반응을 개선시키는 것으로 알려져 있다. 현재는 사탕 형태의 아연 보충제가 감기를 예방하고 치료하는 용도로 인기가 있다. 아연 보충제는 2가지 유전적 질환을 치료하는 데 사용되고 있다.

7-1. 아연과 감기 — 감기에는 글리콘산 아연(zinc glyconate)이나 아세트산 아연(zinc acetate)을 함유하는 아연 사탕을 권하는데, 이것이 코와 목의 점막에 감기 바이러스가 붙는 것을 막아 감기의 심한 정도와 지속 시간을 감소시키기 때문이다. 그러나무기질 보충제 형태로 삼키게 되면 이러한 효과가 없는데, 이는 아연이 위장으로 바로 들어가 바이러스가 붙어 있는 점막과 접촉하지 못하기 때문이다. 아연 사탕의 효과를 평가한 임상실험에 일관성이 없음에도 불구하고, 많은 사람들은 감기 증상 24시간 이내에 아연 사탕을 먹으면 증상의 심한 정도가 완화되는 것으로 믿고 있다. 아연 사탕을 먹은 어린이의 임상실험에 감기의 횟수와 정도가 감소되었음을 보였다. 아연 사탕이 감기 치료제로 사용될 때에는 복용에 주의해야 한다. 너무 많은 아연은 면역계를 억제하고, HDL 콜레스테롤을 낮추고, 구리의 흡수를 방해한다. 아연 사탕은 아연 11~14mg을 함유하고 있기 때문에이를 하루에 4번 먹으면 하루 허용량의 40mg를 초과한다 [그림 11-11].

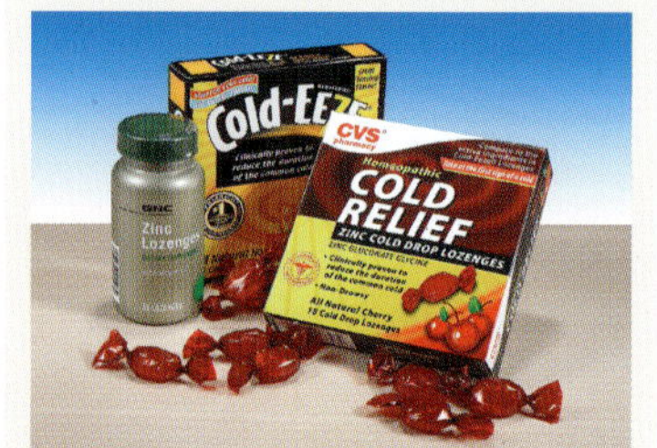

[그림 11-11]…다양한 아연 사탕이 감기의 예방과 정도를 낮추는 용도로 팔리고 있다.

7-2. 아연과 유전 이상의 치료 — 아크로더마티티스 엔테로파티카는 아연의 흡수에 장애가 있는 유전적 결함이다. 이 질병은 피부 병변, 눈 손상, 면역저하를 유발한다. 치료하지 않으면, 생후 몇 년 이내에 죽는다. 이러한 증상은 일생 동안 1~2mg/kg/1일의 보충제를 섭취하면 개선할 수 있다. 이렇게 많은 양을 복용할 때에는 아연이 충분히 흡수되도록 우선 조절해야 한다. 이 치료는 생존률 100%로 최대 허용섭취량을 초과한 양이기 때문에, 이 증상이 있는 환자는 구리의 결핍을 초래하지 않는 정도의 아연 농도를 모니터해야 한다. 아연 보충제는 윌슨병을 치료하기 위해서도 사용되는데, 윌슨병은 구리의 배설에 문제가 있는 유전적 질환으로서 독성이 생길 만큼 구리가 체내 축적되는 병이다. 몸에서 구리를 제거하기 위한 약은 몇 가지 있으나, 보충제 아세트산 아연은 구리의 흡수를 막고 대변으로 구리가 배설되도록 하며, 심각한 부작용이 없어 최상의 치료제로 간주된다.

4. 구리 Copper (Cu)

특정 빈혈 치료에 구리가 사용됨으로써 구리가 인간 영양에 필수적임을 알게 되었다. 인간에게 있어서 구리 결핍에 대한 더 깊은 연구는 결핍된 구리를 비경구로 급여받는 사람과 소장 내 구리 흡수의 손상이 있는 Menkes disease 혹은 Kinky hair disease라는 드문 유전적 질환을 가진 사람들을 대상으로 한 연구에서 얻었다.

1. 식사에서의 구리

구리의 가장 풍부한 급원은 간과 신장 같은 내장육이며 해산물, 견과류와 씨앗, 통밀빵, 초콜릿도 좋은 급원이다[그림 11-12]. 다른 많은 미량영양소와 마찬가지로, 토양 중 함량이 식물성 급원의 구리 함량에 영향을 미친다.

[그림 11-12]…통곡빵, 견과류, 종자는 구리의 좋은 급원이다.

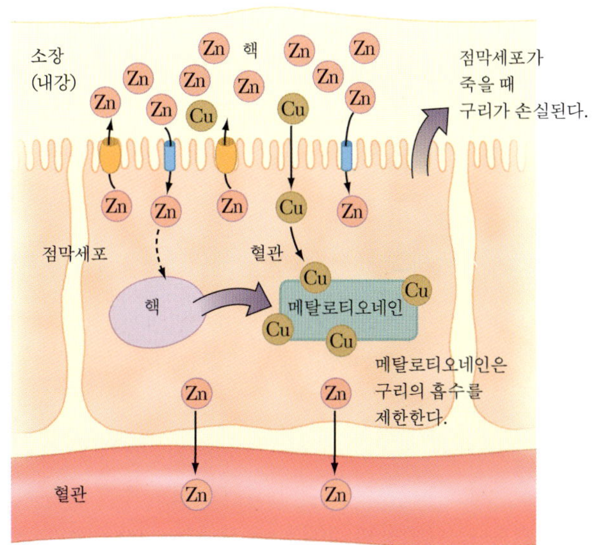

[그림 11-13]…고농도 아연은 메탈로티오네인의 합성을 자극하여 구리의 흡수를 방해하고, 메탈로티오네인이 구리와 더 잘 결합하여 구리의 흡수를 제한한다.

2. 소화관 내에서의 구리

식사에 들어 있는 구리의 30~40%가 흡수된다. 구리의 흡수는 식사 중 다른 무기질과 비타민의 영향을 받는다. 논의된 것처럼, 식사 중 아연의 함량은 구리의 흡수에 영향을 미치는 주요 인자이다. 아연의 섭취가 높을 때, 아연은 점막세포에 있는 단백질 메탈로티오네인의 합성을 자극한다. 메탈로티오네인은 아연과 결합하나, 구리와 더 단단히 결합한다. 그러므로 메탈로티오네인이 합성되면, 이것은 구리와 결합하고 점막세포에서 혈액으로 이동하는 것을 막는다[그림 11-13].

구리와 아연의 이러한 길항 작용은 너무나 커서 아연의 흡수를 방해하는 피테이트가 구리의 흡수와 이용을 증가시킨다. 구리의 흡수는 철, 망간, 몰리브덴의 섭취에 의해 감소되는데, 구리의 흡수에 영향을 미치는 다른 인자로는 흡수를 저하시키는 비타민 C, 구리의 흡수를 방해하는 과량의 개미산 등이 있으며 장기간 먹게 되면 구리의 결핍을 초래한다.

3. 체내에서의 구리

흡수된 구리는 알부민에 결합하여 간으로 가서 단백질 **셀룰로플라스민**과 결합한 후, 각 조직으로 운반된다. 구리는 알부민이나 셀룰로플라스민과 같은 단백질에 결합되어 운반되어야 하는데, 유리 구리 이온이 세포의 손상을 유발하는 산화를 일으키기 때문이다. 구리는 담즙으로 분비되어 대변으로 배설된다.

셀룰로플라스민(ceruloplasmin)…철분을 제2철로 전환시키는 구리 함유 단백질

구리는 철분과 지방의 대사, 결합조직 합성, 심장 근육의 유지에 관련된 중요한 단백질과 효소의 작용에 그리고 면역계와 중추신경계에서 중요한 역할을 한다. 구리 함유 단백질 셀룰로플라스민은 철분의 형태를 트랜스페린으로 전환하고, 소장 세포에 있는 구리를 포함하는 단백질은 소장에서 흡수된 이온을 수송하는 데 필수적이다. 구리는 항산화효소 슈퍼옥사이드 뮤타아제(superoxide mutase)의 필수 성분이며, 콜레스테롤과 포도당 대사에서 역할을 한다. 구리의 결핍 상태에서 혈중 콜레스테롤의 상승이 보고되었다. 구리는 신경전달물질, 노에피네프린과 도파민의 합성, 몇몇 혈액 응고 인자의 합성에 필요하고, 또한 신경신호전달에 필요한 신경수초의 합성에도 관련된다.

4. 구리 섭취권장량

구리의 권장량은 성인 하루 800㎍이다. 이 권장량은 혈중 구리와 셀룰로플라스민의 정상 농도를 유지하는 데 필요한 구리의 양을 기초로 했다. 임신기 동안 권장량은 모체와 태아에 축적되는 양을 감안하여 하루 1,000㎍으로 증가되며, 수유기 동안의 RDA는 1,300㎍으로서 모유로 분비되는 구리의 양을 감안한 양이다.

5. 구리 결핍증

심각한 구리 결핍은 드물며, 조산한 신생아에게서 대부분 발생한다. 경계 수위의 결핍은 더 흔하지만 진단하기가 어려우며 구리 결핍의 가장 흔한 증상은 빈혈이다. 이것은 철분의 운반에 구리 함유 단백질이 중요하기 때문이다. 구리 결핍 상태에서, 심지어 철분이 식사에 충분하다 해도, 철분이 소장 점막세포에서 외부로 운반되지 못한다. 구리 결핍은 비타민 C 결핍(괴혈병)과 유사한 골격근의 이상을 초래하는데, 이것은 결합조직에 결합되어 있는 효소가 구리를 필요로 하기 때문이다. 구리 결핍은 성장 장애, 심장 근육의 퇴화, 신경계의 퇴화, 머리카락의 색과 구조 변화 등과 관련이 있다. 구리가 발달과 면역계에서 역할을 하기 때문에 구리 함량이 낮은 식사는 면역 반응을 저하시키고 감염의 빈도를 증가시킨다.

6. 구리의 독성

구리 급원 식품에 의한 구리의 독성은 매우 드물지만, 구리로 오염된 물을 마시거나 구리 용기에 든 산성 음식이나 음료를 먹어서 생긴다. 과도한 구리의 섭취는 복통, 구토, 설사를 유발한다. 이러한 증상은 하루 4.8mg 섭취하는 사람에게서 일어날 수 있으나, 더 많은 양에 노출되어도 부작용을 경험하지 못하는 사람도 있다. 구리의 고용량은 또한 간 손상을 초래한다. 최대 허용섭취량은 하루 10mg으로서 이 양은 WHO에서 정한 여자 10mg, 남자 12mg과 일치한다.

5. 망간 Manganese (Mn)

망간의 가장 좋은 급원은 통곡류와 견과류이다[그림 11-14]. 과일과 채소는 꽤 좋은 급원이지만 고기, 유제품, 정제된 곡류는 불량한 급원이다. 망간의 항상성은 흡수와 배설을 조절하여 유지되는데, 섭취량이 낮으면 망간의 흡수는 증가되고 섭취량이 높을 때는 흡수가 저하된다. 망간은 담즙으로 소화관으로 분비됨으로써 배설된다. 망간을 필요로 하는 효소는 아미노산, 탄수화물, 콜레스테롤 대사, 연골 생성, 요소 합성, 항산화 보호 등에 관여한다. 구리와 아연과 같이, 망간은 수퍼옥사이드 뮤타아제 생성에 필요하다. 망간이 필요한 효소의 생성은 미토콘드리아 내부에서 이루어진다.

1. 망간 섭취권장량

망간의 RDA를 설정하기에 충분한 증거는 없다. 섭취권장량은 남자 2.3mg, 여자

1.8mg이며, 이는 건강한 사람들이 섭취하는 망간의 양에 기초한 것이다. 임신기와 수유기의 권장량은 더 높다.

2. 망간의 결핍증과 독성

동물에서의 망간 결핍은 성장 지연, 생식 문제, 후손의 선천성 기형, 뇌기능, 뼈 생성, 포도당 조절, 지방대사의 이상을 초래한다. 인간에게서는 자연적으로 발생하는 망간 결핍 증상이 거의 일어나지 않는다. 그러나 비타민 K 연구에 참여한 남자에게 6개월간 망간 결핍 식이를 먹인 결과, 체중이 줄고 머리카락의 검은색이 붉은색으로 변하였으며 피부염과 저콜레스테롤증에 걸렸다. 망간에 대한 더 깊은 연구에는 자원자 남자들에게 39일 간 망간 결핍 식이를 먹인 결과가 있는데, 피험자들은 피부염에 걸리고, 혈중 콜레스테롤치, 칼슘, 인이 변화되었다. 독성을 나타낼 정도의 망간 농도는 신경계의 손상을 유발하는데, 망간 먼지를 고농도로 흡입하는 광산노동자에게서 그 사례가 보고되었다. 최대 허용섭취량은 하루 11mg이다.

[그림 11-14]…두류, 견과류, 통곡류에는 망간의 함량이 높다.

6. 셀레늄 Selenium (Se)

셀레늄은 180년 전에 발견되었으나, 인간에게 중요한 역할을 한다는 것은 1970년대에 알게 되었다. 중국의 낮은 토양 지역에서 사는 어린이의 심장 이상을 셀레늄이 방지한다는 것을 알게 된 것이 그 계기였다. 오늘날 셀레늄은 체내 항산화 방어에 중요한 역할을 하는 것으로 알려져 있다.

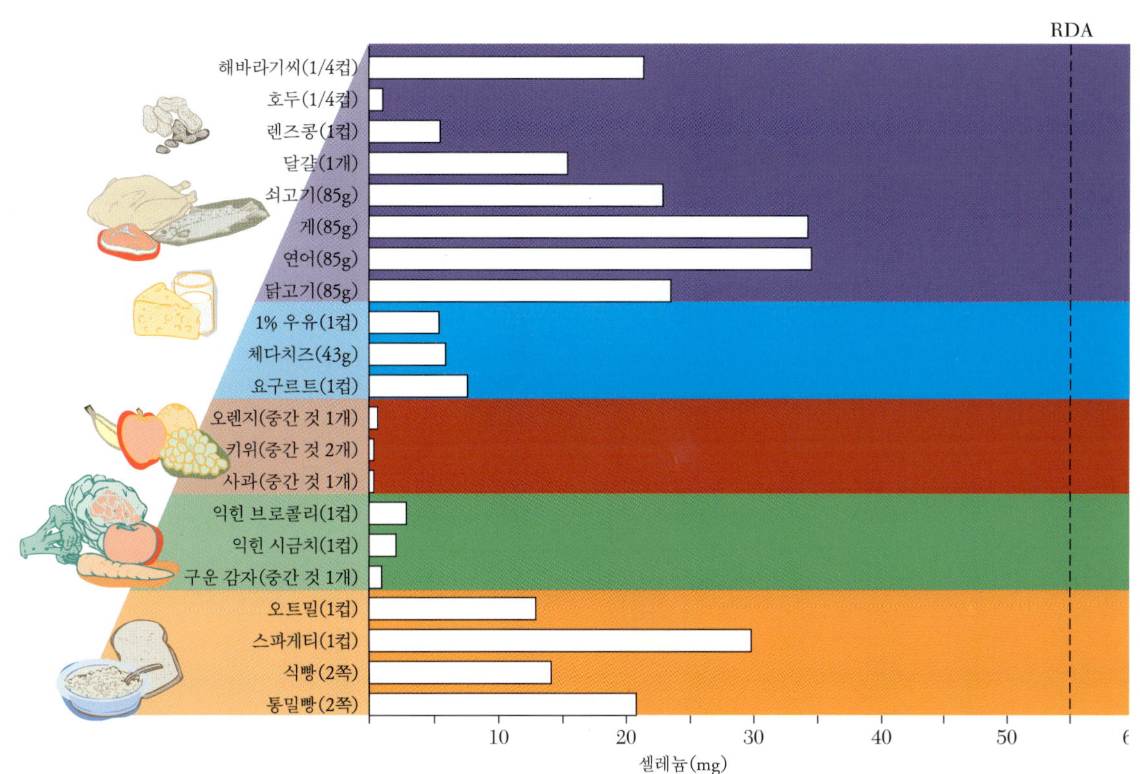

[그림 11-15]…각 식품군에서 선택된 식품의 셀레늄 함량이다. 점선은 성인의 RDA이다. 식물과 동물 모두 셀레늄의 좋은 급원이다.

1. 식사에서의 셀레늄

해산물, 신장, 간, 달걀은 셀레늄의 훌륭한 급원이고[그림 11-15], 과일, 채소, 음료수는 불량한 급원이다. 곡류와 종자도 셀레늄이 많은 토양에서 자랐다면 좋은 급원이 될 수 있다. 예를 들어, 캔사스에서 자란 밀과 미시간에서 자란 밀의 셀레늄 함량이 다르다. 토양의 셀레늄은 그 지역 식품을 먹는 사람의 셀레늄 섭취에 영향을 미치지만, 셀레늄 결핍은 여러 지역 식품을 섭취하는 사람에게는 크게 문제되지 않는다.

2. 체내에서의 셀레늄

셀레노 단백질(seleno protein)…셀레늄을 함유하는 단백질
글루타티온 퍼옥시다아제(glutathione peroxidase)…셀레늄을 포함하는 효소로 항산화 작용을 한다.

셀레늄의 흡수는 효율적인데 조절되는 것 같지는 않다. 한 번 흡수되면, 셀레늄의 항상성은 소변으로 배설되는 것을 조절하여 유지된다. 셀레늄은 **셀레노 단백질**에 포함되어 있는 무기질이다. **글루타티온 퍼옥시다아제**는 셀레노 단백질의 하나인데, 산화로부터 세포를 보호하는 역할을 한다. 글루타티온 퍼옥시다아제는 퍼옥사이드를 중성화하여 더 이상 라디칼을 만들지 못하도록 한다. 유리 라디칼의 생성을 감소시킴으로써 셀레늄은 비타민 E의 필요를 감소시킨다[그림 11-16]. 셀레늄은 기초대사를 조절하는 갑상선 호르몬의 합성에도 필요하다.

3. 셀레니움 섭취권장량

성인의 셀레늄 하루 섭취권장량은 55μg이다. 이 양은 혈중 효소 글루타티온 퍼옥시다아제(glutathione peroxidase)의 활성을 최대화하는 데 필요한 양에 기초하였다. 미국에서 셀레늄의 평균 섭취량은 모든 나이군에서 충족하거나 거의 충족하는 것으로 평가되었다. 셀레늄의 섭취 증가는 태아로 운반되는 양에 기초하여 임신부에게서 권하고

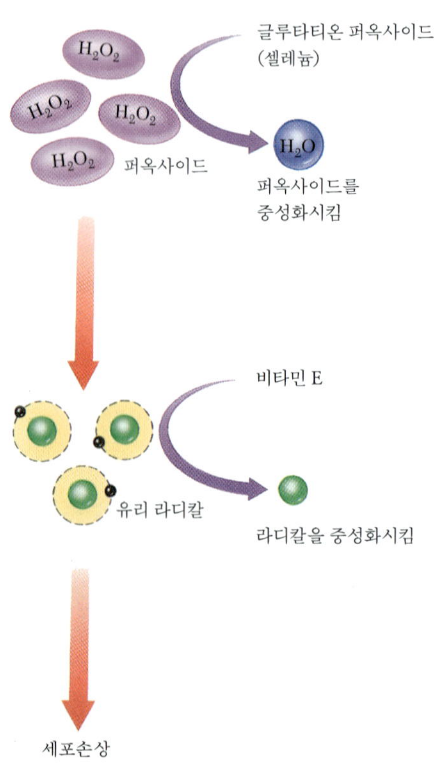

[그림 11-16]…셀레늄은 효소 글루타티온 퍼옥사이드의 구성 물질인데 이 효소는 퍼옥사이드가 유리 라디칼을 생성하기 전에 이를 중성화시킨다. 이러한 과정은 비타민 E의 필요를 다소 절약할 수 있다.

유즙으로 분비되는 수유부에게도 권장된다. 유아의 AI는 모유에 함유되어 있는 양에 기초한다.

4. 셀레늄 결핍증

셀레늄의 결핍증에는 근육의 불편한 고통과 허약이 포함된다. 1970년대까지 인간의 결핍증이 규명되지 않았으나 셀레늄이 결핍된 비경구영양을 먹는 환자에게서 관찰되었으며 1970년대에 중국에서 처음 발견된 **케산병**이 셀레늄 결핍과 관련이 있다.

케산병(Keshan disease)…토양 중 셀레늄의 함량이 매우 낮은 중국에서 발병하는 심장병의 일종. 바이러스와 셀레늄 결핍의 조합이 이 병을 일으키는 것으로 알려지고 있다.

4-1. 셀레늄과 케산병 — 케산병은 심장이 비대해지고 심장의 기능이 나빠지는 현상을 유발한다. 이 병은 토양에 셀레늄이 결여되어 있는 지역에서 나는 식품만을 섭취하는 중국의 한 지역에서 발생한 토착병으로서[그림 11-17] 어린이와 가임기 여성에게 가장 큰 영향을 준다. 셀레늄 보충제가 케산병의 빈도를 매우 감소시키지만 한 번 발생한 심장손상은 되돌릴 수 없다. 케산병이 지금은 셀레늄 보충제로 인해 사실 없어졌지만, 그 병 자체는 셀레늄 결핍과 바이러스에 의한 감염의 결합 때문으로 생각된다. 셀레늄이 결핍인 상태에서 바이러스가 더욱 악성이 되고 이로써 케산병 증상이 나타난다.

4-2. 셀레늄과 암 — 암에 대한 셀레늄의 역할에 대한 연구는 지난 30년 동안 계속되고 있다. 암의 빈도 증가는 셀레늄의 섭취가 낮은 지역에서 관찰되고 있다. 피부암의 병원력을 가진 사람에 대한 셀레늄 보충제의 효과를 관찰한 연구에 의하면, 피부암의 재발에는 아무런 효과가 없었으나, 폐암, 전립선암, 대장암의 발병률은 모두 셀레늄 보충제 군에서 낮게 나타났고 이러한 결과에 많은 사람들은 셀레늄이 암의 위험을 줄인다고 믿게 되었다. 그러나 그 후의 연구는 이러한 결과를 지지하지 않았다. 현재, 증거는 셀레늄 보충제가 특정 형태의 피부암의 빈도를 실제 증가시킨다는 것을 지지한다. 따라서 셀레늄 결핍은 암의 위험을 증가시킬 수 있으나, 셀레늄 보충제가 보통 사람들에게 부가적인 유익이 있는 것으로 보이지는 않는다.

[그림 11-17]…셀레늄이 결핍된 토양 지역은 중국 북동쪽에서 남서쪽을 가로지르는 지역이다. 토양의 셀레늄의 함량은 그 땅에서 자라는 직물의 셀레늄 함량에 영향을 미치므로 이 지역에서 나는 식품만으로 구성된 식사와 케산병의 빈도가 일치한다.

☀ 현명한 식품 선택 : '항산화 보충제는 유익한가?'

많은 비타민, 무기질, 효소가 항산화 보충제로 팔리고 있다. 항산화 보충제가 체내에서 항산화 방어를 상승시키고, 심장질환과 암으로부터 지켜 주며, 심지어 노화를 지연시킨다고 한다. 항산화 영양소들이 우리의 방어체계에서 중요한 부분이지만, 이러한 성분이 유일한 것이 아니며, 많은 양이 항상 좋은 것도 아니다. 항산화제가 필요한 근본적인 이유는 유리 라디칼에 의해 세포가 공격당하고 있다는 사실에 근거한다. 퍼옥사이드(peroxide), 슈퍼옥사이드(superoxide), 하이드록시 라디칼(hydroxy radical)을 포함하는 유리 라디칼은 공유하지 못한 전자를 가지고 있다. 파트너 없는 이 전자는 안정적이지 않아 근처에 있는 분자에서 전자를 낚아채려는 절박한 상황에 있다. 그래서 훔칠 전자를 찾게 되고 이러한 현상이 연쇄반응을 일으키면서 세포막, DNA, 그 밖의 다른 세포 성분에 손상을 입히게 된다. 유리 라디칼의 일부는 주변의 환경으로부터 체내로 들어온다. 예를 들어 대기오염, 방사선 조사, 담배연기는 산화를 유발하고 활성산소분자를 만들게 된다. 그러나 유리 라디칼은 체내에서도 만들어진다. ATP를 만드는 호기적 대사 과정에서 우리 몸이 사용하는 산소의 일부는 체내에서 유리 라디칼과 다른 활성물질을 만들면서 반응한다. 유리 라디칼이 너무 많이 만들어지면, 체내 항산화제의 방어기전은 고갈된다. 세포는 보다 많은 항산화제를 합성하여 유리 라디칼에 저항한다. 그러나 산화스트레스가 강하고 오래 지속되면, DNA, 단백질, 탄수화물, 지질에 산화적 손상이 발생되고 세포의 사망이 초래된다. 이러한 손상이 쌓이게 되면, 노화와 만성질환이 생긴다. 산화적 손상으로부터 우리를 보호하기 위해, 우리 몸은 다양한 타입의 항산화 방어를 준비하고 있다. 이러한 항산화 보호에 사용되는 성분은 식사로부터 온다. 비타민 C, 비타민 E, β-카로틴, 그 밖의 식물화학물질이 그러하다. 나머지는 체내에서 만들어지는 효소인데, 카탈라아제, 글루타티온 퍼옥시다아제, 수퍼옥사이드 디스뮤타아제를 포함한다. 이들 효소의 활성은 아연, 구리, 망간, 철, 셀레늄을 포함하는 무기질에 의존한다. 여러 가지 항산화제는 특정 활성산소 화합물을 파괴하는 특정한 조건 하에서 다양한 장소에서 활성을 보인다. 예를 들면, 비타민 C는 혈액과 체액에서 유리 라디칼, 활성산소, 하이드로겐 퍼옥사이드를 불활성화시킬 수 있다. 비타민 E와 β-카로틴은 세포막의 지방을 보호하기 위해 유리 라디칼을 불활성화시킬 수 있다. 셀레늄은 항산화제 효소인 글루타티온 디스뮤타아제의 구성 물질인데, 이 물질은 원형질과 미토콘드리아에 있는 퍼옥사이드가 위험한 유리 라디칼을 만들기 전에 중화시킨다. 카탈라아제는 역시 퍼옥사이드를 파괴할 수 있는 철을 함유하고 있는 효소이다. 아연, 구리, 망간은 슈퍼옥사이드 라디칼을 파괴하는 글루타티온 디스뮤타아제의 생성에 필수적이다. 우리는 식사로부터 항산화 영양소와 식물화학물질을 얻는다. 항산화효소 보충제는 항산화 방어를 끌어올릴 수 없다. 왜냐하면, 항산화효소 보충제가 체내에서 효소의 양을 증가시키지 못하기 때문이다. 효소는 단백질이고, 우리가 보충제의 형태나 식품의 형태로 먹게 되면 이들 물질이 흡수되기 전 소화관에서 아미노산과 펩티드로 분해된다.

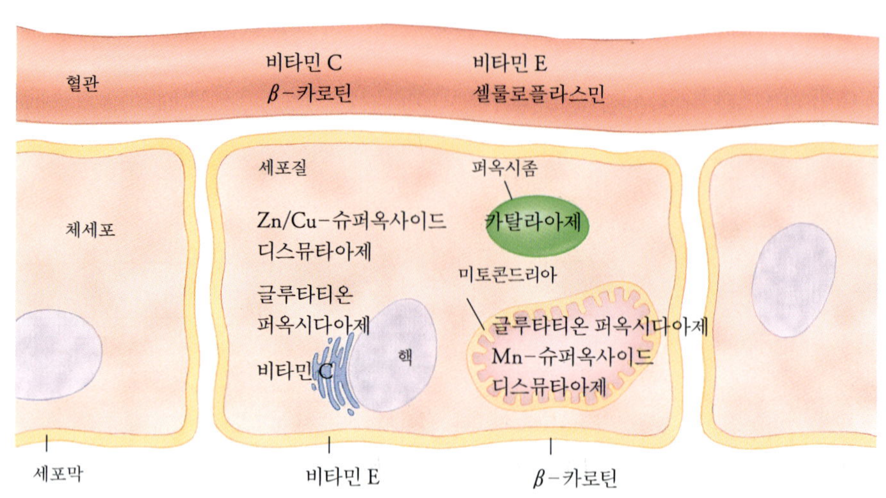

항산화제는 체내 특정 장소에서 특정 형태의 산화과정에 대해 제 각각의 방응형태로 대응한다.

계속➡

항산화 비타민과 무기질이 유익한지 아닌지 결정하는 것은 어렵다. 식사에 이들 영양소가 부족하다면, 보충제로 섭취를 증가시키는 것이 항산화 방어를 향상시킬 것이다. 우리는 최대의 항산화 효과를 보이는 적정량과 위험을 최소화시키는 양을 알지 못한다. 또한, 이들 영양소가 상호작용하기 때문에 하나의 결핍은 다른 것의 필요를 증가시킬 수 있고, 하나가 과량이면 다른 것의 결핍을 초래할 수 있다. 예를 들어, 비타민 C는 활성비타민 E를 만드는 데 필수적이고, 셀레늄은 비타민 E의 필요를 줄이며, 과도한 아연은 구리의 결핍을 초래할 수 있다.

항산화 영양소는 건강에 중요하므로, 항산화 영양소를 끌어올리는 가장 최선의 방법은 과일, 채소, 통곡류를 보다 더 많이 먹는 것이다. 이들은 보충제에서 얻을 수 없는 섬유소와 식물화학물질을 제공하며, 이들 식이 구성 성분은 당신의 몸을 만성질환으로부터 보호하는 비타민과 무기질로서 꽤 중요하다.

5. 셀레늄의 독성

토양의 셀레늄 양이 매우 높은 중국의 어느 지역에서, 하루 5mg 이상 섭취로 손톱의 변화와 모발의 손상이 생겼다. 제조 과정 중 잘못으로 하루 27mg의 복용량을 포함하게 된 보충제 때문에 셀레늄 독성이 미국에서도 보고되었다. 이 보충제를 먹은 사람들은 구역질, 설사, 복통, 손톱과 모발의 변화, 신경계 이상, 피로 흥분의 증상을 보였다. 모발과 손톱의 손실과 소화관의 불편은 매우 낮은 양에서도 보고되었다. 성인의 최대 허용섭취량은 식사와 보충제를 합하여 400㎍이다.

6. 셀레늄 보충제

셀레늄 보충제는 환경오염으로부터 몸을 보호하며, 암과 심장질환을 막고, 노화를 지연시키며, 면역 기능을 개선한다는 건강 기능 표시와 함께 시중에서 팔리고 있다. 셀레늄 복용이 이러한 과정에 역할을 하지만, 권장량 이상의 보충제 섭취는 부가적인 유익을 제공하지 않는다.

7. 요오드 Iodine (I)

요오드는 갑상선 호르몬 합성에 필요하다. 1900년 초반 미국 중부와 캐나다에서의 요오드 결핍은 흔한 일이었지만, 요오드가 첨가된 식탁염의 사용으로 완전히 사라졌다. 그러나 여전히 요오드 결핍은 세계 보건 문제로 남아 있다.

1. 식사에서의 요오드

식품의 요오드 함량은 식물이 자라는 곳과 가축이 방목되는 곳의 토양에 따라 다양하다. 요오드는 바닷물에 있으므로 해산물과 바닷가 근처에서 자란 식물은 요오드 함량이 높다. 내륙에서 자란 식물은 양이 더 적은데 이는 토양 중 요오드의 함량에 따라 다르다. 북미의 식사에서 요오드 섭취의 대부분은 요오드를 강화한 요오드강화 소금을 통한 것이다. 요오드강화 소금은 g당 약 100㎍의 요오드를 함유한다. 바다소금은 건조 과정 중 손실되기 때문에 요오드가 거의 없다. 식사에서의 요오드는 식품 오염이나 첨가에 의한 것이다. 유제품은 소 사료에 요오드가 포함된 첨가물이 사용되고 착유기의 소독이나 우유 탱크의 소독을 위해 사용하는 소독제 때문에 요오드를 함유한다. 요오드가 포함된 소독약은 패스트푸드 식당에서도 사용하며, 요오드는 반죽조절제로서 그리고 식품에 색을 내는 데에도 사용된다.

2. 체내에서의 요오드

요오드는 이온 형태로 소화관에서 빠르게 완전히 흡수되고 나서 소변으로 배설된다. 체내 요오드의 반 이상은 목의 앞부분인 갑상선에 있다. 이는 요오드가 갑상선 호르몬, 즉 아미노산 타이로신에서 만들어지는 타이록신(thyroxine, T_4)과 트리아이도타이로닌(triiodothytonine, T_3)의 필수 성분이기 때문이다[그림 11-18]. T_4가 주된 갑상선 호르몬이며 셀레늄이 함유된 효소에 의해 활성형 T_3로 전환된다. 갑상선 호르몬은 비타민 A, D와 유사하게 목표세포(target cell)에서 유전자의 발현에 영향을 미친다[그림 11-19]. 유전자 발현을 통하여 갑상선 호르몬은 단백질의 합성을 촉진하고 기초대사율, 성장, 발달을 조절한다. 갑상선 호르몬의 농도는 세심하게 조절되며, 혈중 농도가 떨어지면 **갑상선자극 호르몬**이 뇌하수체 전면에서 방출된다. 이 호르몬은 갑상선에 신호를 보내 요오드를 취하여 갑상선 호르몬을 합성한다. 요오드의 양이 적정하면, 갑상선 호르몬이 만들어지며 갑상선자극 호르몬의 합성은 일어나지 않는다[그림 11-20].

갑상선자극 호르몬(thyroid-stimulating hormone)…갑상선에서 갑상선 호르몬이 합성되고 분비되도록 자극하는 호르몬

3. 요오드 섭취권장량

성인 남성과 여성의 권장량은 하루 150㎍인데, 이 양은 갑상선에서의 정상적인 요오드 농도를 유지하는 데 필요한 양이다. 미국의 경우, 요오드강화 소금을 섭취하기 때문에 권장량을 충족하거나 초과한다. 임신기에는 태아에게 취해지기 때문에 권장량

타이로신

HO-(벤젠고리)-C(H)(H)-C(H)(NH$_2$)-C(=O)OH

타이록신(T_4)

트리요오도타이로신(T_3)

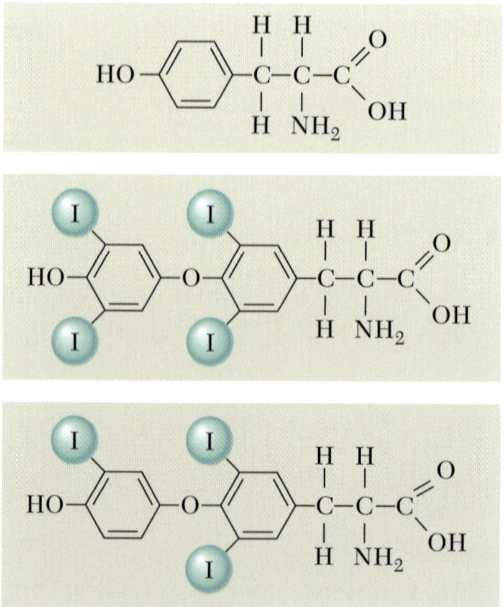

[그림 11-18]…갑상선 호르몬(T_4)과 트리요오드타이로닌(T_3)은 아미노산 타이로신으로부터 만들어진다.

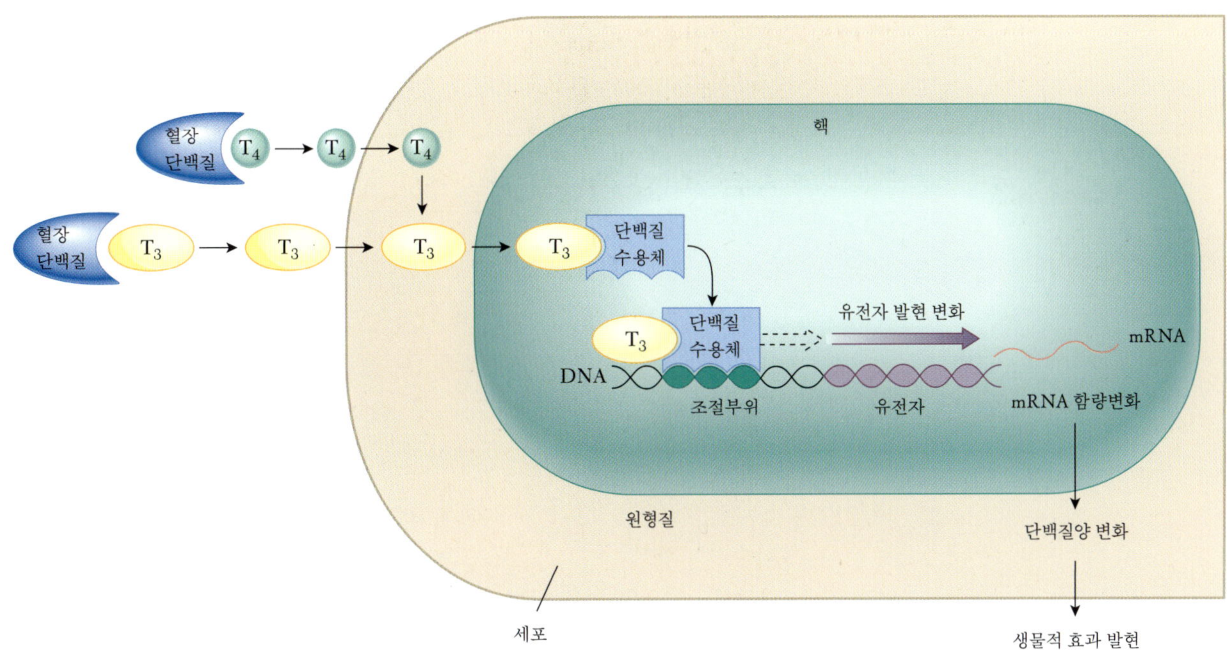

[그림 11-19]…갑상선 호르몬은 혈장단백질에 결합하여 순환한다. 세포 내부에서 T_4는 T_3로 전환한다. T_3가 핵으로 들어가 핵단백질의 수용체와 결합한다. T_3-단백질 수용체 복합제는 목표 유전자의 조절 부위에 결합하여 유전자 발현에 영향을 미친다.

이 증가하며 수유기에는 유즙으로 분비되기 때문에 증가한다. 유아의 권장량은 모유에서 얻는 양을 근거로 하였다.

4. 요오드 결핍증

요오드 결핍은 갑상선 호르몬의 생산을 줄이는데, 갑상선 호르몬이 부족하면 기초대사가 저하되고, 그 결과 피곤함을 느끼며 체중이 증가된다. 가장 분명한 요오드 결핍은 **갑산선종**인 갑상선 비대이다[그림 11-21]. 갑상선종은 갑상선 호르몬의 농도가 낮을 때 생성되는데, 이때 갑상선 자극 호르몬이 분비되어 갑상선에서 더 많은 갑상선 호르몬을 만들도록 자극한다. 요오드를 이용할 수 없기 때문에 호르몬은 만들어지지 않으며, 자극은 계속되어 갑상선이 비대해진다[그림 11-20]. 갑산선종이 약한 정도일

갑산선종(goiter)…요오드 결핍으로 인한 갑상선 비대

뇌하수체 전면
갑상선 자극 호르몬
갑상선
갑상선 호르몬 저하
갑상선 호르몬 생성
갑상선 비대 (고이터 병)
요오드 이용
요오드 결핍

[그림 11-20]…갑상선 호르몬이 너무 낮게 떨어지면, 갑상선 자극 호르몬은 갑상선 호르몬이 요오드를 취하여 호르몬을 더 합성하도록 갑상선을 자극한다. 요오드를 이용하지 못하면 갑상선 호르몬은 더 만들어지지 못하고 자극은 계속되어 갑상선이 비대해진다.

크레틴병(cretinism)…임신 기간 중 모체가 요오드에 결핍되었을 때에는 아이가 정신박약, 성장지연이 유발된다.

갑상선종 유발 물질(goitrogen)…요오드의 이용이나 갑상선의 기능을 방해하는 물질

경우, 요오드로 치료하면 갑상선이 정상으로 돌아오지만 심각한 경우에는 그 결과가 일관적이지 않다. 임신 기간 중 요오드가 부족하면, 사산과 자연유산의 위험이 증가되며, 또한 자손의 **크레틴병**을 유발할 수 있다. 크레틴병은 정신지체, 청각장애(귀머거리, 벙어리), 성장장애 등의 증상이 특징이다. 아동기와 청소년기에 있어서 요오드 결핍은 갑상선종과 지적 능력이 떨어지는 정신지체를 유발할 수 있다.

4-1. 갑상선종 유발 물질 — 요오드 결핍의 위험은 요오드의 이용과 갑상선 기능을 방해하는 식품 중 성분인 **갑상선종 유발 물질**을 섭취했을 때 증가될 수 있다. 갑상선종 유발 물질은 순무, 루타바가(순무의 일종, rutabaga), 양배추, 카사바, 조 등에 있지만, 이들 식품을 끓이면 갑상선종 유발 물질의 일부가 물속으로 용출되어 함량이 감소된다. 이 물질은 카사바를 주식으로 먹는 아프리카의 여러 나라에서 문제가 되고 있다.

4-2. 요오드 강화 — 1920년대 스위스에서 처음 사용된 이래, 요오드강화 소금은 요오드 결핍을 막는 수단으로 사용되고 있다. 요오드로 식탁염을 강화하여 사용하는 나라에서는 크레틴병이나 갑상선종이 드물지만, 전 세계 6억 명이 갑상선종을 가지고 있으며 1,500만 명이 요오드 결핍 위험에 처해 있다. 1993년 세계 소금 요오드화 계획이 실시되기 시작했으며, 지난 10년 동안 소금의 요오드화 프로그램을 실시한 나라는 2배로 늘었는데, 5년 이상 이 사업을 실시한 나라에서는 대단한 성과를 거두었다. 요오드강화 소금을 먹지 않거나 요오드강화 소금을 구할 수 없는 사람들에게는 요오드 주사, 요오드를 첨가한 기름, 구강으로의 복용과 같은 다른 형태의 요오드 보충제가 요오드 결핍을 치료하는 데 효과적이다.

5. 요오드의 독성

[그림 11-21]…요오드 결핍은 갑상선종을 유발하며 이는 갑상선이 비대해져 목에 혹이 생기는 증상을 보인다.

급성 독성은 요오드를 매우 많은 양을 복용했을 때 일어나는데, 200~500㎍/체중(kg)을 섭취하면 실험동물에 있어서는 치사량이다. 요오드를 만성적으로 오랫동안 과량 섭취하면 갑산선종과 비슷한 갑상선 비대를 유발할 수 있다. 성인의 최대 허용섭취량은 하루 1,100㎍이다. 요오드를 과도하게 섭취하여 생긴 갑산선종은 요오드의 섭취가 급격하게 변할 때에도 발생할 수 있다. 예를 들어, 건강한 사람에게는 독성을 일으키지 않을 양이라 할지라도 요오드 섭취량이 결핍의 경계 수준에 있는 사람에게는 요오드 보충제가 갑상선 비대를 유발할 수 있다.

8. 크롬 Chromium (Cr)

크롬이 포도당의 정상적인 이용에 필요하다는 것은 1950년대부터 알려져 왔으나, 최근에야 정상적인 인슐린의 기능에 크롬이 역할을 한다는 것이 밝혀지고 있다. 최근에는 근육조직의 증가를 촉진하는 피콜린산 크롬(chromium picolinate) 보충제가 많은 사람들에게 인기가 있다.

라벨 읽기: 당신은 '요오드강화'라는 라벨이 붙은 소금을 선택해야 하는가?

주방에서 소금통을 선택할 때, '소금'이라고만 쓰인 것과 '요오드강화 소금'이라고 쓰인 것 중 하나를 선택할 수 있다. 요오드강화 소금은 소금에 미량영양소인 요오드를 첨가한 것이다. 어느 것을 선택해야 하는가?

요오드는 필수 영양소이다. 식사 중 우리가 섭취하는 요오드의 양은 어떤 식품을 선택하는 것과 어느 지역에서 재배되었는지에 따라 다르다. 토양에 요오드가 풍부한 지역에서 재배된 식품은 요오드가 부족한 지역에서 생산되는 식품에 비해 더 좋은 급원이다. 요오드가 결핍된 지역에서 자란 식물의 요오드 함량은 요오드가 풍부한 지역에서 나는 것보다 100배 정도 적다. 지구가 만들어질 때, 모든 땅은 요오드가 풍부했으나 오늘날 요오드는 해안에 가까운 지역에서 가장 풍부하다. 산악 지역과 계곡 지역은 토양 중 요오드가 거의 없는데, 요오드가 빙하, 눈, 홍수에 씻겨 나갔기 때문이다. 토양에서 씻겨진 요오드는 바다에 쌓이고 요오드이온 형태로서 바다에 존재한다. 이들 이온이 햇빛을 받으면 요오드에서 산화되어 공기 중으로 유입된다. 매년 400,000t의 요오드가 해수면에서 대기로 유입된다. 대기 중 요오드는 비에 의해 토양으로 되돌아가나, 이러한 순환은 느리고 그 양은 적다. 자연의 힘에 의해 요오드가 부족한 땅에서는 비로부터 얻은 요오드가 이와 같이 똑같은 힘에 의해 다시 반복하여 씻겨 나간다. 그러므로 요오드 결핍 토양은 결핍 상태로 남아 있게 된다.

요오드가 고갈된 땅은 지구의 자연 환경에서 새롭지 않다. 인간의 건강에 있어서 요오드의 영향은 세계 여러 지역에서 역사의 한 부분이 되었다. 유럽에서 요오드 결핍은 갑상선종과 크레틴병이 있는 상태로 그려진 고전 예술작품에 기록되어 있다. 레오나르도 다빈치는 그 시대 의사보다도 갑상선종에 대해 더 잘 알고 있었다. 100년 전 갑상선종은 미국의 중부 지역에서 흔했다. 그러나 20세기 초반부터 사용한 요오드강화 소금은 북미, 스위스, 그 밖의 유럽 여러 나라의 갑상선 결핍증을 실질적으로 없앴다.

왜 강화 소금인가? 소금은 요오드 결핍 위험에 있는 사람들 대부분이 섭취하는 식품 아이템이므로 요오드의 운반체로 선택되었다. 사람들은 그들의 식사에 요오드가 많이 있는 식품을 먹어야 하는 식습관으로 바꾸지 않아도 된다. 요오드는 싼 값으로 소금에 균일하게 강화될 수 있고 우리 몸에서 이용이 잘 되는 형태이다. 특정 양의 소금을 먹을 때 결핍 증상을 없앨 정도의 요오드양이 첨가되지만, 요오드 소금을 과량 섭취하거나 이미 요오드 필요량이 충족된 상태에서 이것을 많이 먹어도 독성을 일으키지는 않는다. 요오드 결핍 증상이 여전히 공중보건 문제가 되는 개발도상국에서는 흔히 먹는 생선소스, 설탕, 음료수에의 강화뿐만 아니라 요오드강화 소금으로 결핍의 치료를 시도하고 있다.

미국에서 지난 50년 간 요오드의 평균 섭취량은 RDA를 초과하는 양이며 결핍증은 거의 없다. 그들의 전형적인 식사에는 미국 전 지역과 전 세계에서 온 식품으로부터 뿐 아니라 요오드강화 소금으로부터 요오드를 섭취하고 있다. 그러나 최근의 연구에서는 미국인의 평균 요오드 섭취량이 꽤 감소했음을 밝혔다. 많은 요인이 요오드의 섭취 감소에 기인하는데, 오늘날 미국의 식사에 들어 있는 소금 대부분은 요오드가 강화되지 않은 소금이며 이 소금이 주로 가공식품에 들어 있기 때문이다. 요오드가 풍부한 달걀의 소비는 콜레스테롤에 대한 염려로 인해 소비가 감소되었고, 가정에서 사용하는 소금은 혈압에 대한 권고 때문에 감소되었다. 유제품 산업은 우유 중 요오드의 함량을 줄이려고 노력하고 있으며 요오드를 함유하는 반죽조절제를 다른 반죽조절제로 대체하여 사용하고 있기 때문에 시중 유통되는 제품은 요오드의 함량이 낮다. 이러한 감소에도 불구하고, 요오드의 평균 섭취량은 여전히 충분한 것으로 생각되고 있다. 만약, 해안가에 살거나 슈퍼마켓에서 식품을 구매한다면, 충분한 요오드를 얻을 수 있다. 그러나 해산물을 거의 먹지 않고 요오드가 결핍된 내륙에 살고, 그 지역에서만 나는 식품을 먹는다면 '요오드강화'라고 라벨이 붙여진 제품을 선택해야만 요오드 필요량을 충족시키게 될 것이다.

[그림 11-22]…크롬은 세포 내 작은 펩티드의 구성 요소이다. ⓐ크롬이 있으면 펩티드는 활성을 나타내 인슐린 수용체에 결합하여 인슐린의 활성을 향상시키며 포도당의 흡수를 증가시킨다. ⓑ크롬이 결핍되면, 활성펩티드가 생성되지 않아 인슐린 수용체와 결합하지 못한다. 그 결과 인슐린은 덜 효율적이며 포도당은 세포 내로 덜 들어온다.

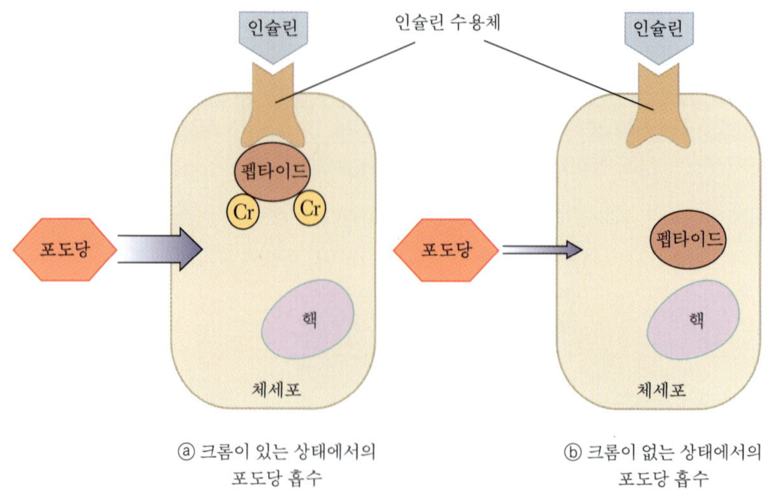

1. 식사에서의 크롬

크롬의 급원은 간, 맥주효모, 견과류, 통곡류를 포함하며, 우유, 야채, 과일은 불량 급원이다. 흰 빵, 파스타, 흰 쌀은 도정 과정 중 크롬이 손실되고 다시 강화하지 않기 때문에 불량한 급원이다. 스테인리스 스틸 조리용구로 조리 시 스테인레스 스틸에서 크롬이 용출되어 식품으로 들어가므로 크롬의 섭취가 증가할 수 있다.

2. 체내에서의 크롬

흡수 후, 크롬은 혈중으로 운반되기 위해 철 운반 단백질 트랜스페린과 결합한다. 크롬은 탄수화물과 지질의 대사에 관여하는데, 탄수화물을 섭취할 때 인슐린이 분비되어 세포막에서 수용체와 결합한다. 이 결합은 세포로 포도당이 유입되도록 하며, 단백질과 지질의 합성을 증가시킨다. 크롬이 인슐린과 결합된 후 인슐린 리셉터에 결합하는 작은 펩티드의 구성 원소로서 역할을 하는 것으로 믿어지고 있다[그림 11-22]. 크롬이 결핍되면, 이 펩티드는 동일한 효과를 내기 위해 더 많은 인슐린을 취하게 된다.

3. 크롬 섭취권장량

균형잡힌 식사에서의 크롬의 양에 근거하여 권장량 지침은 남자의 경우 하루 35㎍, 여자는 25㎍으로 정해져 있으며 임신기와 수유기에는 증가한다. 노인의 권장량 지침은 에너지 섭취량이 낮기 때문에 약간 낮다.

4. 크롬 결핍증

미국에서는 크롬 결핍증으로 문제되지 않지만 크롬이 결여된 TPN을 장기간 급여받는 환자와 영양불량 어린이에게서는 결핍증상이 보고되고 있다. 결핍 증상은 당뇨병과 유사한 증상으로 당내성이 손상되는 것인데, 혈당의 상승, 인슐린 농도의 증가를 보인다. 크롬 결핍증이 제2형 당뇨병에 역할을 한다는 증거가 있고, 또한 혈중 콜레스테롤 농도를 증가시킬 수 있으나 지질의 대사에 있어 크롬의 역할은 아직까지 완전히 밝혀지지 않았다.

5. 크롬 보충제와 독성

크롬 보충제, 특히 피콜린산 크롬은 체지방을 감소시키고 근육의 양을 증가시키기 위한 것으로 시중에 유통되고 있는데[그림 11-23], 이는 근육의 양을 키우려는 운동선수뿐 아니라 체중을 줄이고 싶은 사람들의 관심 때문이다. 크롬이 인슐린의 활동에 필요하고 인슐린은 단백질의 합성을 촉진하므로 크롬이 제조직(근육)을 증가시키는 데 적절한 것처럼 보인다. 그러나 건강한 인간 피험자에 있어 피콜린산 크롬이나 다른 크롬 보충제의 효과에 대한 가장 최근 연구는 근육의 강도, 체중 손실, 혹은 그 밖의 건강에 유익한 효과가 없음을 밝혀냈다. 하루 200~1,000㎍의 크롬 보충제는 다소 효과를 보였으나, 모든 연구가 2형 당뇨병 환자의 혈당, 인슐린, 콜레스테롤의 수준은 유익한 효과를 보이지는 않았다. 인간에게 있어 크롬의 독성은 없는 것으로 보고되고 있다. 크롬 보충제가 분명히 안전함에도 불구하고, 몇 가지 관심될 만한 사례가 제기되었다. 단, 신부전의 2가지 사례가 피콜린산 크롬 보충제와 관련이 있으나 두 가지 사례 모두 다 환자가 신장에 독성을 유발하는 다른 약물을 섭취하고 있었으므로, 이러한 신부전이 피콜린산 크롬에 의한 것인지 아닌지 불분명하다. 피콜린산 크롬이 DNA를 손상하는 원인이 될 수 있다는 세포배양(cell culture) 연구에 의해, 그 안전성이 의문시되고 있다. 이러한 효과는 피콜린산 크롬 형태에 특이성이 있고 DNA를 손상하는 유리 라디칼을 생성하는 능력이 있기 때문이다. 피콜린산 크롬의 표준 보충제 용량을 사용한 인간 대상 연구는 DNA 손상 증가가 감지되지 않았으나, 이러한 위험을 완전히 밝히기에는 더 많은 연구가 필요하다. 이러한 우려에도 불구하고 DRI 위원회는 크롬의 최대 허용섭취량을 설정하기에는 데이터가 불충분하다는 결론을 내렸다.

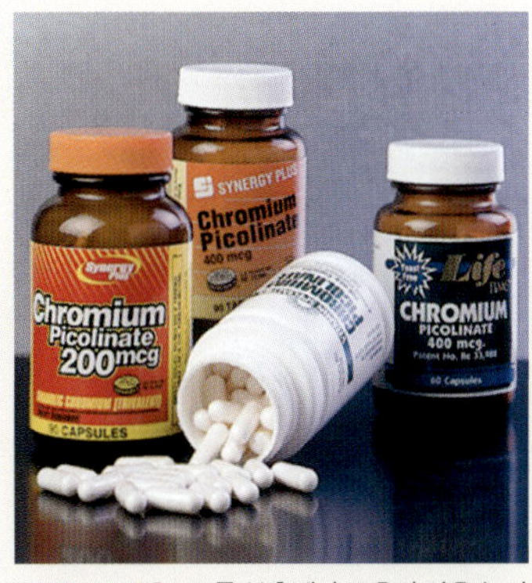

[그림 11-23]…크롬 보충제가 근육의 양을 늘리고 지방을 줄이는 용도로 시중에 판매되고 있다.

9. 불소 Fluoride (F)

치아 건강에 대한 불소의 중요성은 음료수의 불소 함량과 충치의 빈도 사이의 관련성이 주목받은 1930년대부터 인정되었다.

1. 식사에서의 불소

불소는 모든 토양, 물, 식물, 동물에 소량 존재하는데, 불소가 가장 풍부한 급원은 불소화된 물, 차, 뼈째 먹는 생선이다[그림 11-24]. 차를 많이 마시는 나라에서 총 불소 섭취가 유의적으로 높았는데, 우려낸 차에는 1~6mg/L의 불소가 함유되어 있으며, 이 양은 차의 양, 우려내는 시간, 찻물의 불소 함량에 따라 다르다. 미국에서, 식사 중 대부분의 불소는 치약으로부터 그리고 식수에 첨가된 불소(보통 0.7~1.2mg/L)로부터 섭취된다. 식품은 조리수의 불소를 쉽게 흡수하므로, 식품의 불소 함량은 불소처리된 물로 조리하였다면 유의미하게 증가될 수 있다. 조리 기구 또한 식품의 불소 함량에 영향을 미친다. 테프론 기구로 조리된 식품은 테프론에서 불소를 취할 수 있으나, 알루미늄 조리기구는 불소의 함량을 감소시킨다. 불소는 식사의 불소 함량의 비율에 따라 흡수된다.

[그림 11-24]…불소의 급원은 물, 차, 뼈째 먹는 생선, 치약이다.

2. 체내에서의 불소

소화된 불소 80~90%는 흡수되는데, 우유나 칼슘이 많은 식품과 함께 먹게 되면 흡수는 감소한다. 불소는 칼슘 친화성이 높아 뼈나 치아와 같은 조직의 경화에 관련이 있다. 치아에서 불소는 에나멜 결정체로 들어가 **플루오르하이드록시아파타이트**를 형성하므로 산에 보다 더 잘 견디게 된다.

플루오르하이드록시아파타이트(fluorhydroxy-apatite)…불소를 함유하고 있는 무기질로 치아의 에나멜층에 침착되어 산에 의해 부식되는 것을 막는다.

3. 불소 섭취권장량

역학조사는 충치를 줄이는 데 불소 처리된 물의 효율성을 확인했다. 불소의 권장량 지침 기준은 부작용의 유발 없이 충치 발생을 최대한 줄이는 데 필요한 양이다. 생후 6개월이 넘은유아의 불소 권장량 지침은 하루 0.05mg/체중(kg)으로 설정되어 있는데, 이 양이 부작용 없이 충치를 막을 수 있는 양이기 때문이다. 4~8세 어린이의 권장량 지침은 표준 체중 22kg을 기준으로 해서 하루 1.1mg이다. 19세 이상의 성인 남자는 표준 체중 76kg을 기준으로 해서 3.8mg, 여자는 표준 체중 61kg 기준으로 3.1mg이다. 임신 기간과 수유기에도 증가하지 않는다. 모유는 불소가 낮으며, 바로 먹일 수 있는 유아식은 불소 처리되지 않은 물로 만든다. 유아식을 가정에서 불소 처리된 물로 만들지 않으면 불소가 거의 없다. 미국 소아과의사협회에서는 6개월~3세 유아에게는 하루 0.25mg, 3~6세 유아는 0.5mg, 수돗물에 0.3mg/L 이하의 불소가 함유된 물을 마시는 6~16세 아동은 1.0mg의 보충제를 제의했다. 이러한 보충제 처방은 물에 불소의 함량이 낮은 지역에 사는 아이들에게 가능하다. 치약으로 흡입하는 불소는 하루 0.6mg으로 추정된다.

4. 불소 결핍증

적절한 불소는 뼈와 치아 건강에 중요해서 불소가 부족하면 충치가 더 흔해진다. 불소의 식품 급원은 거의 없고 마시는 물로 공급받기 때문에 불소 보충제나 물의 불소 처리는 충치를 최소화하는 데 자주 사용된다. 불소는 치아의 발달이 최대가 되는 13세까지의 충치 예방에 가장 효과적인데, 이 기간 동안 불소가 치아에 들어가 에나멜층을 산에 더 강하게 만든다. 불소는 치아를 보호하는 데 있어서 어린이뿐 아니라 어른에게

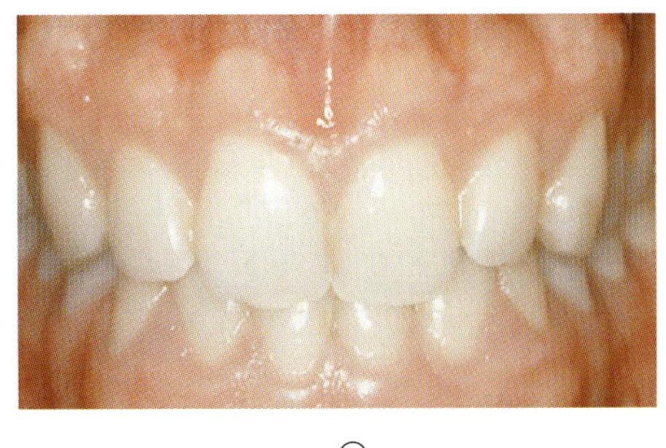
ⓐ

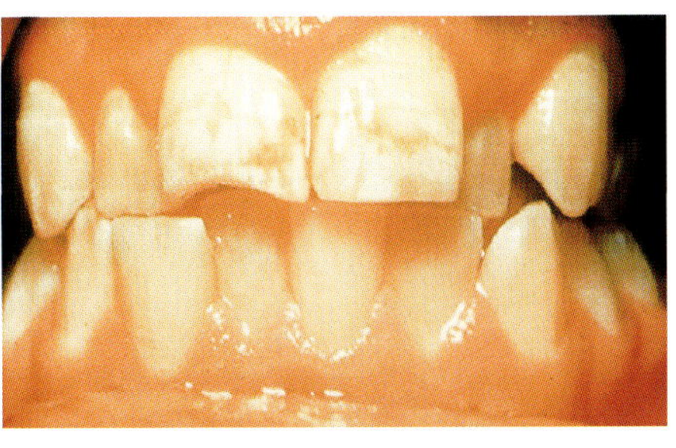
ⓑ

[그림 11-25]…과량의 불소는 치아의 변색을 유발한다. ⓐ정상 치아, ⓑ에나멜층이 변색된 치아

도 유용하다. 침에 있는 불소는 박테리아에 의해 만들어진 산을 환원시켜 충치를 줄이며, 치아 에나멜이 산에 용해되는 것을 막고 산에 노출된 후 에나멜의 재무기질화를 증가시킨다. 불소는 새로운 뼈의 합성을 자극하여 골다공증이 있는 성인의 뼈를 강화시키는 것으로 보인다. 서서히 방출되는 불소 보충제는 뼈의 중량을 증가시키고 골절을 예방하는 것으로 알려지고 있다.

5. 불소의 독성

불소는 고용량에서 부작용을 유발할 수 있는데, 어린이가 불소를 하루 2~8mg 섭취하면 **불소침착증**을 유발할 수 있다[그림 11-25]. 미국에서 최근 이러한 증상이 증가하는 것은 불소가 함류된 치약을 만성적으로 섭취했기 때문이었다. 성인이 하루 20~80mg 섭취한 결과, 신장과 신경의 기능 변화와 근육의 기능 변화뿐 아니라 심한 손상을 줄 수 있는 뼈에서의 변화를 초래할 수 있고, 하루 5~10g 불소 섭취로 사망한 예도 보고되었다. 이러한 과도한 불소의 섭취로 인한 염려 때문에 치약에 경고문을 부착하게 되었는데 경고문에는 반드시 "실수로 많은 양을 삼켰다면, 전문가의 도움을 청하거나 독성통제센터로 연락하라"는 내용이 있어야 한다. 불소의 최대 허용섭취량은 유아와 9세 이하의 어린이 0.1mg/kg/1일, 9~70세는 10mg/1일이다.

불소침착증(fluorosis)…과다한 불소가 치아의 갈색 변색을 유발하는 것

10. 몰리브덴 Molybdenum (Mo)

다른 많은 미량무기질과 마찬가지로, 몰리브덴은 효소를 활성화하는 데 필요하다. 식품의 몰리브덴 양은 그 식품이 경작된 곳의 토양의 몰리브덴 양에 따라 다르다. 확실한 급원은 우유, 유제품, 내장육, 곡류, 두류를 포함한다. 몰리브덴은 쉽게 흡수되며 체내에서 몰리브덴의 양은 소변과 담즙으로 배설됨으로써 조절된다. 몰리브덴은 함황아미노산의 대사와 DNA와 RNA에 있는 함질소화합물의 대사에 필요한 효소의 보조인자이며, 요소의 생산, 여러 가지 화합물의 산화와 해독 과정에서 역할을 한다. 인간에 있어 몰리브덴의 결핍은 장기간 TPN을 공급받는 환자에게서 보고되었으나, 자연적으로 발생된 예는 없다. 실험 동물에게 몰리브덴의 흡수를 방해하는 텅스텐이 포함된 식이를 장기간 급여했을 때에는 결핍이 발생하는데, 결핍은 성장 지연, 식품 섭취 감소, 생식 능력 손상, 수명 감소를 유발한다. 몰리브덴 평형 실험 결과에 근거하

여, RDA는 성인 하루 45㎍으로 설정되었다. 임신기와 수유기에는 그 양이 증가되며 유아의 AI는 모유에 함유된 몰리브덴의 양을 기초로 정하였다. 인간에게 있어 몰리브덴을 많이 섭취했을 때의 부작용에 대한 데이터는 거의 없다. 최대 허용섭취량은 하루 2,000㎍으로 이는 동물에게서 성장 장애와 생식 장애를 보이는 양이다.

11. 그 밖의 미량무기질

그 밖의 많은 미량무기질이 인간의 체내에서 발견된다. 일부는 인간에게 필수적이며 납과 같은 무기질은 환경에 노출되어 체내에 존재한다. 비소, 붕소, 니켈, 실리콘, 바나듐 등이 DRI 위원회에서 검토되었고 인간의 건강에 중요한 역할을 한다는 것이 밝혀졌다. 비소는 필수영양소가 아니라 독성 물질로 잘 알려져 있으나, 식품 중 유기 상태의 비소는 독성 성분이 아니며 비소는 메티오닌이 심장 기능과 세포 성장에 영향을 미치는 화합물로의 전환 과정에 필요하다. 비소 결핍은 신경계 장애, 혈관질환, 암과 상관관계가 있다. 붕소는 비타민 D와 에스트로겐 대사에 필요하고, 니켈은 특정 지방산과 아미노산의 대사에 필요한 효소에 기능을 하며 엽산의 대사에도 역할을 한다. 실리콘은 모래의 주성분인데, 콜라겐의 합성과 뼈의 석회화에 필요하다. 바나듐은 인슐린과 비슷한 기능을 하며 세포 증식과 분화를 자극한다. 이들 미량영양소의 권장량 지침이나 RDA를 설정할 만한 데이터는 없지만 붕소, 니켈, 바나듐의 최대 허용섭취량은 설정되어 있다. 그밖의 생리적 역할을 하는 미량영양소는 알루미늄, 브롬, 카드뮴, 게르마늄, 납, 리튬, 루비듐, 주석 등이 있다. 이들의 특정 기능은 아직 설명되지 않고 있으며, 식품의약품안정청위원회(Dietary Reference Intakes; DRI)에서 평가되지 않았다. 중요한 무기질이든, 여전히 연구 중이든 모든 무기질은 식품 구성탑의 각 군에서 다양한 식품을 선택함으로써 얻을 수 있다.

☀ 사례연구후기

미량영양소의 하나인 요오드는 식품이 어디에서 생산되었는지에 따라 그 함량이 다르다. 식사가 여러 곳에서 생산된 식품으로 이루어져 있다면, 그러한 다양성은 모든 미량영양소가 적절한 양이 포함되어 있음을 보증한다. 미국에서는 사람들이 근처 가게에서 식품을 구매하므로 이러한 다양성을 쉽게 가질 수 있다. 그러나 N양의 동네는 식품을 수입하는 것이 어려웠는데, 이는 그 동네 사람들이 자신들에게 필요한 것을 그 지역에서 경작하고 있어서 비싸게 수입할 필요가 없었기 때문이고 그로써 요오드 결핍이 흔하게 나타난 것이다. 약 1년 후 N양은 갑상선종 진단을 받았으며, 정부는 요오드가 강화된 소금 사용을 촉진하기 시작하여 요오드가 강화되지 않은 소금의 생산과 판매를 금지하였다. N양의 동네 사람들 일부는 여전히 새로운 소금을 사용하기를 거부하지만, 요오드강화 소금이 안전하며 가격이 적당하다는 것을 널리 홍보하며 교육하고 있다. 유니세프는 아이들이 자기 집 소금을 학교로 가져와 요오드 함량을 측정하도록 하는 프로그램을 실시하고 있다. N양은 이제 건강한 십대가 되었고 갑상선종은 흔적도 없이 사라졌다. 요오드강화 소금 때문에 그녀와 주변 사람들은 결핍의 위험에 더 이상 노출되고 있지 않다.

연습문제

1 체내에서의 철의 기능은 무엇인가?
2 철분 결핍이 왜 적혈구를 작게 만들고 색을 연하게 만드는가?
3 철분 결핍성 빈혈의 위험군 세 개를 쓰고 그들이 왜 위험한지 이유를 써라.
4 식이에 있는 철 급원을 몇 가지 쓰고 그것이 헴철인지 비헴철인지 표시하라.
5 철분 흡수에 영향을 미치는세 가지 인자를 설명하라.
6 헤모크로마토시스(hemochromatosis)는 무엇인가?
7 단백질의 합성에 아연이 어떻게 영향을 미치는가?
8 아연의 과다 섭취는 혈액으로 들어가는 아연의 양을 어떻게 감소시키는가?
9 왜 과도한 아연은 구리의 결핍을 유발하는가?
10 왜 구리의 결핍이 빈혈을 일으키는지 설명하라.
11 체내에서 셀레늄의 역할은 무엇인가?
12 왜 셀레늄은 비타민 E의 필요를 감소시키나?
13 갑산선종은 무엇이며 왜 요오드 결핍이 것을 만드는가?
14 체내에서 크롬의 역할은 무엇인가?
15 아연, 구리, 망간의 급원은 무엇인가?
16 불소는 치아의 건강에 어떤 기능을 하는가?

Focus On

Focus On Alcohol

1. 알코올

인류 문명 이래 거의 모든 사회는 여러 종류의 알코올 음료를 생산하고 섭취했다. 이 흥분성 음료는 종교의식, 사회적 전통, 심지어 의학 처방의 한 부분이었다. B.C. 2100년 수메르인의 점토판에는 맥주에 대한 의사의 처방이 기록되어 있고, 고대 이집트에서는 맥주와 와인 모두 내과 치료의 일부로 처방되었다. 오늘날 사람들은 이 음료를 마심으로써 얻어지는 이완 효과를 즐기는 반면, 종교적, 문화적, 인간적, 의료적인 용도는 축소되었다. 알코올 섭취의 위험과 이익은 누가 술을 어떻게, 얼마나 마시는지에 달려 있다. 일부에서는 적당한 알코올의 섭취가 건강에 유익한 점을 제공한다고 하지만, 지나친 알코올 섭취는 음주자와 그들의 가정에 의학적, 사회적으로 부정적인 결과를 가져오고 있다. 이는 알코올이 영양소의 섭취를 줄여, 저장, 이동, 활성화 등 물질 대사에 영향을 주고 간 조직을 손상시키는 독성 물질을 생성한다는 사실로써 설명될 수 있다.

1. 알코올 음료에는 무엇이 들어 있나?

화학적으로 수산기(-OH)를 포함하는 모든 분자는 알코올이다. 사실상, 우리의 음식과 우리 몸에서 알코올로 분류되어 있는 많은 분자들은 곡물 알코올인 **에탄올**이다. 또한, 어떤 음료수에는 에탄올이 함유되어 있다[그림 F1-1].

에탄올(ethanol)…알코올 음료의 유형. 이것은 당의 이스트 발효에 의해 생산된다.

[그림 F1-1]…에탄올은 작은 수용성 분자이며 현재 모든 알코올 음료가 이러한 유형이다.

H H
H—C—C—OH
H H

에탄올

[표 F1-1]…알코올 음료에 들어 있는 열량, 탄수화물, 알코올

음료 종류	중량(g)	열량(kcal)	탄수화물(g)	알코올(g)
롱아일랜드 아이스티	198	170	24.3	17.8
진토닉	284	114	10.5	10.7
소주	360	630	14.0	90.0
맥주	340	146	13.2	12.8
라이트맥주	340	100	4.6	11.3
화이트와인	142	100	1.2	13.7
레드와인	142	106	2.5	13.7
버번, 위스키	43	96	0	13.9

카페인은 많은 사람들이 알코올보다 많이 사용하는 유일한 약물이다.

대부분의 알코올 음료 심지어 맥주, 와인, 진토닉조차도 물과 알코올 그리고 많은 양의 당류로 구성된 반면, 다른 영양소, 즉 단백질, 비타민, 무기질은 거의 없다. 탄수화물과 알코올류는 이러한 음료에서 열량을 제공하는 것이다. 평균적으로 맥주 340mL와 와인 140mL, 증류주 42mL에는 대략 90kcal (7kcal/g) 정도인 12~14g의 알코올이 함유되어 있다. 탄수화물에 의한 에너지의 양은 음료의 종류에 따라 결정된다 [표 F1-1].

2. 알코올의 섭취, 운반과 배출

섭취한 알코올은 오직 소화관을 통해 흡수된다. 단지 소량만 입과 식도에 흡수 되며 대부분은 위와 소장의 십이지장과 장에서 흡수된다. 알코올은 위에서 상당한 양이 흡수될 수 있고 흡수 속도도 빠르기 때문에 빈 속에 알코올을 마시면 즉각적으로 흡수된다. 만일 위 속에 음식이 있는 상태라면 위 안의 내용물이 위 벽면과 직접 접촉하는 양이 줄기 때문에 위 내용물이 알코올을 희석하여 흡수가 늦어지고, 그 결과 알코올 흡수가 빠르게 일어나는 소장으로 이동하는 속도를 늦추게 한다.

[표 F1-2]··· 혈중 알코올 농도에 영향을 미치는 인자

요인	영향
성별	남성은 신체에 많은 물과 위 속에 ADH(알코올 탈수소효소)를 더 많이 가지고 있어 같은 체중의 여성보다 평균적으로 낮은 혈중 농도를 가진다.
음식	위 속 음식은 알코올의 흡수를 느리게 하므로 음주 전에 음식을 섭취하는 것이 혈중 알코올 농도를 낮게 한다.
체중	몸무게가 많이 나가고, 체수분량이 많을수록, 주어진 양을 마신 후의 혈중 알코올 농도는 더 희석된다.
음주 속도	신체의 알코올 대사 작용이 느리게 일어나므로 시간당 마시는 잔 수가 증가하면 혈중 알코올 농도는 상승한다.
알코올의 종류	마시는 알코올의 양은 혈중 알코올 농도가 상승하는 속도에 영향을 준다. 탄산과 혼합된 것(탄산수와 소다)을 마시면 신체는 알코올을 더 빨리 흡수한다.

흡수된 알코올은 혈관으로 들어가서 작은 수용성 분자로서 수분을 함유하는 모든 신체 조직으로 빠르게 확산된다. 이때 확산에 의해 세포막을 통과하기 때문에 들어가는 알코올의 양은 세포막을 사이에 둔 농도 차이에 의해 결정된다. 그러므로 혈중 알코올 농도는 몸속(신체) 알코올 양을 나타내며, 알코올 흡수와 배설의 비율 차이에 의해 결정된다. 혈중 농도의 최고 수치는 대략 알코올 섭취 1시간 이후에 나타나는데, 섭취한 알코올 음료의 종류와 양, 음료를 마시는 속도, 소비된 음식들, 음주자의 무게와 성별, 몸속의 알코올 분해 효소 활동을 포함하는 많은 변수에 따라서 혈중 알코올 농도는 결정된다[표 F1-2].

대략 20%의 에탄올은 혈류를 통해 위에 직접 흡수되고 80%는 소장으로 흡수된다.

알코올은 독성 물질이고, 신체에 저장될 수 없기 때문에, 빨리 제거되어야 한다. 흡수된 알코올은 간문맥 순환을 통하여 간으로 이동하는데, 알코올은 간에서의 우선적인 대사 물질이므로 약 90%는 간에 의한 대사 작용으로 탄수화물, 단백질, 지방보다 먼저 소비되고, 5% 정도는 소변으로 배출되며, 나머지는 내쉬는 숨을 통하여 폐에서 제거된다. 콩팥에 도달한 알코올은 이뇨제 역할을 하여 소변의 배출량을 늘리므로 과도한 알코올 섭취는 탈수증을 초래한다. 폐를 통과한 호흡을 통하여 알코올을 측정하는 방법은 혈중 알코올 농도를 추정하기 위해 사용될 만큼 충분히 예측 가능하며 신뢰할 수 있다. 이것이 개인이 음주 상태 하에 운전을 했는지를 판단하는 음주단속 측정기의 원리이다.

3. 알코올 물질 대사

알코올 대사에는 두 개의 경로가 있다. 세포의 세포질에 있는 **알코올 탈수소효소**(ADH)와 마이크로솜이라 불리는 작은 소낭에 있는 **마이크로솜에탄올 산화계**(MEOS)이다.

세포 안에서 생성되는 마이크로솜은 소포체(smooth endoplasmic reticulum)라고 불리는 기관으로부터 나뉜다.

알코올 탈수소효소(alcohol dehydrogenase; ADH)··· 간과 위에서 발견된 효소로 주로 알코올을 아세트알데히드로 바꾸어 다음단계인 아세틸 CoA로 변화되며 시트르산회로로 들어가게 한다.

마이크로솜에탄올 산화계(microsomal ethanol-oxidizing system; MEOS)··· 세포질 미립체에 존재하는 활성효소로 알코올을 아세트알데히드로 변환시키는데, 알코올 섭취의 증가시 활성이 증가한다.

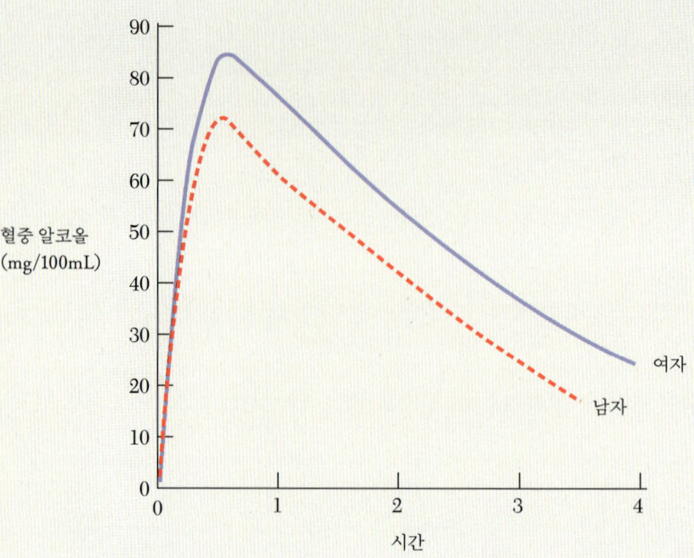

[그림 F1-2]…같은 양의 알코올 섭취 후 혈중 알코올 농도는 남성보다 여성이 높다.

1. 알코올 탈수소효소

알코올을 적당히 섭취하거나 또는 가끔 섭취하는 사람들에게서의 알코올은 대부분 ADH 경로를 통하여 분해된다. 간세포에서의 ADH 활성도가 최고로 높긴 하지만, 소화관 전역에서 이 효소가 발견되고 특히 소화관 중에서도 위에서의 활성도가 가장 높은 것으로 나타났다[그림 F1-2].

여성이 남성보다 적은 양의 알코올을 섭취하고도 더 많이 취하는 이유는 2가지 가설이 있다. 그 첫번째 가설은 여성이 남성에 비해 알코올 탈수소효소의 활성이 낮기 때문이라고 한다. 알코올 탈수소효소는 알코올을 아세트알데히드로 산화시키는 역할을 하는데 이 효소가 적으면 알코올이 천천히 아세트알데히드로 바뀌면서 숙취현상을 일으키는 아세트알데히드가 오래 체내에 남아있기 때문이라는 것이다.

두번째 가설은 여성이 남성에 비해 체지방함량이 높은데 알코올은 수분이 많은 조직에 녹아있기 때문에 같은 양의 알코올을 마셔도 상대적으로 아세트알데히드의 농도가 높아진다는 것이다.

알코올 탈수소효소에 의해 만들어진 아세트알데히드는 숙취현상을 일으키는 주범일 뿐아니라 체내 세포에 대한 독성이 강하기 때문에 여성은 남성보다 더 알코올의 독성에 취약하고 알코올 중독으로 발전하기도 쉽다[그림 F1-3].

2. 마이크로솜 알코올 산화계

또한 알코올은 마이크로솜 에탄올산화계(MEOS)라 불리는 두 번째 경로에 의해 간에서 신진대사한다. 이 시스템은 섭취되는 알코올 양이 많을 때 특히 중요하다. ADH 시스템처럼, MEOS는 알코올을 아세트알데히드로 변환시키고, 이 과정에서 미토콘드리아 속 알데히드 탈수소효소에 의해 산화된다. 이 반응은 니코틴아미드 아데닌 디뉴클레오티드 인산(nicotinamide adenine dinucleotide phosphate; NADPH)[그림 F1-3]이라고 불리는 나이아신 조효소와 산소에 달려 있다. 알코올 산화로부터 NADH를 형성

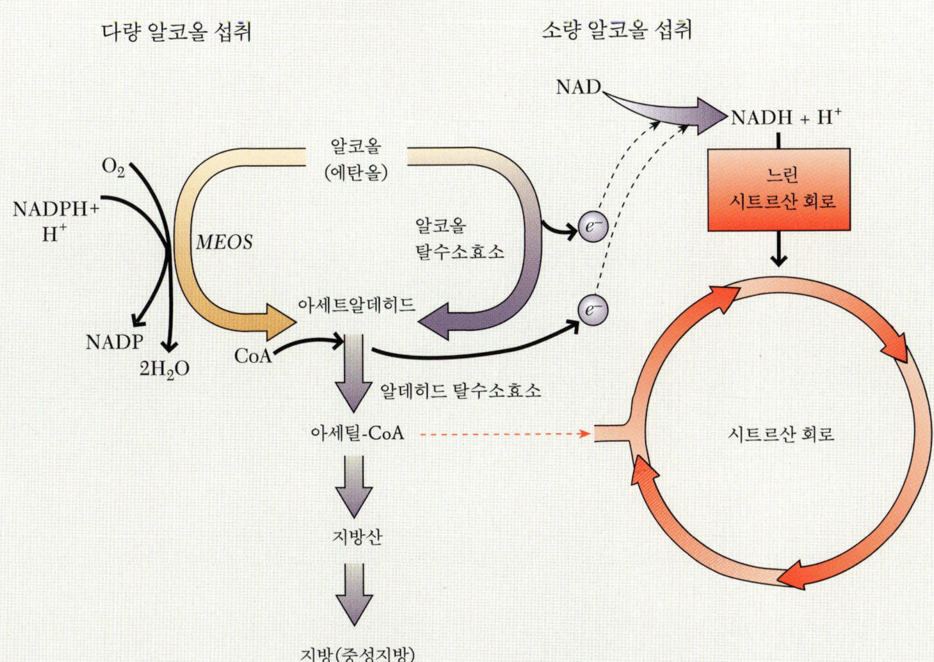

[그림 F1-3]… 적은 양의 알코올을 마실 때 알코올은 대부분 알코올 탈수소효소에 의해 분해되어 아세트알데히드를 생산하고 수소 이온과 전자를 방출한다. NADH가 축적되면 시트르산 회로를 느리게 만들어 아세틸 CoA는 분해되지 않고 그 대신 아세틸 CoA가 지방산을 합성하는 데 사용한다. 다량의 알코올을 마시면 마이크로좀 산화계가 에탄올을 알데히드로 전환시킨다. 이 두 가지 시스템에 의해 만들어진 알데히드는 탈수소효소에 의해 아세틸 CoA로 전환된다.

함으로써 에너지가 발생하는 ADH 경로와는 다르게, MEOS 시스템은 알코올의 산화를 위해서 NADPH 형태의 에너지 흡수를 요구한다. 아세트알데히드, 물과 NADP를 형성하는 것에 추가하여 활성산소분자도 생성되는데, 이 활성산소가 간 질환의 원인이 된다. 알코올의 섭취가 많을 때 ADH가 알코올을 산화시키는 비율은 일정하지만 MEOS 활동은 증가하는데, MEOS는 다른 약물 대사에도 관계하므로 알코올 섭취가 많아 MEOS의 활성이 증가하면 다른 약물의 대사도 변화가 된다.

3. 대장 속의 알코올 물질 대사

비록 흡수되지 않는 알코올이 대장에 바로 도착하지 않아도(그전에 다 흡수되어 버렸기 때문에) 알코올은 혈관을 타고 대장 세포로 이동한다. 대장 내 흡수된 알코올은 대장 내 세균의 ADH에 의해 분해되어 아세트알데히드를 생성한다. 세균이 알코올을 아세트알데히드로 바꾸는 능력은 아세트알데히드를 아세틸 CoA로 바꾸는 능력보다 더 강하기 때문에 독성 아세트알데히드는 결장에 축적된다. 이것은 점막의 손상과 결장암을 일으키며 혈액의 아세트알데히드는 간 손상을 일으킨다.

4. 알코올 섭취의 부작용

알코올 섭취 이후 몇 시간 동안 기능을 교란하는 단기 부작용이 나타나며 또한 만성적인 알코올 섭취는 장기적인 부작용을 나타낸다. 만성적인 알코올 흡수는 영양 상태를 방해하고 그것을 산화하는 동안 독성 화합물을 생산하기 때문에 병을 일으킬 수 있다. 알코올의 효과는 생애주기에 따라 변화한다. 임신한 동안 알코올을 섭취하면 성장하는 태아에게 정신지체와 다른 선천성 이상을 초래할 수 있고, 뇌가 발달하고 변화하

[표 F1-3]…만성 알코올 섭취가 건강에 미치는 효과

건강 영향	알코올의 피해
선천적 기형	임신 기간 중 알코올을 섭취했을 때 알코올에 관련된 태아 알코올 증후군, 알코올성 태아기형, 그리고 신경발달장애의 위험 증가
소화관 질환	위와 소장의 안쪽 벽에 피해를 주고, 췌장염의 발생 원인
간 질환	지방간, 알코올성 간염, 간경화증 유발
영양실조	영양분 흡수를 줄이고 몇몇 비타민과 무기질의 저장, 대사, 배설을 변화시키며 알코올이 영양밀도가 높은 열량원을 대체하기 때문에 불량 식사와 높은 연관성
신경 장애	기억력 감퇴, 치매, 말초신경병증의 원인
심혈관 장애	심근병증, 고혈압, 부정맥, 뇌졸중과 같은 심혈관 장애
혈액질환	빈혈과 감염의 위험 증가
면역 작용	면역계를 억제하여 호흡성 감염, 폐렴, 결핵과 같은 감염성 질병의 증세
암	암의 위험을 증가. 식도, 구강, 인두, 후두를 포함하는 위쪽 소화관과 간, 췌장, 유방, 직장의 위험 증가
성기능 장애	정소나 난소의 미숙한 기능에 의한 호르몬 결핍으로 성기능 장애와 불임 유발 또한 빠른 갱년기의 비율이 높고, 빈번한 월경 불순의 높은 비율과도 관련
정신적 장애	우울증, 불안증, 불면증을 유발하고 자살의 발생 수가 높은 것과 관련
사망률	미국에서는 1년에 75,000건의 알코올과 관련된 사망 발생

는 유년기와 사춘기 동안에 알코올을 섭취한다면 학습과 기억능력의 영구적 감소를 초래할 수 있다. 또한 알코올은 누구에게나 직접 또는 간접적으로 신체의 모든 기관에 영향을 미치며 영양실조와 많은 만성질환의 위험을 늘린다[표 F1-3].

1. 알코올 소비의 급성적인 영향

수유부가 알코올을 섭취하면 모유를 통해 신생아에게까지 전해지는데, 모유 중 알코올 농도는 섭취 후 1시간에서 1시간 반 사이에 가장 높게 나타난다. 그러므로 수유부는 알코올 섭취를 자제하는 것이 좋으나, 부득이한 경우에는 알코올 농도가 높은 시기를 피하는 것이 바람직하다.

체중, 음주량, 섭취하는 음식과 일반적인 건강에 따라 간은 대략 시간당 142g의 알코올을 분해하는데, 이것은 보통 1잔(약 142g 와인, 약 340g의 맥주 또는 약 43g의 증류수)의 알코올 양이다. 알코올 섭취가 그것을 분해하는 간의 능력을 초과할 때, 간의 활성 효소가 알코올을 신진대사시킬 때까지는 혈류에 축적된다. **알코올 중독** 상태는 정신적, 물리적 능력을 손상시키고 결국 뇌에 영향을 미치는데, 즉 뇌 속에서, 뇌신경 신호를 전달받는 것이 늦어져서 알코올이 신경전달 억제제 역할을 하는 것이다. 첫 번째로, 그것은 추리력에 영향을 미치는데, 음주가 계속되면 뇌 속에 시각과 언어 중추가 영향을 받게 된다. 다음으로는 대 근육 제어 기능이 소실되기 때문에 동작을 제어하지 못하고, 마침내 의식을 잃어버리는데, 이후에도 음주가 계속되면 마취 효과가 나타나

알코올 중독(alcohol intoxication or alcohol poisoning)…알코올의 섭취량이 개인의 내성(주량)을 초과하고, 정신과 물리적 능력을 손상시킬 때 발생한다.

서 숨쉬는 것과 심박수까지도 억제할 것이다.

의식을 잃을 때까지 계속해서 많은 양의 알코올을 마시면 죽음을 초래할 수도 있는데, 이는 **폭음**과 함께 일어날 수 있다. 알코올의 중추신경계에 대한 작용은 매우 치명적이어서 음주 상태에서는 운전을 하지 않도록 규제할 정도이다. 알코올은 반응 시간, 눈과 손의 감각, 정밀성 그리고 균형 감각에 영향을 미친다. 이와 같이 동작 근육을 운용하는 능력을 해칠 뿐만 아니라 운전 중 판단력을 방해한다. 또한 알코올의 남용은 가정 폭력의 원인이 되고, 매년 약 75,000건의 사망 사고를 가져오기도 하며, 그중 교통사고 사망이 약 30%를 차지한다.

폭음(binge drinking) … 한 번에 5잔 이상의 술을 연속적으로 마시는 것

2. 알코올 중독: 알코올 사용의 만성적 영향

정기적인 알코올 섭취와 관련한 한 가지 위험성은 중독 가능성이다. 알코올에 의존하는 것을 알코올 중독이라 하며 중독의 위험성은 더 어린 나이부터 음주를 시작한 사람에게서 더 높게 나타난다. 다른 약물 중독과 같이, 알코올 중독은 치료가 필요한 생리적인 문제다. 알코올 중독에 대해 유전적 소인을 가지고 있지만 알코올을 마시지 않는 사람들은 같은 유전자의 음주자들에 비해 중독될 가능성이 적다.

2-1. 알코올과 영양실조 — 오랜 기간의 과도한 알코올 섭취로 인한 합병증 중 하나는 영양실조이다. 알코올은 에너지에 도움(1g당 7kcal)은 되지만 영양분은 적다. 이것은 식이에서 좀 더 영양밀도가 높은 에너지원으로 대체될 수도 있고, 그로 인해 전체 영양 섭취를 감소시킨다. 알코올로부터 오는 열량이 증가함에 따라, 영양 결핍의 위험성이 증가한다. 음주자가 적당히 알코올을 섭취하는 경우 일반적으로 식이에서 탄수화물은 알코올로 대체되고 에너지 섭취량는 약간 증가한다. 알코올의 섭취가 열량의 30%를 초과할 때, 단백질과 지방의 섭취뿐만 아니라 탄수화물의 섭취가 감소되고 티아민과 비타민 A와 C와 같은 필수 미량영양소의 섭취도 권장량보다 떨어질 수 있다. 그러므로 알코올 섭취가 높은 식이는 일차적 영양실조를 유발하는데, 그 이유는 영양소가 식이 내에서 집중된 에너지원이 알코올로 대체되고, 전체 영양 섭취를 감소시키기 때문이다. 알코올은 영양소 섭취의 감소 외에도, 영양소 흡수를 방해함으로써 심지어 적당한 양의 영양소가 섭취될 때에도 이차적 영양실조를 유발할 수 있다. 알코올은 위, 췌장, 장의 염증 반응을 유발하는데, 이것은 음식의 소화와 혈액으로의 영양소 흡수를 방해한다. 소장 벽의 알코올로 인한 손상은 몇몇의 비타민 B와 비타민 C의 흡수를 감소시키므로 비타민 B와 티아민의 결핍은 만성적 알코올 섭취와 특별한 관계가 있다. 알코올은 또한 다른 비타민과 몇몇 무기질의 저장, 대사, 흡수를 방해하여 영양실조의 원인이 된다.

현재는 알코올이 독성 물질이라는 것을 알고 있지만 한때 알코올 섭취로 인한 간질환을 영양 부족의 결과라고 생각했었다.

2-2. 알코올의 독소 작용 — 만성적인 알코올 소비는 고혈압, 심장질환, 뇌졸중과 관련되어 있으나, 가장 특징적인 생리학적 효과는 간에서 나타난다. 영양 부족으로부터 간 손상을 야기하는 것 외에도, 알코올은 그 자신의 독소 효과로 간 손상을 야기한다. ADH를 매개로 하는 대사 작용은 과다한 양의 NADH를 생산하고, 이는 시트르산 회로(citric acid cycle)를 억제하며, 지질, 탄수화물, 단백질의 대사에 영향을 끼친다. 높은

[그림 F1-4]…만성적 알코올 섭취는 영구적인 간 손상을 야기할 수 있다. 왼쪽은 정상적인 간이며, 오른쪽은 간경화증 간이다.

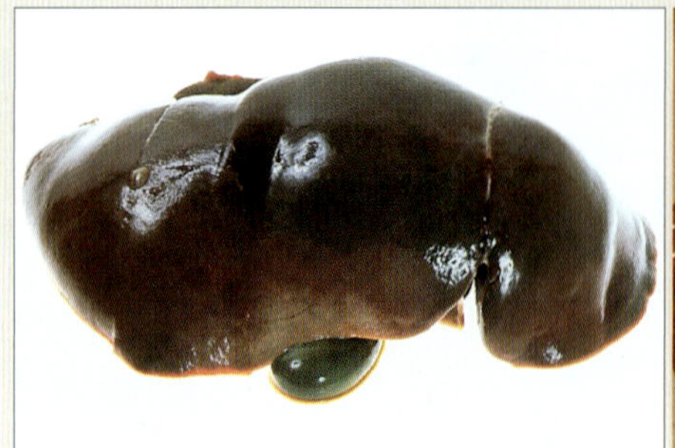

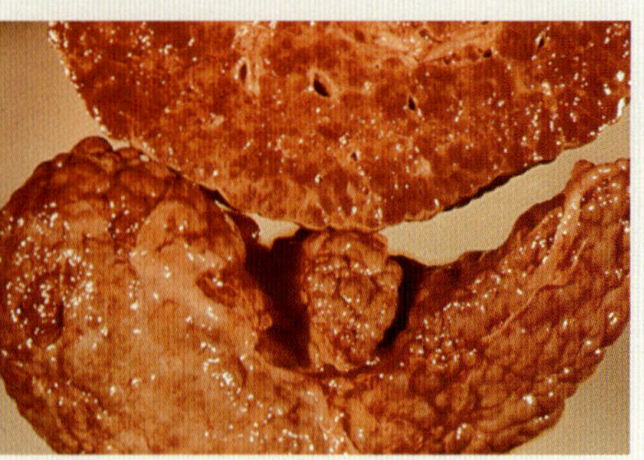

NADH는 지방 합성을 도와주고, 지방산의 분해를 억제하며, 간 내부에서 지방의 축적을 가져온다[그림 F1-3]. MEOS에 의한 대사 작용은 산화성 스트레스를 초래하고 있는 유리 라디칼(free radical)을 생성한다. 그리고 그것은 세포막 손상과 효소 작용을 변경시키는 지방질 산화의 원인이 된다.

ADH나 MEOS, 어떤 것에 의해 분해되든 독성 아세트알데히드가 생성된다. 아세트알데히드는 단백질에 결합하고 미토콘드리아의 반응과 기능을 억제함으로써 독성 효과를 발휘하는데, 이것은 아세트알데히드에서 아세트산으로의 대사 작용을 감소시킴으로써 더 많은 아세트알데히드가 축적되어 더 많은 간 손상을 야기한다.

지방간(fatty liver)…간에서의 지방 축적

알코올성 간염(alcoholic hepatitis)…알코올 섭취로 인해 발생하는 간의 염증

간경화증(cirrhpsis)…간세포 기능의 손실과 섬유성 결합조직의 축적이 특징인 만성 간질환

알코올성 간 질환은 몇 단계로 진행된다. 제1기는 **지방간**으로, 알코올 섭취가 간에서 지방의 합성과 저장을 증가시킬 때 발생하는 상태다. 제2기는 **알코올성 간염**으로서 간의 염증이다. 이 두 상태는 알코올 소비가 중단되고 좋은 영양분과 건강 습관이 뒤따르면 치료될 수 있다. 만약 알코올 섭취가 계속되면, **간경화증**으로 진행될 수 있는데, 이것은 섬유성 결체 조직이 간에 상처를 내고 기능을 방해하는 회복 불능의 상태이다[그림 F1-4]. 간은 많은 대사 작용의 일차적인 장소이기 때문에, 간경화증은 생명에 치명적이다.

2-3. 알코올과 암 — 간 질환을 야기하는 것 외에도, 과도한 음주는 몇몇 유형의 암과 관련된다. 알코올 섭취와 암 발병의 메타 분석은 구강, 인두, 식도, 후두, 유방, 간, 결장, 직장 및 위의 알코올 섭취와 암 사이의 연관성을 찾아냈다. 역학적으로 알코올 섭취는 늘어난 유방암 발병률과 관련이 있고, 그 발병률은 알코올 섭취량과 직접적인 관계가 있다는 것을 보여준다. 어떻게 알코올이 유방암을 촉진하는가는 아직 밝혀지지

[그림 F1-5]…일반적으로, 사망률이 알코올 소비량에 반비례하여 적당한 알코올 소비의 낮은 사망률과 더불어 J 형태의 곡선으로 나타난다. 곡선의 형태는 피검자의 나이와 성별에 따라 변화한다.

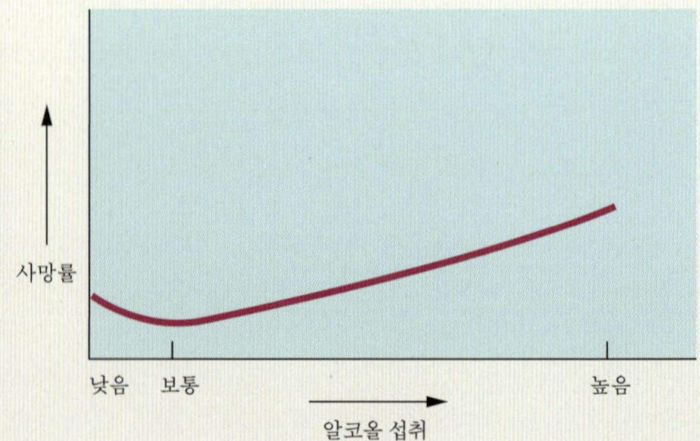

않았지만 아세트알데히드의 돌연변이 유발 효과를 통해, 산화적 손실을 초래하거나 엽산이 대사 작용을 방해함으로써 에스트로겐 대사를 변경하고 암에 영향을 준다고 추정해 왔으며 적당한 엽산 식이가 알코올 섭취와 관련된 늘어난 유방암 발병률을 예방한다는 몇몇 보고가 있다.

알코올 중독자는 간, 췌장, 위에 암이 발생할 확률이 10배 정도 높고, 간경화증, 소화궤양, 그리고 몇 가지 유형의 뇌졸중 위험성이 높다.

5. 알코올 섭취의 이점

일부 사람들에게, 적당한 알코올 섭취(식이지침서에 의해 여자는 하루에 한 잔 이하, 남자는 하루에 두 잔 이하로 한정)는 이로울 수 있다. 식사 전 또는 식사와 함께 알코올성 음료를 섭취하는 것이 식욕을 증진하고 분위기를 향상시킬 수 있고, 적당한 알코올 섭취는 마음을 편안하게 하고 사회적 상호작용을 향상시킬 수 있는 행복감을 낳을 수 있으며, 또한 심장질환의 위험성을 줄일 수 있다. 역학적, 임상적 연구에서 적당한 음주는 전혀 알코올을 섭취하지 않는 것과 비교했을 때 심장병과 뇌졸중의 발병률을 낮춘다는 것을 보여주었다.

이러한 심장질환 발병률의 감소는 적당한 양의 알코올을 섭취하는 중년과 노인의 사망률을 감소시키는 결과를 낳는다. 그러나 과도한 알코올 섭취는 심장질환으로 인한 사망률을 증가시킨다[그림 F1-5]. 심장질환 위험성을 줄이는 것으로 알려진 지중해식 식이에는 매일 적당한 와인이 포함된다. 적포도주의 특별한 이점은 그것이 함유하고 있는 항산화물질(페놀)의 조합 때문인 듯하다[그림 F1-6]. 가장 중요한 것은 적당한 알코올 섭취가 HDL 콜레스테롤을 30% 증가시킬 수 있다는 것이다. 이는 HDL 콜

[그림 F1-6]… 알코올은 심장질환의 발병률을 줄여 주는 일련의 효과를 가지고 있다. 적포도주 안에 있는 항산화 물질은 이러한 이익 효과에 더 기능할 수 있다.

[그림 F1-7]…적당한 알코올 소비는 심장질환의 위험성을 낮추는 일련의 생리적 변화를 야기한다. 그러나 과도한 섭취는 심혈관질환의 위험성을 줄이기는커녕 알코올에 의해 유발되는 위험을 오히려 더 증가시킨다.

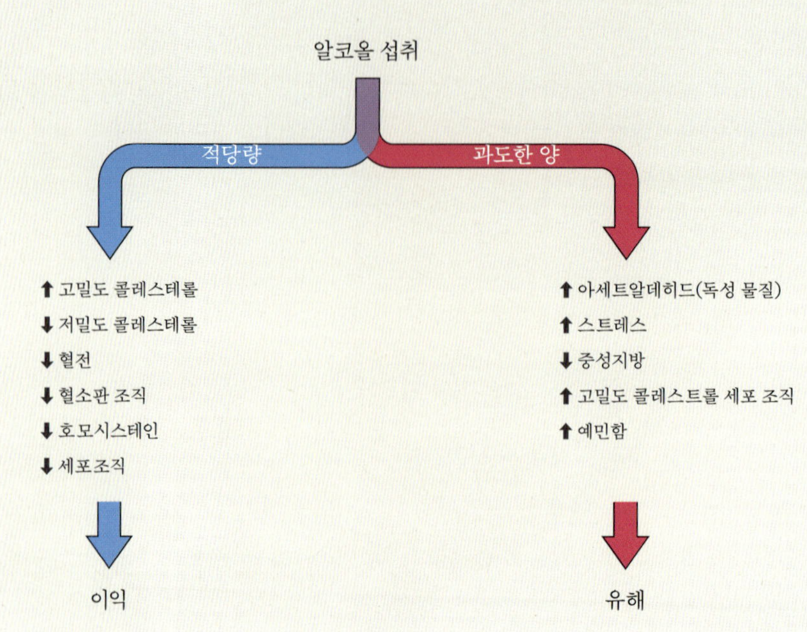

알코올이 탄화된 음료로부터 더 빠르게 흡수된다는 것에 유의해야 한다. 소다수 같은 탄산음료와 섞인 알코올은 과일주스와 같은 탄화되지 않은 음료와 섞인 알코올보다 더 빨리 흡수된다.

레스테롤 증가로 심장질환 위험을 줄이는 절반 이상의 효과를 볼수 있다[그림 F1-7].

6. 안전한 음주

[그림 F1-8]…적당한 양의 알코올이 음식과 함께 섭취될 때, 중독의 위험성이 줄어들고 잠재적 이익이 증대된다.

다른 약물과 마찬가지로, 알코올은 이익뿐만 아니라 위험성도 큰데, 알코올로 인한 위험성은 음주자의 섭취량에 의존한다. 어떤 사람들은 어떠한 알코올도 섭취해서는 안 된다. 예를 들어, 임신하거나 임신을 생각하고 있는 여성은 알코올이 태아에 손상을 입힐 수 있기 때문에 섭취해서는 안 된다. 어린이들과 청소년들도 알코올을 섭취해서는 안 되는데, 알코올의 독성 효과로 더 쉽게 고통(술에 취함과 발작, 혼수 상태, 죽음을 초래하는 독성)을 받을 수 있기 때문이다. 운전을 하거나 기계를 작동할 사람들은 알코올이 근육운동의 협조와 반사를 해칠 수 있기 때문에 섭취해서는 안 되고, 알코올 중독자들은 적당한 수준에서 그들의 음주를 조절할 수 없기 때문에 반드시 피해야만 한다. 마지막으로, 약을 섭취하는 사람들은 약이 알코올과 화학반응을 할 수 있기 때문에 피해야 한다. 이처럼 과도한 알코올 섭취는 누구에게나 이익보다는 위험성이 더 크다.

알코올은 적당한 선에서 마셔야 하는데, 1.5시간당 한 잔 이하로 천천히 섭취해야 한다. 이와 같이 한 번에 마시지 않고, 한 모금씩 마시는 것은 이미 섭취된 알코올을 간이 분해할 만한 시간을 충분하게 주기 위한 것이다. 비알코올성 음료와 알코올성 음료를 번갈아가며 마시는 것도 알코올이 섭취되는 속도를 느리게 하고 탈수 증세를 예방한다. 알코올 흡수는 공복에서 가장 빠르므로 식사와 함께 알코올을 섭취하는 것이 알코올의 흡수를 느리게 하고 심혈관계에 미치는 보호 효과를 증대시킨다[그림 F1-8]. 또한 HDL에 대한 알코올의 효과는 간이 음식으로부터 흡수된 영양분을 처리하고 있을 때 가장 크다고 믿어진다. 불행하게도, 한 번 알코올이 섭취되면, 알코올이 신체로부터 대사되고 제거되는 비율은 빨라질 수 없다. 찬물 샤워, 활발한 산책 그리고 블랙 커피는 술을 깨는 데 도움이 될 수는 있지만, 술을 완전히 깨게 하지는 않는다.

학습점검

1 알코올이 어떻게 물질 대사되는지 설명할 수 있다.
2 알코올 중독의 단기 증상을 기술할 수 있다.
3 만성 과잉 알코올 섭취가 왜 영양실조를 가져올 수 있는지 그 이유를 설명할 수 있다.
4 간에 대한 알코올 중독의 장기적인 영향을 기술할 수 있다.
5 적당한 알코올 섭취가 심혈관질환의 위험을 줄이는 제일 좋은 방법을 기술할 수 있다.
6 알코올 음료를 마실 때 빨리 취하지 않기 위해 할 수 있는 세 가지 방법을 나열할 수 있다.

Focus On Eating Disorders

2. 섭식장애

우리가 먹는 식사는 매일 다르다. 어떤 날은 평소보다 두 배로 많이 먹기도 하고, 어떤 날은 영양가가 높은 음식을 다양하게 먹기도 하지만, 스낵이나 패스트푸드만 먹는 날도 있다. 모임이 있을 때에는 과식을 하게 되지만, 바쁘거나 스트레스를 받으면 적게 먹기도 하고, 체중 조절을 위해 다이어트를 할 때도 있다. 이처럼 식사는 사회적인 상황이나 감정, 시간, 배고픈 정도 등에 따라 영향을 받으며, 보통 배가 부르면 먹기를 멈춘다. 그러나 먹는 행위나 신체 크기, 형태 등에 지나치게 집착할 때 **섭식장애**가 일어나게 된다.

섭식장애(eating disorder)…체중을 조절할 목적으로 식습관이나 기타 습관들에 지속적인 장애를 겪는 경우로서 신체의 건강뿐 아니라 심리적 기능에도 영향을 주게 된다.

1. 섭식장애란 무엇인가?

섭식장애란 체중을 줄일 목적 때문에 식습관이나 기타 다른 행동에 지속적인 장애를 일으키는 심리장애를 말한다. 섭식장애는 신체의 건강뿐 아니라 심리 기능에도 영향을 주며, 치료를 하지 않을 경우 생명을 위협할 수도 있다.

섭식장애에는 세 가지 유형이 있다. 첫째는 **신경성 거식증**으로 체중을 줄이거나 체중 증가를 막기 위해 스스로 굶는 것이 특징이다. 두 번째로 **신경성 대식증**은 한꺼번

신경성 거식증(anoexia nervosa)…스스로 굶는 섭식장애로 왜곡된 신체상을 갖고 있으며 체중이 정상 체중보다 낮다.

신경성 대식증(bulimia nervosa)…한 번에 많은 양의 음식을 섭취하는(폭식) 특징을 가진 섭식장애로 구토를 하거나 하제를 이용해 열량을 제거하려고 하는 행동이 뒤따른다.

에 엄청난 양의 고열량 식품을 섭취하는 **폭식** 증상이 반복된다. 폭식 후에는 우울증, 죄책감 등의 심리적 장애로 먹은 것을 없애려고 하는 구토유도 등의 **쏟아내기 행동**이 뒤따른다. 세 번째로 기타섭식장애는 위의 두 유형 어디에도 속하지 않는 비정상적인 섭식행동을 말한다. 섭식장애로 치료받는 사람들의 50% 이상이 **기타 섭식장애**에 속한다. 예를 들어, 체중이 현저히 적게 나가지만 거식증으로 분류될 만큼 낮지 않을 경우와 폭식과 쏟아내기 행동을 하고 있지만 대식증으로 분류될 정도가 아닌 경우이다. **습관성 폭식장애**는 쏟아내기 행동을 하지 않는 폭식 행동을 말하는데 기타섭식장애에 속한다.

폭식(bingeing or binge eating) … 음식 섭취를 조절하지 못하고 특정 시간 안에 엄청난 양의 음식을 빨리 섭취하는 것

쏟아내기 행동(purging) … 스스로 구토를 유도하거나 하제, 이뇨제, 관장제 등을 이용해 열량을 제거하려고 하는 행동

기타 섭식장애(eating disorder not otherwise specified;ENDOS) … 거식증이나 대식증 유형에 속하지 않는 비정상적인 섭취 행동을 나타내는 섭식장애

습관성 폭식장애(binge-eating disorder) … 쏟아내기 행동 없이 폭식이 계속되는 섭식장애

2. 섭식장애의 원인

유전적, 심리적, 사회문화적 요인 모두 섭식장애에 영향을 준다 [그림 F2-1]. 섭식장애는 보통 신체적, 정신적, 사회적 발달이 급속히 일어나는 청소년기에 시작되는데, 모든 연령대와 민족, 다양한 사회경제적 배경의 사람들에게서도 일어난다.

섭식장애는 전문댄서나 모델 등 저체중을 유지해야 하는 사람들에게서 많이 발생한다. 또한 체조나 피겨스케이팅처럼 날씬한 몸매를 요구하는 스포츠나 레슬링처럼 특정 체중을 유지해야 하는 종목의 운동선수들에게서도 발생률이 증가하고 있다.

1. 유전적 요인

섭식장애가 반드시 유전되는 것은 아니지만, 섭식장애로 발달할 수 있는 개인적 성향이나 생물학적 특성에 영향을 주는 유전인자를 물려받을 수는 있다. 예를 들어, 식품 섭취에 영향을 미치는 세로토닌 같은 신경전달물질의 이상을 유발하는 유전장애는 거식증과 대식증의 특이행동을 보인다. 신경성 폭식장애는 멜라노코트린 4 수용체(melanocortin 4 receptor) 유전자의 이상과 관련이 있는데, 이 유전자가 만들어내는 단백질은 허기와 포만감을 조절한다. 이 유전자가 비정상적이어서 단백질을 만들어내지 못하면 신체는 심한 허기를 느끼게 된다. 돌연변이 유전자를 가진 모든 사람들이

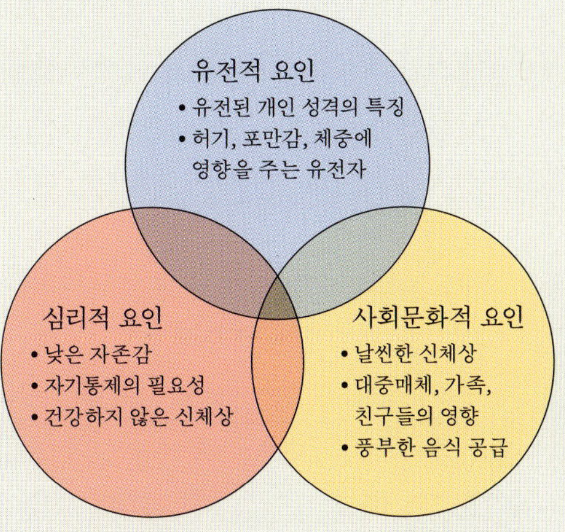

[그림 F2-1] … 섭식장애는 유전, 심리적, 사회문화적 요인이 복합적으로 작용해 발생한다.

폭식장애를 앓고 있으며, 이런 돌연변이는 비만인 사람들의 5%에서 나타난다. 이와 같은 유전자들이 섭식장애에 영향을 주고 있지만 단지 한 개의 유전자가 유일한 원인이 되는 것은 아니며, 섭식장애는 복합적인 질병으로서 여러 가지 유전자와 환경의 상호작용으로 발생한다. 각각의 유전자들이 주는 영향은 크지 않지만, 함께 작용하게 되면 위험은 몇 배나 증가한다. 이러한 유전자를 갖고 있는 사람들이 섭식장애를 유도하는 환경에 놓이게 되면 더 쉽게 섭식장애를 일으킬 수 있다.

2. 심리적 요인

자존감(self-esteem) … 사람들이 자기 자신을 받아들이거나 받아들이지 못하는 일반적인 태도

섭식장애를 갖고 있는 사람들에게서는 흔히 특이 성격과 심리적인 장애가 관찰되는데,이들의 **자존감**은 낮다. 자존감이란 자기 자신에 대한 평가로, 스스로를 얼마나 가치 있고 능력 있는 사람으로 생각하는지 말하는 것이다. 또한 섭식장애를 가진 사람들은 보통 자기 자신이나 다른 사람들에 대한 기준이 매우 높은 완벽주의자인 경우가 많기 때문에, 이들은 완벽해지기 위해서 자신의 신체나 삶을 조절하기 위해 애쓰면서 모든 것을 성공 또는 실패로만 받아들인다. 즉 살이 찌는 것은 실패, 날씬한 것은 성공이며, 점점 살이 빠질수록 더 성공하는 것이라고 생각한다.

섭식장애를 가진 사람들에게 있어 음식은 자신의 삶을 통제하고 자존감을 높이기 위한 수단이 된다. 이들은 음식 섭취와 체중 조절이 자신의 문제 해결 능력을 입증하는 것이라고 믿기 때문에 음식 섭취와 체중을 조절하는 능력이 스스로를 더 멋져 보이게 만든다고 생각한다. 심지어 삶의 다른 부분에서는 자신감도 없고, 무력하고, 불만족스럽더라도 음식의 섭취, 체중, 신체 사이즈를 조절할 수 있다면 이것은 곧 성공으로 연결된다.

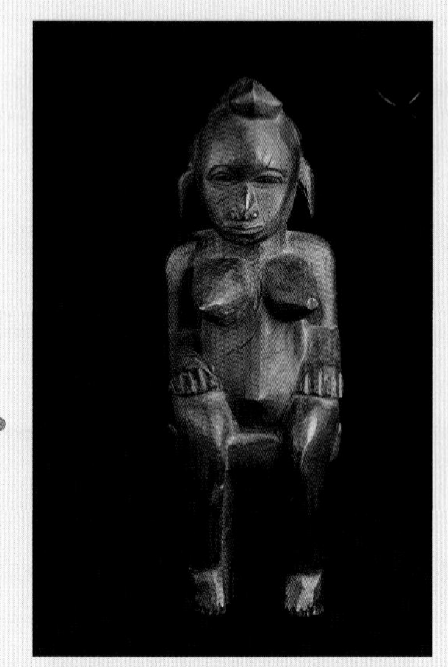

[그림 F2-2] … 원시 문화에서의 이상적인 여성상은 오늘날 우리가 패션 잡지에서 볼 수 있는 것과는 매우 다르다. 지금도 음식이 부족한 곳의 신체상은 우리의 신체상보다 훨씬 풍만하다.

3. 이상적인 신체상에 대한 사회적인 영향

신체상(body image) … 사람들이 자신의 몸매에 대해 받아들이는 방식

유전과 심리적 요인이 섭식장애를 일으키는 경향을 갖는 한편, 사회문화적·경제적인 요인은 이러한 장애의 시작을 촉발하는 주요 요인이다. 신체상은 중요한 사회문화적 요인으로서 이상적인 몸매를 바라보는 관점은 문화마다 다르며 역사를 통해 변화해왔다. 고대의 그림이나 조각들에서는 가슴이 크고 배가 불룩한 여성들을 볼 수 있는데 **[그림 F2-2]** 이런 풍만한 신체상은 오늘날에도 음식이 귀한 문화권에서는 여전히 압도적이다. 이런 문화권의 젊은 여성들은 이상적인 몸매를 얻기 위해서 살을 찌우려고 노력하는 반면, 선진국의 여성들은 늘씬하고 가냘픈 몸매를 만들려고 노력하고 있다. 신체 사이즈에 대한 사회문화적인 개념은 **신체상**과 섭식장애 발생에 관련이 있다. 섭식장애는 음식이 풍족하고 날씬한 신체상을 갖고 있는 사회에서 발생하며, 음식이 부족해 다음 끼니를 걱정해야 하는 곳에서는 나타나지 않는다.

사회의 경제적 변화에 따라 섭식장애 발생도 증가하고 있다. 섭식장애는 일본, 홍콩, 싱가폴, 타이완, 한국 등 고소득 아시아 사회의 젊은 여성들 사이에 흔한 임상문제가 되고 있다. 또한 중국, 말레이시아, 필리핀, 인도네시아 등 저소득 아시아 국가의 대도시에서도 발생하고 있다.

3-1. 현대의 신체상 — 텔레비전과 영화, 잡지와 광고, 심지어 장난감까지 오늘날의 신체상은 날씬함의 문화를 대변하고 있다. 대중매체는 '완벽한 몸'에 대한 메시지를 끊임없이 전달하고 있다. 키가 크고 까무잡잡하고 근육질인 남자는 여자들에게 인기가 있으며 날씬하고 단단한 몸매의 여성은 남자들에게 인기가 있다. 날씬한 패션 모델들이 광고판과 잡지 표지를 장식하고, 날씬함은 아름다움, 성공, 지성, 생기와 연결된

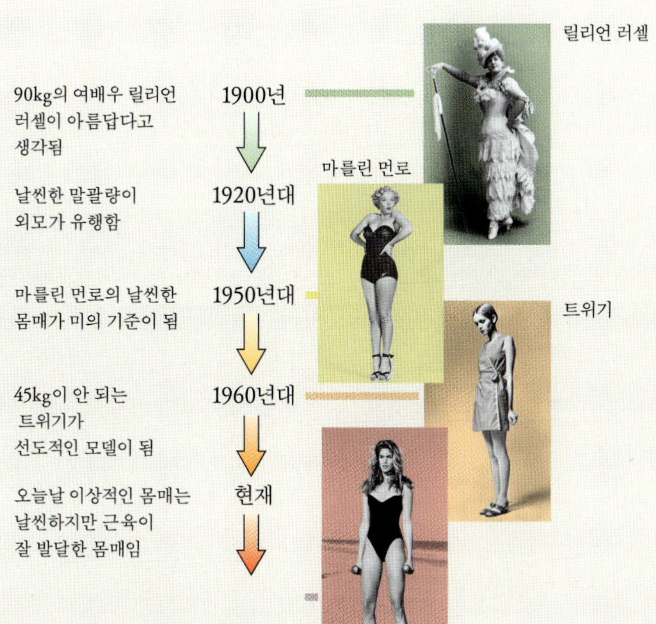

[그림 F2-3]… 미국 사회에서 날씬함이 항상 미의 기준은 아니었다. 이 그림은 여성의 신체상이 어떻게 변화해 왔는지를 보여준다.

다. 반면 풍만함은 실패나 멍청함과 연결된다. 남성들도 이런 메시지의 영향을 받지만, 우리의 문화는 특히 여성의 외모에 대해 강조하고 있다. 좋은 직업을 가져야 하고, 근사한 연애도 해야 하고, 아이를 낳아 길러야 하고, 집안일을 해야 하고, 유행을 따라가야 하는 미래에 직면하고 있는 젊은 여성들은 이것을 모두 완벽히 수행할 수 없기 때문에 스스로 조절이 가능한 부분을 갈망하게 된다. 날씬함은 사회관습상 성공과 연결되므로 자연스럽게 음식 섭취와 체중이 선택된다. 그러나 이상적인 신체상은 도달하기 매우 어려운 것으로 결국 식습관의 장애를 일으키게 된다.

평균 체중 또는 평균을 약간 웃도는 체중을 가진 소녀들은 흡연이 건강에 미치는 영향을 잘 알고 있음에도 불구하고 식욕을 억제하기 위해 흡연을 시작하고 있다.

서구의 대중매체가 태평양의 피지섬에 도입된 이후 섭식장애 비율이 증가했다. 이전의 피지는 날씬한 신체상을 갖고 있지 않았다.

3-2. 신체상과 섭식장애 — 자신이 어떻게 보이기를 원하는지에 대한 사람들의 생각은 그들이 속한 문화와 사회에 의해 영향을 받는데, 많은 여성들과 소녀들, 특히 10대 소녀들은 자신의 몸매에 만족하지 않는다. 대부분의 사람들은 자신의 신체 중 일부를 바꾸고 싶어하지만, 일부의 사람들에게서는 이것이 체중과 몸매에 대한 병적인 관심으로 변하고 결과적으로 신체상이 왜곡된다. 왜곡된 신체상이란 자신의 신체 사이즈를 제대로 판단하지 못하는 것으로 자신을 실제의 모습 그대로 보지 못하는 것이다[그림 F2-3]. 신체상의 왜곡은 섭식장애를 가진 사람들에게서 흔히 나타나는데, 만약 패션모델에 버금가는 체중에 도달했다고 할지라도 자신이 여전히 뚱뚱하다고 생각하며 체중을 더 줄이려고 노력한다.

3. 신경성 거식증

'Anorexia'는 식욕 부진을 뜻하는 말이지만, 섭식장애의 경우 신경성 거식증은 식욕 부진보다는 날씬해지고 싶은 욕망을 말하며 이것 때문에 식품 섭취가 감소하게 된다.

무월경증(amenorrhea)…월경 시작의 지연 또는 3개월 이상 월경이 없는 경우

신경성 거식증은 19세기 말 의사들이 처음 발견했으며, 당시 그들이 묘사했던 특징들은 오늘날에도 다르지 않다. 즉 심각한 체중 감소, **무월경증**, 변비와 불안정 같은 증상이 나타난다.

1. 심리적 요인

신경성 거식증의 심리적인 요인은 살이 찌는 것에 대한 공포와 관련이 있으며 거식증 환자의 경우 살이 찌느니 차라리 죽는 것이 낫다고 생각하는 경우도 흔히 있다. 이들은 위험할 정도로 말랐음에도 불구하고 신체상의 왜곡이 일어나 자기 자신이 저체중이라고 생각하지 않는다. 이런 장애를 가진 사람들은 체중이나 몸매로 자신을 평가한다. 그러나 체중을 아무리 많이 줄여도 자신들이 추구하는 자존감과 자기확신, 행복을 얻지는 못한다. 따라서 식품 섭취를 계속 제한하고 체중을 줄이기 위해 다른 행동들을 하게 된다.

2. 거식증 행동

거식증과 관련된 행동들로는 식품 섭취 제한, 폭식과 쏟아내기 행동, 이상한 식행동과 지나친 운동 등이 포함된다. 거식증은 이러한 행동들을 바탕으로 2가지 유형으로 나눌 수 있다. 제한 유형은 단순히 음식 섭취를 제한하고 운동을 많이 함으로써 저체중을 유지하려는 경우이다. 폭식형 또는 쏟아내기 형의 사람들은 음식 섭취 제한뿐 아니라 규칙적으로 폭식과 쏟아내기 행동을 하는데, 거식증 환자의 절반 정도가 체중 조절을 위해 쏟아내기 행동을 하는 것으로 추정되고 있다.

거식증을 가진 사람들은 음식에 대한 강박관념에 시달린다. 이들은 음식을 많이 섭취하지 않음에도 불구하고 음식에 대해 걱정하며, 음식에 대해 생각하고, 음식에 대해 이야기하고, 다른 사람들을 위해 요리하는 것에 엄청난 시간을 소비한다. 이들은 또한 음식을 먹는 대신 접시 주변으로 흩어 놓고 작은 조각으로 자르기만 한다.

과잉운동 증상도 거식증의 전형적인 행동 유형이다. 많은 거식증 환자들이 지나친 운동을 하는데, 계단을 반복적으로 오르내린다든지 버스를 몇 정거장 먼저 내린다든지 하는 방법으로 남몰래 운동을 한다. 또는 광신적으로 운동을 하기도 하고 운동을 하지 않으면 죄책감을 느끼기도 하며 보통 혼자 규칙적으로 운동을 한다. 또한 운동과 먹는 것을 연관시키기 때문에 운동을 하면 먹을 권리를 획득한다고 생각해서 많이 먹으면 운동을 더 해서 그 대가를 치러야 한다고 생각한다. 이들은 피곤해도 운동을 멈추지 않으며, 견딜 수 있는 한계 이상으로 억지로 운동을 한다.

3. 거식증의 신체 증상

거식증에서 가장 먼저 나타나는 신체 증상은 체중 감소인데, 체중 감소가 심해지면 기아상태의 증상이 나타난다. 기아 상태는 정신적 기능에 영향을 미쳐 무기력하고 둔해지며 지치고 우울해진다. 또한 지방 저장분이 고갈되어 근육이 손실되며 입술에 염증에 생겨서 붓고, 피부에 각질이 생기며 벗겨지고 몸에 솜털 같은 가는 털이 자라며, 머리털은 건조하고 가늘어져 끊어지며 빠진다. 여성은 에스트로겐 분비가 감소하여 월경이 불규칙해지거나 정지되는데, 이로 인해 성적 성숙이 지연되거나 장기간 지속되

면 골밀도에 영향을 미친다. 남성의 경우 테스토스테론 분비가 감소한다. 기아의 마지막 단계에서는 전해질과 체액 균형에 이상이 생겨 심장 기능이 불규칙해진다. 또한 면역 기능이 저하되어 감염이 생기기 쉽다.

4. 치료

신경성 거식증의 치료 목적은 신체적, 영양적인 회복을 도와주면서 심리적, 행동적 문제점을 해결하는 데 있다. 거식증은 빨리 치료하는 것이 중요한데, 기아 상태는 회복이 불가능한 피해를 유발할 수 있기 때문이다. 영양 치료의 목적은 열량 섭취를 증가시키고 식품 선택을 다양화함으로써 체중을 증가시키는 것이다. 증상이 가벼운 경우에는 영양 교육이나 식단 작성 교육을 통해 건강한 식습관을 형성하도록 도와주고, 증상이 심각한 경우에는 입원을 필요로 한다. 거식증을 완전히 회복할 수 있는 환자들도 있지만, 절반 정도는 결과가 좋지 않아 심리적 장애를 극복하지 못하며 정상 체중을 회복하지 못한다. 거식증이 신경성 대식증으로 발전하는 경우도 있다.

4. 신경성 대식증

대식증이라는 뜻의 'Bulimia'라는 말은 그리스어인 bous (황소)와 limos (배고픔)에서 유래되었으며, 마치 황소 한 마리를 다 먹을 수 있을 만큼 허기가 심한 것을 뜻하는 말이다. 신경성 대식증이란 용어는 1979년 영국의 한 정신과 의사가 사용한 것으로, 그는 대식증이라는 것이 엄청난 과식 욕구와 살이 찌는 것에 대한 병적인 불안감 그리고 구토를 하거나 하제를 사용하여 음식이 살찌게 하는 것을 피하려고 하는 증상이 함께 일어나는 것이라고 정의했다.

1. 심리적 요인

거식증과 마찬가지로 대식증 환자 역시 살이 찌는 것에 대한 강한 두려움을 갖고 있어서, 이들은 부정적인 신체상을 갖고 있다. 이들의 자존감은 자신의 몸매나 체중과 깊이 연관되어 있기 때문에 자신의 외모와 관계된 모든 문제에 관해 자신을 비난한다. 대식증 환자들은 일단 먹기 시작하면 멈출 수 없을 것이라는 공포에 불안해지기 때문에 지속적인 다이어트에 몰입하게 되고 결국 음식에 대한 집착으로 발전한다. 그 결과 보통의 경우 사회적으로 소외되며 게다가 파티나 외식처럼 음식에 노출될 수 있는 상황을 피하려고 하기 때문에 그 소외 정도가 더욱 심각해진다.

2. 대식 행동

대식증은 보통 날씬해지고 싶은 욕망 때문에 음식을 자제하는 것에서부터 시작된다. 결국 엄청난 허기를 참지 못하고 폭식을 하게 되며, 결국 반기아 상태와 폭식이 반복되는 형태로 발전하는데, 폭식을 하는 동안에는 통제가 불가능해진다. 폭식을 하는 동안 섭취하는 음식의 양은 사람마다 다르지만, 평범한 10대 청소년들은 하루에

구토를 한다고 해서 폭식을 통해 얻은 열량을 모두 밖으로 배출해내는 것은 아니다. 3,530kcal의 폭식 후에는 보통 1,209kcal가 그대로 남는다.

2,000~3,000kcal를 섭취하는 반면, 대식증 환자는 한 번에 보통 3,400kcal 정도를 먹는다. 한 연구결과에 따르면 대식증 환자는 평균적으로 24시간에 7,000kcal를 섭취한다고 한다. 폭식 현상은 2시간 이상 지속되지 않으며, 혼자 몰래 먹다가 음식이 다 떨어지거나 통증이나 피로를 느끼거나 방해를 받게 되면 먹는 것을 그만둔다. 폭식 후에는 죄책감과 수치심을 느껴 쏟아내기 행동이 뒤따른다.

대식증 환자들은 폭식을 한 후 체중 증가를 막기 위해 여러 가지 이상 행동을 한다. 대식증은 이상 행동의 유형에 따라 두 가지 유형으로 나눌 수 있는데, 쏟아내기 행동을 하지 않는 유형은 체중 증가를 막기 위해 단식과 지나친 운동을 하는 한편, 쏟아내기 유형은 규칙적으로 구토 유도를 하거나 관장약, 하제, 이뇨제나 기타 약물을 이용한다. 보통은 폭식을 한 이후에 이런 행동을 보이지만 평범한 식사를 한 이후에 쏟아내기 행동을 하기도 한다. 처음에는 구토를 유도하기 위해 목구멍 안으로 손가락을 넣지만 점차 의지에 따라 구토하는 법을 익히게 된다. 대식증 환자 중에는 설사를 유발하기 위해 하제를 복용하는 경우도 있지만 그러나 하제에 의한 체중 감량은 탈수 증상 때문일 뿐이다. 이뇨제도 수분 손실을 가져온다. 대식증 환자들 중에는 지나친 운동을 한다든가 굶기도 하며 폭식과 비폭식 행동을 동시에 하는 경우도 있다.

3. 대식증의 신체 증상

쏟아내기 행동은 건강을 위협하는 가장 위험한 행동이다. 구토를 하면 위산이 구강 안까지 올라오게 되는데, 잦은 구토는 소화관에 영향을 주어 충치를 유발하고 구강과 입술에 쓰라린 통증을 가져오며, 턱과 침샘이 붓고, 식도에 통증이 오며 식도의 염증을 유발할 뿐 아니라 위의 기능에 변화를 가져온다. 또한 구토를 하려고 힘을 주는 과정에서 얼굴의 혈관이 파열되기도 하며, 전해질의 불균형, 탈수, 근육 약화와 월경 불순 등을 유발하기도 한다. 하제와 이뇨제의 남용은 탈수와 전해질 불균형을 초래할 수 있으며 하제를 남용하면 직장의 출혈이 생길 수도 있다.

4. 치료

신경성 대식증을 가진 환자들의 치료 목표는 음식 섭취를 감정이나 성공과 관련지어 생각하는 것을 중지시키며, 배고픔과 포만감에 대응하여 음식을 먹을 수 있도록 도와주는 것이다. 이때 심리상담 치료와 영양 치료도 필요하고, 항우울증 치료는 폭식의 횟수를 줄이는 데 효과적이다. 치료는 특히 증상이 초기일 때 더욱 효과적이다.

5. 신경성 폭식장애

기타 섭식장애 중 하나인 신경성 폭식장애는 가장 흔한 섭식장애이다. 거식증이나 대식증과는 다르게 신경성 폭식장애는 남성에게는 흔히 나타나지 않으며 보통 과체중인 사람에게서 나타난다. 신경성 폭식장애를 갖고 있는 사람들은 반복적인 폭식을 하지만 구토, 금식, 지나친 운동 등 쏟아내기 행동을 규칙적으로 반복하지는 않는다. 신경성 폭식장애는 당뇨를 포함한 비만, 고혈압, 고콜레스테롤, 담낭질환, 심장질환과 특정 암 등을 동반하는 질병들이 합병증으로 나타난다. 신경성 폭식장애의 치료는 폭식을 감소시키는 행동 치료와 함께 신체상과 자기 수용을 향상시키기 위한 상담, 체중을 감량하기 위한 영양식, 운동 등으로 이루어진다.

6. 특정 집단에서의 섭식장애

거식증이나 대식증, 신경성 섭식장애가 10~20대 여성에게서 가장 흔하게 나타나지만, 섭식장애는 남성과 여성의 모든 연령대에서 발생한다. 임신기 여성에게서 합병증의 형태로 일어나기도 하며, 운동선수와 어린 아이들의 문제가 되기도 한다. 또는 특정한 집단과 일반적인 인구층에서 나타나는 섭식장애도 있다[표 F2-1].

1. 남성의 섭식장애

남성의 거식증과 대식증, 신경성 섭식장애 발병률은 여성보다 훨씬 낮은데, 이는 남성은 날씬해져야 한다는 사회적인 압박이 덜하기 때문이다. 남성들은 강하고 힘이 있어 보여야 한다고 생각함에 따라 남성들의 이상은 V자 형태의 근육질 상체와 적절한 체중, 적은 체지방이다. 사회적인 기대치의 이러한 차이는 처음으로 '뚱뚱하다고 느껴' 다이어트를 시작하는 시점의 남성과 여성의 BMI (체질량지수)에서도 반영된다. 섭식장애로 발전하는 여성들은 보통 BMI가 정상 범위에 있을 때에 자신이 뚱뚱하다고 느끼고 다이어트를 시작하는 반면, 섭식장애로 발전하는 남성들은 보통 BMI가 과체중 범위에 이른 후에야 다이어트를 시작한다. 섭식장애가 시작되는 연령도 남성이 여성보다 높다.

전형적인 슈퍼 영웅이 되기 위해서는 평균적인 건강한 남성은 키가 50cm 더 커야 하며, 가슴 둘레는 28cm, 목둘레는 20cm가 더 넓어져야 한다.

그러나 남성의 섭식장애는 계속 증가하고 있다. 이것은 이상적인 남성 체형을 만들어야 한다는 압박이 증가하기 때문이다. 오늘날 남성들을 겨냥한 광고는 잘 발달한 복부와 가슴 근육을 강조한 노출 장면을 많이 내보내고 있다[그림 F2-4]. 바비인형이 젊은 여성들에게 비현실적인 기준을 만들었듯이, 장난감과 슈퍼 영웅, 만화나 대중매체가 젊은 남성들에게 실현하기 불가능한 기준을 만들고 있는 것이다.

남성들은 아동기에 비만이었거나, 다이어트 중이거나, 날씬함을 요구하는 스포츠 또는 직업에 관련되어 있거나, 동성애자일 때 섭식장애를 앓게 될 위험이 증가한다. 섭식장애에 의한 신체 증상은 남성과 여성에게서 비슷하게 나타난다. 여성과 남성 모두 뼈가 손실되지만, 남성은 여성에 비해 뼈 손실의 심각성이 덜하다. 또한 테스토스테론 수치가 점점 낮아져 성적 욕구가 저하된다. 섭식장애를 갖고 있는 남성들도 여성들과 마찬가지로 성격장애를 보이므로 섭식장애를 갖고 있는 남성들은 회복을 위해 전문적인 도움을 받아야 한다.

[그림 F2-4]…날씬한 여성상이 여자들에게 성취하기 힘든 것과 마찬가지로 이상적인 남성의 신체상 역시 성취하기 힘들다.

[표 F2-1]…기타섭식장애들

섭식장애	특징	대상	결과
운동중독성 거식증	체중을 감소시키거나 매우 낮은 체중을 유지하기 위해 강박적으로 운동에 집착한다.	운동선수	더 심각한 섭식장애나 신장부전, 심장발작, 사망 등 심각한 건강 문제로 발전할 수 있다.
음식회피 정서장애	아이들이 먹는 것을 회피해 체중 감소가 일어나며 거식증의 신체 증후가 나타나는 면에서 신경증 거식증과 흡사하다. 그러나 왜곡된 신체상이나 체중 증가에 대한 공포심이 없다.	어린이	체중 감소, 체지방 감소, 영양 불량
식욕과다증 (근육부전 공포증 또는 역 거식증)	발육 불충분에 대한 강박관념이 있다. 적절한 근육량을 갖고 있음에도 불구하고 자신의 근육이 적절하지 않다고 생각한다.	보디빌더와 운동광, 여성보다 남성에게 흔하다.	스테로이드나 근육강화약물을 복용할 경우 위험할 수 있다.
신체변형장애	신체와 외모의 결점에 대해 강박관념을 갖고 있다.	여성과 남성 모두에게서 나타난다.	우울증과 자살 위험도가 증가한다.
씹고 뱉어내기	음식을 입에 넣어 맛을 보고 씹은 후 뱉어낸다.	다른 섭식장애를 가진 사람들	음식을 삼키지 않기 때문에 굶는 다이어트에서 나타나는 증상을 보인다.
야간식이 증후군	하루 중 대부분의 열량을 저녁 늦게나 밤에 먹는다.	비만인 성인과 스트레스를 겪는 사람들	비만
수면 중 섭식장애	자는 동안 먹는다. 보통 아침에 일어나면 사탕 껍질이 주변에 흩어져 있지만 무슨 일이 일어났는지 기억나지 않는다.	인구의 1~3%에서 나타나며, 섭식장애를 가진 사람들은 더 영향을 받기 쉽다.	비만, 질식이나 기타 상해
웰빙식 증후군	건강에 이롭다고 생각하는 음식 섭취에 대한 강박관념. 음식의 양이 아닌 질에 집착한다.	특정 집단이 없다.	대인관계에 해롭다.
이식증	먼지, 진흙, 페인트칠, 회반죽, 분필, 커피가루나 재 등을 먹거나 먹고 싶은 욕망이 있다.	심리적 장애와 발달장애를 갖고 있는 임신 여성, 어린이, 성인 또는 음식이 아닌 물질을 먹는 습관을 가진 가족이나 인종에 속하는 사람들, 이물질을 먹어서 허기를 채우려고 하는 사람들	무기질 결핍증, 소화관 천공, 소화관 감염
되새김 증후군	먹고 삼킨 후 음식을 구강으로 다시 게워내어 다시 씹고 삼킨다.	정신적, 정서적 손상을 입은 유아나 성인	호흡과 소화장애, 갈라진 입술, 치아 에나멜층과 구강의 조직 손상, 음식에 대한 열망부터 폐렴과 체중 감소, 발달장애(어린이), 전해질 불균형과 탈수를 일으킨다.
선택적 섭식장애	이러한 장애를 가진 어린이들은 음식을 조금밖에 먹지 않는데 대부분이 탄수화물이다.	어린이	영양 불량

2. 임신기의 섭식장애

섭식장애는 20대 여성들에게서 흔한데, 이때는 많은 사람들이 결혼을 생각하는 시기이므로 섭식장애가 월경주기에 영향을 주게 되면 불임을 유발할 수 있다.

섭식장애를 갖고 있는 여성들 중 임신을 할 수 있는 사람들도 있다. 임신 기간 중 무엇을 얼마나 많이 먹느냐가 자신의 건강과 출산 전후의 아기의 건강에 영향을 준다. 임신은 간과 심장, 신장애 등 섭식장애를 악화시키는 다른 질병을 일으킬 수도 있는데, 섭식장애를 가진 임신 여성은 출산 실패, 조산, 저체중아 또는 선천적인 기형아를 출산할 확률이 높아진다. 섭식장애를 가진 여성에게서 출산된 아이들은 성장과 발달이 느린 경향이 있으며, 지성적이나 감정적으로 뒤쳐져 쉽게 자립하지 못한다. 또한 다른 사람들과의 관계를 유지할 수 있는 사회적인 발달에도 어려움을 겪는다.

임신 기간 중에 더 흔히 발생하는 섭식장애가 **이식증**이다. 이것은 영양학적 가치가 전혀 없거나 음식이 아닌 물질을 먹고 싶은 비정상적인 욕구를 말하는데, 주로 먼지, 진흙, 분필, 페인트, 얼음이나 냉동고의 서리, 베이킹소다, 옥수수전분, 커피분말, 재 등을 먹는다. 임신 기간 중의 이식증은 매우 위험하다. 음식이 아닌 물질을 과량으로 섭취하게 되면 다른 식품의 섭취가 감소하고 특정 무기질의 흡수를 방해하게 되어 영양소의 결핍이 일어날 수 있고, 또한 이물질이 장을 막거나 천공을 일으킬 수 있으며, 독성 물질이나 해로운 박테리아를 포함하고 있을 수도 있기 때문이다.

이식증(pica) … 음식이 아닌 물질을 먹고 싶은 비정상적인 욕구

3. 어린이의 섭식장애

섭식장애는 어린이에게서도 일어나지만 어린이의 섭식장애는 알아차리기가 쉽지 않다. 대부분의 어린이들이 발달 과정 중 매우 까다로운 식행동을 보이는 시기가 있기 때문이다. 그러나 까다로운 정도가 극심해지고 성장이 저해되고 있다면 섭식장애가 원인일 수 있다. 이 장애는 매우 한정된 식품만 섭취하거나 일반적으로 음식을 먹지 않으려는 형태로 나타난다[표 F2-1]. 청소년기의 발병률보다는 매우 낮지만 13세 이하의 어린이에게서 거식증이 발생하기도 하는데, 어린이들도 음식과 체중에 관한 문화적인 평가에 노출됨에 따라 발병률이 증가하고 있으며 남자아이들보다 여자아이들이 더 큰 영향을 받는다.

거식증을 갖고 있는 어린이들은 완벽주의자에 가깝고 성실하며 부지런하다. 또한 체중 감소, 음식 기피, 음식과 열량에 대한 걱정, 살찌는 것에 대한 두려움, 지나친 운동, 구토유도, 하제의 남용 등 비슷한 증상을 나타낸다. 체중 감소와 함께 일어나는 또 다른 신체 변화로는 솜털이 자라는 증상, 저혈압, 느린 심장박동, 모세혈관 순환장애, 손발 냉증, 성장 지연이나 정지 등이 있다. 또한 골밀도가 감소할 수 있으며 뼈의 성장이 지연되고, 비타민과 무기질 결핍이 흔하게 일어난다.

치료에 의해 정상적인 식습관을 회복하게 되면 정상적으로 성장할 수 있다. 그러나 치료가 되지 않으면, 무월경증, 성장 지연, 불임, 골다공증 같은 합병증이 일어날 수 있다.

4. 운동선수의 섭식장애

운동선수들은 섭식장애의 발생률이 높다. 남성 운동선수보다 여성 운동선수에게서 더 많이 발생하며, 발레나 댄스, 피겨 스케이팅, 체조, 육상 경기, 수영, 사이클, 조정, 레슬링, 승마처럼 마른 몸을 요구하거나 체중을 조절해야 하는 스포츠의 경우에 더 많이 나타난다[그림 F2-5].

[그림 F2-5] … 체조와 같은 스포츠에서 작고 가벼운 몸이 갖는 이점은 운동선수들이 날씬해지기 위해 다이어트를 하게 되는 동기가 되며, 이것은 섭식장애를 일으킬 수 있는 잠재성을 갖는다.

신경성 거식증과 대식증이 모두 발생하는데 거식증의 특징인 장기간의 금식은 심각한 건강 문제를 초래할 뿐만 아니라 운동 성취도 역시 감소시킨다. 반면 금식은 심장박동 이상, 저혈압, 심근 위축 등을 초래한다. 운동선수들에게서는 거식증보다 신경성 대식증이 흔하게 나타나는데, 이는 운동선수가 제한식이를 감당하기 어렵고 허기를 참을 수 없어 시작되며 결국 폭식으로 이어진다. 대식증과 관련된 합병증의 대부분은 쏟아내기 행동 때문에 생긴다. 쏟아내기 행동은 수분 손실과 저칼륨을 유발하며, 이것은 극도의 허약뿐 아니라 때때로 죽음에까지 이르게 하는 심장박동 이상의 원인이 된다.

운동선수들의 섭식장애 중 93%가 여성 스포츠와 관련이 있다. 가장 문제가 되는 것은 여자 크로스컨트리, 여자 체조, 여자 수영과 여자 육상 등이다. 섭식장애가 가장 많이 나타나는 남자 스포츠로는 레슬링과 크로스컨트리가 있다.

4-1. 운동중독성 거식증 — 운동중독성 거식증이라고 하는 강박관념적인 운동은 운동선수들에게 특징적으로 나타나는 섭식장애의 한 유형이다. 운동중독성 거식증 환자는 강박적으로 운동을 하지만 여전히 부족하다고 생각하며 고통을 성취의 표시로 받아들인다. 몸의 상태가 좋지 않을 때에도 억지로 운동을 하며, 자신의 운동량을 채우기 위해 사람들과의 사교적 행사 등에 불참하기도 한다. 이들은 흔히 얼마나 많이 먹었느냐에 기초해 운동 목표를 계산한다. 또한 운동 기간 중 휴식은 체중 증가를 초래하고 운동 성취도에도 악영향을 미친다고 믿고 있다. 강박적인 운동은 거식증과 대식증 같은 더 심각한 섭식장애는 물론 신부전, 심장발작, 사망 등 위험한 건강 문제를 초래할 수 있다.

여자 운동선수 3대 증후군(female athlete triad) … 일부 여자 운동선수에게 일어나는 식이장애, 무월경과 골다공증의 복합 증후군으로 특히 저체중과 외모가 중요시되는 스포츠를 하는 경우에 흔하다.
골다공증(osteoporosis) … 골질량이 감소하고 뼈가 약해져 골절의 위험이 증가하는 뼈의 장애

4-2. 여자 운동선수 3대 증후군 — 섭식장애를 가지고 있는 여자 운동선수는 **여자 운동선수 3대 증후군**이라고 하는 장애 증후군의 위험에 처하게 된다. 식이장애, 무월경, **골다공증** 증상이 나타나는데, 이 세 가지 증상은 모두 연관성이 있다. 섭식장애로 인한 지나친 열량 제한은 기아 상태와 비슷한 신체 상태를 만들며, 이것이 월경불순을 초래한다. 심한 운동도 열량 요구량을 증가시키고 호르몬 변화를 일으켜 월경주기에 영향을 줄 수 있으며, 열량 제한과 심한 운동이 복합적으로 작용하면 무월경증을 초래한다. 무월경증과 관계된 에스트로겐 농도의 저하는 칼슘 평형을 저해하여 골질량과 뼈의 무기질 농도의 감소를 일으킨다. 칼슘 섭취 불량(여자 운동선수와 여성들에게서 흔하다)은 뼈 손실을 초래하고, 최대 골질량에 도달할 수 없게 함으로써 골절 위험을 증가시킨다.

7. 섭식장애의 예방과 치료법

섭식장애의 발병률과 섭식장애로 인한 사망률을 감소시키기 위해서는 다양한 단계의 조치를 취해야 한다. 우선은 위험 상황에 있는 사람을 찾아내야 하는데, 초기 치료는 더 심각한 섭식장애로 발전하는 것을 막을 수 있기 때문이다. 하지만 무엇보다도 섭식장애를 유도하는 사회적인 태도에 변화가 일어나야 한다.

1. 위험의 자각

섭식장애를 예방하기 위해서는 우선 위험도를 증가시키는 요인을 찾아내는 것이 중요하다. 체중에 대한 지나친 관심, 체중에 집착하는 친구, 체중 때문에 동료들에게 놀림을 받는 일이나 가족과의 문제 등은 섭식장애를 일으키는 원인을 제공한다. 부모의 비난과 아이들의 체중 집착 사이에도 연관성이 있고, 다이어트도 위험도를 증가시킨다. 다이어트를 하는 소녀들이나 여성들은 다이어트를 하지 않는 사람들에 비해 섭식장애를 일으킬 위험이 18배에 달하며 다이어트를 하는 어머니와 자매, 친구를 가진 사람들도 위험도가 높다. 날씬해져야 한다는 압박을 주는 대중매체에 노출되는 것도 섭식장애의 발달과 연관이 있다.

2. 친구나 가족으로부터의 도움

첫 증상이 발견되었을 때 의사나 정신건강 전문가의 평가를 받아보는 것은 장애를 예방하는 데 크게 도움이 된다. 또한 10대의 아이들에게는 부모가 중요한 역할을 할 수 있다.

일단 섭식장애로 발전하면, 스스로 치료는 불가능하다. 이들이 의학적인 치료와 심리적인 치료를 받을 수 있도록 도와주는 것은 심각한 신체 이상을 막을 수 있는 방법이다. 그러나 섭식장애를 가지고 있는 친구나 가족으로 하여금 치료받도록 설득하는 것이 쉬운 일은 아니다. 섭식장애를 가진 사람들은 그들의 행동을 잘 감추며, 문제를 인정하지 않기 때문에 누군가가 자신의 비밀을 발견하게 되면 충격을 받게 된다. 따라서 이들을 도우려고 할 때는 그들이 원치 않는 일을 강요하는 것이 아니라는 점을 확실히 해야 한다.

3. 섭식장애의 발생을 감소시키는 방법

섭식장애는 치료보다 예방이 쉽다. 가장 효과적인 예방은 사회적인 중재에 의한 것으로 체중과 관련된 놀림을 중지하고 동료와 가족들이 비난을 하지 말아야 한다. 또한 대중매체가 보여주고 있는 비현실적으로 마른 신체상을 바꿀 수 있다면 섭식장애도 감소할 것이다. 단, 이러한 해결책으로 섭식장애를 완전히 해결할 수는 없겠지만 섭식장애의 증상과 합병증에 대한 학교와 공동체에서의 교육은 사람들로 하여금 친구나 가족 중 위험이 있는 사람을 찾아내어 초기에 치료를 받을 수 있도록 도움을 줄 수 있을 것이다.

학습점검

1 섭식장애가 무엇인지 설명해 보시오.

2 오늘날의 사회적인 압박이 섭식장애 발전에 어떻게 영향을 미칠 수 있는지 설명해 보시오.

3 섭식장애를 가진 사람들의 특징적인 성격에 대해 설명해 보시오.

4 거식증, 대식증, 신경성 폭식장애의 차이점을 비교 설명해 보시오.

5 어린이, 임신 여성, 운동선수의 섭식장애에 대해 설명해 보시오.

6 섭식장애를 갖고 있는 것으로 의심되는 친구를 어떻게 도와줄 수 있는지 토론해 보시오.

Focus On Phytochemicals

3. 식물화학물질

식품에는 영양소로 인정받지 않았지만 건강을 증진시키거나 질병의 위험을 경감시키는 물질이 포함되어 있다. 수 세기 동안 민간요법에서는 이런 식품들이 사용되어 왔다. 요즈음에는 다양한 식품 구성분이 갖는 유익한 효과들을 더 많이 발견하고, 특정 식품의 소비와 건강 사이의 관계를 탐구하고 있다. 기본적인 영양 성분 외에 건강에 유익을 주는 식품들을 **기능성 식품**이라고 하는데, 식물성 식품에서 발견되는 물질을 **식물화학물질**이라 하고, 동물성 식품에서 발견되는 물질을 **동물화학물질**이라고 한다.

기능성 식품의 몇 가지 예와 기능성 식품들이 줄 수 있는 잠재적 유익을 [**표 F3-1**]에 모아놓았다.

생선은 기능성 식품으로 여겨진다. 왜냐하면 생선을 많이 섭취하는 것이 심장질환 위험 감소와 관련되기 때문이다. 생선의 오메가 3 지방산이 심장질환 위험성을 감소시키는 데 주요 역할을 한다고 믿고 있다.

기능성 식품(functional food)…식품에 들어 있는 영양 성분 이상으로 건강에 유익을 주는 식품
식물화학물질(phytochemical)…식물(phyto는 식물을 의미)에서 발견되는 물질로 필수 영양소는 아니나 건강을 증진시키는 물질
동물화학물질(zoochemical)…동물성 식품(zoo는 동물을 의미)에서 발견되는 물질로 필수 영양소는 아니나 건강을 증진시키는 물질

1. 현대 식사에서의 식물화학물질

식물화학물질은 식물에서 발견되며 생물학적으로 활성있는 비영양적 화학물질들이 수백 가지 혹은 수천 가지일 수 있다. 식물화학물질은 식물 자체에 유익한 기능이 있다. 예를 들면, 양파와 마늘의 화합물들은 곤충들로부터 식물 자체를 보호하는 천연살충제이므로 정원사들은 이런 식물을 주변에 심어서 공격받기 쉬운 다양한 식물들을 곤충의 침입으로부터 보호한다. 대부분의 식물화학물질은 인체 건강에 영향을 주지 않거나 혹은 건강을 증진시키기도 하고 몇 가지는 독성이 있을 수도 있다.

[표 F3-1]…기능성 식품이 주는 유익

기능성 식품	주요 성분	잠재적 유익
통곡류 가공품	섬유소, 리그난, 식물 에스트로겐	암과 심장질환 발병 위험 감소
오트밀	β-글루칸, 수용성 식이섬유	혈중 콜레스테롤 감소
포도주스	페놀류	심혈관의 강화
녹차 또는 홍차	탄닌, 카테킨류	암 발생 감소
등푸른 생선	오메가 3 지방산	심장질환 감소
콩	식물에스트로겐, 콩단백	암과 심장질환 위험 감소, 폐경증상 감소
마늘	유기황 함유물	암과 심장질환 위험 감소
시금치, 케일, 녹색 채소	루테인, 지아잔틴	노화에 따른 시력 감퇴 감소
견과류	단일 불포화지방산	심장질환 감소

예를 들면, 콩과 차에 있는 식물화학물질은 악성종양의 성장을 저해한다고 한다. 반대로 대황잎에 들어 있는 화학물질은 입과 목의 타는 느낌, 복통, 구토, 설사, 메스꺼움에서부터 혼수, 경련, 심혈관 붕괴로 인한 죽음에 이르기까지 광범위한 증상을 일으킬 수 있다[**그림 F3-1**].

우리 식사에 들어 있는 식물화학물질은 다양한 방법으로 건강에 도움을 준다. 예를 들면, 카로티노이드 같은 것들은 **항산화제**이고, 그 외 다른 것들은 체내 천연물질과 구조 혹은 기능이 유사하기 때문에 유익을 준다. 식물 에스트로겐은 호르몬과 구조가 유사해서 호르몬의 작용을 억제하거나 유사한 작용으로 영향을 준다. 식물 스테롤은 콜레스테롤과 구조가 유사해서 소화기관에서 콜레스테롤 흡수와 경쟁을 일으킨다.

항산화제(antioxidant)…활성 산소 분자를 중화할 수 있는 물질로서 산화적 손상을 감소시킨다. 어떤 물질의 항산화능은 식품에서 항산화제가 유리 라디칼을 얼마나 중성화하는가를 ORAC (산소 유리 라티칼 흡수능력) 분석법을 사용하여 측정한다. 표준 물질로 트로락스(Ttrolox)라 불리는 비타민 E 유사체를 사용하며, 결과치는 1g당 트로락스 평형당량 마이크로몰로 나타낸다.

[그림 F3-1]…식물에 들어 있는 모든 화학물질이 건강에 유익한 것은 아니다. 대황식물의 잎에는 독성이 있는 반면, 대황의 줄기는 독성이 낮고 먹기에 안전하다. 1차 세계 대전 중 영국에서는 전쟁으로 인해 채소를 먹을 수 없게 되자 대황잎을 채소의 대체물로 먹었다. 이로 인해서 많은 경우에 급성 독성중독 증상을 보였고, 심한 경우에는 죽기까지 했다.

이것이 콜레스테롤 흡수를 감소시키고 심혈관 질환의 주요 위험 인자인 혈중 콜레스테롤 수치를 낮추어 준다. 어떤 식물화학물질은 체내방어체계를 자극한다. 설파이드와 이소티오시아네이트는 **발암물질**의 활성을 억제하는 효소의 활성을 촉진한다. 다른 식물화학물질들은 세포들이 의견을 교환하는 방식을 바꾸게 하거나 DNA 치유메커니즘에 영향을 주고 혹은 암 세포 발현 과정에 영향을 주어 건강을 증진한다. 여기에서 언급되는 식물화학물질은 우리 식품에서 발견되는 것들 중 일부이다.

발암물질(carcinogen) … 암을 일으키는 물질

1. 카로이티노이드

노란 오렌지색을 띠는 당근, 고구마, 호박, 망고는 카로티노이드가 포함되어 있다. 노란 오렌지색이나 붉은색 과일, 초록색 잎사귀 식물은 카로티노이드의 공급원이며, 카로티노이드색은 엽록체의 초록색 때문에 겉으로 드러나 보이지 않는다. 카로티노이드가 들어 있는 과일과 채소를 많이 섭취하는 것은 암, 심혈관 질환, 노화 관련 눈 질병의 위험률 감소와 관계가 있다.

높은 온도로 가열하여 통조림으로 가공하면 일부 비타민이 파괴되지만, 통조림으로 만들어진 토마토 생산품에서의 라이코펜의 생물학적 이용가능성은 증가한다.

[표 F3-2]…식품에서의 식물화학물질

명명 또는 분류	식품 소재	생물학적 활성과 효과
카로티노이드: β-카로틴, α-카로틴, β-크립토잔틴, 라이코펜, 루텐, 지잔틴	서양자두, 당근, 멜론, 토마토, 고구마, 브로콜리, 시금치와 녹색 채소	어떤 것은 비타민 A로 전환, 항산화 보호작용, 시력 감퇴 위험 감소
플라보노이드: 플라보놀(퀘세틴, 카엠프페롤, 미리세틴) **플라본**(아피제닌) **플라본**(카테킨) **안트로사이아니딘**(사아니딘, 델피니딘)	딸기류, 감귤류, 양파, 마가린, 자주색 포도, 녹차, 레드와인, 초콜릿	모세관 강화, 발암물질 방해, 암 세포 성장 지연
식물 에스트로겐: 리그닌, 이소플라본(제니스틴, 바이오카닌 A, 다이드제인)	두부, 두유, 콩, 아마씨, 귀리빵	에스트로겐 유사 효과, 암 세포 사멸, 암 세포 성장 지연, 혈중 콜레스테롤 감소, 골다공증 위험 감소
식물 스테롤: β-시토스테롤, 스티그마스텔롤, 캄페스텔로	견과류, 씨, 콩류	콜레스테롤 흡수 감소, 암 세포 성장 지연으로 대장암 위험 감소
캡사이신	매운 고추	혈액 응고 조절
글루코시노레이트, 이소티오시아네이트, 인돌	브로콜리, 부루셀스프라우트, 양배추	발암물질을 불활성화시키는 효소 활성 증진, 에스트로겐 대사 변경, 유전자 발현 조절에 영향
설파이드와 알리윰화합물	양파, 마늘, 파, 차이브	발암물질 불활성화, 박테리아 사멸
이노시톨	참깨, 대두	유리 라디칼로부터 보호, 암으로부터 보호 작용
사포닌	콩류와 허브	콜레스테롤 흡수 감소, 암 위험 감소, 항산화제
엘라직산	넛트류, 포도, 딸기	항산화 작용, 위에서 발암물질의 형성 방해
탄닌, 카테킨	차, 적포도주	항산화제, 암으로부터 보호
커쿠민	심황, 겨자	발암물질 형성 감소, 항산화제, 항염증성
설포라파네	브로콜리, 다른 십자화과 채소	발암물질의 독성 제거, 동물실험 시 유방암으로부터 보호
리모넨	감귤류 껍질	암 세포 성장 방해

[그림 F3-2]…토마토의 붉은 빛깔은 카로티노이드 라이코펜에 의한 것이다.

카로티노이드는 항산화 특성을 갖는 식물화학물질이다. 가장 널리 알려진 카로티노이드에는 β-카로틴, α-카로틴, β-크립토잔틴, 라이코펜, 루텐, 지잔틴이 포함되어 있다. β-카로틴이 가장 널리 알려져 있고 가장 강력한 비타민 A 활성을 갖고 있으나, 다른 카로티노이들에 비해 항산화제 효과는 적은 편이다. 토마토에 붉은색을 띠게 하는 라이코펜은 비타민 A 활성을 주지는 않으나 다른 카로티노이드들에 비해 보다 강력한 황산화제이다[그림 F3-2]. 루테인과 지잔틴은 눈의 망막 주요 부분인 흑점에 축적된 항산화제이다. 이것을 많이 섭취하면 실명의 원인인 망막의 퇴화, 즉 **황반변성**으로 인한 시력감퇴의 위험을 감소시킨다고 한다.

황반변성(macular degeneration)…눈 망막의 퇴화로 인해 야기되는 치료할 수 없는 눈의 질병. 55세 이후 실명의 원인이 된다.

2. 플라보노이드

플라보노이드는 과일, 채소, 와인, 포도주스, 초콜릿, 차 등에 들어 있다. 플라보노이드 중에서 대부분을 차지하는 안토시아닌은 블루베리, 라즈베리, 붉은 양배추에 파란색과 붉은색을 띠게 하며 다른 형태는 감자, 양파, 오렌지 껍질에 연한 노란색을 띠게 한다. 이들 화합물은 강한 항산화제로서 암과 심혈관 질환을 예방한다. 감귤류는 혈전을 억제하고 항산화제, 항염증성, 항암 특성을 갖는 약 60가지의 플라보노이드를 포함하고 있다.

초콜릿은 플라보노이드가 풍부하다. 한 연구에서는 우유가 혈류 속에 도달하는 플라보노이드 양을 감소시킨다고 한다. 초코우유를 먹는 경우 우유보다는 초콜릿에 의해 건강을 증진시키는 식물화학물질이 흡수되는 것이라고 한다. 다른 연구에서도 모든 초콜릿이 혈중 항산화제 수준을 비슷한 정도로 증가시키고 있다는 결과를 보여주고 있기 때문에 초코우유를 좋아하는 사람들에게는 퍽 다행스러운 일이다.

3. 인돌과 알리움

브로콜리, 콜리플라워, 브루셀스프라우트, 양배추 같은 **십자화과 식물**들, 겨자와 콜라드 같은 녹색 채소는 특히 유황을 포함한 식물화학물질의 급원 식품이다. 이들은 발암물질의 독성을 제거하는 효소의 활성을 자극한다. 브로콜리에 들어 있는 식물화학물질인 슬포라판은 특히 이들 효소 체계의 활성을 도와주는 데 효과적이고 동물실험에서 유방암 발병을 억제하였다. 십자화과 식물은 또한 인돌을 포함하고 있는데, 인돌은 에스트로겐 호르몬을 불활성화시킨다. 에스트로겐의 과도한 작용은 암의 위험을 증가시키는 것으로 알려져 있다. 그러므로 인돌은 에스트로겐의 작용을 감소시켜 암으

십자화과 식물…네 개의 꽃잎이 십자가 모양을 하고 있어 이름 붙여진 채소군이다. 브로콜리, 브루셀스프라우트, 양배추, 콜리플라워, 케일, 코라비(구경양배추), 겨자잎, 순무 등이 여기에 속한다. 이 채소를 많이 먹는 경우 암 발생이 낮았다고 한다.

☀ 현명한 식품 선택 : '초콜릿: 고지방 식품인가 아니면 기능성 식품인가?'

초콜릿은 좋은 식품이라고 하기도 하고 해로운 식품이라고 하기도 한다. 미국에서는 초콜릿 산업체가 1년에 초콜릿으로 50억 달러 어치를 판매하고, 스위스에서는 1년에 1인당 9.5kg의 초콜릿을 소비한다. 초콜릿 섭취를 억제할 수 없게 하는 이유는 무엇인가?

초콜릿은 기분을 좋게 해주는 여러 화학적 화합물들이 들어 있다. 아난다미드(anandamide)는 자연발생적으로 뇌에서 만들어진다. 초콜릿에는 아난다미드가 포함되어 있을 뿐 아니라 아난다미드가 분해되는 것을 감소시키는 화합물이 있어 기분좋은 효과를 오래 지속되도록 한다. 또한 초콜릿에는 페닐에틸아민이 들어 있는데, 이 물질은 각성제와 비슷해서 혈압과 혈당을 상승시키고 민첩함과 만족감을 느끼게 한다. 카페인과 관련 화합물인 테오브로마인과 메틸잔틴은 초콜릿의 작용 효과를 높여주며, 초콜릿 안의 카페인 양은 3~28mg/30g으로 커피의 카페인 양인 65~150mg/30g에 비해 적지만 테오브로마인과 메틸잔틴의 효과로 충분히 각성 효과를 느끼게 한다.

초콜릿 내 소량의 필수 무기질인 구리, 마그네슘, 철분, 아연은 기분을 좋게 하는 데 도움을 준다. 그러나 함께 먹게 되는 지방과 설탕은 어떻게 해야 하나? 초콜릿을 통해 섭취되는 에너지의 약 50%는 지방에서 얻게 되는데, 지방의 30%가 포화지방이다. 포화지방 중 많은 부분이 혈중 콜레스테롤 수준에 영향을 미치지 않는 스테아린산이 많다. 지방의 일부는 단일 불포화지방산인 올레인산이고 심장 건강에 유익하다고 한다. 그리고 초콜릿에는 심장질환과 다른 건강 문제에 대해 보호 효과를 갖는 항산화제가 들어 있다. 코코아 1인 분량에는 좀 더 많은 항산화 식물화학물질이 들어 있고 적포도주 1잔 또는 녹차 또는 홍차 1잔보다 더 높은 항산화 능력이 있다고 한다. 다크 초콜릿에는 플라보노이드가 풍부하게 들어 있어서 동맥의 기능을 개선하고, 심장병을 일으키는 혈소판 활성을 억제하고, 혈압을 낮추고, 인슐린 예민성을 개선하는 것으로 알려져 있다. 초콜릿 내의 탄수화물은 대부분 설탕이며 입 안에 산을 생성하는 박테리아의 성장을 도와 충치를 일으킨다. 그러나 초콜릿의 지방이 치아를 덮어 씌워서 충치를 만드는 플라그가 생성되는 것을 막는다고 한다. 초콜릿은 에너지 농축 식품으로 약 30g당 150kcal를 낸다. 에너지를 의식하는 소비자들은 식사로부터 얻게 되는 에너지 외에 초콜릿으로 인한 에너지를 우려하여 초콜릿 섭취를 피하고 있다. 여드름과 초콜릿은 연관이 없다. 개인에 따라 타이로신에 예민한 사람은 두통을 일으키지만 영향을 받는 사람은 소수에 불과하다.

초콜릿은 적절하게 섭취한다면 건강에 좋은 효과를 볼 수 있으며 기능성 식품으로 생각될 수 있다.

로부터 보호한다.

알리움이라 불리는 유황화합물은 마늘, 양파, 파, 차이브, 서양파(샬롯)에 들어 있으며 암 세포 파괴효소체계의 활성을 도와준다[그림 F3-4]. 또한 이들 화합물은 소화관에서 질산염을 아질산염으로 전환시켜 발암물질을 형성하도록 하는 박테리아의 작용를 방해한다.

[그림 F3-3]···마늘과 양파는 유황을 포함하는 식물화학물질이 많아 암을 예방하고 혈중 콜레스테롤을 저하시키는 데 도움을 준다.

4. 식물 에스트로겐과 다른 식물 호르몬들

인체의 호르몬은 체내 대사 과정을 조절하고 체내가 항상성을 유지하도록 도움을 준다. 식물들도 역시 호르몬을 가지고 있어서 이를 섭취하였을 때 인체가 건강해지도록 영향을 줄 수 있다. 식물 에스트로겐은 암 세포가 발달하는 것을 방해하는 식물호르몬이며 인체 에스트로겐 호르몬 작용을 방해하여 건강에 도움을 주는 것으로 알려져 있다. 식물 에스트로겐에는 이소플라본과 리그닌이 포함되어 있다. 이들 분자들은 소장 내 미생물에 의해 변형되어 구조적으로 에스토로겐과 유사한 물질을 형성한다. 세포에서 에스트로겐 수용체에 이 변형된 물질이 덮어씌어져 에스트로겐 기능을 막아준다고 한다. 이소플라본은 대두, 아마씨, 보리에 있으며 이들은 암뿐 아니라 골다공증도 예방한다. 또한 폐경기에서 느끼는 전신열감 증상이나 기타 다른 증상을 완화하는 것으로도 알려져 있다.

아마씨에는 리그닌이 풍부하다. 리그닌 대사물은 에스트로겐과 구조적으로 비슷하고 에스트로겐이 촉진시키는 유방암 세포 성장을 억제한다.

2. 식물화학물질이 풍부한 식품 선택

식물화학물질의 섭취를 양적으로 권장하는 것은 불가능하므로 이 식물화학물질이 들어 있는 식품을 선택하도록 하는 것이 유익하며 식물화학물질이 들어 있는 식품 전체를 섭취하는 것이 단일 식물화학물질을 먹는 것보다 훨씬 의미가 있다. 예를 들어, 식물 스테롤, 대두, 아몬드, 귀리, 보리, 사일리움, 오크라, 가지 같은 식이섬유가 풍부한 식품을 많이 섭취하는 사람들은 혈중 콜레스테롤이 낮다. 혈중 콜레스테롤을 낮추기 위해 이들 식품을 섭취하는 경우 약물투여로 치료받는 것만큼이나 효과적이라 한다. 마찬가지로 아마씨, 십자화과 채소들, 과일, 채소들도 일반적으로 유방암, 대장암, 전

[표F3-3]…식물화학물질 섭취를 증가시키기 위한 팁

- 매일 다섯 가지 색깔의 과일과 채소 섭취하기
- 매주 새로운 과일이나 채소 섭취 시도하기
- 요리에 허브류나 양념류 첨가하기
- 좋아하는 식사에 채소 첨가하기
- 디저트로 굽거나 말린 과일 먹어 보기
- 평소 먹던 채소량을 두 배로 늘려 보기
- 다진 마늘, 생강을 병에 담아 두어 요리에 쉽게 첨가하기
- 간식으로 통밀 크래커 먹기
- 보리나 밀을 반쯤 말렸다가 빻은 것을 캐서롤이나 스튜에 넣기
- 통밀빵, 현미, 미숫가루로 바꾸기
- 시리얼에 과일을 넣거나 달걀에 채소 첨가하기
- 두부를 입방체 크기로 썰어 달걀볶음요리에 넣어 먹기
- 샐러드에 견과류 뿌려 먹기

[그림 F3-4]···무지개 색깔을 지닌 과일이나 채소를 선택하여 섭취함으로써 다양한 식물화학물질을 얻게 된다.

립선암, 폐암과 기타 다른 암들의 발병 위험을 낮춘다고 한다.

[표 F3-3]은 다양한 식물화학물질이 들어 있는 식품의 섭취를 증가시키는 제안에 관한 것이다.

1. 과일과 채소 많이 먹기

충분한 양의 과일과 채소를 먹도록 권장하는데, 2,000kcal의 식사를 하는 경우 2컵의 과일과 2.5컵의 채소를 먹도록 한다. '하루에 다섯 번'의 메시지는 우리가 하루에 서로 다른 과일과 채소를 최소한 다섯 번 먹도록 하기 위한 것이다. 만약 무지개 색깔—진한 초록, 노란 오렌지색, 연한 노란색, 진한 빨강과 보라색 과일이나 채소들—의 채소나 과일들이 들어 있다면 카로티노이드, 플라보노이드, 기타 다른 식물화학물질을 충분히 섭취하는 것이다[그림 F3-5].

2. 50% 도정곡식을 통곡식으로 바꾸기

사실상 통곡류 알갱이가 과일과 채소보다 식물화학물질과 항산화제가 더 많은 것은 아니지만 통곡류는 주식으로 많은 양을 먹기 때문에 많은 양의 식물화학물질과 항산화제를 제공한다.

역학조사에서 통곡류 섭취는 암 발생, 심혈관질환, 당뇨병, 비만 발생을 낮춘다는 것이 밝혀졌다. 섬유소 외에 통곡에는 피트산, 리그난 같은 식물 에스트로겐, 식물 스테놀, 식물 스테롤, 페놀이라 불리는 항산화제 식물화학물질이 풍부하다. 통곡 밀가루의 껍질이나 배아에는 전체 페놀, 플라보노이드, 루테인, 지아잔틴의 반 이상이 들어 있을 뿐 아니라 수용성, 지용성 황산화 활성의 80%를 가지고 있다. 이런 식물화학물질과 비타민은 껍질과 배아를 제거하여 흰 밀가루로 만들 때 손실된다.

저탄수화물 식사는 과일과 많은 채소뿐 아니라 주식류를 먹지 않음으로 인해 탄수화물 섭취가 적어지기 때문에 이런 식사를 할 경우 여러 형태의 식물화학물질의 양을 적게 섭취하게 된다.

3. 식물성 단백질 선택하기

식물로 된 단백질 급원 식품을 식사로 섭취하면 건강을 증진시키는 물질의 양을 더 얻을 수 있다. 식물화학물질이 풍부한 대두와 아마씨는 식물성 단백질의 좋은 급원 식품이고 다른 콩과류, 견과류, 씨앗들은 섬유소와 식물화학물질의 기능을 높여 주는 고단백질 식품이다. 식이지침서와 식품 구성탑에서는 미국인들이 이런 고식물화학물질 단백질 급원식품인 콩류, 완두콩, 견과류, 종실류를 좀 더 많이 섭취할 것을 권장하고 있다.

4. 식물화학물질 보충제

식물화학물질의 천연 급원식품에 식물화학물질을 더 보충하거나 다른 식품에 식물화학물질을 강화시키고 있다. 예를 들어, 어떤 오트밀 제품은 대두와 아마씨를 강화하여 판매하고 당근주스에 루테인을 첨가한다. 이런 식품들은 영양소와 약품 사이의 경계를 흐리게 하였다 하여 기능식품(nutraceutical)이라고 하거나 또는 특별히 건강에 유익하도록 디자인되었다 하여 디자이너식품(designer food)이라 부르고 있다.

식물화학물질 보충제나 식물화학물질 강화식품으로부터 얻는 특별한 이점이 있다 해도 식물화학물질이 풍부하게 들어 있는 천연식품으로부터 얻게 되는 모든 건강상의 이점을 다 얻게 되는 것은 아니다. 그 이유는 이 기능식품들에는 천연식품에 들어 있는 많은 식물화학물질 중 한 부분만이 들어 있기 때문이다. 덧붙여 말하자면 천연식품에 들어 있는 다양한 식물화학물질과 영양소 사이의 상호작용에 의해 이루어지는 건강에 좋은 많은 유익한 것들이 단지 한 가지 혹은 몇 가지로 보충되는 식물화학물질의 효과와는 비교되지 않기 때문이다. 결론적으로, 식품에 보충되거나 강화되는 양이 적기 때문에 기능식품들이 건강 증진에 주는 영향은 미미하다고 할 수 있다. 예를 들면, 라이코펜이 들어 있다고 광고하는 종합비타민에는 하루 1회 섭취량당 0.3mg이 들어 있다. 반면에 우리가 먹는 스파게티 소스 반 컵에는 약 20mg의 라이코펜이 들어 있다.

학습점검

1 기능성 식품이 무엇인가에 대해 설명하시오.
2 식물화학물질을 정의해 보시오.
3 식품의 색깔과 식물화학물질이 어떤 관계가 있는가에 대해 토론해 보시오.
4 식물화학물질이 인체 건강에 주는 좋은 점에 대해 열거해 보시오.
5 식물화학물질이 풍부한 식사에는 어떤 식품의 형태가 들어가는지 설명하시오.
6 식물화학물질 보충제를 먹어서 얻는 건강상의 유익함과 천연 식물성 식품에 들어 있는 식물화학물질을 먹음으로써 얻는 건강상의 유익함을 비교하시오.

Focus On Nonvitamin Nonmineral supplements

4. 식이 보충제

현재, 보충제는 약 29,000여 종이 있으며 정제, 캡슐, 분말, 소프트젤, 액상 형태로 만들어져서 주로 통신판매, TV, 인터넷, 건강식품상점, 슈퍼마켓, 약국, 할인점 등에서 판매되고 있다. 대부분의 보충제에는 비타민과 무기질이 들어 있지만, 인기 있는 많은 식이 보충제에는 영양소로 분류되지 않은 물질이 함유되어 있다[그림 F4-1]. 요즘 많은 사람들이 운동능력 향상, 체중 감소, 질병 치료와 예방, 노화 예방 등을 위해 식이 보충제를 먹고 있다.

식이 보충제 중 일부는 아미노산, 지방산과 같은 영양소를 함유하고 있는 것도 있고, 일부는 체내에서 만들어지므로 식이로 반드시 섭취할 필요가 없는 호르몬, 효소, 조효소와 같은 물질들을 함유하고 있는 것도 있다. 또 식물화학물질이나 약초와 같이 식물에서 추출한 물질을 함유하고 있는 것도 있다. 이러한 물질 중에는 그 이로운 효과가 과학적으로 증명된 것도 있지만, 더러는 의심스러운 것도 있으며, 이로움보다는 위험을 더 많이 가지고 있는 것들도 있다.

1. 식이 보충제란 무엇인가?

전통적으로 식이 보충제란 필수 영양소를 가지고 있는 보충제로 고안된 제품을 말한다. 그러나 1994년 식이보충건강과 교육기관(DSHEA)에서 식이 보충제를 식사에 보

[그림 F4-1]…인기가 많은 식이 보충제들은 영양소로 분류되지 않는 물질들을 함유하고 있다.

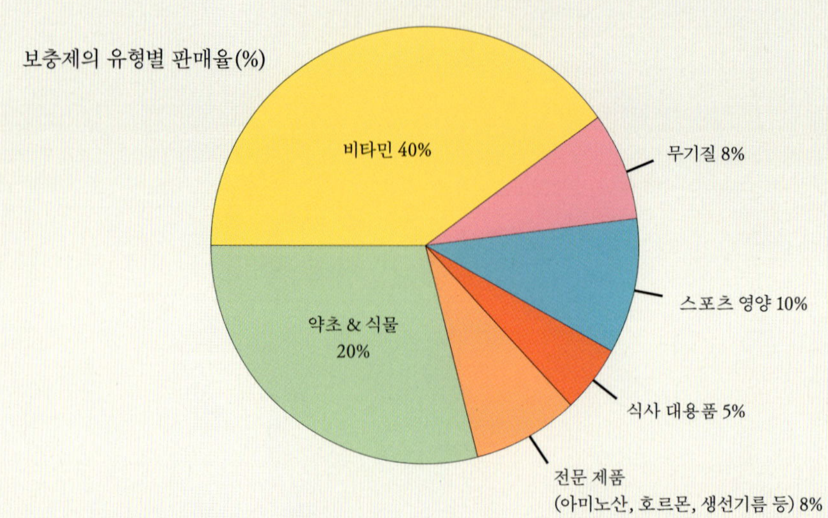

충으로 섭취하는 제품으로 정의하였다. 식이 보충제는 비타민, 무기질뿐만 아니라, 아미노산과 아미노산의 농축액, 대사 산물, 구성 물질, 추출물, 약초, 식물, 식물에서 추출한 물질을 포함한다. 식이 보충제로 판매되는 제품에는 표준 라벨을 부착해야 하는데, 단지 보충제에 라벨이 붙어 있다고 해서 그것이 안전하다는 것을 의미하는 것은 아니다. 대부분의 식품과 달리, 식이 보충제에는 영양소가 농축되어 있을 수 있으며, 정상적인 식사에 들어 있는 양을 초과하여 들어 있는 경우, 특히 약을 복용하고 있거나 건강에 문제가 있는 사람에게 위험할 수 있다. 약과 달리 식이 보충제는 복용량이나 구성 성분이 엄격하게 규제되고 있지 않다.

1. 식이 보충제 라벨

FDA 규정에 따르면, 식사에 보충으로 섭취하는 제품에는 라벨에 '식이 보충제'라는 단어를 사용해야만 하며, '보충성분' 표를 표시해야 한다. 보충성분표는 권장되는 분량과 성분명, 1회 분량당 각 구성 성분의 양이 적혀 있으며, 1일 영양소 기준이 설정된 영양소는 윗부분에, 1일 영양소 기준이 설정되지 않은 식이 성분은 아랫부분에 적혀 있다.

보충제 라벨에 제품의 함량이 적혀 있긴 하지만, 제품의 품질은 보증하지 않는다. 보충제 제조 시 의무 기준이 없기 때문에, 품질 조절의 정도는 제조업자와 생산 공정에 관련된 사람에게 달려 있다. 그러므로 성분의 양과 체내에서 얼마나 잘 흡수될지는 양에 따라 달라질 수 있다.

2. 식이 보충제의 규정

식이 보충제가 흔히 질병 예방과 치료의 목적으로 약처럼 이용되고 있지만, 약만큼 안전성이 엄격하게 규정되어 있지는 않다. 약은 대중에게 광고하고 판매되기 전에 FDA에 의해 정밀하게 테스트를 받아야 한다. 반면, 보충제 제조업자들은 제품을 안전하게 만들 책임이 있지만, FDA에 의해 테스트를 받지는 않는다. 만약 제품에 문제가 발생한다면, FDA는 제품을 판매 시장에서 철수하기 전에 제품이 위험성을 가지고 있다는 것을 입증해야 한다. 단 새로운 성분을 함유하고 있는 제품은 이 규칙에서 예외이며,

1994년 10월 15일 이전에 미국에서 판매되지 않았던 성분이 들어 있는 보충제는 어떤 것이라도 판매되기에 앞서 안전하다는 것을 입증하는 자료를 FDA에 제출해야 한다. 이 자료가 나오기 이전에 팔린 성분들은 역사적으로 사람들이 사용해온 것을 근거로 안전하다고 생각한다.

2. 다량영양소 보충제

다양하게 균형 잡힌 식사는 건강한 사람에게 필요한 영양소를 충족시켜 준다. 일부 사람들은 자신이 식사로 충분한 영양소를 섭취한다고 생각하지 않기 때문에, 또는 질병 예방이나 운동능력 향상과 같은 효과를 기대하기 때문에 특별한 영양소가 들어 있는 보충제를 선택한다. 예를 들면, 운동선수들은 종종 탄수화물과 단백질 보충제를 사용한다. 탄수화물 보충제는 편리한 형태로 포장되어 있고, 소화관에서 빨리 흡수되어 근육에 포도당을 공급한다. 단백질 보충제는 일반적으로 분말, 음료의 형태이며 적절한 식사의 단백질로부터 얻을 수 있는 유익 그 이상은 주지 않는다. 또한 아미노산과 지방산은 질병 예방뿐만 아니라 운동능력과 신체 조성 효과에 대한 기대로 잘 팔리고 있다.

1. 아미노산

아미노산 보충제는 운동선수와 다이어트를 하는 사람들 사이에서 인기가 높다. 이들이 아미노산 보충제를 섭취하는 이유는 아미노산 아르기닌, 오르니틴, 리신이 근육 성장을 향상시키는 성장 호르몬의 배출을 자극하는 것으로 알려져 있기 때문이다. 그래서 근육을 만들고 지방을 없애고자 하는 사람들에게 판매되고 있지만, 운동 전에 섭취한 아미노산 보충제가 성장 호르몬 방출을 증가시킨다거나, 운동만으로 얻어지는 그 이상의 체력이나 근육 무게를 증가시키는 것으로 나타난 보고는 아직 없다. 가지상 아미노산(루신, 이소루신, 발린)은 운동 중에 에너지원으로 사용되기 때문에 운동선수들에게 판매되고 있음에도 불구하고 보충제가 운동 능력을 향상시키는 것으로 밝혀지지는 않았다. 글루타민과 글리신 보충제 또한 운동선수들에게 팔리고 있지만 운동 능력을 향상시키는 것으로 증명되지 않았다. 아미노산은 수송계를 공유하기 때문에, 하나의 아미노산을 보충한다면 같은 수송계를 공유하는 다른 아미노산들의 결핍을 일으킬 수 있다.

2. 지방산

어유와 아마씨로부터 얻은 오메가 3 지방산 보충제는 심장병의 위험을 줄이기 위해 섭취된다. 오메가 3 지방산은 심장병을 예방하지만, 보충제에 이러한 효과가 나타날 만큼 오메가 3 지방산이 충분히 함유되어 있지 않다는 과학적 증거가 있다. 아마씨유 보충제 역시 총 식이에 영향을 미칠 만큼 오메가 3 지방산을 충분히 제공할 것 같지는 않다. 일주일에 수 차례 생선을 먹고 아마씨를 가루로 빻아 곡류에 뿌려서 먹는 것이 더 좋은 선택이다. 기본적으로 매일 아마씨가 식품에 첨가된다면, 오메가 3 지방산의 섭취뿐 아니라 섬유소와 식물화학물질의 섭취도 증가할 것이다. 건강한 사람에게는 오메가 3 지방산을 함유하고 있는 보충제 섭취의 위험성이 작긴 해도 이 보충제가 혈액 응고를 방해하기 때문에 혈액을 묽게 하는 약을 복용하고 있는 사람에게는 권장되지 않는다.

3. 체내에서 만들어지는 물질

신체의 정상적인 대사와 생리 기능에 필수적인 많은 분자들의 필요량은 체내에서 충분히 만들어지므로 식이로 꼭 섭취할 필요는 없다. 따라서 식이로 섭취하지 않아도 결핍 증상이 나타나지 않는다. 그럼에도 불구하고 이런 생물학적 분자로 된 많은 보충제가 신체의 기능을 향상시킨다며 팔리고 있다. 그러나 대부분의 이러한 보충제가 건강한 사람이나, 영양이 좋은 사람에게는 유익한 효과를 거의 주지 못한다.

1. 효소 보충제

당뇨병이 있는 사람이 경구로 인슐린을 섭취할 수 없는 이유는 단백질 호르몬이 소화관에서 아미노산으로 분해되기 때문이다. 이렇게 되면 인슐린이 세포에 도달하지 않는다. 주사로 주입하는 인슐린만이 인슐린을 필요로 하는 세포에 도달할 수 있다.

효소는 단백질이며 정상적 기능에 필요한 효소는 체내에서 만들어진다. 다른 단백질처럼 보충제로 섭취된다면, 보충제는 소화관에서 아미노산으로 분해된다. 효소 단백질은 그 자체가 체내에 있는 세포에 도달할 수 없으므로 효소 보충제는 대부분 신체 기능에 영향을 거의 주지 않는다. 반면, 소화관에서 작용하는 소화효소는 예외이며, 소화효소는 분해되기 전에 기능을 수행할 수 있다. 예를 들면, 유당을 분해하는 효소인 락타아제는 유당불내증인 사람이 유당을 함유하는 식품과 함께 섭취할 때 이로울 수 있다. 락타아제는 소화관에 있는 유당을 분해하고 결국 락타아제 그 자체는 소화된다.

프로테아제, 리파아제, 아밀라아제와 같은 효소와 파인애플에 함유된 효소 브로멜라인, 파파야의 열매에 함유된 효소 파파인과 같은 식물 효소들은 건강한 사람에게 소화를 증진시킬 목적으로 판매된다. 이 보충제의 광고는 식품에 원래 존재하는 소화효소는 가열 조리에 의해 파괴된다고 주장한다. 그러나 효소 보충제의 인기에도 불구하고 건강한 사람에게 보충제가 이롭다는 증거는 없다.

2. 호르몬 보충제

호르몬은 인기 있는 보충제 성분이다. 성장 호르몬과 같은 단백질이나 펩티드 호르몬은 효소로서 다음과 같은 문제점을 가지고 있다. 호르몬은 단백질이므로 표적지에 도달하기 전에 소화관에서 분해되는데도 불구하고 구강 성장 호르몬 보충제가 팔리고 있는데, 근육 무게 증가, 체지방 감소, 체력 증강과 건강한 느낌이 들도록 한다고 주장한다. 그러나 체내에 활성 호르몬을 얻을 수 있는 유일한 방법인 성장 호르몬 주사조차 근육의 세기나 노화 속도에 큰 영향을 주는 것으로 나타나지 않았다.

단백질이 아닌 호르몬은 체내로 흡수되고, 보충제는 신체 기능에 영향을 줄 수 있다. 멜라토닌은 뇌의 송과선에서 만들어지는 호르몬으로서 아미노산인 트립토판으로부터 합성되지만, 단백질이 아니며 소화관에서 흡수될 수 있다. 멜라토닌 보충제는 노화를 늦추고, 유리 라디칼 손상을 방지하며, 질병이나 시차로 인한 피로 감소를 위해 섭취된다. 노화 속도를 늦추거나 산화적 손상을 감소시킨다는 증거는 거의 없지만, 인체에서 멜라토닌 호르몬을 수면 주기에 이용하는 증거가 있다. 멜라토닌은 체내에서 멜라토닌의 생성이 감소하거나(노화에 따라), 정상적인 수면에 이상이 생기거나, 시차로 인해 각성 주기에 이상이 생기는 경우에 권고되는데, 멜라토닌 보충제가 수면의 지속과 질을 향상시킬 수 있기 때문이다. 또한 멜라토닌은 교대 근무로 일을 하는 사람들에게 수면의 질을 향상시켜줄 수 있다. 그러나 멜라토닌의 효능, 독성, 최적의 복용량, 투약 시기에 대한 장기간의 연구가 아직 부족한 실정이다.

멜라토닌처럼, 스테로이드 호르몬은 소화관에서 흡수된 후 혈류에 도달하여 기능에 영향을 준다. 콩팥 위에 붙어 있는 부신에서 만들어지는 스테로이드 호르몬인 DHEA (dehydroepiandrosterone)는 인기 좋은 보충제다. DHEA는 에스트로겐과 테스토스테론과 같은 성 호르몬의 전구체이며 DHEA 생성은 20대 중반에 최고점에 이르다가 대부분의 사람들의 경우 나이가 들어감에 따라 점차적으로 감소한다. DHEA 생성이 감소하는 것을 방지하기 위해서는 에스트로겐과 테스토스테론의 수준을 유지함으로써 노화 속도를 늦추어야 한다고 제안하면서 DHEA가 에너지, 힘, 면역성을 향상시킨다고 주장한다. 운동선수들은 근육 무게를 늘리고 체지방을 감소시키는 **아나볼릭 스테로이드** 대신 DHEA를 사용한다. 그러나 보충제가 근육의 크기와 세기를 늘리거나, 노화를 치료하거나, 남성의 성적 기능 장애와 폐경기 증상을 치료하는 데 효과적인 것으로 나타나지는 않았다. DHEA 보충제에 대한 1년 이상의 효과가 연구되지는 않았지만, DHEA 보충제가 성호르몬의 정상 수준을 방해하는지, 간 손상을 포함해 신체에 해로운 영향을 주는지에 대해서는 아직까지 의문이다.

아나볼릭 스테로이드(anabolic steroid) … 테스토스테론과 공통점이 있는 스테로이드 호르몬이다. 운동선수들은 근육 무게를 증가시키기 위해 종종 아나볼릭 스테로이드를 섭취한다. 이 호르몬은 공식적으로 금지되었고 위험한 부작용을 가지고 있다.

3. 조효소 보충제

많은 비타민이 조효소 기능을 가지나, 반드시 음식을 통해 섭취할 필요가 없는 조효소도 있다. 그중 하나는 호기적 대사에 의한 에너지 생성에 필요한 두 반응에 관여하는 조효소 리포산인데, 리포산은 인간 세포에서 적당량 합성될 수 있기 때문에 보충제가 이 조효소에 의해 촉매되는 반응을 촉진시키지는 않는다.

또한 코엔자임 Q라 불리는 유비퀴논은 탄수화물, 지질, 단백질로부터의 에너지 생성에 중요한 조효소이다. 유비퀴논은 전자전달계에서 ATP가 생성되는 호기적 대사의 마지막 단계에 필요하다. 유비퀴논은 이름이 암시하듯 동물, 식물, 미생물 어디에나 존재하고, 체내에서 합성되는데 보충제가 대부분의 사람들에게 필요하지는 않다. 유전적으로 미토콘드리아의 기능에 결함이 있는 사람과 크레스토(Crestor)나 리피토(Lipitor) 같이 콜레스테롤을 낮추는 스타틴 약을 복용하는 사람의 경우에는 보충제가 이로울 수 있다. 스타틴은 콜레스테롤과 유비퀴논의 합성에 필요한 효소를 방해하여, 이 조효소가 고갈되는 상태를 일으킬 수 있다. 근육 세포의 미토콘드리아에 코엔자임 Q가 고갈되는 것은 스타틴을 복용하는 일부 사람에게 부작용으로 나타나는 근육 약화의 원인으로 여겨지고 있다. 코엔자임 Q 보충제는 코엔자임 Q의 혈액 농도를 증가시키지만, 그 농도가 코엔자임 Q가 필요한 근육의 미토콘드리아에서 증가될지는 확실하지 않다.

4. 구조적 분자와 조절적 분자를 함유하는 보충제

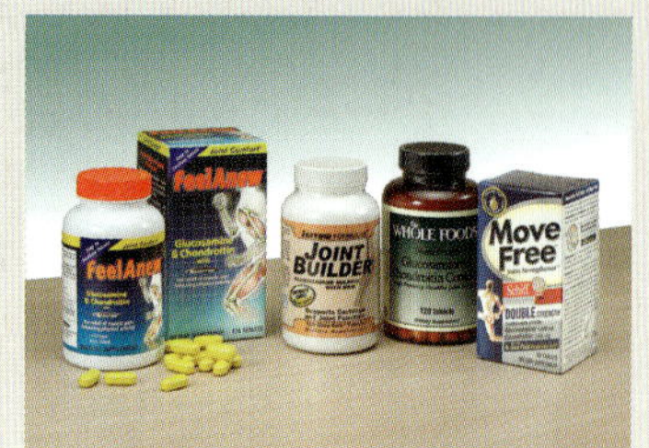

[그림 F4-2]…글루코사민과 콘드로이틴을 함유하는 보충제가 관절염이 있는 사람에게 이롭다는 증거가 있다. 이 보충제의 효과가 나타나기 위해서는 하루에 세 알 정도가 권장된다.

다양한 이유로 많은 구조적 분자와 조절적 분자를 보충제로 섭취한다. 예를 들면, 카르니틴과 크레아틴 모두 운동능력 향상을 목적으로 판매된다. 카르니틴은 β-산화와 호기적 대사로 분해되는 지방산을 미토콘드리아로 수송하기 위해 필요한 분자이다. 운동 시 보충제가 에너지 공급원으로 지방의 사용을 증가시킨다고 광고하지만, 운동능력을 향상시키는 것으로 나타나지는 않았다. 크레아틴은 크레아틴 인산이라 불리는 고에너지 분자를 만들기 위해 사용되는 작은 분자이며, 크레아틴 인산은 짧은 순간 동안 근육에 에너지를 공급한다. 크레아틴 보충제가 일부 운동선수에게 체력, 운동능력, 고강도 운동으로부터의 회복을 향상시킴으로써 유익한 것으로 나타났다. 그러나 크레아틴 보충제가 지구력을 향상시키는 것은 아니다.

글루코사민, 콘드로이틴, SAM-E는 건강한 관절을 유지하는 데 필요한 분자이며, 관절염의 통증과 진행을 완화시키기 위해 이용되고 있다. 글루코사민과 콘드로이틴은 관절을 보호하는 결합조직의 형태인 연골 세포 내부와 주변에서 발견되는 분자이다. 이들은 체내에서 만들어지며 육류로 된 식사에서 섭취된다. 글루코사민과 콘드로이틴 보충제는 관절염의 통증을 감소시키고, 연골의 퇴화를 멈추게 하며, 손상된 관절과 연골의 회복을 자극하는 것으로 보고되는데, 이 보충제는 일부 사람에게 관절염의 증상을 경감시켜 이로울 수 있다[그림 F4-2].

화학적으로 S-아데노실메티오닌이라 알려진 SAM-E는 아미노산 메티오닌의 대사에서 생기는 중간 생성물로서 체내에 존재한다. SAM-E는 연골의 생성을 촉진시키며 관절염의 치료에 유용하다. 또한 우울증과 간질환의 치료에 효과적인 것으로 알려져 있다. 우울증과 관절염이 있는 사람에게 SAM-E가 이롭다는 증거가 있지만, 연구 결과 아직 유용하지는 않으며, 섭취의 위험성이 적절히 평가되지 않았다고 보고되었다.

이노시톨은 세포 내부에 전달 암호를 보내는 역할을 하는 세포막에 존재하는 인지질의 성분으로서 포도당으로부터 합성될 수 있다. 이노시톨을 반드시 식이로 섭취할 필요가 있다는 증거는 없지만, 당뇨병이나 부전과 같은 질병을 치료하는데 있어서 의학적 가치가 있을 수는 있다.

학습점검

1 식이 보충제에 대해 알아본다.

2 효소 보충제가 표적기관에 도달하지 못하는 이유를 설명할 수 있다.

3 필수 영양소와 체내에서 만들어지는 중요한 물질을 대조할 수 있다.

Focus On **Biotechnology**

5. 생물공학

1909년에 영국인 의사 아치볼드 개럿(Archibald Garrod)은 유전자가 단백질을 만드는 데 관련이 있다는 가설을 세웠다. 1966년까지 연구자들은 유전암호를 판독했는데 이것은 DNA의 정보와 단백질 합성을 이어주는 암호인 것이다. 단백질은 생물체가 나타내는 특성에 영향을 주었다. 1972년 하와이의 한 식당에서, 스탠포드대학의 스탠리 코언(Stanley Cohen) 박사와 샌프란시스코 캘리포니아대학의 허버트 보이어(Herbert Boyer)가 토론을 했는데 그것이 유전공학 탄생의 계기가 되었다. 그들은 공동 연구를 통해 한 생물체의 유전 명령을 다른 생물체에 끼워 넣게 하는 데 필요한 정보를 알아냈다. 코언 박사의 실험실에서는 박테리아 세포가 어떻게 DNA의 작은 고리들을 감는지에 대해 연구해 왔고, 보이어 박사는 효소가 특정 위치에 있는 DNA를 잘라내서 다시 되붙일 수 있다는 것을 연구해 왔다. 이 두 기술을 결합함으로써 두 사람은 보이어 박사의 효소로 DNA를 잘라서 만든 DNA 조각이 코언 박사가 개발한 절차에 따라 박테리아 세포 DNA의 작은 고리들에 붙여지고 받아들여질 수 있음을 보여주었다 [그림 F5-1]. 박테리아의 수가 배가되면서 DNA의 새로운 조각이 복제되어 배가되었다. 이와 같이 서로 다른 곳의 DNA를 재결합하고 복제하는 기술은 모든 유전공학의 기초가 된다.

[그림 F5-1]…보이어와 코언은 다른 생명체로부터 얻은 DNA를 가지는 박테리아 DNA의 작은 고리를, 사자와 염소의 머리, 염소의 몸, 꼬리가 뱀인 불을 뿜는 신화적 짐승 이후의 키메라라고 불렀다.

1. 생물공학은 어떻게 쓰이나?

과학자들이 식물, 동물, 효모, 박테리아의 DNA를 바꿀 수 있는 기술을 개발했기 때문에 현대 생물공학이 가능해졌다. DNA를 바꾸는 기술은 유전자변형이나 유전공학에 적용되는데, 이 기술은 과학자들이 세포나 생물체가 만들 수 있는 단백질을 바꾸어 새로운 특성을 나타나게 하고, 원하는 특성은 강화하며, 원하지 않는 특성은 배제시키는 일을 가능하게 한다. 유전공학에서는 원하는 특성을 얻기 위해 한 생물체에서 유전자를 뽑아 다른 생물체로 옮기는 작업도 하게 된다. 사람에게 필요한 의약품을 만드는 박테리아, 질병에 강한 식물, 더 건강한 영양소 혼합체를 주는 식품을 만들었는데, 새로운 기술이 발전하면서 그것을 서술하는 어휘도 발전했다[표 F5-1]. 이런 기술을 사용하여 만들어진 농산품, 생물체, 식품 등을 유전자변형 또는 *GM*이라 부른다.

[표 F5-1]…유전공학 용어

생물공학	유전공학으로 생명체를 복제해서 사람에게 바람직한 제품을 만든다.
유전공학식품	생물공학을 이용하여 만든 식품
키메라	2개의 다른 종으로부터 얻은 DNA로 구성한 DNA 분자, 또는 다양한 유전자 조성의 조직으로 구성한 생물체
클로닝(cloning)	유전자나 생물체의 완전히 같은 복제품을 만든다(미수정란의 핵을 체세포의 핵으로 바꾸어서 유전적으로 똑같은 생물을 얻는 기술).
DNA	생물체의 유전 정보를 가지고 있는 끈 모양의 긴 분자
유전자	어떤 특성을 지정하는 유전 정보를 만드는 DNA의 단위. 살아 있는 생물체의 특성이 한 세대에서 다음 세대로 전해지는 기초가 된다.
유전자 접합	출처가 다른 DNA를 정교하게 붙여서 새로운 유전자 구조를 만든다.
유전공학	유전자 개조. 생물체의 유전자 재료를 복제하여 새로운 형태의 단백질을 만드는 데 사용된다. 유전자 결합, 유전자 복제, 유전자변형, 또는 재조합형 DNA 기술에 적용된다.
게놈(지놈, genome)	한 생명체에 들어 있는 전체 유전자 정보
GM 농산물	유전자변형 농산물
GMO	유전자변형 생명체
교잡	이종 식물 간의 교배로 좋은 특성을 강화한다.
플라스미드(plasmid)	염색체와는 별도로 증식할 수 있는 유전자
재조합형 DNA	출처가 다른 DNA를 결합하여 만든 DNA
이식유전자	정자나 난자가 원래의 유전자 재료를 포함하는 생명체를 말하는데, 그 유전자 재료는 부모가 아닌 생명체로부터 끌어냈거나 부모의 유전자 재료에 추가한 것이다.

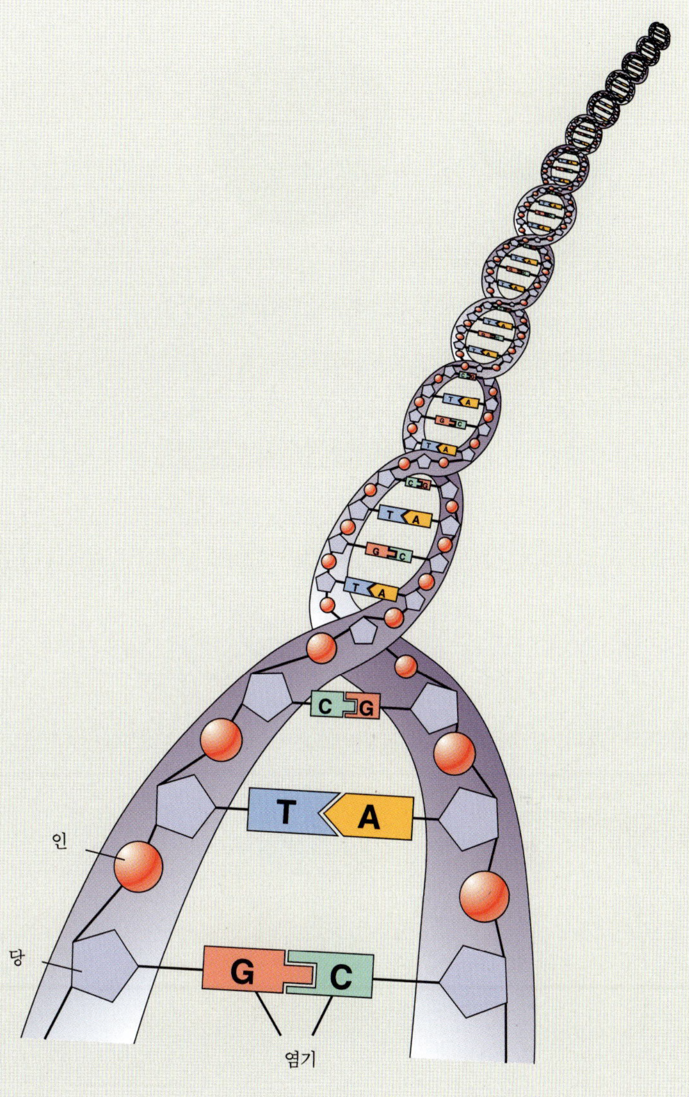

[그림 F5-2]⋯DNA는 이중으로 꼬인 분자다. 각각의 끈에는 인산염군과 5탄소당 디옥시브로스가 교대로 배열되는 뼈대가 있다. 각 당은 4개의 염기 중 하나에 붙는다. 아데닌(A), 티민(T), 시토신(C), 구아닌(G) 염기가 있다. 두 가닥의 DNA 끈이 염기로 묶이는데, A 염기는 T와, C는 G와 묶인다. 이 두 가닥의 끈이 꼬여서 이중나선형이 된다.

1. 유전학: 유전자로부터 특성까지

식물이나 동물의 특성은 그 유전자 안에 들어 있으며, DNA의 부분인 유전자들은 세대를 거쳐 이어진다. 유전자는 단백질 합성을 지시하는 정보를 가지고 있다. 그때 만들어진 특정 단백질은 각 생물체가 나타내는 특성을 결정한다.

1-1. DNA 구조 — DNA는 두 가닥의 끈이 서로 꼬여 이중나선형으로 보이는 길고 실 같은 분자이다. 각각의 끈은 디옥시리보스당(糖)과 인산염군의 단위를 번갈아가며 만든 뼈대를 가지고 있다. 각 디옥시리보스당은 염기(base)라고 하는 분자에 붙게 된다.

DNA에 나타나는 4개의 서로 다른 염기는 아데닌, 티민, 시토신, 구아닌으로, 이를 줄여서 A, T, C, G라고 한다. 이 염기들이 서로 묶여서 두 가닥의 끈을 연결한다. 각 염기는 보충염기하고만 묶는데, 즉 아데닌은 티민과 시토신은 구아닌과만 묶인다 [그림 F5-2].

사람을 포함해서 식물, 박테리아, 동물 같은 모든 생물체의 DNA는 동일한 DNA 염기로 이루어져 있다. 염기서열의 차이는 살아 있는 것들 사이 모든 유전적 차이의 원인이 된다. 종 간의 차이나 동종 개체 간의 차이에서도 마찬가지이다.

[**그림 F5-3**]…유전자라고 부르는 부분을 포함하는 DNA는 식물과 동물의 세포핵에 위치한다. 유전자 내의 염기서열은 단백질을 형성하기 위해 결합되는 아미노산 서열의 암호를 지정한다. 생명체가 가지는 특성은 이런 단백질 탓이다.

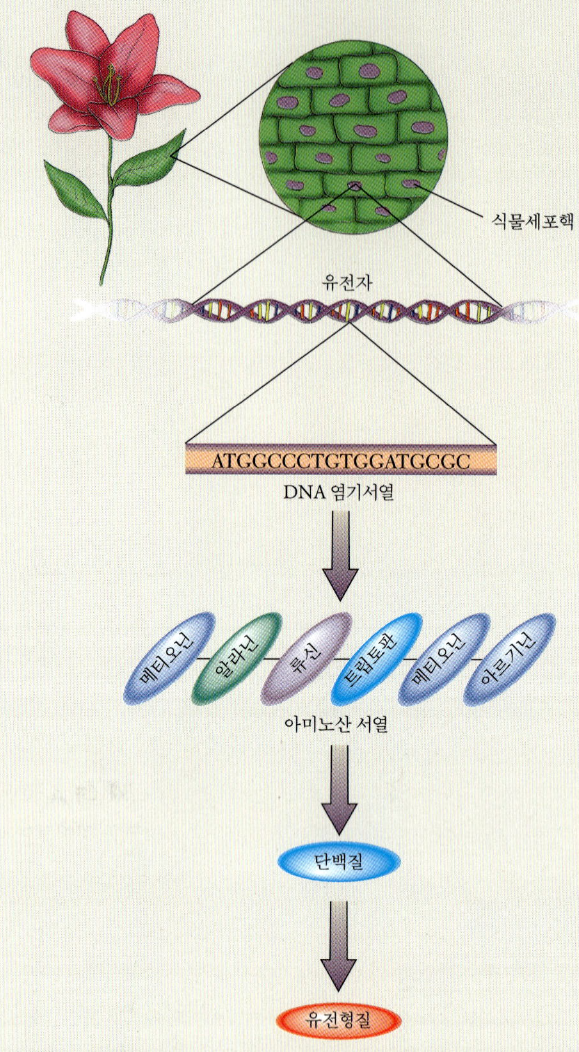

같은 종에서의 개체는 DNA 염기서열에서 작은 차이가 있고, 일란성 쌍둥이만이 염기서열이 같다. 반면, 사람과 옥수수 같이 종이 다른 경우는 DNA 염기서열이 크게 다르다.

1-2. 유전자, 단백질, 유전형질 — 유전자에 있는 염기서열은 단백질에 있는 아미노산 서열을 지정한다(5장 참조). 이 유전 암호에는 단 한 개의 아미노산에 3개의 염기가 지정된다. 동일한 3개의 염기는 항상 동일한 아미노산을 지정하게 되는데, 예를 들어, DNA 염기서열 ACC는 α- 아미노산의 일종인 토립토판과 일치한다. 암호는 지구 상의 모든 생명체에 공통이기 때문에 특정 3염기 서열은 박테리아든 모기든 옥수수든 사람이든 같은 아미노산을 지정한다. 유전자가 표현될 때에는 암호로 지정된 단백질이 만들어지고 생명체에 어떤 특성을 부여한다. 예를 들어, 성장을 자극하는 단백질이 만들어졌다고 하면 생명체는 더 크게 성장할 것이고, 단백질 색소가 만들어지면 식물이나 동물의 색깔에 영향을 준다. 특정 단백질의 유무가 개별 생명체가 나타내는 특성을 결정한다[**그림 F5-3**].

다른 종의 생명체가 서로 아주 다르다 해도 양쪽이 동일한 단백질을 만든다면 유사한 염기서열의 유전자를 갖는다. 사람과 돼지 양쪽 모두가 혈액 내에 산소를 운반하

☀ 과학의 적용 : '유전자 조작 방법의 발달'

한 세포의 유전 배합을 변화시키기 위해서는 특정 세포의 유전자 일부를 잘라내고 다른 세포의 DNA를 붙여 주는 방식으로 진행된다. 예를 들어, 과학자가 사람의 인슐린 유전자를 포함하는 DNA 조각을 잘라 세균의 DNA에 잘라 붙이면 박테리아는 사람의 인슐린을 만들 수 있게 된다. 유전자 공학으로 인슐린이 만들어지기 전까지는 도살된 염소나 돼지의 인슐린만을 이용할 수 있었다.

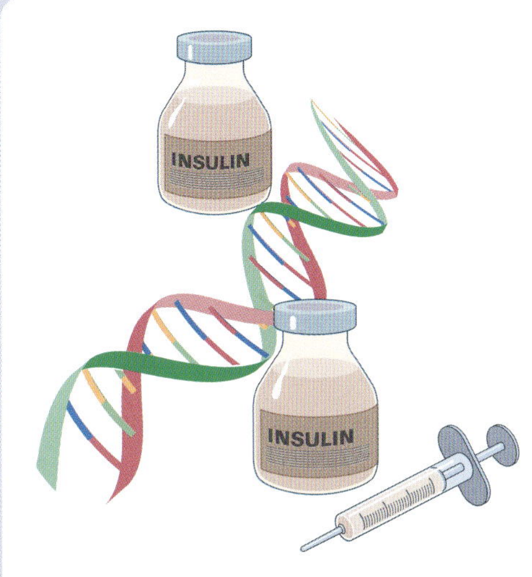

당뇨를 치료하기 위한 인슐린은 요즈음 유전 공학적 방법으로 만들어진다. 과거에는 도살된 동물의 췌장에서 뽑아냈다.

1970년 이전에는 DNA를 자를 수 있는 방법이 없었다. 1950년 박테리아의 한 균주에 바이러스의 DNA를 자를 수 있는 효소가 있다고 보고되었다. 제한효소(restriction enzyme)라고 불리는 이 효소는 DNA를 특정한 위치에서 잘라내는 작용을 하는데, 1960년 후반과 1970년 초반에 여러 종류의 제한 효소들이 분리 동정되었다. 동시에 박테리아의 효소 중에서 잘린 DNA 가닥을 재생시키는 효소가 발견되었다. 이를 DNA 연결효소(DNA ligase)라고 불렀는데 이 효소는 두 가닥의 DNA를 붙여서 연결하는 능력이 있었다. 제한효소와 연결효소가 발견될 당시에 이들은 미생물학의 흥미있는 연구로 생각되었을 뿐 이 효소들이 생물학과 의학에 미칠 큰 파장을 예측하지도 못하였다. 겉보기에는 별로 중요하지 않았던 세균의 효소들은 공학의 발전과 더불어 과학의 각 분야에 엄청난 파장을 미쳤다.

세균에 존재하는 제한효소는 생명체 보호의 한 형태이다. 만약 바이러스가 세균에 침범하면 바이러스가 악영향을 미치기 전에 세균은 바이러스의 DNA를 여러 작은 조각으로 잘라내어 번식하는 것을 막을 수 있었다. 실험실에서 이들 효소는 마치 정확하고 예리한 가위와 같아서 특정 단백질을 만들 수 있는 유전자를 잘라낸다. 모든 생명 형태의 DNA는 모두 같은 구성 요소로 이루어졌기 때문에 세균의 효소는 소의 DNA나 콩, 사람의 유전자에게까지 동일한 효율로 작동할 수 있다. 한 세포의 DNA가 다른 세포의 DNA와 결합될 때 세포는 새 단백질을 만들 수 있고 숙주에게 그 단백질로 인한 새로운 기능을 부여할 수 있다. 예를 들어, 옥수수 해충의 하나인 조명충 나방을 죽이는 독성 단백질을 옥수수 유전자에 끼워 넣으면 옥수수대는 이 나방의 공격에 저항성을 가질 것이다.

제한효소와 DNA 연결효소의 발견은 분자생물학의 새로운 기술 산업을 발생시켰다. 오늘날 과학자들은 이들 효소를 더 이상 본인이 분리하고 동정하는 수고를 할 필요 없이 생물학 자료 회사로부터 구입하여 사용하고 있다. 과학자들은 작은 조각의 DNA를 연구하기 위해 필요로 하는 도구를 가짐으로써 DNA 조각이 어디에 있든 분리하고 준비하고 연구할 수 있게 되었다. 30여 년 전에 별로 중요하지도 않았던 효소가 당뇨병 환자들을 위한 인간 인슐린을 끝없이 만들 수 있게 하고, 혈우병 환자들을 위한 혈액 응고 단백질을 만들 수 있게 하였다. 요즘에는 새롭고 강력한 항암제와 질병 예방을 위한 백신합성에 이르고 있으며 유전자 공학은 음식물도 바꾸고 있다. 이로서 해충에 강한 옥수수, 바이러스에 강한 파파야를 생산해낼 수 있고 더 우수한 단백질을 가진 곡물과 보존 기간을 늘린 식물과 과일들을 만드는 데 사용되고 있다. 그러나 이들 유전공학의 가능성과 가능한 이점에도 불구하고 이 조작이 윤리적이며 진정 인류에 도움이 되는지에 대한 새로운 의문들이 제기되고 있다.

는 것을 단백질 헤모글로빈에 의존한다면, 사람과 돼지 양쪽 모두 단백질 헤모글로빈의 암호를 지정하는 아주 비슷한 염기서열의 유전자를 가진 것이다. 식물에서 발견되는 유전자의 25%가 사람에게서도 나타난다고 하는데, 아마도 양쪽 생명체에서 모두 필요한 단백질의 암호로 지정하기 때문일 것이다.

제한효소(restriction enzyme) ··· 유전자 조작에 사용되는 세균 효소로 특정 부위의 DNA를 자를 수 있다.

2. 생물공학의 방법론

[그림 F5-4]…플라스미드의 전자현미경 사진. 작은 고리형 DNA는 세균에서 발견된다.

플라스미드(plasmid)…세균의 염색체와는 별도로 복제되는 링 구조를 가진 DNA 조각

재조합 DNA (recombinant DNA)…다른 종에서 온 DNA를 결합하여 만들어진 DNA로 새로운 유전자 조합을 가지게 된다.

유전자변이의 첫 단계는 선호하는 형질을 부여할 수 있는 DNA 조각을 확인하는 일이다. 특정 질환에 대한 저항성이라든지, 수확 배율 등을 좌우하는 유전자와 같이 연구자가 관심을 가진 유전자는 동식물이나 세균에서 존재할 수 있다. 이 유전자를 DNA를 자르는 효소로 잘라 주는데, 이 효소는 특정한 유전자 구조를 인지하여 DNA를 여러 조각으로 잘라주는 **제한효소**라고 불리며 보이어 박사에 의해 알려졌다.

이 추출한 유전자 조각을 숙주세포에 투여하는 데는 여러 다양한 방법들이 사용된다. 만약 숙주세포가 식물세포라면 이 유전자는 **플라스미드**라고 불리는 유전자 케리어에 실려 세포 내로 투여될 수 있다[그림 F5-4]. 플라스미드는 세균에서 발견되는 작은 고리형 유전자로 한 곳에서 다른 곳으로 이동할 수 있는 능력이 있다. 그러므로 플라스미드에 관심이 있는 유전자를 붙여서 세균과 같이 배양하면 플라스미드는 관심 유전자를 지닌 채 세균 속으로 들어간다. 이 세균을 식물에 감염시키면 플라스미드는 식물 유전자에 융합되면서 원하는 특성을 식물세포에 부여하게 되는데, 플라스미드의 DNA가 식물의 DNA와 결합했기 때문에 새로운 유전 특성을 가진 DNA를 **재조합 DNA**라고 부른다[그림 F5-5].

식물로 유전자를 투여하는 또 다른 방법은 원하는 DNA 조각을 미세한 금속구에 살포 시킨 후 이를 유전자총에 장전하여 식물세포 내로 쏘아 넣는 것이다[그림 F5-5]. 일단 세포 내로 들어가면 DNA는 금속구에서 세포용액으로 씻겨져 나와 핵으로 이동하며, 핵으로 들어간 유전자 조각은 식물의 DNA에 통합되어 재조합 DNA를 만들게 된다.

이들 방법으로 만들어진 유전자변형 세포들은 복제하면서 새로운 유전 형질을 발현하게 되고 특수 배양액에서 성장하고 분화하면서 식물체가 된다. 이 새로운 식물은 병에 강하거나 특수한 성분을 지니는 등 이전에 갖지 못했던 특성을 가지게 된다.

3. 유전자변형은 정말 최근에 나타난 일일까?

생물공학적인 방법은 최근에 이루어졌지만 인류는 거의 1만여 년 동안이나 동물과 식물의 유전자변형을 행하여 왔다. 수천 년 전의 농부들이 유전자총이나 세균의 플라스미드를 사용하지는 않았지만, 그들은 작황이 좋은 종자와 강인한 동물들이 다음 세대에 원하는 형질을 전달한다는 것을 이미 알고 있었다. 오늘날 재배되는 거의 모든 과일이나 야채, 곡류는 전통적인 선택 교배 방식을 이용하여 유전적인 변형을 가져 왔다. 예를 들어 호박, 감자, 사탕무나 옥수수, 귀리와 쌀 등의 작물들은 사람의 관여 없이는 존재하지 않았을 것이다. 현대 농부들이 동식물을 생산할 수 있으며 영양가가 더 높으면서 더 거친 환경에 잘 견디고, 병에 대한 저항성이 강한 품종을 키울 수 있는 것도 바로 선택 교배에 의한 결과이다.

3-1. 전통적인 교배 방법들 — 전통적인 교배는 농부나 목축업자가 선호하는 특성을 지닌 식물과 동물을 고르는 것부터 시작한다. 예를 들어, 생산량이 높다든지, 더 맛있다든지 질병이나 벌레에 저항성이 강하거나 보기에 더 좋다든지 하는 특질에 주안점을 두고 개체를 고르는 것이다. 이들 특성은 조절된 교배를 통하여 우성 형질로 유전되

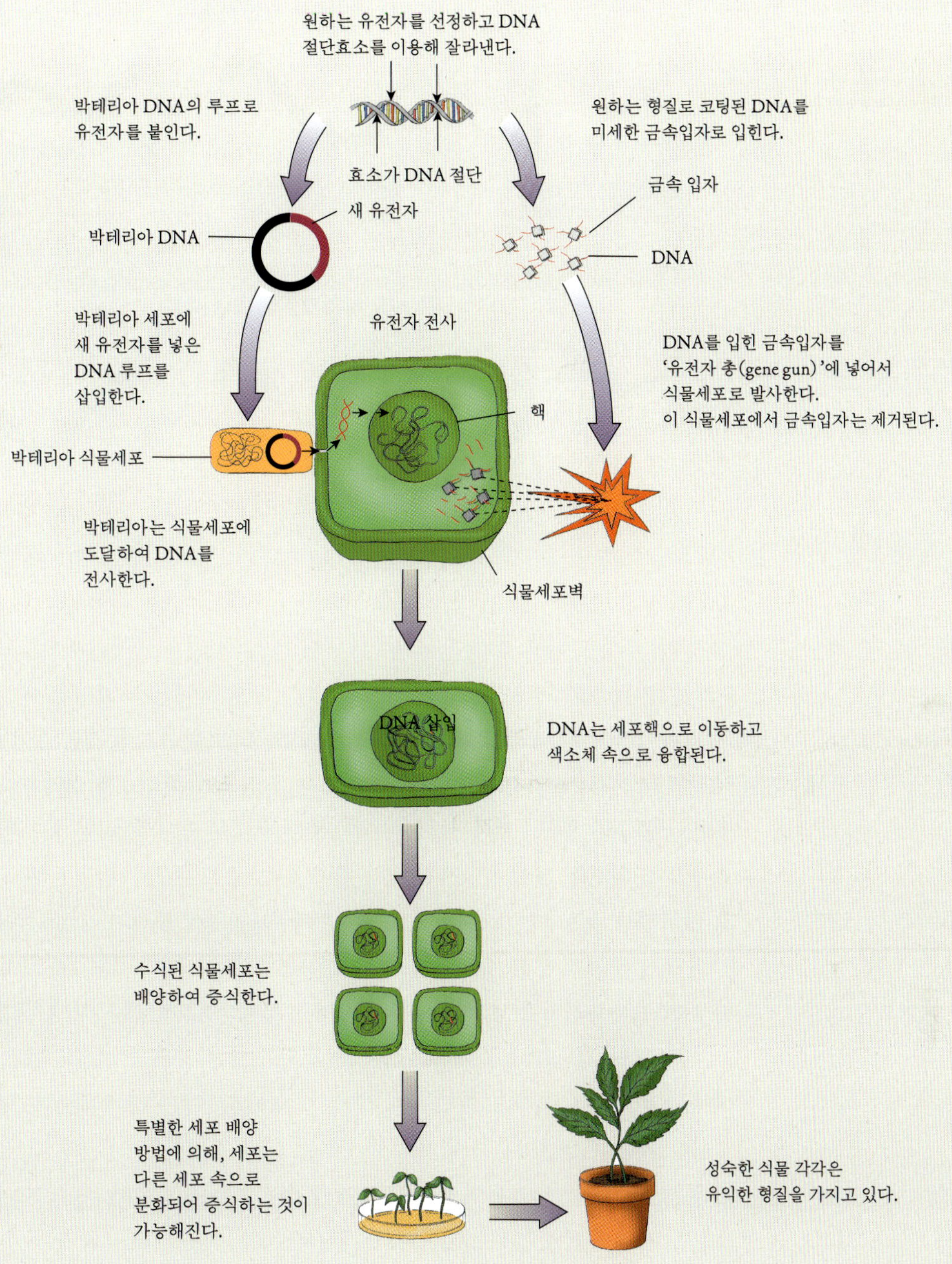

[그림 F5-5]…새 유전 정보를 식물세포에 전달하기 위한 두 가지 방법들. 왼쪽에 세균 플라스미드와 세균이 유전자를 식물체에 전달하는 과정이 있다. 오른쪽에는 유전자총으로 물리적으로 DNA를 식물세포로 쏘아 넣는다. 두 방법 모두 식물세포가 새로운 유전자를 가지게 만들어 새로운 형질을 발현하는 식물로 자란다.

도록 만들 수 있다. 농부들은 같은 종에 속하는 다른 식물을 교차 수분시켜서 잡종을 만든다. 예를 들어, 생산률이 높고, 낮은 온도에도 저항성이 있는 밀 변종을 생산하고자 하는 과학자는 두 가지 형질을 각각 가진 개체를 선택하고 이들을 교배한 뒤 두 가지 형질을 모두 갖춘 2세를 추려낼 수 있게 된다. 동물의 교배도 비슷한 목적으로 행해져서 순종 교배와 이종 교배를 통하여 번식시키는데, 순종 교배란 비슷한 형질을 가진 종내에서 교배하는 것으로서 선호하는 유전 특질을 강화시킬 수 있으나 동시에 바람직하지 않는 유전 형질까지 강화시킬 수 있다. 이종 교배란 근친이 아닌 동물들을 교배시켜 선호하지 않는 특질의 발현을 억제하고 새로운 유전 형질을 도입하며 변종을 늘리는 방법이다. 오늘날은 순종 교배와 이종 교배를 인공수정을 통하여 시행한다.

[그림 F5-6]…ⓐ전통적인 유전자 변이법은 수천 개의 유전자가 혼재되어 사용된다. 모든 새로운 개체가 다 원하는 유전 형질을 가지고 태어나지는 않고, 원하지 않는 유전 형질을 제거하기 위해서는 수 년 간에 걸친 노력으로 재교배해야 한다. ⓑ유전자 공학은 더 정확하고 예측 가능하며 속도를 낼 수 있다. 이 방법은 바람직하지 않은 형질이 기록된 유전자를 제외하고 한 개나 두 개의 특정 유전자를 식물체에 끼워 넣을 수 있다.

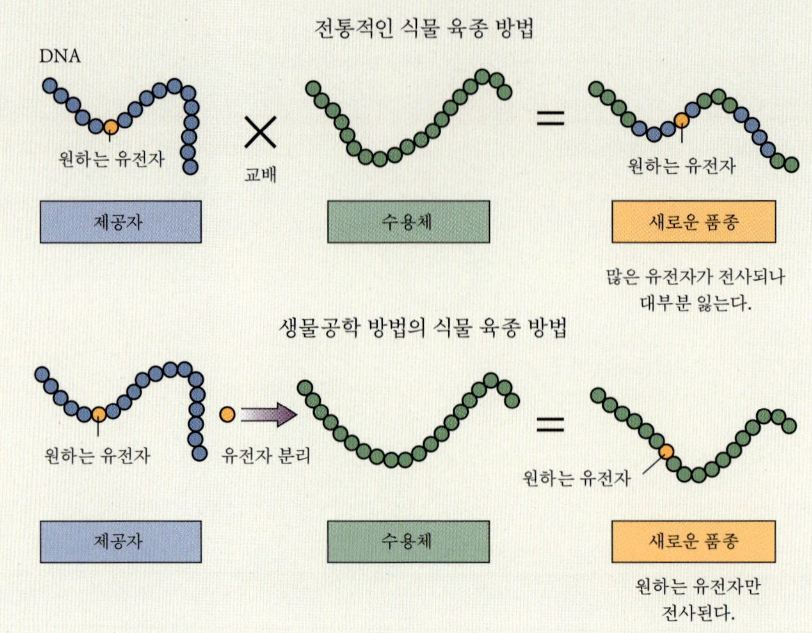

3-2. 현대 생물공학의 장점 — 전통 교배 방법들도 잘 운용되었지만 시간과 효율이라는 제약이 있었기 때문에, 식물과 동물의 교배 결과 원하는 형질을 꾸준히 생산할 수 있도록 하려면 시간이 오래 걸렸다. 새로운 형질이 발현하려면 최소한 한 번 이상의 식물과 동물의 생식주기를 걸쳐야 한다. 또한 식물과 동물은 같은 종이거나 유전적으로 긴밀히 연관된 사이에서만 교배가 될 수 있었고 모든 2세가 다 원하는 형질을 가지고 태어나는 것도 아니었다. 즉, 부모로부터 후손으로 유전자가 전달되는 데 원하지 않는 형질이 전해질 가능성이 같이 존재한다. 따라서 원하지않는 유전자를 제거하면서도 원하는 유전자를 보전하기 위해서는 수 차례의 교배가 이루어져야 한다.

실험실에서의 특정한 유전자를 선택할 수 있는 유전공학 기법의 발달은 이 과정을 대단히 빠르게 진행할 수 있고 종적인 제한을 해제시킬 수 있게 하였다. 유전공학적인 교배는 특정한 유전자를 선택하여 수정하고 이를 전달하게 하는데, 이로써 여러 유전자들을 교배해 가면서 원하지 않는 형질을 배제하는 과정에서 나타나는 금전적, 시간적인 낭비를 줄이게 된다[**그림 F5-6**]. 식물과 동물, 이스트와 세균 모두 유전자의 기록 방식이 동일하고 이들이 DNA 정보를 이용하여 단백질을 만드는 방법이 공통되기 때문에 유전공학적 기법을 사용하면 자연적으로는 일어날 수 없는 이종 교배가 가능하게 된다.

2. 현대 생물공학의 응용

생물공학 기술은 양, 질, 비용, 안전성, 제품의 수명을 바꾸기 위한 용도로 생산과 가공과정 모두에서 사용된다[**표 F5-2**]. 이 기술은 또한 세계 기아와 영양불량 문제에 대처하는 데 큰 잠재력을 가지고 있다.

[표 F5-2]··· 유전자변이 식품과 특징

식품	특징
체리토마토	맛, 색, 향이 더 좋다.
Flavr Savr 토마토	숙성을 지연시킨다.
토마토	껍질이 더 두껍고 펙틴의 함량이 변화
옥수수	벌레로부터의 보호성과 살충제 저항성
면화	벌레로부터의 보호성과 살충제 저항성
호박	바이러스 저항성
파파야	바이러스 저항성
감자	감자벌레 저항성, 바이러스 저항성
대두	살충제 저항성, 올레산 농도를 높여 수소화 필요도 낮춘다.
사탕무	살충제 저항성
해바라기	올레산 농도를 높여 수소화 필요도를 낮춘다.

1. 작물의 생산량 개선

작물의 유전자변형은 햇빛이 직접 식품 속에서 전환되는 효율을 개선시키는 유전자를 넣는다거나 간접적으로 제초제, 해충제, 식물 질병에 강한 식물을 만든다든가 하는 방법으로 수확량을 향상시킨다. 과학자들은 또한 가뭄, 냉해, 염에 의한 독성에 견딜 수 있는 식물을 개발하고 있지만, 지난 세기 여러 나라에서 수확량을 향상시키고자 행한 많은 시도가 엄청난 비용이 들어 실패하였다. 다만, 유전공학적 기술을 이용하여 만든 작물은 새로운 형태의 종자를 제공하였고 그 생산량이 증가되었다.

1-1. 제초제 내성 — 제초제 내성이 있는 유전자는 살충제를 적게 쓰면서 잡초 없이 농사짓는 것을 가능하게 해준다. 이로써, 잡초와 경쟁할 필요 없이 토양의 양분을 사용할 수 있으므로 작물의 수확량은 증가한다. 즉 단위면적당 생산량이 증가하고, 제초제를 살 돈을 절약할 수 있고, 제초제도 덜 뿌려도 되기 때문에 농부에게 유익한 동시에 저생산 비용으로 고수확을 얻고 저장과 운반에 적은 비용이 들기 때문에 소비자에게도 유익이 있다. 또한, 제조제를 뿌리는 데 드는 트랙터의 연료를 적게 쓰며 농약도 적게 쓰므로 환경에도 유익하다.

1-2. 해충 내성 — 유전공학 기술은 식물의 해충 내성을 증가시킨다. 예를 들면, *Bacillus thuringiensis* 의 유전자로부터 특정 해충에게는 독성이 있으나 사람과 다른 동물에게는 해가 없는 단백질을 만든다[그림 F5-7]. 식물 세포에 이 단백질의 유전자를 삽입하는 방법으로, 과학자는 해충에 강한 식물을 만들 수 있다. 이로써 식물이 자체에서 살충제를 생산하기 때문에, 식물에 살충제를 뿌릴 필요가 없으며, 이는 농부의

[그림 F5-7]…Bt 단백질을 가지고 있는 식물과 같이 생물공학적 개발은 해충으로 인한 작물의 손실을 줄인다. 사진은 유럽옥수수조명나방 애벌레이다.

비용, 연료, 시간을 줄여 준다. 또한 그 작물을 먹는 해충에게만 작용하기 때문에 주변을 오염시키지 않으므로 환경에도 유익하다. 옥수수, 감자, 면화는 Bt 단백질을 만들게끔 유전자변형이 되어 있다. 상업적으로 사용된 첫 3년 간, Bt 유전자를 넣은 면화는 살충제의 사용을 약 2백만 파운드나 감소시켰다. 해충에 강한 식물에 더하여, 유전공학은 환경친화적인 살충제를 만드는 데 사용된다. 이 살충제는 박테리아로부터 만들 수 있는데, 식물에 뿌려 해충을 죽인다.

1-3. 질병 내성 — 감자, 호박, 오이, 수박, 파파야는 바이러스성 감염에 강하도록 유전적으로 만들어질 수 있다. 이 기술의 장점으로 하와이에서 두 번째로 큰 작물을 보호할 수 있었다. 1990년대 중반에 반지 모양의 반점 바이러스가 하와이의 파파야 작물을 쓸어버릴 만큼 위협적이었으나 전통적인 식물의 육종은 반점에 강한 파파야를 생산하지 못했다. 그러나 식물 DNA에 백신과 같은 역할을 하는 유전자를 삽입하는 방법으로 이 바이러스에 면역을 갖는 파파야 나무를 생산할 수 있게 되었다[그림 F5-8].

[그림 F5-8]…파파야 나무에 백신 역할을 하는 유전자를 삽입하여 면역성이 있는 나무를 생산함으로써 과학자들은 거의 죽을 뻔한 하와이 파파야 산업을 다시 살려냈다.

2. 영양품질 향상

영양불량의 원인은 농업기술만으로는 해결할 수 없는 정치적, 경제적, 문화적 문제이지만 전 세계적으로 퍼져 있는 영양소의 결핍을 해결하고자 하는 목적으로 유전자변형 작물이 개발되었다. 단백질 결핍에 대처하기 위해, 필수 아미노산의 함량이 높은 옥수수, 대두, 고구마가 개발되었고, 철분 결핍에 대처하기 위해, 철분이 더 많이 함유된 쌀이 개발되었다. 비타민 A의 결핍에 대처하기 위해서는 비타민 A의 전구체인 β-카로틴에서 비타민 A를 합성하는 데 필요한 효소 생산의 유전자 코드를 쌀에 삽입했다. 세계 인구의 절반 이상이 쌀을 주식으로 먹지만 비타민 A의 함량은 적다. 아래 그림에서 보듯이, 유전자변형 쌀은 β-카로틴 색소가 삽입되어 황동색을 보이므로 황금쌀(golden rice)이라고 하며, 최근에 개발되었다[그림 F5-9]. 황금쌀의 첫 품종은 2004년에 완성되었으며, 쌀 반 컵(밥 1컵)에 어린이의 1일 섭취권장량의 50%에 해당하는 충분한 양의 프로비타민 A를 함유하고 있다. 이와 같이 생물공학은 만성질환을 예방하는 식품에도 사용될 수 있다. 예를 들면, 유전자변형으로 단일 불포화지방산이 많은 대두의 개발은 심장혈관계질환의 위험을 줄이는 데 도움이 된다. 포화지방산의 함량이 낮은 식물성 기름도 개발될 수 있으며, 비타민 E의 함량이 더 많은 대두도 개발되

[그림 F5-9]…오른쪽 그림은 황금쌀로서 노란색-오렌지색을 내는 베타 카로틴을 함유하도록 유전자변형을 한 것이다. 왼쪽의 백미는 이러한 유전적 변이가 없다.

어 있다. 식사에서 식품의 역할에 영향을 미치는 다른 품질도 유전공학으로 변화시킬 수 있다. 예를 들어, 수분이 적어 밀도가 높은 감자는 튀길 때 기름을 적게 흡수하여 감자튀김의 기름 양을 낮춘다.

3. 식품의 품질과 가공과정 개선

유전공학은 식품의 외관과 품질을 개선하는 데 사용된다. 첫 번째 유전자변형 식품은 Flavr Savr 토마토인데 1994년 처음 소개되었다. 이 경우 유전자를 넣기보다는 숙성을 조절하는 효소의 유전자가 불활성화하여 숙성 과정을 더디게 한다. 이것은 토마토의 수명을 연장하며 좀 더 일찍 수확하고 운반도 더 쉽게 해준다. 이와 같이 생물공학은 식품의 가공에도 사용된다. 예를 들어, 과거 치즈 만드는 데 사용한 효소 렌넷은 송아지의 위장에서 뽑았으나, 현재 렌넷은 유전자변형된 박테리아에 의해 생산되고 있다[그림 F5-10]. 미국에서 만들어지고 있는 경질 치즈 약 60%는 유전자변형 효소에 의해 만들어진다. 고과당 옥수수시럽의 생산에 사용되는 효소나, 우유에 유당의 함량을 낮추는 데 사용하는 락타아제 효소와 같은 효소들은 유전자변형 미생물을 이용한 것이다. 식품의 색이나 첨가물 또한 실험실에서 만들 수 있다. 예를 들어, 바닐라는 열대지역에서만 자라는 바닐라 나무에서 수확하는 것보다는 실험실에서의 식물세포배양으로 만들어진다.

4. 식품의 안전성 개선

생물공학은 자연적으로 존재하는 알레르기 유발 물질이나 항영양물질을 감소시키거나 없애서 식품의 안전성을 개선한다. 예를 들면, 땅콩에 알레르기가 있는 사람은 땅콩의 알레르기 유발 물질을 유전공학적으로 없앤 땅콩으로 만든 버터로 샌드위치를 먹을 수 있다.

5. 동물과 해산물 생산 개선

유전공학은 성장 효율과 생산성을 개선할 뿐만 아니라, 동물의 질병을 예방하고 진단하고 치료하는 방법을 개선하는 데 사용된다. 동물의 생산에 생물공학을 적용하여 처음 FDA에 승인을 받은 것은 젖소에 대한 소성장 호르몬의 재조합 유전자(bovine somatotropin; bST)의 사용이다. bST 재조합 유전자를 생산하기 위해, 소세포에서 유전자를 분리하여 박테리아 세포에 삽입한 후, 박테리아 세포를 증식시켜 대량으로 bST

[그림 F5-10]··· 치즈생산 과정 중 효소 렌넷의 처리는 우유를 응고시키는 데 사용된다. 미국에서 만들어지는 경질치즈 대부분은 유전자를 수식한 박테리아에 의해 만들어지는 렌넷에 의존한다.

를 생산하고 이것을 분리, 정제하여 소에 주사하면 우유의 생산량이 증가된다. 생물공학은 양식업에도 적용될 수 있다. 양식업은 세계적으로 가장 빠르게 성장하고 있는 동물 생산 분야이다. 제한된 공간에서 많은 물고기를 키우는 데 있어 환경적인 영향에 대한 걱정도 있으나, 양식업이 바다에 나가서 물고기를 잡는 것을 줄일 수 있다는 낙관적 시각도 있다. 이와 같이 생물공학은 생선과 조개에 유전 형질을 규명하고 조합하여 생산성과 품질을 개선할 수 있다. 과학자들은 현재 물고기의 성장인자의 생산을 증가시킬 수 있는 유전자와 미생물 감염에 싸워 이길 수 있는 화합물의 생산을 촉진하는 유전자를 연구 중이다. 예를 들어, 유전공학은 대서양 연어의 성장 속도를 증가시키는 데 사용되고 있는데, 이 물고기는 18개월이면 시장에 출하되지만 유전자변형이 없는 고기는 24~30개월 정도 걸린다.

6. 인간 질병과 대적

인간의 건강과 치료에 영향을 미치는 생물공학은 유전공학적으로 만든 약물에 의한 것이다. 1978년, 인간의 인슐린을 만드는 박테리아를 개발하기 이전에는, 당뇨병 환자들은 돼지나 소에서 추출한 인슐린에 의존했다. 그 밖에 사람의 질병을 치료하기 위해 개발된 단백질은 혈액 응고를 용해하는 플라스노미겐 활성자, 골수 이식 후 세포 복제를 자극하는 성장인자, B형 간염백신, 바이러스를 공격하고 면역계를 자극하는 인터페론 등이 있다.

3. 유전자변이 식품의 안전성과 규정

생물공학을 이용한 시장은 다양한 제품들을 생산하며 급속도로 팽창하고 있지만 [**그림 F5-11**], 이와 같은 제품들의 잠재적인 유익성에도 불구하고 건강 문제를 야기하고 환경에 피해를 줄 수 있어 걱정이다. 이에 따라 소비자와 환경을 보호하는 것을 우선으로 하는 규정들이 많이 마련되어 있다. 미국국립과학아카데미는 현대의 생물공학으로 생산된 농작물에 의해 나타나는 위험이 전통적인 식물 품종개량으로 생산되는 제품의 위험과 같다고 주장한다. 하지만 대부분의 소비자들과 과학자들은 새로운 생산물이 건강과 환경에 미치는 효과에 관한 주장이 너무 성급하다고 생각하고 있으며, 빠르게 발전하는 기술의 효과도 아직 나타나지 않았다고 믿고 있다. 또 그들은 이러한 기술이 건강과 환경 문제에서 유익 못지않게 위험을 줄 수 있기 때문에 이런 위험을 피하기 위해서 조심스럽게 사용해야 한다고 주장하고 있다.

1. 소비자의 안전성

생물공학 기술로 만들어진 식품과 관련된 소비자의 안전성 문제는 알레르기를 일으키는 물질이나 독소를 안전한 식품으로 둔갑시키거나 식품의 영양소 함량에 부정적인 영향을 미치는 등으로 나타난다. 식물 생물공학으로 만들어진 재료가 들어 있는 식품은 일반적으로 특별한 라벨을 부착하도록 요구하지는 않지만, 알레르기를 일으키는

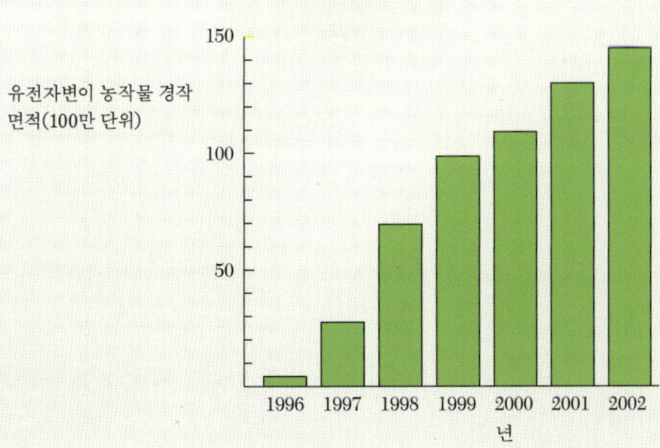

[그림 F5-11]…유전자변이 농작물의 영향에 대한 걱정에도 불구하고, 유전자변이 농작물을 심은 토지가 점차적으로 늘어나고 있다. 1994년에는 세계 어느곳에서도 상업적으로 유전자변이 농작물을 재배하지 않았다. 그러나 지금은 영국 크기만한 면적에서 유전자변이 농작물이 재배되고 있다.

물질과 독소를 가지고 있는 해로운 식품이나 영양상으로 변경이 된 식품은 라벨을 부착해야 한다. 또 다른 잠재적인 건강상 문제는 생물공학에서 사용되는 항생물질에 대한 내성을 가진 유전자가 박테리아의 항생제 내성 품종으로 발전할 수 있다는 것이다.

1-1. 알레르기를 일으키는 물질과 독소 — 단백질 유전자 암호에서 새로운 유전자가 식품에 유입되면 새로운 단백질이 만들어지는데, 어떤 경우에는 이러한 새로운 단백질이 알레르기를 일으키는 물질이나 독소일 수 있다. 만약 어떤 식품이 알레르기를 일으키는 물질인 새로운 단백질을 가지고 있다면 그 식품에 반응하게 될 것이다. 예를 들어, 생선이나 땅콩에서 DNA를 빼내 토마토나 옥수수에 넣을 경우, 알레르기가 있는 사람에게 이런 식품은 위험할 수 있다. 비의도적으로 발생하는 위험을 방지하기 위해서 생물공학 회사들은 식물유전공학에 이용되는 단백질에 대해 알레르기를 일으킬 가능성을 모니터하는 시스템을 설치했다. 그 결과, 1996년 알레르기 실험은 브라질 호두의 유전자를 넣은 콩이 시장에 유입되는 것을 막았다. 그러나 식품 알레르기가 있는 사람들은 새로운 식품이 안전하다고 생각하지 않는다.

1-2. 영양소 함량의 변화 — 식물이나 동물에 의해 만들어진 단백질의 변화는 식품의 영양소 함량에 영향을 줄 수 있다. 예를 들면 비타민 C의 우수한 급원인 토마토에 비타민 C가 함유되지 않도록 변형한다면, 비타민 때문에 토마토를 이용하던 사람들은 더 이상 토마토로부터 비타민 C를 충분히 얻을 수 없게 된다. 따라서 잠재적으로 알레르기를 일으키는 물질이나 독소를 가지고 있는 식품과 마찬가지로, 영양소 함량을 변화시킨 식품도 변화된 영양소 함량을 라벨에 표시해야 한다.

1-3. 항생물질에 대한 내성 — 유전공학의 이용이 환경이나 위장관에 존재하는 박테리아에게 항생제 물질에 대한 내성을 퍼뜨릴 수 있다는 점에 대한 우려가 크다. 병원성 박테리아가 이러한 특성을 갖게 된다면, 질병을 치료하기 위한 목적으로 사용되는 항생제 중에 어떤 것은 효과를 갖지 못할 것이다. 유전공학 기술은 표지 유전자처럼 항생물질에 대한 내성의 유전암호를 지정하는 유전자를 사용하기 때문이다. 표지 유전자를 이동시키기 원하는 유전자와 같이 삽입함으로써, 과학자들은 유전자 전이가 성공적이었는지 확인할 수 있다. 박테리아를 항생물질에 노출시킴으로써 전이가 일

어났다는 것은 입증하기 쉽기 때문에, 이런 목적으로 항생물질에 대한 내성 유전자가 이용된다. 사용되는 표지 유전자가 이미 장에 서식하는 정상 박테리아와 주위의 무해한 박테리아에 널리 퍼져 있기 때문에 현재의 기술이 문제를 야기할 것 같지는 않다. 뿐만 아니라 표지 유전자가 의학적으로 중요한 항생물질에 내성을 준다면 표지 유전자는 사용되지 않는다.

2. 환경상의 문제점

유전자변이 농작물의 이용을 반대하는 주장은 유전자변이 농작물이 다양성을 감소시키고, 살충제에 내성을 가진 곤충의 진화를 촉진하며, 농토와 삼림지를 뒤덮을 '초대형 잡초'를 만들어낼 것이라는 것이다.

유전자변이 농작물의 영향에 대한 걱정에도 불구하고, 유전자변이 농작물을 심은 토지가 점차적으로 늘어나고 있다. 1994년에는 세계 어느 곳에서도 상업적으로 유전자변이 농작물을 재배하지 않았지만 지금은 영국 크기만한 면적에서 유전자변이 농작물이 재배되고 있다.

2-1. 생물의 다양성 — 생명체들이 새로운 환경이나 질병이나 위협에 적응하는 능력은 다양한 유전자를 제공하는 서로 다른 종들의 존재에 의해서 결정된다. 생물의 다양성이 존재하는 한, 새로운 질병이 등장하는 등의 비상사태 시 모든 식물이 멸종되는 일은 발생하지 않을 것이고, 멸종되는 종이 있는가 하면 스스로를 보호하는 유전자를 가진 종들도 있을 것이다. 이와 마찬가지로 가뭄도 일부 종에게는 해로울 수 있지만, 어떤 것들은 가뭄에 저항력이 있는 유전자를 갖고 있기도 하다.

생물공학에 대한 우려는 농부들이 계속 새롭고, 저항력이 강하며, 수확물이 많은 작물만을 선호하여 다른 종들을 재배하는 것을 그만두게 되면 결국 영원히 멸종하는 종들이 생길 것이라는 점이다. 예를 들어, 만약 모든 농부가 유전자 변이 쌀만을 재배한다면 다른 특성을 가진 쌀 종들은 멸종할 것이고 그들이 지닌 특성 역시 사라질 것이다. 만약 유전자 변이 쌀에 해를 입히는 새로운 해충이나 바이러스가 나타난다면, 품종개량가나 유전공학자들은 생존을 가능하게 할 유전자를 제공할 다른 종을 찾을 수 없을 것이다. 전통적인 식물 품종개량으로 생산된 식물들만을 재배할 때에도 생물의 다양성은 역시 줄어든다. 다양성을 보전하고 미래의 품종개량에 사용할 다양한 특성들을 지키기 위해서 유전공학 기술은 유전자은행이나 씨앗은행을 설립하고 다양한 종의 유전자를 식별하고 특성을 밝혀야 한다. 이런 예방책은 유전자들을 잃어버리는 것을 막기 위한 것이지만, 이것이 우리의 농지가 단지 몇 가지 농작물로만 점령당하는 것을 막지는 못할 것이다.

2-2. 슈퍼잡초와 슈퍼해충 — 유전자 변이 농산물과 관련된 환경적인 우려는 슈퍼잡초와 슈퍼해충이 발달할 것이라는 점이다. 더 빨리 자라고 더 잘 생존하도록 조작된 식물이 농부의 손길이 닿지 않는 곳에서 자라기 시작하면 슈퍼잡초가 생겨날 수 있다. 그러나 대부분의 전문가들은 이것이 주요한 우려사항은 아니라고 말하고 있다. 왜냐하면 길들여진 농작물은 사람의 손이 닿는 농업 환경에서만 자라며 야생에서는 살아

라벨 읽기 : '유전자변이 식품에 특별한 라벨을 붙여야 할까?'

당신은 유전공학을 이용해 생산된 성분이 들어 있는 식품을 구별할 수 있는가? 구별할 수 없다. 그 이유는 현재 FDA에서 소비자에게 잠재적인 위험을 나타내는 유전자변이 식품에서만 특별한 라벨을 부착하도록 요구하기 때문이다. 그러나 일부 사람들은 유전자변이 성분을 함유하고 있는 모든 식품에 특별한 라벨이 부착되어야 한다고 생각한다.

의무적 라벨의 부착을 강조하는 지지자들은 잠재적 위험의 구별과 상관없이 많은 소비자들은 그 식품이 유전자변이 성분을 함유하고 있는지 알고 싶어한다고 주장한다. 그들은 라벨에 유전자변이 성분을 표시하는 것이 소비자의 권리라 생각하며, 식품이 유전자변이인지 알기를 원하는 이유는 윤리적이거나 철학적일 수도 있고 식품의 질이나 안전성과는 무관한 것일 수도 있다고 생각한다. 어떤 사람들은 라벨 표시가 소비자를 보호하기 위해 설정된 것이라는 것과 환경의 안전성이 잘 지켜지고 있다는 것을 확신하는 데 도움이 된다고 생각하기 때문에 찬성한다. 알레르기 반응과 같은 식품 관련 사건에서, 라벨 표시는 식품에서 알레르기를 일으키는 물질의 근원을 찾아내는 데 도움이 된다.

그러나 의무적인 라벨의 부착을 반대하는 사람들은 모든 유전자변이 식품에 대한 라벨 표시가 소비자들에게 혼동을 줄 수 있다고 생각한다. 품질, 영양 조성, 안전성에 차이가 없는 식품이라도 전통적인 식품과는 아무래도 다르다고 생각할 수 있기 때문이다.

남을 수 없는 성질을 갖고 있기 때문이라는 것이다.

더 강하고 생산력이 높으며 빨리 자라는 농작물을 생산하기 위해 삽입된 유전자가 자연적인 교배에 의해 야생종에게 전이될 수 있다는 의견도 있다. 그 결과 빠른 속도로 성장하는 슈퍼잡초가 생겨날 수 있다는 것이다. 가능성이 없지는 않지만, 이러한 가설이 실현 불가능한 데에는 여러 가지 이유가 있다. 첫째, 유전자 변이 식물 가까이에서 자라는 잡초가 자연교배가 일어날 만큼 같은 종일 가능성은 적다. 비록 이런 일이 일어난다고 해도, 새로운 식물이 생존할 수 있는 유전 성질을 갖게 될 확률은 더 적다. 환경적 위험에 대한 안전장치로 대부분의 품종개량가들은 잡초의 바람직하지 않은 성질이나 성장을 증가시킬 수 있는 형질의 유전자를 첨가하는 것을 삼가고 있다.

스스로 살충제를 생산하도록 설계된 농작물이 살충제 저항 해충의 진화를 촉진할 수 있다는 우려도 있다. 이것은 매우 중요한 사항이지만 사실 살충제가 농작물 위에 직접 뿌려지는 것이 더 위험하다. 이는 Bt 독성에 저항력이 있는 해충을 예로 들 수 있는데, 살충제를 생산하는 식물이나 그 위에 살충제를 뿌린 식물로 만든 먹이가 많으면 많을수록 Bt 저항성 유전자를 갖고 있는 해충이 더 많이 살아 남아 번식할 수 있다. 이것은 Bt에 저항성이 있는 해충의 숫자를 증가시켜 해충을 통제하는 수단으로서의 Bt의 효율성을 감소시킨다. 연구 보고에 따르면 면화의 주 해충인 담배 해충 350마리 중 1마리가 Bt 저항성 유전자를 보유하고 있다. 이런 문제점에 대응하여 Bt에 저항성을 가진 해충의 증가를 막는 기술이 개발되고 있다. 해충 저항 농작물을 재배하는 농부들은 근처의 밭에서 조작되지 않은 원래의 식물을 재배할 필요성이 있다. 이렇게 해야 Bt 저항성이 없는 해충에게도 먹이 공급이 가능해 이들도 계속 존재할 수 있기 때문이다. 이렇게 함으로써 살충제 저항 해충의 수가 증가할 가능성을 줄일 수 있다.

3. 유전적으로 설계된 식품 생산물의 통제

미국 정부가 새로운 작물 재배의 모든 단계를 면밀히 검사하는 것은 아니지만, 그 과정을 감독하는 일에 관여하고 있다. 정부는 과학자들의 유전 설계 식물의 개발 초기부터, 농지 테스팅 그리고 상품화까지 모든 단계에서 안전성과 환경적인 문제에 대한 지침을 설정하고 있다. 새로운 식물을 개발하는 회사들은 생산물의 안정성과 건전함을 입증할 자료를 제출해야 하며, 전통적인 교배 방법이나 생물공학 방법으로 탄생한 농산물 모두 원했던 변화만이 이루어졌다는 것을 확인하기 위해 몇 계절에 걸쳐 농지에서 테스트를 거쳐야 한다. 식물은 또한 외관, 올바른 성장, 식품의 안전성과 맛 등을 검사받게 되고, 새로운 종의 영양소 수준과 음식으로 먹기에 안전한지를 결정하기 위한 분석 테스트도 거치게 된다. FDA, USDA, EPA가 이러한 과정에 관여하고 있다.

3-1. 미국식품의약국(FDA) — FDA는 시장에 유통되는 식품의 안정성에 대한 권한을 가지고 있으므로 유전자 변이 농작물을 비롯해, 이런 농작물로 만들어지는 모든 음식과 동물 사료의 안전성과 성분표기를 통제하고 있다. FDA의 정책은 식품 생산물의 안정성은 식품이나 식품 생산물의 특성에 근거에 정해져야 하며, 그것을 생산하는 방법에는 근거하지 않는다는 것이다. 따라서 생물공학을 이용해 개발된 식품은 전통적인 식물 교배로 생산된 식품과 일치하느냐를 결정함으로써 평가된다. 따라서 식품에 새로운 알레르기 위험이 있거나 또는 알레르기 위험이 증가했는지 또는 자연적으로 생기는 독성이 증가했는지, 원래는 존재하지 않는 물질을 함유하고 있는지, 또는 영양학적으로 원래 식물과 다른 점이 있는지 등에 초점을 둔다. 최근에는 새로 개발된 식품에 다른 식품에는 보통 들어 있지 않은 물질이 들어 있을 경우 또는 식품 안전성이 확인되지 않은 물질을 함유한 경우에 한해서만 출하 전 승인이 필요하다. 하지만 미국의 시장에서 판매되고 있는 음식 또는 동물 사료로 사용될 목적으로 생물공학을 통해 개발된 새로운 식물 종들 모두는 시장에 내놓기 전에 자발적으로 FDA의 출하 전 테스트를 받고 있다. 새로운 식물 종자로 만들어진 물질이 FDA 승인 없이 음식으로 공급되는 것을 막기 위해 FDA는 개발자들에게 개발의 초기 단계부터 새로운 식물의 안전성에 관한 자료를 제출할 것을 요구하고 있다.

3-2. 미국 농무부(USDA) — USDA는 농작물과 새로운 식물 종의 개발에 관련된 연구를 통제하고 있다. USDA 산하 미국 동식물검역소(APHIS)는 새로운 식물의 경작이 농업 생산이나 환경에 위험을 주지 않도록 통제하고 있다. 예를 들어, 만약 새로운 식물 종이 잡초와 교배될 가능성이 높을 때나 새로운 형질의 전이가 잡초의 생존을 강화시킬 가능성이 높을 때에는 APHIS는 이 작물의 개발을 막을 수 있다. 만약 연구와 실험을 통해 환경에 위험을 주지 않는다는 것이 확인되면 농지시험이 허가된다. APHIS는 식물이 안전하다는 것을 확정될 때까지 테스트를 감독한다.

3-3. 환경보호국(EPA) — EPA는 식물에 존재하는 해충제를 통제하며 이런 해충제의 잔존량 허용 범위를 결정하는데, 여기에는 해충이나 질병으로부터 스스로를 보호할 수 있는 유전자 변이 식물도 포함된다. EPA는 해충이나 질병 저항성을 부여하는 단백

질이 사람이 먹어도 안전한지를 평가하며, 다른 생물체나 환경에는 안전한지를 평가한다.

학습점검

1 전통적인 품종개량법과 더 나은 생산물을 개발하기 위한 현대적인 생물공학을 비교해 보시오.
2 유전공학이 어떻게 식물에 새로운 형질을 부여할 수 있는지 설명하시오.
3 식품 공급을 늘리기 위해 사용되는 유전공학 방법을 몇 가지 말해 보시오
4 유전자 변이과 관련된 위험에 대해 말해 보시오
5 식품의 유전자 변이의 안전성을 확보하기 위해 어떻게 감시되고 통제되는지를 설명하시오.

찾아보기

ㅂ

ㅅ

ㅇ

ㅈ

ㅊ

ㅋ

ㅌ

ㅍ

ㅎ

저자 소개

로리 A. 스몰린, Ph.D.

로리 스몰린은 코넬대학교에서 식품영양학 석사학위를, 매디슨의 위스콘신대학교에서 박사학위를 취득하였다. 박사학위 논문에서는 호모시스테인 대사의 유전적 결함과 축적 및 비타민 B에 관한 연구결과를 다루었다. 이후 두 곳에서 박사후과정을 수료하였는데, 하버-UCLA 메디컬센터에서는 비만에 관하여 연구하였고, 샌디에고 캘리포니아대학교에서는 아미노산 대사의 유전적 결함에 관하여 연구를 수행하였으며, 이들 연구 결과를 의학잡지에 발표하였다. 스몰린 박사는 현재 코네티컷대학교에 재직 중이며, 그곳에서 분자세포생물학과 영양학을 가르치고 있다. 그녀가 가르치는 과정에는 영양학 입문, 영양의 주기, 식품의 분비, 영양생화학, 일반생화학, 생물학 입문 등이 포함되어 있다.

메리 B. 그로스브노르, M.S., R.D.

메리 그로스브노르는 조지타운대학교에서 영문학을 전공하고 데이비스 캘리포니아대학교에서 영양학 석사학위를 취득하였다. 그녀는 영양학자이자 당뇨병 교육자로서 공공건강, 임상 영양, 영양학 연구 및 교육 등의 분야에서 일하고 있다. 그녀는 미국의 지역대학에서 영양학 입문을 가르치고 있으며, 영양학과 암 및 식이요법 분야의 저널에 기고하고 있다.

영양학
Nutrition: Science and Applications

초판 1쇄 발행 2010년 3월 5일
초판 2쇄 발행 2013년 3월 15일

지은이 Lori A. Smolin, Marry B. Grosvenor
옮긴이 이정희, 이승민, 이애자, 이영미, 최영희, 최정희
펴낸이 김호석
펴낸곳 도서출판 대가
편집부 권순현
디자인 김진나
마케팅 민경업
관 리 김희란

등록 제 311-47호
주소 서울시 마포구 상수동 6-1 대한실업빌딩 301호
전화 02) 305-0210 / 306-0210 / 336-0204
팩스 02) 305-0224
전자우편 dga1023@hanmail.net
홈페이지 www.bookdaega.com

ISBN 978-89-6285-021-5 93590